U0227644

黄河下游堤防决口与防洪保护区洪水淹没风险研究

张金良　刘继祥　罗秋实　崔振华　著

黄河水利出版社
·郑州·

图书在版编目(CIP)数据

黄河下游堤防决口与防洪保护区洪水淹没风险研究/张金良等著.—郑州:黄河水利出版社,2019.1

ISBN 978-7-5509-2264-8

Ⅰ.①黄… Ⅱ.①张… Ⅲ.①黄河-下游-堤防-决口-研究②黄河-下游-防洪-研究 Ⅳ.①TV871 ②TV882.1

中国版本图书馆 CIP 数据核字(2019)第 021742 号

组稿编辑:李洪良 电话:0371-66026352 E-mail:hongliang0013@163.com

出 版 社:黄河水利出版社 网址:www.yrcp.com

地址:河南省郑州市顺河路黄委会综合楼 14 层 邮政编码:450003

发行单位:黄河水利出版社

发行部电话:0371-66026940、66020550、66028024、66022620(传真)

E-mail:hhslcbs@126.com

承印单位:虎彩印艺股份有限公司

开本:787 mm×1 092 mm 1/16

印张:25

字数:580 千字 印数:1—1 000

版次:2019 年 1 月第 1 版 印次:2019 年 1 月第 1 次印刷

定价:198.00 元

前　言

黄河下游河道是举世闻名的地上“悬河”，尤以“善淤、善冲、善徙”闻名于世，洪水灾害威胁最为严重。黄河下游防洪保护区涉及河南、河北、山东、安徽及江苏等5省，保护区内分布有郑州、济南2座省会城市，涉及29个地级市110个县。黄河一旦决口，将给保护区人民带来巨大灾难。黄河在历史上决溢改道频繁，每次决口都给人民生命和财产带来了巨大损失，给社会稳定带来了巨大影响。

黄河防洪事关我国社会经济发展的大局，尤其黄河下游是流域防洪的重点，关系到下游两岸保护区1.30亿人民群众的生命和财产安全。人民治黄以来，党和政府对黄河下游防洪治理十分重视，投入了大量人力和物力进行建设，已初步形成了以中游干支流水库、下游堤防、河道整治、分滞洪等工程为主体的“上拦下排，两岸分滞”的防洪工程体系，同时加强了防洪非工程措施建设。依靠这一防洪体系和沿黄广大军民的严密防守，取得了70多年伏秋大汛不决口的辉煌成就，保障了黄淮海平原的防洪安全和稳定发展，取得了举世瞩目的成就。

黄河防洪实践表明，控制和管理洪水，需要工程措施和非工程措施协调配合，共同发挥作用。随着国家财政投入的增加，工程措施已经并继续得到加强；包括洪水风险分析、洪水预警系统等在内的非工程措施也在逐步开展研究，正在成为支持防洪减灾决策的重要技术手段。

黄河下游洪水淹没风险区包含黄河大堤内滩区和堤外防洪保护区，涉及区域面积12余万 km^2，河湖水系众多且构筑物复杂。进入黄河下游河道的洪水主要由黄河中游河口镇至龙门区间（简称“河龙间”）、龙门至三门峡区间（简称“龙三间”）、三门峡至花园口区间（简称“三花间”）的暴雨洪水形成，汛期洪水情势多变、预见期有限，且挟带大量泥沙，黄河下游洪水淹没风险既受复杂来水来沙过程的影响，又受大范围淹没区内复杂构筑物和河湖水系的影响，洪水演进和淹没区内构筑物之间还存在复杂的互馈关系，再加上泥沙长期淤积导致的下游河道“二级悬河”的特殊形态，使得黄河下游洪水淹没风险研究异常复杂。

为科学研判黄河下游洪水淹没风险，为黄河下游防汛抢险决策提供及时、可靠的技术支撑，张金良教授级高级工程师带领黄河勘测规划设计研究院有限公司工程泥沙研究创新型科技团队，以“黄河流域洪水风险图编制”和“基于高速计算的典型防洪保护区洪涝实时分析与动态展示”等项目为依托，从“方法与模拟”、“机制与过程”和“系统与应用”三个方面入手，构建了大范围淹没区复杂流动自适应复合模拟模型，解决了大范围淹没区复杂流动自适应模拟难题并将模拟速度提高了3倍；提出了优化利用水库库容削减堤防决口流量的调度技术，可有效地削减堤防决口洪量的18%～35%；探明了多沙河流悬河堤防冲蚀、口门展宽和河道分流分沙过程以及淹没区内多源洪水与复杂构筑物互馈效应和洪水淹没风险形成机制，首次评价了洪水淹没区的泥沙覆盖风险和影响；以VR技术作为底层平台，开发了洪水淹没风险实时仿真和动态演示系统，实现了从淹没区影像采集、减灾调度、实时仿真、动态展示到影响分析的全过程管控。

本书是对上述工作的系统梳理和总结，限于作者水平有限，书中资料引用难免挂一漏万，甚至有不少不妥之处，衷心希望读者批评指正。

作　者

2018年10月

目　录

前　言
第1章　概　况 …………………………………………………………（1）
1.1　洪水灾害及特点 …………………………………………………（1）
1.2　洪水风险定义及分类 ……………………………………………（4）
1.3　洪水风险表征要素 ………………………………………………（5）
1.4　洪水风险分析及评价流程 ………………………………………（6）
1.5　黄河下游洪水风险概况 …………………………………………（9）
第2章　黄河下游设计洪水 ……………………………………………（49）
2.1　洪水的发生时间及各区洪水特性 ………………………………（49）
2.2　洪水组成与遭遇 …………………………………………………（50）
2.3　河道洪水演进 ……………………………………………………（52）
2.4　天然设计洪水 ……………………………………………………（63）
第3章　决堤洪水水库非常规调度研究 ………………………………（68）
3.1　决堤洪水防御措施 ………………………………………………（68）
3.2　中游骨干水库防洪能力分析 ……………………………………（69）
3.3　水库非常规调度方式 ……………………………………………（70）
3.4　各典型洪水水库拦洪方案 ………………………………………（72）
第4章　黄河大堤决口位置分析 ………………………………………（78）
4.1　黄河下游堤防决溢形式分析 ……………………………………（78）
4.2　黄河下游堤防历史决口位置分析 ………………………………（78）
4.3　决口位置综合分析 ………………………………………………（87）
第5章　黄河大堤决口和分流过程模拟技术 …………………………（94）
5.1　已有研究概况 ……………………………………………………（94）
5.2　堤防溃口概化模型试验研究 ……………………………………（108）
5.3　堤防溃口数学模型计算结果 ……………………………………（127）
5.4　口门发展及分流过程综合分析 …………………………………（138）
5.5　决堤洪水分析计算方案 …………………………………………（145）
第6章　黄河决堤洪水淹没风险 ………………………………………（151）
6.1　大范围长历时复杂内边界二维洪水演进分析关键技术 ………（151）
6.2　郑州—开封河段右岸堤防决口洪水淹没风险 …………………（167）
6.3　开封—兰考河段右岸堤防决口洪水淹没风险 …………………（191）
6.4　兰考—东明河段右岸堤防决口洪水淹没风险 …………………（217）
6.5　东明—东平湖河段右岸堤防决口洪水淹没风险 ………………（250）

6.6 济南—河口河段右岸堤防决口洪水淹没风险 …………………………… (283)
6.7 津浦铁路桥—河口河段左岸堤防决口洪水淹没风险 ……………………… (344)
第7章 黄河决堤洪水沙化风险研究 …………………………………………… (379)
7.1 计算方案 ……………………………………………………………………… (379)
7.2 泥沙淤积风险分析 …………………………………………………………… (381)
7.3 泥沙淤积影响分析 …………………………………………………………… (389)
7.4 小 结 ………………………………………………………………………… (392)
参考文献 ………………………………………………………………………… (394)

第 1 章　概　况

1.1　洪水灾害及特点

中国内地受季风气候影响，降水时空分布非常不均，这种气候特点导致了中国的洪水和干旱灾害同时并存。几千年来，洪水灾害一直是我国发生最频繁、分布最广泛的自然灾害之一，是威胁中华民族生存与发展的心腹之患，即使在现代经济高速发展的今天，洪水灾害仍然是我国经济发展的重要制约因素。据统计，我国约有 50% 的人口、80% 的资产、40% 的耕地和 90% 的大中城市受到洪水威胁。

我国历来十分重视洪水灾害的防治工作，1949 年以来我国防洪减灾事业发展迅猛，积累了丰富的防洪经验，防洪减灾理念也在不断更新，洪水控制能力越来越强，洪水灾害虽得到基本控制，但发生频率仍然较高，主要表现为大江大河洪水灾害、中小河流（包括山洪）洪水灾害和城市洪水灾害。

1.1.1　大江大河洪水灾害

我国大江大河洪水灾害的显著特征是持续时间长、洪水量级大、影响范围广、经济损失严重以及死亡人数多，如 1998 年长江洪水灾害。通过分析各大江大河典型的洪水灾害可以发现，虽然各次洪水发生的时间和空间不尽相同，但在雨情、水情、灾情和成因上大多存在相似特征，多为暴雨洪水。降水体现出历时长、强度大、面积广、次数多及多个暴雨中心等特点；洪水表现为水位高、流量大、水量大、超警戒水位历时长、洪峰次数多，尤其是出现多个洪水的恶劣组合等；灾情特征为受灾面积广、受灾人口多、不同程度的人口死亡以及经济损失特别巨大等。

大江大河洪水灾害成因主要有两个：一是气候异常导致极端暴雨，时空分布极不均匀，加之不利地形，发生局地特大洪水或恶劣洪水组合；二是不合理的人类活动，高坝大库增多，河道湖泊淤积萎缩，洪水下泄不畅，加重了洪水灾害损失。

1.1.2　中小河流（包括山洪）洪水灾害

与大江大河相比，中小河流防洪基础设施相对薄弱，许多中小河流防洪标准仅 3 ~ 5 年一遇，有的甚至没有设防，加之一些中小河流流域管理缺位，水土流失严重、拦河设障、向河道倾倒垃圾、侵占河道等现象十分严重，河道萎缩严重，常遇洪水下就可能发生较大的洪涝灾害，多数中小河流处于“大雨大灾、小雨小灾”的局面。

另外，近年来极端天气事件增多，中小流域常发生集中暴雨，山洪灾害频发，对我国城乡尤其重要城镇和农业主产区防洪安全构成了严重威胁。总体上看，我国山洪灾害有如下基本特点：

(1)分布广泛、发生频繁。我国位于东亚季风区,降雨高度集中于夏秋季节,且地形地质状况复杂多样,人口众多,容易发生溪河洪水灾害,从而形成山洪灾害分布范围广、发生频繁的特点。

(2)突发性强,预测预防难度大。我国山丘区坡高谷深,暴雨强度大,产汇流快,洪水暴涨暴落。从降水到山洪灾害形成历时短,一般只有几个小时,甚至不到1 h,给山洪灾害的监测预警带来很大的困难。

(3)成灾快,破坏性强。山丘区因山高坡陡,溪河密集,洪水汇流快,加之人口和财产分布在有限的低平地上,往往在洪水过境的短时间内即可造成大的灾害。

(4) 季节性强,区域性明显。山洪灾害的发生与暴雨的发生在时间上具有高度的一致性。我国的暴雨主要集中在每年5~9月,山洪灾害也主要集中在5~9月,尤其是6~8月主汛期更是山洪灾害的多发期。山洪灾害在地域分布上也呈现很强的区域性,我国西南地区、秦巴山区、江南丘陵地区和东南沿海地区的山丘区山洪灾害集中,暴发频率高,易发性强。

山洪灾害的致灾因素具有自然和社会的双重属性,其形成、发展与危害程度是降雨、地形地质等自然条件和人类经济活动等社会因素共同影响的结果。

(1)降雨因素。降雨是诱发山洪灾害的直接因素和激发条件。山洪的发生与降雨量、降雨强度和降雨历时关系密切。降雨量大,特别是短历时强降雨,在山丘区特定的下垫面条件下,容易产生溪河洪水灾害。

(2)地形地质因素。不利的地形地质条件是山洪灾害发生的重要因素。我国山丘区面积占国土面积的2/3以上。自西向东呈现出三级阶梯,在各级阶梯过渡的斜坡地带和大山系及其边缘地带,岭谷高差达2 000 m以上,山地坡度30°~50°,河床比降陡,多跌水和瀑布,易形成山洪灾害。

(3)经济社会因素。受人多地少和水土资源的制约,为了发展经济,山丘区资源开发和建设活动频繁,人类活动对地表环境产生了剧烈扰动,导致或加剧了山洪灾害。山丘区居民房屋选址多在河滩地、岸边等地段,或削坡建房,一遇山洪极易造成人员伤亡和财产损失。山丘区城镇由于防洪标准普遍较低,经常进水受淹,往往损失严重。

1.1.3 城市洪水灾害

自古以来,我国城市几乎都是在江河湖海水域附近或依山傍水兴建的,受到不同类型洪水的威胁。我国城市洪涝灾害主要来自暴雨洪水、台风、风暴潮、山洪等外洪和内涝的威胁,风险最大的是超标准洪水及城市防洪堤漫溃或上游大坝溃决等带来的毁灭性灾害。

城市洪灾具有损失重、影响大、连发性强、灾害损失与城市发展同步增长的特点。现代化城市系统功能更加复杂化,其系统间相互关系密切。当遇到突发灾害时,系统间相互影响十分明显,作为生命线的供水、供电、供气、道路、通信系统的损坏将使城市的生产、生活陷于瘫痪。随着城市现代化水平的不断提高,灾害影响面在相对扩大。一方面,灾害常常表现为多种灾害的复杂叠加;另一方面,一些灾害也会给城市系统酿成“灾害链”,不仅严重影响城市可持续发展,而且影响社会的稳定。

城市洪灾的成因是多方面的,除受地理地形、气候条件等许多自然因素影响外,也受到人类活动等人为因素的影响。

我国幅员辽阔、地形复杂、河流众多,季风气候十分显著。受季风气候的影响,各地的降水年内分配不均(全年降水大多集中在汛期),年际变化也较大,东部地区城市洪灾主要由暴雨、台风和风暴潮造成,西部地区城市洪灾主要由融水和局部暴雨造成。城市洪灾的人为因素主要体现在城市化对水文循环过程所产生的影响。

(1)城市化对降水量的影响。城市化对降水量的影响表现在降水量有增大的趋势,其原因是城市热岛效应、城市阻碍效应及城市大量的凝结核被排放到空气中,从而促进降水的形成。

(2)城市化对产流量的影响。城市化对产流量的影响表现在城市地面硬化,使下垫面的不透水面积大量增加,从而导致地表的下渗能力大幅度降低,地下水位下降,地表径流量大幅度增加,次降水产生的径流总量增加,洪峰流量增大,直接的后果就是整个城市的防洪压力骤增。

(3)城市化对汇流量的影响。城市化对汇流量的影响表现在城市化一方面导致地表下渗能力降低,从而影响产流;另一方面使地表坡度增大、糙率减小,使地表汇流时间缩短,从而影响汇流。

1.1.4 洪水灾害新特点

近年来,在全球气候变化加剧、极端暴雨事件明显增多以及社会经济快速发展的情形下,我国洪水灾害发生了新的变化,体现出新的特点,给防洪减灾工作带来了新挑战。

(1)洪水多样性更突出。从典型洪水灾害的成因来看,大暴雨孕育大洪水,因果关系非常明显,但各场洪水特点鲜明,如小范围极强暴雨引发的1975年淮河上游特大洪水、超长历时且降水频繁引发的1991年江淮洪水、雨区广且暴雨中心多动的1998年长江大洪水等,均反映出洪水的多样性特征。在目前全球气候变化日益显著的大环境下,极端降水事件频发,使洪水多样性更突出,更难以把握。

(2)人类活动影响增强。随着我国人口的不断增长以及社会经济的不断发展,“人水争地”的现象愈演愈烈。不合理的流域开发引发水土流失,致使河道淤积萎缩,产生“小洪水,高水位”等不利局面,常导致“小水大灾,大水巨灾”;盲目围垦导致湖泊萎缩,洪水调蓄能力降低;无节制地侵占蓄滞洪区,严重影响洪水调度决策。

(3)中小水库溃决风险加大。截至2008年,全国已建成各类水库86 353座,但水库工程的安全状况并不乐观,50%以上的水库建成于20世纪50~70年代,大多是在“边勘测、边设计、边施工”中建成的,工程标准低、施工质量差,经过几十年的运行,大多已处于病险状态。1975年淮河上游水库群连环失事反映出大坝溃决造成的灾难将是毁灭性的,梯级水库溃决会成倍加大洪水灾害量级。

(4)山洪灾害日益突显。我国大江大河洪水得到初步控制,但山区洪水灾害日益突出。山洪灾害死亡人数占全国洪涝灾害死亡人数的比例较大。据统计,1992~2002年全国因山洪灾害死亡2.3万人,约占同期全国洪涝灾害死亡人数的65%。其中,1992~1998年全国每年山洪灾害死亡1 900~3 700人,占洪涝灾害死亡人数的62%~69%。虽然 1999 ~ 2002 年山洪灾害死亡人数下降至 1 100 ~ 1 400 人,但所占比例却上升到 65% ~ 75%。2008 年该比例为 79.6%。另外,随着人口的增长和经济社会的发展,暴雨区、山洪灾害易发区和人口居住区的重叠使得单次山洪灾害的经济损失也趋于严重。

1.2 洪水风险定义及分类

洪水灾害是对人类生存和发展威胁最大的灾害之一,世界各国都将洪水灾害定义为自然灾害,如果由此认为,只要出现异常洪水就将发生灾害,那是一种误解。因为在任何地方,只要有大量降水,就会有洪水出现,至于洪水灾害则只在有人类活动的地方才会发生。在无人的荒漠地带尽管洪水滔天,也无所谓灾害。可见,洪水灾害的概念应该包括这样的两层含义,一是致灾因子——自然态洪水,二是承灾体——人类社会(通常只将人类社会视为承灾体,其实无视自然规律的社会发展也是另一种致灾因素),两者缺一不称其为灾害。

在洪灾风险研究领域,对于洪灾风险的定义至今仍未达成共识,但越来越多的人倾向于将洪灾风险定义为洪灾发生的可能性及其损失,即从洪灾发生的可能性与导致的后果两方面来界定洪灾风险。

近年来,随着社会和科学的进步,为了确切地分析评估洪水灾害可能造成的损失,更好地制定防灾减灾对策和措施,人们更重视对洪水风险评估的定量化和实用性,包括对洪水风险定义的定量认识,洪水风险分析、洪水灾害后果定量评估、洪水风险图制作应用等内容。

洪水风险的来源众多,按照洪水风险来源划分,主要包括如下几种。

1.2.1 水文气象过程的不确定性

气候的复杂多变,使降雨分布难以准确预测,降雨是不确定的;雨到地面后,由于地形、地貌、植被、气温等因素的影响,汇流过程十分复杂;降雨观测技术和手段存在误差;水文计算方法是近似的;计算参数是经验性的。因此,在水文学研究中引入洪水概率分析,根据大量的水情观测资料,通过概率统计计算确定多少年一遇洪水的水位和流量。因此,水文气象过程的不确定性是洪水风险源之一。

1.2.2 监测资料和工程建筑材料的不确定性

在我国很多地区,防洪工程修建于 20 世纪 50 ~ 70 年代,工程质量不高,年久失修,难以达到预期的防洪能力,防洪标准偏低是显而易见的。

1.2.3 分析计算方法和模型的不确定性

水力学计算中采用插分计算或有限元计算都具有一定的近似性,下垫面糙率等参数的选取是经验性的,流体计算边界是概化的,河道泥沙淤积和输运的计算也是采取经验公式。这些计算误差都具有不确定性。

1.2.4 未来社会对防洪要求的不确定性

如何建立科学的经济发展评估模式对防洪规划十分重要,是防洪规划的重要依据之一,防洪标准的高低与地区的经济发展相协调,经济发展较快,防洪标准要求较高,反之防洪标准要求较低。由于影响经济发展的因素众多,地理环境、气候特点、经济基础、资源状况、人口素质、知识水平等对地区经济发展会产生不同程度的影响,部分因素很难定量化,造成了经济发展水平预测的不确定性。

1.3 洪水风险表征要素

从洪灾风险定义来看,洪水风险取决于孕灾环境、致灾因子、承灾体和防灾能力等多方面因素。孕灾环境是指灾害孕育与产生的外部环境条件,包括自然环境和社会环境,它决定了灾害事件的类型与规模、承灾体可能面对的危险性,以及应对风险可能受到的制约。致灾因子指各种致灾事件导致灾害损失的那些特征指标,如不同来源的洪水洪量、淹没范围、淹没水深、淹没历时和洪水流速等;承灾体承受灾害的主体,包括各种物质、非物质资源以及人类本身,主要包括人口、耕地、资产等;防灾能力为降低灾害损失所采取的工程措施与非工程措施,它反映了人类应对灾害风险的能力,包括承灾体抗灾能力、应急响应能力、防洪除涝等工程设施等。

1.3.1 孕灾环境指标

承灾环境指标主要包括大气海洋环境指标、水文气象环境指标和下垫面指标等。

(1)大气海洋环境指标:采用南方涛动指数、厄尔尼诺现象、温室效应等来表示;

(2)水文气象环境指标:选用多年平均降水量、年最大暴雨量、频次等来表示;

(3)下垫面指标:一般用区域位置、地面高程、坡度、植被密度等来表示。

1.3.2 承灾体指标

承灾体指标主要包括人口、经济状况等。

(1)人口:研究城市内的人口总量(人);

(2)经济状况:一般采用城市或地区的年生产总值GDP(万元)来表示。

1.3.3 致灾因子指标

致灾因子指标主要包括洪量、洪峰、最高洪水位、洪水历时等。

(1)洪量:在一次洪水期间内,场次洪水的总水量(m^3);

(2)洪峰:指洪水过程中的最大瞬时流量(m^3/s);

(3)最高洪水位:指洪水过程中的最高水位(m);

(4)洪水历时:指一场洪水过程持续的时间(d)。

1.3.4 灾情指标

灾情指标主要包括淹没水深、淹没历时、受灾人口、淹没面积、工矿商企事业单位资产损失率、城市居民财产损失率、工程设施损失率、地域性波及损失和时间后效性波及损失等。

(1)淹没水深。指受淹地区的积水深度,淹没水深是洪灾损失的最重要因子之一;淹没水深分级标准为:<0.5 m,0.5~1.0 m,1.0~2.0 m,2.0~3.0 m 和 >3.0 m。城市暴雨积水深度分级标准为:<0.3 m,0.3~0.5 m,0.5~1.0 m,1.0~2.0 m 和 >2.0 m。

(2)淹没历时。受淹地区的积水时间;淹没历时分级标准为:<12 h,12~24 h,1~3 d,3~7 d 和 >7 d。城市暴雨积水历时分级标准为:<1.0 h,1.0~3.0 h,3.0~6.0 h,6.0~12.0 h 和 >12.0 h。

(3)受灾人口。指因受洪水灾害而遭受损失的,进而使生产、生活受到一定程度损失和影响的人口数量(人)。

(4)淹没面积。指受洪水影响,水位升高致使受淹的区域面积(km^2)。

(5)工矿商企事业单位资产损失率。相对指标,描述洪水灾害对城市工矿商企事业单位资产造成的直接经济损失(%)。

(6)城市居民财产损失率。相对指标,描述洪水灾害对城市居民财产造成的经济损失(%)。

(7)工程设施损失率。相对指标,描述洪灾对各类工程设施造成的经济损失(%)。

(8)地域性波及损失。洪水淹没区的中断,致使其他地区工矿企业因原料供应不足或中断而停工或产品积压造成的经济损失,以及因此改为其他途径而增加的费用(万元)等。

(9)时间后效性波及损失。洪灾后,原淹没区与影响区工商企业在恢复期间减少的净产值和多增加的年运行费用,以及用于救灾与恢复生产的各种费用支出(万元)。

1.3.5 救灾减灾指标

救灾减灾指标主要包括洪水预报精度、行洪区滞蓄洪量和抗洪救灾投入量等。

(1)洪水预报精度:洪水预报的准确率(%)。

(2)行洪区滞蓄洪量:河道两侧或两岸大堤间低洼地带能滞蓄洪水的总量(m^3)。

(3)抗洪救灾投入量:各地区、各部门投入抗洪救灾的救济款总数,以及防洪抢险,抢运物资,灾民救护,转移,安置,救济灾区,开辟临时交通,通信,供电与供水管线等的费用(万元)。

1.4 洪水风险分析及评价流程

根据洪水风险取决因素,洪水风险分析主要包括以下内容:

首先,要对所处的孕灾环境进行洪水风险的辨识。分析自然环境与社会环境的演变带来的洪水风险的变化,历史洪水即使重现,其风险也会有显著的不同。治水方略与对策的抉择要基于未来洪水风险情景的预见,而不能简单依据以往的经验。

其次,需要对致灾因子进行估算。致灾因子是造成洪灾损失的直接外因,然而洪水风险分析的目的不同时,致灾因子的考虑与分析的方法也会有很大差别。例如:防洪排涝工程规划考虑的是不同重现期设计暴雨、设计洪水的特征值;编制防汛应急预案时,要按最可能与最不利原则选择暴雨、洪水的组合，得出不同的淹没范围、水深分布等；而防汛调度决策会商时，关注的是实时的雨情、水情、工情、险情监测与预报的信息等。

再者，需要考虑承灾体及其易损性。承灾体自身的耐水特性，是形成洪灾损失的内因。可能损失的预评估也是洪水风险分析的重要内容。主要方法是建立分类资产与致灾因子间的损失率关系。现代社会中水灾损失增长的主要原因是承灾体的脆弱性在增长。在传统农业社会中，直接损失是损失的主体，而在现代社会中，间接损失甚至可能超过直接经济损失。

最后，要分析抑制与降低风险的防灾能力。洪水不同于台风、地震的一个重要特点，在于其有一定的可调控性。布局合理、标准适度、维护良好、调度运用科学的防洪工程体系，为协调人与自然之间、区域之间基于洪水风险的利害关系提供了基本手段，是实现人与自然和谐共处的重要基础。为了抑制现代社会中水灾风险持续增长的态势，除工程手段外，还需要综合运用法律、经济、行政、技术、教育等非工程手段，并使两者有机地结合起来。

洪水风险分析工作流程见图 1-1。

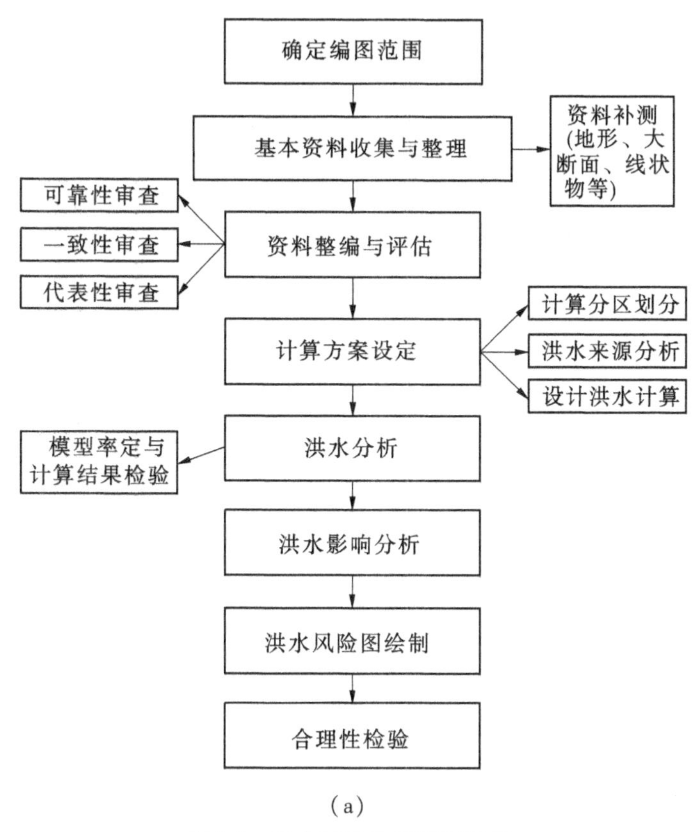

(a)

图 1-1　洪水风险分析工作流程

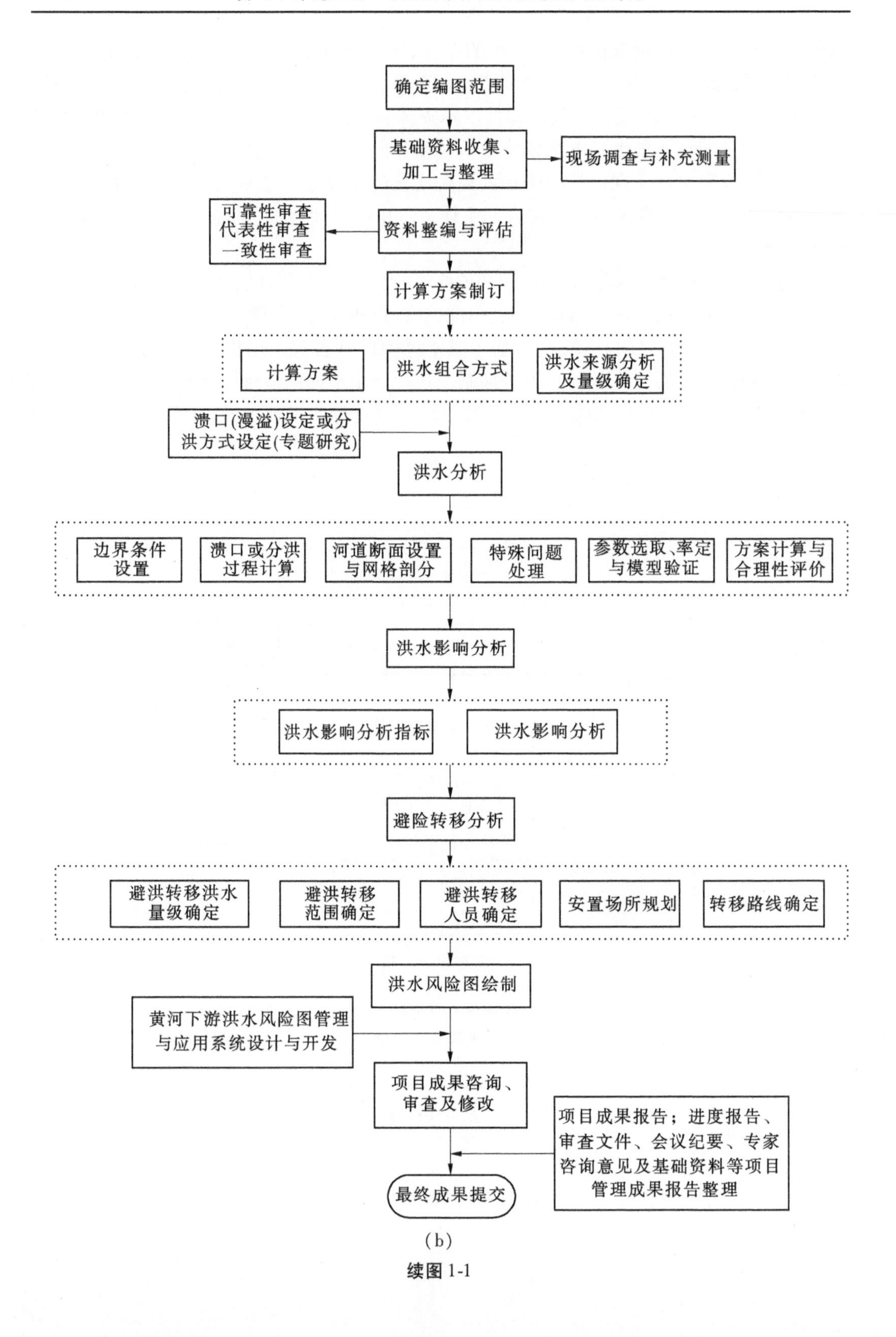
确定编图范围
基础资料收集、加工与整理
现场调查与补充测量
可靠性审查
代表性审查
一致性审查
资料整编与评估
计算方案制订
计算方案
洪水组合方式
洪水来源分析及量级确定
溃口(漫溢)设定或分洪方式设定(专题研究)
洪水分析
边界条件设置
溃口或分洪过程计算
河道断面设置与网格剖分
特殊问题处理
参数选取、率定与模型验证
方案计算与合理性评价
洪水影响分析
洪水影响分析指标
洪水影响分析
避险转移分析
避洪转移洪水量级确定
避洪转移范围确定
避洪转移人员确定
安置场所规划
转移路线确定
洪水风险图绘制
黄河下游洪水风险图管理与应用系统设计与开发
项目成果咨询、审查及修改
项目成果报告；进度报告、审查文件、会议纪要、专家咨询意见及基础资料等项目管理成果报告整理
最终成果提交
(b)

续图 1-1

1.5 黄河下游洪水风险概况

1.5.1 河道概况

黄河干流在孟津县白鹤镇由山区进入平原,经华北平原,于山东省垦利县注入渤海,河长881 km。由于进入黄河下游水少沙多,河床不断淤积抬高,主流摆动频繁,现状下游河床普遍高出两岸地面4~6 m,部分地段达10 m以上,并且仍在淤积抬高,成为淮河和海河流域的天然分水岭。黄河下游河道基本情况见表1-1。

表1-1 黄河下游河道基本情况统计

河段	河型	河道长度(km)	宽度(km)			河道面积(km^2)			平均比降(‰)
			堤距	河槽	滩地	全河道	河槽	滩地	
白鹤镇—铁桥	游荡型	98	4.1~10.0	3.1~10.0	0.5~5.7	697.7	131.2	566.5	0.256
铁桥—东坝头	游荡型	131	5.5~12.7	1.5~7.2	0.3~7.1	1 142.4	169.0	973.4	0.203
东坝头—高村	游荡型	70	5.0~20.0	2.2~6.5	0.4~8.7	673.5	83.2	590.3	0.172
高村—陶城铺	过渡型	165	1.4~8.5	0.7~3.7	0.5~7.5	746.4	106.6	639.8	0.148
陶城铺—宁海	弯曲型	322	0.4~5.0	0.3~1.5	0.4~3.7				0.101
宁海—西河口	弯曲型	39	1.6~5.5	0.4~0.5	0.7~3.0	979.7	222.7	757.0	0.101
西河口以下	弯曲型	56	6.5~15.0						0.119
全下游		881							

孟津县白鹤镇—河口,除南岸郑州以上的邙山和东平湖—济南为山麓外,其余全靠大堤控制洪水,按其特性可分为四段:高村以上河段,长299 km,河道宽浅,水流散乱,主流摆动频繁,为游荡型河段,两岸大堤之间的距离平均为8.4 km,最宽处20 km。高村—陶城铺河段长165 km,该河段在近20年间修了大量的河道整治工程,主流趋于稳定,属于由游荡型向弯曲型转变的过渡型河段,两岸堤距平均为4.5 km。陶城铺—宁海河段,现状为受到工程控制的弯曲型河段,河势比较规顺,长322 km,两岸堤距平均为2.2 km。宁海以下为河口段,随着黄河入海口的淤积、延伸、摆动,流路发生变迁,现状流路为1976年改道的清水沟流路,已行河至今,由于进行了一定的治理,1996年改走清8汊河以来,河道基本稳定。

黄河下游河道断面多为复式断面,一般有滩槽之分。主槽部分糙率小、流速大,是排洪的主要通道;主槽过流能力占全断面过流能力的百分数,夹河滩以上大于80%,夹河滩—孙口为60%~80%。滩地糙率大、流速低,过流能力小,但对洪水有很大的滞洪沉沙作用,陶城铺以上河宽滩大,削减洪峰流量的作用十分明显,如1958年花园口站最大洪峰流量为22 300 m^3/s,孙口站的洪峰流量仅为15 900 m^3/s。1950年至小浪底水库下闸蓄水,下游河道共淤积泥沙约92亿t,其中滩地淤积泥沙65亿t,滩地沉沙对保证黄河下游堤防和黄淮海平原安全发挥了巨大作用。

1.5.2 滩区概况

自有历史记载以来，黄河下游河道发生过多次变迁。早期黄河史称为禹河，史载禹河流路大致经新乡、浚县、广平、广宗、巨鹿、沧县、静海等地，从天津以北流入渤海。由于黄河下游为游荡摆动堆积性的河道，加之多泥沙的特性，河势游荡摆动，构成了黄河下游善淤、善徙、善决的特点。在输送泥沙入海的同时，也淤积塑造了华北大平原。

现行河道孟津县白鹤镇—郑州京广铁路桥河段为禹王故道，有近千年的历史；京广铁路桥—兰考县东坝头河段为明清故道，已有约500多年的历史；东坝头以下河段是1855年铜瓦厢决口后，从东坝头改道东北流向，穿运河夺大清河以后形成的。黄河夺大清河入海之后，洪水漫流达20余年，沿河各地为限制水灾蔓延，顺河筑堰，遇湾切滩，堵截支流，修起了民埝，后在民埝的基础上陆续修建形成现状的大堤，构成目前黄河下游滩区格局。

孟津白鹤—京广铁桥河段为禹王故道，长98 km，河道宽4.1～10 km。河段内滩地主要集中在左岸的孟州、温县、武陟县境内，面积广大，习惯上称为温孟滩，现有滩区面积445.2 km^2，耕地49.7万亩（1亩 = 1/15 hm^2，下同），村庄73个，人口9.10万人。本河段温县大玉兰以上为安置小浪底水库移民，已修建了防御标准为10 000 m^3/s洪水的防护堤，中小洪水不受漫滩影响；大玉兰以下河段河道冲淤变幅较大，漫滩流量随中游来水来沙情况有很大差异，目前当地流量4 000 m^3/s左右即可漫滩。

京广铁桥—东坝头河段为明清故道，长131 km。河道宽浅，是典型的游荡型河道，两岸堤距5.5～12.7 km，河槽宽1.5～7.2 km。滩区面积702.5 km^2，耕地76.8万亩，村庄361个，人口45.42万人。由于主流摆动、主槽淤积速度较快，河道内1855年铜瓦厢决口后河床下切形成的高滩已相对不高，“96 · 8”洪水使140多年来从未上过水的高滩也漫滩过流。河段内滩地主要集中在左岸的原阳、封丘，右岸的郑州、开封境内。

东坝头—陶城铺河段是1855年铜瓦厢决口改道后形成的河道，长235 km，两岸堤距1.4～20 km，河槽宽0.7～6.5 km，滩区面积1 477.2 km^2，耕地157.0万亩，村庄992个，人口93.37万人。由于主槽淤积严重，滩唇高于滩面更高于临黄堤根，形成槽高滩低堤根洼的地势，滩面横比降增大为1/2 000～1/3 000，远大于1.5‱左右的河道纵比降，“二级悬河”形势严峻，堤河、串沟较多。该河段漫滩机遇较多，平滩流量3 000 m^3/s左右，是黄河滩区受灾频繁、灾情较重的地区。2002年、2003年调水调沙期间受淹的滩地均位于该河段。该河段内的自然滩主要有左岸的长垣滩、濮阳渠村东滩、濮阳习城滩、范县辛庄滩、范县陆集滩、台前清河滩，右岸的兰考东明滩、鄄城的葛庄滩和左营滩等，面积（现状生产堤与大堤之间的面积）大于100 km^2有左岸的长垣滩、濮阳习城滩和右岸的兰考东明滩，面积介于50～100 km^2有范县陆集滩、台前清河滩，其他自然滩面积介于25～50 km^2。

陶城铺—渔洼河段，长约350 km，两岸堤距0.4～5.0 km，河槽宽0.3～1.5 km，是铜瓦厢改道后夺大清河演变形成的。本河段已治理成弯曲型河道，河势流路比较稳定，滩槽高差较大。除长清、平阴两县的滩区为连片的大滩地外，其余全部是小片滩地。滩区面积529.1 km^2，耕地56.6万亩，村庄502个，人口41.63万人。此河段不仅伏秋大汛洪水漫滩概率高，而且还受凌汛漫滩的威胁，生产不稳定。

渔洼以下河段，属河口地区，不在本次规划范围内。该河段黄河滩内居住有5个村庄近千名群众，滩内有耕地 20 余万亩，还有部分胜利油田的相关设施。

黄河下游滩区总体及主要滩区情况分别见表 1-2、表 1-3。

表 1-2 黄河下游滩区总体情况

河段	行河历史	河段长度（km）	河道宽（km）	滩区面积（km^2）	耕地（万亩）	村庄（个）	人口（万人）	主要滩区
孟津白鹤—京广铁桥	禹王故道	98	4.1～10	445.2	49.7	73	9.10	温孟滩
京广铁桥—东坝头	明清故道	131	5.5～12.7	702.5	76.8	361	45.42	原阳滩、郑州滩、开封滩
东坝头—陶城铺	铜瓦厢决口改道	235	1.4～20	1 477.2	157.0	992	93.37	长垣滩、濮阳习城滩、范县辛庄滩、范县陆集滩、台前清河滩、兰考东明滩、鄄城葛庄滩、鄄城左营滩
陶城铺—渔洼	铜瓦厢决口改道	350	0.4～5.0	529.1	56.6	502	41.63	长平滩
合计		814		3 154.0	340.1	1 928	189.52	

表 1-3 黄河下游滩区主要滩区情况

序号	滩名	面积（km^2）	耕地（万亩）	村庄（个）	人口（万人）
1	原阳滩（含武陟、封丘）	407.7	46.6	209	26.14
2	长垣滩	302.6	31.3	179	22.46
3	濮阳滩（含范县、台前）	263.1	25.3	304	21.60
4	开封滩	136.8	13.0	95	10.95
5	兰考东明滩	184.2	18.8	105	9.68
6	长平滩（含东平、平阴长清、槐荫等县）	369.4	36.1	399	36.91
7	封丘倒灌区	407.0	50.1	169	21.32

1.5.3 防洪保护区概况

黄河下游两岸的防洪保护区涉及河南、山东、河北、安徽、江苏等 5 省 29 个地级市的 110 个县，保护区面积为 12 万 km^2，人口 1.30 亿人，耕地面积 0.09 亿 hm^2，2015 年保护区 GDP 达 4.3 万亿元。黄河下游不同河段堤防决溢可能波及范围详见表 1-4。保护区内河流众多，水系复杂，南岸涉及淮河流域，沂沭泗水系、小清河等河流；北岸涉及海河流域，漳卫新河、马颊河、徒骇河等河流。

表 1-4 黄河下游不同河段堤防决溢可能波及范围

岸别	决溢堤段	洪泛区范围		涉及主要城市、工矿及交通设施
		面积(km^2)	边界范围	
北岸	沁河口—原阳	33 000	北界卫河、卫运河、漳卫新河;南界陶城铺以上为黄河,以下为徒骇河	新乡、濮阳市,京广、京九、京沪、新菏铁路,多条高速公路,中原油田,南水北调中线工程输水干线
	原阳—陶城铺	8 000 ~ 18 500	漫天然文岩渠流域和金堤河流域;若北金堤失守,漫徒骇河两岸	濮阳市,新菏、京沪、京九铁路,多条高速公路,中原油田、胜利油田北岸
	陶城铺—津浦铁桥	10 500	沿徒骇河两岸漫流入海。	滨州,聊城,京沪铁路,多条高速公路,胜利油田北岸
	津浦铁桥以下	6 700	沿徒骇河两岸漫流入海	滨州市,胜利油田北岸
南岸	郑州—开封	28 000	贾鲁河、沙颍河与惠济河、涡河之间	郑州(部分)、开封市,连霍高速公路,陇海、京九铁路
	开封—兰考	21 000	涡河与沱河之间	开封、商丘市,陇海、京九铁路,多条高速公路,淮北煤田
	兰考—东平湖	12 000	高村以上决口,波及万福河与明清故道之间及邳苍地区;高村以下决口,波及菏泽、丰县一带及梁济运河、南四湖,并邳苍地区	菏泽市,陇海、津浦、新菏、京九铁路,多条高速公路,兖济煤田
	济南以下	6 700	沿小清河两岸漫流入海	济南(部分)、东营市,多条高速公路,胜利油田南岸

根据黄河下游河道特征及防洪保护区地形特点,将黄河下游防洪保护区划分为 9 个片区,左岸为沁河口—封丘河段、封丘—台前河段、台前—津浦铁路桥河段、津浦铁路桥—河口河段防洪保护区 4 个片区;右岸为郑州—开封河段、开封—兰考河段、兰考—东明河段、东明—东平湖河段、济南—河口河段防洪保护区 5 个片区。

1.5.3.1 郑州—开封河段右岸防洪保护区概况

1. 保护区范围

根据防洪保护区内地形条件、河流水系分布,结合河段堤防历史决口洪水淹没范围分析,郑州—开封河段右岸防洪保护区北自黄河大堤,南至安徽省阜阳市以下淮河河道,西沿贾鲁河、沙颍河,东至浍河,面积约 2.5 万 km^2,涉及河南省、安徽省 10 个地级市约 44 个县(区),见表 1-5,保护区位置及范围见图 1-2。

表1-5 黄河下游郑州—开封河段保护区涉及省、市、县(区、市)统计表

省份	地级市	县(区、市)
河南	周口	郸城县、扶沟县、淮阳县、鹿邑县、太康县、西华县
	郑州	管城回族区、惠济区、金水区、中牟县
	商丘	民权县、宁陵县、睢县、睢阳区、夏邑县、永城市、虞城县、柘城县
	开封	鼓楼区、金明区、祥符区、兰考县、龙亭区、杞县、顺河区、通许县、尉氏县、禹王台区
安徽	宿州	泗县
	淮南	凤台县、潘集区
	淮北	濉溪县
	阜阳	太和县、颍东区、颍泉区、颍上县
	亳州	利辛县、蒙城县、谯城区、涡阳县
	蚌埠	固镇县、怀远县、怀上区、五河县

2. 地形地貌

郑州—开封河段右岸防洪保护区地势西北高、东南低,西北郑州地区海拔最高约100 m,淮安盱眙洪泽一带地势最低,平原海拔约8 m。保护区内河南郑州、开封、商丘、周口地区为黄河冲积平原;安徽阜阳以平原为主,平原、低岗、碟形洼地相间分布;蚌埠地区属于平原和江淮丘陵的交接地带。区内耕地约占81%,园地约占0.5%,林地约占2.8%,工矿企业约占7.9%,水域约占6.9%。

3. 河流水系

郑州—开封河段右岸防洪保护区涉及的河流主要有黄河干流、淮河干流以及保护区内淮河支流。区内淮河支流众多,较大支流主要有沙颍河、茨淮新河、西淝河、涡河、怀洪新河。涉及的湖泊主要有洪泽湖。保护区内水系分布详见图1-3。

1)黄河

黄河郑州—开封河段位于黄河下游上段,郑州邙山根至开封回回寨断面之间,河道长71.41 km。该河段河道为明清故道,已有500多年的历史。河道宽浅,属于典型的游荡型河道,两岸堤距5.5~14.8 km,河道平均比降为0.20‰左右。由于主流摆动、主槽淤积速度较快,目前河床高出两岸堤防背河侧地面10 m左右,是典型的地上“悬河”。黄河下游河道“悬河”示意图见图1-4。

2)淮河干流

淮河西起桐柏山、伏牛山,东临黄海,南以大别山、江淮丘陵、通扬运河及如泰运河南堤与长江流域分界;北以黄河南堤和泰山为界,与黄河流域毗邻。干流全长1 000 km,流经湖北、河南、安徽、江苏四省,流域面积22万km^2。郑州—开封河段防洪保护区涉及淮河河段主要为沙颍河与入汇口至淮河干流洪泽湖入汇口之间,涉及淮河流域河南、安徽及江苏的部分区域。

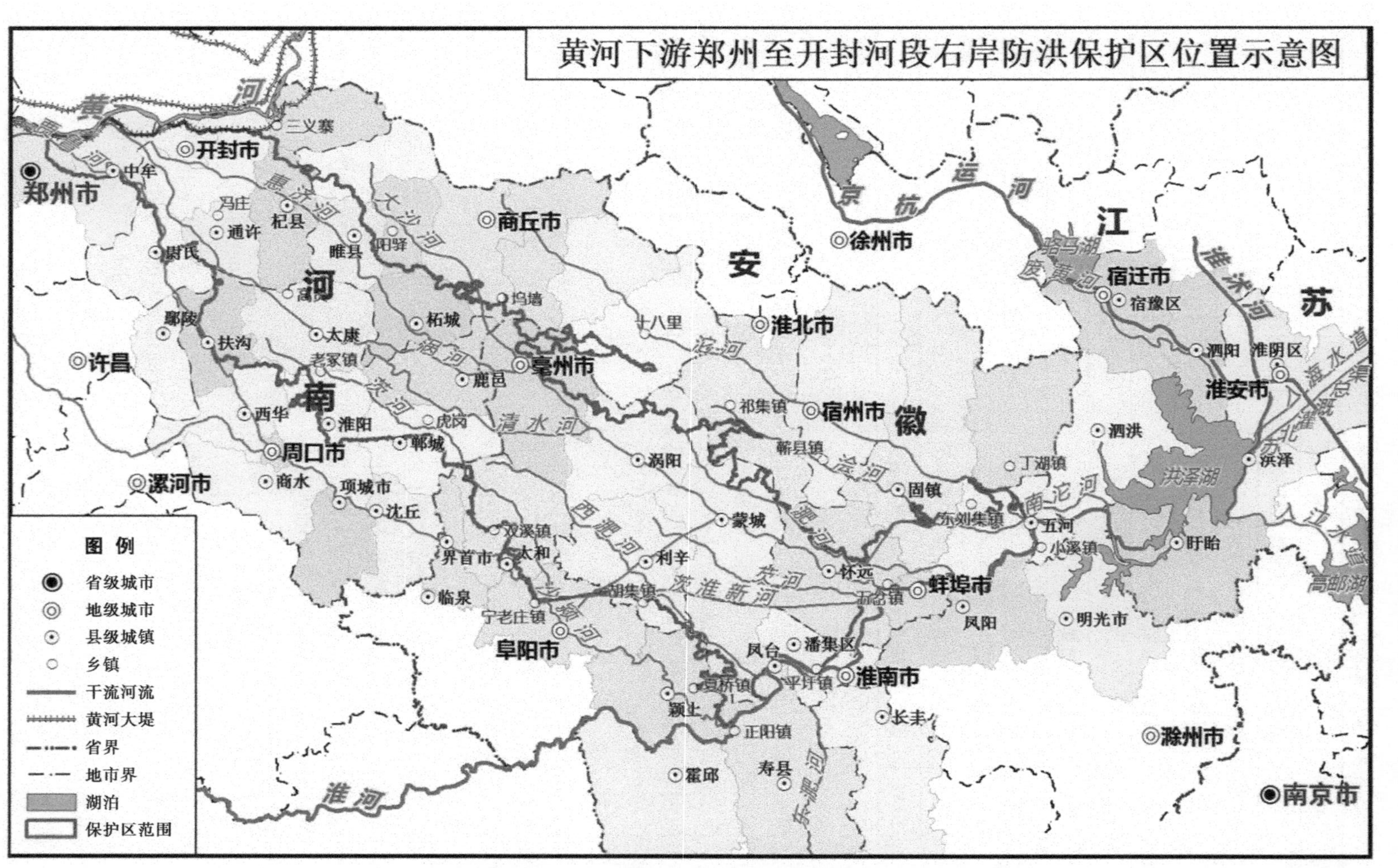

图1-2 黄河下游郑州—开封河段右岸防洪保护区位置示意图

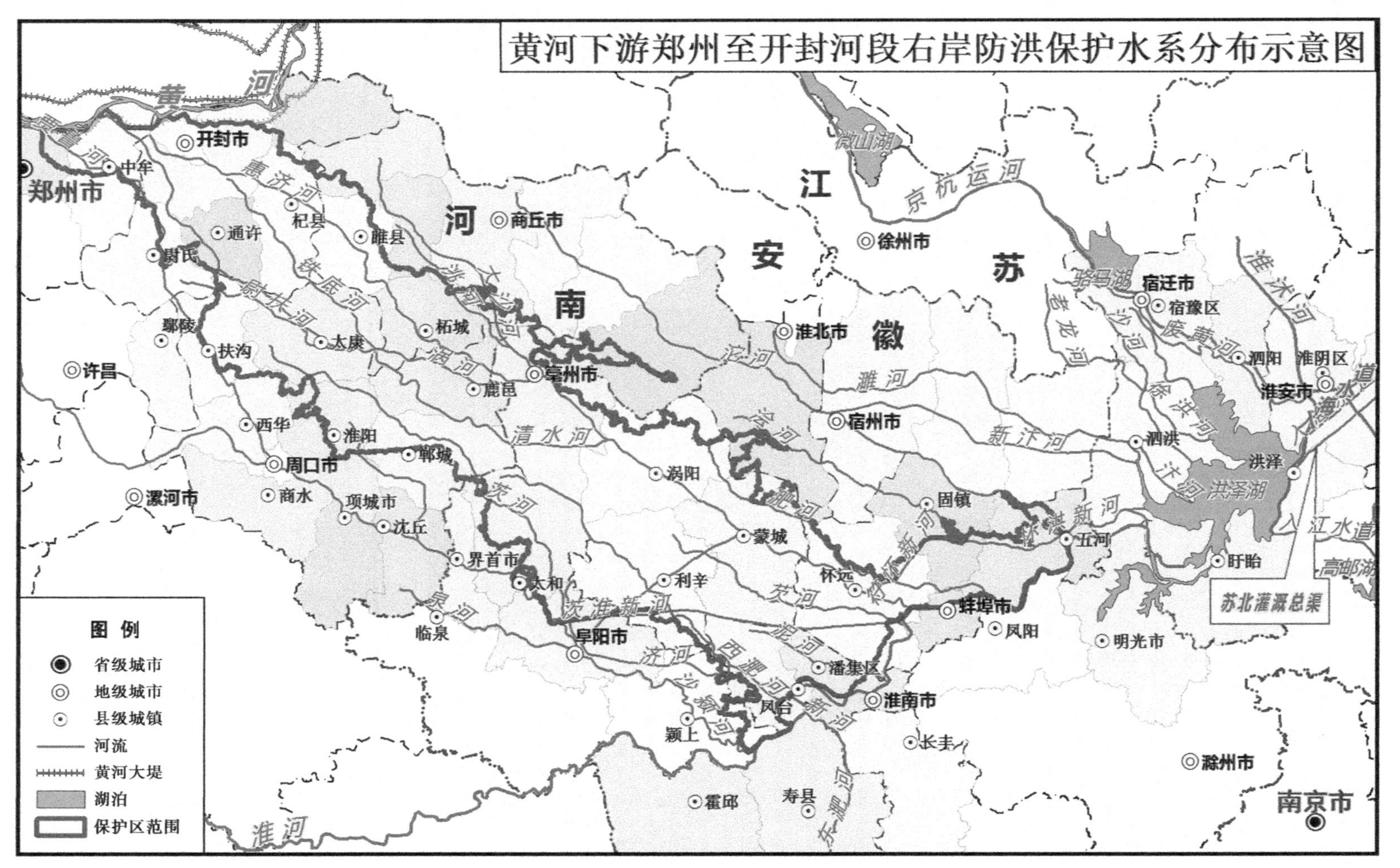

图1-3 郑州—开封河段右岸防洪保护区水系分布示意图

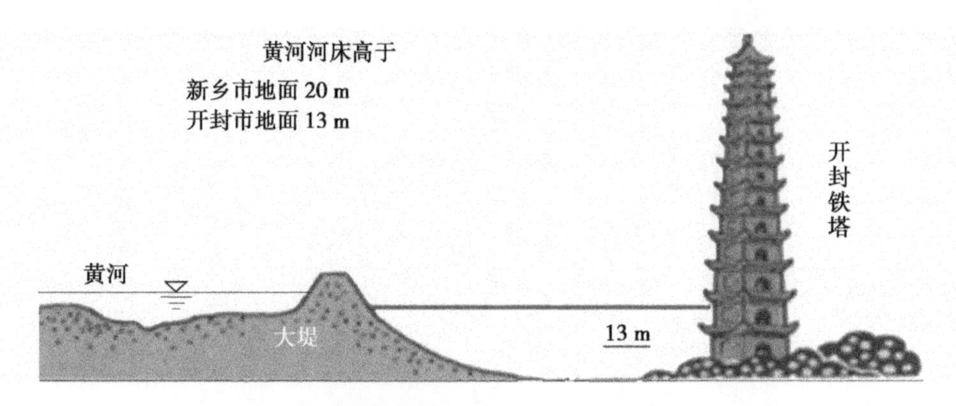

图 1-4　黄河下游河道“悬河”示意图

3) 沙颍河

沙颍河是淮河的最大支流，发源于河南省西部伏牛山山脉，嵩山东麓，流经河南省的登封、禹州、许昌、周口、项城、沈丘，安徽省界首、太和、阜阳、颍上等县市，于沫河口注入淮河，河道全长 557 km，流域总面积 3.99 万 km^2，约占淮河流域总面积的 18.1%。

本次洪水风险图编制涉及的较大支流贾鲁河发源于新密市圣水峪，流经郑州市区、中牟县、尉氏县、扶沟县、西华县至周口市区北汇入颍河，全长 276 km，流域面积 5 896 km^2。1938 年黄河花园口南堤被扒，即从贾鲁河行洪入颍河，形成河宽 1 ~ 2 km 的宽浅河道。沙颍河地理位置详见图 1-3。贾鲁河尉氏段见图 1-5，沙颍河周口市段见图 1-6。

图 1-5　贾鲁河尉氏段

图 1-6　沙颍河周口市段

4) 茨淮新河

茨淮新河是人工开挖的大型河道，主要为淮河中游扩大排洪能力，并具防洪、排涝、灌溉和航运等综合利用效益。西起颍河左岸茨河铺，向东流经颍东、颍泉、利辛、蒙城、凤台、潘集、怀远，全长 134.2 km，截引黑茨河、西淝河上中段和芡河全部来水组成独立的茨淮新河水系，总流域面积 7 127 km^2，1992 年全面竣工。茨淮新河地理位置详见图 1-3。茨淮新河利辛段见图 1-7。

5) 西淝河

西淝河发源于河南省太康县，流经安徽省亳州、太和、利辛、涡阳、颍上、凤台六县县市，至凤台硖山口入淮，全长 250 km，流域面积 4 750 km^2，属平原区河流。1971 年开挖茨淮新河后，将西淝河在阚疃集截成上下两段，上段注入茨淮新河，下段仍注入淮河。阚疃

图1-7 茨淮新河利辛段

集以上称西淝河上段,直接向茨淮新河排水,改属茨淮新河水系;阚疃集以下称西淝河下段,阚疃集—河口长64 km,河道弯曲,地形低洼。西淝河地理位置详见图1-3。西淝河利辛县段见图1-8。

图1-8 西淝河利辛县段

6)涡河

涡河是淮北地区跨豫、皖两省的骨干排水河道,发源于河南省开封市黄河南岸,流经河南省的开封、尉氏、通许、太康、杞县、柘城、鹿邑等县和安徽省的亳州市谯城、涡阳、蒙城等县(区),于怀远县城附近汇入淮河。河道全长380 km,流域总面积15 900 km^2。

流域为黄河泛滥形成的冲积平原,地势由西北向东南倾斜,河源地面高程为78 m,河口地面高程为19 m,总落差59 m。历史上黄河泛滥后主流多次由涡河下泄,所挟带泥沙在两岸沉积,使两岸形成宽约2.0 km的天然堤,向腹地成倒比降,所以原来涡河水深河宽,一般洪水不漫滩,素有“水不逾涡”之说。涡河地理位置详见图1-3。涡河太康段见图1-9,涡河蒙城段见图1-10。

7)怀洪新河

怀洪新河是一条为分泄淮河上游超标准洪水而开挖的一条人工河道,全长127 km,起自怀远县涡河入淮口的何巷闸,沿原符怀新河至胡洼,然后向东沿解河、浍河的香涧湖下泄,在香涧湖下游山西庄处香沱河引河入沱湖,然后分别沿新浍河、沱湖在十字岗汇合后,经崇潼河进入洪泽湖。当淮河涡河口水位超过23.5 m、流量超过13 000 m^3/s时,怀

图 1-9　涡河太康段

图 1-10　涡河蒙城段

洪新河分泄淮河 2 000 m^3/s 的流量，以确保淮北大堤和蚌埠市的安全。怀洪新河地理位置详见图 1-3。怀洪新河河道见图 1-11。

图 1-11　怀洪新河河道

8）洪泽湖

洪泽湖位于宿迁市南部，由黄河南徙夺淮而成，是淮河中下游最大的拦洪蓄水平原水库型湖泊。洪泽湖承泄淮河上中游 15.8 万 km^2 面积来水，主要入湖河流有淮河、怀洪新河、濉河、池河、新汴河等。洪泽湖兴利水位 13.0 m，兴利库容 31.47 亿 m^3；设计洪水位 16.0 m，相应库容 111.2 亿 m^3。洪泽湖地理位置详见图 1-3。

4. 水文气象

保护区内郑州市属于温带大陆性季风气候，蚌埠市五河县一带处于亚热带与暖温带过渡区域，多年平均气温 14.2～14.7 ℃，平均年降水量由西北向东南逐步增多，郑州市最少，约 610 mm；五河县地区多年平均降水量达到 1 005 mm。降水量年内分配不均，以 7～9 月最多，1 月最小。

5. 社会经济

郑州—开封河段右岸防洪保护区面积约 2.5 万 km^2，涉及河南省、安徽省 10 个地级市 44 个县（区），根据防洪保护区内市、县（区）统计年鉴，2013 年保护区所涉及的县（市、区）人口 4 095 万人，GDP 共计 8 106 亿元人均约 1.98 万元，耕地 4 808 万亩。

6. 历史洪水灾害

黄河下游洪水有暴雨洪水和冰凌洪水。暴雨洪水发生在每年夏秋季节，称为伏秋大汛，洪水主要来自黄河中游；冰凌洪水多发生在 1 月、2 月，称为凌汛。黄河中游有大面积的黄土高原，土质疏松，植被稀疏，每遇暴雨，水土流失严重，常常形成含沙量很高的洪水，流经下游河道，泥沙淤积，使河床形成高出两岸的地上“悬河”。

黄河洪水，在远古时期就很严重。传说在帝尧时期，黄河流域经常发生洪水。商民族居住在黄河下游，为避黄河洪水灾害也曾数迁其都。周定王五年（公元前602年），黄河下游大决徙，是迄今所知最早的一次黄河大改道。战国魏襄王十年（公元前309年）是洪水漫溢为害的最早一次记载。秦朝“决通川防”使黄河下游河道、堤防统一。此后，河床淤积抬高，洪水决溢之害日益增多。据统计，从西汉文帝十二年（公元前168年）到清道光二十年（1840年）的2008年间，计316年有黄河洪水灾害，平均六年半就有一个洪灾年。清道光二十一年（1841年）至中华民国27年，黄河洪灾就有64年，平均不到两年就有一年洪水灾害。

郑州—开封河段位于黄河下游上段，历史上该段右岸堤防决口频繁。据统计，自明清以来堤防决口次数达15次，其中1761年、1843年堤防决口造成的洪灾最为严重。1938年6月，蒋介石下令扒开黄河花园口大堤至1947年黄河回归古道，黄河决口泛滥造成的灾害巨大，遗留的影响深远，黄河回归古道后淮河流域多年连续发生水灾。人民治黄以来，经过多年的工程建设加上科学调度管理，黄河下游伏秋大汛未发生过堤防决口。

1.5.3.2 开封—兰考河段右岸防洪保护区概况

1. 保护区范围

根据防洪保护区内地形条件、河流水系分布，结合堤防历史决口洪水淹没范围分析，开封—兰考河段右岸防洪保护区北自黄河大堤，南至安徽省蚌埠市以下淮河河道，西自惠济河—涡河沿线，东沿浍河至江苏省洪泽湖。保护区涉及河南省、安徽省两省的10个地级市约39个县（区），面积约2.4万km^2（见表1-6），保护区位置及范围见图1-12。

表1-6 黄河下游开封—兰考河段保护区涉及省、市、县（区、市）统计

省份	地级市	县（区、市）
河南	周口	郸城县、淮阳县、鹿邑县、太康县
	郑州	中牟县
	商丘	民权县、宁陵县、睢县、睢阳区、夏邑县、永城市、虞城县、柘城县
	开封	金明区、祥符区、兰考县、龙亭区、杞县、顺河区、通许县、禹王台区
安徽	宿州	灵璧县、泗县、埇桥区
	淮南	凤台县、潘集区
	淮北	濉溪县
	阜阳	太和县、颍东区、颍泉区、颍上县、
	亳州	利辛县、蒙城县、谯城区、涡阳县
	蚌埠	固镇县、怀远县、怀上区、五河县

2. 河流水系

开封—兰考河段右岸防洪保护区涉及的河流主要有黄河干流、淮河干流及其支流。保护区内淮河支流较多，较大支流主要有涡河、浍河、沱河、怀洪新河、茨淮新河，涉及主要湖泊有洪泽湖。兰考河段右岸防洪保护区水系分布示意图见图1-13。

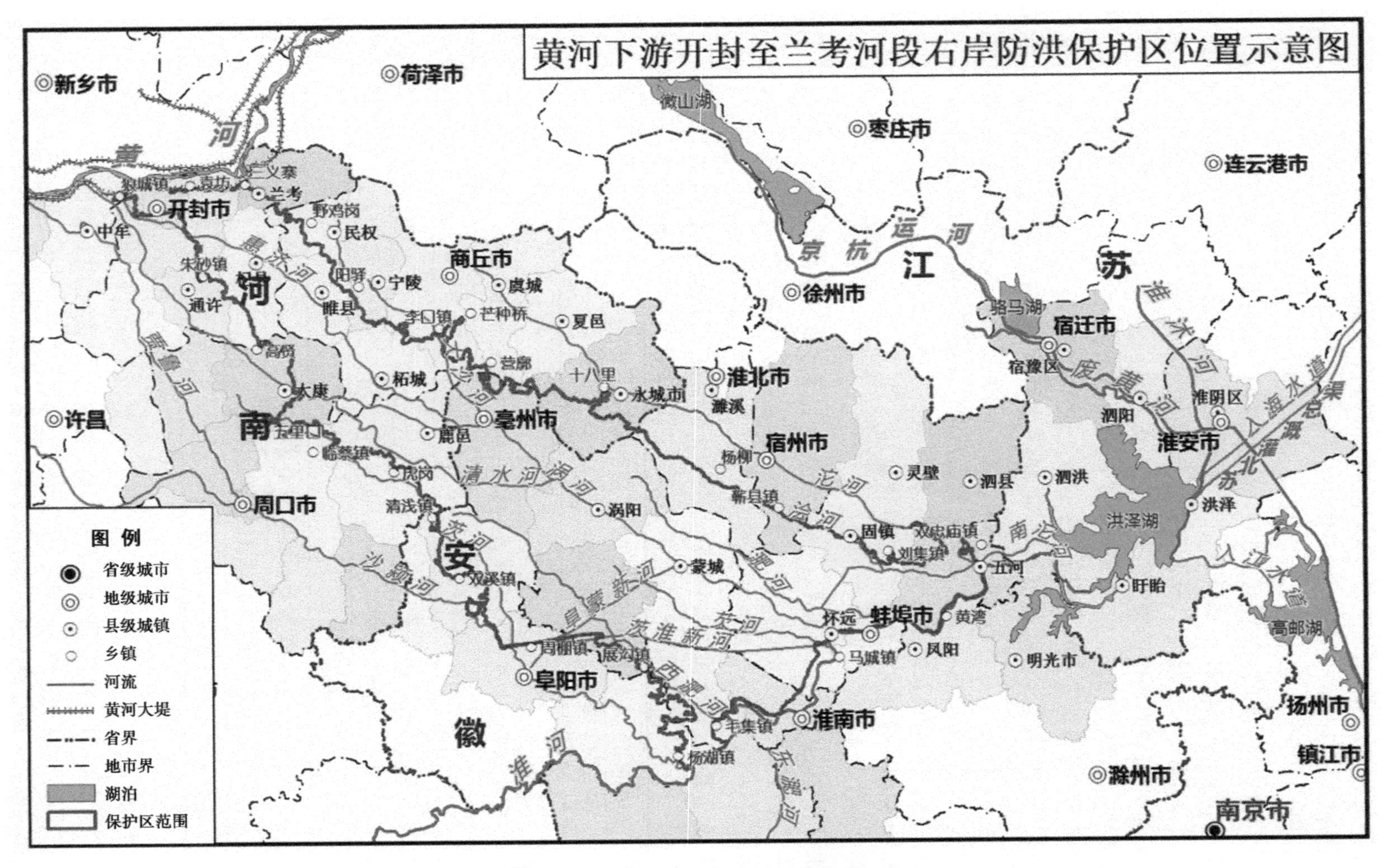

图 1-12　黄河下游开封—兰考河段右岸防洪保护区范围示意图

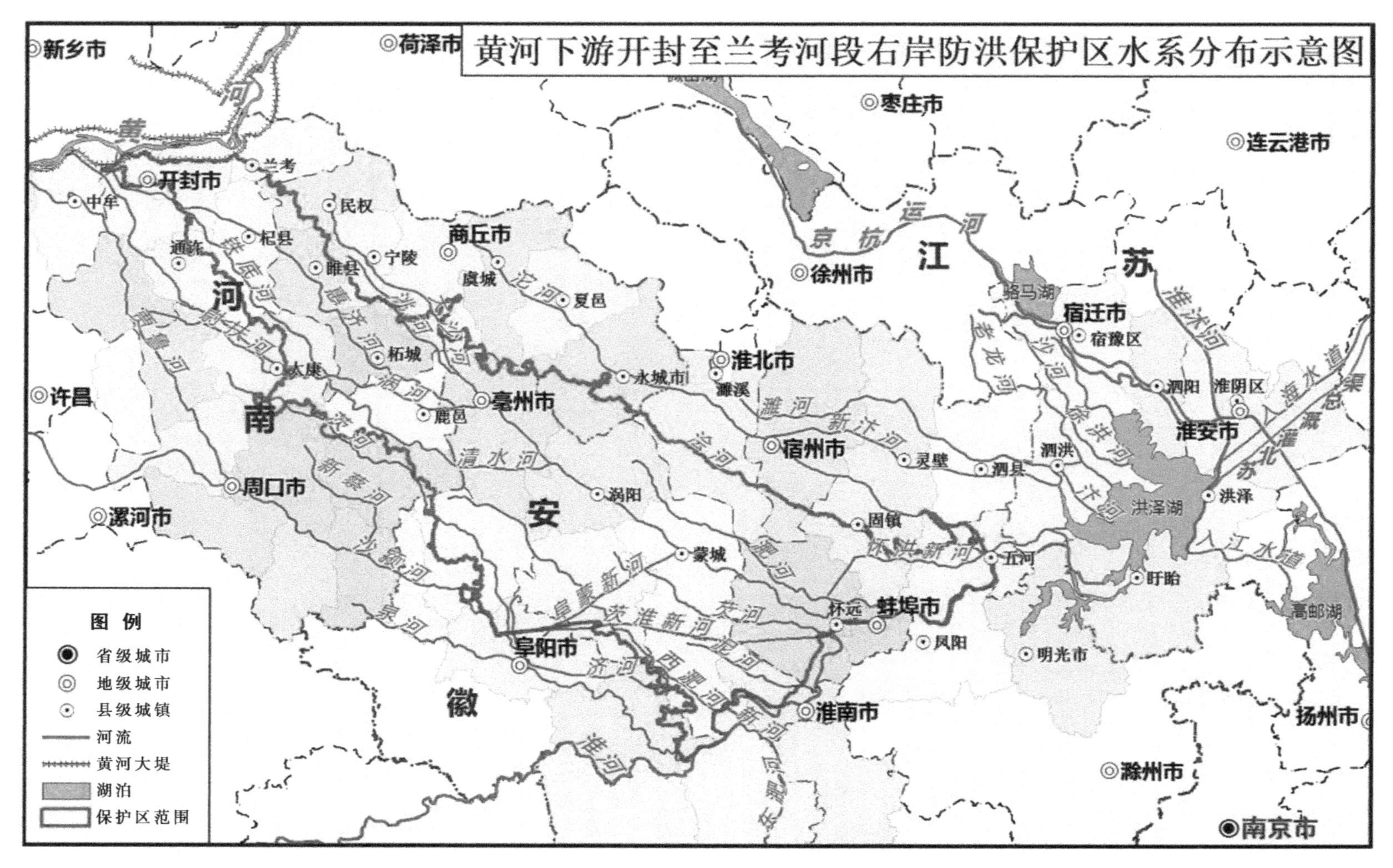

图1-13 开封—兰考河段右岸防洪保护区水系分布示意图

1)浍河

浍河发源于河南省商丘市夏邑县,为跨省河流,流经河南省夏邑县、永城市,安徽省濉溪县、宿州市、固镇县、五河县等市县,在五河县九湾入香涧湖与澥河汇流通过怀洪新河流入洪泽湖。干流全长约 320 km,流域面积 8 173 km^2。流域地势由西北向东南倾斜,首尾平缓,中上段稍陡,地面比降为上游 1/4 000 ~ 1/5 000,下游为 1/7 000 ~ 1/8 000。

因黄泛淤垫,流域干支流大部分断面浅小,大水时漫坡下泄,一片汪洋,但在豫、皖两省界附近,断面突然变深,平槽泄水能力较大。

浍河地理位置详见图 1-12。浍河永城段见图 1-14,浍河淮北濉溪段见图 1-15。

图 1-14　浍河永城段

图 1-15　浍河淮北濉溪段

2)沱河

沱河原是漴潼河流域的一条主要支流,为跨豫、皖两省的省际河道,发源于河南省永城市。1966 年开挖新汴河时将宿州市埇桥七岭子以上沱河上游 3 936 km^2的流域面积来水截入新汴河。截流后,七岭子以上称为沱河上段,河道全长 90 km;七岭子以下称为沱河下段。沱河永城段见图 1-16,沱河宿州段见图 1-17。

图 1-16　沱河永城段

图 1-17　沱河宿州段

沱河下段纳新汴河以北 206 km^2来水经沱河地下涵与濉溪县戚家沟来水交汇于宿东闸上,流经埇桥、灵璧、固镇、五河、泗县于樊集入沱湖,河道长 112. 7 km,流域面积 1 115 km^2。沱河下段地理位置详见图 1-12。

3. 社会经济

开封—兰考河段右岸防洪保护区面积约2.4万 km^2，涉及河南省、安徽省两省的10个地级市39个县(区)，根据防洪保护区内市、县(区)统计年鉴，2013年保护区所涉及的县(市、区)人口3 823万人，耕地4 723万亩，GDP共计6 687亿元，人均GDP为1.75万元。

4. 历史洪水灾害

历史上开封—兰考河段堤防决口较为频繁。据历史文献记载，明清以来有详细记载的决口年份有24年，次数达29次。限于当时社会、经济等条件，洪水灾害记录不完整。根据堤防决口资料，较大洪灾记录如下。

明崇祯十五年(1642年)"李自成围开封，城中不能支，决城西北十七里朱家寨，引水灌贼。水溢，城坏，百万众为鱼，颍、亳以东皆受其患。"此次洪灾致使整个开封城被淹，上百万人丧失生命，损失严重。

康熙元年(1662年)六月，河决开封黄练集，此次洪灾造成河南中牟、尉氏、通许、扶沟、开封、祥符、杞县、太康、宁陵、虞城、夏邑、永城、兰阳、考城等地区遭受洪水淹没。

道光二十一年(1841年)6月16日午时，黄河水在祥符县三十一堡处决开大堤，灌开封省城，害及河南、安徽两省二十三州县，"自河南省城至安徽盱眙县，凡黄流经行之处，下有河槽，溜势湍急，深八九尺至二丈余尺，其由平地慢行者，渺无边际，深四五尺至七八尺，宽二三十里至数百里不等，河南以祥符、陈留、通许、杞县、太康、鹿邑为最终"。河决后，城外民溺死无算，大溜经过村庄人烟断绝，"有全村数百家不存一家者，有一家数十口不存一人者"。开封及其周遭的环境受到很大破坏：城外"沃壤悉变为沙卤之区"，城垣"此修彼坏，百孔千疮"，城内"坑塘尽溢，街市成渠"。河南安徽五府二十三州县均于害甚重。

1.5.3.3 兰考—东明河段右岸防洪保护区概况

1. 保护区范围

黄河下游兰考—东明河段右岸防洪保护区位于黄河现行河道、明清故道以及梁济运河、南四湖、骆马湖连线的三角形区域。该河段堤防决口后水流自西北向东南走向，决口后水流主流基本沿万福河、东鱼河流入南四湖，再由南四湖经韩庄运河、中运河流入骆马湖。

根据防洪保护区内地形条件、河流水系分布，结合堤防历史决口洪水淹没范围分析，兰考—东明河段右岸防洪保护区北至黄河下游兰考—东明段堤防(以黄河大堤为界)，南至江苏省骆马湖，西至兰考—曹县—单县—丰县—沛县—睢宁一线(以黄河故道为界)，东至梁山—嘉祥—微山—贾汪—邳州一线，面积约1.67万 km^2。保护区内涉及河南、山东和江苏3个省，涉及开封市、菏泽市、济宁市、枣庄市、徐州市、宿迁市等6个地级市的30个县(市、区)。

黄河下游兰考—东明河段右岸防洪保护区位置及范围见图1-18、表1-7。

2. 地形地貌

黄河下游兰考—东明河段右岸防洪保护区位于黄河现行河道、明清故道以及梁济运河、南四湖、骆马湖连线的三角形区域，保护区内南四湖以西为较平坦的黄河冲积平原，以南属于沂沭冲积平原。地形以平原洼地为主，保护区地势西北高东南低，西北部兰考一带海拔最高约66 m，东南部江苏睢宁一带海拔最低约18 m。

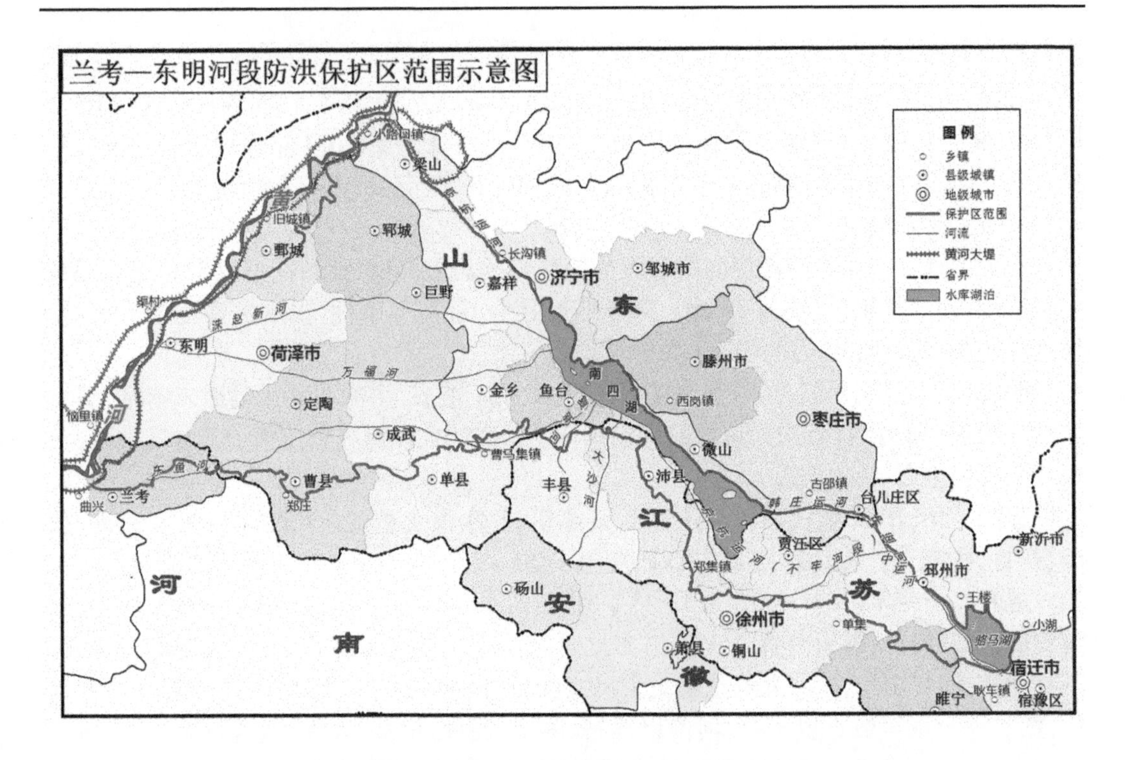

图 1-18　黄河下游兰考—东明河段右岸防洪保护区范围示意图

表 1-7　黄河下游兰考—东明河段保护区涉及省、市、县（区、市）统计表

省份	地级市	县（区、市）
河南	开封市	兰考县
山东	菏泽市	曹县、成武县、单县、定陶县、东明县、牡丹区、鄄城县、巨野县、郓城县
	济宁市	济宁市区、金乡县、微山县、鱼台县、邹城县、嘉祥县、汶上县
	枣庄市	台儿庄区、滕州市
江苏	徐州市	丰县、贾汪区、沛县、邳州市、睢宁县、新沂市、徐州鼓楼区、铜山区、泉山区
	宿迁市	宿豫区、宿城区

区域内土地利用以耕地为主，不同土地利用类型占土地总面积的比重分别为：耕地约 54%，城市建设、工矿企业及交通用地约 21%，农村居民用地约 10%，林地约 2%，草地约 1%，水域及其他未利用土地约 12%。

3. 河流水系

兰考—东明河段右岸防洪保护区涉及的河流主要有黄河、故黄河、洙赵新河、东鱼河、万福河、复新河、大沙河、韩庄运河及中运河、不牢河，涉及主要湖泊有南四湖、骆马湖等。

保护区内水系分布详见图 1-19。

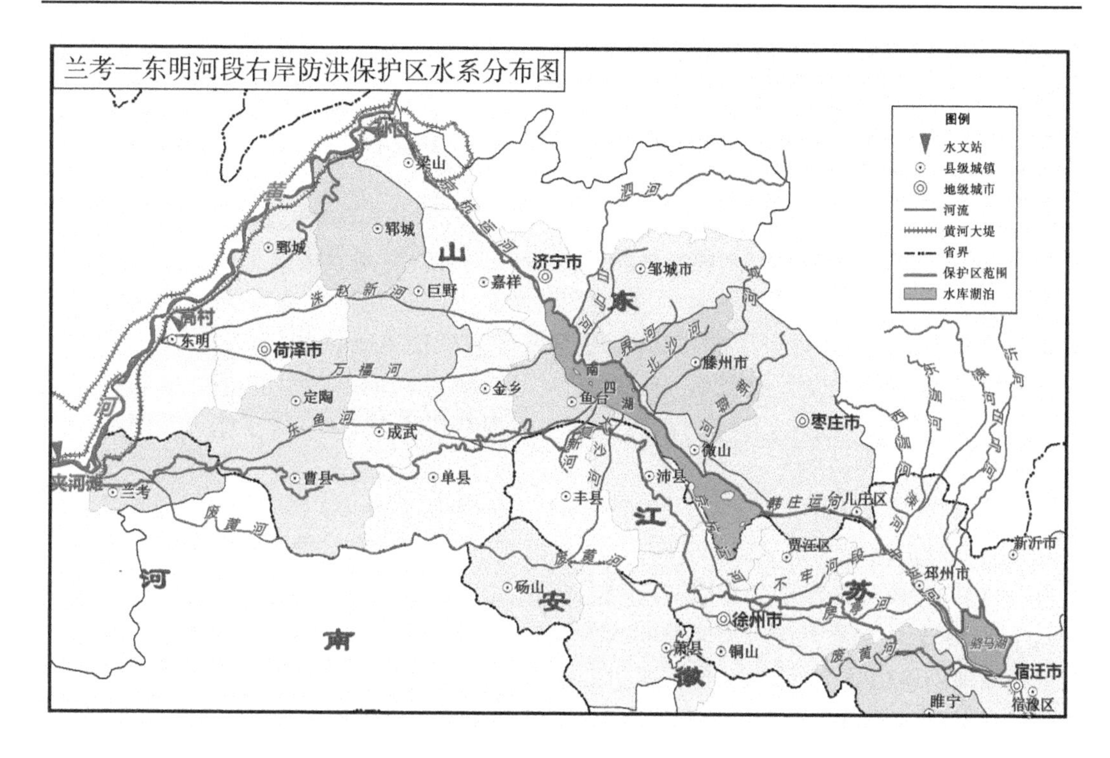

图1-19 兰考—东明河段右岸防洪保护区水系分布示意图

1)黄河

黄河兰考—东明河段位于黄河下游夹河滩与高村两断面之间,上接开封河段,下连东明河段,流经兰考县、东明县,河道长77.9 km,河道宽浅,水流散乱,主流摆动频繁,为游荡型河段,两岸大堤之间的距离为5.0~20.0 km,最宽处20 km,河道平均比降为0.17‰。

该河段滩面宽、面积大,右岸的兰考滩、东明滩等是下游较大的滩区。根据对该河段内杨小寨、高村两断面河道特征值统计,兰考滩、东明滩地横比降均值为5.38‰,远大于河道纵比降,主槽高于大堤临河侧滩面、临河侧滩面高于背河侧地面的“二级悬河”发育严重,易发生“横河”、“斜河”或“顺堤行洪”,对堤防的威胁较大。

2)故黄河

公元1194年到1855年的661年间,黄河下游全面挤占了古淮河路线,被称为黄河“夺淮入海”(简称夺淮)的时期,最终造就了今天的故黄河。故黄河全长约804 km,其中河南兰考县到江苏丰县为上段,长约300 km;丰县到江苏淮安市为中段,长323 km;淮安到射阳的故黄河口,长约181 km。

故黄河在长达600余年的行水期间,大量泥沙下沉淤积,河床不断升高,如今的故黄河是一条高出两侧地面5~7 m的地上“悬河”,成为徐州地区南北水系的分水岭。同时也导致故黄河中泓两侧分布着大面积的滩地,其中高滩是昔日黄河泛滥的遗迹,低滩则是当年黄河行洪通道,中泓是现在的行洪及灌溉蓄水河道。故黄河治理标准为:河道按10年一遇排涝标准疏浚,沿线薄弱段及缺口段防洪大堤按20年一遇防洪标准进行加固。

3)洙赵新河

洙赵新河是鲁西南跨菏泽、济宁两市大型防洪排涝的骨干河道。起源于菏泽市东明县，自西向东流经菏泽市的东明、牡丹区、郓城、巨野和济宁市的嘉祥、任城六县(区)，注入南阳湖，全长145.0 km，流域面积4 206 km^2。河道堤距90～275 m，堤防总长278.9 km，防洪标准20年一遇，入湖口设计流量2 180 m^3/s。

4)万福河

万福河历史上为湖西地区的主要排水河道，中华人民共和国成立前由于缺乏治理，河道弯曲，河槽淤塞，堤防残缺，未能发挥防洪除涝的作用。中华人民共和国成立后经多次规划和治理，1970年湖西水系调整时，在定陶孟海镇大薛庄处筑坝建涵，将万福河上游截入东鱼河北支。现万福河以大薛庄为源头，至济宁大周庄入南阳胡，全长77.3 km，流域面积1 283 km^2。堤防工程的级别为四级，堤顶宽3～18 m，堤顶高程均超过20年一遇设计防洪水位。万福河现有涵洞23座，万福河干流现有扬水站5座，排涝能力及防洪能力均达不到20年一遇标准。

5)东鱼河

东鱼河是南四湖湖西平原地区跨菏泽、济宁两市的一条大型防洪排涝河道，起源于东明县，自西向东流经菏泽市的东明、牡丹区、曹县、定陶、成武、单县和济宁市的金乡、鱼台等八个县(区)，在鱼台县注入南四湖的昭阳湖。干流全长172.1 km，流域面积5 923 km^2。目前干流河道防洪能力达到20年一遇防洪标准，入湖口设计流量2 225 m^3/s。

6)复新河

20世纪50年代初期整治后，复新河河源从孙洼向西南延伸至砀山县，下游经鱼台县往东北方向入昭阳湖。干流全长76.2 km，流域面积1 812 km^2。防洪标准为20年一遇，设计流量为927(邱庄桥)～1 226 m^3/s(义河)，20年一遇设计水位为38.5(邱庄桥)～37.4 m(义河)。

7)大沙河

大沙河河道从丰县、砀县边界二坝附近开始，经丰县大沙河、华山与沛县鹿楼、安国、龙固等镇，于沛县注入昭阳湖，主要承担二坝以上豫、鲁、皖三省的废黄河高滩地来水和两侧农田的灌溉任务，具有防洪除涝、蓄水、灌溉、供水等多种功能。干流河道全长61.5 km，流域面积1 700 km^2。根据《徐州市黄河故道水利规划报告》(2013年3月)，大沙河河道规划治理排涝标准10年一遇，防洪标准20年一遇。

8)韩庄运河及中运河

韩庄运河：为明代开凿的古运河的中间一段，中华人民共和国成立后改称韩庄运河，为南四湖下游最大的出口。河道自韩庄镇(微山湖口)开始，向东经枣庄市台儿庄区，至江苏省界黄道桥止，全长42.5 km，两岸堤长79 km，省界以上流域面积33 528 km^2。目前，闸下韩庄运河已完成河道疏浚工程，泄洪能力大大增加，河道行洪达到4 600～5 400 m^3/s。

中运河：自苏鲁边界的黄楼村至淮阴区杨庄，全长179.0 km，其中保护区内中运河北起苏鲁省界至二湾入骆马湖，全长54 km，河道比降为0.06‰～0.1‰，承泄韩庄运河洪水和区间面积6 800 km^2的来水。全河沿岸堤防295.98 km，其中保护区内两岸堤防长约107 km，堤防按照50年一遇的标准进行建设，河道行洪能力达到5 600～6 700 m^3/s。

9)不牢河

不牢河原为南四湖的主要泄水河道，西起微山湖南端的蔺家坝闸，东至邳州大王庙附近入中运河，全长72 km，流域面积1 343 km^2。堤距300 m，河槽宽100 m。1958年秋，江苏省组织丰县、沛县、铜山、睢宁、邳县等县（市）民工，疏挖不牢河，同时部分改线，设计河底宽70 m，河底高程按最低通航水位时水深4 m，堤顶按100年一遇洪水位超高1.5 m培筑。1983年，按二级航道标准对不牢河进行清淤疏浚，设计底宽60 m，底高程蔺家坝以下段27.0 m。它是徐州市境内南水北调、东水西送的主要河道，也是江苏北煤南运大动脉的重要组成部分，目前该河段被称为京杭运河不牢河段。

10）南四湖

南四湖由南阳、独山、昭阳、微山4个湖泊连接而成，湖水水面面积1 268 km^2，南北长126 km，东西宽5～25 km，是我国十大淡水湖之一，中部建有二级坝枢纽工程，将南四湖分为上下二级。韩庄闸、伊家河闸、蔺家坝闸为南四湖泄水闸，分别经韩庄运河、不牢河入中运河后汇入骆马湖。南四湖允许最高水位相应总库容53亿 m^3，调节兴利库容13亿 m^3。

11）骆马湖

骆马湖汇集中运河及沂河来水，集水面积5万多 km^2，正常蓄水位23.0 m时，水面面积375 km^2，相应库容9亿 m^3；设计洪水位25.0 m，相应库容15.0亿 m^3；校核洪水位26 m，相应库容19.0亿 m^3。嶂山闸、皂河闸、六塘河闸为骆马湖泄水口，分别泄入沂河、大运河及六塘河。

4.水文气象

保护区属于温带大陆性季风气候，多年平均气温13～15 ℃。区内多年平均降雨量678～930 mm，其中兰考县多年平均降雨量最小约678 mm，睢宁一带多年平均降雨量最大约922 mm。降雨多集中在6～9月，年内分配不均。区内多年平均蒸发量1 100～1 220 mm。多年平均风速2.8～3.3 m/s。

5.社会经济

保护区内涉及河南、山东和江苏3个省的开封、菏泽、济宁、枣庄、徐州及宿迁等6个地区30个县（市、区）。保护区内多为平原，是我国重要的粮食生产基地，江苏、山东及河南等还是我国经济实力较强的省份。2013年保护区所涉及的县（市、区）GDP共计8 376亿元，耕地3 450万亩，人口2 639万人，人均GDP 3.2万元。

6.历史洪水灾害

黄河下游兰考以下河段是1855年以后黄河改道后形成的，经过多年的工程建设加上科学的调度管理，中华人民共和国成立后黄河下游右岸堤防没有发生过秋伏大汛决口，但历史上堤防决口较为频繁。但限于当时社会、经济等条件，洪水灾害记录不完整。根据堤防决口资料，整理较大洪灾如下：

（1）1874年秋，东明县石庄户决口，淹巨野金乡鱼台等县。

（2）1878年10月，东明高村堤防冲决，水入山东菏泽、郓城、巨野、嘉祥、济宁等境。1880年10月复决。

（3）1926年7～8月，东明南岸刘庄大堤冲决，口门宽四十余丈，水入巨野赵王河，淹金乡、嘉祥两县。

（4）1933年8月上旬暴雨形成的洪水是陕县站自1919年有水文记录以来的最大洪水，一是陕县峰高量大的洪水过程，实测洪峰流量22 000 m^3/s，5 d洪量51.8亿 m^3，到达花园口断面洪峰流量为 20 400 m^3/s(相当于 20 年一遇);二是洪水挟带的沙量大,最大 12 d沙量达 21.1 亿 t。除下游北岸多处决口外,兰考四明堂决口,经长垣、东明边境东注曹县西北部,又经曹县、单县北部,菏泽、定陶、成武南部,又东北经金乡,东南经鱼台循旧运河入南阳湖。水面宽十余里至六七十里不等。南岸小庞庄决口,口门将及三里,水从长垣经由东明、菏泽、郓县、巨野、嘉祥诸县境入南阳湖。

根据历史资料统计,1855 年之后,兰考—东明河段决口年份达 14 年,决口 19 处。按照决口性质统计,堤防冲决占 32%,漫决占 32%,溃决占 36%。

1.5.3.4 东明—东平湖河段右岸防洪保护区概况

1. 保护区范围

黄河下游东明—东平湖河段右岸防洪保护区位于黄河下游山东省、江苏省的部分地区。该河段决口后水流自西北向东南走向,决口后水流分为两路,一路主流基本沿洙赵新河流入南四湖;一路折向东北沿黄河大堤方向流入梁山县境内,遇京杭运河,折向南流入南四湖。两路水流流入南四湖后均经韩庄运河、中运河流入骆马湖。

根据防洪保护区内地形条件、河流水系分布,结合堤防历史决口洪水淹没范围分析,东明—东平湖河段右岸防洪保护区北至黄河堤防,南至江苏省骆马湖,西至东明—定陶—成武—丰县—徐州市一线,东至梁山—嘉祥—济宁—滕州—台儿庄一线,面积约 1.1 万 km^2。保护区内涉及山东、江苏 2 个省,涉及菏泽市、济宁市、枣庄市、徐州市、宿迁市等 5 个地级市的 25 个县(区、市),见表 1-8。

表 1-8　防洪保护区涉及省、市、县(区、市)统计表

省份	地级市	县(区、市)
山东	菏泽市	成武县、牡丹区、巨野县、鄄城、郓城县
	济宁市	济宁市任城区、嘉祥县、金乡县、梁山县、微山县、鱼台县、汶上县
	枣庄市	台儿庄区、滕州市
江苏	徐州市	丰县、贾汪区、沛县、邳州市、睢宁县、铜山区、新沂市、徐州市九里区、徐州市鼓楼区
	宿迁市	宿豫区、宿城区

防洪保护区位置及范围见图 1-20。

2. 河流水系

保护区涉及黄河、洙赵新河、东鱼河、复新河、大沙河、南四湖、中运河、骆马湖等。东明—东平湖河段右岸防洪保护区水系分布示意图见图 1-21。

3. 社会经济

防洪保护区内涉及山东和江苏 2 个省的菏泽、济宁、枣庄、徐州及宿迁等 5 个市 25 个县(市、区)。保护区内多为平原,是我国重要的粮食生产基地,江苏、山东还是我国经济实力较强的省份。2013 年保护区所涉及的县(市、区)GDP 共计 7 072 亿元,耕地 3 205 万亩,人口 2 319 万人,人均 GDP 3.1 万元。

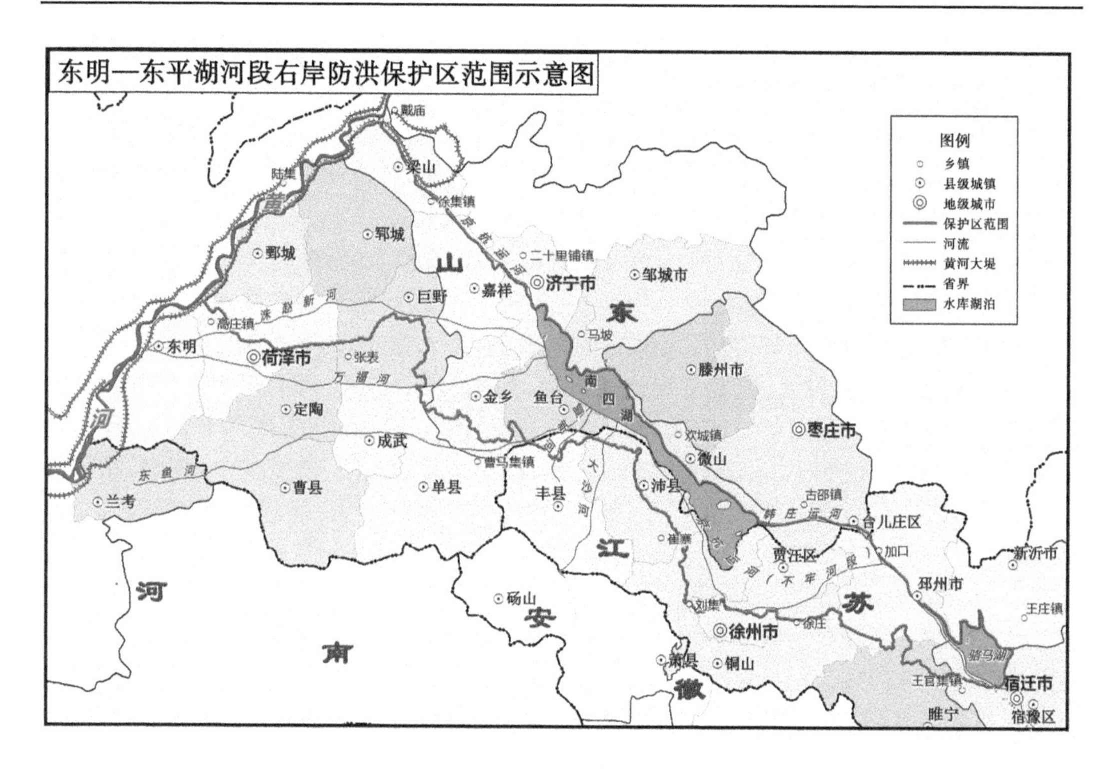

图 1-20 黄河下游东明—东平湖河段右岸防洪保护区范围示意图

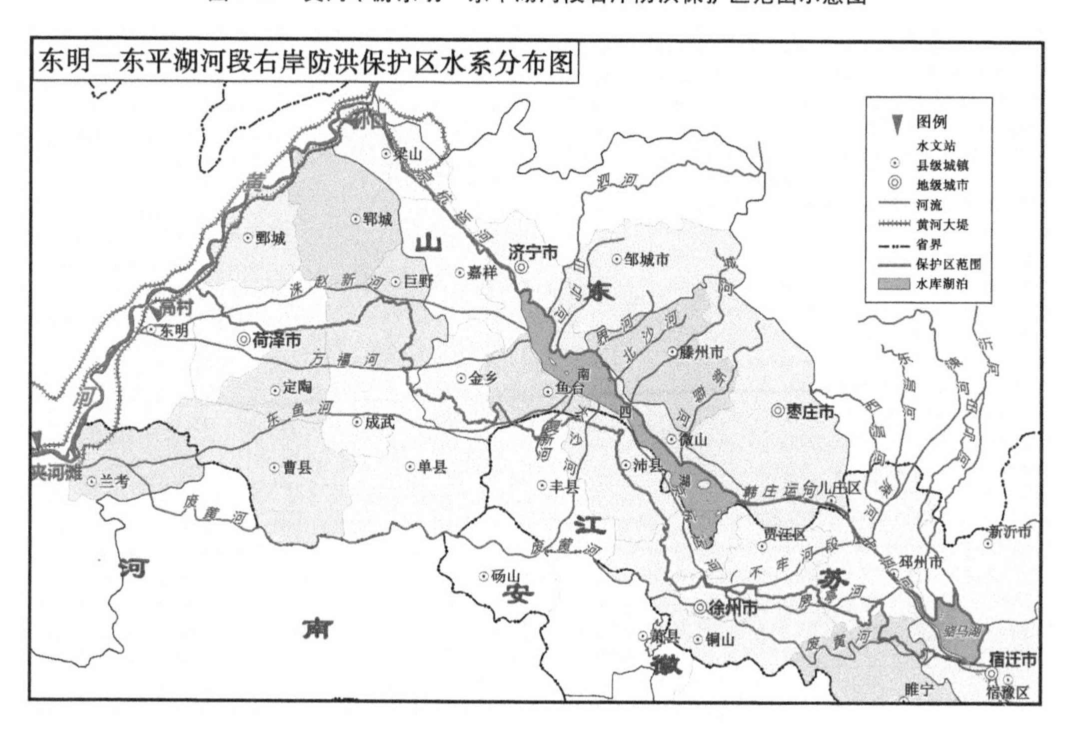

图 1-21 东明—东平湖河段右岸防洪保护区水系分布示意图

4. 历史洪水灾害

黄河下游兰考以下河段是1855年以后黄河改道后形成的，经过多年的工程建设加上科学的调度管理，中华人民共和国成立后黄河下游右岸堤防没有发生过秋伏大汛决口，但历史上堤防决口较为频繁。但限于当时社会、经济等条件，洪水灾害记录不完整。根据堤防决口资料，整理较大洪灾：

1926年7月东明刘庄堤防冲决，水入巨野赵王河，淹金乡、嘉祥两县。1935年7月洪水，花园口站洪峰流量达14 900 m^3/s（相当于7年一遇），鄄城南岸董口到临濮集之间的官堤发生溃决。黄河出此口门后，大部分向东南流，溃水漫于菏泽、郓城、嘉祥、巨野、济宁、金乡、鱼台等县，沿洙水河、赵王河注入南阳、邵阳、微山各湖，再由运河入江苏省。据史料统计，该场洪水使苏、鲁二省27县受灾，受灾面积1.2万 km^2，灾民341万人，经济损失达1.95亿元（当时银元）。鲁西灾区已达郓、鄄、巨、菏、寿、阳、范及济宁、汶上、东平等十一县，长二三百里，宽七八十里。巨、嘉、郓三县几乎全县受灾，菏、鄄受灾面积占全县2/3，济宁、汶上、东平受灾面积占全县1/3。受灾最重的巨野灾区东西长百里，南北五十余里，平地水深六七尺至丈余不等。

根据历史资料统计，1855年之后，东明—东平湖河段决口年份有23年，决口36处。根据堤防决溢统计表（详见表1-9），按照决口性质统计，堤防冲决占50%，漫决占14%，溃决占17%，扒决记录不详者占19%。因此，冲决是该河段右岸堤防决口的主要形式。

表1-9　东明—东平湖河段历代黄河决口地点概况

河段	年份	地点	性质	摘要
东明	1921	219 + 170	冲决 溃决	是年夏河水泛滥，东明南岸刘庄，高村堤决本年塞之
	1929	216 + 930—217 + 219	漫决	黄庄漫口
牡丹区	1868	双河岭228 + 000附近	冲决	是年黄流成涨。菏泽河决赵王河红川口霍家桥。红川等口大溜渐移安山北入大清河。运道受淤。红口屡堵未就。因此，铜工决口后最南股水道断绝
	1872	双河岭228 + 000附近	冲决	是年九月河泽赵王河东岸张家支门决口。南半入济，北半入沮
	1900	227 + 550—228 + 650	冲决	双河岭障东堤大溜冲刷成口
	1911	219 + 170—219 + 950	冲决	是年河决东明县刘庄以西数里
	1921	219 + 170	溃决	决菏泽刘庄
	1926	刘庄219 + 170—219 + 950	冲决	是年七月七日、八月十四日东明南岸刘庄大堤决口。宽四十余丈，水入巨野赵王河，淹金乡、嘉祥两县，同年八月七日堵合

续表 1-9

河段	年份	地点	性质	摘要
鄄城	1881	营房 250 + 000 附近	冲决	河决营房
	1891	252 + 050—252 + 150 253 + 300—253 + 400	冲决	鄄城县西李庄、殷庄两处决口,口宽均为100 m左右
	1892	252 + 050—252 + 150、 253 + 300		鄄城县殷庄决口,口宽 600 m。西李庄决口,口宽 130 m
	1897	265 + 400—267 + 000 276 + 000	溃决	旧城玉皇阁、八孔桥溃决,陈刘庄冲决
	1898	276 + 000	冲决	鄄城南岸八孔桥民埝决口。水向东北流数十里。直重寿张境杨庄大堤
	1911	250 + 200 附近	溃决 漫决	鄄城董庄漏洞决口,杨屯漫决,又决左营
	1912	261 + 400—262 + 000 263 + 500 附近	溃决	蔡固堆因漏洞河决,康屯决口
	1913	周桥:259 + 600—260 + 300	不详	
	1925	239 + 000—239 + 650	漫决 冲决	是年九月到鄄城李升屯民埝。顺流而下,至梁山黄花寺壅遏。决开大堤六十丈。又决黄花寺下游三里处一百六十丈均于次年春秋战堵合。李升屯决口后障东堤冲决
	1935	238 + 714—239 + 260 236 + 000—238 + 100	溃决	是年七月十日鄄城南岸董庄溃堤决口六处,长二千一百公尺。过溜十分之八。经菏、郓、巨、嘉等县入南阳湖。循独山、微山二湖至沛县。又一部郓境入东平湖由姜沟入老河。次年三月堵合
	1869	郓城	冲决	郓城胡家堰以南孙家庄复行冲决。红川口新堵坝工冲决
	1871	276 + 250 附近	冲决	是年八月河决郓城侯家林民埝口宽八十余丈。水由注河民埝入南旺湖。又由汶上嘉祥济宁之赵王牛头寺河。直赴东南入南阳湖。水势漫。次年二月堵合
	1873	郓城	漫决	郓城县王老户邓楼漫决
	1891	郓城	冲决	七月三日高太安决口

续表 1-9

河段	年份	地点	性质	摘要
鄄城	1896	郓城	冲决	又河决郓城南岸侯家寺。旋即堵合
	1898	于庄断面附近	冲决 溃决	是年六月，郓城罗楼、吕店决口
	1902	伟庄	冲决	南岸伟庄成口
	1918	香王 280 +250、280 +700 285 +550—285 +670 287 +920—288 +050	扒决 冲决	双李庄扒决两处。门庄(南)溃决。香王(东)冲决
	1925	义和庄 307 +305—307 +550		郓城义和庄冲决
梁山	1895	341 +000 以东		梁山杨庄以东
	1925	黄花寺 325 +700—325 +930	漫决 冲决	是年九月到鄄城李升屯民埝。决开五百余丈水沿官民二堤间。顺流而下。至梁山黄花寺壅遏。决开大堤六十丈。又决黄花寺下游三里处一百六十丈均於次年春秋战堵合。李升屯决口后障东堤冲决

1.5.3.5 济南—河口河段右岸防洪保护区概况

1. 保护区范围

根据防洪保护区内地形条件、河流水系分布，结合堤防历史决口洪水淹没范围分析，济南—河口河段右岸防洪保护区范围上游从黄河李家岸沿京台高速(G3)至济南南绕城高速；下游至小清河入海口；小清河北岸以黄河大堤为界，小清河右岸从济南市区—历城区王舍人镇—章丘市龙山镇—章丘市相公庄镇—邹平县西董镇—淄博市周村区—张店区石桥镇—临淄区朱台镇—广饶小张乡—广饶县稻庄镇—广饶县大码头乡—寿光市卧铺乡—寿光市羊口镇小清河入海口附近。

保护区内涉及山东省的滨州市滨城区、博兴县、邹平县，东营市东营区、广饶县、垦利县，济南市历城区、天桥区、槐荫区、市中区、章丘区，淄博市高青县、桓台县，潍坊市寿光市等 14 个县(市、区)，见表 1-10。本次项目建设涉及防洪保护区面积约 6 888 km^2，保护区位置及范围见图 1-22。

表 1-10 黄河下游济南—河口河段保护区涉及省、市、县(市、区)统计

省份	地级市	县(市、区)
山东	滨州市	滨城区、博兴县、邹平县
	东营市	东营区、广饶县、垦利县
	济南市	市中区、天桥区、历城区、槐荫区、章丘区
	潍坊市	寿光市
	淄博市	高青县、桓台县

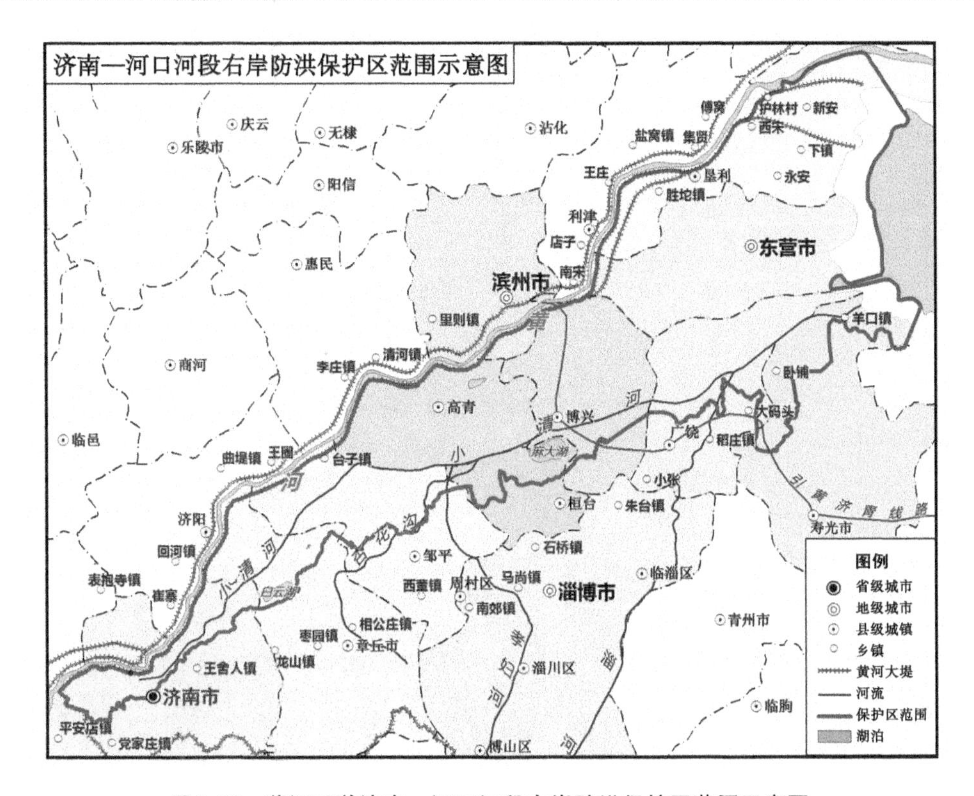

图1-22　黄河下游济南—河口河段右岸防洪保护区范围示意图

2. 地形地貌

黄河下游济南—河口河段保护区属于小清河流域，以平原为主，以小清河为界，小清河右岸为山前冲积平原，并有部分低山丘岭，地势南高北低，海拔最低1 m、最高超过900 m。小清河左岸为黄河冲积平原，海拔一般在1～20 m。历史上黄河多次改道和决口泛滥，造成沉积物交错分布，加上海潮内侵、自然侵蚀和人类活动的影响，形成了低岗、缓坡、浅洼相间，微地貌差异较大的地貌特征。

区域内土地利用类型以耕地为主，不同土地利用类型占土地总面积的比重分别为：耕地约52%，城市建设、工矿企业及交通用地约25%，农村居民用地约10%，林地约3%，草地约1%，水域及其他未利用土地约占9%。

3. 河流水系

保护区涉及河流主要有黄河及小清河，较大湖泊主要有白云湖、麻大湖等。保护区内水系分布详见图1-23。

4. 水文气象

根据小清河流域实测降水资料（1951～2008年）统计分析，多年平均降水量为641.5 mm，主要集中于汛期（6～9月），多年平均降水量为467.9 mm，占全年的72.9%。降水量年际之间变化较大，如丰水的1964年降水量为1 216.4 mm，枯水的1989年降水量仅为363.3 mm，高低相差3倍以上。

保护区属于温带大陆性季风气候，多年平均日照总时数达到2 700 h左右，多年平均气温12.6 ℃，极端最高气温42.8 ℃，极端最低气温－25.1 ℃，历年最大风速22 m/s，最

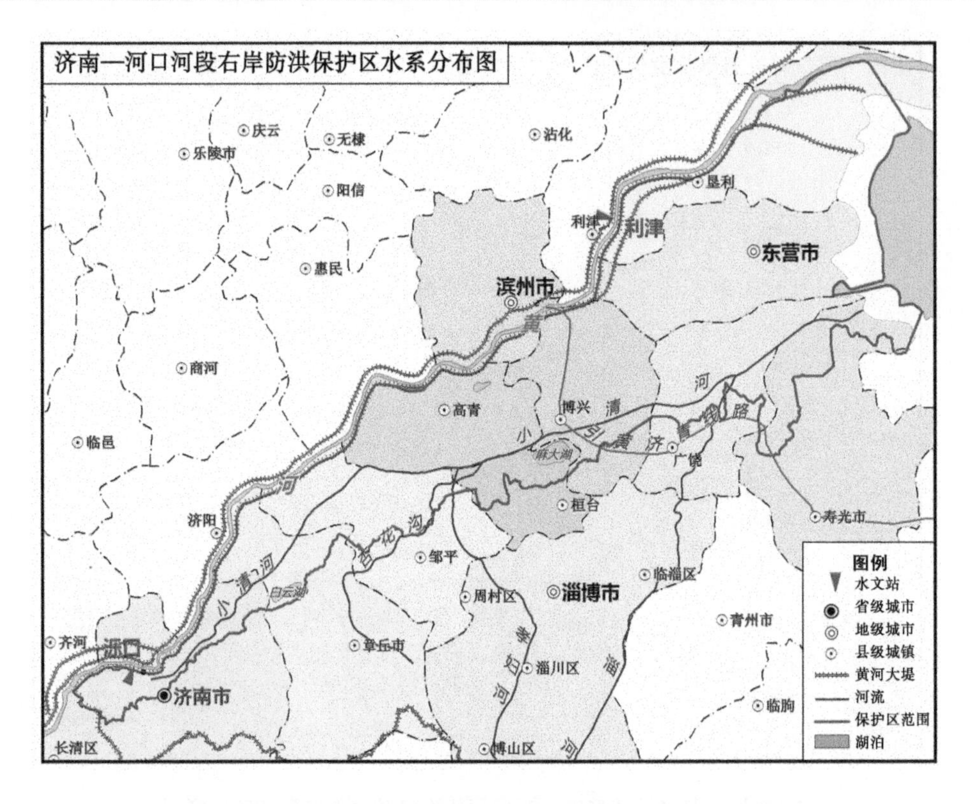

图 1-23 济南—河口河段右岸防洪保护区水系分布示意图

大冻土深度为 55 cm,多年平均水面蒸发量为 1 000 ~ 1 200 mm,无霜期在 200 d 以上。

5. 社会经济

保护区内涉及山东省济南、淄博、滨州、东营及潍坊 5 个地区 14 个县(市、区)。保护区内多为平原,是我国重要的粮食生产基地,经济实力较强。2013 年保护区所涉及的县(市、区)GDP 共计 6 336 亿元,耕地 748 万亩,人口 722 万人,人均 GDP 8. 8 万元。

6. 历史洪水灾害

黄河下游济南—河口河段是 1855 年以后黄河改道后形成的,经过多年的工程建设加上科学的调度管理,中华人民共和国成立后黄河下游右岸堤防没有发生过秋伏大汛决口,但历史上堤防决口较为频繁。但限于当时社会、经济等条件,洪水灾害记录不完整。根据堤防决口资料,整理较大洪灾:

1878 年 9 月洪水,历城堤防决口,章丘等处皆漫溢,塌田受灾。

1883 年 6 月,历城堤防决口,淹百余村。章丘堤防决口,水流东趋一片汪洋,冲踏齐东县城数十丈,城内水深二三尺。

1885 年伏汛决口,历城、章丘等处灾区甚广,被灾人口有三十余万之多。

1891 年 6 月,利津南岸路家庄决口,利津东北乡、广饶乡均被水淹。

1898 年 6 月,历城南岸史家道口漫溢,漫水注高苑、博兴、安乐一带。

1937 年 8 月,济南宋家桥堤防决口,水沿小清河下行,淹及济南商埠及张庄机场,历城、章丘、齐东县数百村受灾。

根据历史资料统计,1855年之后,济南以下河段右岸共发生堤防决口年份有24年,决口54处。按照决口性质统计,堤防冲决占24%,漫决占17%,溃决占39%。因此,该段溃决和冲决是堤防决口的主要形式。

1.5.3.6 津浦铁路桥—河口河段左岸防洪保护区概况

1.保护区范围

防洪保护区位于黄河下游山东省的德州市、济南市部分和滨州市大部分地区,涉及4个地级市约17个县(市、区)(见表1-11),面积约1.35万km^2。保护区位置及范围见图1-24。

表1-11 黄河下游津浦铁路桥—河口河段左岸保护区涉及省、市、县(区、市)统计

省份	地级市	县(区、市)
山东	济南	济阳县、商河县、天桥区
	德州	乐陵市、临邑县、平原县、齐河县、庆云县、禹城市
	东营	河口区、垦利县、利津县
	滨州	滨城区、惠民县、无棣县、阳信县、沾化县

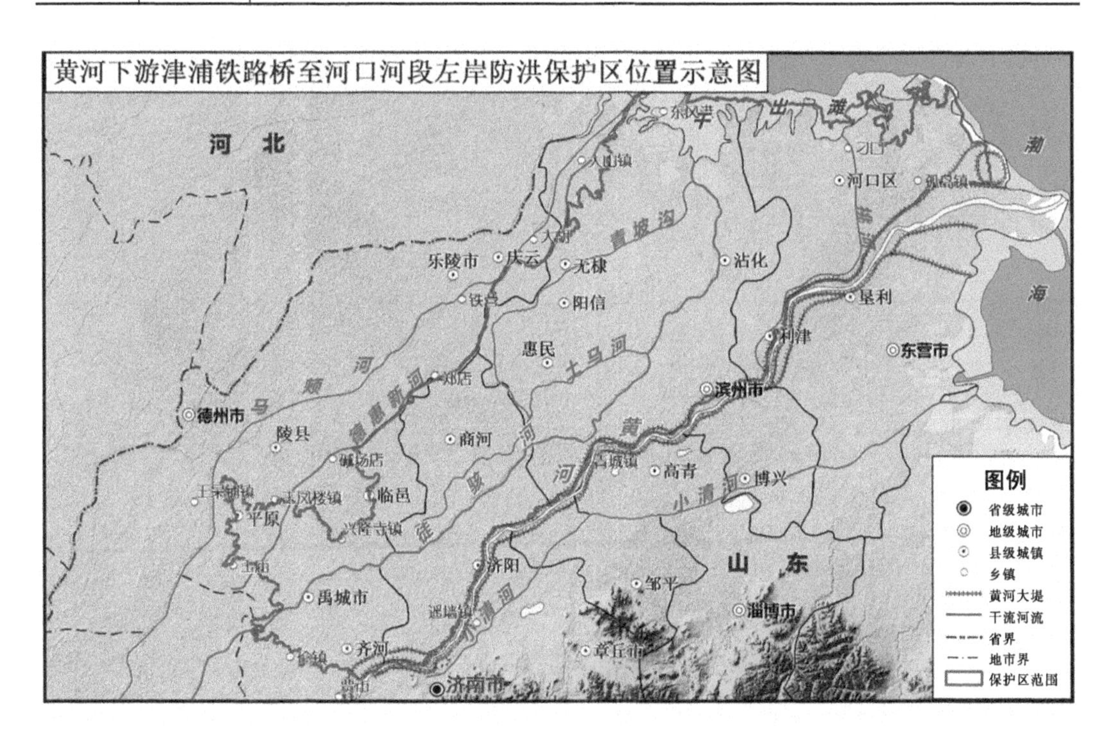

图1-24 黄河下游津浦铁路桥—河口河段左岸防洪保护区位置示意图

2.地形地貌

津浦铁路桥—河口河段左岸防洪保护区内以平原为主,主要为黄河冲积平原,地势由西南向东北倾斜,比降一般为1/10 000~1/8 000,海拔一般为1~20 m。历史上黄河多次改道和决口泛滥,造成沉积物交错分布,加上海潮内侵、自然侵蚀和人类活动的影响,形成

了低岗、缓坡、浅洼相间，微地貌差异较大的地貌特征。区内耕地约占 66.45%，园地约占 3.37%，林地约占 4.48%，水域约占 15.62%，其他约占 10.08%。

3. 河流水系

保护区涉及的河流主要有黄河干流及保护区内较大河流徒骇河、马颊河，这两条河流及堤防对黄河决堤洪水演进有一定影响。保护区内水系分布详见图 1-25。

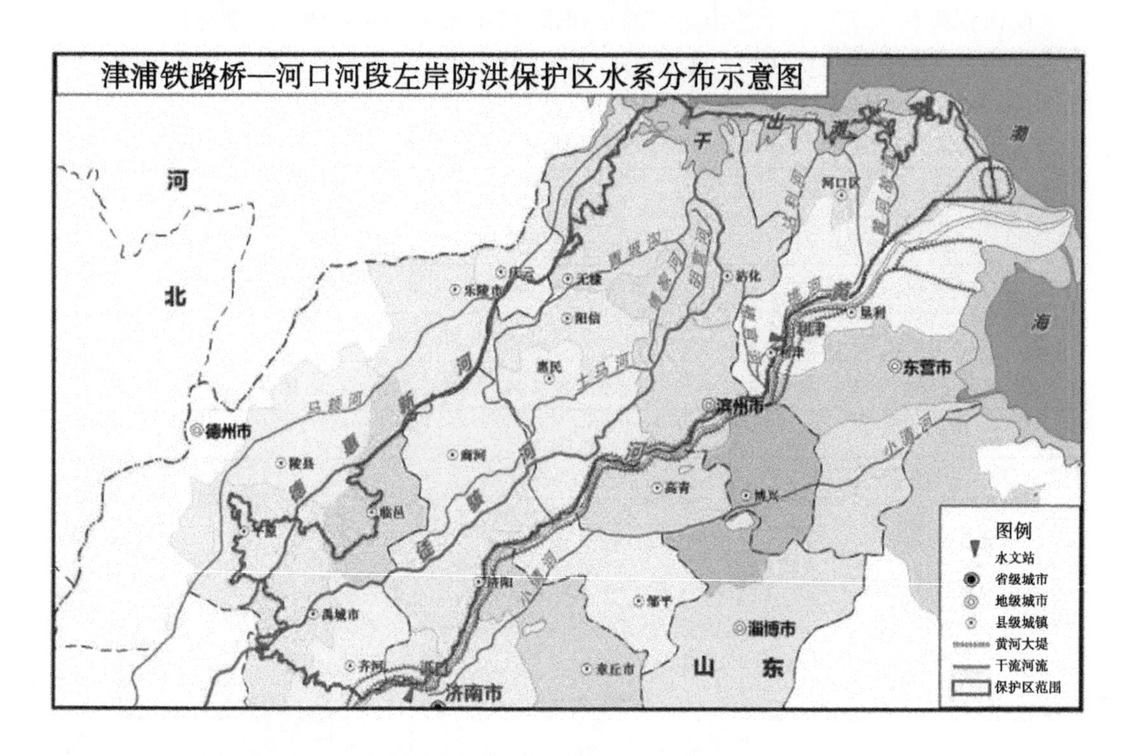

图 1-25　津浦铁路桥—河口河段左岸防洪保护区水系分布示意图

1）黄河

津浦铁路桥—河口河段左岸为齐河、济阳、惠民、滨州、利津及河口区等县（市、区），河段长约 238 km。该河段现状为受到工程控制的弯曲型河段，河势比较规顺，两岸堤距平均为 2.2 km。由于河道主槽淤积，目前滩面高出两岸堤防背河侧地面 2 ~ 5 m，地上“悬河”形态明显。

2）徒骇河

徒骇河流域南依黄河、金堤河大堤，北接马颊河、德惠新河流域。干流起源于河南省南乐县，于山东省莘县文明寨入山东省，流经山东莘县、阳谷县、东昌府区、茌平县、高唐县、禹城市、临邑县、齐河县、济阳县、商河县、惠民县、滨州滨城区、沾化县、无棣县等 14 个县（市、区），于沾化县北部经套儿河入渤海，河道全长 417 km，流域面积 13 821 km^2，其中山东省境内河道干流长度 406 km，流域面积 13 296 km^2。

该流域属黄河冲积平原，受黄河泛滥冲积影响，地形地貌复杂，形成岗、坡、洼分散分布，微地貌变化很大。其特点一是流域狭长，地形坡度平缓，地面坡降一般上游为 1/5 000 ~ 1/8 000，中游为 1/8 000 ~ 1/10 000，下游为 1/12 000 ~ 1/20 000，整个流域西南高东北低。二是微地貌变化复杂,主要为岗、坡、洼三种类型及滨海滩涂,中上游地区以岗、坡、洼相间的地貌特征为主,下游地区主要为近代形成的退海滩涂。

徒骇河聊城段见图1-26,徒骇河沾化县城段见图1-27。

图1-26 徒骇河聊城段

图1-27 徒骇河沾化县城段

3)马颊河

马颊河位于山东省海河流域北部,干流起自河南省濮阳市金堤闸,流经清丰、南乐、大名、莘县、冠县、东昌府、仕平、临清、高唐、夏津、平原、德城、陵县、临邑、乐陵、庆云,跨3省17个县(市、区),于无棣县注入渤海。河道干流全长428 km,其中山东省境内河道长334.57 km。流域面积8 312 km²,其中山东省境内流域面积6 829.4 km²。

马颊河与徒骇河相距较近,两河基本并行注入渤海,流域狭长,地形坡度平缓,整个流域西南高、东北低。

4.水文气象

保护区属温带大陆性季风气候,多年平均气温12.7 ℃,降水量564.8 mm;风向冬季以偏北风为主,夏季以偏南风为主,年平均风速2.7 m/s;年蒸发量1 805.8 mm;无霜期205 d。

5.社会经济

津浦铁路桥—河口河段左岸防洪保护区内涉及山东省德州、济南、滨州及东营等4地级市约17个县(区),面积约1.35万km²。2013年保护区所涉及的县(市、区)GDP共计3 871亿元,人口801万人,人均GDP达4.8万元,耕地2 364万亩。

6.历史洪水灾害

黄河下游津浦铁路桥—河口河段左岸堤防历史上决口较为频繁,但限于当时社会、经济等条件,洪水灾害记录不完整。据历史文献记载,自1882年以来有详细记载的决口次数达57次,较大洪灾如下:

1878年9月,河决白龙湾下游张家圪,入徒骇河后漫溢,泛滥成灾,淹没滨州二百七十余村,惠民二十三村被淹。

1882年9月,黄河水在历城北岸桃园处决开大堤,水入济阳进徒骇河,漫溢经商河、惠民、沾化入海。

1.5.4 黄河防洪保护区洪水灾害

黄河下游的水患历来为世人所瞩目。从周定王五年(公元前602年)到1938年花园口扒口的2 540年中,有记载的决口泛滥年份有543年,决堤次数达1 590余次,经历了5次大改道和迁徙,洪灾波及范围北达天津,南抵江淮,包括河北、山东、河南、安徽、江苏等5省的黄淮海平原,纵横25万km^2,给两岸人民群众带来了巨大的灾难。在近代有实测洪水资料的1919~1938年的20年间,就有14年发生决口灾害,1933年陕县站洪峰流量22 000 m^3/s,下游两岸发生50多处决口,受灾地区有河南、山东、河北和江苏等4省30个县,受灾面积6 592万km^2,灾民273万人。

黄河下游两岸防洪保护区内人口密集,有郑州、开封、新乡、济南、聊城、菏泽、东营、徐州、阜阳等大中城市,有京广、京沪、陇海、京九等铁路干线以及京珠、连霍、大广、永登、济广、济青等高速公路,有中原油田、胜利油田、永夏煤田、兖济煤田、淮北煤田等能源工业基地。由于目前河床高出背河地面4~6 m,最大达10 m,黄河一旦决口,将造成巨大经济损失和人民群众大量伤亡,同时大量的铁路、公路及生产生活设施,以及治淮、治海工程,引黄灌排渠系等遭受毁灭性破坏,泥沙淤积造成河渠淤塞、良田沙化,对经济社会和生态环境造成的灾难影响长期难以恢复。

1.5.4.1 **历史洪灾**

黄河下游由于泥沙不断淤积,形成河床高出两岸地面的地上"悬河",一旦洪水破堤决口,往往不再回归故道,而开辟新的入海河道,形成河流改道。每次改道,都要冲毁当地的村舍田园,破坏原有的水系和交通设施等,给人民带来巨大灾难。所以,决口改道是黄河水灾的一大特征。

黄河下游河道由于是"地上河",决口后势如高屋建瓴,洪水一泻千里,水冲沙压,田庐人畜,汪洋一片,沦为泽国,灾情极为严重。常常有整个村镇甚至整个城市或大部分被淹没的惨事,造成毁灭性的灾害。

(1)汉武帝元光三年(公元前132年),河决涯阳瓠子堤,"东南注巨野,通于淮泗"(《汉书·沟恤志》),泛郡十六,为时二十三年。

(2)汉成帝建始四年(公元前29年),河决馆陶及东郡金堤,"泛溢兖、豫,入平原、千乘、济南,凡灌四郡三十二县,水居地十五万余顷,深者三丈,坏败官亭室庐且四万所"(《汉书·沟恤志》)。

(3)王莽始建国三年(公元11年),河决魏郡,泛清河以东数郡,上下泛滥达六十年之久。

(4)唐开元十四年(公元726年)秋,黄河及其支流皆溢,"怀、卫、郑、洛、沛、濮民,或巢舟以居,死者千计"(《新唐书·五行志》)。

(5)五代周显德元年(公元954年)以后,"河自杨刘至博州百二十里,连年东溃,分为二派,汇为大泽,弥漫数百里。又东北坏古堤而出,灌齐、慷、淄诸州,至于海涯,漂没民田不可胜计"(《资治通鉴》卷二九)。

(6)宋太平兴国八年(公元983年)五月,河大决滑州韩村,“泛澶、催、曹、济诸州民田,坏居人庐舍”,“东南流至彭城界入于淮”(《宋史·五行志》)。

(7)宋天禧三年(1019年)六月,河溢滑州天台山,“俄复溃于城西南,岸摧七百步;漫溢州城,历澶、濮、曹、郓,注梁山泊,又合清水、古汴渠东南入于淮,州邑罹患者三十二”(《宋史·河渠志》)。

(8)宋仁宗景祐元年(公元1034年)七月,河决澶州横陇埽,改由新道注入赤河,至长清仍入大河,后因河道狭小,又分出游、金二河。

(9)元至正四年(1344年)五月,“大雨二十余日,黄河暴溢,水平地深二丈许,北决自茅堤。六月又北决金堤。并河郡邑济宁、单州、虞城、砀山、金乡,鱼台。丰、沛、定陶、楚丘,成武以至曹州、东明。巨野、郸城、嘉祥、汶上、任城等处,民老弱昏垫,壮者流离四方”(《元史·河渠志》)。

(10)明洪武二十四年(1391年)四月,“河水暴溢,决原武黑羊山,东经开封城北五里,又东南由陈州、项城、太和、颍州、颍上、东至寿州正阳镇全入于淮”(《明史·河渠志》)。

(11)明永乐八年(1410年),“八月黄河溢,坏开封;日城二百余丈,灾民14 100余户,田7 500余顷”(《明史·河渠志》)。

(12)明成化十四年(1478年),“南北直棣、山东、河南等处,五月以后骤雨连绵,河水泛涨,平陆成川,禾稼漂没,人畜漂流,死者不可胜计”(《明宪宗实录》)。

(13)明万历四年(1576年),河决丰县韦家楼,“又决沛县缕水堤和丰、曹二县长堤,丰、沛、徐州、睢宁、金乡、鱼台、曹、单田庐漂流无算,流宿迁城”(《明史·河渠志》)。

(14)明万历三十五年(1607年),秋水泛涨,河决单县,“四望弥漫,杨村集以下,陈家楼以上,两岸堤冲决多口,徐属州县汇为巨浸,而萧、砀受害更深”(《明神宗实录》)。

(15)明崇祯十五年(1642年)九月李自成围开封久,明宗臣决朱家寨河灌义军,义军决上游三十里之马家口,二股流入城,城内水几与城平,建筑物几乎摧毁无遗,溺死居民数十万。

(16)清顺治元年(1644年),“伏秋汛发,北岸小宋口、曹家寨堤溃,河水漫曹、单、金乡、鱼台四县,自南阳入运河,田庐尽没”(《清史稿·杨方兴传》)。

(17)康熙元年(1662年)五月,河决曹县石香炉、武陟大村、脓宁孟家湾。“六月,决开封黄练集、灌祥符、中牟、阳武、杞、通许、尉氏、扶沟七县”,“田禾尽被淹没”,“七月再决归仁堤”(《清史稿·河渠志》)。

(18)乾隆二十六年七月(1761年8月中旬),三门峡—花园口间发生一场特大暴雨;伊洛河夹滩地区水深一丈以上,偃师、巩县水入县城,偃师县城受灾尤重,“所存房屋不过十之一二”;沁河下游的沁阳、修武、武涉等县大水灌城,水深五六尺至丈余;据推算这次洪水花园口站洪峰流量为32 000 m^3/s,12 d洪量120亿m^3;黄河下游的武陟、荥泽、阳武、祥符、兰阳、中牟、曹县等南北岸决口26处,在中牟杨桥决口夺溜分二股,一股从中牟境内贾鲁河下经朱仙镇,漫及尉氏县东北,由扶沟、西华等县,至周口镇入于沙河;又一股从中牟境内惠济河下经祥符、陈留、杞县、睢州、柘城、鹿邑各境，直达亳州。洪水淹及河南 12 个州县、山东 12 个州县、安徽 4 个州县共计 28 个州县。

(19)道光二十一年(1841 年)，河决祥符三十一堡，水灌开封省城，水灌五昼夜，城内低处尽满，男女俱栖城墙上。害及河南、安徽二十二州县，"自河南省城至安徽盱眙县，凡黄流经之处，下有河槽，溜势湍激，深八九尺至二丈余尺，其由平地漫行者，渺无边际，深四五尺至七八尺，宽二三十里至百数十里不等，……河南以祥符、陈留、通许、杞县、太康、鹿邑为最重，睢州、柘城次之"。

(20)中华民国 24 年(1935 年)，花园口站洪峰流量 14 900 m^3/s，在山东董庄决口，溃水漫于菏泽、郓城、嘉祥、巨野、济宁、金乡、鱼台等县，由运河入江苏，使苏、鲁二省 27 县受灾，受灾面积 1.2 万 km^2，灾民 341 万人，经济损失达 1.95 亿元(当时银元)。

从西汉文帝十二年到清道光二十年的 2008 年间，发生黄河洪水灾害的达 316 年，平均六年半一个洪灾年。而从清道光二十一年至中华民国 27 年的 98 年当中，就有洪灾 64 年，平均不足两年就有一年发生洪水灾害。

1.5.4.2 中华人民共和国成立后洪水险情

中华人民共和国成立后，黄河下游发生较大险情的洪水共有 4 次，分别为 1958 年 7 月 17 日花园口站洪峰流量22 300 m^3/s 洪水，1982 年 7 月下旬花园口站 15 300 m^3/s 洪水，1996 年 8 月 7 860 m^3/s 洪水，以及 2003 年"华西秋雨"造成 1981 年以来历时最长、洪水总量最大的秋汛。豫鲁两省党政军民团结抗洪，战胜了各次大洪水，同时对中小洪水发生的各种险情也都及时进行了抢护，保证了黄河下游 70 余年的安澜。

1. 1958 年洪水

1958 年 7 月 14～19 日，黄河下游出现中华人民共和国成立以来的最大洪水，其中 17 日 24 时，花园口站出现了 22 300 m^3/s 的洪峰，水位超过了保证水位。洪水期间，横贯黄河的京广铁路桥因受到洪水威胁而中断交通 14 d。仅豫鲁两省的黄河滩区和东平湖湖区，就淹没村庄 1 708 个，灾民 74.08 万人，淹没耕地 304 万亩，房屋倒塌 30 万间。期间受洪水威胁，长垣石头庄分洪在即，百万居民即将撤离；东平湖洪涛跃堤，花园口坝基塌陷，200 万人上堤抗洪，最终战胜特大洪水，取得了没有分洪、没有决口的伟大胜利。

2. 1982 年洪水

1982 年 7 月 29 日至 8 月 2 日，黄河三花间普降大到暴雨，局部降特大暴雨；山陕区间的泾、洛、渭、汾河流域降大到暴雨。三花干流及伊洛沁河水位上涨，花园口站 8 月 2 日 18 时出现 15 300 m^3/s 的洪峰，7 d 洪量达 50.2 亿 m^3。

此次洪水造成黄河下游滩区普遍进水偎堤，伊洛河夹滩和两岸洪泛区漫决进水，滞削了洪峰；为减轻艾山以下防洪负担，运用了东平湖老湖分洪蓄水；洪峰于 8 月 9 日顺利入海。

3. 1996 年洪水

1996 年 8 月，黄河下游花园口站出现 7 860 m^3/s 的洪峰，洪峰虽属中常流量，但由于 1986 年以来长期水枯沙少，河槽淤积严重，主槽平均每年升高 0.10～0.17 m，形成枯水河槽,导致洪水位逐年升高。由于洪水水位高、传播速度缓慢、沿程变形异常,滩区淹没范围广,险情、灾情严重。据统计,此次洪水豫鲁两省淹没面积达22.87 hm^2,1 345个自然村107万人受灾,倒塌房屋22.65万间,损坏房屋40.96万间,直接经济损失近40亿元。

4.2003年洪水

2003年7月29~30日,黄河中游出现了局部强降雨过程,暴雨集中在山陕区间北部,形成了黄河中游第一场洪水。8月26日至9月6日,黄河全流域的强降雨过程使各条支流相继发生洪水,其中最大支流渭河先后出现两次洪峰。当中游各支流洪水汇合进入黄河干流后,黄河防总超前谋划,提出了以拦蓄洪水、削峰为主的运用方式,将大部分洪水都拦蓄在小浪底库区。

9月17~19日,渭河流域发生第四次降雨过程,华县站、潼关站分别于21日、22日出峰,至24日6时,小浪底水库水位距2003年防洪运用上限255 m仅余27 cm。黄河防汛抗旱总指挥部考虑到时间已接近汛末,在确保小浪底水库安全的前提下,为减轻下游防汛抢险的压力,并兼顾减少下游滩区损失,小浪底水库实施拦洪控泄运用。为此,自9月24日8时起,小浪底水库又转入防洪调度运用,按控制花园口站流量2 500 m^3/s左右、含沙量30 kg/m^3下泄。

10月4日18时,受渭河5号洪峰和北洛河洪水影响,潼关水文站出现4 270 m^3/s的最大流量。此时,小浪底水库即将突破经批准的255 m的最高运行水位。黄河防总迅速组织了由黄河防总、小浪底水利枢纽管理局、黄河勘测规划设计研究院有限公司等单位专家组成的大坝安全评估组进驻小浪底库区,在得出大坝安全的情况下,经批准,小浪底水库突破255 m运用,化解了第5次洪水带来的压力。

10月8~11日,黄河中游发生第6次强降雨过程。根据水文预报,10月中旬黄河中游将产生25亿 m^3的洪量。根据水情分析,黄河防总在确保小浪底大坝安全、水库蓄水不超过265 m的前提下,启用万家寨水库拦蓄黄河干流部分洪水,实施万家寨、三门峡、小浪底、陆浑、故县五座水库联合调度。进入10月中旬以后,黄河防总对小浪底水库运用方式再次做出调整:以水库安全为主,兼顾缓解下游抢险救灾紧张局面,三门峡水库提前拦洪,以减轻小浪底水库压力,使小浪底水库水位尽快回落到260 m以下。

多水库运用,多次调蓄,黄河干支流水库起到了关键作用,把一次次较大的洪峰变为平缓的流量,减少了下游漫滩带来的一系列危险和灾难。由于洪水历时长、主槽淤积等因素,黄河下游部分河段仍出现了较大险情。9月18日,兰考蔡集控导工程35号坝上首生产堤溃口,形成串沟,造成兰考—东明滩区进水、大堤偎水,最大水深6 m。该段大堤经受了历史上最长时间和最高水位洪水的浸泡,加之该段堤防处于最为薄弱的"豆腐腰"河段,堤防基础较差,尚未经过淤背加固,导致出现渗水、管涌等险情。

1.5.5 黄河下游防洪工程体系概况

下游防洪一直是治黄的首要任务,经过多年坚持不懈的治理,通过一系列防洪工程的修建,已初步形成了以中游干支流水库、下游堤防、河道整治、分滞洪工程为主体的"上拦下排,两岸分滞”防洪工程体系。黄河下游防洪工程体系见图 1-28。

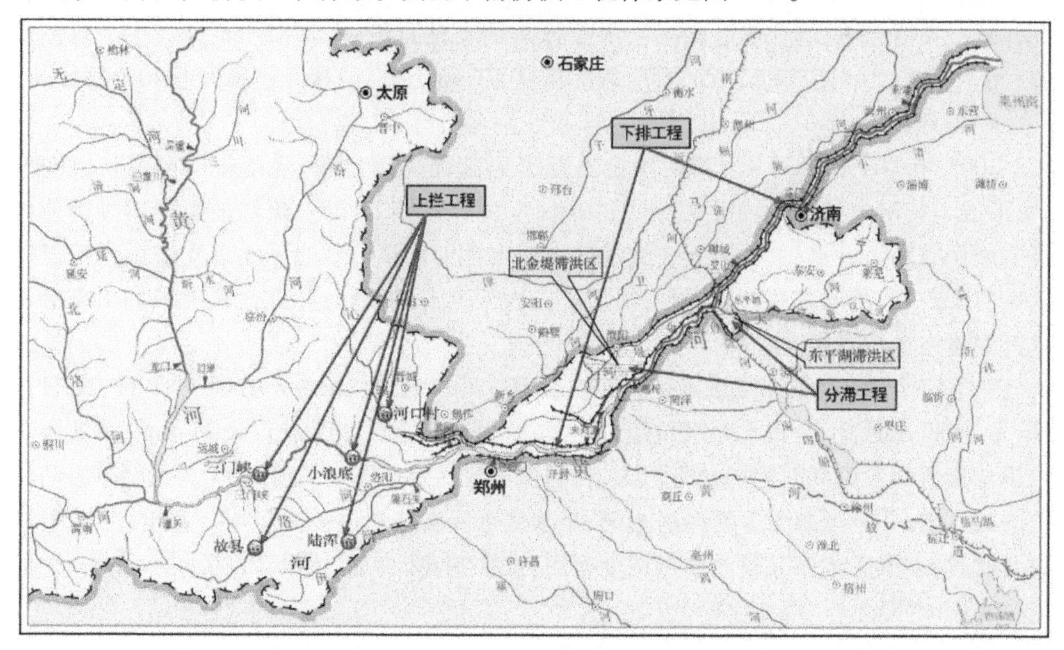

图 1-28　黄河下游防洪工程体系示意图

1.5.5.1　水库工程

为了有效地拦蓄洪水,在中游干支流上先后修建了三门峡水利枢纽、陆浑水库、故县水库和小浪底水利枢纽。近期将建成沁河河口村水库,与三门峡水库、小浪底水库、陆浑水库、故县水库联合运用,削减三花区间的洪峰流量,减轻黄河下游防洪负担,减少东平湖滞洪区的分洪概率和分洪量。三门峡、小浪底、陆浑、故县、河口村等水库特征指标见表 1-12。三门峡、小浪底、陆浑、故县等水库特征值见表 1-13。

表 1-12　三门峡、小浪底、陆浑、故县、河口村等水库特征值

水库名称	控制流域面积(km^2)	总库容(亿 m^3)	防洪库容(亿 m^3)	汛期限制水位(m)	蓄洪限制水位(m)	设计洪水位(m)	校核洪水位(m)
三门峡	688 400	56.3	55.7	305	335	335	340
小浪底	694 000	126.5	40.5	254	275	274	275
陆浑	3 492	13.2	2.5	317	323	327.5	331.8
故县	5 370	11.8	5.0	527.3	548	548.55	551.02
河口村	9 223	3.2	2.3	238	285.43	285.43	285.43

表 1-13 三门峡、小浪底、陆浑、故县等水库水位—库容—泄量关系

三门峡水库	水位(m·大沽)	290	300	305	310	315	320	325	330	335
	库容(亿 m^3)	0	0.2	0.6	1.42	3.23	7.32	16.6	31.58	56.26
	泄流量(m^3/s)	1 188	3 633	5 455	7 829	9 701	11 153	12 428	13 483	14 350
小浪底水库	水位(m·黄海)	240	245	250	254	260	263	265	270	275
	库容(亿 m^3)	1.70	3.60	6.40	10.00	17.60	23.00	26.50	37.50	51.00
	泄流量(m^3/s)	9 693	10 295	10 826	9 627	10 297	11 001	11 572	13 311	15 307
陆浑水库	水位(m·黄海)	300	305	315	317	320	323	325	330	333
	库容(亿 m^3)	1.34	2.24	4.93	5.68	6.82	8.14	9.01	11.47	13.12
	泄流量(m^3/s)	594	903	1 464	1 776	2 410	3 239	3 926	5 281	5 820
故县水库	水位(m·黄海)	510	520	528	530	534	540	543.5	548	553
	库容(亿 m^3)	1.4	1.8	2.85	3.25	4.02	5.35	6.45	7.62	9.25
	泄流量(m^3/s)	659	751	817	833	1 323	3 699	6 145	9 663	13 095

注:三门峡水库库容为 2012 年 10 月实测值;小浪底水库库容为水库正常运用期设计值;陆浑水库库容为 1992 年实测值;故县水库库容为远期设计值。

1.5.5.2 堤防、河道整治工程

黄河下游除南岸邙山及东平湖—济南区间为低山丘陵外,其余河段全靠堤防约束洪水。下游现状临黄大堤长 1 371.227 km,其中左岸 746.979 km、右岸 624.248 km。黄河下游堤防沿程设防流量见表 1-14。

表 1-14 黄河下游堤防沿程设防流量

断面名称	花园口	柳园口	夹河滩	石头庄	高村	苏泗庄	邢庙	孙口	艾山以下
设防流量(m^3/s)	22 000	21 700	21 500	21 200	20 000	19 400	18 200	17 500	11 000

黄河下游河道整治工程包括险工和控导工程。现有险工 135 处,坝垛 5 279 道,工程总长度 310.540 km,裹护长度 268.992 km。已建成控导工程 219 处,坝垛 4 573 道,工程长度达到 428.526 km。

1. 黄河下游兰考—东明、东明—东平湖河段

目前,兰考—东明、东明—东平湖河段,右岸标准化堤防已全部建成,堤防长度 210 km,堤顶宽度 12 m,堤顶超高:东明高村以上 3 m,以下 2.5 m;临背河边坡均为 1:3;放淤固堤顶宽 100 m,顶部低于设防水位 2 m;临河防浪林宽度高村以上 50 m,高村以下 30 m。堤防工程情况详见表 1-15。

表 1-15　兰考—东明、东明—东平湖河段堤防工程情况

堤防名称	大堤起桩号	大堤止桩号	堤顶宽度(m)	设计超高(m)	堤防边坡		防洪标准及级别
					临河	背河	
兰考	112 +900	156 +050	12	3	1:3	1:3	花园口站 22 000 m^3/s;一级堤防
东明	156 +050	217 +968	12	高村以上 3 m,高村以下 2.5 m	1:3	1:3	
牡丹	217 +968	232 +861	12	2.5	1:3	1:3	
鄄城	232 +861	285 +000	12	2.5	1:3	1:3	
郓城	285 +000	313 +075	12	2.5	1:3	1:3	
梁山	313 +075	336 +600	12	2.5	1:3	1:3	

该段堤防修建有险工共 17 处,工程长度 51.121 km,共有坝、垛护岸共 500 道。险工工程断面一般由坦石、黏土坝胎、坝基、根石四部分组成。2000 年以来,对该河段工程顶部高程低于设防水位 0.5 m 以上或坦石边坡陡于 1:1.5 以及根石薄弱的险工,按照坦石顶宽 1 m,坦石外坡 1:1.5,内坡 1:1.3;土坝体顶宽 12 ~ 15 m,非裹护部分边坡 1:2.0 的标准进行了改建。险工工程情况详见表 1-16。

表 1-16　兰考—东明、东明—东平湖河段险工情况

序号	堤段	险工名称	起桩号	止桩号	现状情况					
					工程长度(m)	裹护长度(m)	坝	垛	护岸	合计
1	兰考	东坝头	137 +750	139 +263	1 613	1 601	1	15	12	28
2		杨庄	139 +464	140 +491	1 027	868	3	3	10	16
3		四明堂	153 +825	155 +050	2 017	1 369	19			19
4	东明	黄寨	183 +188	187 +607	4 429	2 519	33			33
5		霍寨	187 +607	189 +820	2 436	1 412	16	3		19
6		堡城	190 +000	193 +350	2 962	2 422	21	3		24
7		高村	206 +000	209 +320	3 452	3 035	41		13	54
8	牡丹区	刘庄	218 +855	223 +500	4 770	4 156	40		16	56
9		贾庄	223 +500	225 +800	3 640	3 080	26	6	4	36

续表 1-16

序号	堤段	险工名称	起桩号	止桩号	现状情况					
					工程长度（m）	裹护长度（m）	坝	垛	护岸	合计
10	鄄城	苏泗庄	238 + 195	242 + 075	3 734	3 561	32			32
11		营房	247 + 495	250 + 750	3 067	3 002	34			34
12		桑庄	265 + 000	267 + 250	2 418	2 798	20			20
13	郓城	苏阁	289 + 400	292 + 350	2 950	2 472	25		1	26
14		杨集	299 + 750	303 + 300	3 550	2 414	23		4	27
15		伟庄	310 + 300	312 + 450	2 150	2 066	16			16
16	梁山	程那里	316 + 800	319 + 330	2 500	1 624	17			17
17		路那里	333 + 000	336 + 600	3 600	3 032	28		8	36
合计					50 315	41 431	394	30	68	493

另外，为防止顺堤行洪对堤防破坏，沿大堤修建有防护坝 3 处，工程总长约 8.4 km，共有丁坝 86 道。防护坝工程情况详见表 1-17。

表 1-17　兰考—东明、东明—东平湖河段防护坝工程情况

河段	工程名称	起止桩号	裹护长度（m）	工程数量（道、段）				
				坝	垛	护岸	其他	合计
兰考	四明堂	144 + 003 ~ 153 + 705	3 135	22				22
东明	东明	156 + 150 ~ 181 + 790	4 737	51				51
鄄城	刘口	270 + 410 ~ 271 + 700	556	13				13
合计			8 428					86

2. 黄河下游济南—河口河段

目前，济南—河口河段，右岸标准化堤防已全部建成，堤防长度 257 km，堤顶宽度：南展宽区（189 + 121）以上 12 m，以下 10 m；堤顶超高，南展宽区（189 + 121）以上 2.5 m，以下 2.1 m；临背河边坡均为 1∶3；放淤固堤顶宽 80 ~ 100 m，顶部高程：南展宽区（189 + 121）以上低于设防水位 2 m，以下低于设防水位 3 m。临河防浪林宽度 30 m。堤防工程情况详见表 1-18。

该段堤防修建有险工共 34 处，工程长度约 49.6 km，共有坝、垛护岸共 1 175 道。险工工程断面结构同兰考—东明、东明—东平湖段。受投资限制，目前该河段险工工程顶部

高程低于设防水位 0.5 m 以上或坦石边坡陡于 1:1.5 以及根石薄弱的险工,仍有近 60%坝垛没有改建,险工抗洪能力整体不足。济南—河口河段险工情况详见表 1-19。

表 1-18　济南—河口河段堤防工程情况

堤防名称	大堤起桩号	大堤止桩号	长度（km）	堤顶宽度（m）	设计超高（m）	堤防边坡		堤防防洪标准及级别
						临河	背河	
槐荫	-(1+980)	22+650	24.63	12	2.1	1:3	1:3	艾山站 11 000 m^3/s，一级堤防
天桥	22+650	32+800	10.15	12	2.1	1:3	1:3	
历城	32+800	64+574	31.774	12	2.1	1:3	1:3	
章丘	64+574	91+653	27.079	12	2.1	1:3	1:3	
邹平	91+653	113+600	21.947	12	2.1	1:3	1:3	
高青	113+600	160+520	46.92	12	2.1	1:3	1:3	
滨城	160+520	178+830	18.31	12	2.1	1:3	1:3	
博兴	178+830	189+121	10.291	12	2.1	1:3	1:3	
东营	189+121	201+300	12.179	10	2.1	1:3	1:3	
垦利	201+300	255+160	53.86	10	2.1	1:3	1:3	

表 1-19　济南—河口河段险工情况

序号	堤段	险工名称	起桩号	止桩号	现状情况					
					工程长度（m）	裹护长度（m）	坝（道）	垛（道）	护岸（道）	合计（道）
1	槐荫	大王庙	131+017	133+572	2 555	1 863	17		34	51
2		北店子	8+600	9+600	1 000	1 048	11		21	32
3		曹家圈	10+448	12+236	1 788	1 683	16		17	33
4		杨庄	14+590	17+000	2 410	1 783	20		23	43
5	天桥	老徐庄	23+367	24+900	1 533	1 736	20		18	38
6		洛口	27+070	30+600	3 530	4 151	44		43	87
7	历城	盖家沟	32+807	35+214	2 407	2 658	17		42	59
8		后张	39+860	40+250	390	503	5		8	13
9		付家庄	44+578	45+900	1 322	1 749	11		16	27
10		霍家刘	48+600	49+650	1 350	1 524	11		25	36
11		河套圈	52+910	53+100	190	257	3		7	10
12		陈孟圈	56+170	57+240	1 070	1 245	6		43	49
13		王家梨行	60+490	62+773	2 283	2 345	20		42	62

续表1-19

序号	堤段	险工名称	起桩号	止桩号	现状情况					
					工程长度（m）	裹护长度（m）	坝（道）	垛（道）	护岸（道）	合计（道）
14	章丘	胡家岸	64+520	65+739	1 219	1 386	60			60
15		土城子	73+375	73+884	509	460	4			4
16		刘家园	76+156	77+206	1 050	440	4			4
17	邹平	梯子坝	99+725	100+125	400	264	1		6	7
18	高青	马扎子	119+430	121+030	1 600	1 303	17			17
19		刘春家	154+350	155+950	1 600	1 625	24		10	34
20	滨城	大道王	163+350	164+650	1 300	1 509	26		2	28
21		王家庄	169+028	171+400	2 372	1 444	25		5	30
22		道旭	172+676	174+226	1 550	1 788	44		1	45
23	博兴	王旺庄	182+924	184+690	1 766	1 826	27		11	38
24	东营	南坝头	191+357	191+994	235	674	12		3	15
25		麻湾	192+695	195+042	2 347	2 338	43	3	10	56
26		打渔张	200+126	200+802	676	605	12		4	16
27	垦利	罗家	201+460	202+245	785	410	4	4		8
28		卞家	209+170	209+717	547	550		3	15	18
29		胜利	209+717	210+726	1 009	1 050		6	22	28
30		王院	211+450	213+930	2 480	2 040		15	39	54
31		常庄	214+170	215+790	1 620	1 630		5	34	39
32		路庄	215+790	217+604	1 814	1 794		5	52	57
33		纪冯	224+345	224+730	385	415	6			6
34		义和	236+700	239+170	2 470	1 970	11		60	71
合计					49 562	48 066	521	41	613	1 175

另外，高青河段为防止顺堤行洪对堤防破坏，修建有防护坝2处，工程总长5.2 km，共有丁坝31道。

1.5.5.3 滞洪区工程

黄河下游滞洪区主要包括东平湖滞洪区和北金堤滞洪区。根据2008年国务院批复的《黄河流域防洪规划》,东平湖是重要蓄滞洪区,北金堤是保留蓄滞洪区。

东平湖滞洪区位于下游宽河道与窄河道相接处的右岸,承担分滞黄河洪水和调蓄汶河洪水的双重任务,控制艾山站下泄流量不超过 10 000 m^3/s。湖区总面积 627 km^2,其中老湖区 209 km^2、新湖区 418 km^2。东平湖设计水位 45 m,相应库容 33.54 亿 m^3,其中老湖区 9.87 亿 m^3,新湖区 23.67 亿 m^3。东平湖设计分滞黄河洪水 17.5 亿 m^3。目前,主要有石洼、林辛和十里铺 3 座分洪闸,总分洪能力为 7 500 m^3/s,通向黄河的退水闸有陈山口、清河门 2 座,设计总泄水能力为 2 500 m^3/s。

北金堤滞洪区位于黄河下游高村—陶城铺宽河段转为窄河段过渡段的左岸。北金堤蓄滞洪区设计分洪能力 10 000 m^3/s,分滞黄河洪量 20 亿 m^3。小浪底水库建成运用后,其分洪运用概率很小。考虑到小浪底水库拦沙库容淤满后,下游河道仍会继续淤积抬高,堤防防洪标准将随之降低,从黄河防洪的长远考虑,北金堤滞洪区作为保留滞洪区临时分洪防御特大洪水。本次风险图编制黄河下游最大洪水标准为近 1 000 年一遇,即控花园口洪水流量 22 000 m^3/s,不考虑北金堤滞洪作用。

第 2 章　黄河下游设计洪水

2.1　洪水的发生时间及各区洪水特性

黄河下游洪水主要由中游地区的暴雨形成，上游洪水一般只形成中下游洪水的基流。黄河下游为地上“悬河”，较大的支流有北岸的金堤河与南岸的大汶河，黄河干流发生大洪水时，两支流来水较小。

2.1.1　洪水发生时间

黄河洪水主要由暴雨形成，故洪水发生时间与暴雨发生时间相一致。由于黄河流域面积大、河道长，各河段大洪水发生的时间有所不同，上游河段为 7 ~ 9 月；河口镇—三门峡区间为 7、8 两月并多集中在 8 月；三门峡—花园口区间为 7 月、8 两月，特大洪水的发生时间更为集中，一般为 7 月中旬至 8 月中旬；下游洪水的发生时间一般为 7 ~ 10 月。

2.1.2　洪水来源区特性

黄河中游洪水有三大来源区，即河口镇—龙门区间（简称河龙间）、龙门—三门峡区间（简称龙三间）、三门峡—花园口区间（简称三花间）。三个来源区的洪水特性分述如下：

河龙间流域面积为 11 万 km^2，河道穿行于山陕峡谷之间，两岸支流较多，流域面积大于 1 000 km^2的支流有 21 条，呈羽毛状汇入黄河。流域内植被较差，大部分属黄土丘陵沟壑区，土质疏松，水土流失严重，是黄河粗泥沙的主要来源区。区间河段长 724 km，落差 607.3 m，平均比降 8.4‰。区间暴雨强度大，历时短，常形成尖瘦的高含沙洪水过程，一次洪水历时一般为 1 d 左右，连续洪水可达 5 ~ 7 d。区间发生的较大洪水洪峰流量可达 11 000 ~ 15 000 m^3/s，实测区间最大洪峰流量为 18 500 m^3/s（1967 年），日平均最大含沙量可达 800 ~ 900 kg/m^3。

龙三间流域面积为 19 万 km^2，河段长 240.4 km，落差 96.7 m，平均比降 0.4‰。区间大部分属黄土塬区及黄土丘陵沟壑区，部分为石山区。区间内流域面积大于 1 000 km^2的支流有 5 条，其中包括黄河第一大支流渭河和第二大支流汾河，黄河干流与泾河、北洛河、渭河、汾河等诸河呈辐射状汇聚于龙门—潼关河段。本区间的暴雨特性与河龙间相似，但暴雨发生的频次较多、历时较长。区间洪水多为矮胖型，大洪水发生时间以 8 月、9 月居多，洪峰流量一般为 7 000 ~ 10 000 m^3/s。

三花间流域面积为 41 615 km^2，大部分为土石山区或石山区，区间河段长 240.9 km，落差 186.4 m，平均比降 0.77‰。流域面积大于 1 000 km^2的支流有 4 条，其中伊洛河、沁河两大支流的流域面积分别为 18 881 km^2和 13 532 km^2。本区间大洪水与特大洪水都发生在 7 月中旬至 8 月中旬，与三门峡以上中游地区相比洪水发生时间趋前。区间暴雨历时较龙三间长，强度也大，加上主要产流地区河网密度大，有利于汇流，所以易形成峰高量大、含沙量小的洪水。一次洪水历时 5 d 左右，连续洪水历时可达 12 d，当伊洛河、沁河与三花间干流洪水遭遇时，可形成花园口的大洪水或特大洪水。实测区间最大洪峰流量为 15 780 m^3/s。

2.2 洪水组成与遭遇

2.2.1 洪水组成

黄河下游的洪水主要来自中游的河口镇至花园口区间。花园口以下的黄河下游为地上“悬河”，较大的支流有北岸的金堤河与南岸的大汶河，黄河干流大洪水时，两支流来水较小。

花园口断面控制了黄河上中游的全部洪水，花园口以下增加洪水不多。根据实测及历史调查洪水资料分析，花园口站大于 8 000 m^3/s 的洪水，都是以中游来水为主所组成的，河口镇以上的上游地区相应来水流量一般为 2 000 ~ 3 000 m^3/s，形成花园口站洪水的基流。花园口站各类洪水的洪峰、洪量组成见表 2-1。

表 2-1 花园口站各类洪水洪峰、洪量组成

洪水类型	典型年份	花园口		三门峡			三花间			三门峡占花园口的比重(%)	
		洪峰流量(m^3/s)	12 d 洪量(亿 m^3)	洪峰流量(m^3/s)	相应洪水流量(m^3/s)	12 d 洪量(亿 m^3)	洪峰流量(m^3/s)	相应洪水流量(m^3/s)	12 d 洪量(亿 m^3)	洪峰流量(m^3/s)	12 d 洪量(亿 m^3)
上大洪水	1843	33 000	136.0	36 000		119.0		2 200	17.0	93.3	87.5
	1933	20 400	100.5	22 000		91.90		1 900	8.60	90.7	91.4
下大洪水	1761	32 000	120.0		6 000	50.0	26 000		70.0	18.8	41.7
	1954	15 000	76.98		4 460	36.12	12 240		40.55	29.7	46.9
	1958	22 300	88.85		6 520	50.79	15 700		37.31	29.2	57.2
	1982	15 300	65.25		4 710	28.01	10 730		37.5	30.8	42.9
上下较大洪水	1957	13 000	66.30		5 700	43.10		7 300	23.2	43.8	65.0

注：相应洪水流量是指组成花园口站洪峰流量的相应来水流量，1761 年和 1843 年洪水为调查推算值。

表 2-1 中：

(1)上大洪水指三门峡以上来水为主的洪水，是由河龙间和龙三间来水为主形成的洪水，特点是洪峰高、洪量大、含沙量高，对黄河下游防洪威胁严重。如 1843 年调查洪水，三门峡站、花园口站洪峰流量分别为 36 000 m^3/s 和 33 000 m^3/s；1933 年实测洪水，三门峡站、花园口站洪峰流量分别为 22 000 m^3/s 和 20 400 m^3/s。随着三门峡水库、小浪底水库的建设，这类洪水逐步得到控制。

(2)下大洪水指以三花间干支流来水为主形成的洪水，特点是洪峰高、涨势猛、预见期短，对黄河下游防洪威胁最为严重。如 1761 年调查洪水，花园口站、三门峡站洪峰流量分别为 32 000 m³/s 和 6 000 m³/s；1958 年实测洪水，花园口站、三门峡站洪峰流量分别为 22 300 m³/s 和 6 520 m³/s。小浪底水库投入防洪运用后，三门峡—小浪底区间（简称三小间）的洪水得到了控制。但小浪底—花园口区间（简称小花间）5 年一遇设计洪水流量达 6 350 m³/s，百年一遇设计洪水流量达 17 600 m³/s。尤其是小花间尚有 1.8 万 km² 的无水库工程控制区，本身产生的百年一遇洪水花园口站流量将达 12 000 m³/s，即使控制小浪底水库不下泄任何水量，由于这一区域紧靠下游滩区，洪水预见期很短，对下游威胁非常严重。

（3）上下较大洪水指以龙三间和三花间共同来水组成的洪水，特点是洪峰较低、历时较长、含沙量较小，对下游防洪也有相当威胁。如 1957 年 7 月洪水，花园口站、三门峡站洪峰流量分别为 13 000 m³/s 和 5 700 m³/s。

由表 2-2 可见，当发生上大洪水时，三门峡以上来水的洪峰和洪量占花园口断面的 70% 以上，三花间加水较少。当发生下大洪水时，三门峡以上来水的洪峰占花园口断面的 20% ~30%，洪量占 40% ~60%。

表 2-2　1954 年、1957 年、1964 年黄河与大汶河洪水遭遇情况统计

年份	花园口最大		戴村坝相应花园口		戴村坝最大	
	洪峰流量/（月-日 T 时）	12 d 洪量/（起始时间）（月-日）	流量（m³/s）	12 d 洪量（亿 m³）	洪峰流量/（月-日 T 时）	12 d 洪量/（起始时间）（月-日）
1954	15 000/08-05T06	72.7/08-04	170	7.57	4 060/08-13T21:00	7.72/08-07
1957	13 000/07-19T13	66.3/07-17	1 650 ~2 200	13.4	5 980/07-19T18:30	16.82/07-13
1964	12 000/08-15T16	71.1/08-05	167	3.19	6 930/09-13T01:00	13.48/08-30

2.2.2　洪水的地区遭遇

从黄河实测及历史调查考证的大洪水看，黄河上游地区的大洪水年份有 1850 年、1904 年、1911 年、1946 年、1981 年等，黄河中游河三区间的大洪水年份有 1632 年、1662 年、1842 年、1843 年、1933 年、1942 年等，黄河中游三花区间的大洪水年份有 1553 年、1761 年、1954 年、1958 年、1982 年等。由此可以看出，黄河上游大洪水和中游大洪水不相遭遇，黄河中游的上大洪水和下大洪水也不同时遭遇。

黄河下游的大洪水与金堤河、大汶河的大洪水不遭遇。黄河下游的大洪水可以和大汶河的中等洪水相遭遇；黄河下游的中等洪水可以和大汶河的大洪水相遭遇；黄河干流与大汶河的小洪水遭遇机会较多。根据 1953 年以来洪水资料统计，大汶河戴村坝最大 12 d 洪量超过 6 亿 m³ 的较大典型的洪水有 1953 年、1954 年、1957 年、1963 年、1964 年、1970 年、1990 年、1996 年、2001 年等。统计相应的黄河来水可知，黄河、大汶河洪水遭遇相对较严重的情况发生过三次，分别为 1954 年、1957 年和 1964 年。其中，1954 年黄河为大洪水，大汶河为较大洪水；1957 年、1964 年大汶河为大洪水，黄河为较大洪水。三次洪水遭遇情况见表 2-2。

2.3　河道洪水演进

2.3.1　河道特性及排洪能力分析

黄河自桃花峪(花园口以上 37.8 km)至垦利县渔洼,河道长 741.8 km,河道面积 3 687.9 km^2,其中桃花峪—陶城铺(孙口下游 34.9 km)河道长 391.8 km,河道面积 2 739.6 km^2,是一个相当大的自然滞洪区,对洪水有显著的滞洪削峰作用,尤其对三花区间发生的较大洪水,由于峰型较瘦,其滞洪削峰作用更为显著。

黄河下游来水来沙条件复杂,河道冲淤及边界条件多变。不同时期、不同河段洪水演进与水沙因素(如洪峰流量、含沙量及颗粒级配、峰型、洪水发生时间、漫滩程度等)和河道因素(河道过洪能力、河势状况、滩地行洪条件等)密切相关。

2.3.1.1　各河段河道特性

黄河下游河道形态上宽下窄、上陡下缓,按河床演变特性分析,可分为四个不同类型的河段。

1. 花园口—高村河段

该河段长 180 km,为典型的游荡性河段,河槽一般宽 3 ~5 km,两岸堤距平均 8.4 km。其中,花园口—东坝头河段长 116 km,两岸堤距为 5.0 ~14.0 km。河道两岸有 1855 年铜瓦厢决口后,因溯源冲刷而形成的残存高滩,从 1855 年至今洪水均未漫滩。其余滩地的起始平滩流量约为 6 000 m^3/s,一般水深仅 1 ~2 m,河道宽浅,江心滩较多,流势多变,常出现“横河”、“斜河”,易发生冲决的危险。本河段河道宽浅,河心滩众多,河势多变,滞洪削峰作用较大。东坝头—高村河段长 64.0 km,河道在东坝头以下转向东北,两岸堤距上宽下窄,成为明显的喇叭形,最宽处的堤距达 20 km,河道面积 673.5 km^2。河槽两岸滩唇高,堤根低洼,滩面向堤根的倾斜度(横比降)为 1/2 000 ~1/3 000,滩面串沟较多。自 1958 年修建了滩区生产堤后,减少了洪水漫滩行洪的机遇,河槽游积加重,形成了“悬河中的悬河”。

2. 高村—陶城铺河段

该河段长 165 km,为过渡性河段。近二十年来修建了大量的河道整治工程,主流较为稳定,河槽宽 0.7 ~3.7 km,两岸堤距平均为 4.5 km。其中,高村—孙口河段河道长 126 km,两岸堤距 5 ~8.5 km,平均宽 6.8 km,河道面积 884 km^2。滩区生产堤所包围的面积为 450 km^2,占河道面积的 50.9%,滩区横比降大,堤根低洼,滩区分布较散,块数较多。孙口—陶城铺河段河道长 39 km,两岸堤距 1 ~5 km,河道具有上宽下窄的特点,由于河湾发展快,该河段已逐渐过渡到弯曲型河道,河道的过水断面相应减少,排洪能力降低到 10 000 m^3/s。东平湖滞洪区的分洪口门位于本河段内,当孙口流量超过 10 000 m^3/s 且有上涨趋势时,为保证下游河道排洪安全,滞洪区须投入运用(1958 年前,老湖区为自然湖泊,对较大洪水具有自然滞洪作用)。因此,进入河段洪水不仅受到河道滞洪作用影响,而且受到东平湖的分、滞作用影响。

3. 陶城铺以下河段

陶城铺以下为受控制的弯曲性河段,河槽宽 0.4 ~ 1.5 km,两岸堤距平均为 2.2 km。其中,陶城铺—前左河段河道长 318 km,两岸堤距 0.45 ~ 5.0 km,主槽宽 0.3 ~ 0.8 km,纵比降 1/1 000 左右。南岸东平湖以下至济南田庄丘陵起伏,北岸险工相接。济南北店子以下两岸险工对峙,河道受到约束,横向摆动不大,曲折系数为 1.2,滩槽高差较大,一般都超过 3 ~ 4 m。在鱼山与姜沟山、艾山与外山夹河对峙,成为天然节点,河面宽仅 300 ~ 500 m,在洪水时期有束水作用。由于工程控制严密,河湾不能自由发展,河道平面变化不大,断面变化多以纵向冲淤为主,此河段的河道面积为 890.7 km^2,平均宽度为 2.8 km。前左—河口河段属河口段,河段长约 70 km,两岸堤防逐渐放宽,呈喇叭形,再往下两岸无堤防,黄河河口系弱潮多沙延伸摆动频繁的堆积型河口。

2.3.1.2　各河段平滩流量分析

黄河下游河道断面多呈复式断面,滩槽不同部位的排洪能力存在很大差异,主槽是排洪的主要通道,一般主槽流量占全断面的 60% ~ 80%,因此平滩流量的变化相当程度上反映了河道的排洪能力。表 2-3 列出了黄河下游典型年份平滩流量变化情况。不同时期、不同河段的平滩流量各不相同。

表 2-3　黄河下游典型年份平滩流量变化情况　（单位:m^3/s）

时间	花园口	夹河滩	高村	孙口	艾山	洛口	利津
1958 年汛后	8 000	10 000	10 000	9 800	9 000	9 200	9 400
1964 年汛后	9 000	11 500	12 000	8 500	8 400	8 600	8 500
1973 年汛前	3 500	3 200	3 280	3 400	3 300	3 100	3 310
1980 年汛前	4 400	5 300	4 300	4 700	5 500	4 400	4 700
1985 年汛前	6 900	7 000	6 900	6 500	6 700	6 000	6 000
1997 年汛前	3 900	3 800	3 000	3 100	3 100	3 200	3 400
2002 年汛前	3 600	2 900	1 800	2 070	2 530	2 900	3 000
2016 年汛前	7 200	6 800	6 100	4 350	4 250	4 600	4 650

三门峡建库前,下游河道基本为天然状态,平滩流量约为 6 000 m^3/s,其变化随水沙条件而定。大水时,常发生槽冲滩淤,使滩槽高差加大,平滩流量增加,遇小水大沙时,主槽回淤,平滩流量减小。1958 年花园口站出现 22 300 m^3/s 的大洪水后,下游平滩流量增加到 8 000 ~ 10 000 m^3/s。

三门峡建库后,下游河道冲淤变化受水沙条件、水库运用方式、沿程工农业用水等多方因素影响。经历了 1960 ~ 1964 年、1981 ~ 1985 年两个持续冲刷时期和 1965 ~ 1973 年、1986 ~ 2002 年两个持续淤积时期。1960 ~ 1964 年三门峡下泄清水,全河普遍发生冲刷,至 1964 年汛后平滩流量增加 8 400 ~ 12 000 m^3/s;而 1965 ~ 1973 年水库排沙,主槽淤积,到 1973 年汛前平滩流量降至 3 100 ~ 3 500 m^3/s。1973 年 11 月,三门峡水库开始蓄清排浑运用,同时受 1975 年、1976 年漫滩洪水淤滩刷槽的影响,1980 年汛前下游河道的平滩流量又增大到 4 300 ~ 5 500 m^3/s；1981 ~ 1985 年下游有利的水沙条件，平滩流量进一步加大，至 1985 年汛前，平滩流量为 6 000 ~ 7 000 m^3/s。1986 年以后，随着上游龙羊峡水库的投入运用以及沿程工农业用水的剧增，下游河道主河槽发生严重的淤积，平滩流量逐年减小，至 1997 年汛前已下降至 3 000 ~ 4 000 m^3/s。

小浪底运用后，下游河道在经历长时段的水库拦沙造成的清水冲刷和十九次调水调沙冲刷后，各河段平滩流量不断增大，下游河道最小平滩流量已由 2002 年汛前的 1 800 m^3/s 增加至 4 250 m^3/s，下游河道主槽行洪输沙能力得到明显提高。

2.3.2　各河段洪水演进特性

选取花园口断面 1952 ~ 2017 年间洪峰流量大于 6 000 m^3/s 的 59 场洪水，分析说明黄河下游洪水演进特性，即流量沿程的衰减特性和洪峰传播时间特点。

2.3.2.1　洪峰流量衰减特性

表 2-4 列出了下游各河段洪峰流量的削峰率。可见，黄河下游各河段削峰率相对关系与下游河道特性直接相关。各河段削峰率分述如下：

表 2-4　黄河下游各河段洪峰流量的削峰率　(%/km)

流量级 (m^3/s)	洪水场次	统计参数	花园口—夹河滩	夹河滩—高村	高村—孙口	孙口—艾山	艾山—洛口	洛口—利津	花园口—利津	花园口—艾山	艾山—利津
6 000 ~ 8 000	36	最大	0.22	0.30	0.13	0.22	0.28	0.10	0.08	0.12	0.11
		最小	0	0	0	0	0	0	0.01	0	0
		均值	0.07	0.06	0.04	0.06	0.05	0.02	0.04	0.05	0.03
8 000 ~ 10 000	14	最大	0.10	0.30	0.19	0.32	0.12	0.07	0.09	0.15	0.07
		最小	0	0	0	0	0.02	0	0.01	0	0
		均值	0.04	0.05	0.06	0.11	0.05	0.02	0.04	0.05	0.03
10 000 以上	9	最大	0.27	0.40	0.24	0.42	0.18	0.07	0.09	0.13	0.08
		最小	0.02	0	0.04	0.01	0.01	0	0	0	0.01
		均值	0.08	0.11	0.11	0.15	0.09	0.03	0.05	0.07	0.04
6 000 以上	59	最大	0.27	0.40	0.24	0.42	0.28	0.10	0.09	0.15	0.11
		最小	0	0	0	0	0	0	0	0	0
		均值	0.06	0.07	0.06	0.09	0.05	0.02	0.04	0.05	0.03

(1)花园口—夹河滩河段具有较大的滩、槽滞洪容积，对洪水的削减作用明显，平均削峰率为 0.06%/km，6 000 ~ 8 000 m^3/s、8 000 ~ 10 000 m^3/s、10 000 m^3/s 以上量级洪水平均削峰率分别为 0.07%/km、0.04%/km、0.08%/km。

(2)夹河滩—高村河段滩区的滞蓄容积也较大,平均削峰率为0.07%/km,6 000～8 000 m^3/s、8 000～10 000 m^3/s、10 000 m^3/s 以上量级洪水平均削峰率分别为0.06%/km、0.05%/km、0.11%/km,不同时期滞洪削峰作用变化较大。

(3)高村—孙口河段蓄水滞洪作用十分显著,平均削峰率为0.06%/km,6 000～8 000 m^3/s、8 000～10 000 m^3/s、10 000 m^3/s 以上量级洪水平均削峰率分别为0.04%/km、0.06%/km、0.11%/km。由于河段内滩地坑洼多,有相当部分成为死水区。如1982年洪水在本河段进滩死水量达8亿 m^3。

(4)孙口—艾山河段是各河段中削峰率最大的河段,平均削峰率为0.09%/km,6 000～8 000 m^3/s 洪水平均削峰率分别为0.06%/km,8 000～10 000 m^3/s、10 000 m^3/s 以上量级洪水平均削峰率增大到0.11%/km、0.15%/km,远高于其他河段,这主要是因为其中有5场洪水受东平湖分滞洪运用影响,东平湖滞洪区建成前河湖不分,1953年、1954年、1957年、1958年黄河发生漫滩洪水,东平湖自然滞洪运用;1982年洪水东平湖滞洪区分洪运用,最大分洪流量为2 400 m^3/s,分洪后黄河洪水流量由孙口站的10 100 m^3/s 减小到艾山站的7 430 m^3/s。

(5)艾山—洛口河段属于受控性弯曲型河道,平均削峰率为0.05%/km,6 000～8 000 m^3/s、8 000～10 000 m^3/s、10 000 m^3/s 以上量级洪水平均削峰率分别为0.05%/km、0.05%/km、0.09%/km。

(6)洛口—利津河段是各河段中削峰率最小的河段,平均削峰率为0.02%/km,6 000～8 000 m^3/s、8 000～10 000 m^3/s、10 000 m^3/s 以上量级洪水平均削峰率分别为0.02%/km、0.02%/km、0.03%/km。总体来看,花园口—艾山河段的削峰率明显高于艾山—利津河段,艾山以上河道宽浅散乱,滩地面积大,对洪水有显著的削减作用,艾山以下河道较为规顺,滩地面积相对较小,对洪水的削减作用较小。整个下游的平均削峰率为0.04%/km。另外,黄河下游洪水的衰减,与洪峰流量的大小密切相关,基本上洪峰流量大,洪水衰减快。从表2-4中可以看出,各河段洪峰流量大于10 000 m^3/s 的洪水的削峰率明显高于洪峰流量小于10 000 m^3/s 的洪水的削峰率。差值较大的河段为夹河滩—孙口段,这说明游荡型宽河段对大洪水的削减作用明显高于小洪水。

2.3.2.2　洪峰传播时间特点

统计1964年以前和1981～1985年两个主槽过流能力较大时期,6 000 m^3/s 以上共42场洪水的洪峰传播时间,见表2-5。可见,6 000～8 000 m^3/s、8 000～10 000 m^3/s、10 000 m^3/s 以上洪水,花园口—利津传播时间分别为61～124 h、64～146 h、100～238 h,洪峰传播速度分别为5～11 km/h、5～10 km/h、3～7 km/h。显然,洪水的洪峰流量越大、洪水漫滩程度越高,洪水传播速度越慢,洪水传播时间越长。另外,由于各河段河道形态不同,洪水传播的速度也不同,总体呈现两头快、中间慢的特点,洛口—利津河段传播速度最快,6 000～8 000 m^3/s、8 000～10 000 m^3/s、10 000 m^3/s 以上量级洪水,洪峰平均传播速度分别为18 km/h、14 km/h、9 km/h;高村—孙口河段传播速度最慢,各量级洪水洪峰平均传播速度分别为6 km/h、6 km/h、5 km/h。

表 2-5　黄河下游各河段洪峰传播时间统计

流量级(m^3/s)	洪水场次	统计参数		花园口—夹河滩	夹河滩—高村	高村—孙口	孙口—艾山	艾山—洛口	洛口—利津	花园口—利津
6 000 ~ 8 000	26	最大	传播时间(h)	25	25	53	26	37	25	124
			传播速度(km/h)	24	13	13	21	36	44	11
		最小	传播时间(h)	4	7	10	3	3	0	61
			传播速度(km/h)	4	4	2	2	3	7	5
		均值	传播时间(h)	14	13	23	9	12	11	83
			传播速度(km/h)	8	8	6	10	13	18	8
8 000 ~ 10 000	11	最大	传播时间(h)	22	29	58	33	32	24	146
			传播速度(km/h)	16	16	8	16	27	35	10
		最小	传播时间(h)	6	6	17	4	4	5	64
			传播速度(km/h)	4	3	2	2	3	7	5
		均值	传播时间(h)	14	12	27	12	15	15	96
			传播速度(km/h)	8	9	6	8	10	14	7
10 000 以上	8	最大	传播时间(h)	22	34	66	37	47	45	238
			传播速度(km/h)	11	9	7	63	6	12	7
		最小	传播时间(h)	9	10	19	1	18	15	100
			传播速度(km/h)	4	3	2	2	2	4	3
		均值	传播时间(h)	13	19	33	25	33	23	160
			传播速度(km/h)	8	6	5	11	4	9	4

2.3.3　不同时期洪水演进特性

结合黄河下游来水来沙条件和河道过洪能力变化特点，将洪水分为 1950 ~ 1959 年、1960 ~ 1964 年、1965 ~ 1973 年、1974 ~ 1980 年、1981 ~ 1985 年、1986 ~ 2002 年和 2002 ~ 2016 年 7 个时期，分析不同时期洪水演进特性。

2.3.3.1　洪峰流量衰减特性

表 2-6 列出了下游不同时期洪峰流量的削峰率。可见，不同时期洪峰流量的削峰率相差较大且各具特点。不同时期削峰率分述如下：

(1) 1950 ~ 1959 年为天然水沙条件，基本属于丰水多沙时期，黄河下游多次发生大漫滩洪水，河道边界条件随来水来沙不断变化，河道的削峰率变幅较大，其中高村—艾山河段最为典型。

表 2-6　黄河下游不同时期洪峰流量的削峰率　（单位:%/km）

时段	洪水场次	统计参数	花园口—夹河滩	夹河滩—高村	高村—孙口	孙口—艾山	艾山—洛口	洛口—利津
1950～1959 年	30	最大	0.20	0.16	0.24	0.33	0.15	0.07
		最小	0	0	0	0	0	0
		均值	0.07	0.05	0.07	0.10	0.05	0.01
1960～1964 年	4	最大	0.06	0.04	0.03	0.02	0.05	0.02
		最小	0	0	0	0	0.01	0
		均值	0.02	0.01	0.02	0.01	0.03	0.01
1965～1973 年	6	最大	0.04	0.03	0.04	0.08	0.08	0.04
		最小	0	0	0	0	0	0.01
		均值	0.02	0.01	0.02	0.02	0.03	0.02
1974～1980 年	6	最大	0.27	0.40	0.10	0.32	0.07	0.09
		最小	0	0.07	0	0.03	0	0
		均值	0.07	0.22	0.03	0.13	0.04	0.04
1981～1985 年	8	最大	0.13	0.15	0.17	0.42	0.18	0.05
		最小	0.01	0	0	0	0.02	0
		均值	0.06	0.06	0.08	0.07	0.08	0.01
1986～2002 年	3	最大	0.34	0.18	0.13	0.17	0.06	0.10
		最小	0.09	0.05	0.02	0	0.02	0.01
		均值	0.24	0.11	0.09	0.08	0.04	0.04
2002～2016 年	1	最大	0.22	0.12	0.03	0.02	0.04	0.05
		最小	0.22	0.12	0.03	0.02	0.04	0.05
		均值	0.22	0.12	0.03	0.02	0.04	0.05

（2）1960～1964 年三门峡水库蓄水拦沙运用阶段，黄河下游河道发生强烈冲刷，平滩流量明显增大，过洪能力增强，花园口—利津全河段削峰率显著降低。

（3）1965～1973 年三门峡水库改变运用方式为滞洪排沙，下游河道开始回淤，河道过洪能力逐渐减少，且基本淤积在主槽内，致使河道削峰作用增强，削峰率增大。

（4）1974～1980 年三门峡水库采取蓄清排浑的运用方式，河道条件有所好转，但 1976 年花园口站出现了 9 210 m^3/s 的洪水，1977 年又发生了洪峰流量达 10 800 m^3/s 的高含沙洪水，花园口—夹河滩、夹河滩—高村和孙口—艾山河段削峰率达 0.27%/km、0.40%/km 和 0.32%/km，整体看来各河段削峰率仍比较大。

（5）1981～1985 年是黄河下游丰水少沙期，河道沿程冲刷，平滩流量增加至 7 000 m^3/s。

在这有利的河道条件下，除 1982 年、1983 年高村—艾山河段削峰率突出偏大外，其他年份各河段削峰率明显下降。

(6)1986 ~2002 年黄河下游河槽淤积萎缩，平滩流量明显降低，洪水漫滩严重，造成洪峰流量沿程削减加剧。

(7)2002 ~2016 年经过小浪底水库拦沙和调水调沙运用，下游河道过流能力明显增加，削峰率明显下降。

2.3.2.2　洪峰传播时间特点

表 2-7 列出了下游不同时期洪峰传播时间。可见，黄河下游洪水传播时间受河道条件影响极大，时间长短具有阶段性，尤其是孙口以上河段。总体看来，1965 ~ 1973 年、1974 ~1980 年、1986 ~2002 年三个时期，下游河道淤积严重，行洪主河槽宽度大大缩窄。在这种河道条件下洪水漫滩概率高、洪水削减大、洪水流速减慢，洪峰传播的时间长。同时，由于滩地水流速度远小于主槽，而且滩地退水都发生在落水过程中，有时退水流量叠加落水段流量，可能超过主槽先期到达的主峰而成为最大洪峰。另外，20 世纪 50 年代天然来水来沙条件下，由于黄河下游多次发生大漫滩洪水，洪水传播时间也较长。

表 2-7　黄河下游不同时期洪峰传播时间统计

时期	洪水场次	统计参数		花园口—夹河滩	夹河滩—高村	高村—孙口	孙口—艾山	艾山—洛口	洛口—利津	花园口—利津
1950 ~ 1959 年	29	最大	传播时间(h)	22	34	45	42	47	45	238
			传播速度(km/h)	16	16	11	21	36	35	11
		均值	传播时间(h)	13	14	24	15	16	15	102
			传播速度(km/h)	8	8	6	8	11	15	7
1960 ~ 1964 年	5	最大	传播时间(h)	21	22	20	17	14	18	90
			传播速度(km/h)	24	13	13	16	9	44	11
		均值	传播时间(h)	13	12	16	9	13	9	82
			传播速度(km/h)	10	9	9	8	8	22	8
1965 ~ 1973 年	6	最大	传播时间(h)	28	22	23	24	16	20	90
			传播速度(km/h)	7	23	14	21	54	29	9
		均值	传播时间(h)	19	11	16	12	10	13	81
			传播速度(km/h)	5	12	9	8	17	16	8
1974 ~ 1980 年	6	最大	传播时间(h)	56	36	42	16	54	46	226
			传播速度(km/h)	9	8	12	13	15	12	10
		均值	传播时间(h)	27	23	21	10	18	22	131
			传播速度(km/h)	5	5	8	8	11	9	6

续表 2-7

时期	洪水场次	统计参数		花园口—夹河滩	夹河滩—高村	高村—孙口	孙口—艾山	艾山—洛口	洛口—利津	花园口—利津
1981 ~ 1985 年	8	最大	传播时间(h)	25	29	66	18	44	25	163
			传播速度(km/h)	11	9	10	63	27	17	10
		均值	传播时间(h)	17	19	35	8	15	16	110
			传播速度(km/h)	6	6	5	16	11	11	7
1986 ~ 2002 年	3	最大	传播时间(h)	34	78	110	63	26	26	329
			传播速度(km/h)	4	5	9	63	27	58	9
		均值	传播时间(h)	30	39	51	22	12	12	166
			传播速度(km/h)	3	4	5	32	18	30	6
2002 ~ 2016 年	1	最大	传播时间(h)	13	11	12	5	9	17	67
			传播速度(km/h)	7	8	11	13	12	10	10
		均值	传播时间(h)	13	11	12	5	9	17	67
			传播速度(km/h)	7	8	11	13	12	10	10

2.3.4　历史典型洪水演进特性

黄河下游河道为典型的复式断面，河床边界条件十分复杂，特别是广大滩区范围内除河道治理工程和残存的生产堤外，拦滩道路、渠堤纵横、村台林立。同时洪水期间滩区高秆农作物茂密，漫滩行洪条件更加复杂多变，漫滩洪水演进特性变化很大。现就下游发生的几场大洪水来说明。

表 2-8 列出了 1954 年、1958 年、1977 年、1982 年和 1996 年的洪水下游各站的洪峰流量、削峰率及传播时间，下游各站洪水过程线，见图 2-1 ~ 图 2-5。各场洪水传播特性分述如下：

(1) 1954 年 8 月洪水削峰率最高的是高村—孙口河段，达 0.24%/km，削减洪峰 4 000 m^3/s，这次洪水在整个河南河段（花园口—孙口）削峰率也是较高的，达 0.15 %/km。其原因为该次洪水洪峰偏瘦，平滩流量以上洪量不大，河南河段滩区进水，滞蓄了洪峰部分的洪量，花园口—夹河滩、夹河滩—高村、高村—孙口河段最大滞蓄量分别为 7.36 亿 m^3、4.37 亿 m^3、6.96 亿 m^3。另外，由于滩区退水与次峰遭遇，孙口站最大洪峰出现在第二个洪峰上，使高村—孙口洪峰传播时间长达 134 km。

表 2-8 黄河下游典型洪水各河段演进特征值统计

典型洪水	项目	花园口	夹河滩	高村	孙口	艾山	洛口	利津
54·8	洪峰流量(m^3/s)	15 000	13 300	12 600	8 640	7 900	6 920	6 960
	削峰率(%/km)		0.12	0.06	0.24	0.14	0.11	0
	传播时间(h)		14	10	134	33	27	20
58·7	洪峰流量(m^3/s)	22 300	20 500	17 900	15 900	12 600	11 900	10 400
	削峰率(%/km)		0.08	0.14	0.09	0.33	0.05	0.07
	传播时间(h)		14	15	35	30	38	45
77·8	洪峰流量(m^3/s)	10 800	8 000	5 060	4 700	4 600	4 270	4 130
	削峰率(%/km)		0.27	0.40	0.05	0.03	0.07	0.02
	传播时间(h)		16	25	12	7	10	19
82·8	洪峰流量(m^3/s)	15 300	14 500	12 500	10 100	7 430	6 010	5 810
	削峰率(%/km)		0.05	0.15	0.15	0.42	0.18	0.02
	传播时间(h)		9	28	66	1	44	15
96·8	洪峰流量(m^3/s)	7 860	7 150	6 810	5 630	5 030	4 700	3 910
	削峰率(%/km)		0.09	0.05	0.13	0.17	0.06	0.10
	传播时间(h)		26	78	110	63	26	26

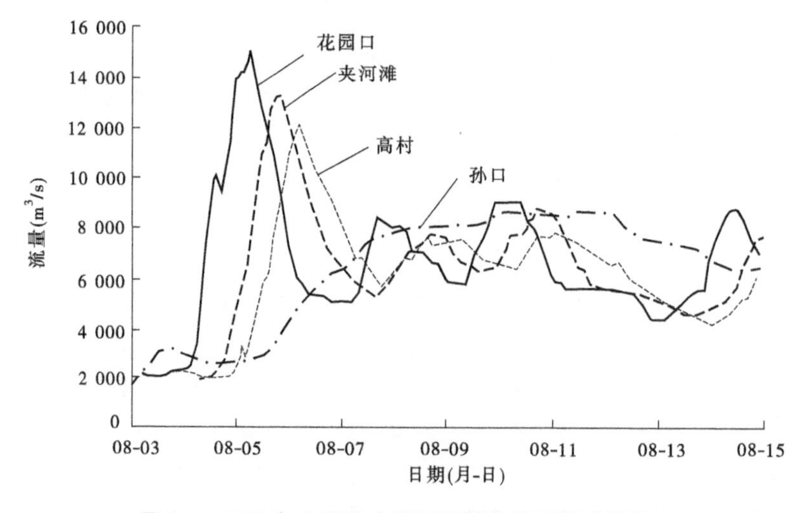

图 2-1 1954 年 8 月洪水黄河下游各站流量过程线

(2)1958 年 7 月洪水为中华人民共和国成立以来发生的最大洪水,花园口站洪峰流

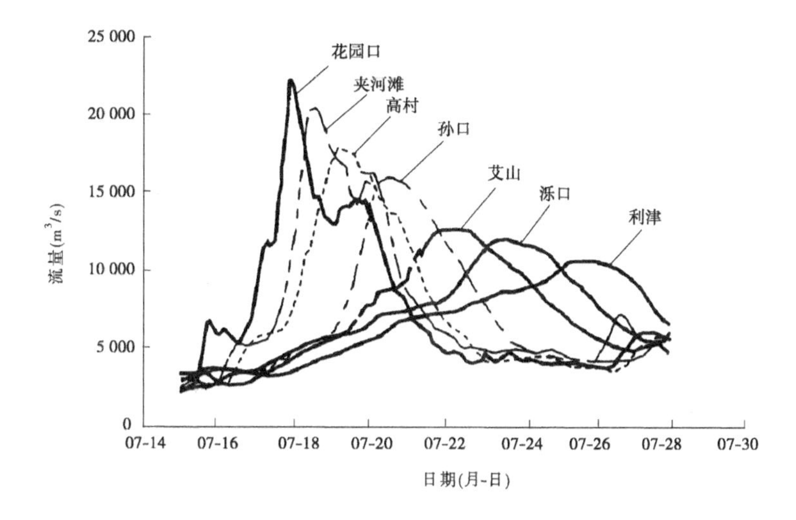

图2-2　1958年7月洪水黄河下游各站流量过程线

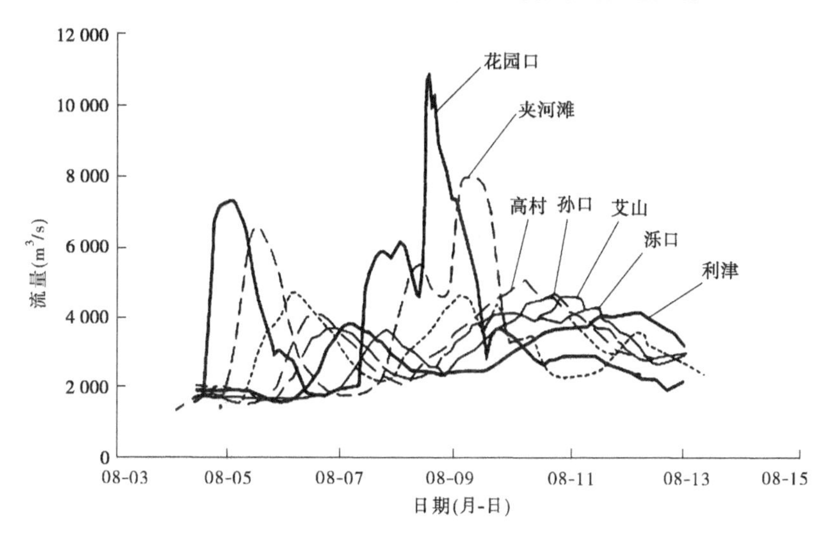

图2-3　1977年8月洪水黄河下游各站流量过程线

量为22 300 m^3/s,花园口—孙口段削峰率为0.09%/km,较1954年8月、1977年8月、1982年8月洪水小得多,其原因是在主峰到来之前,滩区低洼地区已部分蓄满,故使主峰的削峰作用降低。经统计,这次洪水花园口—夹河滩、夹河滩—高村、高村—孙口河段最大滞蓄量分别为10.10亿m^3、6.63亿m^3、16.3亿m^3,花园口—利津洪峰传播时间为177 h。

(3)1977年8月洪水是1950年以来下游含沙量最高、洪峰流量最大的一场洪水,洪水过程中断面调整极为剧烈。花园口洪峰流量仅10 800 m^3/s,但自花园口至利津全下游,洪峰削减率为0.09%/km,其中河南河段为0.18%/km,居历次洪水之冠,较其他同量级洪水高出数倍,这是由黄河高含沙水流的特殊现象所造成的。该次洪水主要来自黄河龙门以上的水土流失区,洪水挟沙量特大,花园口站日平均含沙量达438 kg/m^3,岸边单沙高达809 kg/m^3,在花园口以上70 km的裴峪河段上下,出现了水位先是较小幅度的陡

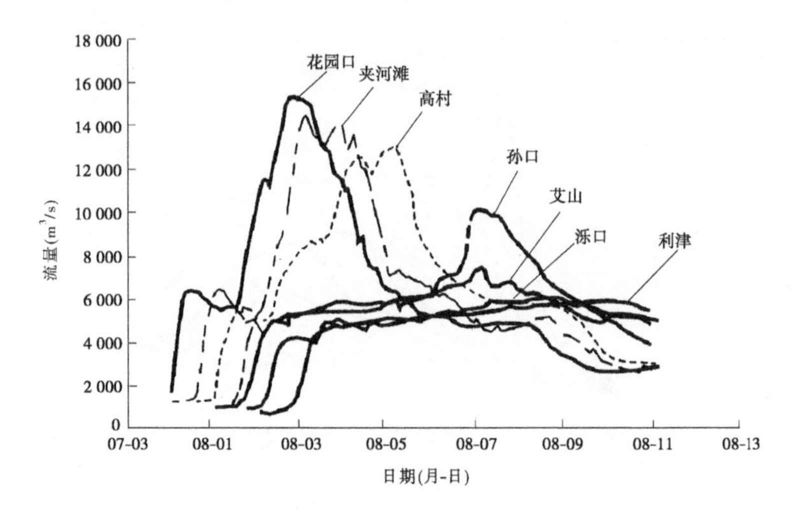

图 2-4　1982 年 8 月洪水黄河下游各站流量过程线

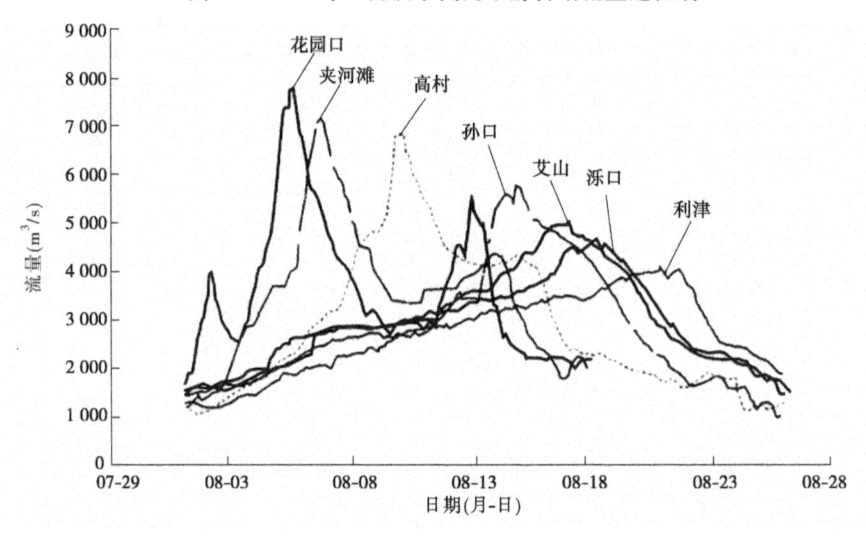

图 2-5　1996 年 8 月洪水黄河下游各站流量过程线

落,然后大幅度陡涨的现象,其中驾部断面自 8 月 8 日 5 时到 6 时 30 分,1 小时 30 分之内水位猛涨 2.84 m,这种现象一直影响到花园口断面,3 小时 20 分内水位骤涨 2.04 m,洪峰过程异常尖瘦。

(4)1982 年 8 月洪水,花园口站洪峰流量与 1954 年 8 月洪水相当,为 15 300 m^3/s,在河南河段的削峰率也较高,为 0.11%/km,花园口—夹河滩、夹河滩—高村、高村—孙口河段最大滞蓄量分别为 7.85 亿 m^3、8.38 亿 m^3、17.6 亿 m^3。其中,高村—孙口河段削峰率虽较 1954 年小,但仍高出其他年份,达 0.15%/km,洪峰传播时间为 66 h。1954 年、1982 年相当洪水量级相当,各河段削峰率、传播时间差别大,主要是由洪水过程线的胖瘦不同造成的,前者尖瘦,后者相对肥胖。以 7 000 m^3/s 洪量计,1954 年主峰部分为 6.05 亿 m^3,1982 年为 12.71 亿 m^3,后者是前者的 1 倍以上。

(5)1996年8月洪水,花园口站最大洪峰流量为7 860 m^3/s,属中常洪水,但洪水位却达94.73 m,创历史最高,141年未曾上水的河南省原阳高滩也发生漫滩。洪水从花园口到利津的传播时间长达367 h,洪峰平均传播速度只有0.50 m/s。这场洪水是下游河道主槽萎缩、洪水传播条件恶化后的各种新情况的集中体现。其洪水演进特点主要表现为:

①洪峰沿程变形剧烈,双峰合成单峰。该场洪水花园口站、夹河滩站的洪水是两个独立的洪峰,到高村站第一个洪峰变得相对尖瘦,两次洪峰时间间距缩短,并且两峰谷底流量由3 000 m^3/s增大到4 100 m^3/s。到孙口站时洪水过程已经明显演变成了一个洪峰,第二个洪峰变成了该场洪水峰后较胖的后峰腰。再向下游洪峰更加坦化,洪峰涨落尤其是洪峰上涨过程更加平缓。到利津站时洪峰流量仅有4 130 m^3/s,与花园口站洪峰流量相比,洪峰削减了47.5%,与历史同流量级洪水相比,削峰率明显偏大,其根本原因在于历史上同级流量洪水一般不会发生大范围漫滩。与1958年、1982年大漫滩洪水相比,洪峰流量削减程度沿程变化也存在较大差异。特别是夹河滩—高村河段,洪水大范围漫滩,滩区大量滞蓄洪水,但洪峰削减率仅为0.05%/km,而1958年、1982年大漫滩洪峰削峰率达15%/km左右。

②洪峰传播时间增长。一号洪峰从花园口传播到孙口的历时为224.5 h,是同流量级洪水平均传播时间的4.7倍,比历史上传播时间最长的1976年洪水的141 h还要长83.5 h。其中,夹河滩—高村、高村—孙口两河段传播历时分别为73.5 h和121 h,分别比历史最长的传播时间还要长7.5 h(1976年)和63 h(1981年)。二号洪峰从花园口传播到孙口的历时为44.5 h,接近平均传播时间。两峰合并后,孙口—利津的传播时间为142.8 h,是正常传播时间的3倍,比历史最长的136 h(1975年)还要长6.8 h。

分析表明,洪峰传播时间延长主要有两个方面的原因:一是广大滩区特别是生产堤至大堤间滩区大量滞蓄——释放洪水,致使洪峰变形,洪峰出现时间滞后,对中常洪水条件这种因素的影响更大;二是黄河下游河槽萎缩,主流带宽度大幅度缩窄,致使全断面流速降低,传播时间延长。天然条件下洪峰沿程变形很小,峰现时间间距就是洪峰传播时间。而现有广大滩区特别是生产堤至大堤间滩区滞蓄——释放洪水,改变了洪峰形状,致使峰现时间间距长于洪水传播时间。

2.4　天然设计洪水

2.4.1　设计洪水峰、量值

与黄河下游防洪有关的站及区间包括三门峡、花园口、三花间等。在以往历次规划和水利工程建设中,对以上各站及区间的设计洪水进行过多次分析计算,经过了水利部水利水电规划设计总院1976年、1980年、1985年、1994年等多次审查。本书采用2013年国务院批复的《黄河流域综合规划》中的设计洪水成果。各有关站及区间的天然设计洪水成果见表2-9。

表 2-9　花园口、三门峡、三花间等站区天然设计洪水成果

站名	集水面积(km^2)	项目	统计参数			不同重现期(年)设计值						
			均值	C_v	C_s/C_v	5	10	20	30	100	1 000	10 000
三门峡	688 421	洪峰流量(m^3/s)	8 880	0.56	4	11 700	15 200	18 900	21 100	27 500	40 000	52 300
		5 d 洪量(亿 m^3)	21.6	0.50	3.5	28.6	35.9	43.0	47.2	59.1	81.5	104
		12 d 洪量(亿 m^3)	43.5	0.43	3	57.0	68.6	79.5	85.8	104	136	168
		45 d 洪量(亿 m^3)	126	0.35	2	161.3	185	207	218	251	308	360
花园口	730 036	洪峰流量(m^3/s)	9 770	0.54	4	12 800	16 600	20 400	22 600	29 200	42 300	55 000
		5 d 洪量(亿 m^3)	26.5	0.49	3.5	35.0	43.7	52.1	57	71.3	98.4	125
		12 d 洪量(亿 m^3)	53.5	0.42	3	69.8	83.6	96.6	104	125	164	201
		45 d 洪量(亿 m^3)	153	0.33	2	193	220	245	258	294	358	417
三花间	41 615	洪峰流量(m^3/s)	5 100	0.92	2.5	7 710	11 100	14 500	16 600	22 700	34 600	45 000
		5 d 洪量(亿 m^3)	9.80	0.90	2.5	14.8	21.1	27.5	31.3	42.8	64.7	87
		12 d 洪量(亿 m^3)	15.03	0.84	2.5	22.5	31.4	40.3	45.6	61.0	91.0	122

2.4.2　设计洪水过程线

2.4.2.1　上大洪水

上大洪水为三门峡以上来水为主的洪水，一次洪水主峰历时一般为 8 ~ 15 d，连续洪水历时可达 30 ~ 40 d。

根据黄河中下游大洪水特性及防洪工程运用特点，上大洪水选择 1933 年 8 月洪水为典型，该场洪水是三门峡实测最大洪水，由河龙间与泾河、渭河、北洛河同时发生较大洪水相遇所组成的。洪水过程为多峰型，在泾、渭河及黄河河口镇—龙门区间是两次洪峰过程，主峰历时达 15 d。第一个过程黄河龙门站 9 日 5 时出现 13 300 m^3/s 的洪峰流量，干支流洪水汇合后，形成了陕县 10 d 洪峰流量 22 000 m^3/s，考虑洪水削减并沿程加水相抵后，花园口站为 20 400 m^3/s。第二个过程黄河龙门站 10 日 6 时洪峰流量 7 700 m^3/s，干、支流上第二次洪水使陕县主峰峰后退水部分流量加大、过程加胖。陕县站 12 d 沙量 22.1 亿 t，45 d 水量 220 亿 m^3，45 d 沙量 28.1 亿 t。洪水特征值见表 2-10，主要站流量过程线见图 2-6。

根据三门峡、花园口设计洪水峰、量值，按照三门峡、花园口同频率，三花间相应的地区组成，采用仿典型的方法计算求得设计洪水过程线。花园口站 100 年一遇、1 000 年一遇洪水设计洪量分别为 314 亿 m^3、378 亿 m^3，洪水历时 51 d。主要站/区间 100 年一遇、1 000年一遇天然设计洪水过程线见图 2-7、图 2-8。

表 2-10　1933 年 8 月洪水特征值

河名	站名	洪峰流量(m^3/s)	5 d 洪水总量(亿 m^3)	12 d 洪水总量(亿 m^3)
泾河	张家山	9 200	14.06	15.7
渭河	咸阳	6 280	7.85	13.29
北洛河	洑头	2 810	2.84	3.64
汾河	河津	1 700	2.91	4.53
黄河	龙门	13 300	23.6	51.43
黄河	陕县	22 000	51.8	92.0

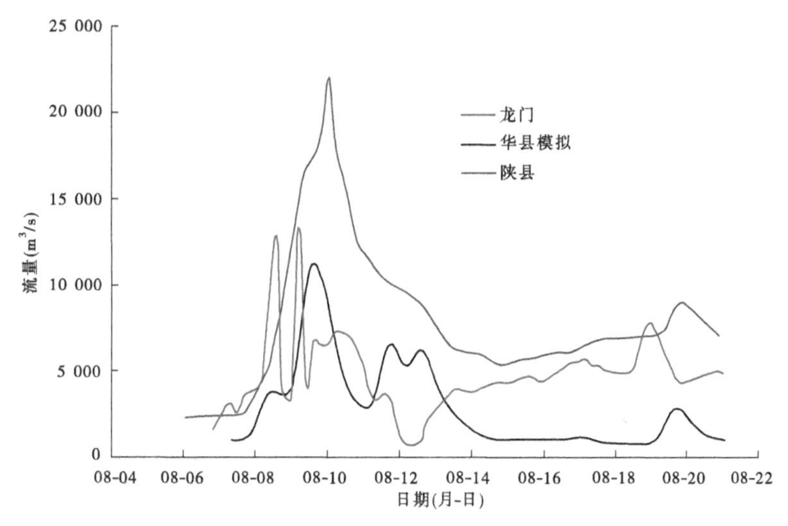

图 2-6　1933 年 8 月洪水(主峰段)主要站流量过程线

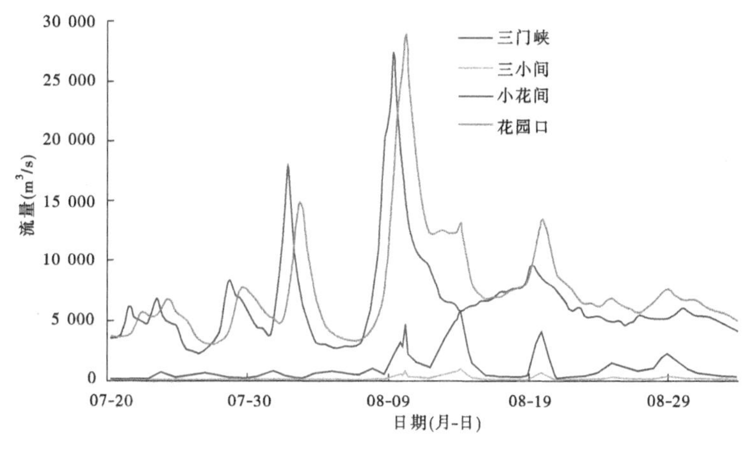

图 2-7　1933 年典型 100 年一遇主要站/区间天然设计洪水过程线

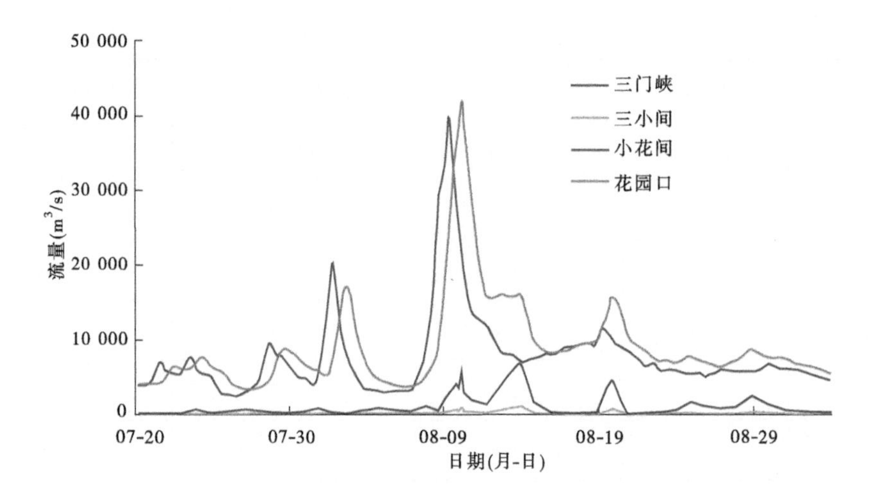

图 2-8　1933 年典型 1 000 年一遇主要站/区间天然设计洪水过程线

2.4.2.2　下大洪水

下大洪水为三花间来水为主的洪水，一次洪水主峰历时一般为 3 ~ 5 d，连续洪水历时 10 ~ 15 d。

根据黄河中下游大洪水特性及防洪工程运用特点，下大洪水选择 1982 年 8 月洪水为典型，该洪水是三花间实测第二大洪水，洪水历时约 6 d。花园口站实测洪峰流量15 300 m^3/s，决口还原计算后的洪峰流量为 19 050 m^3/s，其中三花间、三门峡分别为14 340 m^3/s 和 4 710 m^3/s。三花间的洪峰流量是由伊洛河中下游和沁河洪水遭遇形成的，三花干（三门峡、花园口、黑石关、武陟干流区间）来水也占较大比重。沁河洪水为实测最大，武陟站洪峰流量为 4 130 m^3/s。暴雨中心位于伊河石涡。洪水特征值见表 2-11，主要站洪水流量过程线见图 2-9。

表 2-11　1982 年 8 月洪水特征值

河名	站/区间	洪峰流量（m^3/s）	5 d 洪水总量（亿 m^3）	12 d 洪水总量（亿 m^3）
伊洛河	黑石关	9 110	18.80	22.53
沁河	武陟	4 130	5.19	6.86
黄河	三门峡	4 710	13.70	28.12
黄河	三花间	14 340	35.69	45.20
黄河	花园口	19 050	49.27	73.22

注：表中黑石关、三花间、花园口为还原后洪水特征值。

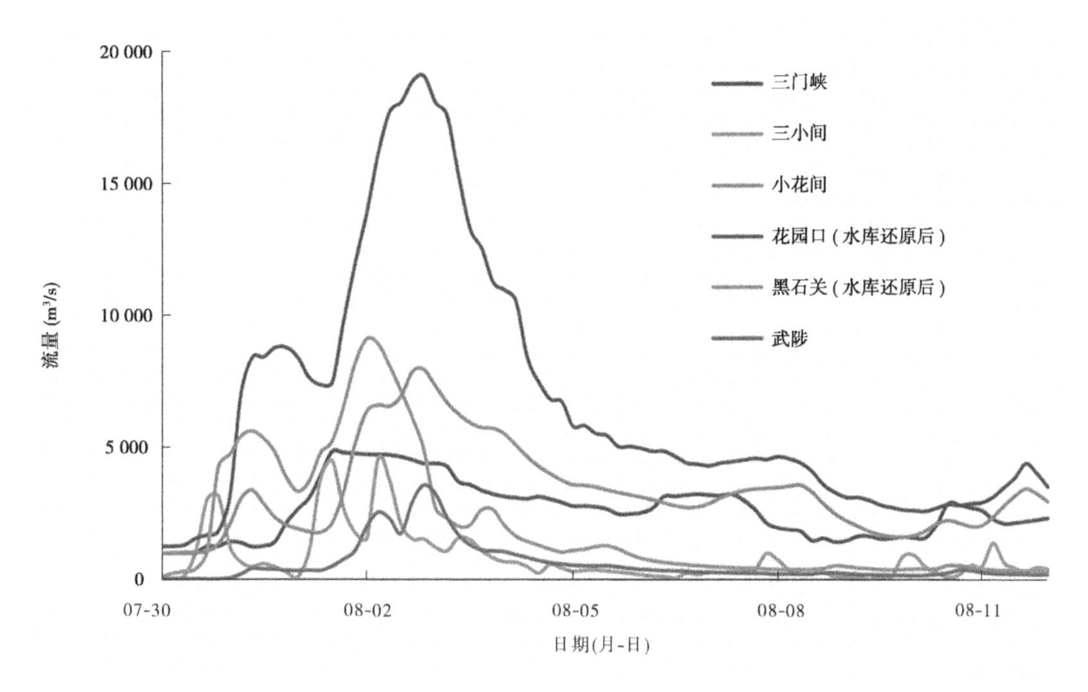

图2-9　1982年8月洪水主要站/区间流量过程线

根据三花间、花园口设计洪水峰、量值，按照三花间、花园口同频率，三门峡相应的地区组成，采用仿典型的方法计算求得设计洪水过程线。花园口站960年一遇洪水(防洪工程作用后花园口站洪峰流量22 000 m^3/s，简称近1 000年一遇洪水)设计洪量为203亿m^3，洪水历时27 d。主要站/区间近1 000年一遇设计洪水过程见图2-10。

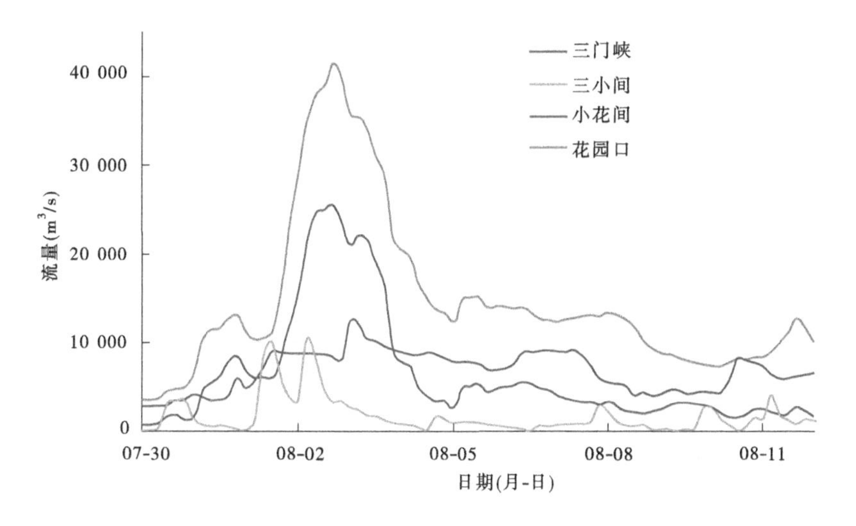

图2-10　1982年典型近1 000年一遇主要站/区间天然设计洪水过程线

第3章　决堤洪水水库非常规调度研究

3.1　决堤洪水防御措施

黄河下游一旦决口往往造成全河夺流，溃口洪水居高临下，一泻千里。除直接造成严重的人民生命财产和经济损失外，还会造成十分严重的甚至灾难性后果。黄河中游干支流的三门峡、小浪底、陆浑、故县、河口村等水库具有较大的防洪库容，即使拦洪可以有效削减洪峰和洪量；下游东平湖、北金堤等分滞洪区可以有计划地分滞洪水，沿黄引黄涵闸关键时刻开闸分水，也可以进一步减小河道流量，缓解决堤洪水淹没损失。

根据《黄河防御洪水方案》（国函〔2014〕44 号），黄河洪水防御原则如下：

（1）黄河防御洪水遵循统筹兼顾、蓄泄兼筹、工程措施与非工程措施结合、局部服从全局的原则。

（2）当发生设计标准内洪水时，运用水库适当调控，合理利用河道排泄，适时运用标准内蓄滞洪区分滞洪水，加强工程防守，确保防洪安全。

（3）当发生设计标准以上洪水时，充分运用水库拦蓄，利用河道强迫行洪，及时启用蓄滞洪区分滞洪水，充分发挥防洪工程体系的作用，采取必要措施，确保重点防洪目标安全。

（4）加强骨干水库防凌调度和堤防工程防守，必要时启用应急分洪区分滞凌水，采取综合措施，减轻凌汛灾害损失。

（5）在确保防洪安全的前提下，兼顾水库、河道减淤和洪水资源利用。

黄河下游设计标准以上洪水安排是：花园口站发生超过 22 000 m^3/s 洪水时，充分运用三门峡、小浪底、陆浑、故县、河口村等水库和东平湖滞洪区拦洪滞洪，相机运用北金堤滞洪区分滞洪水，最大程度减轻下游防洪压力。做好北金堤滞洪区人员转移安置，加强黄河下游堤防防守，全力固守黄河下游北岸沁河口—封丘、南岸高村以上和济南河段黄河堤防以及沁河丹河口以下左岸堤防。

从国务院批复的黄河防御洪水原则和安排中不难看出，应对超标准洪水，主旨思想是充分发挥防洪工程体系的作用，减轻灾害损失。首要措施是充分利用水库拦洪，这部分库容不仅是防洪运用后的余留防洪库容，还可以是水库防洪运用水位至校核洪水位/坝顶高程之间的库容；其次是利用河道强迫行洪、滞洪区分洪，河道行洪主要是利用堤防超高部分库容，其容积较水库要小得多；滞洪区分洪是利用防洪运用后的余留库容。

根据 1999 年黄河防汛总指挥部办公室开展的“黄河下游重点河段溃堤应急对策研究”，黄河堤防溃口重大对策是：抢修裹头，控制口门；水库拦蓄，削减洪水；导流入槽，杀减水势；相机分水，服务堵口；堵口复堤，重归大河；排围结合，尽力减灾。其中“水库拦蓄，削减洪水”是利用黄河中游干支流水库拦蓄洪水，尽可能减小下游河道流量，为堵口复堤创造小流量过程。正常情况下，黄河中游现有的三门峡、小浪底、陆浑、故县、河口村等水库共计有防洪库容约 106 亿 m^3。从 3.2 节分析可见，黄河防御花园口 100 年、1 000 年一遇洪水时，除正常防洪运用外，尚有一定的余留防洪库容。当黄河下游决口等重大险情，可及时关闸拦洪，削减洪水流量，以达到尽快堵复口门，减少泛区洪水淹没的目的。

3.2　中游骨干水库防洪能力分析

黄河中游现有骨干水库工程包括三门峡、小浪底、陆浑、故县、河口村等水库，各水库到花园口站的洪水传播时间分别为 22 h、12 h、22 h、26 h 和 12 h；设计总库容依次为 56.3 亿 m^3、126.5 亿 m^3、13.2 亿 m^3、11.8 亿 m^3和 3.2 亿 m^3；设计防洪库容依次为 55.7 亿 m^3、40.5 亿 m^3、2.5 亿 m^3、5.0 亿 m^3和 2.3 亿 m^3，共计有防洪库容约 106 亿 m^3。

在设计条件下，黄河下游发生大洪水、特大洪水时中游骨干水库重点拦蓄花园口 10 000 m^3/s以上洪水，以减小艾山以下河段洪水淹没损失。洪水过后，当花园口站流量退至 10 000 m^3/s 以下时，各水库依次转入退水运用，按控制花园口站流量不超 10 000 m^3/s 泄洪，将库水位降至汛限水位。根据小浪底水库初步设计报告，小浪底水库正常运用期中游水库群防洪运用方式如下：

(1)小浪底水库：当预报花园口站洪水流量小于 8 000 m^3/s 时，控制汛期限制水位，按入库流量泄洪；否则按控制花园口站 8 000 m^3/s 泄洪。此后，按水库蓄洪量和小花间来水大小控制水库泄洪方式。①当水库蓄洪量达到 7.9 亿 m^3时，尽可能控制花园口站洪水流量为8 000～10 000 m^3/s。当水库蓄洪量达 20 亿 m^3，且有增大趋势时，需控制蓄洪水位不再升高，相应增大泄洪流量，由东平湖分洪解决。当预报花园口站 10 000 m^3/s 以上洪量达 20 亿 m^3时，说明已用完东平湖滞洪区可分黄河洪量 17.5 亿 m^3的分洪库容。此后，小浪底水库仍需按控制花园口站 10 000 m^3/s 泄洪，水库继续蓄洪。②水库按控制花园口8 000 m^3/s 运用的过程中，水库蓄洪量虽未达到 7.9 亿 m^3，而小花间的洪水流量已达7 000 m^3/s，且有上涨趋势，反映了该次洪水为下大洪水。若预报小花间洪水流量大于 10 000 m^3/s，水库即下泄最小流量 1 000 m^3/s；否则，控制花园口站 10 000 m^3/s 泄洪。

(2)三门峡水库：上大洪水按“先敞后控”方式运用，达本次洪水的最高蓄水位后，按入库流量泄洪；当预报花园口站洪水流量小于 10 000 m^3/s 时，水库按控制花园口站 10 000 m^3/s退水时。对下大洪水，小浪底水库蓄洪量达 26 亿 m^3，且有增大趋势，三门峡水库按小浪底水库的泄洪流量控制泄流。

(3)陆浑、故县、河口村等水库：当预报花园口站洪水流量达到 12 000 m^3/s，水库关闸停泄。当水库蓄洪水位达到蓄洪限制水位时，按入库流量泄洪。当预报花园口站洪水流量小于 10 000 m^3/s 时，按控制花园口站 10 000 m^3/s 泄洪。

按照上述运用方式，不同典型花园口站 100 年、1 000 年一遇洪水水库调洪演算结果见表 3-1。可见，当黄河下游发生 1 000 年一遇及其以下洪水时，扣除水库正常防洪所需库容，中游水库尚余一定的防洪库容。

表 3-1 不同量级洪水水库蓄洪情况及剩余防洪库容统计

洪水量级	项目	水库				
		三门峡	小浪底	陆浑	故县	河口村
1933 年典型 100 年一遇	最高蓄水位(m)	325.65	265.96	317	527.3	238
	剩余防洪库容(亿 m^3)	40.61	22.41	2.5	5.0	2.3
1933 年典型 1 000 年一遇	最高蓄水位(m)	330.77	266.70	320.1	537.0	275
	剩余防洪库容(亿 m^3)	24.33	20.80	1.3	3.1	0
1982 年典型 1 000 年一遇	最高蓄水位(m)	323.54	271.66	323	548	285.43
	剩余防洪库容(亿 m^3)	43.27	9.09	0	0	0

对于 1933 典型上大型洪水,洪水主要来源于三门峡以上,100 年一遇洪水干流三门峡水库、小浪底水库最高蓄水位分别为 325.65 m、265.96 m,三门峡水库防洪运用水位 335 m 以下剩余防洪库容有 40.61 亿 m^3,小浪底水库防洪运用水位 275 m 以下剩余防洪库容有 22.41 亿 m^3。支流陆浑、故县、河口村等水库最高蓄水位分别为 317 m、527.3 m、238 m,水库蓄洪限制水位以下剩余防洪库容分别为 2.5 亿 m^3、5.0 亿 m^3、2.3 亿 m^3。1 000 年一遇洪水干流三门峡、小浪底等水库最高蓄水位分别为 330.77 m、266.70 m,水库防洪运用水位以下剩余防洪库容分别为 24.33 亿 m^3、20.80 亿 m^3;支流陆浑、故县、河口村等水库剩余防洪库容分别为 1.3 亿 m^3、3.1 亿 m^3、0。

对于 1982 年典型下大型洪水,洪水主要来源于三花区间,1 000 年一遇洪水干流三门峡、小浪底水库最高蓄水位分别为 323.54 m、271.66 m,水库防洪运用水位以下剩余防洪库容分别有 43.27 亿 m^3、9.09 亿 m^3;支流陆浑、故县、河口村等水库均蓄至蓄洪限制水位,剩余防洪库容为 0。

3.3 水库非常规调度方式

3.3.1 调度原则

水库拦洪以尽可能削减黄河下游洪水流量为原则,根据洪水、口门发展和堵口准备情况,选定最佳拦蓄时机。在保证水库自身安全的前提下,尽量缩短下游大流量、高水位、超强度洪水的历时。

其中,小浪底水库距下游河道最近,防洪库容较大,应充分利用 275 m 以下防洪库容,必要时经分析论证需关闭闸门;三门峡水库防洪库容也较大,可根据小浪底水库的拦蓄情况进行控泄;陆浑、故县、河口村等水库库容有限,可根据水库蓄水情况,选择有利时机适当拦洪。

3.3.2　调度方式

(1)堤防决口前,水库群正常防洪运用。

小浪底水库:当预报花园口站洪水流量小于 8 000 m^3/s 时,控制汛期限制水位,按入库流量泄洪;否则按控制花园口站 8 000 m^3/s 泄洪。此后,按水库蓄洪量和小花间来水大小控制水库泄洪方式。①当水库蓄洪量达到 7.9 亿 m^3 时,尽可能控制花园口站洪水流量在 8 000 ~ 10 000 m^3/s。当水库蓄洪量达 20 亿 m^3,且有增大的趋势时,需控制蓄洪水位不再升高,相应增大泄洪流量,由东平湖分洪解决。当预报花园口站 10 000 m^3/s 以上洪量达 20 亿 m^3 时,说明已用完东平湖滞洪区可分黄河洪量 17.5 亿 m^3 的分洪库容。此后,小浪底水库仍需按控制花园口站 10 000 m^3/s 泄洪,水库继续蓄洪。②水库按控制花园口站 8 000 m^3/s 运用的过程中,水库蓄洪量虽未达到 7.9 亿 m^3,而小花间的洪水流量已达 7 000 m^3/s,且有上涨趋势,反映了该次洪水为下大洪水。若预报小花间洪水流量大于 10 000 m^3/s;水库即下泄最小流量 1 000 m^3/s;否则,控制花园口站 10 000 m^3/s 泄洪。

三门峡水库:上大洪水按先敞后控方式运用,达本次洪水的最高蓄水位后,按入库流量泄洪;当预报花园口站洪水流量小于 10 000 m^3/s 时,水库按控制花园口站 10 000 m^3/s 退水。对下大洪水,小浪底水库蓄洪量达 26 亿 m^3,且有增大趋势,三门峡水库按小浪底水库的泄洪流量控制泄流。

陆浑、故县、河口村等水库:当预报花园口站洪水流量达到 12 000 m^3/s 时,水库关闸停泄。当水库蓄洪水位达到蓄洪限制水位时,按入库流量泄洪。当预报花园口站洪水流量小于10 000 m^3/s 时,按控制花园口站 10 000 m^3/s 泄洪。

东平湖滞洪区:当孙口站实测洪峰流量达 10 000 m^3/s,且有继续上涨趋势时,首先运用老湖区;当老湖区分洪能力小于黄河要求分洪流量或洪量时,新湖区投入运用。

北金堤滞洪区:当花园口站发生 22 000 m^3/s 以上超标准洪水时,若通过三门峡、小浪底、故县、陆浑等水库和东平湖滞洪区的调度及运用仍不能缓解洪水危机,考虑启用北金堤滞洪区,启用条件是高村站流量达到 20 000 m^3/s,通过北金堤滞洪区,主河槽流量一般控制在 16 000 ~ 18 000 m^3/s,保证下游防洪安全。

(2)堤防决口后,视未来来水来沙、水库蓄水情况,若水库蓄水位已接近或达到蓄洪限制水位,则维持库水位,按进出库平衡方式运用;否则,减小三门峡、小浪底、陆浑、故县等水库下泄流量(为避免二次溃口发生,水库不关门,而是减小下泄流),利用水库剩余防洪库容削减洪水,当库水位达到各水库允许蓄至的最高蓄水位后,按进出库平衡方式运用。各水库允许蓄至的最高水位及相应防洪库容见表 3-2,综合考虑库区淹没影响、水库减淤及大坝安全,三门峡、小浪底等水库非常规拦蓄洪水运用期间允许蓄至的最高水位分别确定为 330 m、270 m。

表 3-2　堤防决口后水库应急调度控制指标

水库	三门峡	小浪底	陆浑	故县	河口村
允许蓄至的最高水位(m)	330	270	323	548	285.43
最大拦洪能力(亿 m^3)	31.0	27.4	2.5	5.0	2.3

3.4　各典型洪水水库拦洪方案

3.4.1　各典型洪水调洪计算结果

按照3.3节拟定的水库非常规调度方式，分别对1933年典型100年、1 000年一遇上大洪水和1982年典型近1 000年一遇下大洪水进行调洪计算，比较决堤洪水常规调度与非常规调度水库蓄水情况及下游洪水情况，详见表3-3。各保护区上游控制水文站水库作用后洪水过程线见图3-1～图3-5。

表3-3　决堤洪水常规调度与非常规调度水库蓄水情况及下游洪水情况比较

名称	项目	1933年典型100年一遇		1933年典型1 000年一遇		1982年典型近1 000年一遇	
		常规调度	非常规调度	常规调度	非常规调度	常规调度	非常规调度
三门峡	滞蓄洪量(亿 m^3)	17.21	30.98	34.78	34.78	13.29	30.98
	最高水位(m)	325.65	330.00	330.77	330.77	323.54	330.00
小浪底	滞蓄洪量(亿 m^3)	18.59	27.40	20.00	27.40	31.91	31.91
	最高水位(m)	265.96	270.00	266.70	270.00	271.66	271.66
陆浑	滞蓄洪量(亿 m^3)	0	2.50	1.20	2.50	3.78	3.78
	最高水位(m)	317.00	323.00	320.10	323.00	325.84	325.84
故县	滞蓄洪量(亿 m^3)	0	5.00	1.90	5.00	5.00	5.00
	最高水位(m)	527.30	548.00	537.00	548.00	548.00	548.00
河口村	滞蓄洪量(亿 m^3)	0	2.3	2.3	2.3	2.3	2.3
	最高水位(m)	238	285.43	285.43	285.43	285.43	285.43
花园口	洪峰流量(m^3/s)	11 000	10 700	16 200	16 200	22 000	22 000
	洪量(亿 m^3)	314	247	378	311	203	133
夹河滩	洪峰流量(m^3/s)	10 900	10 500	16 000	15 900	19 900	19 900
高村	洪峰流量(m^3/s)	10 700	10 300	15 600	15 500	19 200	19 200
艾山	洪峰流量(m^3/s)	10 000	10 000	10 000	10 000	10 000	10 000
	洪量(亿 m^3)	313	246	363	306	190	120

由表3-3可见，对于1933年典型100年、1 000年一遇上大洪水和1982年典型近1 000年一遇下大洪水，堤防决口时水库均有不同程度的剩余库容。水库正常运用方式下，随着洪水退落，水库按控制花园口站流量不超过10 000 m^3/s运用，直至库水位降至汛限水位。非常规调度方式下，堤防决口后利用水库拦蓄洪水，1933年典型100年、1 000年一遇上大洪水和1982年典型近1 000年一遇下大洪水进入下游水量分别减少了67

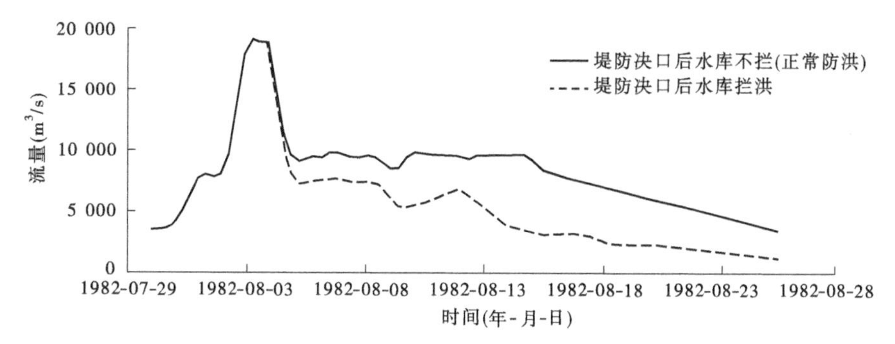

图3-1　兰考—东明河段防洪保护区上游控制站洪水过程线(近100年一遇)

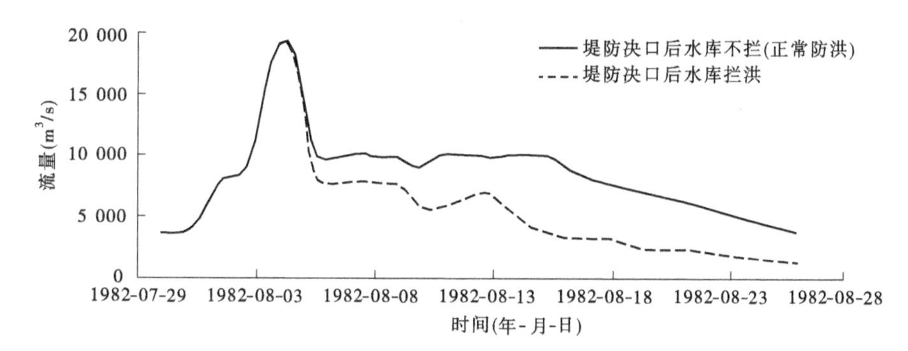

图3-2　东明—东平湖河段防洪保护区上游控制站洪水过程线(近100年一遇)

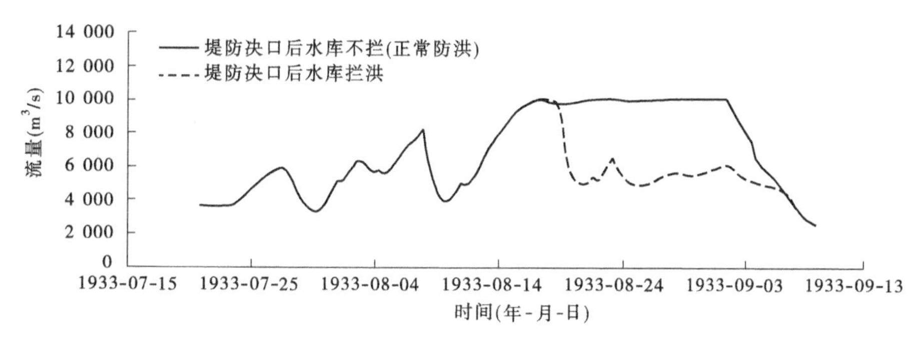

图3-3　济南—河口河段防洪保护区上游控制站洪水过程线

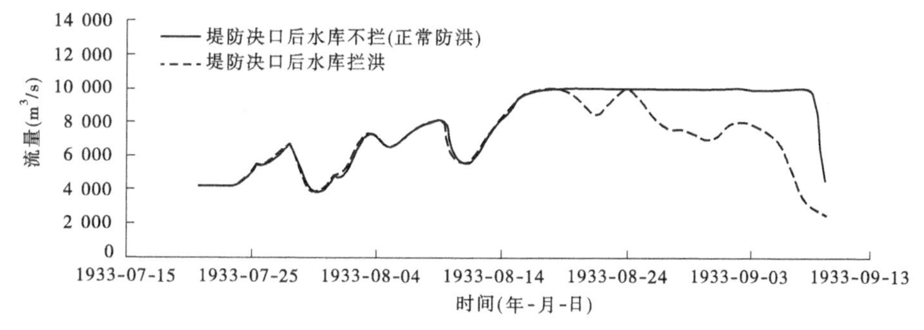

图3-4　济南—河口河段防洪保护区上游控制站洪水过程线(近1 000年一遇)

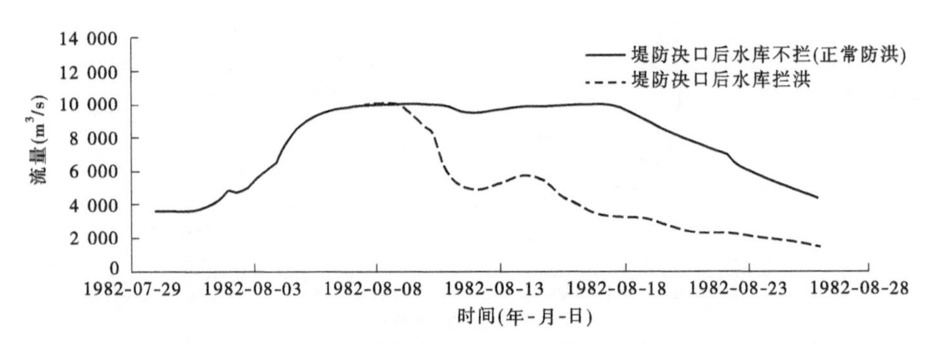

图 3-5 济南—河口河段防洪保护区上游控制站洪水过程线(近 1 000 年一遇)

亿 m^3、67 亿 m^3、70 亿 m^3。正常运用方式未能充分发挥水库拦洪减灾的作用,给堤防堵口带来困难。非常规调度方式则更贴合实际,防止溃口口门扩大,减小了进入防洪保护区的洪量。

3.4.2 1933 年典型 100 年一遇上大洪水

3.4.2.1 堤防不决口时水库运用方案

按照水库正常防洪运用方式调算结果,当下游发生 1933 年典型 100 年一遇上大洪水时,各水库拦洪运用。具体运用状态如下:

三门峡水库敞泄运用,当库水位达到最高值 325.65 m 以后,维持库水位,滞蓄洪量 17.21 亿 m^3。

小浪底水库按控制花园口站流量不超 10 000 m^3/s 运用,最高运用水位 265.96 m,滞蓄洪量 18.59 亿 m^3。

陆浑、故县、河口村等水库按进出库平衡方式运用。

下游花园口站洪峰流量 11 000 m^3/s,高村站洪峰流量 10 700 m^3/s,峰后河道流量维持在 9 000 ~ 10 000 m^3/s,直至各水库水位回落至汛限水位。

3.4.2.2 堤防发生决口时水库运用状态

三门峡水库正按敞泄运用,水位 324.39 m,相应库容 14.20 亿 m^3,330 m 以下剩余库容 16.06 亿 m^3。

小浪底水库正按照控制花园口站流量 10 000 m^3/s 运用,水位 264.60 m,相应库容 25.80 亿 m^3,270 m 以下剩余库容 11.57 亿 m^3。

陆浑、故县、河口村站水库正按入库流量泄洪 2.5 亿 m^3、5.0 亿 m^3、2.3 亿 m^3。

3.4.2.3 决堤洪水拦洪运用方案

三门峡水库按 5 070 m^3/s 出库,控泄历时 17.3 d,库水位达 330 m 后维持库水位,按进出库平衡运用,出库流量 4 000 ~ 5 000 m^3/s。水位比正常调度情况高 4.35 m,多蓄水量 13.79 亿 m^3。

小浪底水库按 4 540 m^3/s 出库,控泄历时 18.3 d,库水位达 270 m 后维持库水位,按进出库平衡运用,出库流量 4 000 ~ 4 500 m^3/s。水位比正常调度情况高 4.04 m,多蓄水量 8.81 亿 m^3。

陆浑、故县、河口村等水库关闭闸门,库水位达水库蓄洪限制水位后,按进出库平衡方式运用。

下游花园口站洪峰流量10 700 m^3/s,高村站洪峰流量10 300 m^3/s,决口后河道流量维持在5 000～6 000 m^3/s,比正常运用方式少了4 000 m^3/s,五座水库共多蓄水量53亿m^3。

1933年典型100年一遇洪水水库作用后下游沿程控制站洪水过程线见图3-6。

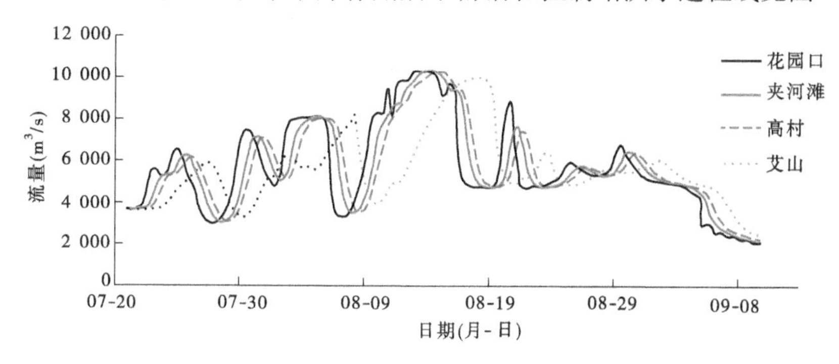

图3-6　1933年典型100年一遇洪水设计过程线

3.4.3　1933年典型1 000年一遇上大洪水

3.4.3.1　堤防不决口时水库运用方案

按照水库正常防洪运用方式调算结果,当下游发生1933年典型1 000年一遇上大洪水时,各水库拦洪运用。具体运用状态如下:

三门峡水库敞泄运用,当库水位达到最高值330.77 m以后,维持库水位,滞蓄洪量34.78亿m^3。

小浪底水库按控制花园口站流量不超10 000 m^3/s运用,当库水位达266.70 m后,维持库水位,滞蓄洪量20.00亿m^3。

陆浑、故县、河口村等水库需关门2 d,最高运用水位分别为320.1 m、537.0 m、285.43 m,滞蓄洪量分别为1.2亿m^3、1.9亿m^3、2.3亿m^3。

下游花园口站洪峰流量16 000 m^3/s,高村站洪峰流量15 600 m^3/s,峰后河道流量维持在9 000～10 000 m^3/s,直至各水库水位回落至汛限水位。

3.4.3.2　堤防发生决口时水库运用状态

三门峡水库正按进出库平衡方式运用,水位330.77 m,330 m以下剩余库容0。

小浪底水库蓄量已达到20亿m^3,正按进出库平衡方式运用,水位266.70 m,相应库容30.00亿m^3,270 m以下剩余库容17.4亿m^3。

陆浑、故县、河口村等水库正按入库流量泄洪,泄量分别为2.5亿m^3、5.0亿m^3、2.3亿m^3。

3.4.3.3　决堤洪水拦洪运用方案

三门峡水库以保坝为主,按进出库平衡方式运用,维持当前库水位。

小浪底水库按8 060 m^3/s出库,控泄历时6.5 d,库水位达270 m后维持库水位,按进出库平衡方式运用,出库流量4 500～8 000 m^3/s。水位比正常调度情况高3.30 m,多蓄水量17.4亿m^3。

陆浑、故县、河口村等水库关闭闸门,库水位达水库蓄洪限制水位后,按进出库平衡方式运用。

下游花园口站洪峰流量仍为 16 200 m^3/s,决口后河道流量维持在 8 000 m^3/s 左右,历时 14 d,比正常运用方式少了 2 000 m^3/s,之后洪水逐渐减小,流量比正常运用方式小 20% ~50%,五座水库共多蓄水量 21.8 亿 m^3。

1933 年典型 1 000 年一遇洪水水库作用后下游沿程控制站洪水过程线见图 3-7。

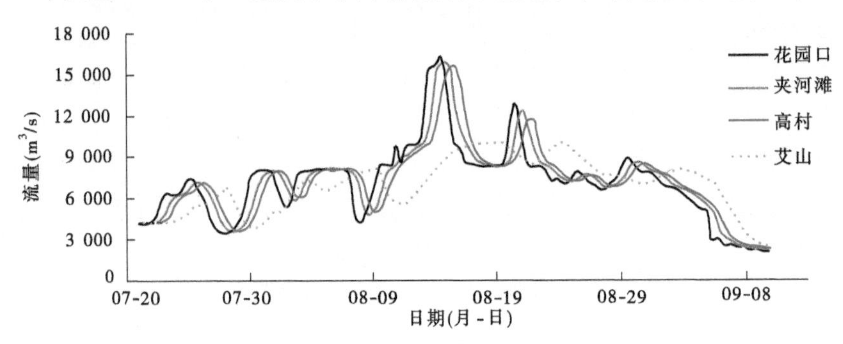

图 3-7　1933 年典型 1 000 年一遇洪水设计过程线

3.4.4　1982 年典型近 1 000 年一遇下大洪水

3.4.4.1　堤防不决口时水库运用方案

按照水库正常防洪运用方式调算结果,当下游发生 1982 年典型近 1 000 年一遇下大洪水时,各水库拦洪运用。具体运用状态如下:

三门峡水库敞泄运用,当库水位达到 314.76 m 时,开始控泄运用,按小浪底水库泄量泄洪,当库水位达到最高值 323.54 m 以后,维持库水位,滞蓄洪量 13.29 亿 m^3。

小浪底水库按控制花园口站流量不超 10 000 m^3/s 运用,需关门 2.2 d,最高运用水位 271.66 m,滞蓄洪量 31.91 亿 m^3。

陆浑水库按出库流量不超 1 000 m^3/s 运用,当库水位达 323.00 m 后,敞泄运用,最高运用水位 325.84 m,滞蓄洪量 3.78 亿 m^3。

故县水库、河口村水库分别需要关门 1.1 d、0.7 d,最高运用水位分别为 548.00 m、285.43 m,滞蓄洪量分别为 5.0 亿 m^3、2.3 亿 m^3。

下游花园口站洪峰流量 22 000 m^3/s,高村站洪峰流量 19 200 m^3/s,峰后河道流量维持在 9 000 ~10 000 m^3/s,直至各水库水位回落至汛限水位。

3.4.4.2　堤防发生决口时水库运用状态

三门峡水库正按敞泄运用,水位 315.34 m,相应库容 2.59 亿 m^3,330 m 以下剩余库容 27.76 亿 m^3。

小浪底水库闸门已全关,水位 268.87 m,相应库容 34.95 亿 m^3,270 m 以下剩余库容 2.43 亿 m^3。

陆浑水库、河口村水库已蓄至蓄洪限制水位,正按入库流量泄洪,剩余防洪库容为 0。

故县水库闸门已全关,水位 543.11 m,相应库容 8.67 亿 m^3,548 m 以下剩余库容

1.17 亿 m^3。

3.4.4.3　决堤洪水拦洪运用方案

三门峡水库按 2 200 ~ 3 440 m^3/s 出库，库水位达 330 m 后维持库水位，按进出库平衡方式运用。水位比正常调度情况高 6.46 m，多蓄水量 17.71 亿 m^3。

小浪底水库在控制最高库水位不超过 271.66 m 情况下，在溃口堵复前尽量压减出库流量，缩短下游大流量、高水位、超强度洪水的历时。

陆浑水库、河口村水库以保坝为主，按进出库平衡方式运用，维持当前库水位。

故县水库按控制出库流量不超 300 m^3/s 运用，最高库水位 548.00 m。

下游花园口站洪峰流量仍为 22 000 m^3/s，决口后河道流量维持在 8 000 m^3/s 左右，历时 7.5 d，比正常运用方式少了 2 000 m^3/s，之后洪水逐渐减小，五座水库共多蓄水量 17.71 亿 m^3。

1982 年典型近 1 000 年一遇洪水水库作用后下游沿程控制站洪水过程线见图 3-8。

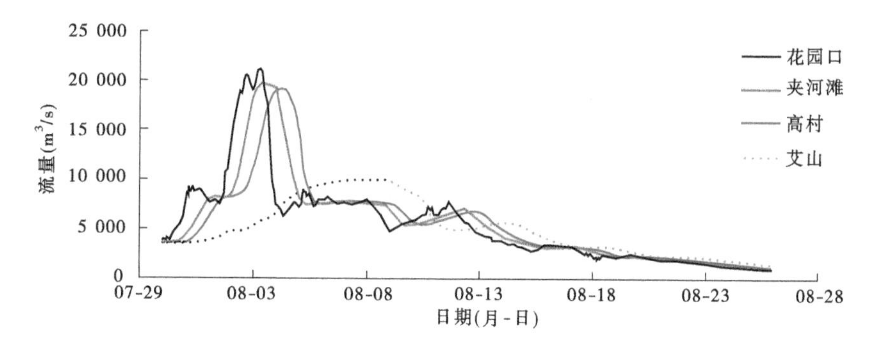

图 3-8　1982 年典型近 1 000 年一遇洪水设计过程线

第 4 章　黄河大堤决口位置分析

4.1　黄河下游堤防决溢形式分析

黄河下游大堤历史上的决溢形式主要包括以下几种:

(1)漫决。黄河发生大洪水后,黄河的水位超过了堤防工程的堤顶高程,洪水从堤顶溢出,进而发展成一个或数个口门。

(2)冲决。由于黄河主流发生摆动,形成"斜河"或"横河",主流直冲大堤,造成堤防根基松动,发生堤身坍塌,进而发展成口门,发生洪水决溢。

(3)溃决。由于黄河堤防自身质量或其他原因,发生漏洞、管涌等险情,进而发生坍塌,形成决溢口门。

(4)扒决。人为分洪、战争或其他原因,使堤防发生破坏决口形成洪水决溢。

据统计,1855～1935 年的 80 年中,兰考—东明、东明—东平湖河段共发生堤防决口年份有 35 年,决口 56 处,其中兰考(东坝头)—东明河段决口 19 处,东明—东平湖(桩号 336+600)决口 37 处。按照决口性质统计,堤防冲决占 53%,漫决占 19%,溃决占 16%。因此,冲决是该河段堤防决口的主要形式。济南以下河段共发生堤防决口年份有 24 年,决口 54 处。按照决口性质统计,堤防冲决占 25%,漫决占 17%,溃决占 40%。由于历史上漫决不追究河官之罪,不排除冲决和溃决被记录为漫决,由此可见黄河堤防溃决应该以冲决和溃决为主,漫决所占比例较小。

人民治黄以来,随着黄河下游防洪工程体系建设,花园口断面设防标准已经提高到近 1 000年一遇,大洪水漫决的机遇非常小,因此未来黄河下游堤防最可能的决口形式为冲决和溃决。

4.2　黄河下游堤防历史决口位置分析

黄河下游洪水有暴雨洪水和冰凌洪水。暴雨洪水发生在每年夏秋季节,称为伏秋大汛,洪水主要来自黄河中游;冰凌洪水多发生在 1 月、2 月,称为凌汛。黄河中游有大面积的黄土高原,土质疏松,植被稀疏,每遇暴雨,水土流失严重,常常形成含沙量很高的洪水,流经下游河道,泥沙淤积,使河床形成高出两岸的地上"悬河"。

黄河洪水,在远古时期就很严重。传说在帝尧时期,黄河流域经常发生洪水。商民族居住在黄河下游,为避黄河洪水灾害也曾数迁其都。周定王五年(公元前 602 年),黄河下游大决徙,是迄今所知最早的一次黄河大改道。战国魏襄王十年(公元前 309 年)是洪水漫溢为害的最早一次记载。秦朝"决通川防"使黄河下游河道、堤防统一。此后,河床淤积抬高,洪水决溢之害日益增多。据统计,从西汉文帝十二年(公元前 168 年)到清道光二十年的 2008 年间,计 316 年有黄河洪水灾害,平均六年半就有一个洪灾年。清道光二十一年(1841 年)至中华民国 27 年,黄河洪灾就有 64 年,平均不到两年就有一年洪水灾害。

黄河下游防洪保护区面积广大,人口密集,历史上洪水淹没损失严重。中华人民共和国成立后,特别是改革开放以来保护区内郑州、周口、阜阳、亳州、蚌埠等大中城市,京广、陇海、京九等铁路干线以及很多公路干线等大批设施迅速建设,在国家经济发展中的地位日益重要。黄河下游河道由于是地上"悬河",决口后洪水一泻千里,水冲沙压,势必造成巨大灾难,将打乱我国经济社会发展战略部署。除直接经济损失外,黄河洪水泥沙灾害还会造成十分严重的后果,大量铁路、公路及生产生活设施,治淮工程、引黄灌排渠系都将遭受毁灭性破坏,造成群众大量伤亡,泥沙淤塞河渠,良田沙化等,对经济社会发展和生态环境造成的不利影响长期难以恢复。

4.2.1　郑州—开封河段右岸堤防历史决口位置

郑州—开封河段位于黄河下游上段,历史上该段右岸堤防决口频繁,据统计自明清以来堤防决口次数达 15 次,其中 1761 年、1843 年堤防决口造成的洪灾最为严重。1938 年 6 月,蒋介石下令扒开黄河花园口大堤至 1947 年黄河回归故道,黄河决口泛滥造成的灾害巨大,遗留的影响深远,黄河回归故道后淮河流域多年连续发生水灾。人民治黄以来,经过多年的工程建设加上科学调度管理,黄河下游伏秋大汛未发生过堤防决口。郑州—开封河段决口位置见表 4-1。

表 4-1　郑州—开封河段黄河决口及洪灾概况

序号	洪灾时间	决溢地点	洪灾情况摘要
1	1530 年	河溢中牟	是年河水泛溢中牟城西田尽没
2	1616 年	河决祥符	是年河决祥符狼城岗
3	1632 年	河决中牟	是年六月河决孟津口,横数百里,中牟亦决口,水入城数日,尉氏平地水深二丈,扶沟亦大水
4	1662 年	河决中牟	又河决中牟七堡下万汉
5	1723 年	河溢中牟	是年六月十一夜河溢中牟。十里店大堤漫口十七丈,刘家庄大堤漫口八丈,由刘家庄南入贾鲁河
6	1723 年	河决中牟	又九月二十二日漫决中牟之杨桥堤。阳琥决塞于十月。杨桥以决塞于十二月
7	1723 年	河决郑州	又河决郑州来童寨民埝二处。十二塞
8	1761 年	河决中牟	又中牟南岸头堡杨桥七月十九日漫决口宽二百七十丈。通许柘城太康扶沟尉氏均大水。
9	1819 年	河决中牟	是年七月二十六日,中牟上汛八堡即十里店决堤五十五丈。旋堵
10	1843 年	河溢中牟	是年六月,中牟下汛九堡漫口三百六十余丈。漫入祥符朱仙镇由凤颊入淮。次年十二月。四日合垄
11	1865 年	河决郑州	是年七月河决郑州下汛十堡

续表 4-1

序号	洪灾时间	决溢地点	洪灾情况摘要
12	1866 年	河溢郑州	是年七月,河南郑州胡家屯河溢
13	1868 年	河决荥泽	是年七月,河决荥泽汛十堡即房庄。口门宽至二百余丈。溢入郑州中牟祥符陈留杞数州县
14	1887 年	河决郑州	是年八月郑州下汛十堡石河大决。口门五百四十七丈作河大溜由贾鲁河颍河入淮。自兰仪至利津之河人可以涉足,大河南去之势已成。至次年十二月堵合
15	1938 年	河决郑县	是年七月上旬。国民党扒决花园口大堤黄河南徒泛滥颍、商水、淮阳、太康、鹿邑、沈丘、项城、涡阳、蒙城、亳县、柘城、太和、颍上,阜阳凤合诸县境。至正阳关由淮河入海

4.2.2　开封—兰考河段右岸堤防历史决口位置

开封—兰考河段历史上堤防决口较为频繁,据历史文献记载,明清以来有详细记载的决口年份 24 年,次数达 29 次,中华人民共和国成立后该河段伏秋大汛未发生过堤防决口。开封—兰考河段决口位置见表 4-2。

表 4-2　开封—兰考河段黄河决口地点概况

序号	洪灾时间	决溢地点	洪灾情况摘要
1	1537 年	河溢尉氏	是年九月黄河水溢尉氏城外郊野不侵者,仅五六里
2	1538 年	河决开封	是年河决开封金相寺口,水深丈许大突卒塞之,凡河堤成次年开孙继口,孙禄口,各黄河支流,於二口筑长堤及修筑马牧集决口
3	1577 年	河决祥符	又河决祥符
4	1587 年	河决祥符	又河决祥符
5	1587 年	河决汴陕	是年七月开封及陕州弼宝河决。因暴雨河涨,冲决堤岸
6	1589 年	河决祥符	是年六月,河决祥符,漫李景高新堤。冲入夏镇内河
7	1601 年	河决祥符	是年河决祥符槐疙疸
8	1615 年	河决陶家店张家湾	是年八月河决开封陶家店张家湾
9	1616 年	河决开封	是年六月,河决开封陶家店,张家湾,由全城大堤下陈苗,入亳州涡河
10	1636 年	河决祥符	是年河决祥符里网。御史杨继武治之,旬日而竣
11	1642 年	河决开封	李自成围开封,城中不能支,决城西北十七里朱家寨,引水灌贼。水溢, 城坏,百万众为鱼,颍、亳以东皆受其患
12	1643 年	河决汴城	又河决汴城南。入于涡,涡铁高二丈,同年二十月发十万两,治决河期以二月竣工

续表 4-2

序号	洪灾时间	决溢地点	洪灾情况摘要
13	1652 年	河决祥符	又河决祥符之朱源寨。全河北徙。浚支河以分之。越五载始复蕉
14	1657 年	河决祥符	是年河决祥符之槐疙疸。越三年始塞
15	1657 年	河决陈留	又黄河南徙。溃决陈留孟家埔口。遂于堤南筑月堤
16	1660 年	河决陈留	是年河决陈留郭家埠。塞之
17	1660 年	河决祥符	又十四年河决祥符槐疙疸。是年堵塞
18	1662 年	河决开封	又河决开封黄练口。祥符中牟阳武、杞县、通许、尉氏、扶沟七县田禾尽没。旋即筑塞
19	1664 年	河决杞县	又杞县河决。塞之
20	1664 年	河决祥符	又河决祥符闫家寨内堤。旋塞
21	1778 年	河决祥符	是年六月,河南祥符岸时和马堤工平漫三十余丈
22	1781 年	河溢祥符	是年七月初五日,南岸祥符汛以东焦家桥堤顶漫水二十余丈
23	1803 年	河决祥符	是年七月十九日祥符下汛六堡时和马日漫决十丈。旋即挂淤断流。遂建外越堤一道,长三十八丈作为几堤
24	1819 年	河决陈留	是年七月二十二日。河决陈留七堡入内大堤二处。西宽四十余丈。东宽五十余丈。随即堵合
25	1819 年	河决祥符	是年七月二十三日。河决祥符上汛青堆七十余丈。同日又决祥符下汛大堡七堡。旋堵
26	1819 年	河溢太康	是年七月二十六日黄河漫溢。太康城东一带被淹。扶沟、淮阳大水
27	1832 年	河决祥符	是年八月祥符下汛漫滩水决堤。正河水落三尺幸未夺溜
28	1841 年	河决祥符	是年六月十六日黎明河决祥符汛三十一堡张湾漫口宽三百余丈,在开封府西北十余里由西至张家湾折向东,注凤颍夺淮。河南、安徽五府二十三州县均于害甚重。开封尤甚,次年二月初八合垄。
29	1873 年	河决开州	是年六月开州之焦邱。濮州、兰庄。漫决二处

4.2.3　兰考—东明河段右岸堤防历史决口位置

黄河下游兰考以下河段是 1855 年以后黄河改道后形成的,经过多年的工程建设加上科学的调度管理,中华人民共和国成立后黄河下游右岸堤防没有发生过秋伏大汛决口,但历史上堤防决口较为频繁。根据历史资料统计,1855 年之后,兰考—东明河段决口年份 14 年,决口 19 处。按照决口性质统计,堤防冲决占 32%,漫决占 32%,溃决占 36%。兰考—东明河段决口位置统计详见表 4-3。

表 4-3　兰考—东明河段黄河决口地点概况

河段	年份	地点	性质	摘要
兰考	1855	东坝头	冲决	是年六月黄河大决兰阳县铜瓦厢三堡。夺大清河。由利津铁门入海。按自此而全河北徙南流故道书涸。自明孝宗弘治七年改徙。至此凡阅三百六十一年。是为河流之第六次变迁
	1901	兰考、仪城 153 +530— 153 +900	漫决	又河溢兰仪考城二县成灾
	1933	四明堂 154 +000— 154 +140	漫决	又兰封南岸漫口二处。即铜瓦厢故道小新堤决口及四明堂直卫考城之决口。小新堤上水深约二尺漫水由甄铺循故道下流已达苏境未出槽尚无大患
东明	1874	石庄户	冲决	是年秋东明县石庄户决口(石庄户兴张家支门对卫支门不塞。)按石庄户口。溜分三股。南股最大由石庄户进入湖运。中股由红川沮河。经安山入大清河北股由正河北注。折入郓寿境。其间支流互串。河无正身。堵合困难。嗣於石庄户口门下十余里。附近勘定坝头。堵合正流。又由贾庄以北对岸开州蓝口。分溜引入旧河。至光绪元年三月贾工合龙。淹巨野金乡鱼台等县
	1878	202 +300—204 +800	冲决	是年十月河决东明之高村口。水入山东菏泽、郓城、巨野、嘉祥、济宁诸县境。经冀省将串沟堵塞。抢筑合龙
	1880	202 +300—204 +800	漫决	是年十月河决东明南岸高村经荷泽郓城巨野、嘉祥、济宁等县
	1884	十一、二铺	漫决	东明中汛十一、二铺堤身慢刷成口
	1887	中堡	漫决	中堡漫决
	1888	171 +050—171 +210	冲决	七月决范庄
	1898	166 +500—166 +530	溃决	赵潘寨决口
	1903	焦庙	冲决	东明南岸焦庙决口
	1917	179 +600 171 +050—171 +210 171 +800	溃决 漫决	东明小庞庄、二分庄、樊庄、黄固、徐集等无处决口,谢寨决口
	1921	176 +050—176 +200 202 +300—204 +800	溃决	东明黄固因漏洞决口。又决高村
	1923	郭家庄	冲决	六月决东明南岸郭家庄,临黄小堤同年十月堵合

4.2.4 东明—东平湖河段右岸堤防历史决口位置

根据历史资料统计,1855年之后,东明—东平湖河段决口年份23年,决口36处。按照决口性质统计,堤防冲决占50%,漫决占14%,溃决占17%,扒决记录不详者占19%。因此,冲决是该河段右岸堤防决口的主要形式。东明—东平湖河段黄河决口位置统计详见表4-4。

表4-4 东明—东平湖河段黄河决口地点概况

河段	年份	地点	性质	摘要
东明	1921	219+170	冲决 溃决	是年夏河水泛滥,东明南岸刘庄、高村堤决本年塞之
	1929	216+930—217+219	漫决	黄庄漫口
牡丹区	1868	双河岭228+000附近	冲决	是年黄流成涨。菏泽河决赵王河红川口霍家桥。红川等口大溜渐移安山北入大清河。运道受淤。红口屡堵未就
	1872	双河岭228+000附近	冲决	是年九月菏泽赵王河东岸张家支门决口。南半入济。北半入沮
	1900	227+550—228+650	冲决	双河岭障东堤大溜冲刷成口
	1911	219+170—219+950	冲决	是年河决东明县刘庄以西数里
	1921	219+170	溃决	决菏泽刘庄
	1926	刘庄219+170—219+950	冲决	是年七月七日、八月十四日东明南岸刘庄大堤决口。宽四十余丈,水入巨野赵王河,淹金乡、嘉祥两县,同年八月七日堵合
鄄城	1881	营房250+000附近	冲决	河决营房
	1891	252+050—252+150 253+300—253+400	冲决	鄄城县西李庄、殷庄两处决口,口宽均为100 m左右
	1892	252+050—252+150、253+300		鄄城县殷庄决口,口宽600 m。西李庄决口,口宽130 m
	1897	265+400—267+000 276+000	溃决	旧城玉皇阁、八孔桥溃决,陈刘庄冲决
	1898	276+000	冲决	鄄城南岸八孔桥民埝决口。水向东北流数十里。直冲寿张境杨庄大堤
	1911	250+200附近	溃决 漫决	鄄城董庄漏洞决口,杨屯漫决。又决左营
	1912	261+400—262+000 263+500附近	溃决	蔡固堆因漏洞河决。康屯决口
	1913	周桥:259+600—260+300	不详	

续表 4-4

河段	年份	地点	性质	摘要
鄄城	1925	239 +000—239 +650	漫决 冲决	是年九月到鄄城李升屯民埝。顺流而下。至梁山黄花寺壅遏。决开大堤六十丈。又决黄花寺下游三里处一百六十丈均于次年春秋堵合。李升屯决口后障东堤冲决
	1935	238 +714—239 +260 236 +000 - 238 +100	溃决	是年七月十日鄄城南岸董庄溃堤决口六处,长二千一百公尺。过溜十分之八。经菏、郓、巨、嘉等县入南阳湖。循独山、微山二湖至沛县。又一部郓境入东平湖由姜沟入老河。次年三月堵合
	1869	郓城	冲决	郓城胡家堰以南孙家庄复行冲决。红川口新堵坝工冲决
	1871	276 +250 附近	冲决	是年八月河决郓城侯家林民埝口宽八十余丈。水由注河民埝入南旺湖。又由汶上嘉祥济宁之赵王牛头寺河。直赴东南入南阳湖。水势漫。次年二月堵合
	1873	郓城	漫决	郓城县王老户邓楼漫决
	1891	郓城	冲决	七月三日高太安决口
	1896	郓城	冲决	又河决郓城南岸侯家寺。旋即堵合
	1898	于庄断面附近	冲决 溃决	是年六月,郓城罗楼、吕店决口
	1902	伟庄	冲决	南岸伟庄成口
	1918	香王 280 +250、280 +700 285 +550—285 +670 287 +920—288 +050	扒决 冲决	双李庄扒决两处。门庄(南)溃决。香王(东)冲决
	1925	义和庄 307 +305—307 +550		郓城义和庄冲决
梁山	1895	341 +000 以东		梁山杨庄以东
	1925	黄花寺 325 +700—325 +930	漫决 冲决	是年九月到鄄城李升屯民埝。决开五百余丈水沿官民二堤间。顺流而下。至梁山黄花寺壅遏。决开大堤六十丈。又决黄花寺下游三里处一百六十丈均于次年堵合。李升屯决口后障东堤冲决

4.2.5 济南—河口河段右岸堤防历史决口位置

黄河下游济南—河口河段是 1855 年以后黄河改道后形成的,经过多年的工程建设加上科学的调度管理,中华人民共和国成立后黄河下游右岸堤防没有发生过秋伏大汛决口。根据历史资料统计,1855 年之后,济南以下河段右岸共发生堤防决口年份有 24 年,决口 54 处。按照决口性质统计,堤防冲决占 24%,漫决占 17%,溃决占 39%。因此,该段溃决和冲决是堤防决口的主要形式。济南—河口河段黄河决口位置统计详见表 4-5。

表 4-5　济南—河口河段黄河决口地点概况

河段	年份	地点	性质	摘要
槐荫	1937	宋家桥:3 +150—3 +300	漫决	
	1883	席家庄(北店子):7 +800—7 +900	溃决	
	1883	杨庄:16 +000		
	1885	郑店:19 +680		
	1882	刘七沟:21 +700—21 +800	漫决	
天桥	1881	太平庄:26 +220—26 +300	冲决	
	1883	小鲁庄:26 +900—27 +000	漫决	
	1882	屈律店:泺口上游		伏汛四个口门
历城	1879	蒋家沟:37 +150	冲决	是年河决历城南岸蒋家沟。次年堵塞复决
	1887	埝头:43 +820—43 +910	溃决	
	1884	河套圈	冲决	是年河决历城南岸之河套圈。次年二月合龙
	1884	霍家溜:48 +500 附近	溃决	是年河决历城南岸霍家溜。旋即堵合
	1879	河套圈:52 +017	冲决	
	1886	河套圈:52 +017	漫决	又河决历城南岸河套圈民埝水向东流通渠道郭家庄大堤七十余丈。入小清河。同年冬月堵合
	1891	河套圈:52 +017	冲决	
	1898	杨史秦家道口:60 +500 附近		又河决历城南岸杨史秦家道口大堤。按以上三处。皆因入孔桥及杨庄决口。落水大猛,跑埽决堤。均在当年堵合。惟香山是堵旱口
	1898 1899 1936	王家梨行:60 +100—61 +600	冲决 冲决 漫决	是年凌汛河决历城南岸王家梨行次年春堵合
	1896	青杨湾	溃决	
	1879	骚沟:64 +000—64 +576	冲决	
	1880	骚沟:64 +000—64 +576	冲决	
	1885	骚沟:64 +000—64 +576	冲决	
	1886	河王庄		是年河决章丘南岸之河王庄。同年冬季堵合
	1892	胡家岸:65 +050—65 +249	溃决	又河溢章丘南岸胡家岸民埝。冲及大堤。即堵合

续表 4-5

河段	年代	地点	性质	摘要
历城	1897	胡家岸:64 +735—64 +960	溃决	
	1897	胡家岸:64 +624—64 +648	溃决	是年正月凌汛盛涨,历城章丘交界之小沙滩胡家岸等处。埝身冲决。均于同年三月堵合
	1885	兴国寺:70 +110—70 +600	溃决	
	1901	华庄:71 +970—72 +050	扒决	
	1886	吴家寨:73 +860—74 +022	漫决	是年三月桃汛减涨。章丘南岸吴家庄大堤漫决
	1881 1885	二图:81 +861—82 +015	冲决	
	1890	大寨:84 +426—85 +023	溃决	
	1901	陈家寨:87 +940—88 +100	溃决	
	1890	新街口:88 +830—89 +450	溃决	
	1890	金王庄:91 +010—91 +092	溃决	
邹平	1884	阎家:104 +400 附近	漫决	
高青	1893	马扎子:120 附近		
	1900	五道口:160 +550—162 +230	溃决	
	1900	桑行赵:160 +900—160 +970	溃决	
	1900	伍刘赵:161 +200—161 +260	溃决	
	1900	庄子刘:161 +340—161 +420	溃决	
	1900	尉家口:161 +700—161 +800	溃决	
东营		王旺庄:183 +100		
	1937	麻湾:191 +400—194 +600	冲决	
	1896	西韩家:204 +200—205 +400	漫决	
	1884	梅家东:208 +900 附近		
	1928	王家院:212 +820—212 +850	溃决	
	1928	棘子院:213 +250—213 +350	溃决	
	1928	后彩:214 +100—214 +140	溃决	
	1928	二棚:215 +400—215 +410	溃决	
	1984 1903	224 +000 附近	漫决	
	1901	尚家屋子:240 +500 附近	冲决	

4.2.6 津浦铁路桥—河口河段左岸堤防历史决口位置

黄河下游津浦铁路桥—河口河段左岸堤防历史上决口较为频繁,但限于当时社会、经济等条件,洪水灾害记录不完整。据历史文献记载,自1882年以来有详细记载的决口次数达57次,该河段黄河决口位置统计详见表4-6。

表4-6 津浦铁路桥—河口河段历史洪灾记载

序号	洪灾时间	决溢地点	洪灾情况摘要
1	1871年	济阳	六月二十四日,济阳北岸徐家道口漫决,口门宽百米,受灾二十余村,八月堵合
2	1878年	济阳	七月二十八日,惠民白龙湾上游白毛坟决口,水入徒骇河,九月十五日,又决白龙湾下游张家坟,徒骇河不能容,泛滥四出,滨县二百七十余村、惠民二十三村被淹,两处决口宽共八百丈
3	1882年	历城	又九月河决历城北岸桃园。水由济阳入徒骇河。经商河惠民露化入海。同年徒骇河多处漫溢波及阳信海丰等处。至十一堵合
4	1886年	惠民	又惠民北岸姚家口民埝及套埝,一起被水冲决直灌陈家庙任陈庄大堤。大小口门有六。共宽二百余丈。水趋东北入徒骇河。同年十一月堵合
5	1892年	济阳	是年黄水漫溢济阳南关灰坝。即塞。又河溢济阳北岸桑家渡。漫水催至惠民境白茅坟水,并归徒骇河
6	1898年	历城	又河决历城南岸杨史秦家道口大堤。按以上三处。皆因入孔桥及杨庄决口。落水大猛,跑埽决堤。均在当年堵合。惟香山是堵旱口

4.3 决口位置综合分析

4.3.1 洪水影响

4.3.1.1 郑州—开封河段右岸防洪保护区决堤洪水可能影响范围

按照堤防历史决溢范围及有关研究成果,洪水波及范围北自郑州—开封段右岸堤防,南至安徽省阜阳市以下淮河河道,西沿贾鲁河,东至浍河,面积约2.5万km^2,保护区内涉及河南、安徽两省的郑州、开封、商丘、周口、亳州、蚌埠、滁州、淮北、淮南、宿州等10个地级市约44个县(区)。

4.3.1.2 开封—兰考河段右岸防洪保护区决堤洪水可能影响范围

按照堤防历史决溢范围及有关研究成果,洪水波及范围北自黄河下游开封—兰考段黄河堤防,南至安徽省蚌埠市以下淮河河道,西至惠济河—涡河沿线,东沿浍河至江苏省洪泽湖。保护区内涉及河南、安徽和江苏三省的开封、商丘、周口、亳州、蚌埠、滁州、淮北、宿州、淮安、宿迁等10个地级市约39个县(区),面积广大,人口密集,历史上洪水淹没损失严重。中华人民共和国成立后,特别是改革开放以来保护区内经济发展快速,修建了铁路、公路等大批基础设施,堤防一旦决口,将造成巨大损失。

4.3.1.3 兰考—东明河段右岸防洪保护区决堤洪水可能影响范围

按照堤防历史决溢范围及有关研究，洪水波及范围北自黄河下游黄河大堤，南至江苏省骆马湖，西至兰考—曹县—单县—丰县—沛县—睢宁一线，东至梁山—嘉祥—微山—贾汪—邳州一线，面积约1.67万km^2，保护区内涉及河南、山东和江苏3个省的开封市、菏泽市、济宁市、枣庄市、徐州市、宿迁市等6个地级市的30个县(市、区)，面积广大，人口密集，历史上洪水淹没损失严重。

4.3.1.4 东明—东平湖河段右岸防洪保护区决堤洪水可能影响范围

按照堤防历史决溢范围及有关研究，洪水波及范围北自黄河下游堤防，南至江苏省骆马湖，西至东明—定陶—成武—丰县—沛县—铜山—睢宁一线，东至菏泽—定陶—金乡—鱼台—贾汪一线，共涉及山东和江苏2个省的25个县(市、区)，两岸面积广大，人口密集，历史上洪水淹没损失严重。

4.3.1.5 济南—河口河段右岸防洪保护区决堤洪水可能影响范围

黄河下游右岸济南—河口河段右岸堤防，在杨庄(16+000附近)上部始修堤，该处河宽缩窄至不足500 m，历史上1883年在此决口，目前修建有杨庄险工，堤防防守压力较大。此处位于河段上端，保护面积巨大，区内有济南等大中城市，济南市区即在洪水顶冲不足5 km处，京沪铁路从其附近穿过，一旦发生洪灾，损失将十分严重。

4.3.1.6 津浦铁路桥—河口河段右岸防洪保护区决堤洪水可能影响范围

按照堤防历史决溢范围及有关研究，防洪保护区决堤洪水波及范围以南以黄河左岸大堤为界，北部边界以聊城—禹城—临邑—商河—阳信一线为界，东至渤海湾，面积约1.35万km^2，该保护区涉及济南、德州、滨州、东营等地级市约17个县(区)。

在计算防洪保护区淹没范围时，采用单一溃口口门进行计算，之后取各个口门的淹没范围外包络线作为防洪保护区的最终淹没范围。考虑到黄河下游右岸防洪保护区地形平坦，地势总体上西南高、东北低，大堤溃口后洪水演进的方向均为东北方向；右岸防洪保护区地势总体上西北高、东南低，大堤溃口后洪水演进的方向均为东南方向，因此进行溃口设置时重点考虑堤防的上首，这些部位设置溃口后计算出的淹没范围更符合实际。

因此，在口门选择时，应考虑堤防决口后造成的淹没范围、淹没损失等因素，全面考虑黄河大堤决口后的洪水风险。

4.3.2 河势变化

4.3.2.1 郑州—开封河段河势变化

郑州—开封河段河道宽浅，水流散乱，主流摆动频繁，属于典型的游荡型河段，两岸大堤之间的距离平均为7.5 km，最宽处15 km。目前除沿堤防建有花园口险工、申庄险工、马渡险工、三坝险工等9处险工外，为控制河势，在滩区内建有保合寨、赵口、韦滩等控导工程。该河段河势游荡多变，主流摆动较大，畸形河势在该河段表现得尤为突出。尤其是中牟河段河势变化较大，由于畸形河湾的影响，河势主流线在2005年、2006年、2007年、2011年和2012年接近九堡工程至韦滩工程间防护堤，存在较大险情。

上端花园口(桩号12+000附近)河段，发生大洪水时，主流越过保合寨控导工程后，可能直冲大堤，花园口附近也是大堤溃堤可能发生的位置。从历史上看，本河段有较多的口门,如铁牛大王庙口门、花园口口门等。大河过花园口险工后,沿申庄险工、马渡险工下行,大洪水发生时主流漫越过马渡下延工程后,可能直冲大堤,造成大堤在此处决口,历史上曾在来童寨、杨桥决口。大水过马渡险工后,沿三坝险工、杨桥险工、万滩险工下行,洪水在九堡(49 +200)附近对大堤形成顶冲,容易发生决口。

4.3.2.2　开封—兰考河段河势变化

开封—兰考河段河道宽浅,水流散乱,主流摆动频繁,属于典型的游荡型河段,两岸大堤之间的距离平均为9 km,最宽处20 km。目前该河段已完成堤防加固工程,沿堤防建有黑岗口险工、柳园口险工,为控制河势,在滩区内建有黑岗口、高朱庄、王庵、府君寺、欧坦等控导工程。

开封—兰考河段河势不稳定,摆动幅度较大,近年来一直存在畸形河势。柳园口—夹河滩河段左岸从曹岗险工下部大堤拐弯处开始,连接常堤工程和贯台工程—禅房工程上首,右岸从柳园口险工44#坝开始连接王庵、府君寺和欧坦工程至夹河滩工程上首。王庵工程上首易发生畸形河势,此段滩区防护堤存在险情。欧坦控导工程位置河势最近几年逐渐上提,至2013年汛前河势上提至工程12#坝,经过2003年汛前调水调沙,工程上首12#坝以上河段逐步靠河,上首滩区防护堤已处于河道主流冲刷范围内,存在较大险情。

在黑岗口(77 +400)附近堤防由东南折向东北,形成一个近90°的转弯,大洪水时,洪水漫过高朱庄控导工程直冲大堤,容易形成决口。历史上此断面附近也多次决口,形成黑岗口、张家湾、柳园口等口门。洪水通过柳园口险工后,大堤走向由东北折向东南。洪水漫过王庵控导工程后,直冲大堤,同时由于在裴楼断面(100 +000)附近大堤形成一个近90°的转弯,受到洪水顶冲后,容易导致此处堤防决口。历史上此处也曾决口,形成张君楼口门。裴楼断面以后至夹河滩断面,黄河大堤右岸属无险工段,受左岸曹岗险工的影响,洪水着溜送至右岸欧坦控导工程处,发生大洪水时,洪水漫过控导工程直冲大堤,在三义寨引黄闸(130 +000)附近对黄河大堤形成顶冲,容易导致堤防决口。历史上附近也曾经多次决口,形成三仙庙、大王潭、老小新堤等口门。

4.3.2.3　兰考—东明河段河势变化

兰考—东明河段属于典型的游荡性河道,小浪底水库运用以来,随着几十年的不断治理,宽、浅、散、乱的游荡型河段河势得到大幅改善,目前该河段主流最大摆动范围已由过去的5.5 km减小到现在的4 km左右,目前河势比较规顺、单一,河势基本得到控制。

该河段已经修筑大量的防洪工程,取得了重要的防洪效益,但是从大河总体走势上看,黄河下游河道在此段由东转向东北,东坝头是近直角的大弯,其河道主流转弯角度大于90°,为防御大洪水的重要防守位置,1855年黄河改道即发生于此。从历史上看,本处有较多的口门,如老小新堤口门,现行河道也正是从此处转向后形成的。大河过东坝头后,于禅房控导工程着溜送至右岸蔡集控导工程处,大洪水发生时可能漫越过控导工程后,可能直冲大堤,于四明堂险工处接触大堤,此处历史上形成了四明堂口门,也是大堤溃口可能发生的位置。大水在控导工程着溜送溜,振荡下行,还可能在王高寨控导工程、老君堂控导工程漫溢后直冲大堤,在樊庄与谢寨闸等处发生决口。同时,东坝头—高村河段是黄河下游“二级悬河”发育最为严重的河段,根据《黄河流域综合规划》相关成果,该河段右岸滩地横比降均值为5.38‱,远大于河道纵比降,部分断面主槽河底高程已高于滩面高程,增加了"横河"、"斜河"及"顺堤行洪"的发生概率,险工威胁加重,平工出险的可能性增大。

高村断面以上,黄河下游大堤堤距在 7 km 以上,而在高村断面处及以下黄河大堤堤距缩窄为 5 km 以内,发生大洪水时,可能在高村附近发生决口,历史上也确曾在此附近有数次决口。

4.3.2.4　东明—东平湖河段河势变化

东明—东平湖河段为过渡性河道,与游荡型河段相比,具有单一弯曲的外形,河势演变的强度较弱;与弯曲型河段相比,又具有游荡型河段河势的演变特性。目前河势基本稳定,只是局部河势有上提下挫的现象。

该段河道两岸修建有刘庄险工、贾庄险工、苏泗庄险工、营房险工、老宅庄工程、桑庄险工、卢井工程、郭集工程、苏阁险工、伟庄险工、于楼控导工程、程那里控导工程、蔡楼控导工程、朱丁庄控导工程、路那里险工、国那里险工、十里堡险工、战屯控导工程、徐巴士控导工程等。其中苏泗庄险工下段、营房险工、苏阁险工、杨集险工、伟庄工程、程那里险工等多年来一直靠溜,大洪水对堤防安全威胁较大。

4.3.2.5　济南—河口河段河势变化

陶城铺以下原为大清河故道,1855 年铜瓦厢决口后黄河夺大清河故道入海。随着河道整治工程建设,济南—河口河段河势已得到控制。但该河段堤距小,险工较多,堤防受大洪水威胁较大。右岸大堤可能溃口的位置有老徐庄险工、小鲁庄控导工程、骚沟控导工程至胡家岸险工工程、范家园控导工程、刘家春险工工程、大道王险工、王旺庄险工、麻湾险工、刘夹河险工等。

4.3.2.6　津浦铁路桥—河口河势变化

津浦铁路桥—河口河段原为大清河故道,1855 年铜瓦厢决口后黄河夺大清河故道入海。河势虽有变化,但由于堤距小,整治工程多,主流摆动范围受到了限制,主槽变动不大。沿堤防建有大柳树店险工、沟阳家险工、葛家店险工等 19 处险工,为控导河势建有鹊山护滩工程、八里庄控导、邢家渡控导等 22 处控导工程。由于河段堤距较窄,发生大洪水时,堤防受洪水威胁较大,仍可能导致大堤决口。历史上该河段频繁决口,尤其是 19 世纪,灾情严重,形成诸多口门。受水流顶冲作用,八里庄控导工程(140 + 000)附近、邢家渡控导工程处、范家铺断面(155 + 000)—簸箕刘断面(157 + 000)堤段、葛家店险工(181 + 000)附近、大牛王断面(200 + 000)附近、南北王断面(234 + 000)附近、沪家断面(270 + 000)附近、宫家(桩号 299 + 200)附近、朱家屋子(桩号 354 + 200)附近等堤段决口的风险较大。

4.3.3　黄河下游堤防地质条件分析

4.3.3.1　郑州—开封—兰考河段右岸堤防地质条件分析

由于黄河下游河道摆动频繁,且历史上发生多次决口、改道,造成不同岩相的沉积物相互叠置,地层岩性变化复杂,不同堤段分布有不同地层结构类型的堤基。根据黄河下游防洪工程建设地质勘探成果,地基主要结构类型有:

(1)单层结构(砂性土)1a,该结构类型的主要工程地质问题是渗水和渗透变形,遇强震时有可能发生土体液化。

(2)单层结构(黏性土)1b,此类结构,当其中夹有湖相、海相及沼泽相淤泥质土层时,易产生不均匀沉降及滑动变形。

(3)双层结构(上层为小于3 m的黏性土,其下为砂性土)2a,此结构类型容易被承压水顶破而发生渗透变形。

(4)双层结构(上层为大于3 m的黏性土,其下为砂性土)2b,此结构较稳定,但是当背河侧堤脚附近有坑塘、水沟及取土坑分布等低洼地带,有可能发生渗透变形。

(5)多层结构(以砂性土为主)3a,此结构类型的主要工程地质问题是渗水及渗透变形。

(6)多层结构(以黏性土为主)3b,此结构类型的主要工程地质问题是沉降及滑动变形。

(7)多层结构(含秸料、树枝、木桩、块石及土的老口门)3c,此结构类型的主要工程地质问题比较复杂,有渗水及渗透变形问题,也有不均匀沉降及滑动变形问题。

(8)黄土类4a,堤基为晚更新统黄土类砂壤土及黄土类壤土,主要地质问题是湿陷性问题。

(9)上覆黏性土的黄土类4b,堤基上部为全新统的冲积黏性土,下部为黄土类土,在冲积黏性土中当含有砂壤土及轻、中壤土时,存在一定的渗水问题,在遇强震时也存在液化的可能。

郑州—开封西接南邙山头,属冲积平原区,在保合寨(2+000)附近,堤基为双层结构类型,上部为壤土及砂壤土,下部为厚层粉细砂及中砂层。该段老口门较多,如铁牛大王庙、花园口、申庄、石桥、九堡等,均属多层结构3c型,具复杂填料的老口门地基;杨桥(36+000)等地,主要为单层结构砂性土类型;万滩(38+000)等地,主要为双层结构类型。

开封—兰考河段,属冲积平原区,黑岗口(80+000)、南北庄(135+000)等地,主要为单层结构砂性土类型;柳园口(88+000)等地,主要为双层结构类型。总体上,郑州—开封—兰考河段堤基大部分较差。

4.3.3.2　兰考—东明—东平湖河段右岸堤防地质条件分析

黄河下游处于黄河冲积扇或冲积平原区,分布的地层主要有第四系全新统河流冲积层(Q^{4al})和第四系上更新统河流冲积层(Q^{3al})。第四系全新统河流冲积层有粉细砂、砂壤土、壤土、黏土,是堤基土的主要组成部分。根据沉积地质环境,黄河下游堤基总体上土体呈层土层砂的多层结构,主要为多层结构(3a类、3b类)和老口门堤基(3c),双层结构(2a类、2b类)也分布较多,其他类地层结构则零星存在。

黄河下游兰考—东明—东平湖河段右岸堤防已完成放淤固堤,兰考—东明河段放淤高度与设防水位平,东明—东平湖河段淤区顶部比设防水位低2 m,放淤固堤的实施为抢险提供了场地、赢得了时间,但堤防填筑质量不均、堤身裂缝等问题依然存在。右岸大堤126+640—156+050地层结构为1a,堤基为较厚的砂壤土或粉细砂,中等透水。215+000—217+968、232+861—243+000堤段地层结构为3a,多层结构,以砂性土为主。堤基为砂壤土、粉细砂与壤土、黏土相间分布,并以砂壤土、粉细砂为主,主要工程地质问题为渗漏和渗透变形。217+968—232+861、243+000—285+000堤段地层结构为

2a,双层结构,上砂下黏。堤基上部主要为砂壤土、粉细砂,下部主要为黏土、壤土。主要工程地质问题是渗漏和渗透变形,遇强震时,具有发生液化的可能。

4.3.3.3 济南—河口河段右岸堤防地质条件分析

济南—河口河段右岸堤防已完成放淤固堤,济南槐阴老龙庙(5 +000)—历城霍家溜(50 +000)为重点防洪堤段,放淤高度与设防水位平,其他堤段的放淤高度比设防水位低2 ~3 m,放淤固堤的实施为抢险提供了场地、赢得了时间,但堤防填筑质量不均、堤身裂缝等问题没有得到根本解决,仍可能在大洪水时发生决口。右岸大堤 5 +000—20 +000、22 +650—91 +653地层结构为 2a,双层结构,上砂下黏。堤基上部主要为砂壤土、粉细砂,下部主要为黏土、壤土。主要工程地质问题是渗漏和渗透变形,遇强震时,具有发生液化的可能。右岸大堤 91 +653—98 +000、178 +830—191 +000、201 +300—255 +160 地层结构为 3a,多层结构,以砂性土为主。堤基为砂壤土、粉细砂与壤土、黏土相间分布,并以砂壤土、粉细砂为主,主要工程地质问题为渗漏和渗透变形。

4.3.3.4 津浦铁路桥—河口河段右岸堤防地质条件分析

津浦铁路桥—河口河段,滨州以上堤段多为以砂性土为主的双层及多层结构的地层,老口门地层均属具有复杂填料的多层结构 3c 类型;滨州以下,进入冲海积平原区,地层多为双层结构,其中还夹有海相淤泥质软土,含贝壳碎片。在河口北大堤的堤基内多为新近淤积的砂土,夹海相淤泥质软土,其抗震性能较差。

4.3.4 口门位置选择

考虑不同口门位置对防洪保护区淹没的影响、河势变化及工程地质条件等,结合历史老口门分布情况,参考以往开展的《黄河防汛抢险关键技术研究》等相关成果,确定黄河下游堤防口门位置,详见表 4-7 和图 4-1。

表 4-7 黄河下游堤防口门位置

保护区	口门名称	口门位置
郑州—开封河段右岸防洪保护区	花园口口门	堤防桩号 12 +000 附近
	九堡口门	堤防桩号 49 +200 附近
开封—兰考河段右岸防洪保护区	黑岗口口门	堤防桩号 77 +000 附近
	裴楼口门	堤防桩号 100 +000 附近
	三义寨口门	堤防桩号 130 +000 附近
兰考—东明河段右岸防洪保护区	东坝头口门	堤防桩号 135 +000 附近
	樊庄口门	堤防桩号 171 +200 附近
	高村口门	堤防桩号 204 +000 附近
东明—东平湖河段右岸防洪保护区	董庄口门	堤防桩号 239 +000 附近
	八孔桥口门	堤防桩号 276 +000 附近
	伟庄口门	堤防桩号 310 +000 附近

续表 4-7

保护区	口门名称	口门位置
济南—河口河段右岸防洪保护区	杨庄口门	堤防桩号 16 +000 附近
	胡家岸口门	堤防桩号 65 +000 附近
	马扎子口门	堤防桩号 120 +000 附近
	麻湾口门	堤防桩号 191 +400 附近
	垦利口门	堤防桩号 240 +000 附近
津浦铁路桥—河口河段右岸防洪保护区	八里庄口门	堤防桩号 140 +000 附近
	葛家店口门	堤防桩号 181 +000 附近
	白龙湾口门	堤防桩号 234 +000 附近
	宫家口门	堤防桩号 299 +200 附近
	朱家屋子口门	堤防桩号 354 +200 附近

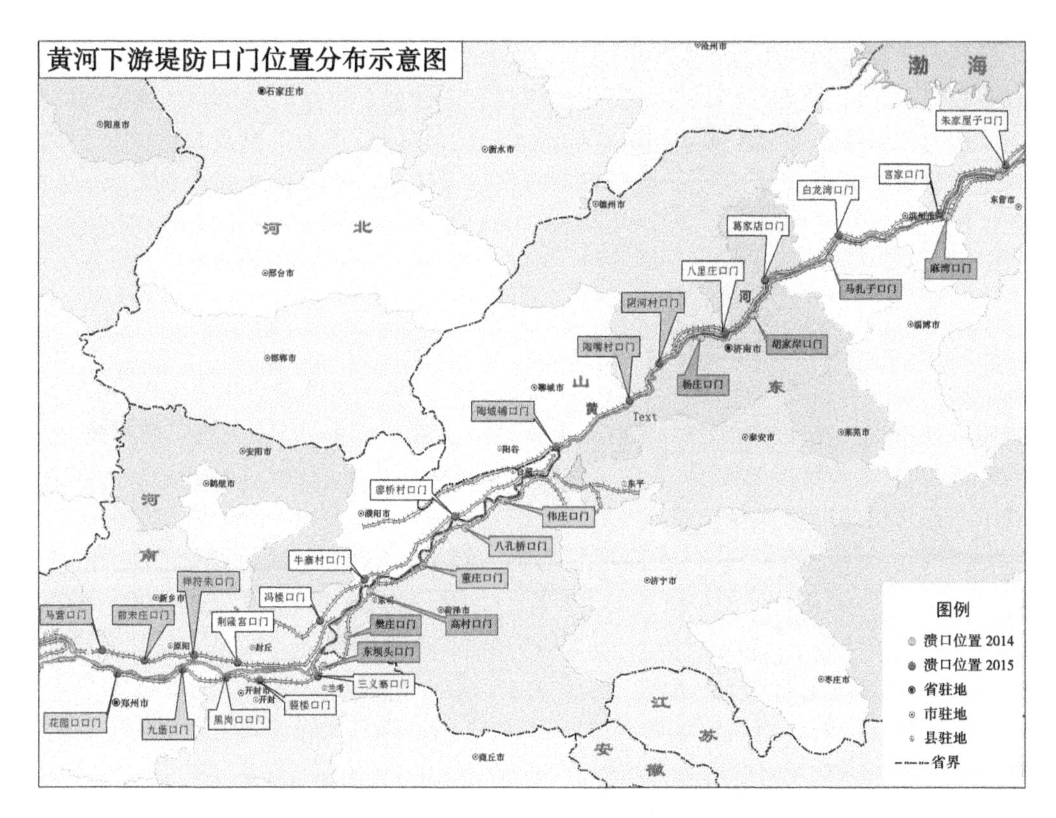

图 4-1　黄河下游堤防口门位置分布图

第 5 章　黄河大堤决口和分流过程模拟技术

5.1　已有研究概况

自然界中堤防溃决的发生具有突然性和极大的危险性,且溃决过程发展迅速,难以实测,加上测量手段的限制,造成实测资料匮乏。

针对堤防溃决问题国内外现有研究成果并不多见,而世界范围内大量堤防存在,一旦溃决,给人类带来的损失是巨大的。与土石坝溃决不同的是溃堤水头落差相对较小,溃口发展速度缓慢,可以进行抢护和复堵,因此对堤防溃决问题的研究具有重要的实际意义。

黄河是我国水患最多且最严重的一条河流,虽然中华人民共和国成立以来黄河下游伏秋大汛未发生过堤防决口,但其防洪安全不容忽视,堤防状况不容乐观。鉴于溃堤过程数学模型对于确定防洪工程(尤其是堤防工程)的合理设计标准、评估决堤洪水淹没损失、认识口门扩展规律和口门区冲淤变化规律都有十分重要的意义,因此重点结合黄河下游河段进行堤防溃口数学模型及其求解技术方面的研究,以期对典型决口方式下的溃口过程进行定量的分析,为制定土质堤防堵口方案以及决口后洪水演进过程的计算提供科学的依据。

5.1.1　溃堤研究概况

5.1.1.1　堤防溃决主要模式

常见的堤防为土堤和石堤,大多数江河堤防是由当地土料填筑而成的土堤,按照土体性质还可划分为非黏性和黏性;山区河流常就地取材修筑石堤,海堤一般采用浆砌石、卵石等修筑石堤;随着经济的发展,城市防洪堤防逐渐采用钢筋混凝土防水墙,目前成为大中城市广泛采用的堤防类型。

堤防堤身多用土石料筑成,断面形状为两边具有一定坡度的梯形断面,如图 5-1 所示,洪水位超高漫顶是造成堤坝溃决的重要原因,世界范围内由漫顶引起溃坝事故的占土石坝溃坝比例的 30%。国内 1954～1975 年的统计资料显示:漫坝情况,占溃坝总数的 51.5%,其中由泄水建筑物泄洪能力不足引起的占 42%,由超标准洪水引起的占 9.5%;质量问题造成溃坝的占到了总数的 38.5%,管理不当造成溃坝的占到了总数的 4.2%,其他原因失事或原因不详的占到了 5.8%。

据统计,漫溢、管涌是导致堤防溃决的最主要原因,除此以外,滑坡及表面侵蚀也可能致使堤防失事。由漫溢而引起的溃决约占 49%,由管涌而引起的溃决约占 32%。漫顶溃决溃口发展过程如图 5-2 所示,漫溢是洪水漫过堤防顶部造成溢流,将堤防冲塌而决口,从而造成堤防溃决。江、河、湖堤防遭遇超标准洪水时有可能超越堤顶造成漫溢险情。造成堤防漫溢的原因主要有洪水期长时间强降雨导致洪水位超高;设计时对最高水位的计

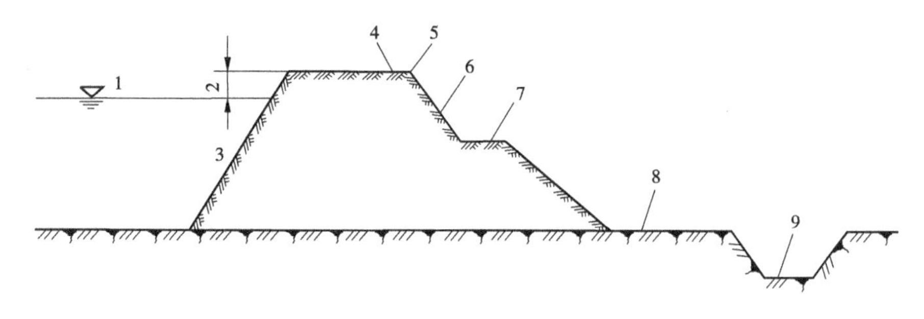

1—设计洪水位;2—超高;3—迎水坡;4—堤顶宽;5—堤肩;
6—背水坡;7—戗台;8—堤脚;9—取土坑

图5-1 堤防构造示意图

算与实际不符;施工中堤防未达设计高程,或因堤基有软弱层,填土碾压不实,产生过大的沉陷量,使堤顶高程低于设计值;河道内存在阻水障碍物,降低了河道的宣泄能力,使水位壅高而超过堤顶;河道发生严重淤积,过水断面减小,抬高了水位;水流坐弯,风浪过大,以及风暴潮、地震等壅高水位;上游水库溃坝,使江河流量陡增,水位骤增。

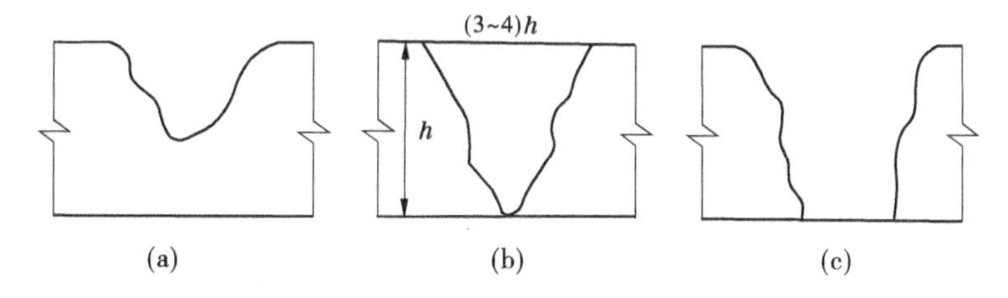

图5-2 漫顶溃决溃口发展示意图

渗流破坏是堤防破坏中最常见的病险症状之一,表现为集中渗流,发展成为管涌、流土等,以管涌尤为常见,溃口发展过程如图5-3所示。堤防发生渗流的主要原因有:洪水位超过堤防设计标准,且持续实际较长;堤防背水坡偏陡,浸润线抬高,在背水坡上出逸;堤身土质多砂,成层填筑的砂土或粉砂土,透水性强,缺少防渗墙或其他控制渗流的工程设施;堤身、堤基有安全隐患,如蚁穴、树根、鼠洞、暗沟等;堤防与涵闸等水工建筑物结合部位填筑不密实;堤基土壤渗水性强,堤背排水反滤设施失效,浸润线抬高,渗水从背水坡面逸出。堤防背水坡渗流导致细颗粒泥沙从较大颗粒的间隙移动或被带走的现象,从而造成冲刷通道不断坍塌、扩大,渗流最终形成鼓水涌沙而无法控制导致堤防失稳溃决。

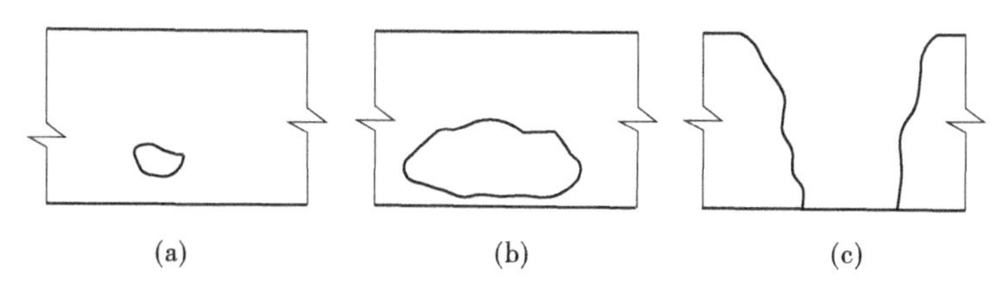

图5-3 管涌溃口发展示意图

5.1.1.2 溃堤问题研究进展

Visser在以实验室及现场模型试验中观察到的溃堤现象为基础,定性描述了非黏性堤的溃决过程;李开信开展了堤基管涌发生、发展过程的试验进行模拟;吴昌瑜从洪水位及渗透角度分析了九江长江干堤溃口破坏机制。梁林针对黄河下游河段,采用四叉树网格结合水流、泥沙数学模型和 Osman 提出的黏性土体河岸横向展宽方法进行了数值模拟,取得了较好的效果。张修忠将浅水方程、泥沙输移模型和边坡稳定的土力学分析方法结合起来,建立了平面二维溃堤数学模型,对溃堤后水流运动和河床冲刷进行了模拟。

Pickert G 等通过室内试验对均质非黏性土堤漫顶溃决过程进行研究,通过对溃口纵向、横向形态,侵蚀率,孔隙水压力等试验数据分析,将溃口过程划分为两个阶段,剪切力、张力失效引起的横向展宽,以及孔隙水压力对溃口边坡稳定影响引起的溃口纵向发展过程。Coleman S. E. 等通过非黏性土堤漫顶溃决试验研究了溃口形态变化过程,建立关于溃口水头、溃口宽度的流量计算公式。William H. 等通过从细沙到黏土的多组试验研究,通过对"陡坎"现象的分析,总结了溃口形态变化的影响因素。Hanson G. 等通过非黏性土和黏性土漫顶溃堤试验,对溃决侵蚀过程进行分析,认为黏性堤防侵蚀过程主要是溯源冲刷和侵蚀扩宽,侵蚀速率的主要因素为土壤材料。

与溃坝不同的是,溃堤后溃口水流与河道水流方向存在一定的夹角,为侧向水流运动,使得溃口上下游流速、水深、溃口侵蚀速率和溃口形态呈不对称分布,采用宽顶堰流量公式计算溃堤水流具有一定的局限性,应采用侧堰出流的公式进行尝试性研究。Visseer 和朱勇辉开发了一个非黏性土(沙)堤的溃堤模型,其中对于溃决流量的计算也采用了宽顶堰流量公式。

5.1.1.3　土堤漫顶溃决机制

土堤漫顶破坏过程是水力学、泥沙运动力学、土力学和边坡稳定等理论的综合过程。漫顶溃堤过程中,水位超过堤顶开始漫溢时,背水坡面无水或水位较低,此时可将堤防按照水流运动状态分为三个区域,如图 5-4 所示。

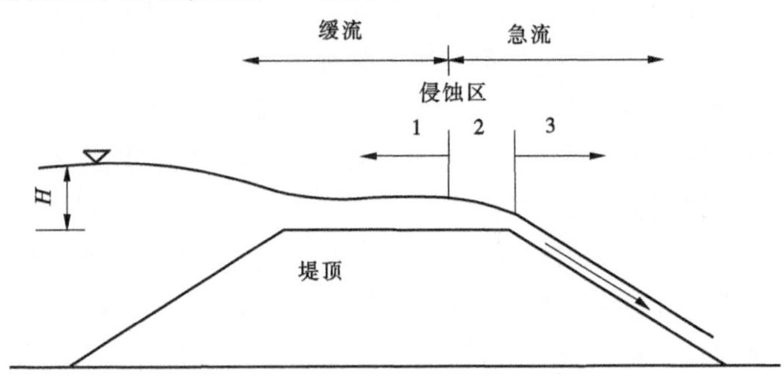

图 5-4　漫顶水流的水力侵蚀分区

冲蚀带 1,堤内水流漫过堤顶,水流为行进流速接近临界流速的缓流;冲蚀带 2,堤顶与背水坡面连接处,从缓流过渡为超过临界流速的急流;冲蚀带 3,该区域位于堤身背水面,水流顺坡面下泄,水流紊动极强,为急流,该区域流速迅速增加,拖曳力也有较大程度的增加,堤身表面受到强烈冲蚀后会有部分土体被水流挟带走,出现冲蚀槽,随后逐渐刷深扩宽形成溃口。冲蚀槽的扩大速度取决于背水坡面的水深及堤防材料属性,背水堤面的冲蚀向堤顶发展,属于溯源冲刷。

非黏性土堤漫顶破坏过程的溃决机制大致可认为,溃决水流冲刷溃口堤防,当水流产生的切应力大于堤防材料的起动流速时,溃决水流会将土体颗粒挟带走引起溃口底部冲深和两侧边坡失稳坍塌,使溃口深度和宽度不断增加。非黏性材料的冲刷过程一般表现为溃口表面的逐步侵蚀,溃口侧面往往坡度较陡,甚至表现为垂直面。溃决过程持续的时间受诸多因素影响,包括堤防形式、筑堤材料、压实程度等内部因素,以及水流来流强度、作用时间等外部因素。内部因素据决定了溃口边坡的抗冲力和抗剪强度,外部因素决定了水流的冲刷强度,溃口发展过程就是内部因素、外部因素力量的抗衡。漫顶溃堤溃口发展包括垂向冲深和横向展宽两个方面,溃口被水流冲蚀刷深的同时两侧边坡稳定性降低,导致的坍塌而引起坝顶部溃口逐渐扩大。因此,溃堤的发展过程与一系列参数如堤身材料的中值粒径、内摩擦角、孔隙率及溃口初始边坡、深宽比有关。

黏性土堤漫顶破坏的溃决机制可认为:相同的几何形状和水力条件下,黏性土体材料比非黏性土体材料的抗冲刷能力强,黏性土透水性低,漫溢水流在背水坡坡脚流速较大,紊动较强,冲蚀始于该处,逐渐向上游堤顶发展(见图5-5)。欧美学者在实测和试验的基础上提出"陡坎冲刷"(headcut erosion)冲刷模式解释黏性土堤漫顶溃决:如图5-6所示,水流漫过初始溃口后背水坝面有细冲沟出现,逐渐发展成一级至多级阶梯状小"陡坎"的

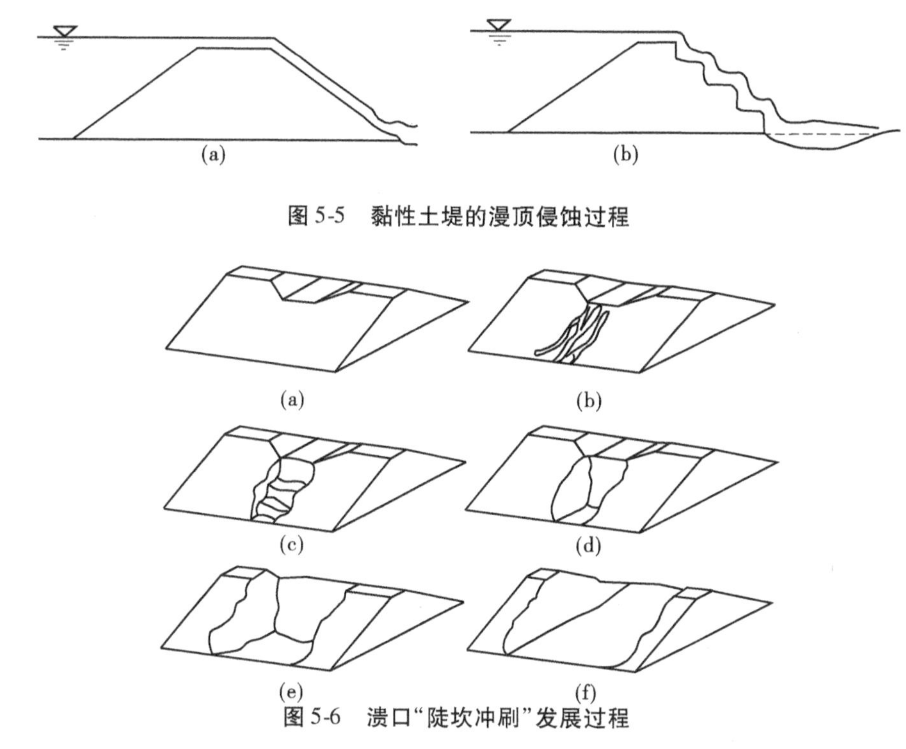

图5-5　黏性土堤的漫顶侵蚀过程

图5-6　溃口"陡坎冲刷"发展过程

沟壑,漫顶水流纵向连续冲刷下切坝体,冲沟向坝顶扩展形成大的陡坎,溃口两侧边坡失稳坍塌致使横向扩张,纵向与横向侵蚀的共同作用导致坝体完全溃决,该模型是经验性的。陡坎(headcut)是指地面床面突降,类似于瀑布状的地貌形态。陡坎原理如图5-7所示,漫溢水流在背水坡下游冲蚀坡面,堤脚附近有陡坎形成,坡面水流流过时,水流向下冲击底面并产生反向漩涡,漩涡在陡坎的垂直或近似垂直的跌水面上产生剪应力,所产生的纵向冲刷会淘空跌水面的基础,使跌水面失稳而坍塌,从而形成更大的陡坎并使冲刷继续

向上游发展。陡坎发展到堤顶边缘后逐渐向迎水面扩展,堤防穿透后溃口形成,堤顶高程急剧降低,溃口两侧产生崩塌。直到溃决水流流速降低到堤防材料的起动流速以下,溃口达到稳定状态,溃决过程结束。

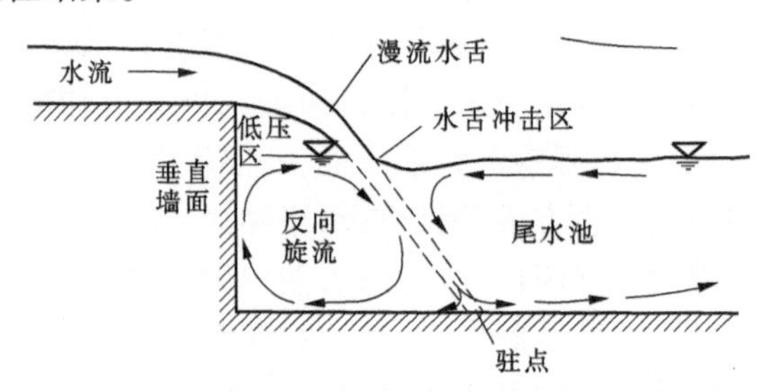

图 5-7　陡坎原理示意图

影响黏性土堤溃决过程的主要物理因素有:堤防断面几何形状,材料特性及压实程度。漫溢水流所能达到的最大流速,受堤防高度、上下游水位差、下游坡脚角度、糙率等因素影响。下游尾水的存在及水深,尾水较高就可使下泄水流能力消失一部分,可减缓对堤基的冲刷。堤顶高程均匀程度也会对溃决过程产生影响,高度一致会使漫溢水流分布均匀,不会集中冲刷某处,溃口的冲蚀也较均匀。

5.1.1.4　溃口发展模拟方法

目前关于溃口水流计算,多采用与溃坝相同的计算方法,采用可模拟含间断水流的模拟方法。对于溃口发展过程的模拟,主要包括溃口垂向冲深和横向展宽两个方面,溃口冲刷过程是高速水流条件下的非饱和非平衡输沙过程,遵循泥沙运动规律;溃决水流持续冲刷致使溃口两侧边坡失稳坍塌并导致溃口横向宽度增大,该问题与河道横向展宽机制类似。因此,对于溃口的发展过程的数值模拟研究应分别从垂向冲深和横向展宽两个方面入手。

1. 垂向冲深

溃口垂向冲深是由溃决水流急剧冲刷下切引起的,口门处泥沙的冲刷和淤积致使溃口形态发生改变,泥沙输移是计算溃口垂向冲深的重要途径。根据运动特性及粒径不同,河流泥沙可分为悬移质和推移质,推移质输沙率在泥沙输沙率中所占比例较大,许多模型只考虑推移质输沙率。

洪水冲刷深度模型:

$$S_r = 132\,000 S_f v / H_0^{2/3} / D^{1/4} (S_f^2 v^3 / H_0^{1/3} - 0.66 D^{3/2}) \tag{5-1}$$

$$\Delta H = \Delta T S_R / B / \gamma_s / \rho_0 \tag{5-2}$$

式中:S_r 为溃坝后坝体冲刷率;S_f 为溃口糙率系数;H 为溃口处水深;B 为溃口宽度;D 为组成坝体的材料粒径;v 为溃口流速;ρ_0 为材料空隙率;γ_s 为坝体材料的干容重。

计算时给定溃口初始形态并假定溃口发展过程中该形态保持不变,根据上述方程计算溃口输沙率来计算溃口垂向发展过程,当冲刷至河床高程时溃口垂向发展结束。

溃口纵向下切:Meyer Peter - Muller 公式 ,该公式认为只有溃口底部和两侧切应力大于等于起动切应力时,侵蚀才有可能发生。溃口泥沙侵蚀和输移量 Q_s 为

$$Q_s = 25\,056 \frac{P_B(\tau - \tau_c)^{3/2}}{\gamma_s \gamma_w^{1/2}} \tag{5-3}$$

式中：P_B 为溃口湿周；τ 为作用在溃口处的水流切应力；τ_c 为大坝土体的起动切应力；γ_s 为大坝土体的容重；γ_w 为水的容重。

$$\frac{\Delta H}{\Delta t} = \frac{Q_s}{P_B L_B(1 - P)} \tag{5-4}$$

式中：ΔH 为 Δt 时间内溃口底部因水流侵蚀冲刷而下切的深度；L_B 为溃口宽度；P 为大坝材料的孔隙率。

2. 横向展宽

溃口横向展宽与河道横向展宽的相似之处在于两者均为水力侵蚀和重力侵蚀同时作用的结果；均受水流冲积作用影响，即包括水流直接冲刷堤岸导致的展宽和堤岸坍塌引起的展宽。对于溃堤过程中的横向展宽可参照河道横向展宽模拟方法。

河道展宽的模拟方法可分为3类：经验法、极值假说法和水动力学－土力学法。众多学者采用经验法研究河道横向展宽，最早有 Lacey G 在分析过水断面形状和对应流量关系的条件下提出均衡理论模型；Leopold 和 Maddock 在均衡理论的基础上推导出水流集合形态模型，适用于天然河流；涂启华将含沙量的影响加入河宽分析中，并用于分析黄河下游游荡性河道展宽；王国兵通过水槽试验研究得出与涂启华研究成果一致的结论；俞俊对不同河型河流实测资料进行分析后建立了能够反映边界条件对河宽影响的数学表达式；许炯心在俞俊研究结果的基础上，根据土壤物理性质与水流作用力相互作用的对比，并结合汉江实测资料分析，建立了关于河道展宽速度与河床边界条件及水动力学条件之间的数学表达式。经验法的缺点在于过多地依赖资料，适用范围较窄，不能考虑到河岸的几何形态、土体特性对河岸冲刷过程的影响，不能考虑到河岸冲刷、崩塌时的内在力学机制，只适用于与资料来源地质条件及水力条件相似的河流，且仅能宏观地反映河道形态的变化。

极值假说法是提出极值假说作为附加方程式与水流连续方程、运动方程以及泥沙方程相结合来预测河道宽度的变化的方法。极值假说是依据某个参数的最大值或最小值作为一个假设条件，常见的有最大统计熵、最小水流能量耗散率、最大输沙率等。张海燕提出的 FLUVIAL－12 和美国农垦局开发的 GSTARS 模型，在假定河段的水流功率趋于均匀化或能量耗散趋于最小的前提下计算出河宽调整量的大小，再将冲淤面积分配到河床和岸滩上。该方法研究了河道水流从非平衡状态向平衡状态发展时河道宽度变化过程，不能预测河道处于不平衡状态下河宽的调整过程，不能确定河道左右两岸的具体变化情况，没有考虑河宽调整的纵向范围，具有一定的局限性。

水动力学－土力学法在一定程度上弥补了经验法和极值假说法的不足，近年来得到较大程度的发展，该方法将水动力学计算河床冲淤变化与土力学分析河岸稳定相结合，非黏性河岸和黏性河岸均适用。

5.1.2　黄河大堤已有决口研究成果

在黄河流域，黄河下游修建堤防用以约束洪水的历史可以追述到几千年前。堤防是我国古代人民防洪减灾的主要手段，因此前人对堤防的认识和研究十分深刻。几千年来，黄河下游堤防起到了约束水流、提高河道泄流排沙能力、限制洪水泛滥和保护人民生命财产安全的重要作用。目前,黄河下游两岸的堤防构成了一个比较完整的堤防系统。在21世纪,黄河下游堤防在防洪减灾中继续承担其他措施难以替代的极其重要的角色。

黄河下游堤防土质松散,具有"悬河"地貌、洪水临背高差大,且河道宽阔、河势多变和部分河段存在畸形河湾,易形成"横河"、"斜河"或"顺堤行洪",造成堤防决口。堤防决口后,口门附近河道将发生强烈冲刷,局部河势调整甚至会造成全河夺溜。影响堤防口门发展过程的因素可归纳为三个方面:一是决口处的堤防条件,如堤防土质结构、土力学特性等;二是决口处的水动力因子,如口门内外水位差、溃决流量、持续时间等;三是决口处大河河势,主流与堤防夹角。《黄河防汛抢险关键技术研究》(2001年)项目中,黄河水利科学研究院和北京大学分别开展了"口门区水力特性及冲刷特性模型试验"和"堤防溃口数学模型及口门区水流特性研究"专题研究,采用概化模型和数学模型研究了黄河下游典型口门的水流特性和冲刷特性。

5.1.2.1 黄河水利科学研究院概化模型试验成果

黄河水利科学研究院开展的"口门区水力特性及冲刷特性模型试验",研究了不同口门宽度、不同水位及不同流向情况下的口门区流速分布、流态及冲刷变化过程。

1. 模型设计

按照变态模型设计,平面比尺为240,垂直比尺为80,变率为3。试验模拟的黄河大堤长约3 km,断面顶宽为10 m,堤防内外边坡均为1∶3,堤顶高程63.0 m,临河滩地高程56.0 m,背河地面高程52.0 m,临背差4 m。模型制作时,大堤用砖砌而成,口门范围内堤防用粉煤灰按概化的黄河大堤断面形状拍制而成。

2. 试验过程

(1)小流量蓄水至溃堤水位,然后在堤防上开一小口溃堤,同时调整进口流量至10 000 m^3/s,通过水流冲刷使口门开至固定宽度,水位稳定后,观测口门区流速分布。

(2)调整进口流量分别为8 000 m^3/s、5 000 m^3/s、2 000 m^3/s,待流量稳定后,量测口门区流速分布。

(3)停水,量测最终冲刷地形。

3. 来流与大堤正交试验

口门破口之初,由于黄河为地上"悬河",堤防内外水位差达8 m,口门区水流呈急流状态,堤防迅速溃决,出口门后水流向下游急剧扩散;随着口门宽度的变化及水下地形冲刷的加剧和延伸,口门上游水位逐渐回落,口门内外水头差逐渐减小,流态趋缓,溃口宽度稳定后呈缓流状态。由于10 000 m^3/s流量的冲刷作用,在口门上下游形成主槽,在5 000 m^3/s、2 000 m^3/s流量时,水流顺主槽而下,流态平缓;口门上游两侧靠近大堤附近有强度较大的回流,对堤脚产生冲刷。不同口门宽度,各级流量下口门区水流形态较为相似。

根据流速观测结果,破口之初,口门断面最大流速近10 m/s;随着口门附近地形的调整,水流由急变缓,上下游水位差变小,流速有所减缓。不同口门宽度下,口门断面最大流速和断面平均流速见表5-1。

表5-2给出了口门宽度300 m时各级流量下控制点水位。可以看出,堤防决口后,由于河槽冲刷大河水面有较明显的纵比降,且水位明显降低,10 000 m^3/s口门位置处堤前水

位已降至 54.51 m,低于滩面高程 1.5 m,8 000 m^3/s 口门位置处堤前水位已降至 54.03 m,低于滩面高程 2.0 m。

表 5-1　流向与大堤正交时口门断面流速及平均水深

口门宽度(m)	项目	流量级(m^3/s)			
		10 000	8 000	5 000	2 000
300	最大流速(m/s)	4.65	4.48	3.46	1.72
	平均流速(m/s)	3.80	3.52	1.90	0.98
	平均水深(m)	8.77	7.58	8.77	6.80
200	最大流速(m/s)	5.31	4.73	3.68	1.78
	平均流速(m/s)	4.66	4.20	2.91	1.46
	平均水深(m)	10.73	9.52	8.59	6.85
100	最大流速(m/s)		5.85	3.89	1.97
	平均流速(m/s)		5.40	3.27	1.92
	平均水深(m)		14.81	15.29	10.42

表 5-2　流向与大堤正交时控制点水位观测成果(口门宽度 300 m)

流量(m^3/s)	水位(m)		
	大河(进口)	堤前 1 000 m	堤后 1 000 m
10 000	59.14	54.51	54.30
8 000	56.66	54.03	54.06
5 000	55.62	53.31	53.66
2 000	54.02	52.35	52.86

图 5-8 给出了各口门宽度下冲刷稳定后口门中心线纵剖面。堤防决口后,由于黄河为地上“悬河”,堤防内外地形差高达 4 m,溃决洪水以跌水之状冲出大堤,瞬时流速达到 10 m/s,溃决洪水在口门附近形成了局部冲刷坑,同时由于水流的跌坎溯源冲刷,迅速在滩内拉出一条深槽。局部冲刷坑最大深度达 20 m、长度达 500 m,口门宽度为 300 m 和 200 m 时,冲刷坑位置基本在口门以下,上边缘距口门一般不超过 100 m,口门宽度为 100 m 时,冲刷坑位置明显上移,上边缘延伸到堤内,距离口门不小于 250 m。滩地深槽的宽度为 400 ~ 500 m,深度为 4 ~ 6 m,深槽纵比降由初始地形的 4‱调整为 4.85‱ ~ 9.70‱。

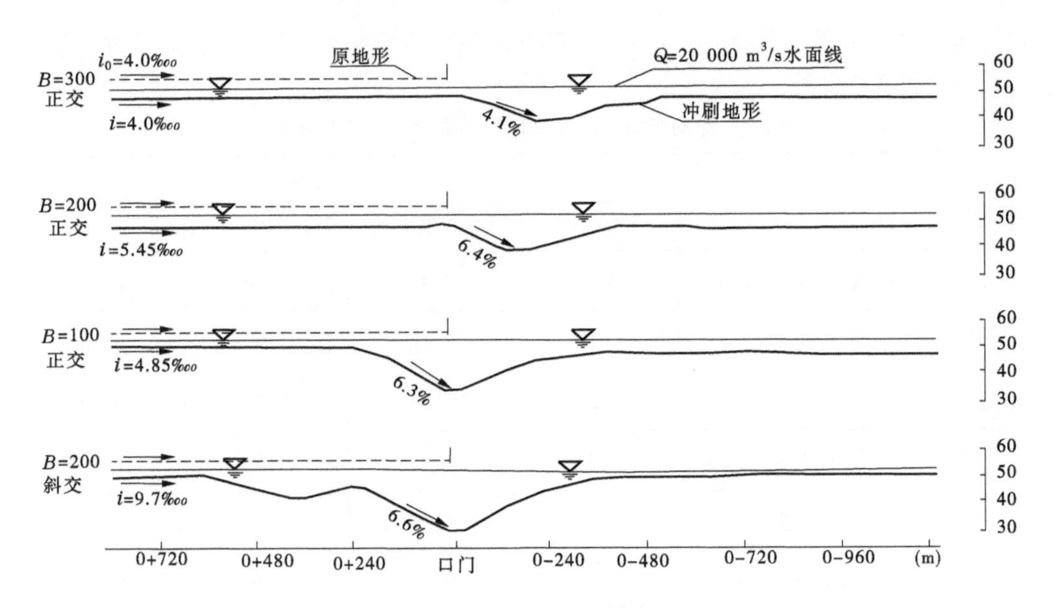

图 5-8　冲刷稳定后口门中心线纵剖面

图 5-9 为口门宽度 300 m、流量为 2 000 m^3/s 时冲刷稳定后堤前的横断面冲刷形态。可知，冲刷形成滩地深槽底部有相当宽的平坦河底。各口门宽度下冲刷情况见表 5-3。

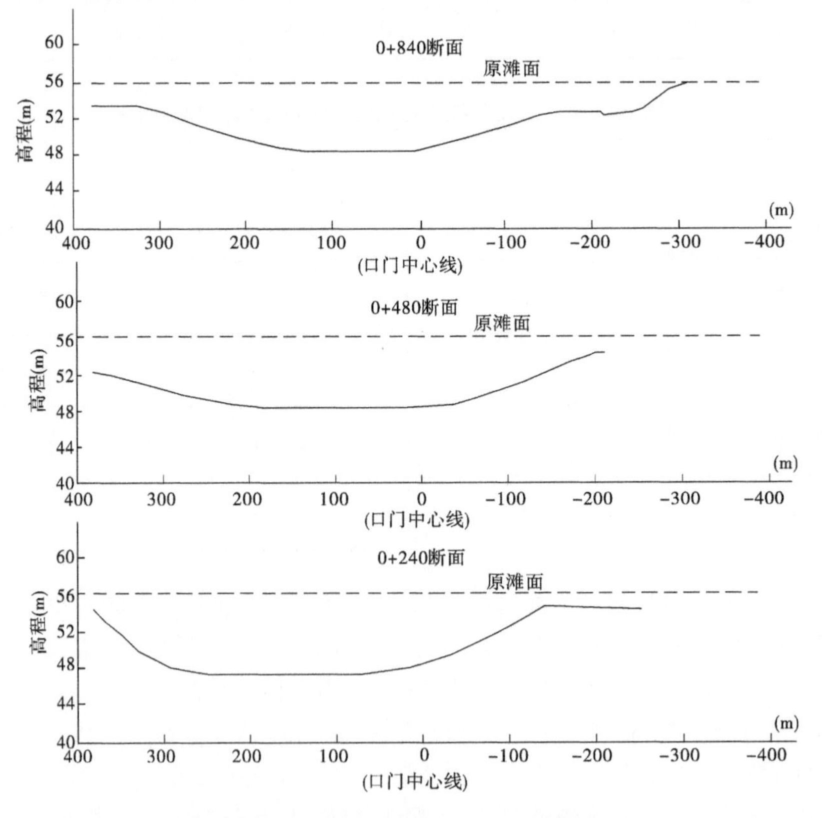

图 5-9　冲刷稳定后口门中心线纵剖面

表 5-3　口门附近冲刷情况统计

口门宽度(m)	滩地深槽			口门附近局部冲刷		
	宽度(m)	冲深(m)	比降(‰)	最大冲深(m)	冲坑比降(%)	范围(m)
300	400 ~ 500	4 ~ 6	7.69	21.76	4.1	580
200	400 ~ 500	4 ~ 6	5.45	23.44	6.4	500
100	—	4 ~ 6	4.85	22.88	6.3	550
200(45°斜交)	—	4 ~ 15	9.70	28.32	6.6	540

4. 来流与大堤斜交试验

来流与大堤呈 45°斜交,只对口门宽度 $B = 200$ m 情况进行了试验观测。根据试验结果,口门区水流流态与正交布置相比有明显不同。10 000 m³/s 流量下,主流明显偏向口门左侧,在堤前调整后,与堤防接近正交进入口门,只是主流偏向口门左侧;由于主流弯曲调整,在堤前口门左右两侧均出现回流;水流出口门后以与堤防呈近 45°角度向下游侧扩散。小流量时,主流顺着 10 000 m³/s 流量拉出的主河槽下行,水流流畅,流态平缓。

根据流速观测结果,来流与大堤斜交时流速分布与正交明显不同,10 000 m³/s 流量下,口门断面流速分布不均匀,最大流速位于口门左侧,堤前 0 + 360 断面最大流速达 5.31 m/s,堤后 0 - 240 断面最大流速达 3.86 m。流向与大堤斜交时口门断面流速及平均水深见表 5-4。

表 5-4　流向与大堤斜交时口门断面流速及平均水深

项目	流量级(m³/s)			
	10 000	8 000	5 000	2 000
最大流速(m/s)	4.82	4.27	2.59	0.85
平均流速(m/s)	3.03	2.33	1.87	0.68
平均水深(m)	16.50	17.17	13.37	14.71

根据河道冲刷观测结果,来流与大堤呈 45°斜交河床冲刷较为严重,主槽纵比降达 9.7‰,最大冲刷坑深度达 28.32 m,发生在堤前 0 + 120 断面,距口门中心线 240 m,口门断面最大冲深 25.68 m,发生在口门左侧。斜交布置冲刷地形纵剖面见图 5-9,与正交相比,在相同口门宽度和过流情况下,冲坑深度及范围均大于正交情况。

5.1.2.2　北京大学溃口模型计算成果

北京大学在承担的“堤防溃口数学模型及口门区水流特性研究”课题中,采用平面二维浅水模型模拟了黄河下游堤防口门发展及口门附近冲淤。

1. 模型原理

黄河堤防口门发展及分流过程模拟时,需要考虑一些特殊问题。首先,网格系统的限制,河道的大尺度和堤防的小尺度同时存在需要解决局部加密的问题,口门展宽需要在口门处动态地改变边界、增加网格,有结构网格不适于大小尺度变化,而无结构网格在动态增加网格方面也存在困难。其次,黄河下游的"悬河"地貌使得堤防内外有较大高差,口门处的水流变化剧烈,属间断问题。而且,黄河有着复杂的河势、高含沙量、土质松散、改道、拉槽、掏坑、口门扩展迅速等诸多特点。这些都需要进行专门的溃堤过程数值模拟研究。

结合上述问题,考虑模型实际水平,北京大学在平面二维水沙数学的基础上构建了堤防溃口模型。其网格系统采用四叉树网格系统,它既可做到在口门处的局部加密,又可兼顾滩区的大步长要求,并且在处理口门扩展时比较容易做到网格系统的调整。数学模型采用 GODUNOV 型有限体积方法离散,水流方程和泥沙方程求解采用非耦合方式,水动力学模型及泥沙模型的求解变量均布置在网格中心。口门的横向冲刷、崩塌过程采用 Osman(1988)提出的黏性土体河岸的横向展宽计算方法,同时参照夏军强和王光谦的研究成果进行了改进。

2. 典型堤段溃口冲刷模拟

1)典型堤段选择

黄河进入东明境内,堤距入境处为 17 km,到了高村以下逐渐缩窄,最窄处 4.1 km,形成上宽下窄的漏斗状,这一河段滩地高、堤根洼,每遇较大洪水,河水漫滩,洪水便直逼堤根,形成堤河,同时受下游艾山卡口的影响,洪水在本段持续时间较长,水流缓慢,泥沙淤积严重,再加上滩地土质多沙,每遇水位、流量变化,滩嘴险工就会失去约束水流的能力,引起滩岸发生不同程度的塌岸坐湾,产生新险或发生溃决。以东明县境内南岸高程较低处的典型口门(桩号 217 +000)为例,计算河段堤距 6 ~ 10 km,大堤临河滩地高程 58 ~60 m,一般高出背河地面 3 ~4 m。采用直角网格对计算区域进行网格剖分,见图 5-10。

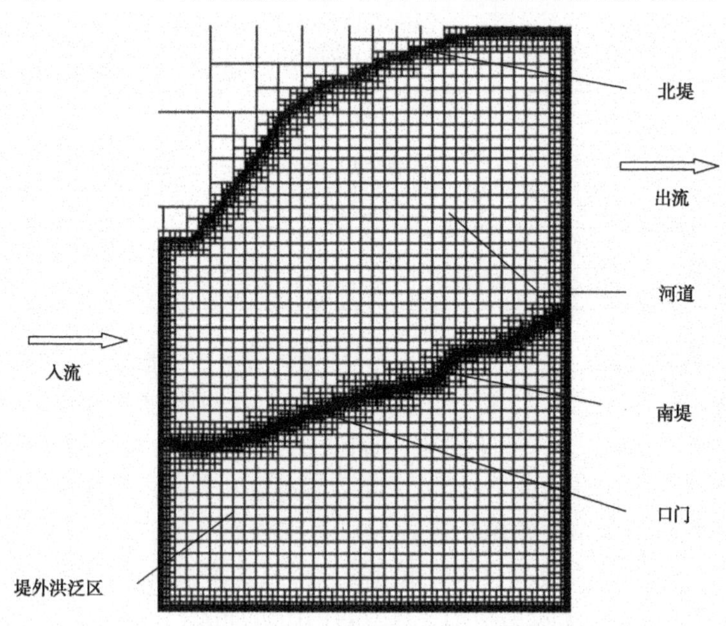

图 5-10　计算区域边界及网格剖分

2)计算条件

模型进口流量过程线采用高村站 1982 年 8 月 2 ~7 日的数据(见图 5-11),进口含沙量采用 30 kg/m³。

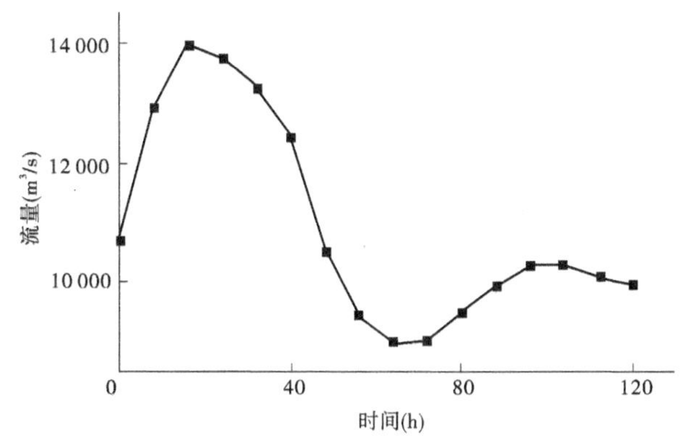

图 5-11　溃口模型入流过程

3)流势和流态

决口发生后,口门区水流呈急流状态,出口断面流速近 7 m/s,堤防决口的发生改变了口门附近的流场分布,将水流引向口门。水流在口门外迅速扩散,在堤脚两边形成回流区。随着溃口外水位的上升,水流由急变缓,流速逐步减小。

4)口门展宽变化

决口发生后,水流从堤防缺口处流出,口门两侧堤防在水流的冲刷和重力崩塌作用下不断后退,开始时口门展宽的速度较快,随着口门的扩大,口门流速逐渐减小,展宽速度也相应地变慢,当口门扩大到一定宽度后,口门展宽会变得很缓慢。

口门扩展过程中,口门下游侧比上游侧扩展更快,这是因为下游侧堤脚正对着来流方向,受到的冲刷更强烈。模型计算选取的东明口门展宽变化情况如图 5-12 所示。典型口门经过 24 h 冲刷后,口门宽度可展宽到约 300 m,经过 48 h 冲刷后,口门宽度可展宽至 550 m,之后逐渐趋于稳定。

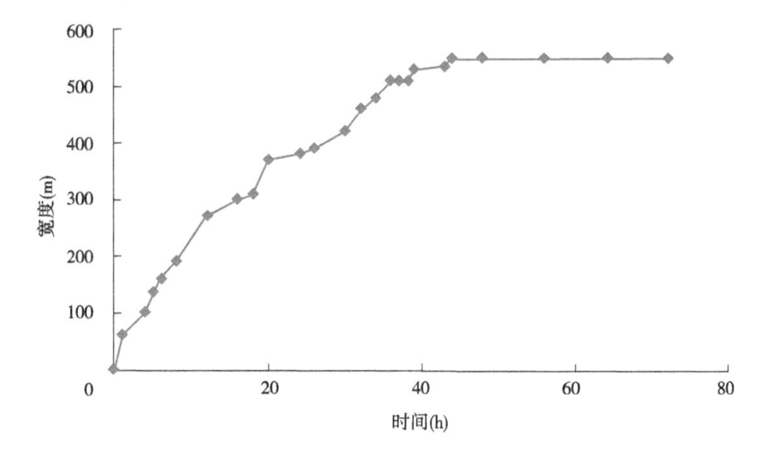

图 5-12　溃口宽度变化过程

5)口门横剖面扩展变化

口门在决口之初发展比较快,随时间无论是在冲深上还是在展宽速度上都会逐渐减慢,最终会达到一个比较稳定的状态。口门横剖面的冲刷坑在一定的时间后甚至有略淤的趋势,这是由于上游来流流量减小,口门流量也随之减小、流速降低造成的。图 5-13 给出了典型口门沿口门横剖面扩展变化,在水流的冲刷和重力崩塌作用下,沿口门横剖面的冲刷坑形状基本上是中间深,两侧较浅,但变幅不大,口门基本呈矩形,宽度约 550 m,口门平均底高程约 52.5 m,在背河地面以下 3 m。

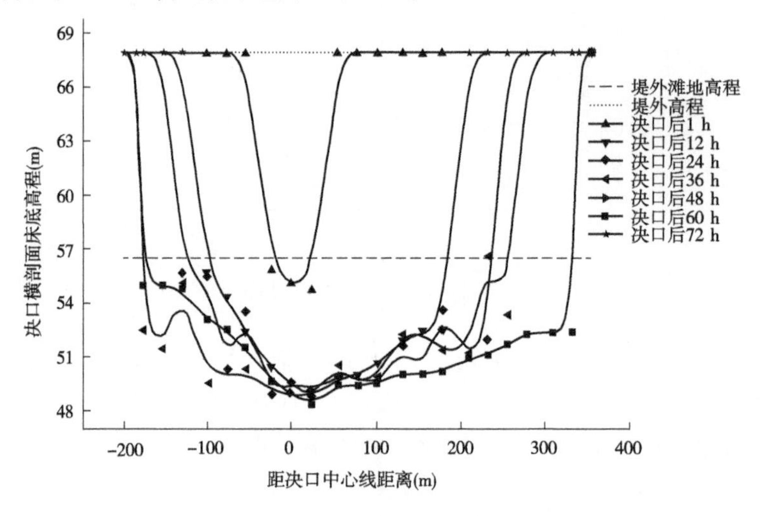

图 5-13 口门横剖面扩展变化

6) 口门出流情况

决口初期,流速迅速增加,口门出流量也迅速增加,然后由于河道进口入流减小,决口出流增加,速度变缓,相应于口门分洪流量的增加,河道出流量逐渐减小。在河道进口入流相对稳定的情况下,决口出流及河道出流趋于稳定。

表 5-5 给出了不同时刻口门分流情况统计。可以看出,口门分流比为,第 1 天 40% ~ 60%,第 2 ~ 3 天 70% ~ 75%,第 4 天以后在 75% 左右。

表 5-5 不同时刻口门分流情况比较

时间 (年-月-日 T时)	上游来流 (m^3/s)	口门分流量 (m^3/s)	河道下游出流 (m^3/s)	口门分流比 (%)
1982-08-02T22	10 703	0	8 579	0
1982-08-03T06	12 920	5 316	7 735	41.1
1982-08-03T14	14 000	8 588	4 967	61.3
1982-08-03T22	13 764	9 400	3 438	68.3
1982-08-04T06	13 254	9 554	2 643	72.1
1982-08-04T14	12 432	8 983	2 476	72.3
1982-08-04T22	10 521	7 860	1 960	74.7
1982-08-05T06	9 435	7 049	1 910	75.0
1982-08-05T14	8 977	6 707	1 860	75.0
1982-08-05T22	9 008	6 730	1 862	75.0

7）其他相关的成果

梁林对东明典型口门的发展过程也进行了模拟。在计算条件基本一致的情况下，其模拟成果显示堤防决口 24 h 后，口门展宽至 435 m，口门横剖面形状也近似为矩形，口门中心线河底纵剖面变化见图 5-14。决口之初，由于流速大、水深小，河床泥沙较细，冲坑发展很快；随着下游水位增长，口门处流速逐渐降低，河床泥沙逐渐粗化，抗冲刷能力增强，冲坑速度变慢。冲刷坑最深处就在口门断面附近徘徊，往堤内河床的溯源侵蚀（沟头侵蚀）发展很剧烈，决口 24 h 后，口门上游 600 m 范围内均有很明显的河床冲刷发生，尤其是 300 m 范围内，河床下降超过 1 m，最大冲深为 2.75 m。

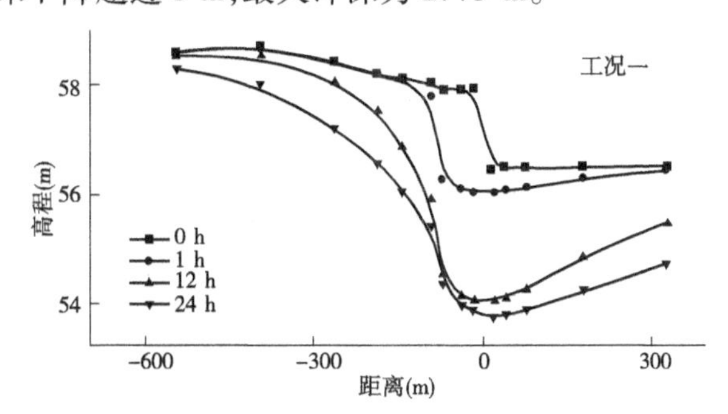

图 5-14　口门中心线河底纵剖面变化

3. 不同洪水条件下口门冲刷模拟

《溃口总体对策及措施研究》中利用上述溃口模型，计算了不同洪水条件下口门展宽及冲刷情况。计算仍以东明口门为典型，选择 100 年一遇和 500 年一遇两种级别的洪水，按照不同的决口时机，考虑 5 种组合方案。

不同洪水条件下模型计算的口门宽度及冲刷深度见表 5-6。可以看出，随着洪水量级和洪水历时的增加，口门宽度略有增加，但变幅不大，如：1982 年型 100 年一遇洪水和 1982 年型 500 年一遇洪水洪峰时决口，口门宽度分别为 540 m 和 590 m，仅增加 50 m；1982 年型 100 年一遇洪水洪峰前一天决口和洪峰时决口，口门宽度分别为 570 m 和 540 m，仅差 30 m。不同洪水口门平均冲刷深度均在 16.4 m 以上，考虑口门处堤顶和背河地面高差 11.5 m，口门底部已发展至背河侧地面以下 5 ~ 7.5 m。

表 5-6　不同洪水条件下模型计算的口门宽度及冲刷深度

洪水类型及量级	决口时间	决口最大出流量（m^3/s）	口门最大宽度（m）	口门平均深度（m）	口门最大分流比（%）
1982 年型 100 年一遇	峰前一天	9 856	570	18.0	75
	洪峰时	7 538	540	16.8	75
	峰前一天	6 917	530	16.4	75
1982 年型 500 年一遇	洪峰时	10 888	590	19.0	75
1958 年型 100 年一遇	峰前一天	8 178	540	17.4	75

注：表中工况不考虑决口后水库拦洪、下游分洪等应急措施。

5.2　堤防溃口概化模型试验研究

采用概化物理模型试验对堤防溃决过程进行模拟，通过系列模型试验对不同河道流量、洪水位、筑堤材料、堤身断面形状尺寸、材料比重和河床等条件下的溃口发展过程进行观测和分析，总结漫顶溃堤过程中水流演进、溃口形态变化规律，为堵复决口和防洪减灾提供基础性的技术依据，同时也为数学模型提供数据。

5.2.1　概化物理模型设计

5.2.1.1　模型的原型基础

采用多组概化物理模型试验对非黏性土堤漫顶溃决时的溃口水力特性进行了研究。自然界中弯曲河道水流受离心力作用在弯道处存在横比降和环流，凹岸易发生洪水位超高致使堤防漫顶溃决。根据此特性在弯曲河道的基础上加以概化，在180°弯道水槽的弯顶及以下位置修筑堤防，将水槽分为河道主流洪水行进的外江和溃堤洪水演进的内江。弯道水槽凹岸弯顶所处堤防段是堤防最薄弱部位，故在此处设置诱导溃口（比正常堤顶略低）使水流漫过堤顶而发生漫顶溃决。

5.2.1.2　模型布置和操作

概化模型试验在武汉大学水资源与水电工程科学国家重点实验室180°弯道水槽中完成，水槽宽1.2 m，底坡1‰，弯曲段内径1.8 m，外径3.0 m。水槽进口设有可以调节流量大小的闸门，槽内水深通过尾门控制。

试验材料选取粒径不同的天然沙和煤修筑堤防模型，如图5-15所示，堤防从弯顶开始修建，将水槽分割成两部分，河道主流行进区称为外江，溃堤洪水演进区称为内江。水流从顺直河道进入弯曲段后，横断面水位存在横比降，凹岸水位高于凸岸易导致水流漫堤，因此选择在弯顶偏下部位堤顶设置诱导溃口，当河道水位比诱导溃口堤顶略高时将会漫溢引起溃堤，诱导溃口长20 cm，深1.5 cm，弯道水槽总长度为40 m，堤防长度为13 m。

堤防溃决过程中，溃口形态不断变化，溃决水流流态复杂，溃口附近水位变化剧烈，因此分别在溃口附近内外江及水槽直段选择9处控制断面设置自动连续水位计，目的是记录溃决过程中水位变化，并在诱导溃口处布置一台自动地形仪用以记录溃口垂向发展过程。为了更加直观地观测和记录溃口横向发展过程，内外江侧溃口处各固定一台数码相机进行录像。试验平面布置见图5-15，堤防模型布置见图5-16。

试验前内江为干河床，外江下游尾门关闭，从外江下游缓慢注水使水位慢慢上升，以免堤防在水位过快上升时发生失稳崩塌，当水位上升至低于诱导溃口顶部约1 cm时，不再注水，打开上游进水阀门的同时调节外江下游尾门，保持外江水位基本稳定。水位缓慢上升至诱导溃口开始漫过其顶部时，认为溃决过程开始，对水位、溃口底部高程以及溃口内外江侧尺寸进行监测，并对溃决过程进行全程录像。水流未漫过诱导溃口之前，内江为干河床，试验过程中内江的控制尾门敞开保证自由出流。

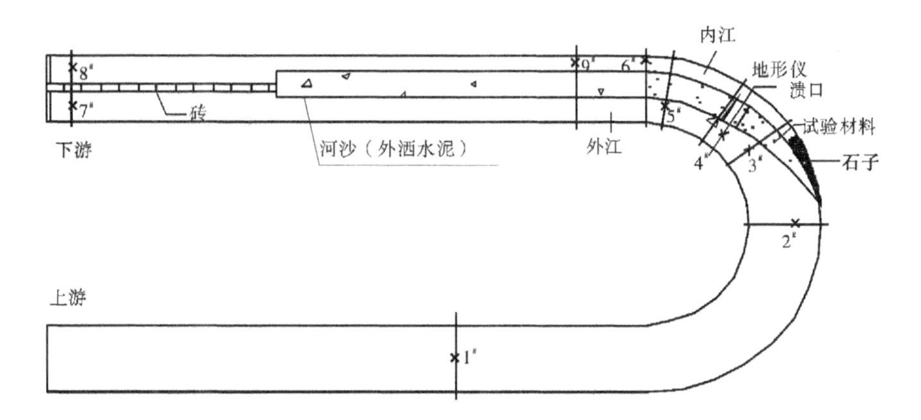

图 5-15　漫顶溃堤试验平面布置

图 5-16　堤防模型布置

5.2.1.3　试验条件

根据河道流量、洪水位、筑堤材料、横断面尺寸、河床是否可冲等条件，共进行了 18 组试验。各组试验的材料属性、流量、堤防尺寸等参数见表 5-7。不可冲河床是指试验水槽底部为硬边界，可冲河床是在堤防段外江底部铺上 6 cm 厚的沙或煤，长度约为 3 m。与不可冲河床相比，由于河底铺沙（或煤）造成河床抬高，河道过水断面面积减小，调节河道流量保证不可冲河床与可冲河床在溃堤时河道中水流断面平均流速基本一致。堤防横断面尺寸见图 5-17，试验材料级配曲线见图 5-18。

表 5-7　试验工况

组次	工况	流量(L/s)	河道初始水位(cm)	河床条件	材料	D_{50}(mm)	堤身断面(cm)	诱导溃口尺寸(cm)(长×宽×深)
	NO.1	7.55	16.5	不可冲	粗沙	0.62	图 5-17(a)	
Ⅰ	NO.2	11.02	16.5	不可冲	粗沙	0.62	图 5-17(a)	矩形 20×10×1.5
	NO.3	15.62	16.5	不可冲	粗沙	0.62	图 5-17(a)	
	NO.4	6.55	13.5	不可冲	粗沙	0.62	图 5-17(b)	
Ⅱ	NO.5	11.79	13.5	不可冲	粗沙	0.62	图 5-17(b)	
	NO.6	14.94	13.5	不可冲	粗沙	0.62	图 5-17(b)	
	NO.7	7.28	13.5	不可冲	细沙(a)	0.40	图 5-17(b)	
Ⅲ	NO.8	11.57	13.5	不可冲	细沙(a)	0.40	图 5-17(b)	
	NO.9	15.08	13.5	不可冲	细沙(a)	0.40	图 5-17(b)	
	NO.10	5.64	13.5	不可冲	粗煤	0.33	图 5-17(c)	
Ⅳ	NO.11	8.94	13.5	不可冲	粗煤	0.33	图 5-17(c)	矩形 20×15×1.5
	NO.12	12.10	13.5	不可冲	粗煤	0.33	图 5-17(c)	
	NO.13	3.87	13.5	可冲	粗煤	0.33	图 5-17(d)	
Ⅴ	NO.14	6.19	13.5	可冲	粗煤	0.33	图 5-17(d)	
	NO.15	7.55	13.5	可冲	粗煤	0.33	图 5-17(d)	
	NO.16	4.01	13.5	可冲	细沙(b)	0.22	图 5-17(e)	
Ⅵ	NO.17	6.37	13.5	可冲	细沙(b)	0.22	图 5-17(e)	
	NO.18	8.27	13.5	可冲	细沙(b)	0.22	图 5-17(e)	

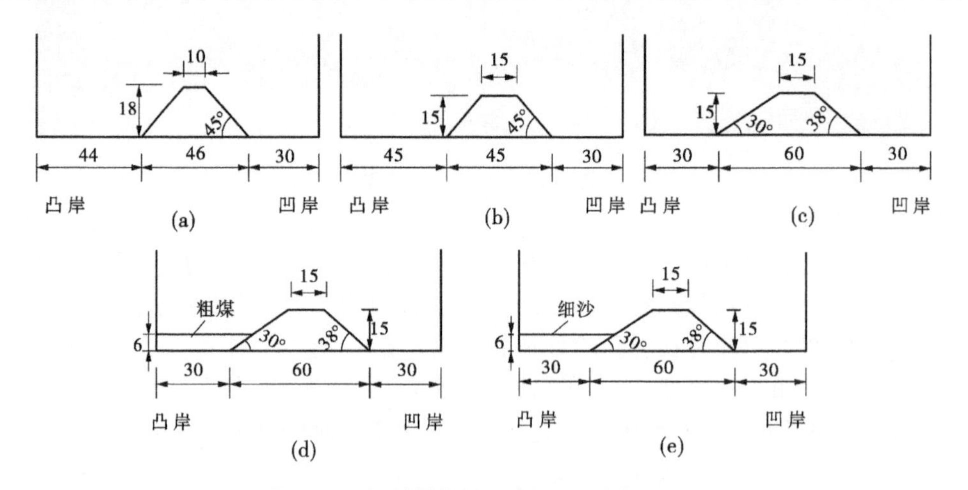

图 5-17　堤防横断面示意图　(单位:cm)

修筑堤防模型时分段修筑,制作与模型断面尺寸相同的模板用来保证断面制作的准

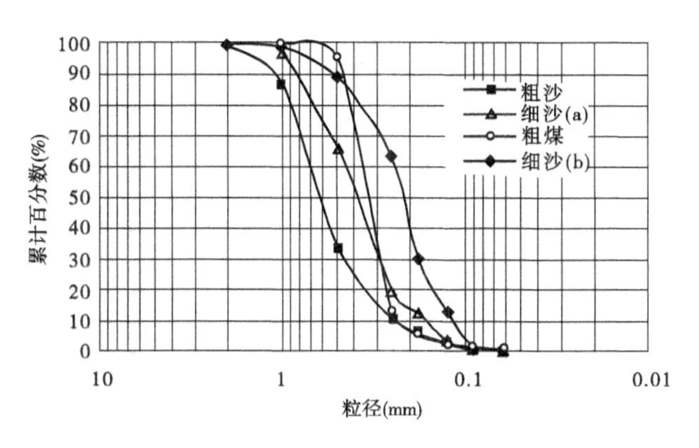

图 5-18　试验材料级配曲线

确,并均匀拍压使堤身足够密实。为避免河道水位突然上升对堤防稳定性造成影响,试验前关闭外江下游的尾门,用水管从下游向外江慢慢注水,使水位缓慢上升到低于诱导溃口高度约 1 cm 时,停止注水,随后开始试验操作。以下叙述中描述溃口形态时称溃堤水流方向为纵向,顺堤方向为横向,沿水深方向为垂向。

5.2.2　溃口发展过程分析

在充分考虑筑堤堤防断面、河道流量等条件下,试验分组观测了溃口横向展宽和纵向冲深过程、各个控制断面的水位变化,根据观测资料可对非黏性土堤漫顶溃决过程水力要素及溃口发展过程进行全面和系统的分析,总结漫顶溃堤发展规律,也为数学模型提供验证资料,同时为进一步探索其力学机制提供基础资料。

5.2.2.1　溃口发展概述及阶段划分

以 NO.7 为例,试验中观测到的溃口发展过程见图 5-19。非黏性土堤漫顶溃决的溃口发展形式有水流直接冲刷堤身和重力作用下溃口边壁土体的坍塌。在河道来流恒定的条件下,外江水位与诱导溃口顶部一致时,溃口处水流漫过诱导溃口顶部流向内江,内江最初为干河床,溃决水流漫顶后在内江侧由势能转化为动能,堤防内江侧底部被高速水流侵蚀出一条狭窄的侵蚀槽,并迅速向堤顶扩展,由此可知该阶段侵蚀属溯源冲刷。当侵蚀槽发展到内江侧堤顶后逐渐扩展至外江侧,此时初始溃口形成,溃决水流冲刷溃口使其底部持续降低,外江水流迅速流入内江,可以观测到外江水流在溃口汇集流入溃口后水流流速骤增,外江侧口门处水流呈扇形波,经过溃口的水流在内江侧扩散翻滚,溃口区域水流同时存在缓流、急流和临界流。外江水位较高,内江逐渐有水流汇入,此时溃口出流属自由出流。溃口两侧边壁堤身水下部分被水流冲刷带走,水上部分受重力作用发生坍塌,坍塌的土体颗粒堆积在堤内坡坡角,随后被水流带走,在坡脚停留的时间取决于水流的冲刷强度,水流持续冲刷使堤内坡坡角变缓,达到某一临界值时不再变化,此后即保持为这一角度。溃决水流持续流入内江,堤内不断上涨的水位开始影响溃决水流,溃口水流由上一阶段的自由出流变为淹没出流,水流流速明显减小,溃口垂向冲刷减缓,但以溃口两侧边壁失稳坍塌为主要形式的横向扩宽仍在继续。随着溃口展宽和内外江水位差的减小,溃堤水流流速也逐渐减小,当溃口水流流速小于筑堤材料的起动流速时,泥沙不再被挟带

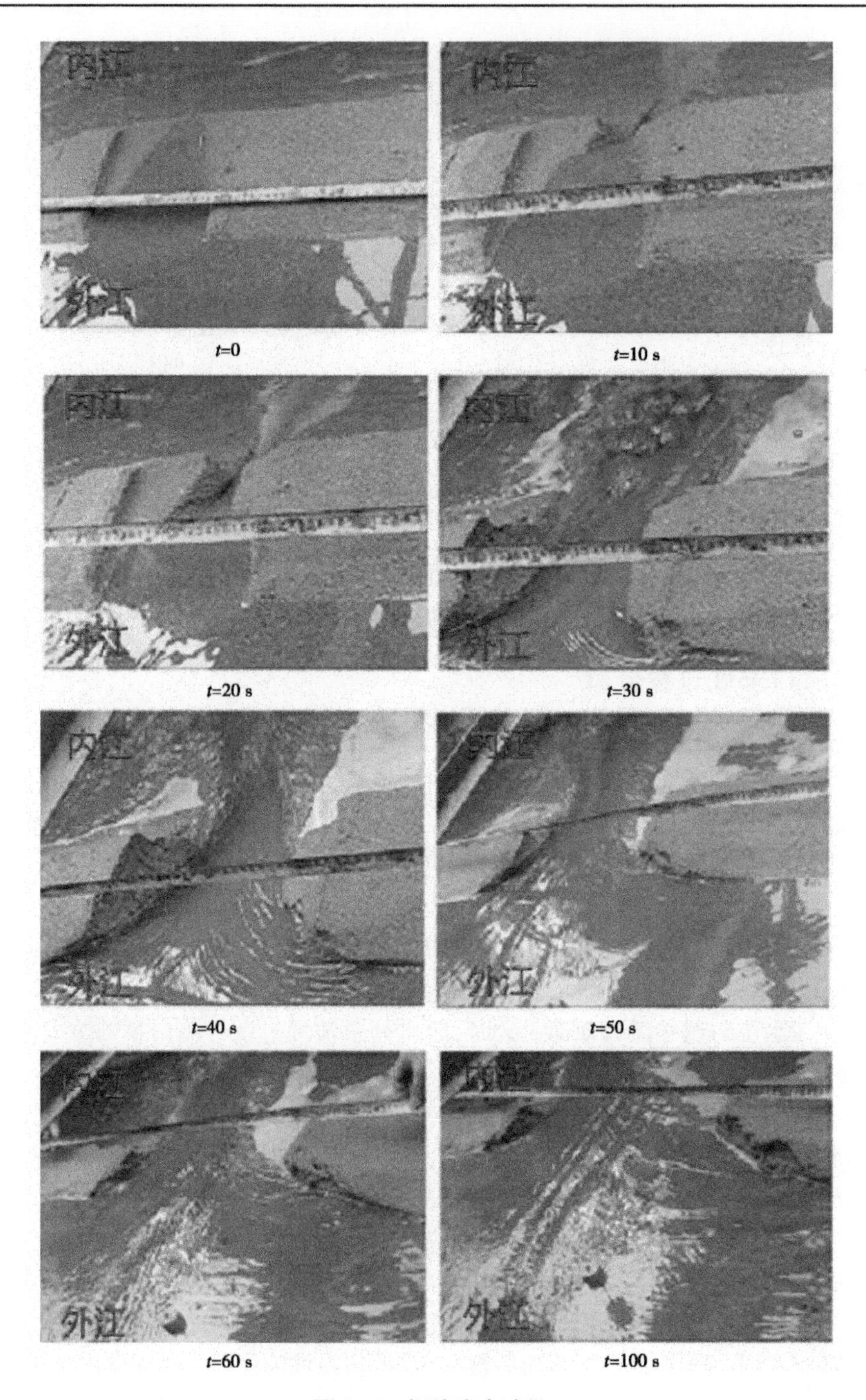

图 5-19 堤防溃决过程

走，冲刷侵蚀结束，溃口形态基本稳定，但此时外江水流仍有水流流入内江，内江水位升高至与外江水位一致时，内外江水流达到恒定状态，即溃决过程结束。

堤防在溃决过程中，前 30 s 内溃口基本以诱导溃口轴线为中心呈对称发展，由于堤外水流一直存在顺堤防流动的流速，上游部位的侵蚀则逐渐衰减并呈浅滩出露，溃决发生

60 s 后堤防上游部分侵蚀基本结束。溃堤侵蚀发生的部位偏向溃口下游边壁部位，溃口也逐渐向下游发展。

外江侧溃口处溃决水流的冲刷力是促使溃口展宽的主要作用力，堤防材料的抗冲力是阻碍溃口展宽的作用力，其大小与材料粒径、级配、比重等属性有关，除了水流冲刷作用，溃口两侧土体崩塌进一步促进了溃口展宽，溃决水流淘刷堤底坡脚，堤身上部失稳发生滑动和崩塌后堆积在坡脚，被水流冲走后继续坍塌。非黏性土体颗粒间黏结能力弱，溃口展宽模式仍遵循河床泥沙冲刷淤积的基本规律，粗煤材料比重较小，溃口底部在水流持续作用下一冲到底，溃口断面形状成矩形。与可冲刷河床相比，不可冲刷河床条件下溃口发展速度更快。

根据溃口区域水流形态与溃口发展，可将溃决过程划分为如下四个阶段：

第一阶段，漫流。外江水流逐渐漫过诱导溃口顶部呈舌状流向内江，水流平稳，漫溢水流到背水坡底部时该阶段结束。

第二阶段，冲槽。水流漫过诱导溃口后，内外江巨大的水位差使水流动能转化为势能，在内江侧坡面冲切出冲刷槽，并由底部向顶部迅速发展，逐渐由内江侧堤顶扩展至内江侧。此时水流流态复杂，外江水流流动缓慢，流速较小，水流进入冲槽后，流速急剧增大，挟带大量泥沙流向内江。外江水流在溃口处汇集，呈扇形波。

第三阶段，展宽。冲槽逐渐扩大形成溃口，外江水流在溃口处突然收缩以较大流速经过溃口流向内江，溃口底部高程降低造成两侧土体失稳继而发生坍塌，外江水流除了流向溃口，还存在顺主河道的流动，在外江溃口两侧形成坡角绕流，上游侧受侵蚀程度大于下游侧。溃决水流流经溃口流向与溃口呈一定交角，内江溃口下游侧受水流冲刷发展较快，平面形态上看，溃口呈不对称梯形。随着内江水位不断上升和外江水位持续下降，溃口水流由自由出流转变为淹没出流，溃口底部高程降低速度逐渐减小，横向展宽仍在继续。

第四阶段，基本稳定。外江水位不断降低，内江水位升高与外江水位差别较小时，溃决水流流速也逐渐减小至堤防材料的起动流速以下，此时溃口形态基本稳定，垂向冲深和横向展宽不再继续。

5.2.2.2　溃口横向展宽过程及影响因素

溃口横向展宽过程的研究对于溃口复堵具有重要意义，堤防材料不同，起动流速也不同，在一定的水位条件下，河道流量大小不同流速也不同，堤防两侧水位差造成的堤身压力与筑堤材料的抗压力直接影响溃决发生的时间和溃口发展速度，因此根据试验结果对河道流量、内外江水位差、材料粒径等因素对溃口横向展宽过程的影响进行分析。

1. 河道流量

试验组次 NO. 1 ~ 3、NO. 4 ~ 6、NO. 7 ~ 9、NO. 10 ~ 12、NO. 13 ~ 15、NO. 16 ~ 18 除堤防溃决时河道来流流量大小有区别外，其他因素均分别相同，内、外江侧溃口顶部宽度的发展过程分别见图 5-20。

由图 5-20(a) ~ (c)、(f) 可以看出，溃决前期口门展宽的速度较快，随后逐渐减小直至稳定。粗沙和细沙筑成的堤防，前 50 s 展宽速度很快，主要是由于该时间段外江水位较高，水流经溃口下泻的同时势能转化为动能，较大的流速造成水流的强冲刷力，溃口泥沙被水流挟带走，溃口以较快的速度展宽，外江侧水流顺溃口边壁流动，溃决水流在内江

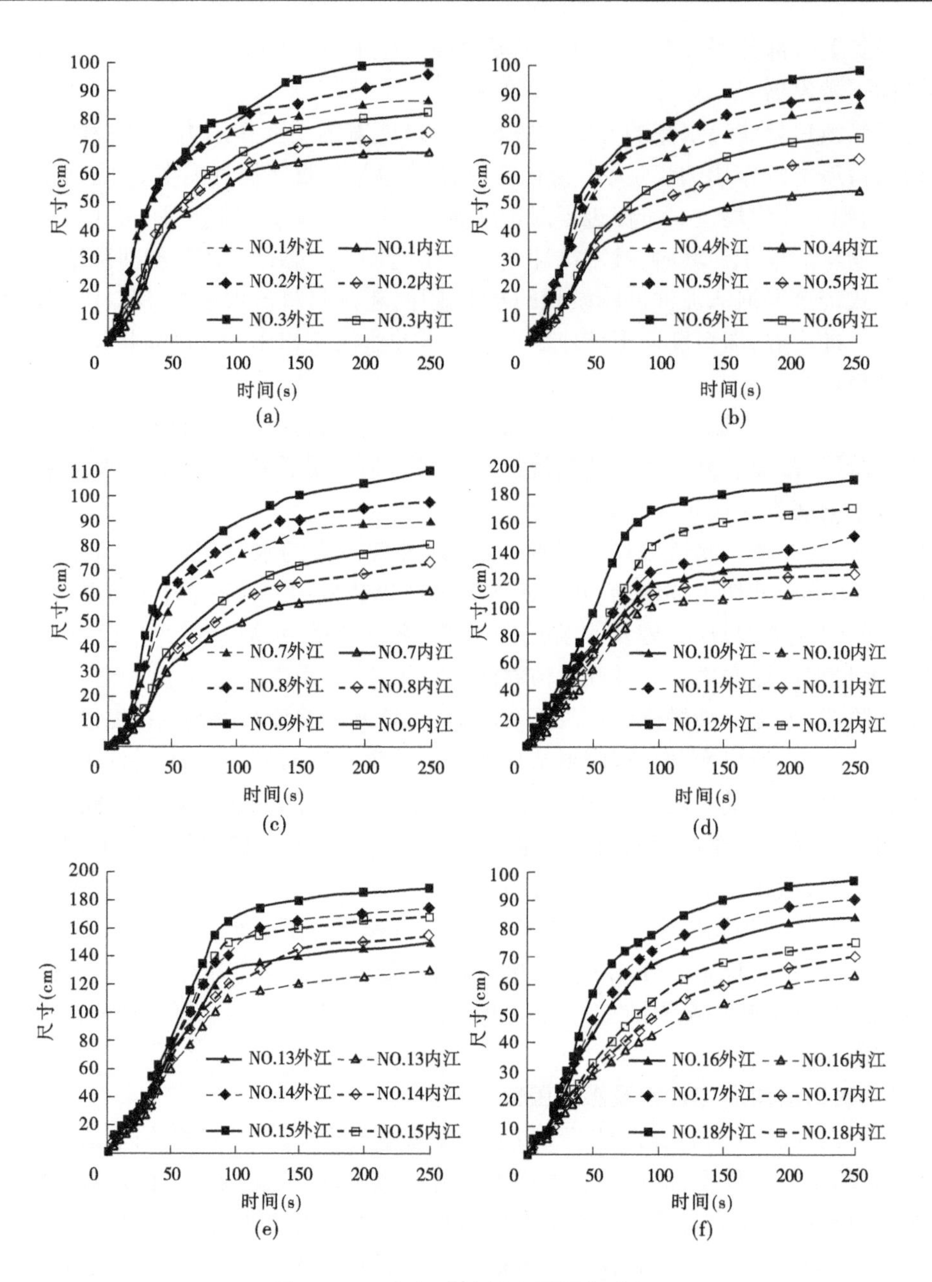

图 5-20　不同河道流量口门展宽过程

侧受弯道凹岸壁面阻挡分成左、右两股，而在内江溃口两侧坡脚形成漩涡，因此外江口门展宽速度较内江快，同一时刻外江口门的横向宽度也大于内江。50 s 以后溃口横向展宽速度减缓，原因是溃口处内江水位升高后，内、外江水位差减小，水流流速减小，对溃口泥沙的冲刷减弱。

由图 5-20(d)、(e)可看出，对于粗煤筑成的堤防，前 100 s 溃口横向宽度发展速度较快，100 s 以后迅速减小，可见粗煤堤防的溃决过程持续时间较短，分析其原因，粗煤比重远小于粗沙和细沙，起动流速较小，同样的水流条件下被带走的量也较大，溃口发展速度较快，外江水流则以更快的速度流入内江，内、外江水位差减小的速度也更快，水流可以更快地到达恒定状态。

从图5-20还可看出，同样的堤防断面形态、洪水位和河床条件下，河道来流流量不同，溃决初期溃口展宽速度基本相同，无明显差异，随着溃口展宽速度的减缓，不同流量对于溃口横向宽度的影响才表现出来，流量大的情况溃口内、外江侧宽度均较大。溃决初期，溃决水流流向垂直于溃口方向，且流速较大，对溃口横向宽度的发展有主要影响，洪水位相同，内、外江水位差也相同，溃决水流的加速度也基本相同，漫顶水流横向流速为0，当溃口发展到一定程度时，流量大的岸边流速也越大，溃口边壁受到的剪切应力也越大，溃口横向宽度也越大，此时由流量不同引起的差异才显现出来。

2. 内、外江水位差

NO.1和NO.4、NO.2和NO.5、NO. 3和NO.6流量分别相近，筑堤材料相同，初始堤防断面尺寸分别见图5-21(a)和图5-21(b)，初始水位不同，NO.1～3河道初始水位16.5 cm，NO.4～6河道初始水位13.5 cm。图5-21表示了上述三组试验内、外江两侧溃口展宽过程。

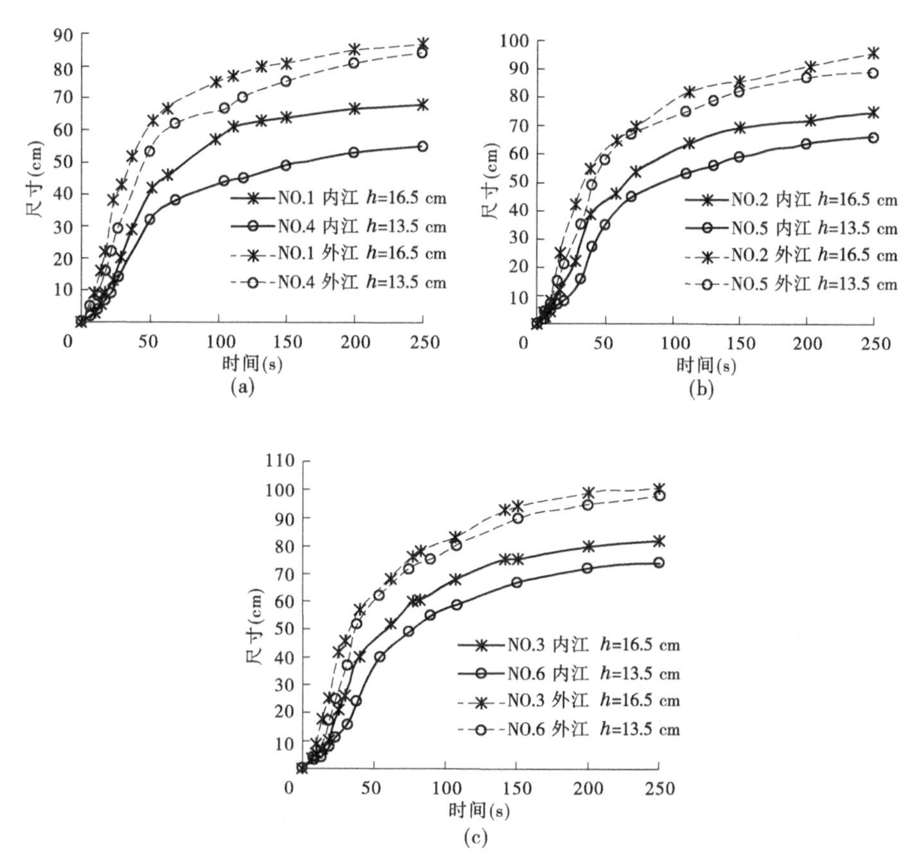

图5-21　不同河道洪水位口门展宽过程

由图5-21可见，河道洪水位对堤防溃决时溃口宽度发展过程影响很大，初始时刻内江为干河床,洪水位不同也可以看作是内、外江水位差不同。堤防两侧不同水位给堤身带来的静水压力和动水压力也不同,当临水坡与背水坡的水位差所造成的压力超过堤身承受力时,土体颗粒黏结力、内摩擦角等发生变化,达到一定程度后边坡失稳,堤身局部或整体滑动从而发生溃决。

堤防溃决时外江水位越高势能也就越大,溃决水流经溃口流入内江后动能也就越大,水流流速越大,对溃口的冲蚀作用越强,口门横向宽度的发展集中在溃决前期,溃堤时河道洪水位对溃口宽度有着重要影响。堤身两侧水位差的大小直接影响堤防渗透压力,水位差越大时,堤身所受的渗透压力就越大,堤防稳定性、密实性就会降低,越容易发生渗透变形,发生溃决的可能性就越大。

由图 5-21 可见,内、外江水位差对内江侧展宽速度的影响尤为显著。渗透变形对内江侧边坡的稳定性影响更为严重,有可能导致背水一侧边坡的坍塌和滑移;同时,水流在流经溃口的后半部分以及陡峭的外江侧边坡时,水流演变急剧加速的紊动急流,对内江侧堤防的冲刷作用很强,外江水位越高,这种作用越明显。

3. 材料粒径

分别对比 NO.4 和 NO.7、NO.5 和 NO.8,其流量分别相近,堤防横断面相同,河道洪水位及材料比重均相同,材料分别为粗沙和细沙。堤防内、外江侧的溃口发展过程见图 5-22。

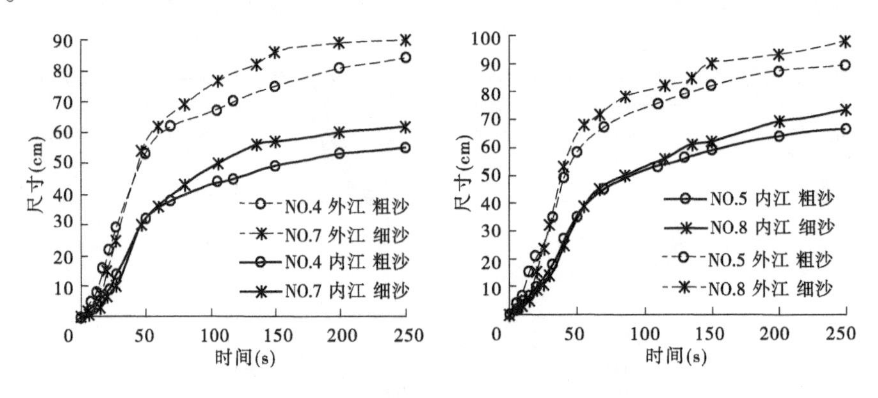

图 5-22　不同材料粒径口门展宽过程

由图 5-22 可见,溃决初始阶段,细沙堤防的展宽速度稍慢于粗沙堤防,该过程持续约 50 s,50 s 以后细沙的展宽速度逐渐大于粗沙,同一时刻细沙堤防的溃口宽度远小于粗沙堤防,原因在于溃决前期水流冲蚀溃口底部引起上部土体在重力作用下失稳坍塌,同样的堤防及水流条件下粗颗粒泥沙粒径较大,更容易坍塌。当溃口发展到一定阶段,水流流速减小,溃口展宽以水流冲刷作用为主要因素时,细颗粒泥沙起动流速较粗沙小,更容易被水流挟带走,溃口展宽速度就大于粗颗粒泥沙。

5.2.3　水位变化过程分析

堤防溃决时溃口水流流态复杂,水流变化对溃口发展有着重要影响,同时也受溃口形态的制约,溃口水位变化过程是溃堤水流运动的研究重点。

5.2.3.1　溃堤后内、外江水位变化过程

NO.7 和 NO.11 的堤防分别由细沙和粗煤组成，以这两组为代表分析溃堤前后各监测点处的水位变化过程，见图5-23和图5-24。以溃口附近区域内江6#监测点初始水位为参照零水位。

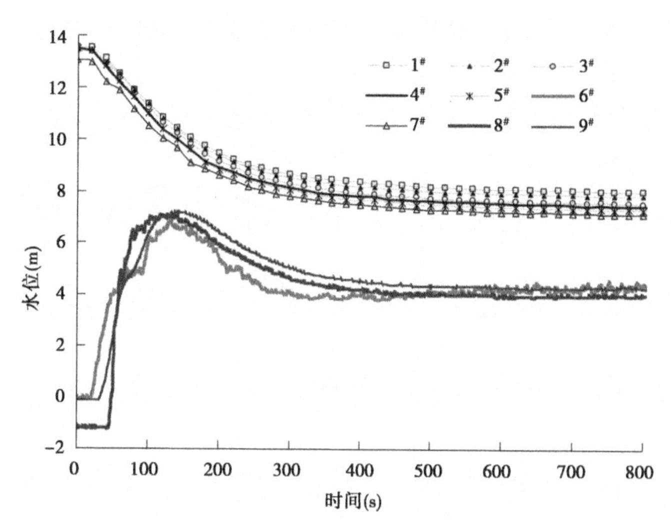

图5-23　NO.7 溃堤过程中各个监测点水位变化

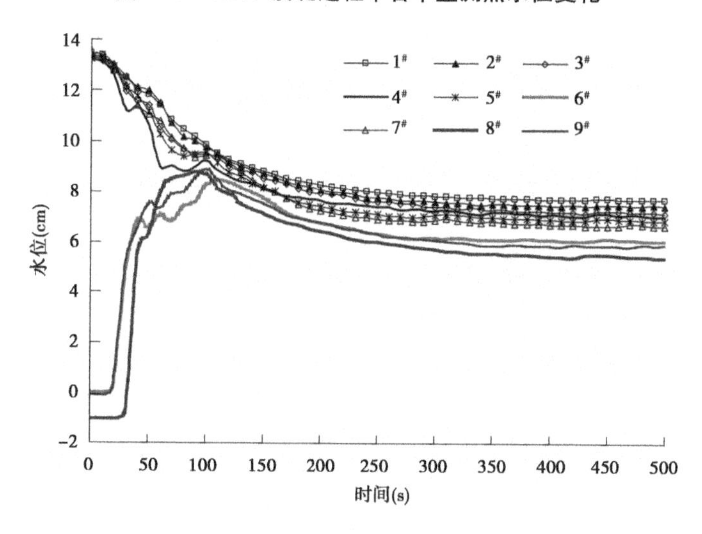

图5-24　NO.11 溃堤过程中各个监测点水位变化

1# ~5#、7#观测点位于外江侧，6#、8#和9#观测点位于内江侧。堤防溃决瞬间内江为干河床，内、外江水位差最大，漫流阶段和冲槽阶段仅有少量水流入内江，水位基本保持不变，进入展宽阶段后，水流通过溃口流入内江，内江水位逐渐升高，溃口发展集中在这一阶段，大量水流在短时间内涌入内江，内、外江水位差迅速减小。整个决堤过程中，外江水位平稳下降至一定程度后保持不变，内江水位迅速升高至峰值后逐渐下降，随后保持稳定状态。位于内江溃口附近的6#、9#观测点水位波动幅度较大，图5-24中6#观测点水位上升

阶段变化剧烈,粗煤堤防的间歇性坍塌对溃口水流影响很大,溃口附近水位呈现出强非恒定流的特性,可见溃口附近水流流态复杂,存在急流涌波。与细沙堤防水位变化过程相比,粗煤堤防内、外江水位变化更为迅速,达到基本恒定状态时粗煤堤防的内、外江水位差远小于细沙堤防。由于天然沙的比重比粗煤的大,粗煤的起动流速较小,溃决速度较快,达到稳定的时间也较短,300 s 时水位基本不变,细沙堤防在 400 s 时水位基本稳定。

5.2.3.2 溃口处水位变化过程及其影响因素分析

1. 河道流量对溃口处水位变化的影响

NO.1 ~ NO.3、NO.4 ~ NO.6、NO.7 ~ NO.9 堤防溃决时河道流量大小不同,其他因素均分别相同,溃口附近外江侧 4# 观测点处、溃口下游 6# 观测点的水位变化过程分别见图 5-25 ~ 图 5-27。

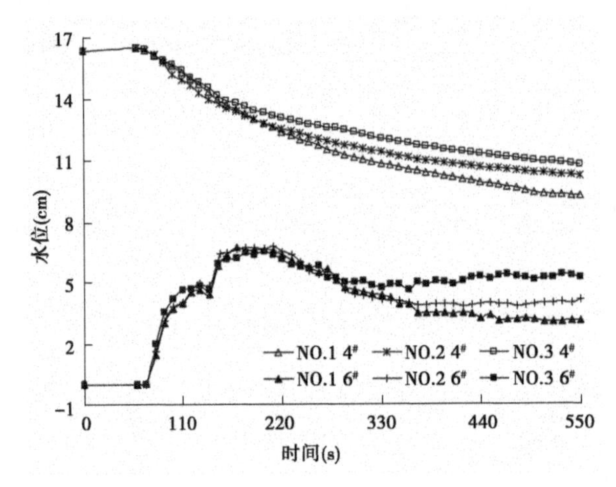

图 5-25 NO.1 ~3 溃口处水位变化

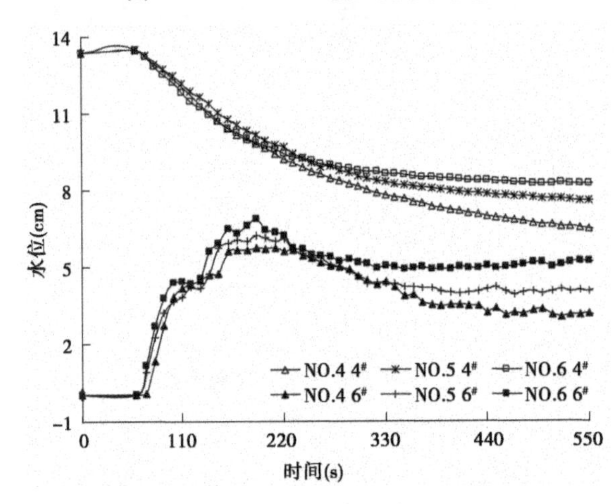

图 5-26 NO.4 ~6 溃口处水位变化

天然沙筑成的堤防,其他条件相同,河道流量不同情况下,溃堤初期外江溃口附近水位下降速度基本一致,内江水位上升速度也大致相同,这是因为在此阶段对溃口水位起主要影响的是溃决水流,当溃口展宽速度减缓,河道流量大的情况上游来流量较大,内、外江

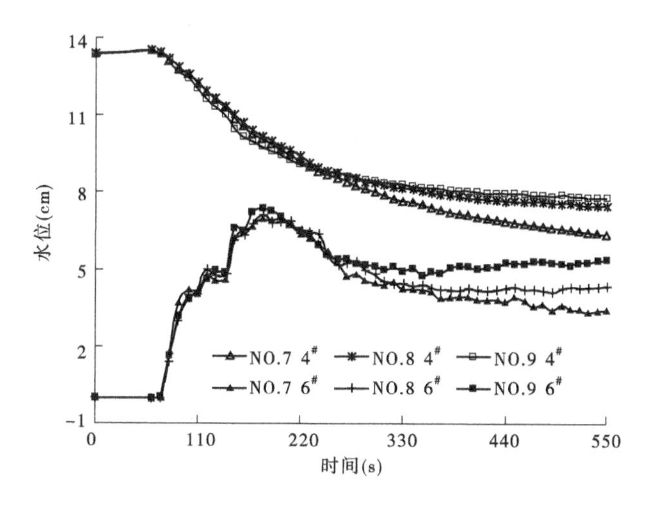

图5-27　NO.7～9 溃口处水位变化

容纳的水量也越大，水位越高。河道来流流量越大，稳定后溃口区域的水位越高。

2. 河道洪水位对溃口水位变化的影响

NO.1 和 NO.4、NO.2 和 NO.5、NO.3 和 NO.6 除堤防溃决时河道洪水位不同外，其他因素均基本相同，溃口附近4#、6#监测点水位变化过程见图5-28～图5-30。总体变化趋势一致，溃决时河道洪水位越高，溃口外江水位下降越快，内江水位峰值也越大，河道洪水位越高，稳定后内江水位也越高，而外江水位稳定后基本相等。

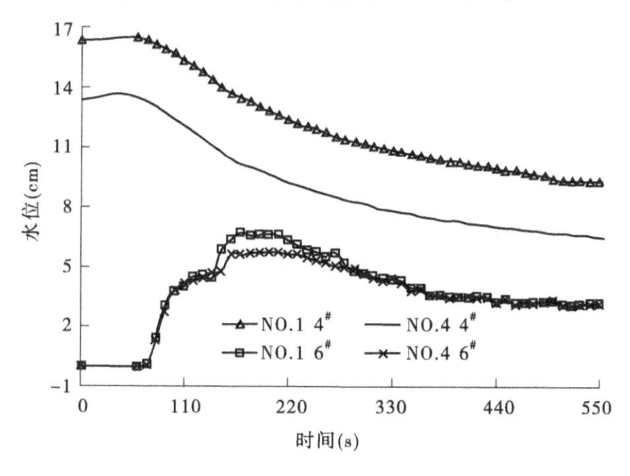

图5-28　NO.1 和 NO.4 溃口处水位变化

5.2.4　材料比重对溃决过程的影响

水流作用下筑堤材料的受力包括两种：一种是水流的推力、举力等促使材料起动的力，另一种是重力、颗粒间黏结力等抗拒材料运动的力。相同的水流条件下比重小的材料更容易起动，因此选用比重较小的粗煤作为试验材料，将其溃决过程与比重较大的天然沙进行对比，分析材料比重对溃口展宽、冲深及溃口水位和最终形态的影响。

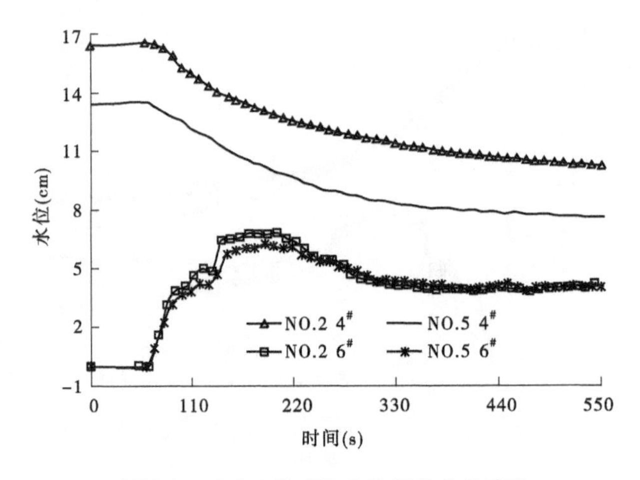

图 5-29　NO. 2 和 NO. 5 溃口处水位变化

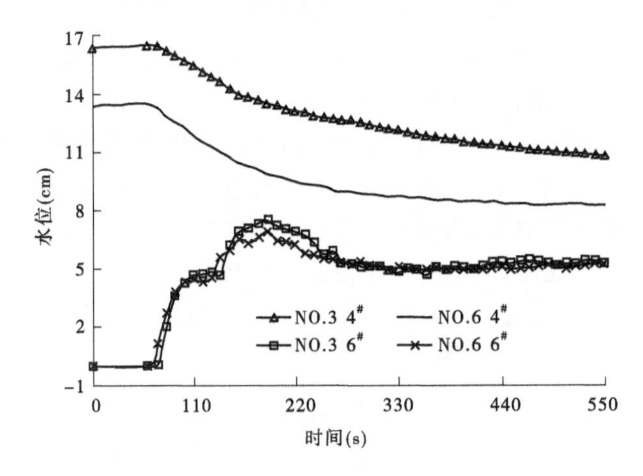

图 5-30　NO. 3 和 NO. 6 溃口处水位变化

5.2.4.1　材料比重对横向展宽过程的影响

NO. 7 和 NO. 10、NO. 9 和 NO. 12 堤防溃决时河道平均流速分别相近，材料分别为细沙和粗煤，初始堤防断面见图 5-31，起始水位相同。

由图 5-31 可见，溃堤前 50 s，粗煤堤防溃口展宽速度明显大于细沙堤防，且溃口内、外江尺寸差别较细沙堤防小。100 s 时粗煤堤防溃口发展基本稳定，细沙堤防溃口发展速度较缓，在 150 s 时开始趋于稳定。由于粗煤比重较细沙小，相同水力条件下更容易起动，初始溃口形成后溃口展宽速度剧增，溃口流量和流速也迅速增加，促使溃口进一步发展，外江水流流向内江的同时内、外江水位差迅速减小，整个发展过程持续时间较短。

5.2.4.2　材料比重对溃口垂向发展过程的影响

NO. 7 ~ 9 在溃口诱导口断面处的堤顶垂向变化过程见图 5-32。组次 NO. 7、NO. 9 为细沙筑成的堤防，河床条件分别不可冲和可冲，组次 NO. 10、NO. 13 为粗煤筑成的堤防，河床条件分别不可冲和可冲。

由图 5-32 可见，天然沙修筑堤防的垂向侵蚀主要在前 50 s，前 50 s 溃口底部受水流冲蚀，泥沙被大量带走，底部高程迅速降低，50 s 以后冲蚀减弱，垂向发展逐渐减缓直至稳

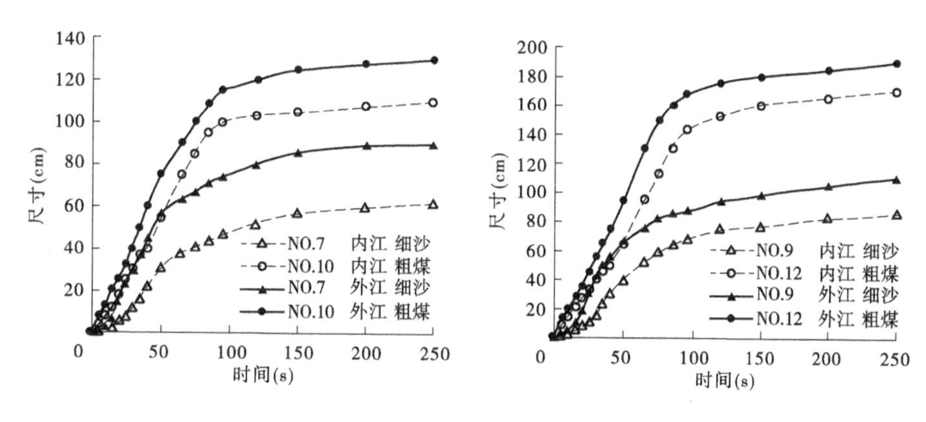

图 5-31　不同材料比重的口门展宽过程

定。对于粗煤组成的堤防，NO. 10 ~ 12 溃口垂向发展过程见图 5-33，溃口在 30 s 内一冲到底，随后又有水流挟带的粗煤在溃口呈薄层覆盖，整个溃口发展以横向展宽为主。

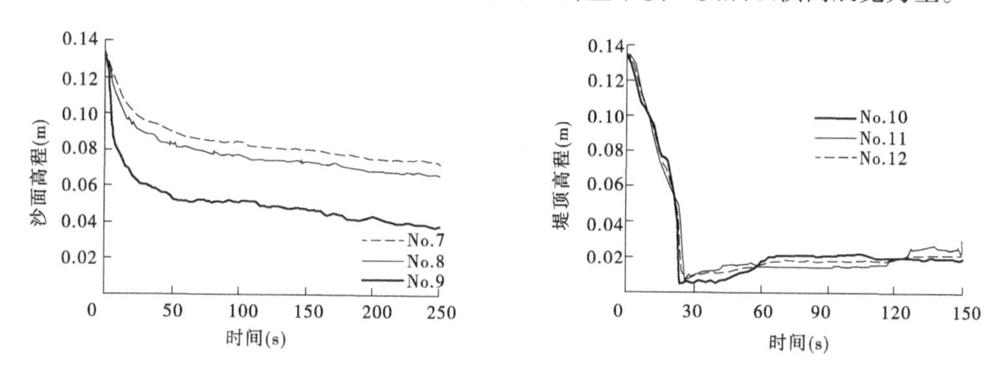

图 5-32　NO. 7 ~ 9 **堤防垂向发展过程**　　图 5-33　NO. 10 ~ 12 **堤防垂向发展过程**

图 5-34(a)、(b)分别为细沙堤防在不可冲与可冲河床条件下溃决过程中横断面形态变化示意图，可以看出，前 150 s 溃口底部冲刷降低过程未受河床条件影响，150 ~ 250 s 时不可冲河床溃口底部受水流冲蚀仍有大量泥沙被带走，垂向发展仍继续，可冲河床底部变化较小，溃口处有部分泥沙被冲刷至内江底部。

图 5-34(c)、(d)是粗煤组成的堤防溃口横断面形态变化示意图，前者河床条件为不可冲，后者河床条件为可冲。可以看出，无论河床是否可冲，粗煤堤防的溃口垂向发展过程集中在前 50 s，粗煤比重远小于细沙，起动流速较小，冲刷过程发展迅速。不可冲河床条件下，150 s 时溃口底部粗煤仅剩下一薄层；可冲河床条件下，150 s 时河床粗煤厚度由最初的 5 cm 变为 1.5 cm，溃口底部粗煤厚度外江侧到内江侧逐渐变小。

可以看出，细沙堤防的抗冲力大于粗煤堤防，可冲河床的抗冲力大于不可冲河床，溃决初期溃口垂向发展较快，后期发展缓慢。

5.2.4.3　材料比重对溃口水位的影响

试验组次 NO. 6 和 NO. 9、NO. 12 堤防材料分别是粗沙、细沙和粗煤，溃决时河道流速基本相同，河道洪水位也相同，位于溃口区域的 4#、6#观测点水位变化过程对比见图 5-35，将这三组水位变化过程进行对比分析，前 50 s 细沙的 4#水位下降过程与粗沙堤防基本相

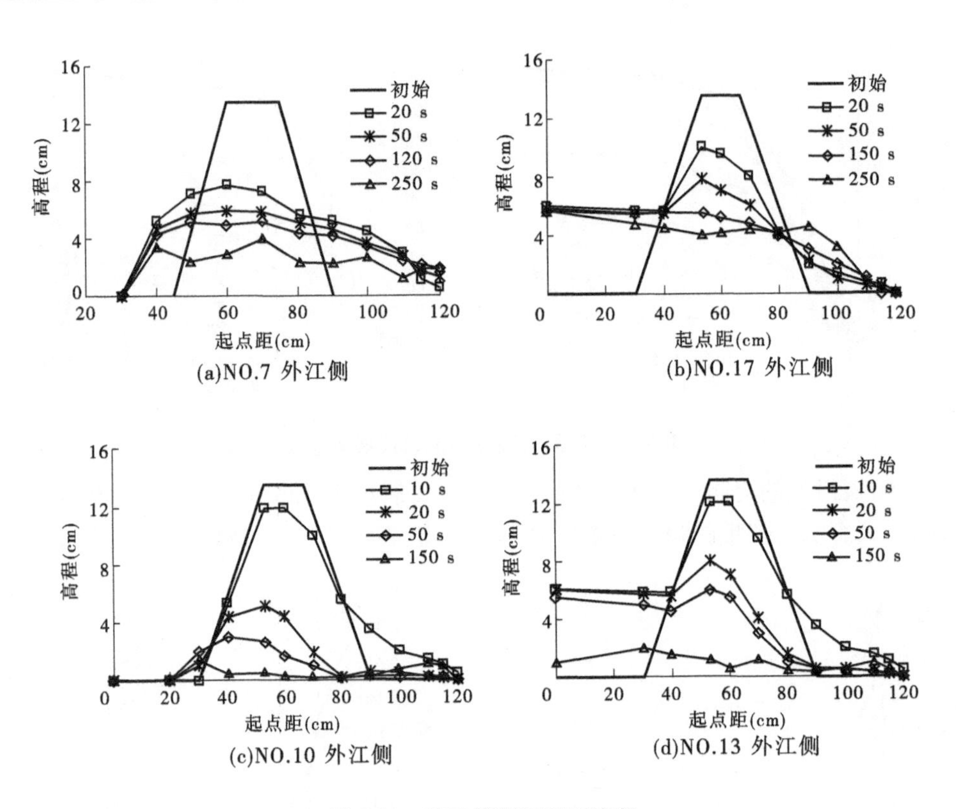

图 5-34　溃口横断面形态变化

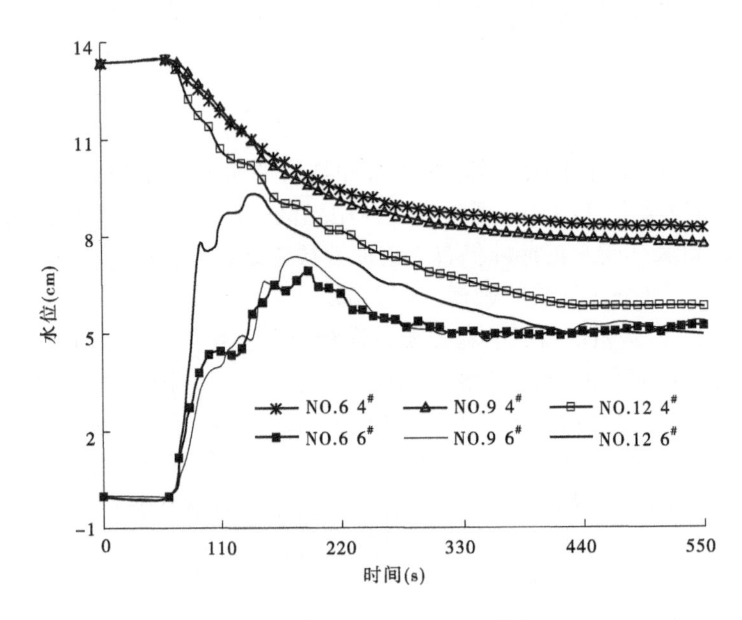

图 5-35　溃口处水位变化过程对比

同,50 s 后细沙的 4#水位下降过程,略低于粗沙堤防,变化趋势一致。细沙堤防 6#观测点水位峰值出现略早于粗沙堤防,且峰值略大于粗沙堤防。

粗煤堤防溃口水位变化过程与粗沙、细沙堤防差别较大，4#观测点水位下降速度较快，且远低于另外两种材料堤防水位。6#观测点水位在前60 s以很快的速度上升，峰值出现的时间略早，峰值远大于NO.6和NO.9。分析其原因，与粗沙相比，细沙粒径偏小，起动流速较小，易被水流挟带走，溃口发展速度大于粗沙堤防，6#观测点水位峰值出现时间会略早且略大。粗煤堤防材料比重小，在水流作用下更容易被挟带走，溃口发展速度极快，溃口水位上升速度也较快，外江大量水位在短时间内涌入内江，水位峰值出现的时间较早，也相应较大。

5.2.4.4　**溃口最终形态**

图5-36(a)、(b)分别为不可冲河床和可冲河床条件下细沙堤防的溃口最终形态，平面从形态上看，沿溃决水流方向呈倒喇叭形，外江侧宽，内江侧窄；从剖面形态上看，溃口断面上陡下缓，是因为上部是由堤身成块坍塌造成的，下部是水流冲刷塑造成的。细沙不可冲河床NO.7内、外江侧口门宽度之比约为1∶1.3，堤顶宽度与堤底宽度比约为1.1∶1.4。细沙可冲河床NO.16溃口内、外江侧口门宽度比值1∶1.2，顶部与底部比值约为1∶1.6。溃口形态由水流流向决定，溃决水流与溃口呈一定交角，外江上游侧受到严重侵蚀，内江下游侧次之，可冲河床可以看出泥沙随溃决水流运动的路径。

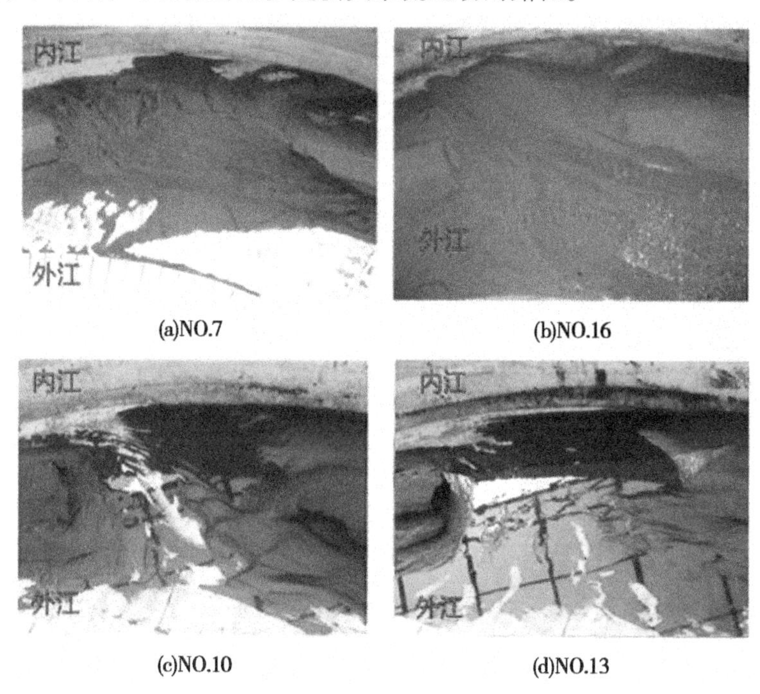

(a)NO.7　(b)NO.16

(c)NO.10　(d)NO.13

图5-36　溃口最终形态

图5-36(c)、(d)分别为不可冲河床和可冲河床条件下粗煤堤防的溃口最终形态，平面、剖面形态与细沙堤防相似，不同的是溃口尺寸较大。不可冲河床条件下，溃口底部仅留有少量粗煤，与细沙堆积的坡脚角度相比，粗煤堆积形成的坡脚坡面角度较缓。随水流进入内江的粗煤在上游侧沉降形成淤积，下游侧被水流挟带走。不可冲河床溃口内江侧宽度小于外江侧，两者之比约为1∶1.2。NO.13堤防材料是粗煤，河床条件可冲，与不可

冲河床相比,溃口尺寸略小,内、外江侧宽度之比约为 1∶1.1。

5.2.5 河床条件对溃决过程的影响

溃堤是水流运动引起溃口附近河床迅速变形的过程,河床的改变又会对水流运动状态产生影响,两者相互作用。因此,河床的可冲刷程度会对溃口发展产生一定影响,自然界中不同地域河流河床条件也不同,应考虑河床的可冲刷程度对溃决过程的影响。

5.2.5.1 河床条件对溃口展宽过程的影响

NO.10 和 NO.13、NO.11 和 NO.14、NO.12 和 NO.15 堤防材料均为粗煤,NO.7 和 NO.16、NO.8 和 NO.17、NO.9 和 NO.18 堤防材料均为细沙,溃决时河道平均流速分别相近,区别在于河床是否可冲。初始堤防断面分别见图 5-17(b)和图 5-17(c),起始水位相同。

由图 5-37 可见,粗煤组成的堤防,无论河床是否可冲,在溃决前 50 s 溃口发展速度基本相同,此后速度差异才开始显现。粗煤堤防在前 100 s 溃口发展迅速,100 s 后逐渐减缓,150 s 时基本稳定。前 100 s 细沙堤防溃口发展较为迅速,此后发展速度减缓直至稳定,不同河床条件下,同一时刻溃口尺寸差别较大,可冲河床溃口尺寸远小于不可冲河床溃口尺寸。粗煤堤防的溃口发展集中在前 100 s,细沙堤防的溃口发展缓慢持续,达到稳定状态所需时间较长。与不可冲河床相比,可冲河床条件下溃口发展速度较为缓慢,最终尺寸也较小。

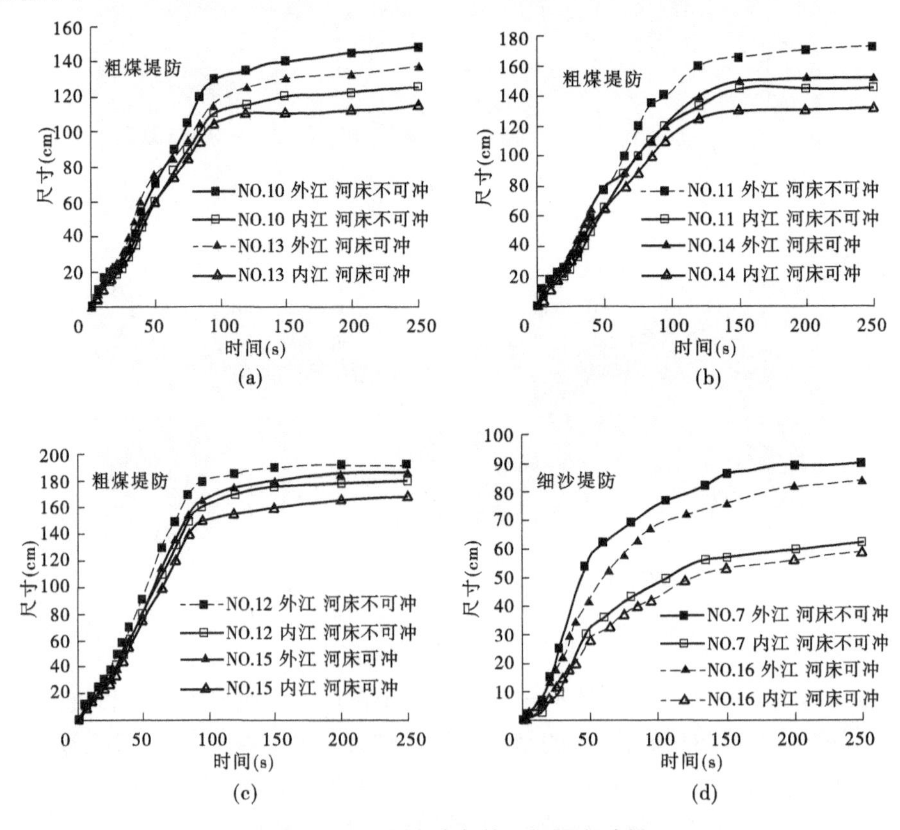

图 5-37 不同河床条件口门展宽过程

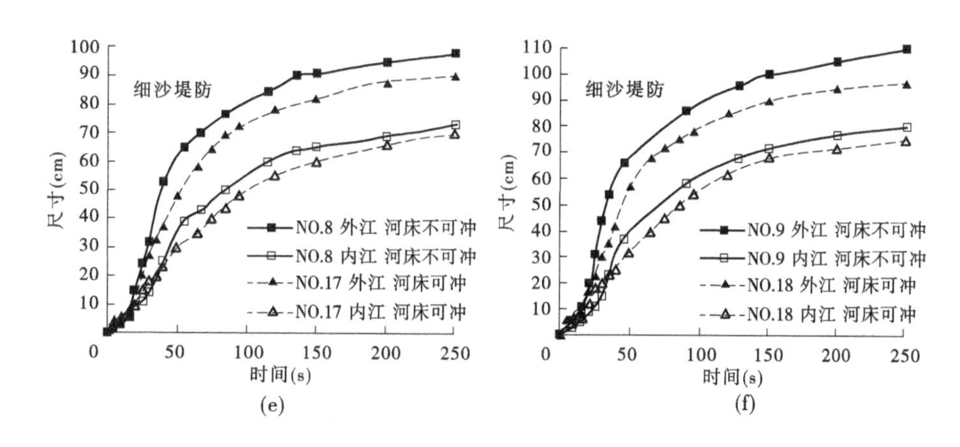

续图 5-37

5.2.5.2　河床条件对溃口水位变化的影响

试验组次 NO.7 和 NO.16 堤防材料为细沙,河床条件分别为不可冲和可冲;NO.10 和 NO.13 堤防材料为粗煤,河床条件分别为不可冲和可冲。试验组次 NO.7 和 NO.16、NO.10 和 NO.13 溃决时河道断面平均流速基本相同,河道洪水位也相同,溃口水位变化对比分别见图 5-38 和图 5-39。

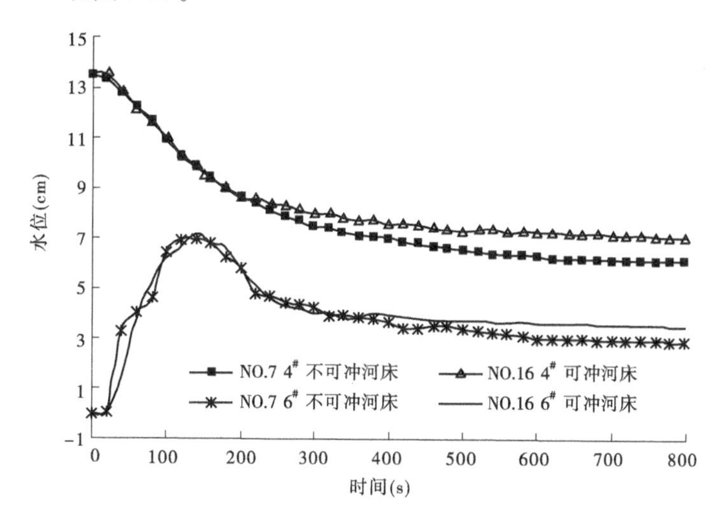

图 5-38　NO.7、NO.16 溃口处水位变化过程对比

4#、6#观测点分别位于溃口附近内江侧和外江侧,前 200 s 细沙堤防 4#观测点水位在可冲河床和不可冲河床条件下下降速度基本一致,200 s 以后不可冲河床条件下 4#水位下降速度较快,稳定后水位低于可冲河床条件。NO.7 和 NO.16 的 6#观测点水位变化趋势一致,均为先上升后下降,峰值出现的时间和大小基本相同,稳定后 NO.7 的水位低于 NO.16 的水位,可见河床是否可冲对于溃决前期溃口附近水位变化过程影响不大,溃决后期可冲河床溃口附近水位过程低于不可冲河床。

粗煤组成的堤防,溃决速度较快。通过 4#、6#观测点水位变化过程可以看出,前 300 s

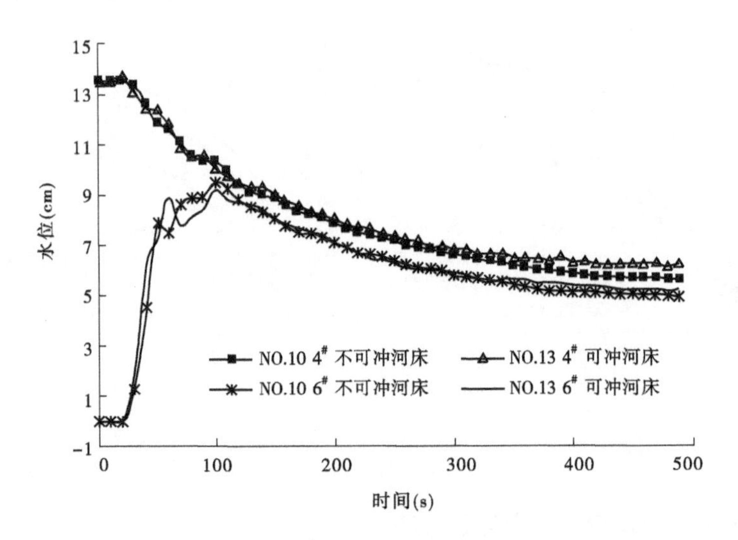

图 5-39　NO. 10、NO. 13 溃口处水位变化过程对比

河床条件对于溃口附近水位变化几乎没有影响,300 s 以后不可冲河床溃口附近水位略低于可冲河床。与细沙堤防相比,粗煤堤防溃决过程发展较快,溃口外江侧水位下降速度较快,内江侧水位峰值也较大。

5.2.6　溃口概化模型试验结论

非黏性土堤漫顶溃决过程与河道流量、洪水位、筑堤材料、河床条件和堤防断面形式等因素有关。

(1)根据溃口水流运动形态及溃口形态变化规律,将非黏性土堤漫顶溃决过程划分为四个阶段:堤内水流缓慢溢过堤顶呈水舌状的漫流阶段;堤防内江侧边坡被漫溢水流冲刷出一条狭窄冲刷槽的冲槽阶段;溃决水流冲刷使溃口迅速发展的展宽阶段;溃口流速减缓趋于稳定的基本稳定阶段。

(2)溃口横向展宽受河道流量、洪水位、材料粒径等因素影响。溃决初期河道流量对溃口展宽影响不明显,主要影响在溃决后期,河道来流流量越大,溃口的最终宽度也越大。内、外江水位差越大,溃口展宽速度越快,最终尺寸也越大。粗颗粒材料堤防在溃决前期展宽速度较快,后期逐渐减缓。溃决过程外江水位平稳下降,内江水位先急剧上升后缓慢下降,河道流量越大,稳定后的内外江水位也越高,内、外江水位差越大,溃口内江附近的水位峰值越大。

(3)筑堤材料比重对溃口发展有重要影响,材料比重越小,起动流速就越小,,堤防抗冲刷能力越弱,溃口冲蚀过程发展也越迅速,达到稳定的时间也越短,溃口最终宽度越大。溃口垂向发展主要在溃决初期,比重越小,垂向发展越迅速,溃口外江水位下降的越快,内江水位上升的越快,峰值出现的越早,值也越大。溃口最终形态从平面形态上看沿溃决水流方向呈倒喇叭形,外江侧宽,内江侧窄,剖面形态上看,溃口断面上陡下缓。

(4)溃决初期河床是否可冲对溃口发展基本无影响,进入展宽阶段后,河床可冲条件下，溃口展宽速度略慢，最终尺寸较小。河床可冲时，溃口附近水位变化过程较平稳，稳定后水位较高。

5.3　堤防溃口数学模型计算结果

5.3.1　典型口门选择

不同口门位置堤防条件、水力条件和大河河势情况见表5-8。由表5-8可知，黄河下游堤防土质松散，兰考—东明、东明—东平湖河段口门位置处大河断面的堤距均在4.7 km以上，樊庄(171+200)最宽，约达13.3 km；八孔桥(276+000)最窄，约为4.7 km。济南—河口河段4个口门位置处大河断面堤距较小，马扎子(120+000)最宽，约为2.5 km；杨庄(16+000)最窄，为0.860 km；设防流量下，黄河下游各口门断面滩地水深在3~5 m，背河水头在6~10.2 m。各典型口门大河断面的"悬河"形势也较为发育，堤防临背河高差为3.0~5.8 m，除樊庄(171+200)和八孔桥(276+000)口门外其他口门位置处大河断面主槽均靠近堤防，主槽距离堤防普遍在300 m以内。

高村口门(桩号204+000附近)位于黄河下游兰考—东平湖河段的中间，处于黄河由宽河至窄河的过渡河段，该河段堤防土质松散，堤防多年靠河，目前口门断面主槽距离大堤99 m，曾于1878年、1880年、1921年多次决口。该河段"悬河"形势严峻，滩面与堤外高差达4.56 m，堤防决口之后淹没范围广大，损失严重。为此，黄河下游兰考—东明、东明—东平湖河段右岸防洪保护区选择高村口门为典型研究口门发展与分流过程。

胡家岸口门(桩号65+000)位于济南以下河段中上部，口门附近主槽弯曲呈S形，目前口门位置处大河断面主槽距右岸堤防291 m，历史上该处及邻近堤段多次决口，如1892年、1897年，上游邻近的骚沟(64+000~64+576)曾三次决口。该河段"悬河"形势也较为严峻，滩面与堤外地面高差达5.67 m，堤防决口之后，洪水将沿小清河漫两岸东流入海，淹没山东省10多个县(市、区)，损失严重。为此，济南—河口河段防洪保护区选择胡家岸口门为典型研究口门发展与分流过程。

图5-40给出了高村和胡家岸典型口门堤防横断面。

5.3.2　堤防溃口模型

堤防决口后口门的冲深展宽，是水流运动与泥沙输移相互作用的结果，口门冲深造成两侧边坡坍塌，使口门宽度不断增加。因此，溃口模型构建应从水流冲淤引起的冲深和岸坡坍塌造成的展宽两个方面入手。

5.3.2.1　**水流方程**

溃堤水流的对流作用起主导地位，因此模型中可以忽略扩散项，且为了保证水流的守恒性，基本方程采用守恒型形式的控制方程：

表 5-8　不同口门位置堤防条件、水力条件和大河河势情况统计

口门位置	堤防条件		水力条件			大河河势			
	堤距(m)	堤防材料	水位(m)	滩地水深(m)	背河水头(m)	滩面高程(m)	堤外高程(m)	临背河高差(m)	主槽与右岸堤防距离(m)
东坝头(135 +000)	5 274	砂壤土、粉细砂	76.79	3.05	6.59	73.74	70.20	3.54	6
樊庄(171 +200)	13 311	砂壤土、粉细砂	71.92	3.89	9.12	68.03	62.80	5.23	5 628
高村(204 +000)	4 882	砂壤土、粉细砂	65.15	3.09	7.65	62.06	57.50	4.56	99
董庄(239 +000)	7 181	砂壤土、粉细砂	61.53	3.44	6.63	58.09	54.90	3.19	56
八孔桥(276 +000)	4 694	砂壤土、粉细砂	56.16	3.64	7.96	52.52	48.20	4.32	2 676
伟庄(310 +000)	7 598	砂壤土、粉细砂	53.06	4.82	9.56	48.24	43.50	4.74	129
杨庄(16 +000)	860	砂壤土、粉细砂	36.34	4.43	10.24	31.91	26.10	5.81	11
胡家岸(65 +000)	1 178	砂壤土、粉细砂	30.99	4.42	10.09	26.57	20.90	5.67	157
马扎子(120 +000)	2 451	砂壤土、粉细砂	25.28	3.39	7.38	21.89	17.90	3.99	291
麻湾(191 +400)	1 834	砂壤土、粉细砂	18.22	3.97	8.12	14.25	10.10	4.15	5

注:表中高程系统为大沽高程基准。

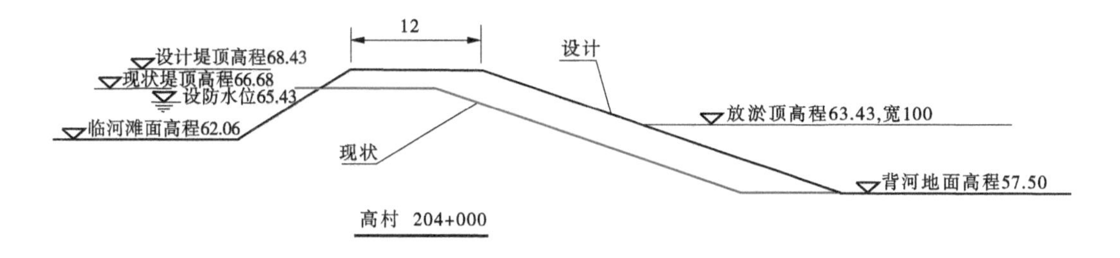

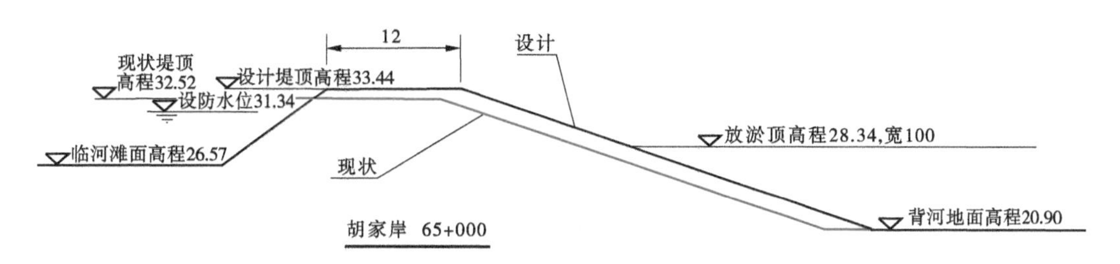

图5-40　典型口门附近堤防横断面

$$\frac{\partial U}{\partial t}+\frac{\partial F}{\partial x}+\frac{\partial G}{\partial y}=S(U) \tag{5-5}$$

其中，$U=\begin{bmatrix}h\\hu\\hv\end{bmatrix}$，$F=\begin{bmatrix}hu\\hu^2+\frac{1}{2}gh^2\\huv\end{bmatrix}$，$G=\begin{bmatrix}hv\\huv\\hv^2+gh^2/2\end{bmatrix}$，$S=\begin{bmatrix}0\\gh(S_{0x}-S_{fx})\\gh(S_{0y}-S_{fy})\end{bmatrix}$

式中：h 为水深；u、v 分别为沿 x、y 方向的流速分量；S_{0x}、S_{0y}分别为 x、y 沿方向的河床底坡；S_{fx}、S_{fy}分别为 x、y 方向的阻力；$S_{fx}=n^2u\sqrt{u^2+v^2}/h^{4/3}$，$S_{fy}=n^2v\sqrt{u^2+v^2}/h^{4/3}$，$n$ 为曼宁系数。

5.3.2.2　**纵向冲深**

泥沙连续性方程

$$\frac{\partial(hS_k)}{\partial t}+\frac{\partial(huS_k)}{\partial x}+\frac{\partial(hvS_k)}{\partial y}+\rho'\frac{\partial z_{bsk}}{\partial t}=\frac{\partial}{\partial x}\left[D_s\frac{\partial(hS_k)}{\partial x}\right]+\frac{\partial}{\partial y}\left[D_s\frac{\partial(hS_k)}{\partial y}\right] \tag{5-6}$$

河床变形方程

$$\rho'\frac{\partial z_{bsk}}{\partial t}\alpha\omega_k(S_k-S_{*k}) \tag{5-7}$$

式中：ρ'为河床淤积物干密度；D_s 为泥沙扩散系数；S_k 为第 k 组泥沙的含沙量；S_{*k}为第 k 组泥沙的水流挟沙力；z_{bsk} 分别为第 k 组悬移质运动所引起的河床高程变化。

5.3.2.3　**横向展宽**

黄河下游堤防堤基为砂壤土、粉细砂与壤土、黏土相间分布，根据土力学边坡稳定性理论，口门边坡土体的重力等因素在坡体内引起剪应力，当剪应力大于土体的抗剪强度时，就要产生剪切破坏，边坡土体发生失稳坍塌，口门尺寸在横向扩大。Osman(1988)提出的黏性土体河岸展宽计算方法是建立在土力学分析基础上的，主要考虑冲刷和崩塌两部分。

1. 冲刷展宽过程计算

$$\Delta B = C_1 \frac{\Delta t}{60} \times \frac{(\tau - \tau_c)}{\gamma_s} e^{-1.3\tau_c} \tag{5-8}$$

式中：γ_s 为大堤(或河岸)土体的容重，kN/m^3；ΔB 为 Δt 时间内口门因水流侧向冲刷而后退的距离，m；C_1 为冲刷系数，取决于土体特性；τ 为作用在口门处的水流切应力，N/m^2；τ_c 为大堤土体的起动切应力，N/m^2。

采用唐存本提出的黏性土的起动拖曳力公式计算堤防土体的临界剪切应力：

$$\tau_c = 6.68 \times 10^2 \times d + \frac{3.67 \times 10^{-6}}{d} \tag{5-9}$$

式中：d 为土体颗粒粒径，m。

对非黏性土河岸冲刷展宽，由于 C_1 是根据土体特性率定的冲刷系数，因此原则也可以采用(5-8)计算。

2. 崩塌过程计算

黄河下游堤防土质松散，当口门下部受到冲刷变宽、边坡变陡时，其上部必然会发生坍塌。

5.3.2.4 数值计算方法

1. 离散格式

将计算区域划分为若干个互相连接但不重叠的矩形单元为控制体，采用 Godunov 型有限体积法(FVM)对控制方程进行离散：

$$U_{i,j}^{n+1} = U_{i,j}^{n} - \frac{\Delta t}{\Delta x}(F_{i+\frac{1}{2},j}^{*} - F_{i-\frac{1}{2},j}^{*}) - \frac{\Delta t}{\Delta y}(G_{i,j+\frac{1}{2}}^{*} - G_{i,j-\frac{1}{2}}^{*}) - \Delta t S \tag{5-10}$$

式中：$F_{i\pm\frac{1}{2},j}^{*}$、$G_{i,j\pm\frac{1}{2}}^{*}$ 分别为 x、y 方向界面处的数值通量；Δt 为时间步长；Δx、Δy 分别为 x、y 方向空间步长。

计算网格布置如图 5-41 所示。

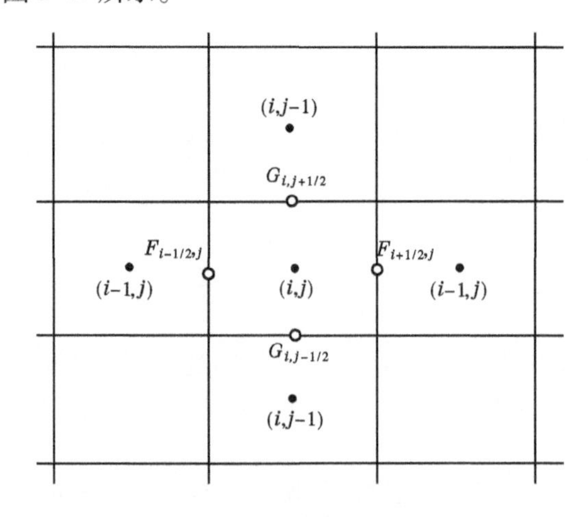

图 5-41 计算网格布置

Godunov 型格式用于求解黎曼问题从而得出数值通量，溃堤水流存在间断，属于黎曼问题。求解式(5-10)的关键在于构造准确的界面数值通量 $F^*_{i\pm\frac{1}{2},j}$，$G^*_{i,j\pm\frac{1}{2}}$。

2. 界面处守恒变量构造

要构造准确的界面数值通量，首先必须构造出界面处高精度的守恒变量。守恒变量构造采用 WENO 格式，WENO 格式首先需要确定模板所包含的单元个数，增加模板单元数可以实现提高精度的目的，包含 n 个节点模板的精度可以达到 $2n-1$ 阶。本次采用 3 节点模板：

$$\left.\begin{aligned} U^{(1)} &= \frac{1}{3}U_{i+2} - \frac{7}{6}U_{i+1} + \frac{11}{6}U_i \\ U^{(2)} &= -\frac{1}{6}U_{i+1} + \frac{5}{6}U_i + \frac{1}{3}U_{i-1} \\ U^{(3)} &= \frac{1}{3}U_i + \frac{5}{6}U_{i-1} - \frac{1}{6}U_{i-2} \end{aligned}\right\} \tag{5-11}$$

WENO 格式对所选的模板进行了凸组合，得到的是界面处的守恒变量值 $F_{i+\frac{1}{2},j}(U)$。

$$F_{i+\frac{1}{2},j}(U) = \sum_{r=1}^{3} w_r U^{(r)}_{i+\frac{1}{2},j} \tag{5-12}$$

由于相容性要求 $\sum_{0}^{r-1} d_r = 1$。当模板包含间断时，权重系数 ω_r 可取为

$$\left.\begin{aligned} w_r &= \frac{\alpha_r}{\sum_{s=0}^{k-1}\alpha_s}, \qquad r = 0,1,\cdots,k-1 \\ \alpha_r &= \frac{d_r}{(\varepsilon + \beta_r)^2} \end{aligned}\right\} \tag{5-13}$$

其中，$\varepsilon = 10^{-6}$，是为了避免分母为零。$d_1 = \frac{3}{10}$，$d_2 = \frac{3}{5}$，$d_2 = \frac{3}{5}$。

对于 3 个参选的模板，光滑因子 β_r 取值分别为

$$\left.\begin{aligned} \beta_1 &= \frac{13}{12}(U_{i-2} - 2U_{i-1} + U_i)^2 + \frac{1}{4}(U_{i-2} - 4U_{i-1} + 3U_i)^2 \\ \beta_2 &= \frac{13}{12}(U_{i-1} - 2U_i + U_{i+1})^2 + \frac{1}{4}(U_{i-1} - U_{i+1})^2 \\ \beta_3 &= \frac{13}{12}(U_i - 2U_{i+1} + U_{i+2})^2 + \frac{1}{4}(3U_i - 4U_{i+1} + U_{i+2})^2 \end{aligned}\right\} \tag{5-14}$$

3. 界面处数值通量求解

通过 WENO 方法计算得到的只是界面处的守恒变量，还需要进一步采用 Roe 方法计算界面两边守恒变量跳跃量，从而求出界面数值通量。

Roe 方法引入参向量 ω、$\tilde{\omega}$，分别对应非线性矩阵 A 和线性化近似矩阵 $\tilde{A}(U_l,U_r)$。利用对间断跳跃的参向量展开，确定 $\tilde{A}(U_l,U_r)$，确定 $\tilde{A}$ 的特征值和特征向量 $\tilde{\lambda}_k$、$\tilde{e}_k(k=1,2,3)$。用特征变量表述守恒变量的跳跃量。

$$[U] = U_r - U_l = \sum_{k=1}^{3} \tilde{\alpha}_k \tilde{e}_k \tag{5-15}$$

由此得到数值通量的特征表示为

$$F^*_{i+\frac{1}{2},j} = \frac{1}{2}(F_{i+\frac{1}{2},j}U_l + F_{i+\frac{1}{2},j}U_r - \sum_{k=1}^{3} \tilde{\alpha}_k |\lambda_k| \tilde{e}_k) \tag{5-16}$$

其中,界面守恒通量由 $F_{i+\frac{1}{2},j}U_l$、$F_{i+\frac{1}{2},j}U_r$ 由式(5-12)求得。

式(5-16)各特征量如下

$$\alpha_1 = \frac{1}{2c}[\Delta(hu) - (\tilde{u} - c)\Delta h]$$

$$\alpha_2 = \frac{1}{c}[\Delta(hv) - \tilde{v}\Delta h]$$

$$\alpha_3 = \frac{1}{2c}[(\tilde{u} + c)\Delta h - \Delta(hu)]$$

$$\lambda_1 = \tilde{u} + c,\quad \lambda_2 = \tilde{u},\quad \lambda_3 = \tilde{u} - c$$

$$e_1 = \begin{bmatrix} 1 \\ \tilde{u} + c \\ v \end{bmatrix},\quad e_2 = \begin{bmatrix} 0 \\ 0 \\ c \end{bmatrix},\quad e_3 = \begin{bmatrix} 1 \\ \tilde{u} - c \\ v \end{bmatrix}$$

其中 $\tilde{u} = \dfrac{\sqrt{h_r}u_r + \sqrt{h_l}u_l}{\sqrt{h_l} + \sqrt{h_r}}$,$\tilde{v} = \dfrac{\sqrt{h_r}v_r + \sqrt{h_l}v_l}{\sqrt{h_l} + \sqrt{h_r}}$,$c = \dfrac{\sqrt{gh_r} + \sqrt{gh_l}}{2}$ 为 Roe 参向量,$\Delta U = U_r - U_l$,为界面两边守恒变量跳跃量。同理构造 $G^*_{i,j+\frac{1}{2}}$。

4. 时间离散

对于时间离散采用三阶 Runge - Kutta 型离散格式,即

$$\left.\begin{aligned} U^{(1)} &= U_{\text{adv}} + \Delta t S(U_{\text{adv}}) \\ U^{(2)} &= \frac{3}{4}U_{\text{adv}} + \frac{1}{4}U^{(1)} + \frac{1}{4}\Delta t S[U^{(1)}] \\ U^{n+1} &= \frac{1}{3}U_{\text{adv}} + \frac{2}{3}U^{(2)} + \frac{1}{2}\Delta t S[U^{(2)}] \end{aligned}\right\} \tag{5-17}$$

式中:U_{adv} 为根据对流方程得到的守恒变量值;U^{n+1} 为下一时刻的计算值。

5.3.2.5　计算范围及计算网格

图 5-42 和图 5-43 给出了高村和胡家岸溃口模型计算范围。

高村典型口门计算范围包括河道断面到南小堤之间的河道,长约 17 km。计算网格采用非结构三角网格,在计算区域内布置了 28 580 个网格单元,口门附近进行了局部加密,网格尺度约 10 m。

胡家岸典型口门计算范围包括秦家道口控导工程到北河套断面的河道,长约 9 km。计算网格采用非结构三角网格,在计算区域内布置了 31 321 个网格单元,口门附近进行了局部加密,网格尺度约 10 m。

5.3.2.6　边界处理

(1)进口边界:进口提供流量边界条件。

(2)出口边界:黄河干流出口提供水位流量关系边界条件;堤防口门外的洪水演进区均为开边界,情况复杂,很难用流量过程、水位过程、水位流量关系等常规方法考虑,所以

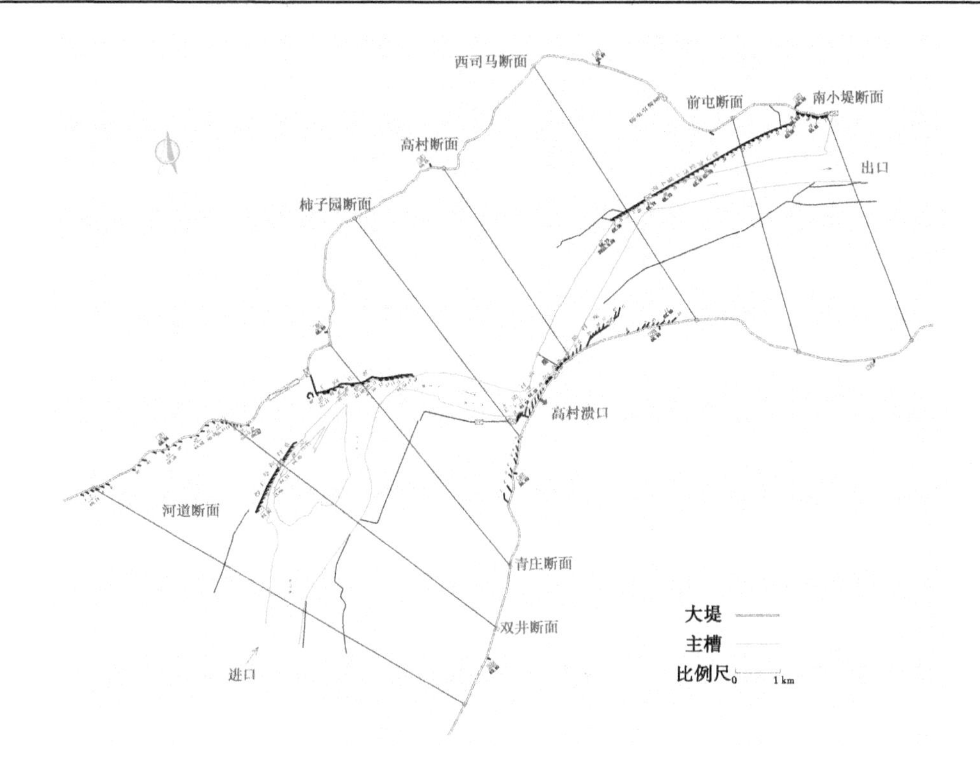

图5-42　高村典型口门计算范围

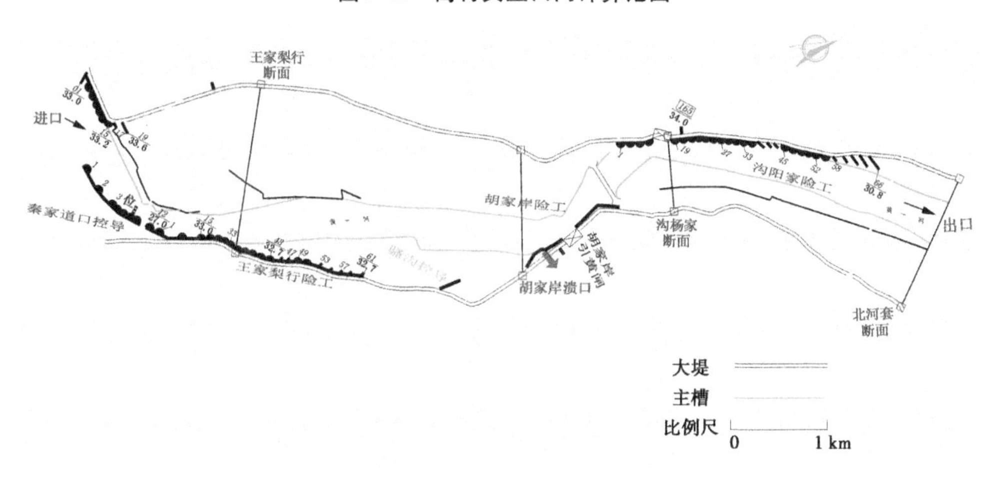

图5-43　胡家岸典型口门计算范围

按照自由出流考虑，$\partial q/\partial n = 0$。

(3)闭边界处理：采用直接镜像法，即在每个计算方向的边界处采用对称点处理法，假设对称点水深相同、流速相反，$u_R = -u_L, h_R = h_L$。

(4)时间步长：$\Delta t = \alpha \times \min\left(\frac{\Delta x}{|u| + \sqrt{gh}}, \frac{\Delta y}{|v| + \sqrt{gh}}\right)$，$\alpha$为克朗数系数，计算中一般取0.1~0.6。

5.3.3　典型口门分洪过程及分流比

5.3.3.1　水流条件及溃口时机

高村河段进口流量过程线采用高村水文站1982年型近1 000年一遇洪水过程，胡家岸河段进口流量过程线艾山站1982年型近1 000年一遇洪水过程并采用一维模型演进至胡家岸断面。各控制断面设计洪水过程见图5-44。

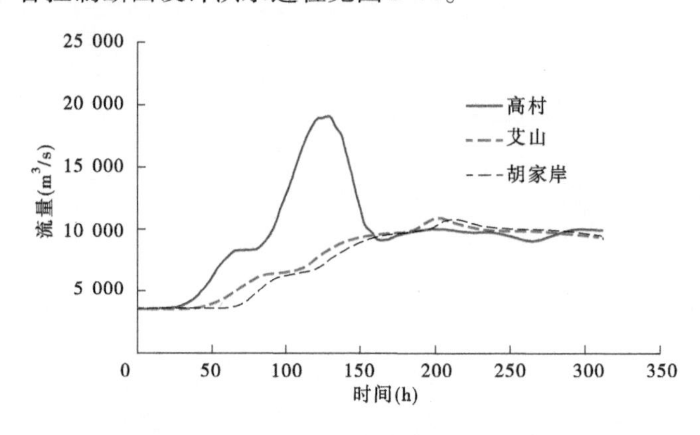

图5-44　各控制断面设计洪水过程

目前，黄河下游堤防工程防护标准已经提高到近1 000年一遇，大洪水漫决的机遇非常小，因此未来黄河下游堤防最可能的决口形式为溃决和冲决。由于黄河下游“悬河”形势突出，堤防偎水后出现“斜河”、“横河”等不利水流条件，大堤就可能出现险情，为此决口时机选择洪峰到达前一天。

5.3.3.2　溃决后河道流势和流场

高村段口门决口时，河道内、外水位差4.5 m，口门区水流为急流，附近水流向溃口汇聚，漫过溃口后呈扩散状向堤外演进。图5-45为决口208 h后口门附近流场分布。

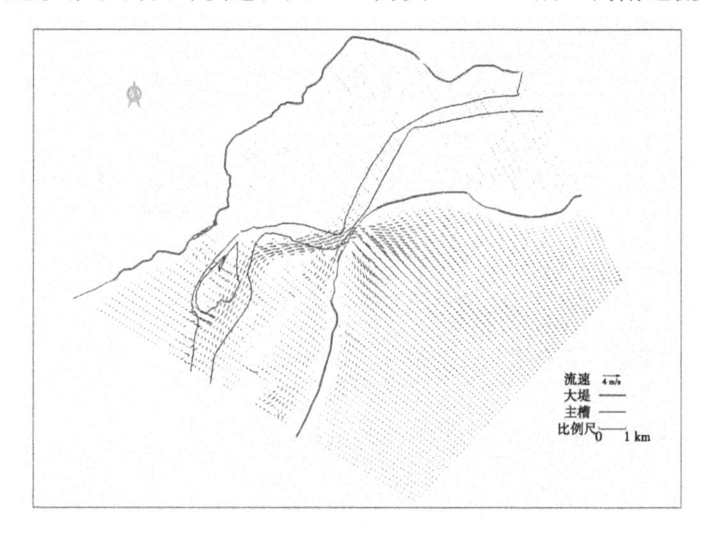

图5-45　高村口门附近流场(208 h)

胡家岸口门决口时，河道内、外水位差5.6 m，相对于高村口门，胡家岸口门所处河岸更加弯曲，水流漫过口门后主流流向略偏左侧。图5-46为决口161 h后口门附近流场分布。

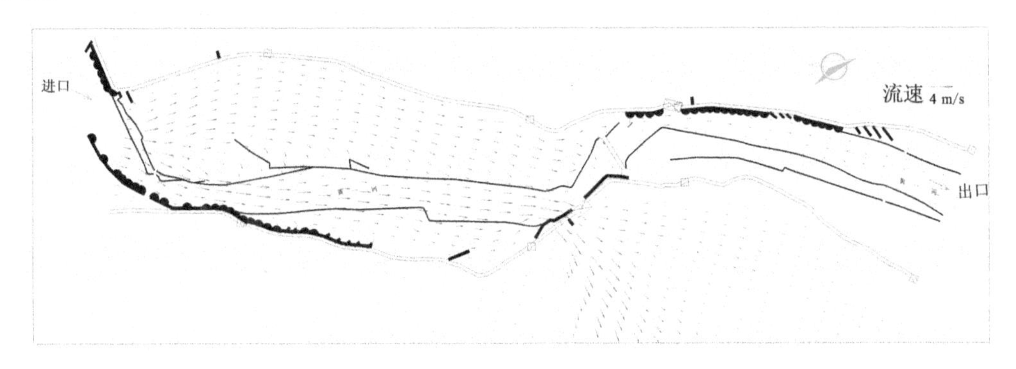

图5-46　胡家岸口门附近流场(161 h)

5.3.3.3　口门冲刷深度

图5-47为高村口门冲刷深度发展过程，溃口24 h后，口门上游500 m范围内河床明显的冲刷，尤其是200 m范围内，河床下降超过7 m。

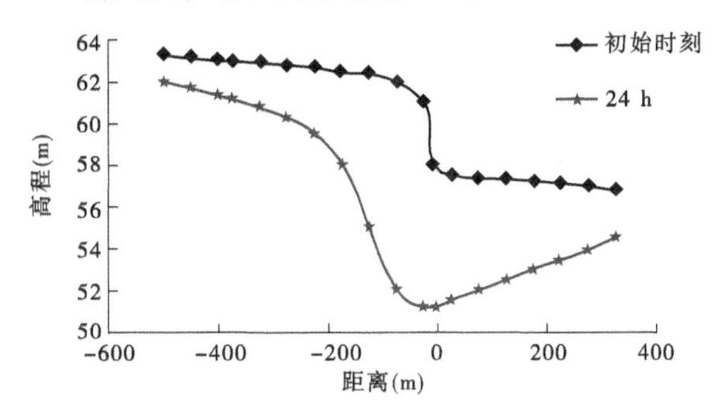

图5-47　高村口门冲刷深度发展过程

图5-48为胡家岸口门冲刷深度发展过程，溃口24 h后，口门上游400 m范围内均有很明显的河床冲刷发生，尤其是200 m范围内，河床下降超过8 m。

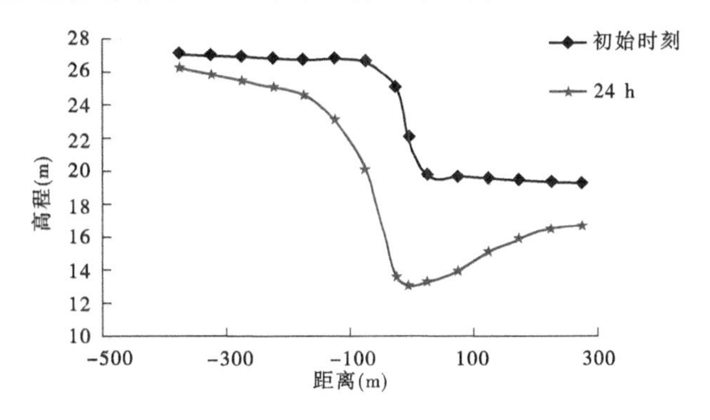

图5-48　胡家岸口门冲刷深度发展过程

5.3.3.4　口门宽度变化

高村河段口门展宽过程如图 5-49 所示，口门宽度发展主要集中在前 24 个小时，达到 560 m，该时间段口门内、外河道水位差较大，水流经口门下泄的同时势能转化为动能，较大的流速造成水流的强冲刷力，泥沙易被水流挟带走，口门以较快的速度展宽。48 h 以后口门宽度达到 720 m，之后口门处堤外水位升高后，两侧水位差减小，水流流速减小，对泥沙的冲刷减弱，横向展宽速度减缓，计算结束时刻溃口宽度为 900 m。

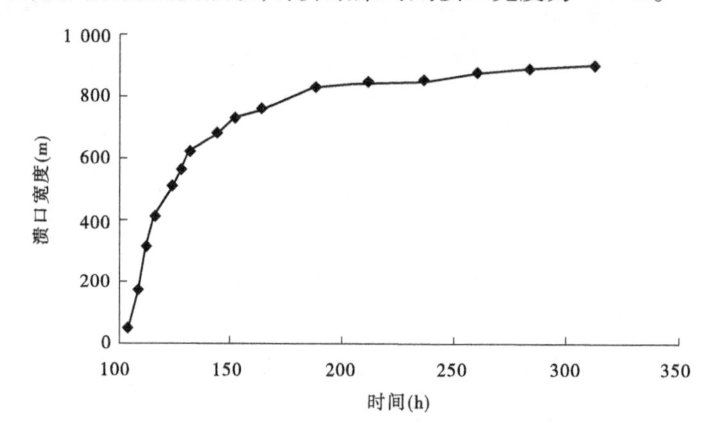

图 5-49　高村口门展宽过程

胡家岸河段口门展宽过程如图 5-50 所示，前 24 个小时口门横向宽度发展速度较快，达到 570 m，24 h 以后展宽速度迅速减小，48 h 口门宽度为 650 m，计算结束时口门宽度为 720 m。相对于高村口门，胡家岸口门河道内、外水位差较大，因此决口初期展宽速度略快，但是由于大河洪水量级小于高村口门，受河道来流影响，稳定后口门宽度较小。

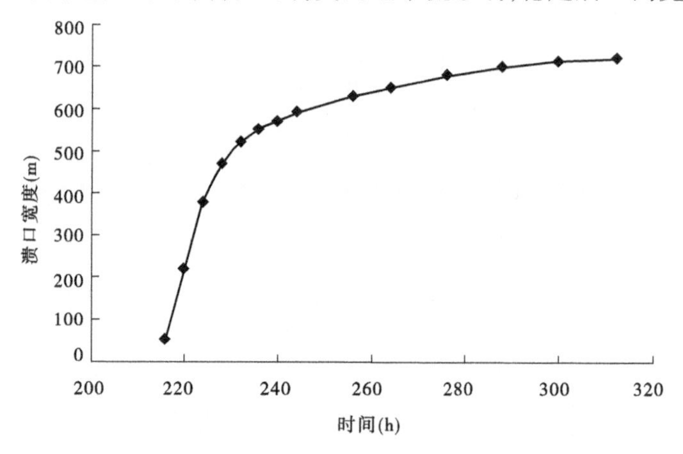

图 5-50　胡家岸口门展宽过程

5.3.3.5　口门横断面变化

高村口门横断面如图 5-51 所示，72 h 口门底高程降低最大 12 m，形状基本上还是中间较深，两侧较浅，接近矩形。由于左侧冲刷较快，因此口门轴线略偏左侧。

胡家岸口门横断面如图 5-52 所示，72 h 口门底高程降低最大 14 m，形状基本上还是

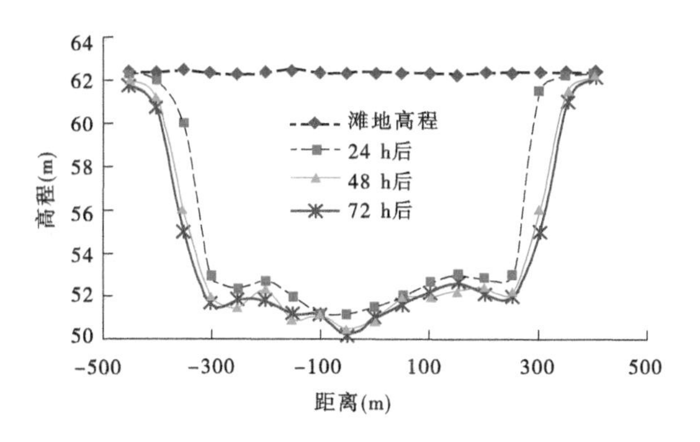

图 5-51　高村口门横断面

中间较深，两侧较浅，接近矩形，轴线略偏左侧。

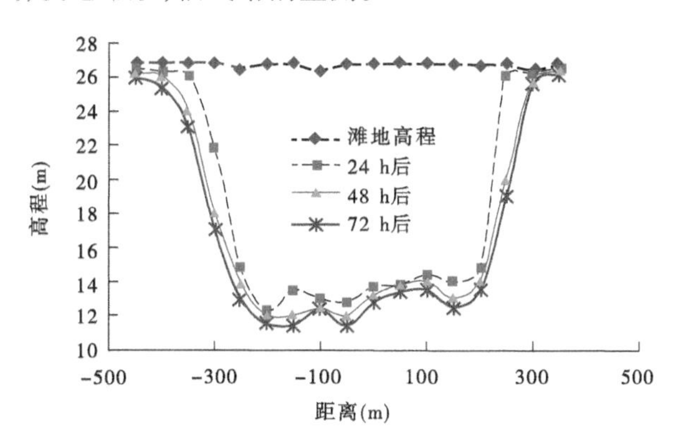

图 5-52　胡家岸口门横断面

5.3.3.6　口门分流过程

高村河段决口后口门各时刻的入流、决口出流、河道下游出流流量过程如图 5-53 所示。口门展宽过程中，口门出流量的变化过程均为先急速上升至峰值后缓慢下降，随后趋

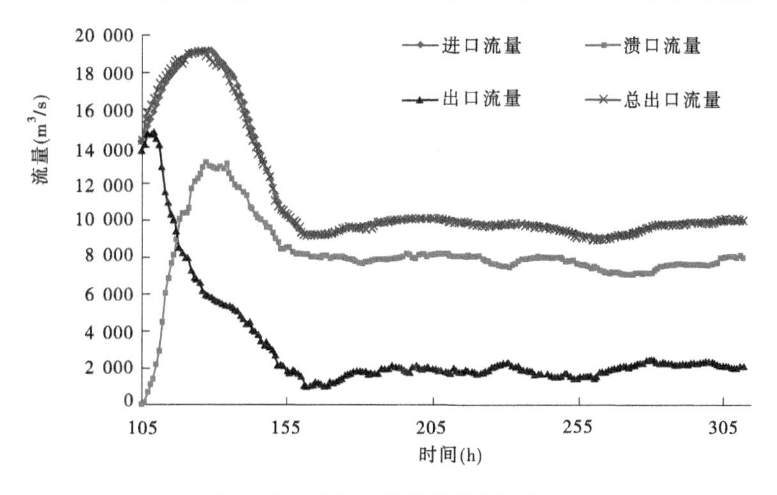

图 5-53　高村口门计算流量过程

于稳定,河道出口流量持续下降直至稳定。口门分流比第 1 天约为 46%,第 2 天约为 70%。第 2 天之后基本维持在 80%。

胡家岸河段决口后口门各时刻的入流、决口出流、河道下游出流流量过程如图 5-54 所示。口门出流量变化受口门发展的影响,初期河道内外两侧水位差较大,口门断面水流流速较大,对堤防冲蚀作用较强,口门展宽速度也较快,前 24 个小时口门流量发展也相应较快。随着河道两侧水位差减小,口门断面流速减小,口门展宽速度逐渐减缓,流量也相应减小,直至口门发展达到稳定状态。口门分流比第 1 天约为 50%、第 2 天约为 79%、第 3 天约为 71%,最终保持在 75% 左右。

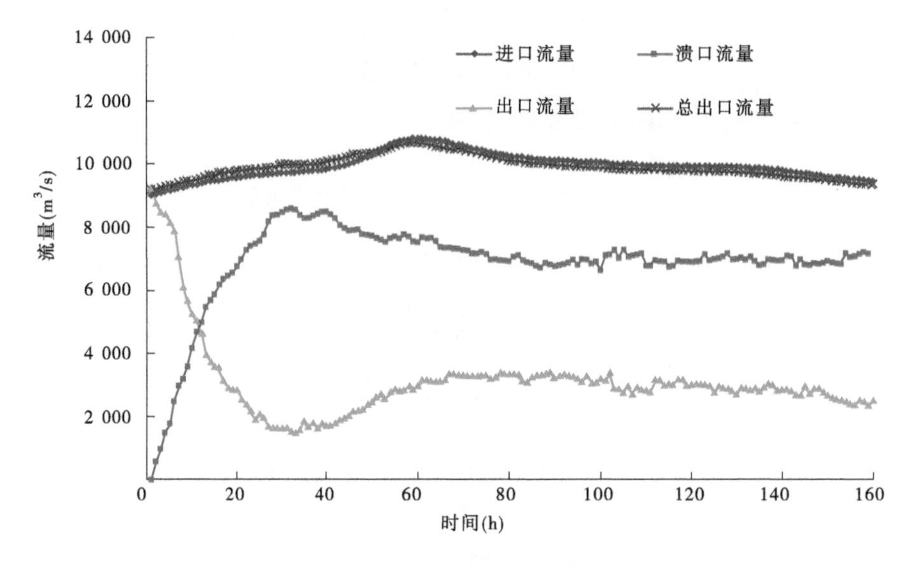

图 5-54　胡家岸口门计算流量过程

5.4　口门发展及分流过程综合分析

5.4.1　口门形状

黄河下游兰考—东明、东明—东平湖和济南—河口河段目前已完成放淤固堤,增加了堤防厚度,为防洪抢险提供了场地、赢得了时间,但是堤防填筑质量不均,堤身裂缝及洞穴隐患等堤防自身问题依然存在。堤防决溢后,口门发展变化情况比较复杂,但由于口门附近水流集中、强度大,水流沿断面分布相对均匀,对口门底坎的冲刷作用相同,口门局部区域黄河下游大堤材料和质量也是均匀的,因此概化模型试验和数学模型计算结果均表明,口门底坎高度变化基本相等,口门底部较平。口门展宽主要是水流的冲刷作用,根据通过宽顶堰水流的水面曲线可以看出,水流在通过宽顶堰时,其水面要发生降落,因此宽顶堰的侧壁不全受到水流的冲刷作用,仅是接近底坎的一部分受到冲刷,考虑到黄河大堤一般为土质材料,当下部受到冲刷而变宽时,其上部必然会发生坍塌而相应加宽。因此,认为决溢口门的形状为近似长方形。

5.4.2　口门纵向冲刷过程分析

黄河下游河道为地上“悬河”，堤防内、外临背差大，堤防决口后，洪水以跌水之状冲出大堤，在口门附近形成了局部冲刷坑，同时由于水流的跌坎溯源冲刷，滩内往往会拉出一条深槽。

根据历史资料记载，1843年（清道光二十三年六月十六日）中牟九堡溃口记载口门中泓水深9.7 m，1933年长垣冯楼堵口前测得口门跌塘水深10 m；1938年郑州花园口口门最大水深9 m，1955年利津五庄口门最大水深6 m。

根据黄河水利科学研究院概化模型试验，堤防决口后，由于堤防内、外临背差高达4 m，洪水瞬时流速达到10 m/s，在口门附近形成了局部冲刷坑，同时由于水流的跌坎溯源冲刷，迅速在滩内拉出一条深槽。不同工况下，局部冲刷坑最大深度达28 m、长度达500 m，冲刷坑最深处位于口门断面附近，滩地深槽宽400～500 m，深4～6 m，深槽纵比降由初始地形的4‰调整为4.85‰～9.70‰。值得说明的是，概化模型试验是在固定口门宽度下清水冲刷至基本平衡状态，因此口门附近局部冲刷深度可能比天然溃口的冲刷深度大，同时由于固定口门宽度，口门上游滩地的跌坎溯源冲刷会受到限制，因此滩地深槽的规模可能比天然溃口情况下的小。

根据北京大学溃口模型和梁林的研究成果，决口24 h后，口门上游600 m范围内有很明显的河床冲刷发生，尤其是300 m范围内，河床下降超过1 m，最大冲深为2.75 m，冲刷坑最深处位于口门断面附近，往堤内河床的溯源侵蚀（沟头侵蚀）发展很剧烈。决口48 h后，口门断面平均冲深发展至背河河底以下3 m。典型洪水条件下的方案计算，由于洪水作用历时长，口门断面平均底高程能够发展至背河地面以下5～7.5 m。

黄河勘测规划设计研究院有限公司溃口模型计算结果表明，1 000年一遇洪水条件下，东明和胡家岸典型口门决口24 h后，口门上游400～500 m范围内河床明显冲刷，尤其是200 m范围内，河床下降超过7 m。

综合历史资料记载、概化模型试验、数学模型计算等成果，由于黄河下游河道为地上“悬河”，堤防决口后，口门附近将形成局部冲刷坑，冲刷坑深度一般会达到3 m以上，同时洪水以跌水之状在滩地溯源冲刷，形成深槽。口门冲刷坑和滩地深槽的形成对口门分洪必然产生重要的影响，在一定条件下，甚至会造成河道摆动，出现全河夺溜。以黄河水利科学研究院的概化模型试验成果为例，口门宽度固定300 m时，由于口门分洪和河道地形的调整，在滩地形成宽400～500 m、深4～6 m的深槽，10 000 m^3/s口门处堤前水位已降至54.51 m，低于滩面1.5 m，已经全河夺溜。

5.4.3　口门横向展宽过程分析

对12处有文字记载的历次堤防决口口门发展过程进行统计，见表5-9。可以看出，受堤防工程条件、局部河势和大河水流条件等多种因素综合影响，口门发展过程差异较大，口门最大宽度为2 921 m，最小宽度为385 m（两个口门，一口宽305 dm，一口宽80 m），平均宽度1 534 m。堤防溃决口2～6 d即可冲宽100～1 000 m，15 d左右时间可冲宽至1 000～1 800 m，1935年董庄口门5 d即达到834 m；全河夺溜多次发生，从决口到全河夺溜，开封张家湾历时 15 d，郑州石桥历时 2 d，兰阳铜瓦厢历时 2 d；口门宽度在 800 m 以下，溃口分大河流量 70% ~80%，口门宽度达到 1 000 m 以上，全河夺溜，对“悬河”形势比较突出的河段，口门宽度 330 m 就出现了全河夺溜(1843 年，中牟九堡)。

表 5-9　黄河堤防历史口门发展及分洪情况统计

决口地点	决口年份	决口形式	洪水量级	口门发展状况
中牟杨桥	1761 年	漫决	黑岗口 30 000 m^3/s	开始口门 167 ~200 m，后扩展至 1 000 m，全河夺溜
兰阳仪封	1778 年	溃决		开始口门宽 230 m，后扩展至 726 m
开封张家湾	1841 年	冲决		6 月 16 ~22 日，口门扩展至 265 m，分流 70%；7 月口门冲宽至 1 000 m，正河断流(全河夺溜)
中牟九堡	1843 年	漫决	小浪底 32 500 m^3/s	堤身过水后，初始口门宽 330 m 全流南走，口门冲宽至 1 200 m
郑州石桥	1887 年	溃决		8 月 14 日漏洞过水发生决口，开始口门宽 132 m，尚未夺溜，至 24 日，口门宽 1 000 m，全河夺溜，至 9 月初，口门冲至 1 833 m
利津宫家	1921 年	冲决		当年 7 月决口，决口第 3 天口门已冲宽至 640 m，至 10 月下旬口门冲宽至 1 767 m，全河夺溜
濮阳双合岭	1913 年	扒决		7 月土匪刘春明扒决，到 1915 年口门宽 2 921 m
长垣冯楼	1933 年	漫决	八里胡同 18 000 m^3/s	堵口前(翌年 3 月)测得口门跌塘水深 10 m，曾沉船一艘，仅露梢尾
封丘贯台	1934 年	冲决		串钩过水，冲决太行堤 781 m，分大河流量 80%
甄城董庄	1935 年	冲决		当年 7 月 10 日决口，口门宽 834 m，分大河流量 70% ~80%
郑州花园口	1938 年	扒决		初决口门宽 10 m，至 8 月达 400 m，1945 年冬口门宽 1 460 m
利津五庄	1955 年	凌汛溃决		两个口门，宽度分别为 305 m 和 80 m，分大河流量 70%

《黄河下游典型河段堤防溃口对策预案》、《溃口总体对策及措施研究》、《黄河下游重点河段溃堤应急对策》、《黄河下游溃堤洪水灾害与减灾对策》等项目中，采用的口门展宽及分流过程成果见表 5-10。根据已有研究成果，在考虑决口后水库及下游蓄滞洪区的拦

表 5-10　黄河下游堤防决口相关研究成果统计

编号	成果出处	洪水	口门位置	口门宽度(m)	决口时机	大河设计洪量	口门分流情况(%)	口门出流量		
								洪量	历时(h)	占大河流量比(%)
1	《黄河下游典型河段堤防溃口对策预案》	1982 型 100 年一遇	中牟(61+000)	500(其中:4 h 100 m、12 h 250 m、24 h 400 m、44 h 500 m)	洪峰前一天	拦分前 121.8 亿 m^3,拦分措施后 15 d 洪量 61.1 亿 m^3	24 h 后全河夺溜	15 d 出河水量 43 亿 m^3,其中第 1 天 5.5 亿 m^3;第 5 天 30 亿 m^3	—	约 70
					—	拦分前 121.8 亿 m^3	—	—	—	—
			东明(217+000)	500(其中:4 h 100 m、12 h 250 m、24 h 350 m、44 h 500 m)	洪峰前一天	拦分措施后 15 d 洪量 60.0 亿 m^3	24 h 后全河夺溜	15 d 出河水量 41.4 亿 m^3,其中第 1 天 5.4 亿 m^3;第 5 天 27.9 亿 m^3	—	约 69
					—	拦分前 115.6 亿 m^3	—	—	—	—
			章丘(69+000)	450(其中:4 h 100 m、12 h 250 m、24 h 350 m、44 h 450 m	洪峰前一天	东明:拦分措施后 15 d 洪量 67.4 亿 m^3	24 h 后全河夺溜	15 d 出河水量 34.2 亿 m^3,其中第 1 天 4.3 亿 m^3;第 5 天 23.4 亿 m^3	—	约 51
					—	拦分前 87.3 亿 m^3	—	—	—	—

续表 5-10

编号	成果出处	洪水	口门位置	口门宽度（m）	决口时机	大河设计洪量	口门分流情况（%）	口门出流量		
								洪量	历时（h）	占大河流量比（%）
2	溃口总体对策及措施研究	1982 型 100 年一遇(7 月 30 日 4 时至 8 月 11 日 20 时)	东明（217 +000）	拦洪前 570	峰前一天	101 亿 m^3	最大 75	55 亿 m^3	200	56
				拦洪后 550		58 亿 m^3	最大 100（120 h 全河夺溜）	26 亿 m^3		47
			东明（217 +000）	拦洪前 540	洪峰当天	101 亿 m^3	最大 75	36 亿 m^3	176	47
				拦洪后 450		63 亿 m^3	最大 100（96 h 全河夺溜）	21 亿 m^3		34
			东明（217 +000）	拦洪前 530	峰后一天	101 亿 m^3	最大 75	38 亿 m^3	152	39
				拦洪后 400		69 亿 m^3	最大 100（72 h 全河夺溜）	16 亿 m^3		25
		1982 型 500 年一遇（7 月 30 日 0 时至 8 月 11 日 8 时）	东明（217 +000）	拦洪前 590	洪峰当天	107 亿 m^3	最大 75	46 亿 m^3	168	43
				拦洪后 550		78 亿 m^3	最大 100（120 h 全河夺溜）	27 亿 m^3	168	35

续表 5-10

编号	成果出处	洪水	口门位置	口门宽度（m）	决口时机	大河设计洪量	口门分流情况（%）	口门出流量		
								洪量	历时（h）	占大河流量比（%）
3	黄河下游重点河段溃堤应急对策；黄河下游溃堤洪水灾害与减灾对策（两成果溃口流量采用同一个过程）	1982 型 100 年一遇	东明	拦分前 244 h 达到 1 032.5	洪峰时刻	101 亿 m^3	全河夺溜	—	—	—
				拦分后 540.6	—	67 亿 m^3	全河夺溜	35.4 亿 m^3	184	53
			章丘	拦分前 244 h 达到 1 021.1	—	96 亿 m^3	全河夺溜	—	—	—
				拦分后 516.6		77 亿 m^3	全河夺溜	54 亿 m^3	176	70

注：1. 拦分前指决口后不采取应急措施，下游控制断面采用设计洪水过程，拦分后指决口后采用水库拦蓄、引水工程分洪等应急措施；

2. 成果 3 拦分措施中，水库仅有三门峡水库、陆浑水库、故县水库，不包括小浪底水库，100 年一遇洪水量级相当于现状条件下的 1 000 年一遇。

分等多种减灾措施后，口门宽度一般会在决口 24 h 内发展到 300 m 以上，之后无论是冲深还是展宽速度上都逐渐减慢，100 年一遇洪水 44 h 会达到一个比较稳定的状态，《黄河下游重点河段溃堤应急对策报告》(1999 年)中未考虑小浪底水库作用，100 年一遇洪水量级相当于现状 1 000 年一遇，决口后 244 h 口门宽度会达到 1 000 m 左右。

黄河勘测规划设计研究院有限公司溃口模型计算结果表明，近 1 000 年一遇洪水条件下，东明口门最大宽度为 900 m，胡家岸口门最大宽度为 720 m，决口后 24 h 堤防展宽较快，2 d 左右口门宽度也将达到 500 ~ 600 m。

《洪水风险图编制技术细则附录》建议了堤防口门宽度计算公式：

在汇流点：$$B_b = 4.5(\lg B)^{3.5} + 50$$

在其余地点：$$B_b = 1.9(\lg B)^{4.8} + 20$$

式中：B_b 为口门宽度，m；B 为河宽，m。

由于本次所选的典型口门位置均不在汇流点处，故采用第二种公式进行计算。经计算，黄河下游兰考—东明河段、东明—东平湖河段溃口宽度约为 1 000 m，济南—河口河段溃口宽度约为 700 m。

综合历史资料记载、已有研究成果、本次溃口模型计算成果和《洪水风险图编制技术细则附录》建议公式的计算成果分析，100 年一遇洪水 2 d 左右口门宽度将达到 500 ~ 600 m 并基本稳定；近 1 000 年一遇洪水条件下，黄河下游兰考—东明河段、东明—东平湖河段口门宽度将达到 1 000 m 左右，济南—河口河段口门宽度将达到 700 m 左右，堤防决口之初，由于水流强度较大，堤防展宽较快，2 d 左右口门宽度将达到 500 ~ 600 m，10 d 左右会逐步达到最大宽度。

5.4.4　口门分流过程分析

由于黄河下游河道为地上“悬河”，堤防决口后，洪水在口门附近将形成局部冲刷坑，冲刷坑深度一般会达到 3 m 以上，同时洪水以跌水之状在滩地溯源冲刷，形成深槽。口门冲刷坑和滩地深槽的形成对口门分洪必然产生重要的影响，甚至会造成河道摆动，出现全河夺溜。

根据历史资料，口门宽度在 800 m 以下分大河流量 70% ~ 80%，口门宽度达到 1 000 m 以上将全河夺溜，悬河形势比较突出的河段口门宽度 330 m 就出现了全河夺溜(1843 年，中牟九堡)。

根据黄河水利科学研究院概化模型试验成果，在口门宽度固定、水流对滩地的溯源冲刷受到限制的情况下，由于口门分洪和河道地形的调整，在滩地仍能形成宽 400 ~ 500 m、深 4 ~ 6 m 的深槽，10 000 m^3/s 时口门处堤前水位低于滩面 2 m，说明滩地深槽过流能力会达到10 000 m^3/s 以上。

北京大学溃口模型的计算结果(2001 年)表明，堤防决口 2 d 左右将分大河流量 70% 左右，2 d 之后分流量基本稳定在 70% ~ 80%，未出现全河夺溜现象。本次采用黄河勘测规划设计研究院有限公司模型对东明和胡家岸两个典型口门进行计算，堤防决口 2 d 后口门分流比计算值也达到并稳定在 70% ~ 80%，口门分流量在 8 000 m^3/s 左右，未出现全河夺溜现象，和北京大学研究成果基本一致。

《黄河下游典型河段堤防溃口对策预案》采用 1982 年型 100 年一遇洪水，堤防决口

24 h 后采用全河夺溜，考虑水库拦蓄、引水工程分洪等应急措施后，中牟和东明口门分洪量占大河洪水总量的 70%，章丘口门分洪量占大河洪水总量的 50%；《溃口总体对策及措施研究》采用 1982 年典型洪水，分别考虑了东明口门峰前一天、洪峰当天和峰后一天决口等情况，以峰前一天决口为例，水库分蓄洪区等拦分措施实施前口门最大分流比采用 75%，口门分洪量占大河洪水总量的 43% ~56%，拦分后由于河道水量减小，最大分流比考虑全河夺溜，口门分洪量占大河洪水总量的 35% ~47%；《黄河下游重点河段溃堤应急对策》和《黄河下游溃堤洪水灾害与减灾对策》等项目中口门分流采用全河夺溜，考虑水库拦分后东明口门分洪量占大河水量的 53%，章丘口门分洪量约占大河水量的 70%。

综合历史资料记载、已有研究成果和本次溃口模型计算成果分析，黄河堤防决口后，口门分洪量会随着溃口发展迅速增大。北京大学和黄河勘测规划设计研究院有限公司的数学模型计算结果均表明，近 1 000 年一遇洪水条件下，第 1 天口门分洪量占大河流量的 50% ~60%，第 2 天口门分洪量会达到大河流量的 70% ~80%，2 d 之后溃口展宽速度变慢，溃口分流能力在10 000 m^3/s 以上，分流比稳定在 80% 左右。但是考虑现阶段数学模型在冲刷情况下模拟计算不能完全反映实际情况，尤其是黄河堤防决口存在堤防冲刷展宽、滩地溯源冲刷、河势激变等复杂情况，因此不能排除现状堤防决口后全河夺溜的可能性。黄河水利科学研究院的概化模型试验结果也表明，由于水流溯源冲刷在口门附近将形成规模较大的冲刷坑和冲刷深槽，洪峰过后退水阶段若大河流量小于口门分流能力，水流会顺着深槽流出河道，形成全河夺溜。

5.5 决堤洪水分析计算方案

5.5.1 决口时机拟定

决口时机选择直接影响进入保护区内洪量，对淹没范围影响较大。由于黄河情况复杂，一场洪水过程历时往往达到 10 多 d，在洪水过程的任何时候都可能发生。决口时机选择主要考虑因素包括：①口门处堤防工程设防标准；②决口形式，包括冲决、漫决及溃决等；③河道河势情况；④洪水量级。

目前，黄河下游堤防按照防御花园口站 22 000 m^3/s 的洪水流量设计，因此在选择决口时机时，应考虑洪水流量达到或者接近这一洪水流量的时刻。从黄河下游历史决口记载看，历史上决口主要为冲决和溃决两种形式。如前所述，考虑到目前黄河下游堤防建设的实际情况，大洪水漫决的机遇非常小，因此本次决口形式按溃决和冲决两种情况。花园口站发生 22 000 m^3/s 的洪水过程中，由于目前黄河下游“二级悬河”的不利河势，存在发生“横河”、“斜河”或“顺堤行洪”的可能性，水流直冲黄河大堤，堤防冲决的可能性增大。同时，堤根低洼的不利形态，导致积水深度增加，偎堤洪水历时延长，增加了堤防溃决的可能性。

2001 年黄河防汛抗旱总指挥部办公室开展的《溃口总体对策及措施研究》在选择决口时机时，对于接近黄河下游堤防设防标准的花园口站 22 000 m^3/s 洪水，东明决口时分别考虑了洪峰前一天、洪峰时刻、洪峰后一天三种方案，并对不同方案下洪水淹没情况进行了研究，结果见表 5-11。

表 5-11　不同决口时机淹没面积

淹没水深（m）	1982 年典型 100 年一遇洪水淹没面积（km²）		
	峰前一天决口（方案一）	洪峰时刻决口（方案二）	峰后一天决口（方案三）
0～0.5	1 336	1 156	1 224
0.5～1	1 224	1 264	1 300
1～2	1 664	1 612	1 554
2～3	492	408	348
>3	36	24	24
合计	4 752	4 464	4 440

由表 5-11 可以看出，方案一淹没总面积和水深大于 1.0 m 的淹没面积均大于方案二和方案三。考虑到黄河下游“二级悬河”的发育情况，同时为了使存在的洪水风险考虑得更为全面，本次洪水风险图编制，决口时机选择在洪峰到达前一天。济南以下河段，考虑到受大汶河来水影响，东平湖分洪存在不能完全按照预案分洪的风险，考虑防洪工程实际、经专家讨论认为口门断面大河流量超过 10 000 m^3/s 时（考虑区间入流）决口。

5.5.2　口门分流比设计

根据黄河下游堤防口门发展过程研究成果，黄河下游兰考—东明河段、东明—东平湖河段口门宽度为 1 000 m，济南—河口河段口门宽度为 700 m。由于黄河下游河道为地上“悬河”，堤防决口之后水流居高而下，决口后 24 h 堤防展宽较快，2 d 左右口门宽度也将达到 500～600 m，4 d 左右溃口基本稳定。

根据口门分洪过程研究成果以及专家咨询意见，近 1 000 年一遇洪水条件下，决口 48 h 内，分流比逐渐由 60% 增加至 80%，48 h 后随着口门进一步发展，分流比进一步增加，4 d 之后全河夺溜。

5.5.3　口门断面大河流量计算

口门断面大河流量计算以黄河下游典型断面设计流量过程为基础，采用一维水动力学模型推算至各个口门断面。一维模型进口水流条件见表 5-12，口门断面大河流量过程见图 5-55～图 5-57。

表 5-12　一维模型进口水流条件

控制断面	洪水类型	洪水历时（h）	洪峰流量（m^3/s）	洪量（亿 m^3）
夹河滩	1982 年典型 1 000 年一遇洪水	648	19 900	133
高村	1982 年典型 1 000 年一遇洪水	648	19 200	133
艾山	1982 年典型 1 000 年一遇洪水	648	11 000	120
	1933 年典型 100 年一遇洪水	1 224	11 000	246
	1933 年典型 1 000 年一遇洪水	1 224	11 000	306

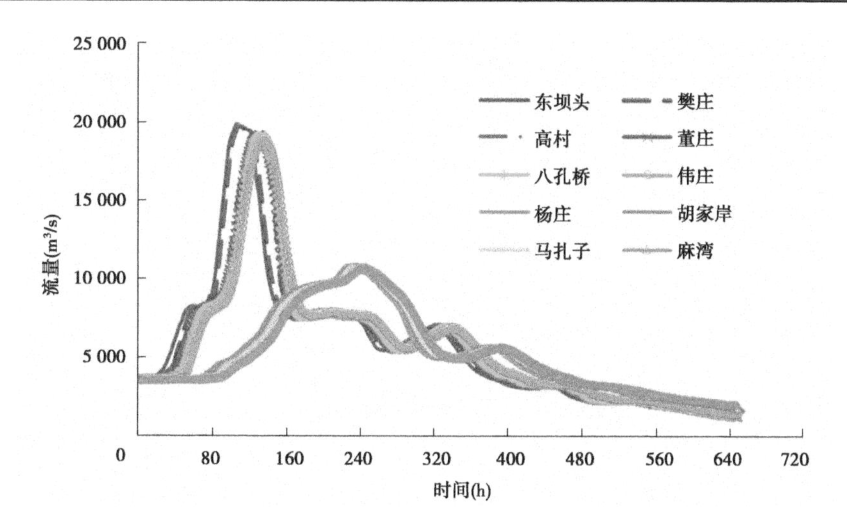

图 5-55　口门断面大河流量过程(1982 年典型 1 000 年一遇洪水)

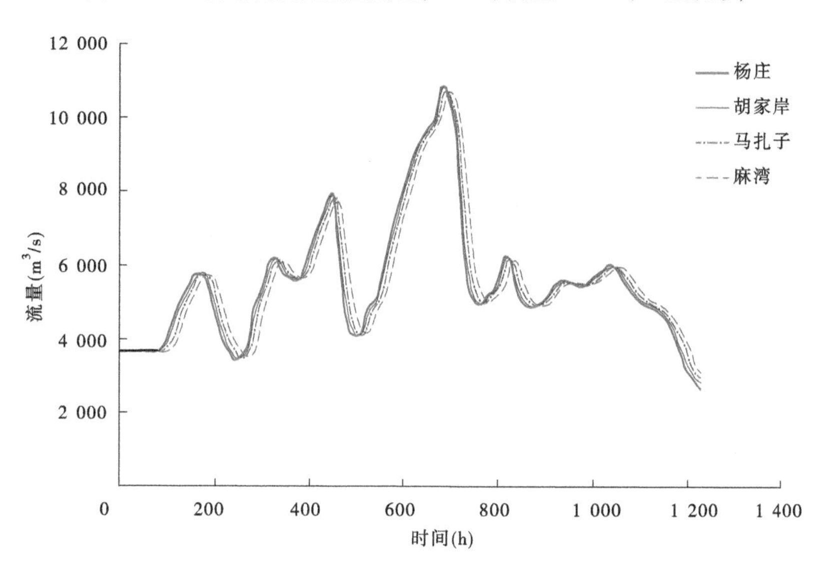

图 5-56　口门断面大河流量过程(1933 年典型 100 年一遇洪水)

5.5.4　洪水分析方案拟定

(1)黄河下游兰考—东明河段防洪保护区洪水分析计算方案。

该保护区洪水来源主要考虑黄河干流洪水,采用花园口站发生 22 000 m^3/s 流量洪水为计算洪水,根据选定的东坝头(桩号 135 +000 附近)、樊庄(桩号 171 +200 附近)、高村(桩号 204 +000 附近)等 3 处口门位置,研究确定口门分洪过程,计算单一口门决口条件下的洪水淹没情况。

(2)黄河下游东明—东平湖河段防洪保护区洪水分析计算方案。

该保护区洪水来源主要考虑黄河干流洪水,采用花园口站发生 22 000 m^3/s 流量洪水为计算洪水,根据选定的董庄(239 +000 附近)、八孔桥(276 +000 附近)、伟庄(310 +000

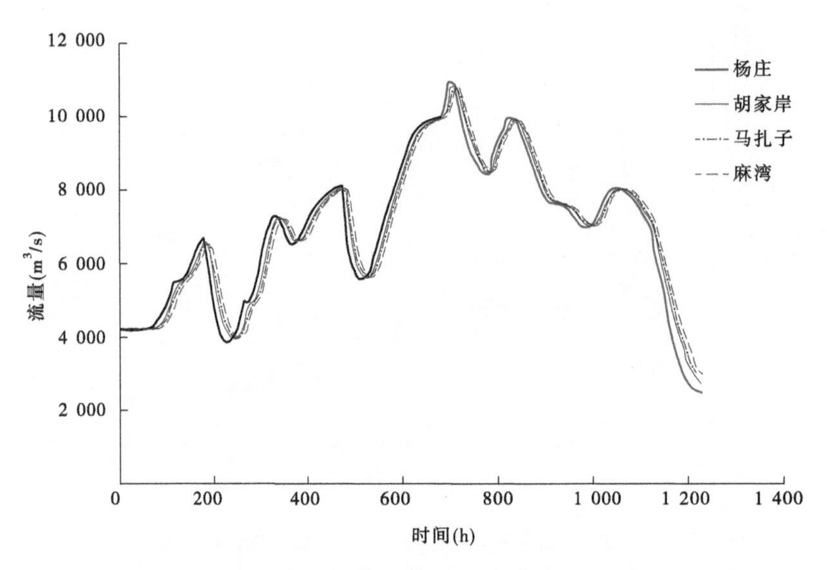

图 5-57 口门断面大河流量过程(1933 年典型 1 000 年一遇洪水)

附近)等 3 处口门位置,研究确定口门分洪过程,计算单一口门决口条件下的洪水淹没情况。

(3)黄河下游济南—河口河段防洪保护区洪水分析计算方案。

该保护区洪水来源主要考虑黄河干流洪水,根据不同典型、不同频率洪水的调节计算结果,提出的艾山站 11 000 m^3/s 对应的 30 年、近 1 000 年一遇洪水过程为计算洪水,根据选定的杨庄(16 +000 附近)、胡家岸(65 +000 附近)、马扎子(120 +000 附近)、麻湾(191 +400 附近)等 4 处口门位置,研究确定口门分洪过程,计算单一口门决口条件下的洪水淹没情况。

根据洪水方案、决口位置、口门发展过程及分流比设计成果,拟定不同区域的计算方案组合见表 5-13。对 1982 年典型近 1 000 年一遇洪水,兰考—东明河段东坝头、樊庄、高村 3 个口门分洪量分别为 103.3 亿 m^3、103.9 亿 m^3、99.2 亿 m^3,分别占大河水量的 78%、79%、75%;东明—东平湖河段董庄、八孔桥、伟庄 3 个口门分洪量分别为 98.9 亿 m^3、100.0 亿 m^3、100.8 亿 m^3,分别占大河水量的 74%、75%、76%;济南—河口河段杨庄、胡家岸、马扎子、麻湾 4 个口门分洪量分别为 85.8 亿 m^3、85.8 亿 m^3、85.7 亿 m^3,85.7 亿 m^3,分别占大河水量的 72%、71%、71%、71%;对 1933 年典型 100 年一遇洪水,济南—河口河段杨庄、胡家岸、马扎子、麻湾 4 个口门分洪量分别为 122 亿 m^3、122 亿 m^3、122 亿 m^3、121 亿 m^3,分别占大河水量的 50%、50%、49%、49%;对 1933 年典型 1 000 年一遇洪水,济南—河口河段杨庄、胡家岸、马扎子、麻湾 4 个口门分洪量均为 168 亿 m^3,占大河水量的 55%。

从已有成果来看,《黄河下游典型河段堤防溃口对策预案》中牟和东明口门分洪量占大河流量的 70%、章丘口门分洪量占大河流量的 50%;《溃口总体对策及措施研究》中,东明口门考虑峰前一天、洪峰当天和峰后一天决口等情况,口门分洪量占大河水量的 43% ~56%;《黄河下游重点河段溃堤应急对策》和《黄河下游溃堤洪水灾害与减灾对策》等项目中东明口门分洪量占大河水量的 53%,章丘口门分洪量约占大河流量的 70%。本次拟定的口门分洪量占大河水量的 51% ~75%,基本合理。

表5-13　计算方案

编号	区域	洪水来源	口门位置	口门宽度(m)	决口时机	大河设计洪量(亿 m^3)	口门分洪量(亿 m^3)	决口洪水历时(h)	口门分洪量占大河水量(%)
1	黄河下游兰考—东明河段防洪保护区	花园口站发生22 000 m^3/s洪水(1982年典型)	东坝头(桩号135+000附近)	1 000	洪峰前一天	133(夹河滩)	103.3	562	78
1	黄河下游兰考—东明河段防洪保护区	花园口站发生22 000 m^3/s洪水(1982年典型)	樊庄(桩号171+200附近)	1 000	洪峰前一天	133(夹河滩)	103.9	559	79
1	黄河下游兰考—东明河段防洪保护区	花园口站发生22 000 m^3/s洪水(1982年典型)	高村(桩号204+000附近)	1 000	洪峰前一天	133(高村)	99.2	544	75
2	黄河下游东明—东平湖河段防洪保护区	花园口站发生22 000 m^3/s洪水(1982年典型)	董庄(239+000附近)	1 000	洪峰前一天	133(高村)	98.9	542	74
2	黄河下游东明—东平湖河段防洪保护区	花园口站发生22 000 m^3/s洪水(1982年典型)	八孔桥(276+000附近)	1 000	洪峰前一天	133(高村)	100.0	540	75
2	黄河下游东明—东平湖河段防洪保护区	花园口站发生22 000 m^3/s洪水(1982年典型)	伟庄(310+000附近)	1 000	洪峰前一天	133(高村)	100.8	537	76
3	黄河下游济南—河口河段防洪保护区	近1 000年一遇洪水艾山站11 000 m^3/s洪水过程(1982年典型)	杨庄(16+000附近)	700	大河超10 000 m^3/s	120(艾山)	85.8	489	72
3	黄河下游济南—河口河段防洪保护区	近1 000年一遇洪水艾山站11 000 m^3/s洪水过程(1982年典型)	胡家岸(65+000附近)	700	大河超10 000 m^3/s	120(艾山)	85.8	486	71
3	黄河下游济南—河口河段防洪保护区	近1 000年一遇洪水艾山站11 000 m^3/s洪水过程(1982年典型)	马扎子(120+000附近)	700	大河超10 000 m^3/s	120(艾山)	85.7	480	71
3	黄河下游济南—河口河段防洪保护区	近1 000年一遇洪水艾山站11 000 m^3/s洪水过程(1982年典型)	麻湾(191+400附近)	700	大河超10 000 m^3/s	120(艾山)	85.7	472	71
3	黄河下游济南—河口河段防洪保护区	100年一遇洪水艾山站11 000 m^3/s洪水过程(1933年典型)	杨庄(16+000附近)	700	大河超10 000 m^3/s	246(艾山)	122	603	50
3	黄河下游济南—河口河段防洪保护区	100年一遇洪水艾山站11 000 m^3/s洪水过程(1933年典型)	胡家岸(65+000附近)	700	大河超10 000 m^3/s	246(艾山)	122	600	50

续表 5-13

编号	区域	洪水来源	口门位置	口门宽度(m)	决口时机	大河设计洪量(亿 m^3)	口门分洪量(亿 m^3)	决口洪水历时(h)	口门分洪量占大河水量(%)
3	黄河下游济南—河口河段防洪保护区	100 年一遇洪水艾山站 11 000 m^3/s 洪水过程(1933 年典型)	马扎子(120 +000 附近)	700	大河超 10 000 m^3/s	246(艾山)	122	595	49
			麻湾(191 +400 附近)	700	大河超 10 000 m^3/s	246(艾山)	121	587	49
		1 000 年一遇洪水艾山站 11 000 m^3/s 洪水过程(1933 年典型)	杨庄(16 +000 附近)	700	大河超 10 000 m^3/s	306(艾山)	168	619	55
			胡家岸(65 +000 附近)	700	大河超 10 000 m^3/s	306(艾山)	168	610	55
			马扎子(120 +000 附近)	700	大河超 10 000 m^3/s	306(艾山)	168	607	55
			麻湾(191 +400 附近)	700	大河超 10 000 m^3/s	306(艾山)	168	602	55

第 6 章　黄河决堤洪水淹没风险

6.1　大范围长历时复杂内边界二维洪水演进分析关键技术

由于“黄河流域洪水风险图编制项目”涉及防洪保护区面积 12 万 km^2，在如此大范围内进行长历时二维模型洪水演进分析，计算难度国内仅见，通过优化网格布置，合理概化保护区内复杂的河网和繁多的线状构筑物，成功完成了保护区大范围长时间尺度的洪水演进计算。

6.1.1　模型构建

6.1.1.1　模型原理及算法

MIKE21FM 水动力模块为沿水深平均的平面二维水动力学模型，模型控制方程包括连续方程和动量方程，模型可基于直角坐标或球面坐标求解。控制方程采用有限体积法离散，空间项按照近似黎曼间断问题求解，时变项采用显格式求解。

1. 控制方程

对水平尺度远大于垂直尺度、流速等水力参数沿垂向变化可以忽略的流动，可引入布辛涅斯克假设和静水压力假设，将三维水流运动控制方程沿水深积分，得到水深平均二维模型的控制方程：

$$h = \eta + d \tag{6-1}$$

连续方程：

$$\frac{\partial h}{\partial t} + \frac{\partial h\bar{u}}{\partial x} + \frac{\partial h\bar{v}}{\partial y} = hS \tag{6-2}$$

动量方程：

$$\frac{\partial h\bar{u}}{\partial t} + \frac{\partial h\bar{u}^2}{\partial x} + \frac{\partial h\,\overline{uv}}{\partial y} = f\bar{v}h - gh\frac{\partial \eta}{\partial x} - \frac{h\partial p_a}{\rho_0 \partial x} - \frac{gh^2}{2\rho_0}\frac{\partial \rho}{\partial x} + \frac{\tau_{sx}}{\rho_0} - \frac{\tau_{bx}}{\rho_0} - \frac{1}{\rho_0}\left(\frac{\partial S_{xx}}{\partial x} + \frac{\partial S_{xy}}{\partial y}\right) + \frac{\partial}{\partial x}(hT_{xx}) + \frac{\partial}{\partial y}(hT_{xy}) + hu_sS \tag{6-3}$$

$$\frac{\partial h\bar{v}}{\partial t} + \frac{\partial h\bar{v}^2}{\partial y} + \frac{\partial h\,\overline{uv}}{\partial x} = f\bar{u}h - gh\frac{\partial \eta}{\partial y} - \frac{h\partial p_a}{\rho_0 \partial y} - \frac{gh^2}{2\rho_0}\frac{\partial \rho}{\partial y} + \frac{\tau_{sy}}{\rho_0} - \frac{\tau_{by}}{\rho_0} - \frac{1}{\rho_0}\left(\frac{\partial S_{yx}}{\partial x} + \frac{\partial S_{yy}}{\partial y}\right) + \frac{\partial}{\partial x}(hT_{xy}) + \frac{\partial}{\partial y}(hT_{yy}) + hv_sS \tag{6-4}$$

$$h\bar{u} = \int_{-d}^{\eta} u\mathrm{d}z h\bar{v} = \int_{-d}^{\eta} v\mathrm{d}z \tag{6-5}$$

式中：$\bar{u}$ 和 $\bar{v}$ 为基于水深平均的流速，分别为垂向平均流速在 x 与 y 方向的分量；t 为时间；

x、y、z 为笛卡儿坐标；η 为河底高程；d 为静水水深；$h = \eta + d$，为总水头；u、v 为 x、y 方向的速度分量；g 为重力加速度；ρ 为水的密度；S_{xx}、S_{xy}、S_{yx}、S_{yy} 为辐射应力的分量；p_a 为大气压强；ρ_0 为水的相对密度；S 为点源流量大小；u_s、v_s 为源汇项水流的流速。

侧向应力项 T_{ij} 包括黏滞摩擦、湍流摩擦、差异平流，其值由基于水深平均的流速梯度的涡黏性公式估算。

$$\left.\begin{aligned} T_{xx} &= 2A\frac{\partial \overline{u}}{\partial t} \\ T_{xy} &= A\left(\frac{\partial \overline{u}}{\partial y} + \frac{\partial \overline{v}}{\partial x}\right) \\ T_{yy} &= 2A\frac{\partial \overline{v}}{\partial y} \end{aligned}\right\} \tag{6-6}$$

2. 数值解法

1) 空间离散

浅水方程组的通用形式一般可以写成：

$$\frac{\partial U}{\partial t} + \nabla F(U) = S(U) \tag{6-7}$$

式中：U 为守恒型物理矢量；F 为通量矢量；S 为源项。

在笛卡儿坐标系中，二维浅水方程组可以写为

$$\frac{\partial U}{\partial t} + \frac{\partial (F_x^I - F_x^V)}{\partial x} + \frac{\partial (F_y^I - F_y^V)}{\partial y} = S \tag{6-8}$$

式中：上标 I、V 分别为无黏性的和黏性通量。

对式(6-7)第 i 个单元积分，并运用 Gauss 原理重写可得出：

$$\int_{Ai}\frac{\partial U}{\partial t}\mathrm{d}\Omega + \int_{Fi}(Fn)\,\mathrm{d}s = \int_{Ai}S(U)\,\mathrm{d}\Omega \tag{6-9}$$

式中：Ai 为单元 Ωi 的面积；Fi 为单元的边界；$\mathrm{d}s$ 为沿着边界的积分变量。

以计算网格中的三角形或四边形单元为控制体，将待求变量布置于控制体中心，采用有限体积法对控制方程进行离散。离散时使用单点求积分来计算面积的积分，使用中点求积法来计算边界积分，式(6-9)可以写为

$$\frac{\partial U_i}{\partial t} + \frac{1}{A_i}\sum_{j}^{NS} Fn\Gamma_j = S_i \tag{6-10}$$

式中：U_i 和 S_i 分别为第 i 个单元的待求变量和源项；NS 是单元边界数；$\Delta\Gamma_j$ 为第 j 个单元的长度。

离散方程中对流项可采用一阶或二阶 Riemann 格式求解。使用 Roe 方法时，界面左边的和右边的相关变量需要估计取值。当采用二阶格式时，空间精度可以通过线性梯度重构技术获得。为了避免数值振荡，模型采用二阶 TVD 格式。

2) 时间积分

将平面二维水动力学控制方程转换为如下通用形式：

$$\frac{\partial U}{\partial t} = G(U) \tag{6-11}$$

通用控制方程时间积分可采用低阶方法和高阶方法求解。低阶方法为显式的 Euler 方法：

$$U_{n+1} = U_n + \Delta t G(U_n) \tag{6-12}$$

式中：Δt 为时间步长。

高阶方法为二阶 Runge - Kutta 方法：

$$\left.\begin{aligned} U_{n+1/2} &= U_n + \frac{1}{2}\Delta t G(U_n) \\ U_{n+1} &= U_n + \Delta t G(U_{n+1/2}) \end{aligned}\right\} \tag{6-13}$$

3）边界条件

（1）闭合边界：满足不穿透条件，即垂直于闭合边界的法向通量为0。

（2）开边界：开边界条件可以指定为流量过程或者水位过程。

（3）干湿边界：干湿动边界处理技术采用赵棣华等（1994）和 Sleigh 等（1998）的研究成果，当网格单元上的水深变浅但尚未处于露滩状态时，相应水动力计算采用特殊处理，即该网格单元上的动量通量置为0，只考虑质量通量；当网格上的水深变浅至露滩状态时，计算中将忽略该网格单元直至其被重新淹没。

模型计算过程中，每一计算时间步长均进行所有网格单元水深的检测，并依照干点、半干湿点和湿点三种类型进行分类，且同时检测每个单元的临边以找出水边线的位置。

满足下面两个条件的网格单元边界将被定义为淹没边界：首先单元的一边水深必须小于干水深而另一边水深必须大于淹没水深；其次水深小于干水深的网格单元的静水深加上另一单元表面高程水位必须大于0。

满足下面两个条件单元会被定义为干单元：首先单元中的水深必须小于干水深，另外该单元的三个边界中没有一个是淹没边界。被定义为干的单元在计算中会被忽略不计。

单元被定义为半干：如果单元水深介于干水深和湿水深之间，或是当水深小于干水深但有一个边界是淹没边界。此时动量通量被设定为0，只有质量通量会被计算。

单元被定义为湿：如果单元水深大于湿水深，此时动量通量和质量通量都会在计算中被考虑。

6.1.1.2　网格剖分

1. 网格剖分要求

黄河下游堤防保护区面积大，按照“黄河流域洪水风险图编制项目”实施方案及技术大纲要求，洪水分析计算网格平均面积原则上不超过0.2～0.3 km^2；对于地势平坦且人员稀疏的地区，网格面积不超过0.5～0.6 km^2，且此大小网格数量不超过全部网格数量的5%。

2. 网格剖分方案

网格剖分是影响二维水力学模型成果精度的关键环节，为优化网格布置，本次洪水分析采用不规则网格，对区域内地形变化大、边界复杂及高出地面0.5 m 的线状物沿线两侧以及淮河干流、贾鲁河、沙颍河、惠济河、涡河、西淝河、浍河、茨淮新河、怀洪新河、沱河及洪泽湖等重要河湖网格适当加密。剖分后的计算网格总数为260 917 个，网格面积一般在 0.1 ~ 0.2 km^2，最大不超过 0.5 km^2，满足实施方案及技术大纲要求。黄河下游郑州—开封河段右岸防洪保护区网格剖分结果见图 6-1。

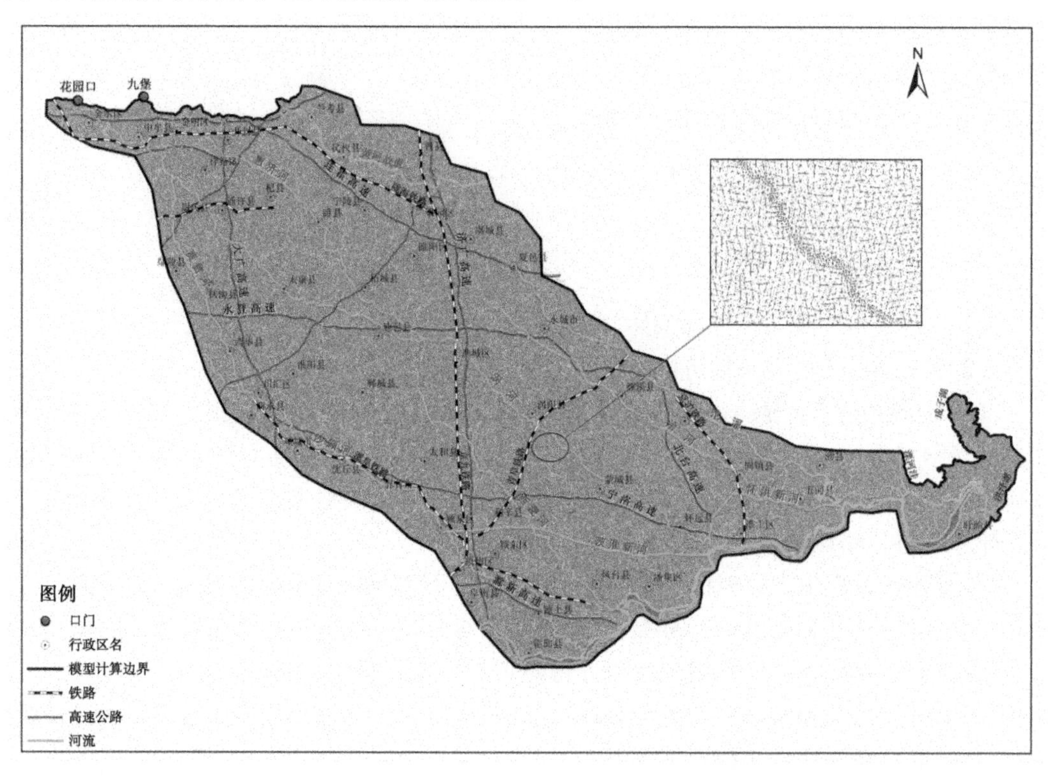

图 6-1　黄河下游郑州—开封河段右岸防洪保护区网格剖分结果

6.1.1.3　模型构建流程

建模流程为：①创建保护区地形文件（文件扩展名：.mesh）；②构建模拟文件（文件扩展名：.m21fm）；③设置模型基本参数和水动力参数，包括模拟时间和计算步长、边界条件、源汇、干湿区、初始水位、涡黏系数、糙率等；④模型输出文件设置（文件扩展名：.dfsu 文件及.dfs0 文件）。

建模流程见图 6-2。

1. 创建保护区地形文件

保护区内地形采用 2013 年 1∶50 000 矢量图和 DEM 数据，同时结合河道大断面资料及现场实际查勘情况，对保护区内规模较大的淮河干流、贾鲁河、沙颍河、惠济河、涡河、西淝河、浍河、茨淮新河、怀洪新河、沱河及洪泽湖等重要河湖进行局部地形处理。将 DEM 离散高程点以文本形式导入 MIKE21 的网格文件进行网格高程插值，得到的地形云图见图 6-3。

2. 构建模拟文件

MIKE21FM 水流模型是模拟二维自由表面水流的模型系统，在 MIKE Zero 中创建适用于不规则网格的.m21fm 文件。MIKE 21fm 包括两部分，第一部分是模型设置的基本参数，第二部分是水动力模块的相关参数，见图 6-4。

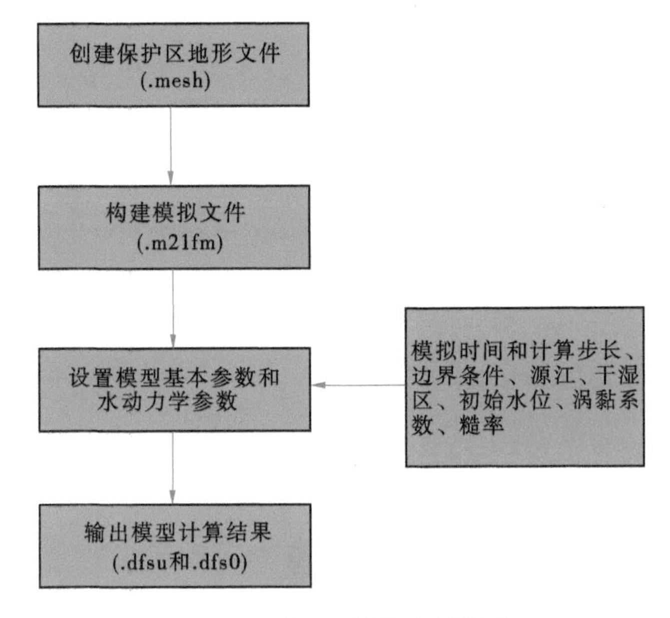

图 6-2　保护区二维模型建模流程

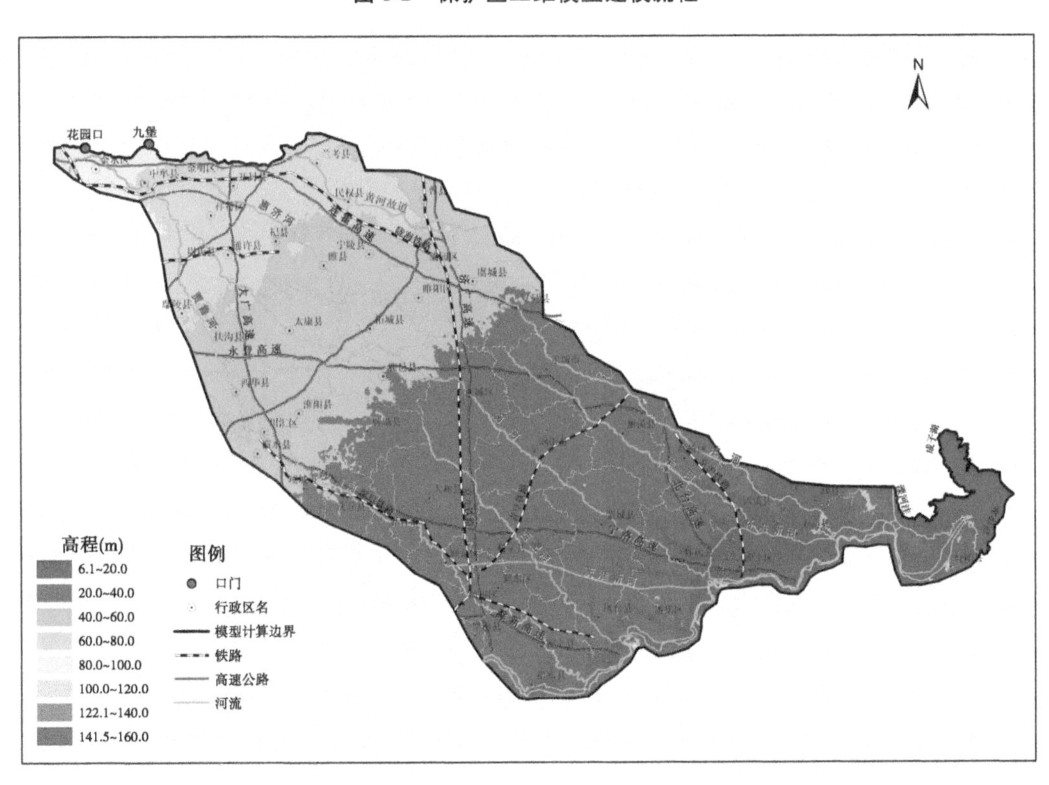

图 6-3　黄河下游郑州—开封河段右岸防洪保护区地形云图

3. 设置模型基本参数和水动力参数

1）模拟时间和计算步长

设计洪水采用“82 · 8”型洪水，考虑到设计洪水过程结束时，大河流量仍较大，洪水在保护区内的演进还在继续，为满足保护区洪水演进计算的需要，按照黄河下游洪水退水规律，将后续洪水延长至1 000 m^3/s左右，历时为27 d。

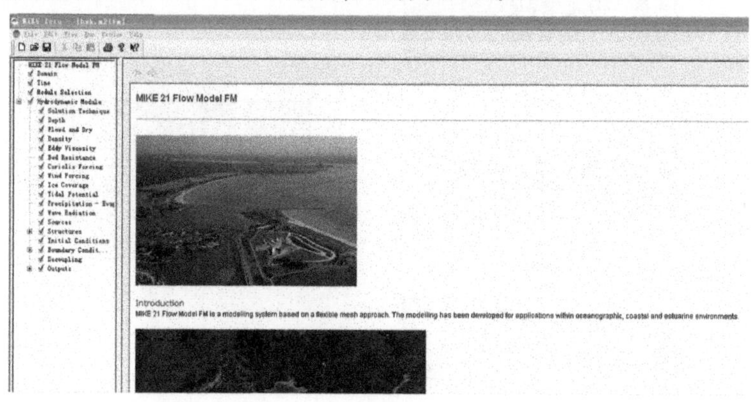

图6-4　.m21fm 文件界面

在二维水动力学模型中，计算时间步长是影响模型计算的一个比较重要的参数，为保证模型稳定运行且具有较高运行效率，经反复调试，防洪保护区二维模型的最大时间步长设定为30 s，最小时间步长设定为0.01 s，模型根据网格质量、进洪情况及区域地形复杂程度会自动调整计算时间步长，见图6-5。

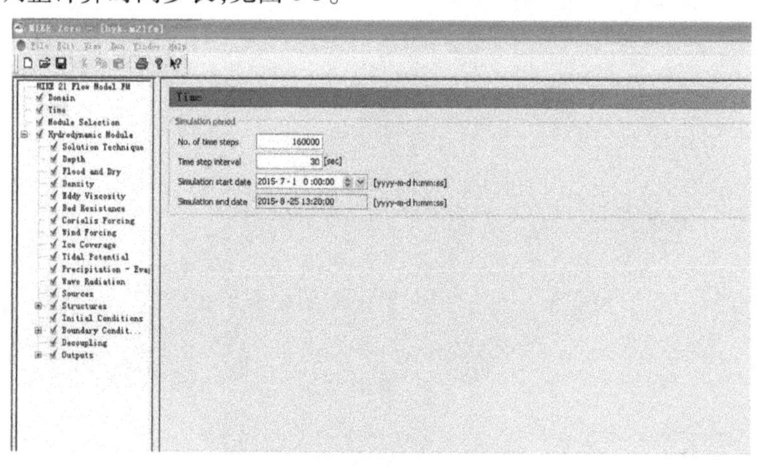

图6-5　模拟时间和计算步长

2）边界条件

洪水分析计算模型定义了三种边界，分别为进口边界、出口边界和固壁边界。

进口边界为花园口和九堡两个口门，设置为流量边界（special discharge），计算时将溃口出流过程按照随时间变化的流量以 dfs0 文件加载入模型，在 Bandary conditions 中体现，见图6-6。

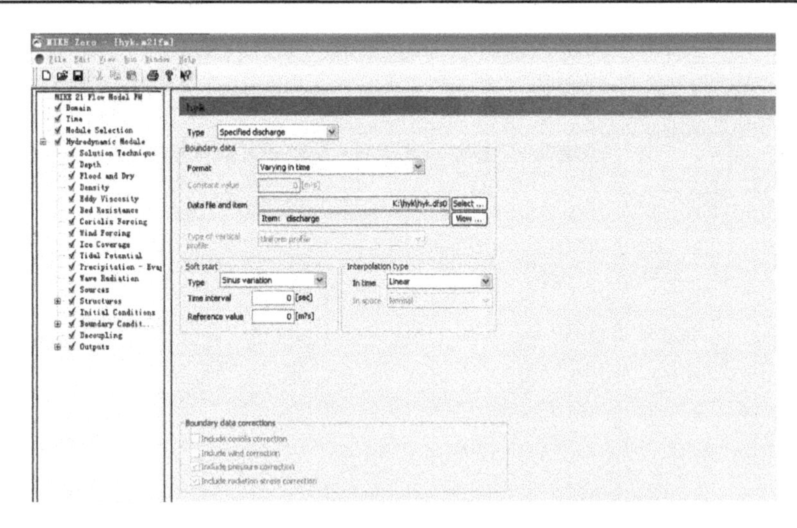

图 6-6　二维模型进口边界（花园口口门溃口流量过程）

出口边界为洪泽湖三河闸、二河闸及高良涧闸，设置为水位流量关系曲线（special level），计算时，将各闸的水位流量关系曲线以 dfs0 文件加载入模型，在 Bandary conditions 中体现，见图 6-7。

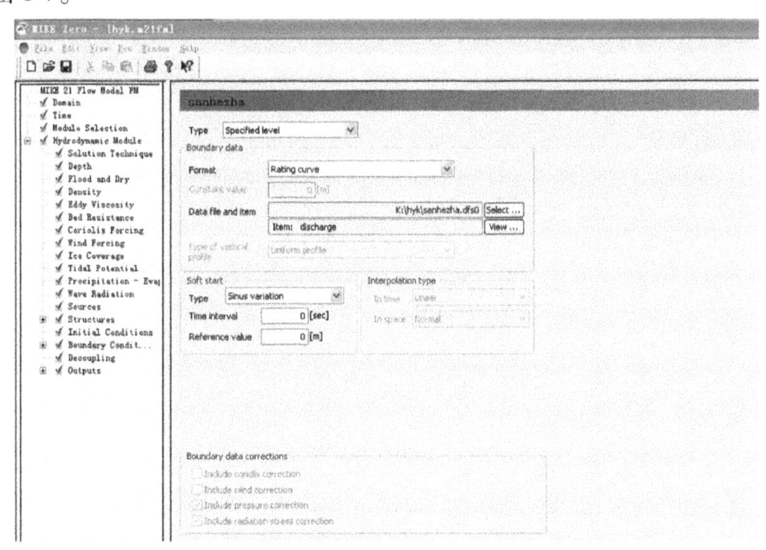

图 6-7　二维模型出口边界（三河闸水位流量关系）

除进口流量边界、出口水位边界外，计算区域外边界其他位置均为固壁边界，洪水演进过程中固壁边界满足不穿透条件。

3）干湿边界

水流淹没区及非淹没区的边界，称为干湿边界。在洪水演进过程中，随流量及水位变化，干湿边界将不断调整，为避免过强浅水效应的影响，在模型中应使用干湿边界（Flood and dry）模块。MIKE21FM 定义了干水深（Drying depth）、淹没水深（Flooding depth）和湿水深（Wetting depth），当某一网格单元的水深小于湿水深时，在此单元上的水流计算会被相应调整，而当水深小于干水深时，会被冻结而不参与计算。干水深、浸没水深和湿水深分别取 0.005 m、0.05 m 和 0.1 m，见图 6-8。

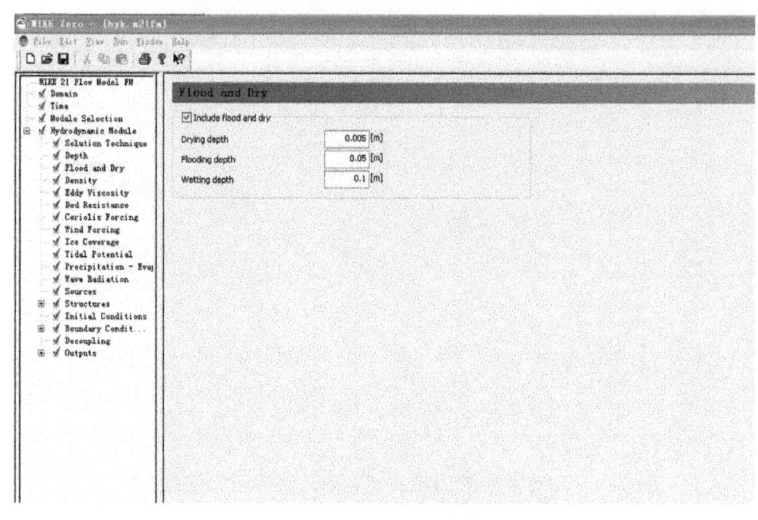

图 6-8　设置干湿边界

4）初始条件

根据技术大纲审查意见"黄河洪水不填洼，保护区内洪水不出槽"，不考虑保护区内支流水下地形，其基流水面按固结表面考虑，黄河洪水在其表面流动，合理拟定基流水面糙率；保护区内洪泽湖按正常蓄水位考虑。根据上述原则设置模型的初始文件（文件扩展名：.dfsu），见图 6-9。

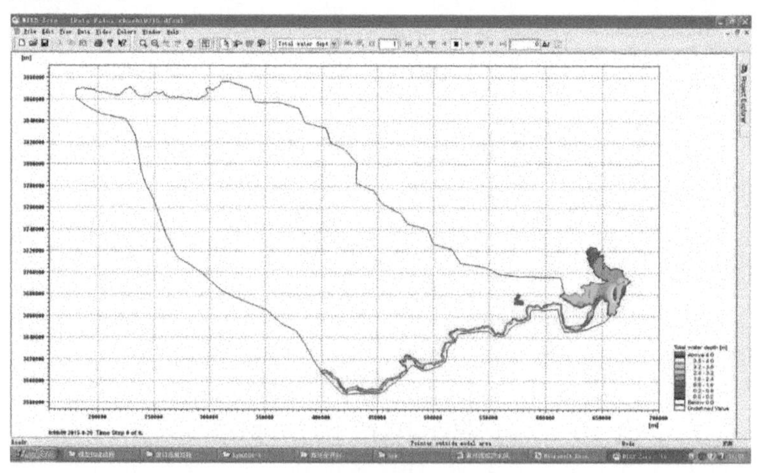

图 6-9　二维模型初始条件

5）线性地物

保护区内高速公路、铁路及内河堤防等高于地面 0.5 m 的线状地物均按照"dike"概化。二维模型中按"dike"模块加载的线性地物分布见图 6-10，"dike"模块参数设置见图 6-11，线性地物的概化详见"6.1.2　构筑物概化及特殊问题处理"。

6）糙率

在二维水动力模型中，糙率以曼宁常数来表示。根据防洪保护区土地利用情况和不

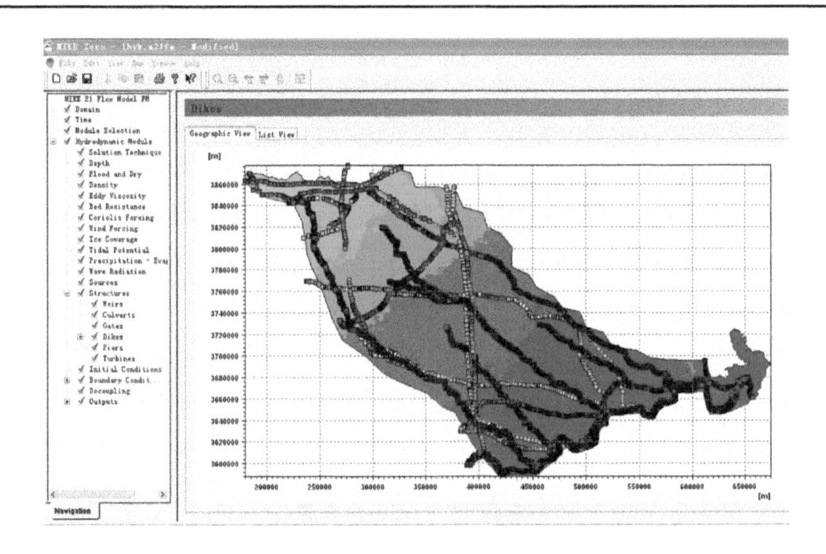

图6-10　二维模型按“dike”模块加载的线性地物分布

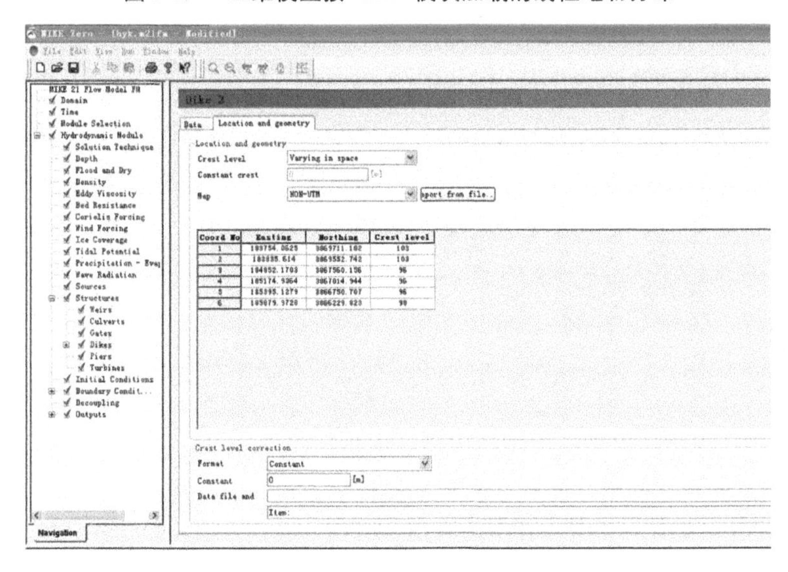

图6-11　“dike”模块参数设置

同地貌下垫面类型分区糙率取值,生成糙率文件(文件扩展名:.dfsu),见图6-12。

7)涡黏系数

涡黏系数对计算结果无明显影响,采用默认值,见图6-13。

4.输出模型计算结果

模型输出步长设定为30 min,输出文件包括面文件“2D horizontal”(文件扩展名:.dfsu)、断面流量过程文件“Discharge”(文件扩展名:.dfs0)和淹没统计计算数据文件“Inundation”(文件扩展名:.dfsu)。

面文件输出水位、水深、流速等淹没数据;断面流量过程文件输出特定断面处的流量过程;淹没统计计算数据文件输出最大水深、最大水深出现时间、最大流量、最大流量出现时间等数据。

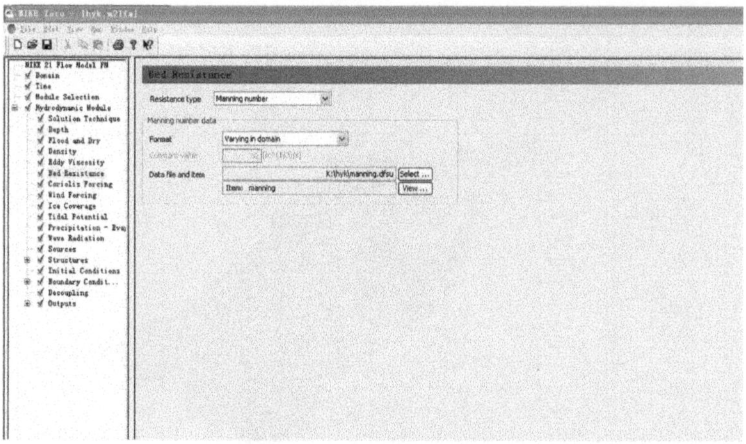

图 6-12　糙率参数设置

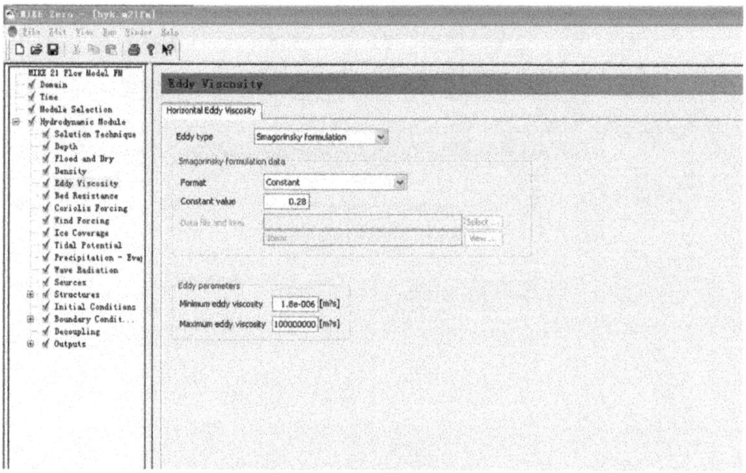

图 6-13　涡黏系数设置

6.1.2　构筑物概化及特殊问题处理

6.1.2.1　建筑物概化

计算区域内常常存在桥梁、码头、闸、堰、涵洞等涉水建筑物，对桥梁、码头等以桩或桩群阻水的涉水建筑物，采用局部加糙的方法进行处理，加糙方法参考一维模型内边界处理。对于闸、坝、涵洞和倒虹吸等控制性建筑物，原则上考虑为入流或出流边界，根据建筑物的水位流量关系确定过流条件，如南四湖上级湖和下级湖湖区水流运动计算，可考虑将上、下级湖分为两部分，将二级坝转化为上级湖的出口边界、下级湖的入口边界，根据二级坝的水位流量关系曲线确定计算边界条件。

对水头较低、以自由漫流为主且不便于考虑为出流边界的控制性建筑物，可近似假定流过控制性建筑物的水流满足平面二维模型的基本假定，利用平面二维模型控制方程模拟其水流运动，过流能力通过调整局部糙率系数满足，如低水头、高淹没度的涵、闸、分蓄洪区的隔堤等。

模型计算时只需要定内边界种类和运用条件,即可以通过平面二维模型控制方程统一求解。根据不同建筑物的性质,概化了 4 类边界。

(1)无控制性、自由冲刷的堤坝,主要用于定义具有一定抗冲能力的土质建筑物。计算过程中,程序读入建筑物的坝面高程,将局部地形修改为坝面高程,当水位高于建筑物的坝面高程后,开始过流,坝面可以自由冲刷,如分蓄洪区内的隔堤、黄河下游滩区上的生产堤均可以定义为此内边界。

(2)瞬间溃塌的堤坝,主要用于定义漫流后会很快溃决的土质建筑物。计算过程中,程序读入建筑物的坝面高程,将局部地形修改为坝面高程,判断水流条件是否满足建筑物启用条件,当水流条件满足建筑物的启用条件时,认为建筑物会瞬间溃决,如堤防上没有闸门控制的分洪口门;当河道水流条件满足分蓄洪区启用条件时,需要人工决口的部位可定义为此类内边界。

(3)自由漫流的堤坝,主要用于定义具有抗冲能力的涉水建筑物,如混凝土溢流堰。计算过程中,程序读入建筑物的坝面高程,将局部地形修改为坝面高程,水位高于建筑物的坝面高程后,开始过流,坝面不参与变形计算,如黄河下游滩区的混凝土路、避水台等可定义为此类内边界。

(4)人工调度的闸坝,主要用于定义满足某一条件后,需要通过人工调度才开始过流的控制性建筑物。计算过程中,程序读入建筑物的起调水位,当水位高于建筑物的起调水位后,开始过流,闸底不参与变形计算,如分洪闸等建筑物可定义为此类内边界。

对于涵洞等过流过程中会出现具有有压流动的涉水建筑物,在定义内边界时还需要确定通过内边界的水流液面能够达到的最大高程,如涵洞需要确定涵管的顶部高程。计算过程中,当判断液面达到涵管顶部时,按照局部有压流动处理。

6.1.2.2　特殊问题处理

1. 局部流动处理

计算区域内,水流流过由冰面覆盖的区域、倒虹吸或涵洞等水工建筑物时,可能存在流动。局部有压流动的处理是平面二维模型构建过程中的难点之一,在很多时候甚至直接影响计算精度,如南水北调中线工程干渠两侧串流区,部分水流会通过涵洞流到干渠的另外一侧,水位较低时涵洞内为无压流动,水位上升到一定程度后涵洞内水流为局部有压流动,如何相对准确地处理局部有压流动是确定计算精度的关键因素。

假定通过复杂内边界的局部有压流动符合平面二维模型的基本假定,从平面二维模型的基本方程出发进行改进,使其能够处理局部有压流动。假定在具有有压流动段,测压管水位为

$$z = z_0 + \frac{1}{\rho g}p_0$$

式中:z_0 为局部有压液面高程;p_0 为管道顶部的压强。

在式中,若水流没有到达管道顶部,则为无压流动,z_0 为水位,p_0 为大气压强(取值为 0);若水流到达管道顶部,则 z_0 为管道顶部高程,也即水流液面能够达到的最大高程,p_0 为液面压强。

复杂内边界过流能力的复核需要通过局部糙率系数来调整实现。

值得说明的是,在改进模型的过程中忽略了固壁边界在水压力作用下的变形,因此只

适合一些压强较低的有压流动的近似计算。

2. 线状工程与地物处理

保护区内的堤防、铁路、公路、桥梁、涵洞等线状工程和地物影响洪水演进过程，起到阻水导流作用，是开展洪水分析时需要考虑的重要因素。本次计算根据《洪水风险图编制细则》、实施方案和技术大纲要求，考虑了高于地面 0.5 m 的堤防、铁路、公路等线状工程以及桥梁和涵洞等地物。

1) 堤防

对保护区范围内淮河干流、贾鲁河、沙颍河、惠济河、涡河、西淝河、浍河、茨淮新河、怀洪新河、沱河及洪泽湖等河湖，考虑其堤防阻水作用，对其堤防进行了概化处理。在二维水动力学模型中，对上述内河堤防通过 MIKE 模型中的“dike”模块按线状要素定义在网格边界上，如图 6-14 所示。在有交叉建筑物、受洪水冲刷或浸泡易溃的堤段，当积水达到或接近堤防设计水位时考虑堤防决口；或积水较深、历时较长的部分堤段，考虑堤防决口。

2) 公路和铁路

公路和铁路对水流的作用主要是路基阻水，在二维水动力学模型中，对高于地面 0.5 m 的公路和铁路通过 MIKE 模型中的“dike”模块按线状要素定义在网格边界上，如图 6-15 所示。当积水高程超过公路和铁路顶面高程时考虑漫顶。新建或在建的高速铁路普遍以高架形式穿越保护区，高架桥对水流的作用可看作桩或桩群阻水，采用局部地形调整和局部糙率调整进行概化。

本次模型计算中进行概化处理的有连霍高速等 12 条公路和京沪线等 7 条铁路，见表 6-1。

表 6-1　模型计算中进行概化处理的公路和铁路

类别	名称
公路	连霍高速、京台高速、滁新高速、大广高速、济广高速、兰南高速、宁洛高速、日兰高速、永登高速、郑民高速、商周高速、京港澳高速
铁路	陇海铁路、京广铁路、京九铁路、京沪铁路、朝杞铁路、阜新铁路、青阜铁路

3. 桥梁及涵洞

黄河下游防洪保护区涉及范围较大，公路、铁路、输水渠道线状地物众多，沿线涵洞、桥梁密布。根据技术大纲审查意见，对保护区内线状工程沿线涵洞及桥梁进行适当的合并简化处理。结合桥涵特征及分析计算需求，拟定处理原则如下：

(1) 以公路、铁路交叉位置处的大型立交桥为中心，合并附近的涵洞。

(2) 以河道、沟渠上的桥梁为中心，合并附近的涵洞。

(3) 对附近为较大过水通道的涵洞群，将涵洞合并到位置最低处。

(4) 合并后原则上维持涵洞高度不变，根据排水能力确定合并后的宽度。

按照上述原则对保护区内的涵洞及桥梁进行概化。

4. 河流湖泊

根据技术大纲审查意见“黄河洪水不填洼，保护区内洪水不出槽”，不考虑保护区内支流及河湖水下地形，其基流水面按固结表面考虑（其中洪泽湖按正常蓄水位考虑），黄河洪水在其表面流动。

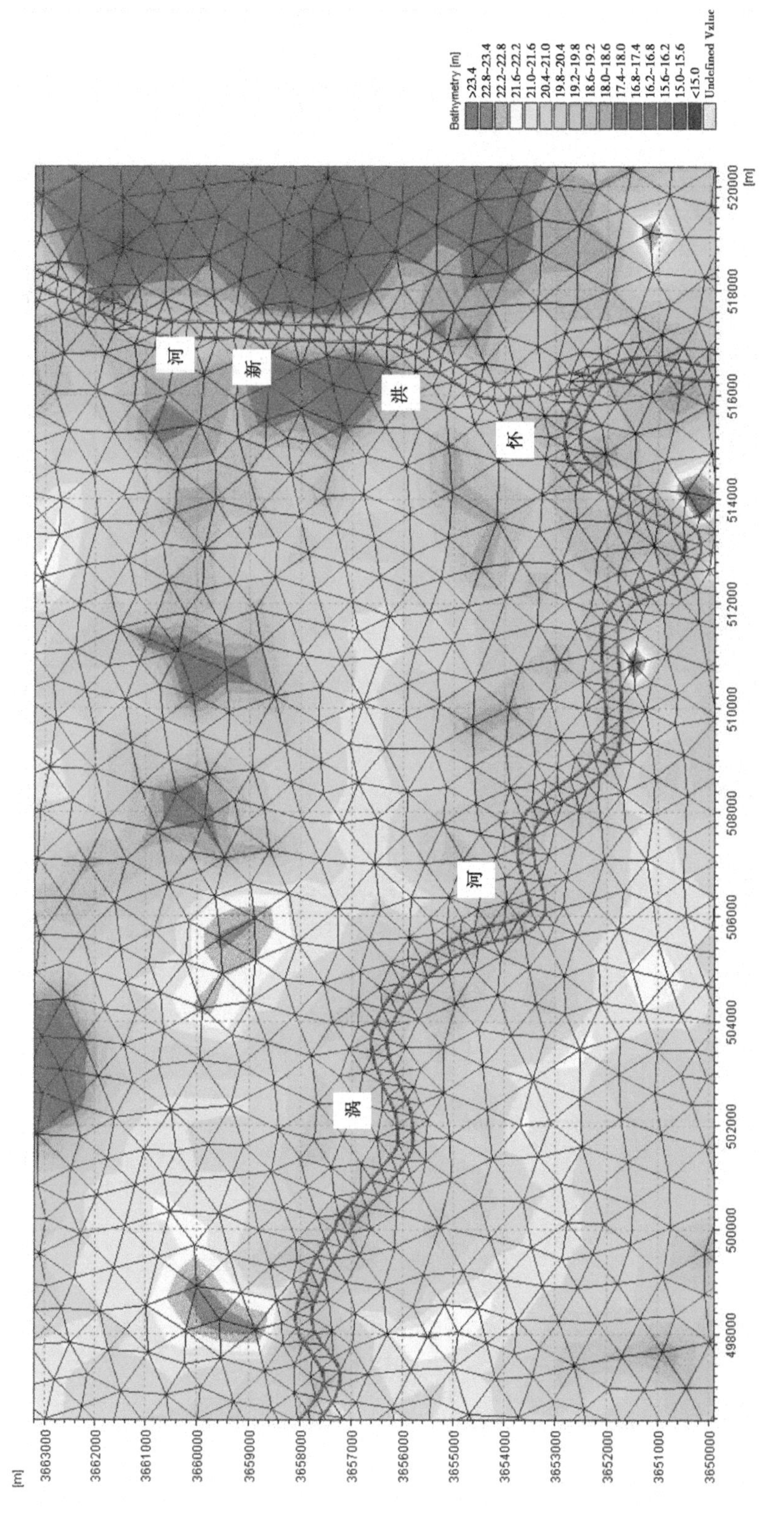

图 6-14　涡河、怀洪新河堤防概化图

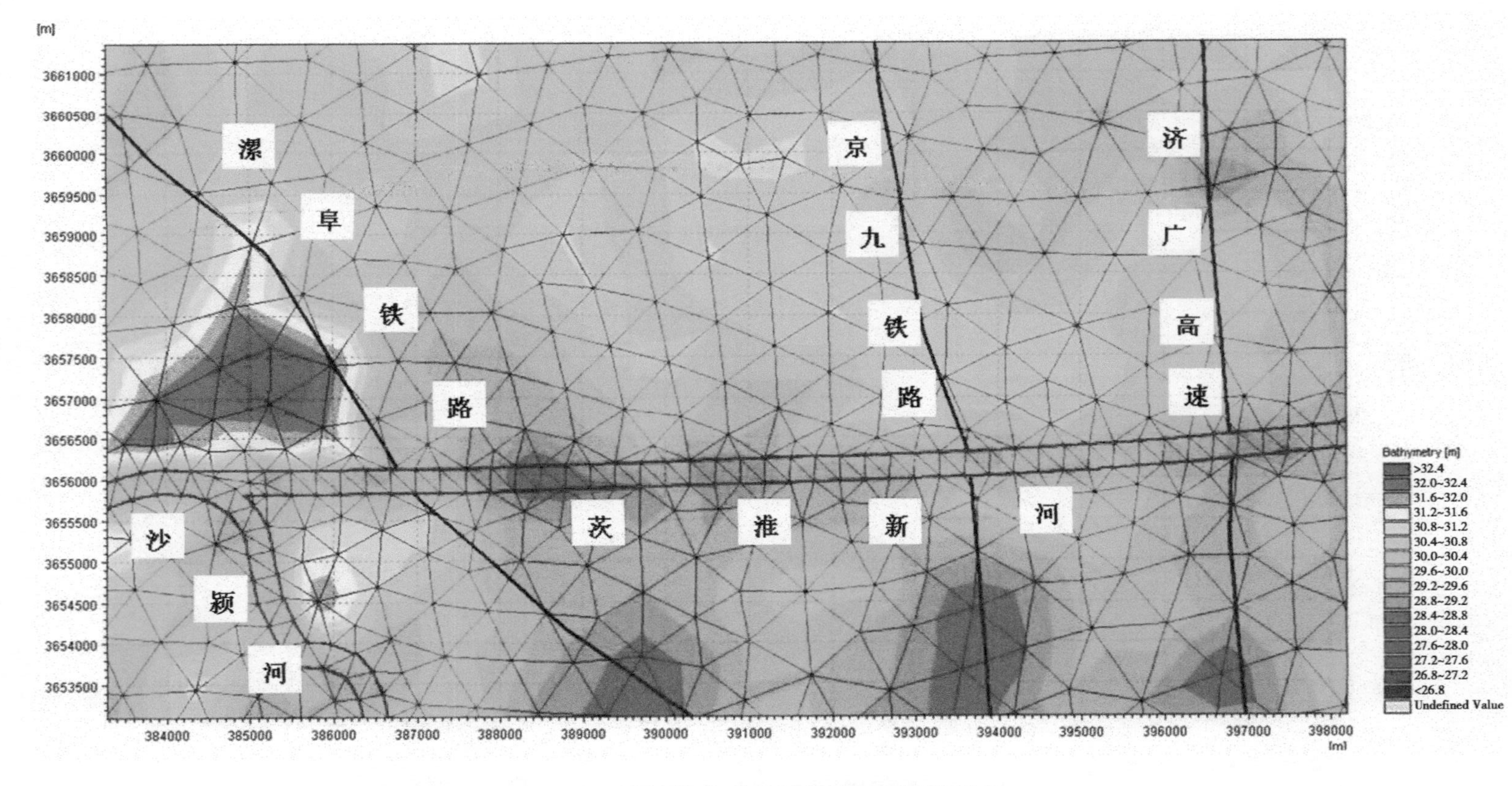

图 6-15　漯阜铁路、京九铁路及济广高速概化图

5. 其他

对于桥梁、村镇等点状或面状构筑物，灵活采用局部地形调整法和局部糙率调整法进行概化。

对于水闸、泵站等构筑物，考虑到黄河决堤洪水量极大，洪水频率远远高于分析计算区域内构筑物的设计标准，且决堤洪水往往水沙俱下，破坏力大，根据技术大纲审查意见，不考虑水闸泵站运用。

对于泥沙、洪水内涝及蒸发渗漏损失问题，根据技术大纲审查意见，不做考虑。

6.1.3　模型参数选取

黄河下游防洪保护区涉及的计算范围大，区域内地形地物复杂，且缺乏实测洪灾资料，因此2015年度技术大纲审查提出“保护区模型参数参考近似地区模型应用情况，结合专家经验，综合分析确定”，按照审查意见，参考《水力计算手册》(第2版)中取值范围以及已通过审查的2014年度下游洪水风险图成果中糙率取值，综合确定黄河下游保护区不同类型下垫面糙率，并进行了糙率敏感性分析。

黄河下游保护区下垫面类型包括城镇居民地及居民地设施、河湖、有植被覆盖的土地和无植被覆盖的空地。其中，城镇居民地包括街区、高层建筑区、房屋区、棚房区等；居民地设施包括露天货场、露天采掘场等工业区，饲养场、水产养殖场等农业养殖区，露天体育场、高尔夫球场等居民娱乐设施区；河湖包括河流、湖泊、水库、运河、池塘等；有植被覆盖的土地包括林地、草地、水田、荒地等；无植被覆盖的土地包括平沙地、龟裂地和石块地等。

6.1.3.1　城镇糙率选取

城镇居民地及居民地设施糙率按下式进行计算：

$$n = n_0(1.0 + \alpha)^2$$

式中：n 为考虑城镇阻水的糙率；n_0 为无城镇时的基本糙率；α 为网格内城镇所占面积比例。

6.1.3.2　河湖水面糙率选取

根据《水力计算手册》(第2版)中关于糙率取值范围，初选本次研究区域内的河道、湖泊、池塘等糙率范围按0.020~0.035考虑。实际计算中，对于有调查或实测洪水资料的河段，采用伯努利方程对其河道糙率进行估算修正。

6.1.3.3　有植被覆盖的土地

根据《水力计算手册》(第2版)中关于糙率取值范围，本次研究区域内半荒草地、荒草地、草地等糙率范围按0.025~0.035考虑；高草地糙率范围按0.03~0.05考虑；灌木林按0.04~0.08考虑；幼林、疏林按0.05~0.08考虑；成林，洪水在树枝以下的按0.08~0.10考虑，洪水在树枝以上的按0.10~0.12考虑。

6.1.3.4　无植被覆盖的空地

根据《水力计算手册》(第2版)中关于糙率取值范围，本次研究区域内平沙地、龟裂地以及石块地等无植被覆盖的空地糙率范围按0.026~0.038考虑。

黄河下游保护区不同地貌下垫面类型分区糙率选取见表6-2。根据防洪保护区土地利用情况和不同地貌下垫面类型分区糙率取值，生成糙率图，见图6-16。

表 6-2　黄河下游保护区不同地貌下垫面类型分区糙率选取

序号	地类名称	内容	糙率取值范围	序号	地类名称	内容	糙率取值范围
1	居民地	街区	0.06～0.08	26	河湖	海域	0.02～0.035
2		房屋		27		河、湖岛	
3		高层建筑区		28		沼泽	
4		棚房		29		沙滩、沙洲	0.026～0.038
5		破坏房屋		30	有植被覆盖的土地	旱地	0.025～0.035
6		空地		31		水田	0.025～0.035
7		其他居民地		32		园地	0.04～0.08
8	居民地设施	露天采掘场		33		成林	0.08～0.12
9		乱掘地		34		幼林	0.05～0.08
10		盐田、盐场		35		灌木林	0.04～0.08
11		露天设备		36		疏林	0.05～0.08
12		露天货场(栈)、选矿场、材料堆放场		37		迹地	0.025～0.035
13		饲养场		38		苗圃	0.025～0.035
14		水产养殖场		39		高草地	0.03～0.05
15		温室、大棚		40		草地	0.025～0.035
16		粮仓(库)		41		半荒草地	
17		贮草场		42		荒草地	
18		露天体育场		43		城市绿地	
19		高尔夫球场		44	无植被覆盖的土地	土堆	0.026～0.038
20		垃圾台(场)		45		坑穴	
21		公墓、坟地		46		平沙地	
22	河湖	地面河流、时令河、河道干河	0.02～0.035	47		龟裂地	
23		运河、干渠、干沟		48		石块地	
24		湖泊、池塘、时令湖		49		其他地貌	
25		水库					

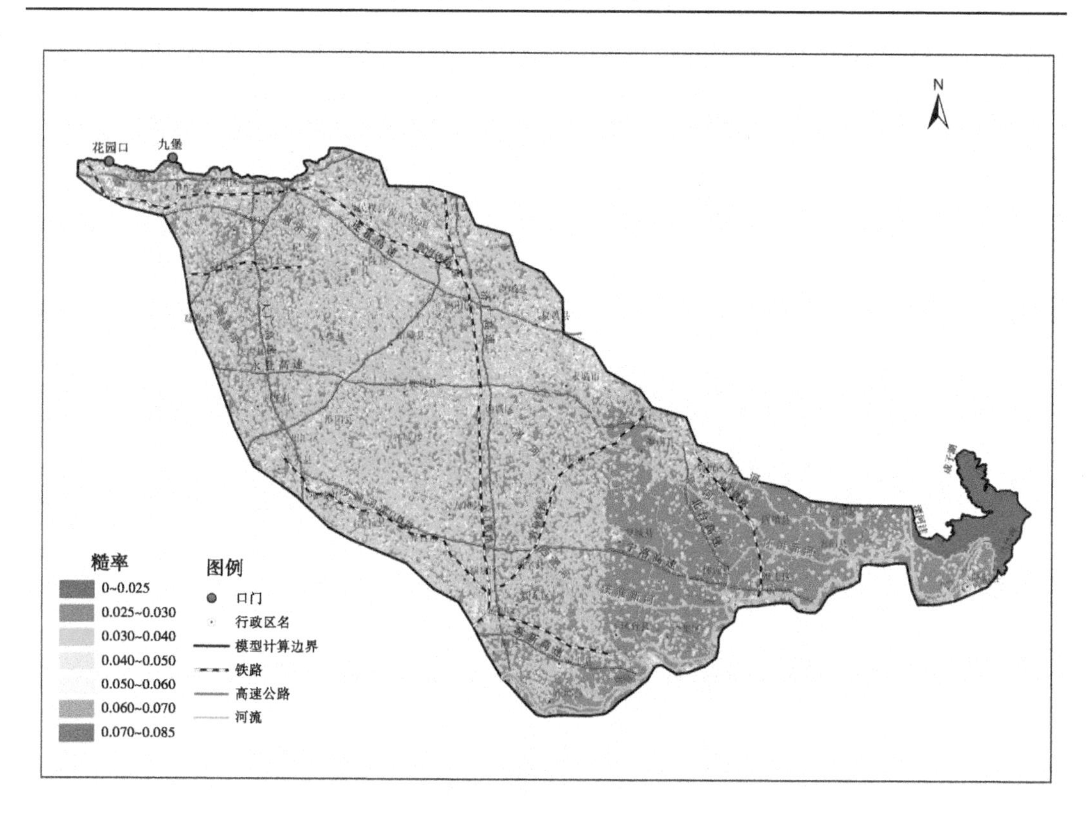

图 6-16　黄河下游郑州—开封河段右岸防洪保护区糙率图

6.2　郑州—开封河段右岸堤防决口洪水淹没风险

6.2.1　洪水计算方案集及边界条件

6.2.1.1　洪水计算方案集

共设定了 2 个计算方案，洪水分析量级为花园口站发生 22 000 m^3/s 洪水，选择 1982 年 8 月下大洪水为典型洪水，堤防决口位置为花园口（桩号 12 +000 附近）和九堡（桩号 49 +200 附近）两处口门，计算单一口门决口条件下的洪水淹没情况，详见表 6-3。

表 6-3　黄河下游郑州—开封河段右岸防洪保护区洪水计算方案

洪水量级	口门位置	口门宽度（m）	决口时机	决口时大河流量（m^3/s）	大河设计水量（亿 m^3）	口门分洪量（亿 m^3）	分洪历时（h）	分流占大河洪量（%）
花园口站 22 000 m^3/s 洪水	花园口（桩号 12 +000 附近）	1 000	洪峰前一天	18 400	130（花园口）	96.3	568	74
	九堡（桩号 49 +200 附近）			17 300	130（花园口）	98.2	566	76

花园口和九堡口门处大河流量过程及口门分洪流量过程见图 6-17、图 6-18。

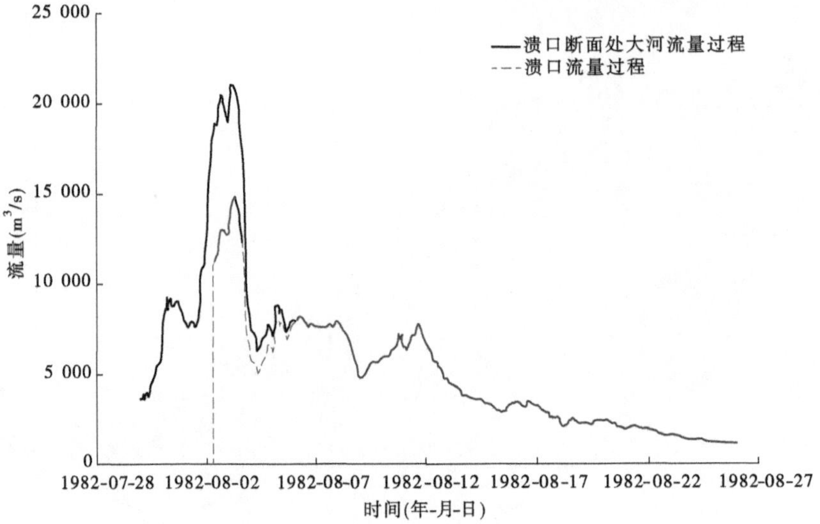

图 6-17　花园口口门处大河流量过程及口门分洪流量过程

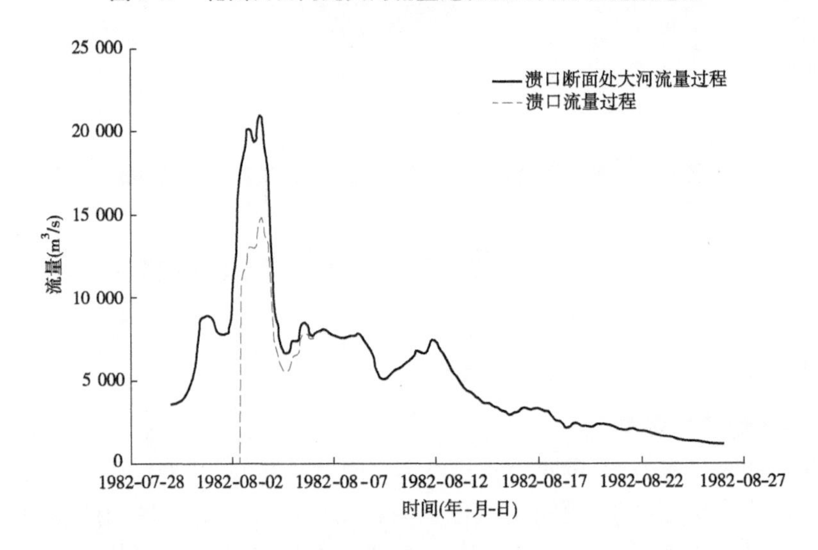

图 6-18　九堡口门处大河流量过程及口门分洪流量过程

6.2.1.2　初始条件

根据技术大纲专家咨询意见“黄河洪水不填洼，保护区内洪水不出槽”，不考虑保护区内支流水下地形，其基流水面按固结表面考虑，黄河洪水在其表面流动，合理拟定基流水面糙率。保护区内洪泽湖按正常蓄水位考虑。

6.2.1.3　边界条件

（1）进口边界。模型计算进口边界采用花园口口门、九堡口门的溃口流量过程。

（2）出口边界。采用洪泽湖三河闸、二河闸及高良涧闸水位流量关系曲线，见表 6-4。

表 6-4　洪泽湖三河闸、二河闸及高良涧闸水位流量关系曲线

平均湖水位(m)	面积(km^2)	容积(亿 m^3)	最大泄量(m^3/s)			
			三河闸	二河闸	高良涧闸	小计
10.0	32.9				398	398
10.5	352.4				523	523
11.0	808.4	4.21			660	660
11.5	1 151	8.92	3 000		797	3 797
12.0	1 397.6	15.21	3 800		930	4 730
12.5	1 575.5	22.31	4 750		1 070	5 820
13.0	1 698.7	30.11	5 830			5 830
13.5	1 770	38.35	7 080	1 700		8 780
14.0	1 812.8	46.85	8 450	2 000		10 450
14.5	1 850.4	55.51	10 050	2 300		12 350
15.0	1 884.1	64.32	11 750	2 800		14 550
15.5	1 913.7	73.32				
16.0	1 942.2	82.45				
16.5						
17.0						

6.2.2　洪水分析计算结果

6.2.2.1　**花园口口门**

当黄河发生“82·8”典型近 1 000 年一遇下大洪水，花园口(桩号 12 +000 附近)处堤防发生溃决时，溃堤洪水以溃口为中心呈扇形向外扩散。

溃堤 6 h 后，洪水沿贾鲁河向东南方向演进，最大淹没水深 4.8 m；24 h(1 d)后，洪水演进至陇海铁路后分为两股，一股沿陇海铁路向东演进至开封市金明区，另一股沿贾鲁河漫过陇海铁路向东南演进至祥符区，最大淹没水深 5.2 m。

24 h(1 d) ~48 h(2 d)，洪水大体分为三股，一股沿贾鲁河和涡河上游向东南演进，一股沿惠济河两岸演进，一股沿陇海铁路继续向东演进，淹没面积达到 1 896 km^2，最大淹没水深 5.9 m；48 h(2 d) ~144 h(6 d)，一股洪水继续沿贾鲁河和涡河流域依地形向东南演进，另一股沿陇海铁路演进的洪水到达连霍高速与陇海铁路交汇处后折向东南沿惠济河

两岸下泄，最大淹没水深5.5 m。

144 h(6 d) ~ 192 h(8 d)，洪水主要沿涡河两岸、惠济河两岸向东南方向演进，洪水前锋到达淮阳—郸城—亳州市谯城区一线，最大水深达到5.4 m；192 h(8 d) ~ 288 h(12 d)，主流分为两股，一股沿西淝河两岸演进至利辛，另一股继续沿涡河两岸下泄，演进至涡阳，最大淹没水深6.4 m。

288 h(12 d) ~ 384 h(16 d)，一股洪水沿西淝河演进至茨淮新河，随着洪水历时的增长，一部分洪水漫过茨淮新河沿西淝河下段演进，另一部分顺茨淮新河向东演进；另一股沿涡河两岸演进的洪水依地形演进至蒙城，最大淹没水深6.3 m；384 h(16 d) ~ 576 h(24 d)，沿西淝河下段下泄的洪水汇入淮河干流，西淝河两岸颍上县和凤台县被淹；沿茨淮新河下泄的洪水于怀远县入汇淮河干流，茨淮新河左岸利辛、蒙城、怀远被淹；沿涡河两岸下泄的洪水演进至涡河口，部分洪水沿河道入汇淮河干流，最大淹没水深6.1 m。

576 h(24 d) ~ 720 h(30 d)，沿西淝河下段下泄的洪水在西淝河两岸继续漫流，董峰湖、汤渔湖、荆山湖偎水，颍上县、凤台县、潘集区被淹；沿茨淮新河和涡河下泄的洪水一部分漫过怀洪新河演进至蚌埠市淮上区，另一部分沿怀洪新河下泄于溧河洼汇入洪泽湖；960 h(40 d)后，淹没范围基本达到最大，洪泽湖以下不再新增淹没面积。

该方案最大淹没面积17 703 km^2，最大淹没水深6.4 m，洪水演进过程及不同时段淹没水深分布情况见图6-19 ~ 图6-22、表6-5 ~ 表6-6。

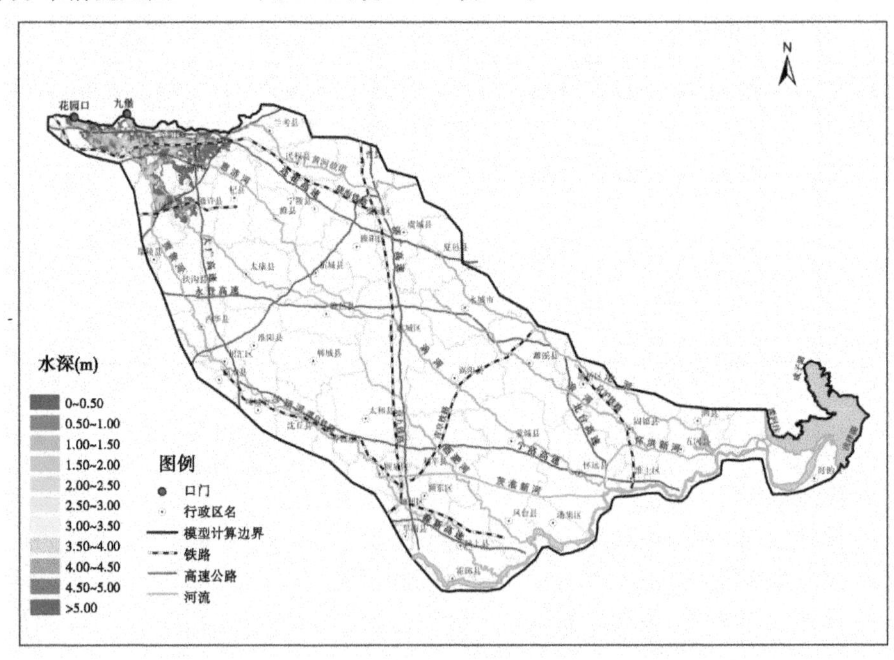

图6-19　洪水演进第48小时(2 d)淹没水深分布

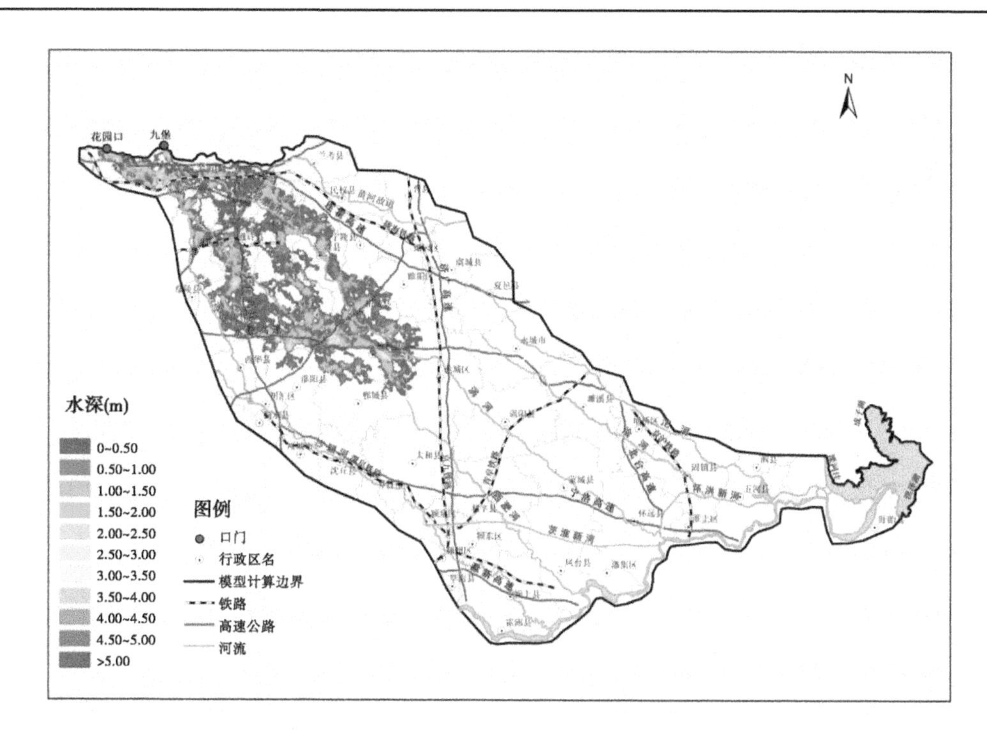

图6-20　洪水演进第192小时(8 d)淹没水深分布

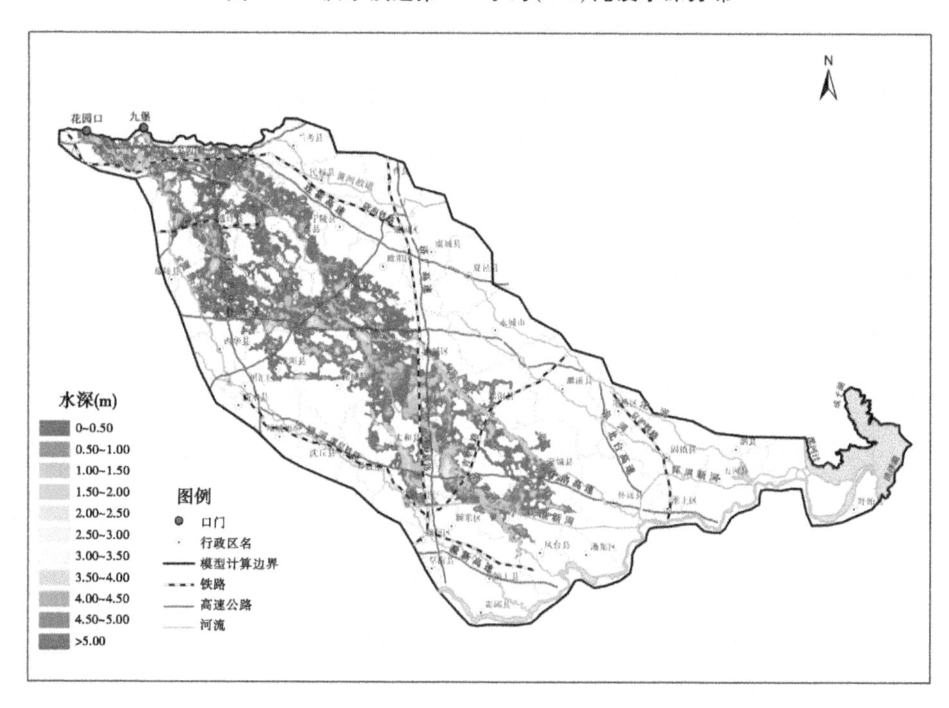

图6-21　洪水演进第384小时(16 d)淹没水深分布

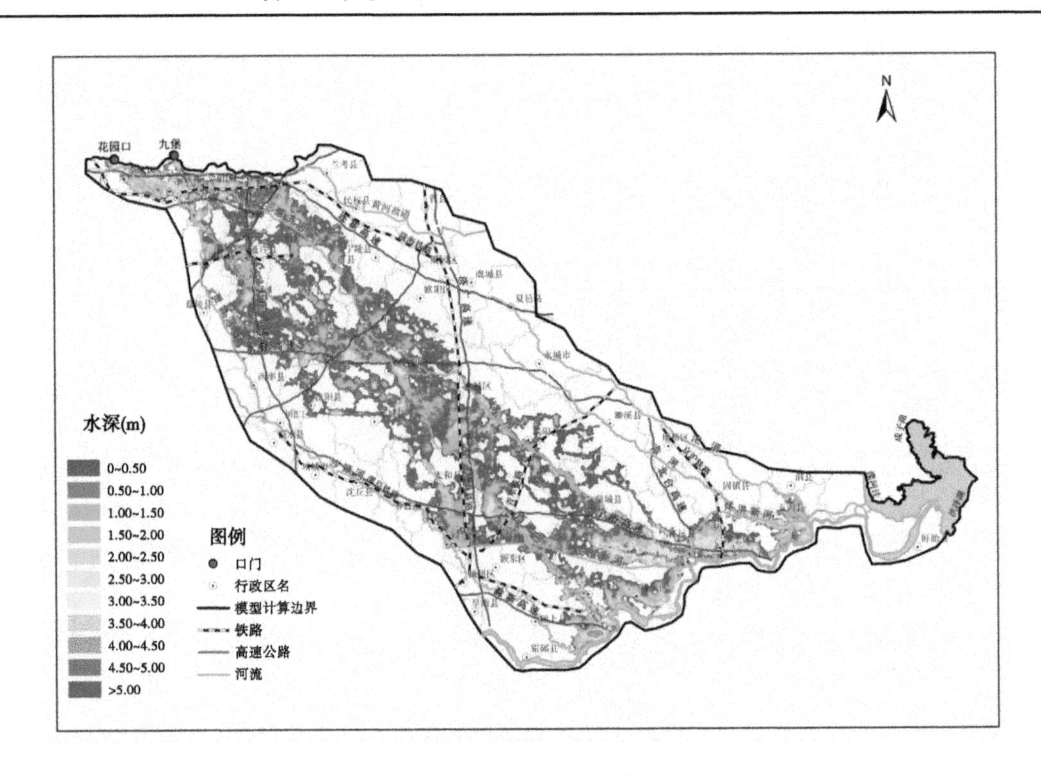

图 6-22　花园口口门最大淹没水深分布

表 6-5　花园口溃口不同时段洪水前锋到达位置及淹没情况

溃口后洪水演进时段	淹没面积（km^2）	洪水演进过程描述	
		前锋位置	淹没情况
第 6 小时	199	中牟	洪水沿贾鲁河向东南方向演进，最大淹没水深 4.8 m
第 12 小时	394	中牟	洪水继续沿贾鲁河向东南方向演进，淹没范围增大，最大淹没水深 5.0 m
第 24 小时（1 d）	692	开封市祥符区—金明区	洪水演进至陇海铁路后分为两股，一股沿陇海铁路向东演进至开封市金明区，另一股沿贾鲁河漫过陇海铁路向东南演进至祥符区，最大淹没水深 5.2 m
第 48 小时（2 d）	1 896	尉氏—通许—开封市祥符区	洪水大体分为三股，一股沿贾鲁河和涡河上游向东南演进，一股沿惠济河两岸演进，一股沿陇海铁路继续向东演进，最大淹没水深 5.9 m
第 144 小时（6 d）	6 040	西华—淮阳—鹿邑—商丘市睢阳区	一股洪水继续沿贾鲁河和涡河流域依地形向东南演进，另一股沿陇海铁路演进的洪水到达连霍高速与陇海铁路交汇处后折向东南沿惠济河两岸下泄，最大淹没水深 5.5 m
第 192 小时（8 d）	7 750	淮阳—郸城—亳州市谯城区	洪水主要沿涡河两岸、惠济河两岸向东南方向演进，最大水深达到 5.4 m

续表 6-5

溃口后洪水演进时段	淹没面积（km^2）	洪水演进过程描述	
		前锋位置	淹没情况
第 288 小时（12 d）	10 744	太和—利辛—涡阳	主流分为两股，一股沿西淝河两岸演进至利辛，一股继续沿涡河两岸下泄，演进至涡阳，最大淹没水深 6.4 m
第 384 小时（16 d）	13 328	凤台—蒙城	一股洪水沿西淝河演进至茨淮新河，随着洪水历时增长，一部分洪水漫过茨淮新河沿西淝河下段演进，另一部分顺茨淮新河向东演进；另一股沿涡河两岸演进的洪水依地形演进至蒙城，最大淹没水深 6.3 m
第 576 小时（24 d）	15 060	颍上—凤台—淮阳市潘集区—怀远	沿西淝河下段下泄的洪水汇入淮河干流，西淝河两岸颍上县和凤台县被淹；沿茨淮新河下泄的洪水于怀远县入汇淮河干流，茨淮新河左岸利辛、蒙城、怀远被淹；沿涡河两岸下泄的洪水演进至涡河口，部分洪水沿河道汇入淮河干流，最大淹没水深 6.1 m
第 720 小时（30 d）	15 916	洪泽湖	沿西淝河下段下泄的洪水在西淝河两岸继续漫流，董峰湖、汤渔湖、荆山湖假水，颍上县、凤台县、潘集区被淹；沿茨淮新河和涡河下泄的洪水一部分漫过怀洪新河演进至蚌埠市淮上区，另一部分沿怀洪新河下泄于溧河洼汇入洪泽湖
第 960 小时（40 d）	16 631	洪泽湖	洪水进入洪泽湖后，洪泽湖以下不再新增淹没面积

表 6-6　重要城市或构筑物洪水到达时间及淹没情况

重要城市或构筑物	洪水到达时间	淹没情况描述
连霍高速	第 1 小时	溃堤洪水向南演进至连霍高速，最大淹没水深 3.1 m
陇海铁路	第 16 小时	洪水沿贾鲁河演进至陇海铁路，郑州市区及中牟被淹，最大淹没水深 4.6 m
大广高速	第 36 小时（1.5 d）	洪水沿陇海铁路演进至大广高速，新增淹没范围为开封市祥符区和尉氏北部，最大淹没水深 5.4 m
日兰高速	第 38 小时（1.6 d）	洪水沿涡河演进至日兰高速，最大淹没水深 5.4 m
永登高速	第 91 小时（3.8 d）	洪水沿大广高速两侧演进至永登高速，洪水前锋到达扶沟—太康—睢县一线，最大淹没水深 4.9 m
商周高速	第 124 小时（5.2 d）	洪水沿大广高速两侧演进至商周高速，洪水前锋到达淮阳—柘城一线，最大淹没水深 5.0 m
商丘市区	第 144 小时（6 d）	洪水沿惠济河左岸演进至商丘市睢阳区，最大淹没水深 5.5 m
亳州市区	第 192 小时（8 d）	洪水沿涡河两岸演进至亳州市谯城区，最大淹没水深 5.4 m

续表 6-6

重要城市或构筑物	洪水到达时间	淹没情况描述
济广高速	第220小时(9.2 d)	洪水沿涡河演进至济广高速,洪水前锋到达太和—亳州市谯城区一线,最大淹没水深5.3 m
茨淮新河	第315小时(13.1 d)	洪水沿西淝河演进至茨淮新河,洪水前锋到达利辛—蒙城一线,最大淹没水深6.2 m
淮南市区	第550小时(22.9 d)	洪水沿西淝河下段演进至淮南市潘集区,最大淹没水深6.1 m
蚌埠市区	第632小时(26.3 d)	洪水漫过怀洪新河演进至蚌埠市淮上区,最大淹没水深6.0 m
洪泽湖	第695小时(28.9 d)	洪水沿怀洪新河下泄于溧河洼汇入洪泽湖

6.2.2.2　九堡口门

当黄河发生"82·8"典型近1 000年一遇下大洪水,九堡(桩号49+200附近)处堤防发生溃决时,溃堤洪水以溃口为中心呈扇形向外扩散。

溃堤6 h后,洪水向南演进至连霍高速,随着历时增长,部分洪水漫过连霍高速,最大淹没水深4.3 m;24 h(1 d)后,洪水演进至陇海铁路后分为两股,一股沿陇海铁路向东演进至开封市祥符区,另一股沿贾鲁河漫过陇海铁路向东南演进至祥符区,最大淹没水深4.7 m。

24 h(1 d)~48 h(2 d),洪水大体分为三股,一股沿贾鲁河和涡河上游向东南演进,一股沿惠济河两岸演进,一股沿陇海铁路继续向东演进,淹没面积达到1 939 km^2,最大淹没水深5.3 m;48 h(2 d)~144 h(6 d),一股洪水继续沿贾鲁河和涡河流域依地形向东南演进至永登高速,另一股沿陇海铁路演进的洪水到达连霍高速与陇海铁路交汇处后折向东南沿惠济河两岸下泄,最大淹没水深5.3 m。

144 h(6 d)~192 h(8 d),洪水主要沿涡河两岸、惠济河两岸向东南方向演进,洪水前锋达到淮阳—郸城—亳州市谯城区一线,最大水深达到5.4 m;192 h(8 d)~288 h(12 d),主流分为两股,一股沿西淝河两岸演进至利辛,另一股继续沿涡河两岸下泄,演进至涡阳,最大淹没水深6.2 m。

288 h(12 d)~384 h(16 d),一股洪水沿西淝河演进至茨淮新河,随着洪水历时增长,一部分洪水漫过茨淮新河沿西淝河下段演进,另一部分顺茨淮新河向东演进;另一股沿涡河两岸演进的洪水依地形演进至怀远;最大淹没水深6.2 m;384 h(16 d)~576 h(24 d),沿西淝河下段下泄的洪水汇入淮河干流,西淝河两岸颍上县和凤台县被淹;沿茨淮新河下泄的洪水于怀远县入汇淮河干流,茨淮新河左岸利辛、蒙城、怀远被淹;沿涡河两岸下泄的洪水演进至涡河口,部分洪水沿河道入汇淮河干流,最大淹没水深6.0 m。

576 h(24 d)~720 h(30 d),沿西淝河下段下泄的洪水在西淝河两岸继续漫流,董峰湖、汤渔湖、荆山湖偎水,颍上、凤台、潘集区被淹;沿茨淮新河和涡河下泄的洪水一部分漫过怀洪新河演进至蚌埠市淮上区,另一部分沿怀洪新河下泄于溧河洼汇入洪泽湖;960 h(40 d)后,淹没范围基本达到最大,洪泽湖以下不再新增淹没面积。

本典型溃口洪水最大淹没面积17 719 km^2,最大淹没水深6.3 m,洪水演进过程及不同时段淹没水深分布情况见图 6-23 ~ 图 6-26、表 6-7、表 6-8。

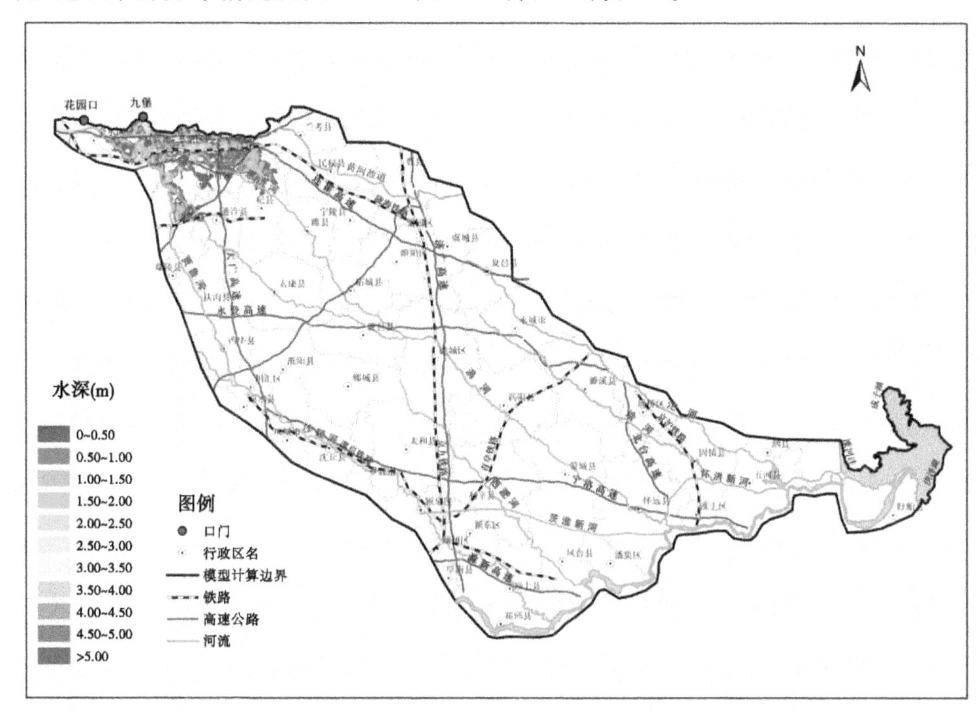

图 6-23 洪水演进第 48 小时(2 d)淹没水深分布

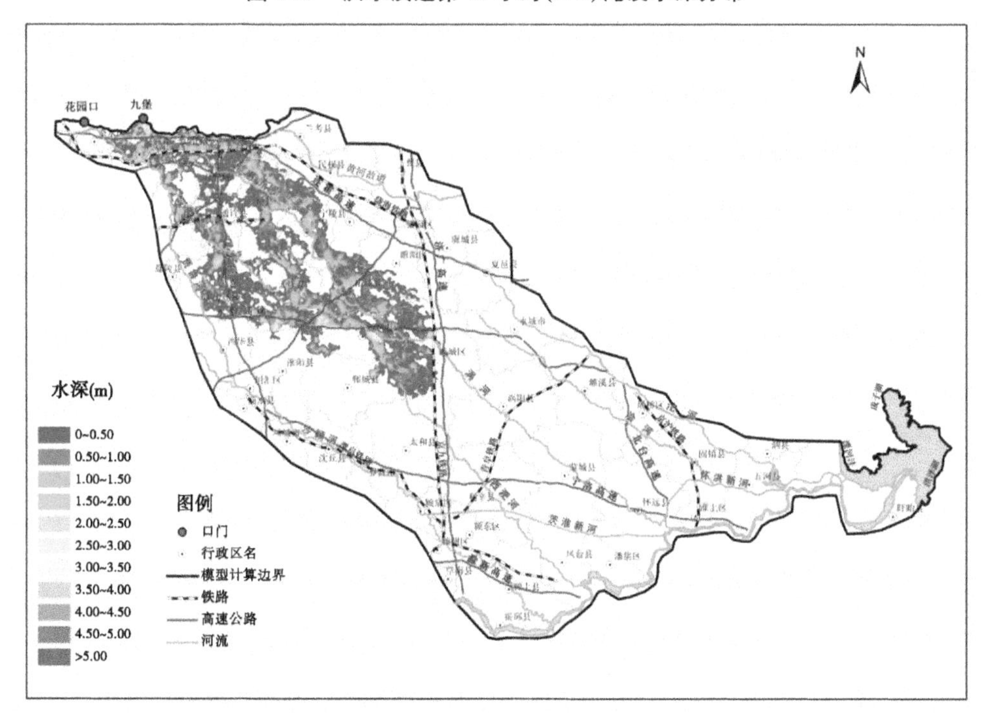

图 6-24 洪水演进第 192 小时(8 d)淹没水深分布

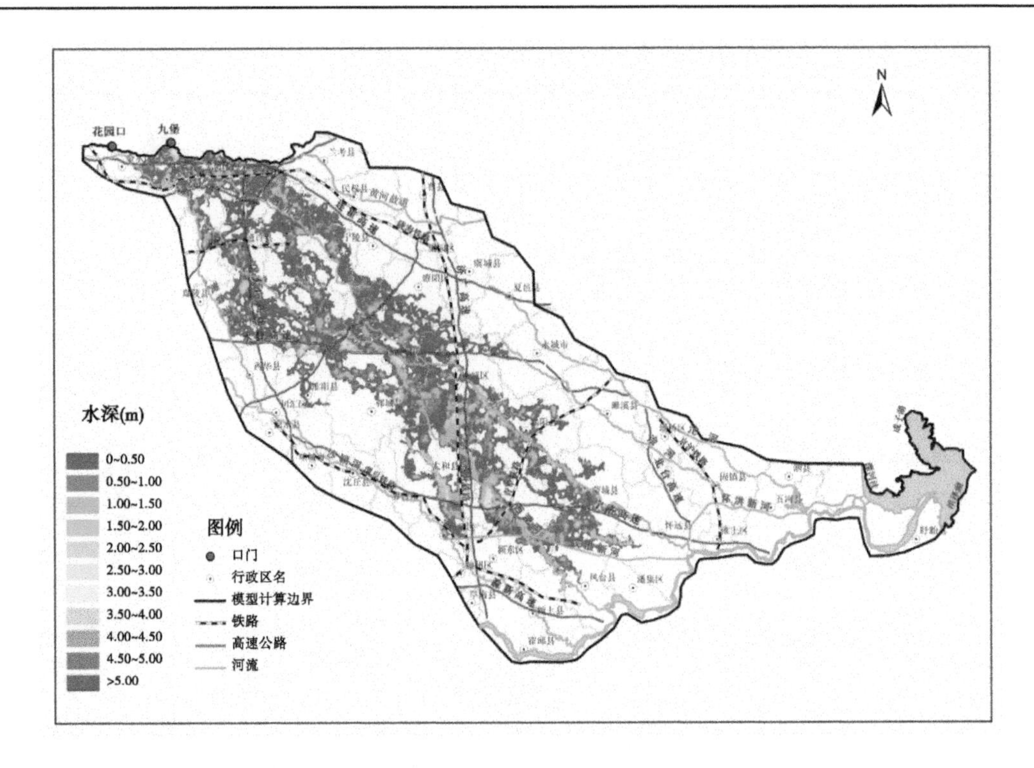

图 6-25　洪水演进第 384 小时(16 d)淹没水深分布

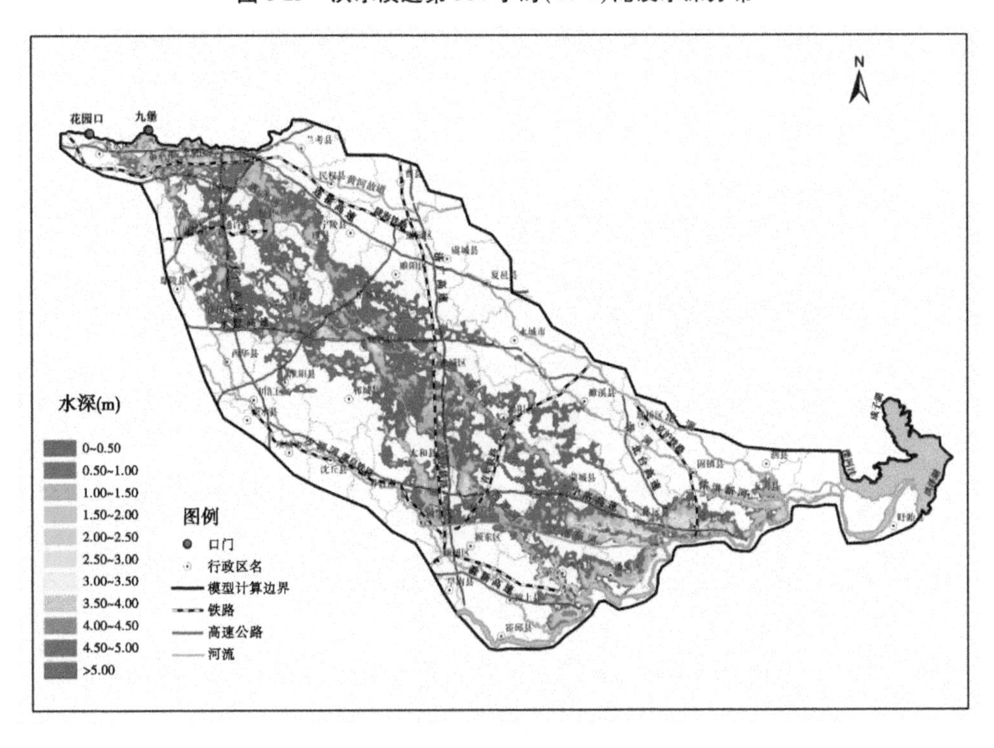

图 6-26　九堡口门最大淹没水深分布

表 6-7　九堡溃口不同时段洪水前锋到达位置及淹没情况

溃口后洪水演进时段	淹没面积(km²)	洪水演进过程描述	
		前锋位置	淹没情况
第 6 小时	195	中牟—开封市金明区	洪水向南演进至连霍高速,随着历时增长,部分洪水漫过连霍高速,最大淹没水深 4.3 m
第 12 小时	433	中牟—开封市金明区	洪水演进至陇海铁路,淹没范围继续增大,最大淹没水深 4.6 m
第 24 小时(1 d)	861	开封市祥符区	洪水分为两股,一股沿陇海铁路向东演进至开封市祥符区,另一股沿贾鲁河漫过陇海铁路向东南演进至祥符区,最大淹没水深 4.7 m
第 48 小时(2 d)	1 939	尉氏—通许—杞县	洪水大体分为三股,一股沿贾鲁河和涡河上游向东南演进,一股沿惠济河两岸演进,一股沿陇海铁路继续向东演进,最大淹没水深 5.3 m
第 144 小时(6 d)	6 401	扶沟—太康—鹿邑	一股洪水继续沿贾鲁河和涡河流域依地形向东南演进至永登高速,另一股沿陇海铁路演进的洪水到达连霍高速与陇海铁路交汇处后折向东南沿惠济河两岸下泄,最大淹没水深 5.3 m
第 192 小时(8 d)	8 105	淮阳—郸城—亳州市谯城区	洪水主要沿涡河两岸、惠济河两岸向东南方向演进,最大淹没水深达到 5.4 m
第 288 小时(12 d)	10 814	太和—利辛—涡阳	主流分为两股,一股沿西淝河两岸演进至利辛,一股继续沿涡河两岸下泄,演进至涡阳,最大淹没水深 6.2 m
第 384 小时(16 d)	13 432	凤台—蒙城—怀远	一股洪水沿西淝河演进至茨淮新河,随着洪水历时增长,一部分洪水漫过茨淮新河沿西淝河下段演进,另一部分顺茨淮新河向东演进;沿涡河两岸演进的洪水依地形演进至怀远;最大淹没水深 6.2 m
第 576 小时(24 d)	15 052	颍上—凤台—淮阳市潘集区—怀远	沿西淝河下段下泄的洪水汇入淮河干流,西淝河两岸颍上县和凤台县被淹;沿茨淮新河下泄的洪水于怀远县入汇淮河干流,茨淮新河左岸利辛、蒙城、怀远被淹;沿涡河两岸下泄的洪水演进至涡河口,部分洪水沿河道入汇淮河干流,最大淹没水深 6.0 m
第 720 小时(30 d)	15 969	洪泽湖	沿西淝河下段下泄的洪水在西淝河两岸继续漫流,董峰湖、汤渔湖、荆山湖假水,颍上县、凤台县、潘集区被淹;沿茨淮新河和涡河下泄的洪水一部分漫过怀洪新河演进至蚌埠市淮上区,另一部分沿怀洪新河下泄于溧河洼汇入洪泽湖
第 960 小时(40 d)	16 553	洪泽湖	洪水进入洪泽湖后,洪泽湖以下不再新增淹没面积

表 6-8 重要城市或构筑物洪水到达时间及淹没情况

重要城市或构筑物	洪水到达时间	淹没情况描述
连霍高速	第 2 小时	溃堤洪水向南演进至连霍高速,最大淹没水深 3.9 m
陇海铁路	第 18 小时	洪水向南依地形演进至陇海铁路,郑州市区、中牟县及开封市区被淹,最大淹没水深 4.6 m
大广高速	第 20 小时	洪水沿陇海铁路演进至大广高速,洪水前锋到达开封市祥符区,最大淹没水深 4.6 m
日兰高速	第 30 小时(1.3 d)	洪水沿陇海铁路演进至日兰高速,最大淹没水深 6.7 m
永登高速	第 108 小时(4.5 d)	洪水沿大广高速两侧演进至永登高速,洪水前锋到达扶沟—太康—鹿邑一线,最大淹没水深 4.9 m
商丘市区	第 110 小时(4.6 d)	洪水沿惠济河左岸演进至商丘市睢阳区,最大淹没水深 5.1 m
亳州市区	第 150 小时(6.3 d)	洪水沿涡河两岸演进至亳州市谯城区,最大淹没水深 5.3 m
济广高速	第 196 小时(8 d)	洪水沿涡河演进至济广高速,洪水前锋到达淮阳—郸城—亳州市谯城区一线,最大淹没水深 5.4 m
茨淮新河	第 305 小时(12.7 d)	洪水沿西淝河演进至茨淮新河,洪水前锋到达利辛—蒙城一线,最大淹没水深 6.2 m
淮南市区	第 540 小时(22.5 d)	洪水沿西淝河下段演进至淮南市潘集区,最大淹没水深 6.3 m
蚌埠市区	第 600 小时(25 d)	洪水漫过怀洪新河演进至蚌埠市淮上区,最大淹没水深 6.2 m
洪泽湖	第 665 小时(27.7 d)	洪水沿怀洪新河下泄于溧河洼汇入洪泽湖

6.2.2.3 洪水淹没面积

郑州—开封河段右岸防洪保护区淹没面积及主要淹没区域见表 6-9,发生“82 · 8 年”典型近 1 000 年一遇下大洪水时,保护区淹没面积约为 1.87 万 km^2,最大淹没范围及最大淹没水深分布见图 6-27。

表 6-9 郑州—开封河段右岸防洪保护区淹没面积及主要淹没区域

方案	口门	淹没面积 (km^2)	主要淹没区域
1982 年典型 1 000 年一遇洪水计算方案	花园口	17 703	周口郸城县、扶沟县、淮阳县、鹿邑县、太康县、西华县;郑州管城回族区、惠济区、金水区、中牟县;商丘民权县、宁陵县、睢县、睢阳区、夏邑县、永城市、虞城县、柘城县;开封鼓楼区、金明区、祥符区、兰考县、龙亭区、杞县、顺河区、通许县、尉氏县、禹王台区;苏州:泗县;淮北:濉溪县;淮南凤台县、潘集区;阜阳太和县、颍东区、颍泉区、颍上县;亳州利辛县、蒙城县、谯城区、涡阳县;蚌埠:固镇县、怀远县、怀上区、五河县。淹没水深普遍在 0.5 ~ 2 m,部分区域达到 3 m 以上
	九堡	17 719	
	保护区	18 664	

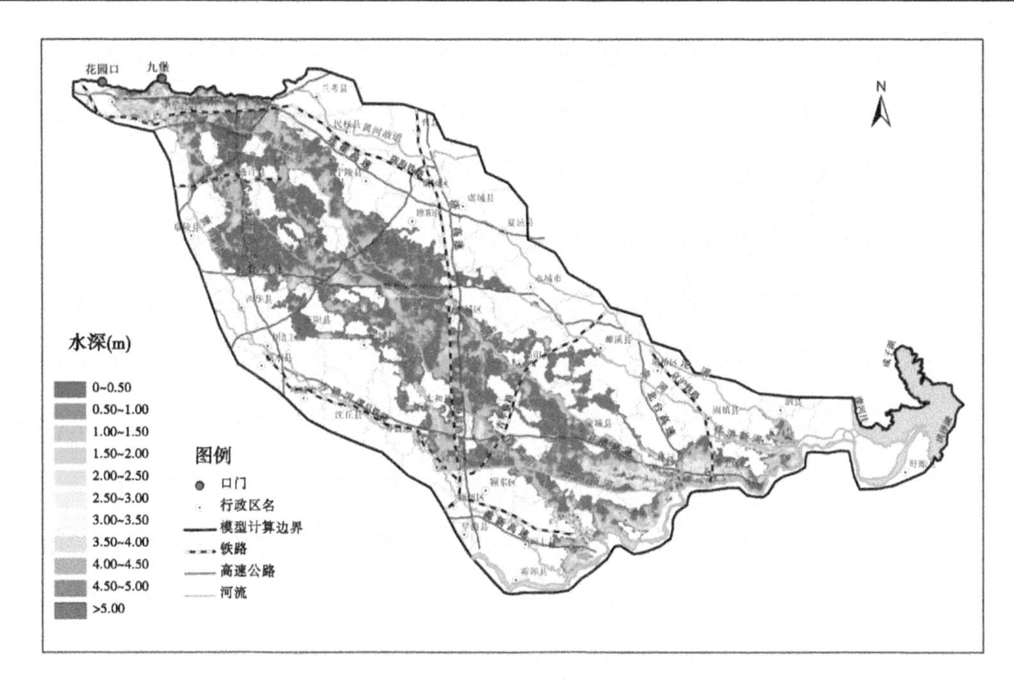

图6-27 郑州—开封河段右岸防洪保护区最大淹没范围及最大淹没水深分布

洪水主要淹没区域:周口市郸城县、扶沟县、淮阳县、鹿邑县、太康县、西华县;郑州市管城回族区、惠济区、金水区、中牟县;商丘市民权县、宁陵县、睢县、睢阳区、夏邑县、永城市、虞城县、柘城县;开封市鼓楼区、金明区、祥符区、兰考县、龙亭区、杞县、顺河区、通许县、尉氏县、禹王台区;苏州市泗县;淮北市濉溪县;淮南市凤台县、潘集区;阜阳市太和县、颍东区、颍泉区、颍上县;亳州利辛县、蒙城县、谯城区、涡阳县;蚌埠市固镇县、怀远县、怀上区、五河县等县(区、市),淹没水深普遍在0.5~2 m,部分区域达到3 m以上。

6.2.3 合理性分析

6.2.3.1 水量平衡

表6-10给出了洪水分析时水量平衡情况,由分析结果可以看出,在发生"82·8"典型近1 000年一遇下大洪水情况下,各个溃口方案水量平衡误差为3.16×10^{-5}~4.27×10^{-5},满足水量平衡要求,可以认为洪水模拟结果合理。

表6-10 黄河下游郑州—开封河段各个口门方案水量平衡分析

口门位置	大河设计洪量(亿 m^3)	入流水量(亿 m^3)	出流水量(亿 m^3)	保护区内水量(亿 m^3)	误差值(亿 m^3)	误差
花园口	130(花园口)	96.3	18.442	77.854	0.004	4.27×10^{-5}
九堡	130(花园口)	98.2	21.542	76.655	0.003	3.16×10^{-5}

6.2.3.2 流场分布

防洪保护区地势总体呈西北高、东南低,溃堤洪水依地势由西北向东南演进,洪水演进与地势匹配,模型结果定性合理。

对于局部区域而言,通过计算结果显示的各方案洪水流场分布与线状地物分析比较,流场分布均匀一致,线状地物具有明显的阻水效果,洪水态势比较准确,结果如图 6-28(以 1982 年典型近 1000 年一遇下大洪水花园口决口为例)所示。

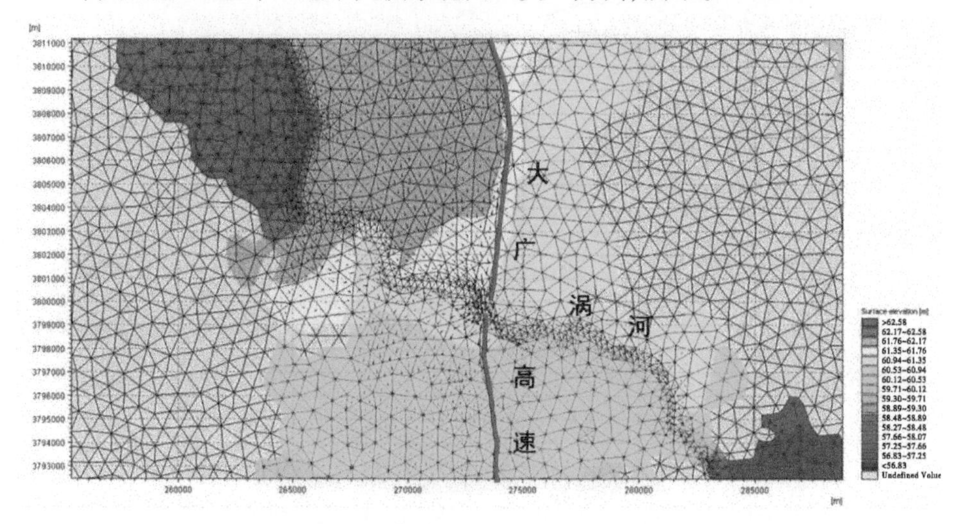

图 6-28　大广高速与涡河交汇处二维平面流场分布及最大淹没水源

6.2.3.3　同一方案的地形分布、淹没水深、洪水流速合理性分析

同一方案同一地区洪水演进及淹没情况应满足时间上、空间上的分布特点。比较同一方案不同时刻的地形分布、淹没水深、洪水流速(见图 6-29)。可见,同一时刻,地势较低洼的地区对应的淹没水深较大,地势较高的地区对应的淹没水深较小,地势由高到低其对应地区淹没后的流速也是从大到小,符合洪水流动趋势的物理原则。

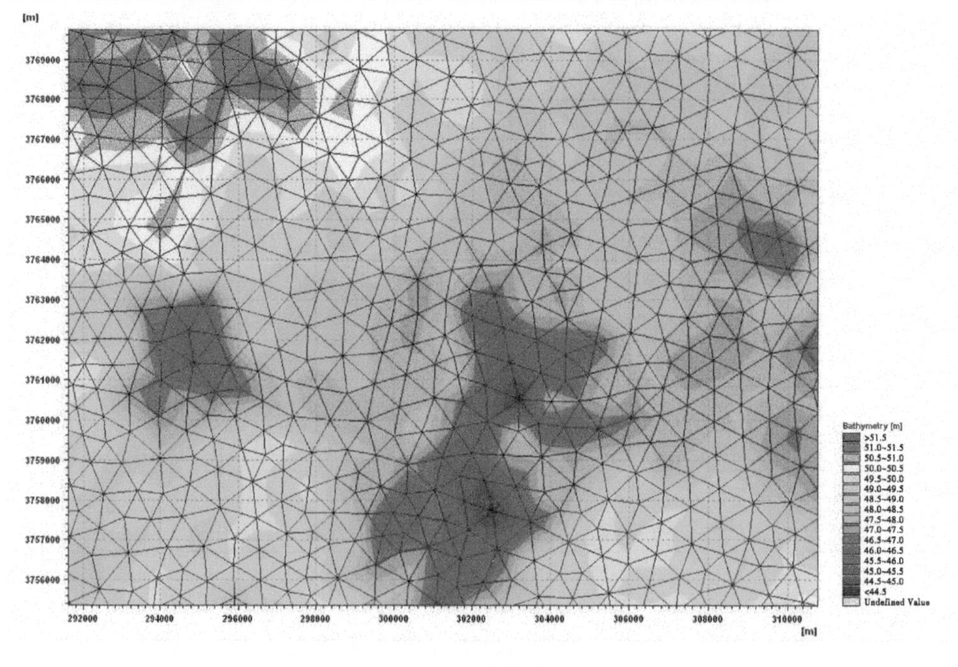

(a)地形分布

图 6-29　郑州—开封右岸防洪保护区同一方案不同时刻淹没水深比较

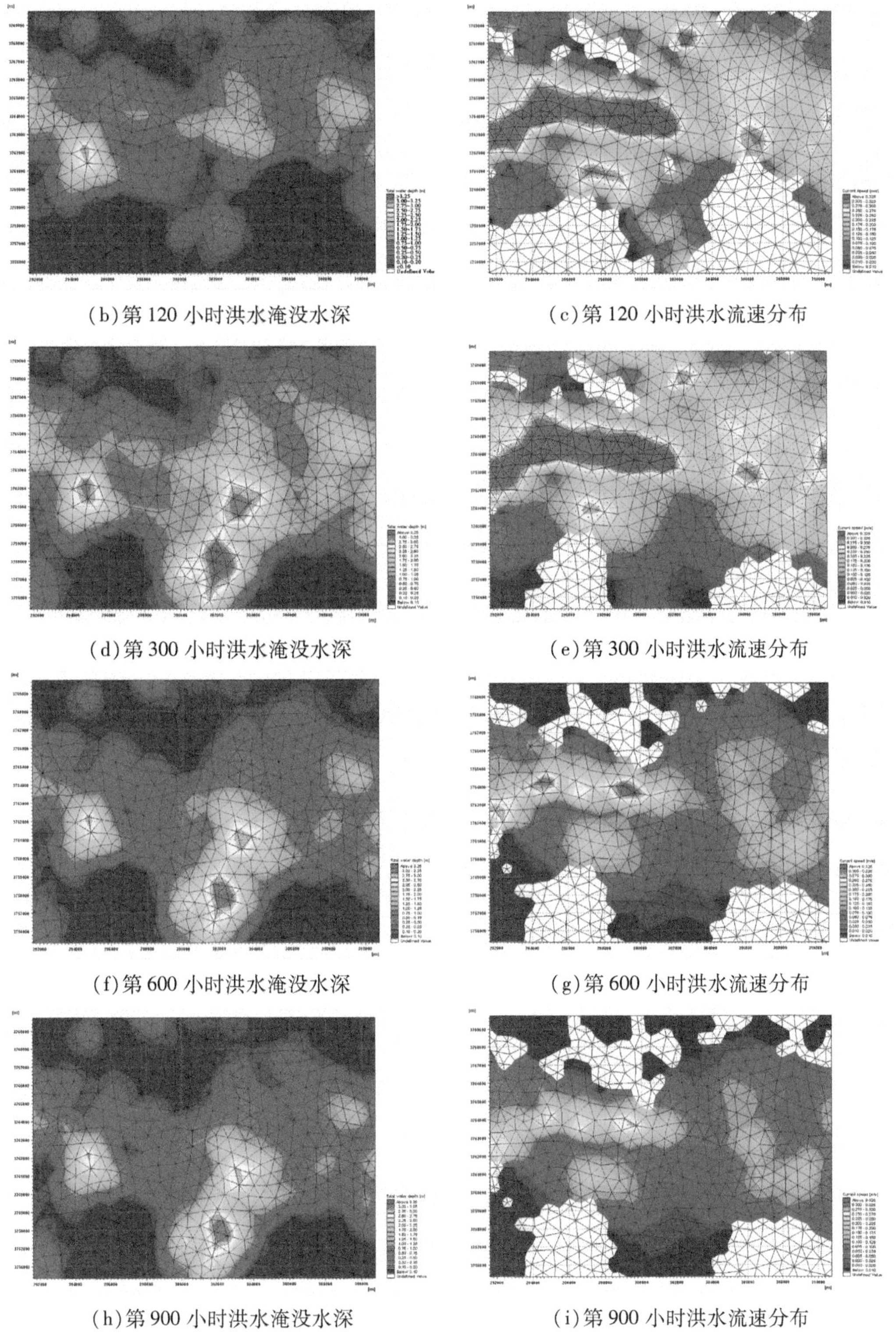

(b)第120小时洪水淹没水深

(c)第120小时洪水流速分布

(d)第300小时洪水淹没水深

(e)第300小时洪水流速分布

(f)第600小时洪水淹没水深

(g)第600小时洪水流速分布

(h)第900小时洪水淹没水深

(i)第900小时洪水流速分布

续图6-29

洪水演进除应匹配空间地势外,在不同时刻应符合水力学规律,如随着溃口处流量逐步减小或不再出流,地势较高的淹没区域由于来流少出流多,淹没水深应逐步减小,而地势较低的区域,洪水聚集水深将经历一个由少到多再由多到少,最后趋于稳定的变化过程。图 6-29 中列出了 1982 年典型近 1 000 年一遇花园口溃口溃决后第 120 小时、第 300 小时、第 600 小时、第 900 小时的同一地区淹没水深分布,可见由于第 120 小时后洪水主峰尚未演进至分析区域,分析区域淹没水深及流速呈增加的趋势;第 300 小时后洪水主峰演进至分析区域,分析区域内的淹没水深、洪水流速达到一个较大的值;第 600 小时后,分析区域内的淹没水深与第 300 小时相比大幅减小;第 900 小时后分析区域内地势较高区域的洪水基本退去,地势低洼区域的洪水由于地形影响无法排除,水深维持在一个相对稳定的值。

以上分析说明方案计算是较合理的。

6.2.3.4 退水过程分析

统计了保护区下边界洪泽湖出口二河闸、三河闸和高梁涧闸、怀洪新河(双沟处)以及淮河干流(规划的冯铁营引河处)等位置处流量过程,见表 6-11。

表 6-11 各个口门方案出口及重要河道断面最大流量

计算方案	口门	最大流量(m^3/s)			
		三河闸	二河闸 + 高良涧闸	怀洪新河(双沟处)	淮河干流(规划的冯铁营引河处)
1982 年典型 1 000 年一遇洪水计算方案	花园口	999	861	1 133	1 333
	九堡	1 005	865	1 153	1 284

由表 6-11 可以看出,各溃口方案怀洪新河(双沟处)最大流量 1 153 m^3/s,远小于该处河道过洪能力 4 710 m^3/s,淮河干流(规划的冯铁营引河处)最大流量 1 333 m^3/s,远小于该处河道过洪能力 12 000 m^3/s,洪水能安全下泄,不新增淹没面积。

各溃口方案,洪泽湖水位最大升高在 0.15 m 以内,三河闸黄河溃堤洪水最大退水流量 1 005 m^3/s,小于设计流量 11 750 m^3/s;二河闸 + 高良涧闸黄河溃堤洪水最大退水流量 865 m^3/s,小于设计流量 4 670 m^3/s。各方案溃决洪水均可通过二河闸、三河闸和高良涧闸安全下泄,洪泽湖以下不新增淹没面积,出口边界设置合理。

6.2.3.5 保护区内河堤防决溢位置合理性分析

统计了花园口口门方案保护区内重要内河堤防决溢位置的模型计算最大水位和最大水深,见表 6-12。

表 6-12 花园口口门方案重要内河堤防决溢位置水位特征值

重要堤防决溢位置	设计水位(m)	模型计算最大水位(m)	模型计算最大水深(m)
茨淮新河与西淝河交汇处	28.00	27.85	3.5
怀洪新河与涡河交汇处	23.87	23.87	6.4

由表 6-12 可以看出,茨淮新河与西淝河交汇处和怀洪新河与涡河交汇处,模型计算

最大水位均达到或接近堤防设计水位，最大积水均超过 3 m 且历时长，因此两处堤防发生溃决。

6.2.3.6　历史洪灾对比分析

受历史上社会经济等条件限制，下游历史洪灾缺少较详细的记录，根据 1938 年历史洪水灾害描述与本次分析的花园口口门计算方案洪水淹没情况做比较，分析方案计算结果的合理性。

1.1938 年洪水淹没情况

1938 年国民党政府为了阻止日军西进，在花园口炸开堤防，洪水从花园口夺槽而出，分东西两股向东南方向奔流。见图 6-30，1938 年洪水造成河南、安徽和江苏三省共 44 个县受灾，淹没面积达 14 000 km^2。

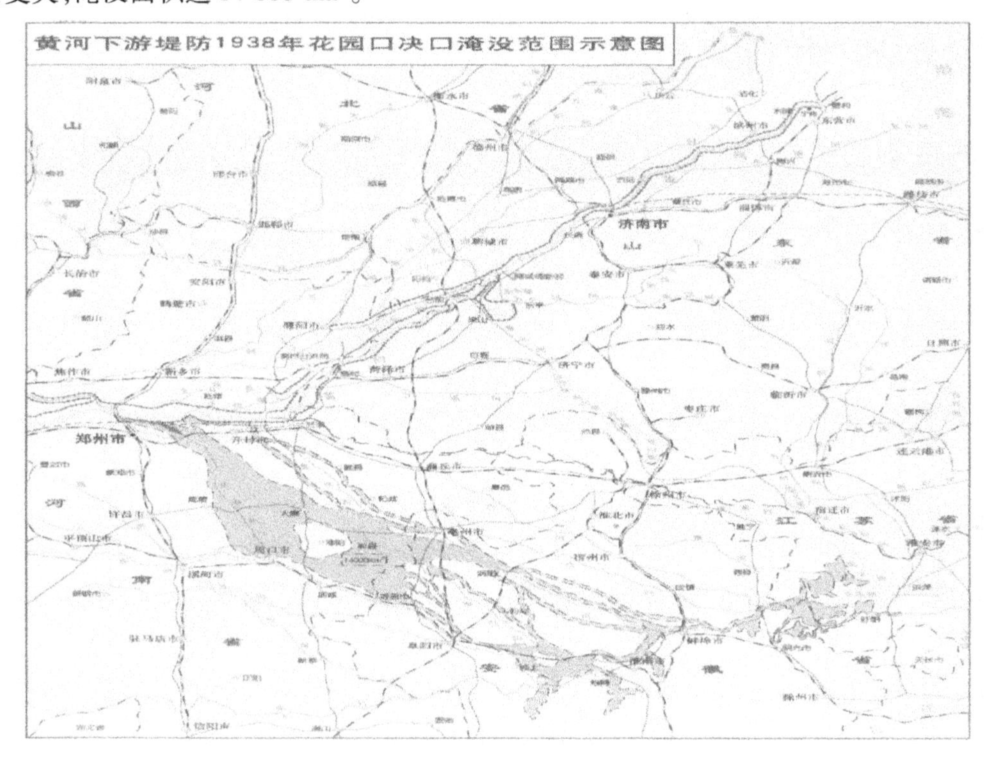

图 6-30　1938 年花园口大堤决口淹没范围示意图

2. 洪水主流流向对比

1938 年花园口扒口后，洪水分东西两股向东南方向演进。西股泛水在中牟流入贾鲁河，顺贾鲁河南流，经中牟、尉氏进入扶沟县境内，而后又先后由鄢陵、扶沟、太康分东西两路进入西华；随后由淮阳、周口、沈丘顺颍河抵安徽阜阳，在正阳关一带入淮河。东股泛水与中牟赵口泛水合流，向东到开封以南，沿着惠济河、涡河两岸演进，最后在安徽省怀远流入淮河。与 1938 年相比，本次计算洪水演进至茨怀新河后，受其影响，洪水主流流向发生变化。

3. 淹没范围及淹没区域对比

1938 年洪水造成河南、安徽和江苏三省共 44 个县(市、区)受灾,淹没面积约 14 000 km^2。本次计算花园口口门最大淹没面积为 17 703 km^2,见图 6-31,考虑到本次计算采用的洪水分析量级为近 1 000 年一遇,溃堤洪水的洪峰流量远大于 1938 年洪水,因此本次计算的洪水淹没范围大于 1938 年的洪水淹没范围是合理的。

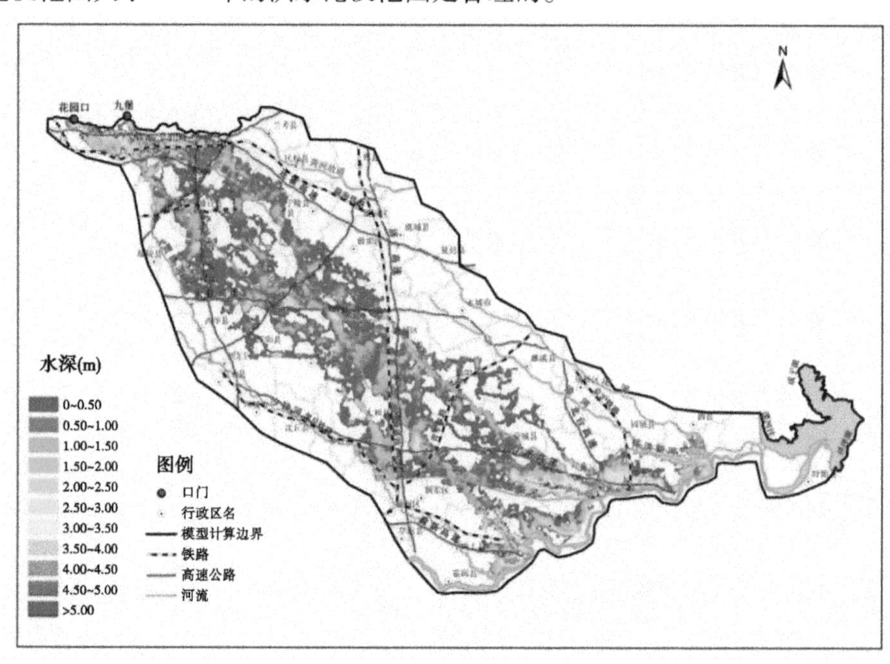

图 6-31　花园口口门最大淹没水深分布

与 1938 年洪水淹没范围对比,本次计算成果淹没范围差别较大的区域为沙颍河以西、淮河河道以南、洪泽湖下游以及茨淮新河南岸部分区域,差别较大原因为沙颍河、茨淮新河堤防和淮北大堤的阻水作用,以及洪泽湖经过多年治理,入江、入海以及苏北总干渠泄洪能力较大,正常蓄水位时最大泄流量接近 6 000 m^3/s,因此上述四处区域没有发生洪水淹没是合理的。

6.2.3.7　糙率敏感性分析

黄河下游防洪保护区涉及的计算范围大,区域内地形地物复杂,且缺乏实测洪灾资料,因此对糙率进行敏感性分析,以验证计算成果的合理性。

以黄河发生“82 · 8”典型近 1 000 年一遇下大洪水,花园口处堤防发生溃决为典型,进行糙率敏感性分析。设置三个方案进行对比分析,方案一采用的糙率为本次模型计算采用的糙率;方案二采用的糙率为方案一的糙率增加 20%;方案三采用的糙率为方案一的糙率减小 20%,并考虑各地貌下垫面类型。糙率取值上下限确定方案二和方案三糙率值选取,见表 6-13,各方案计算结果见表 6-14 和图 6-32 ~ 图 6-34。

表 6-13　各方案保护区不同地貌下垫面类型分区糙率值选取

<table>
<tr><th colspan="2" rowspan="2">典型地貌类型</th><th rowspan="2">糙率取值范围</th><th colspan="3">糙率值选取</th></tr>
<tr><th>方案一
（基本方案）</th><th>方案二
（增加 20%）</th><th>方案三
（减小 20%）</th></tr>
<tr><td rowspan="9">有植被覆盖的土地</td><td>水田</td><td>0.025 ~ 0.035</td><td>0.030</td><td>0.035</td><td>0.025</td></tr>
<tr><td>园地</td><td>0.04 ~ 0.08</td><td>0.045</td><td>0.054</td><td>0.040</td></tr>
<tr><td>成林</td><td>0.08 ~ 0.12</td><td>0.085</td><td>0.102</td><td>0.080</td></tr>
<tr><td>幼林</td><td>0.05 ~ 0.08</td><td>0.055</td><td>0.066</td><td>0.050</td></tr>
<tr><td>灌木林</td><td>0.04 ~ 0.08</td><td>0.045</td><td>0.054</td><td>0.040</td></tr>
<tr><td>疏林</td><td>0.05 ~ 0.08</td><td>0.055</td><td>0.066</td><td>0.050</td></tr>
<tr><td>苗圃</td><td>0.025 ~ 0.035</td><td>0.030</td><td>0.035</td><td>0.025</td></tr>
<tr><td>高草地</td><td>0.03 ~ 0.05</td><td>0.035</td><td>0.042</td><td>0.030</td></tr>
<tr><td>草地</td><td>0.025 ~ 0.035</td><td>0.030</td><td>0.035</td><td>0.025</td></tr>
<tr><td colspan="2">无植被覆盖的土地</td><td>0.026 ~ 0.038</td><td>0.030</td><td>0.036</td><td>0.026</td></tr>
<tr><td colspan="2">居民地及其附属设施</td><td>0.06 ~ 0.08</td><td>0.065</td><td>0.078</td><td>0.060</td></tr>
<tr><td colspan="2">河湖</td><td>0.02 ~ 0.035</td><td>0.025</td><td>0.030</td><td>0.020</td></tr>
</table>

表 6-14　各方案不同时刻洪水淹没面积

溃口后洪水演进时段	淹没面积（km^2）		
	方案一	方案二	方案三
第 6 小时	199	191	215
第 12 小时	394	377	411
第 24 小时(1 d)	692	653	742
第 48 小时(2 d)	1 896	1 709	2 063
第 144 小时(6 d)	6 040	5 863	6 285
第 192 小时(8 d)	7 750	7 329	8 148
第 288 小时(12 d)	10 744	10 478	10 994
第 384 小时(16 d)	13 328	12 934	13 481
第 576 小时(24 d)	15 060	15 196	14 811
第 720 小时(30 d)	15 916	16 074	15 682
第 960 小时(40 d)	16 631	16 924	16 301
最大淹没面积	17 703	18 114	17 282

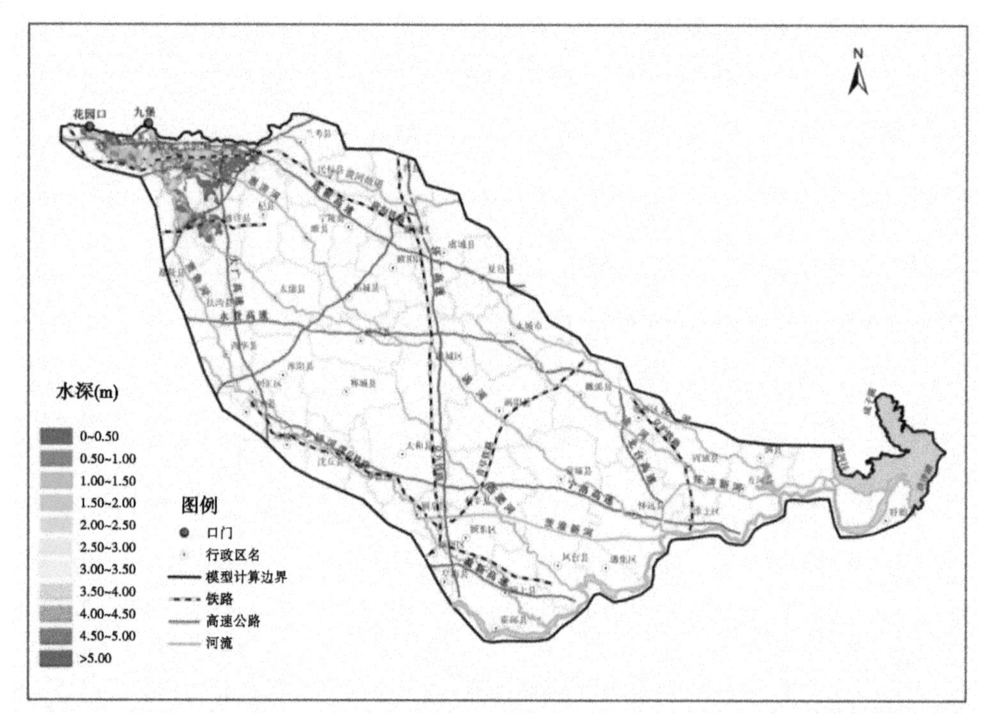

(a)方案一

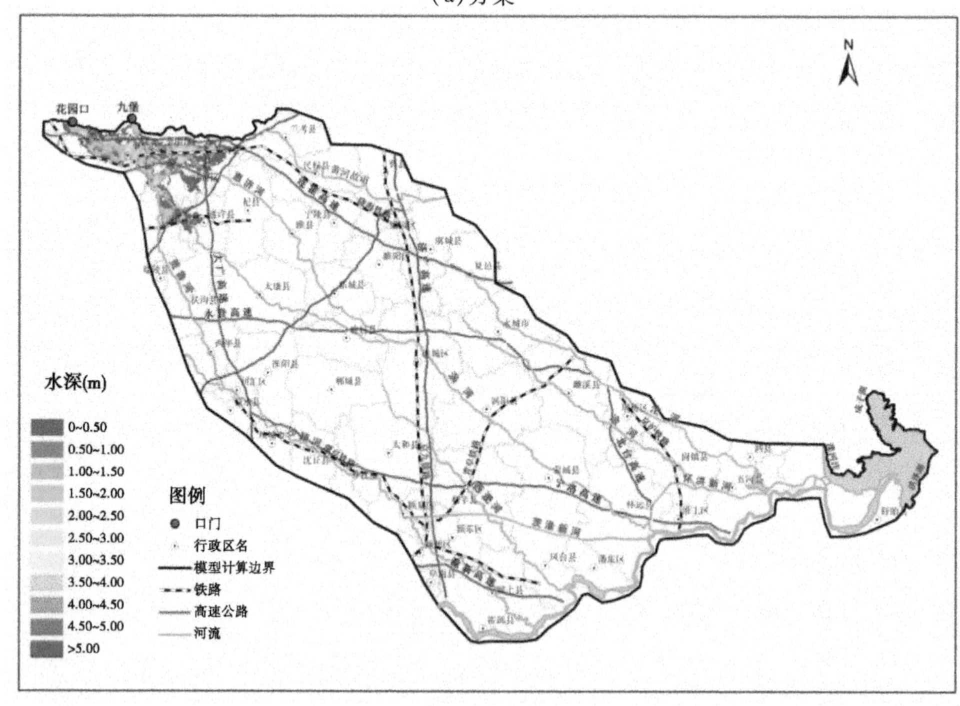

(b)方案二

图 6-32　各方案洪水演进第 48 小时(2 d)淹没水深分布

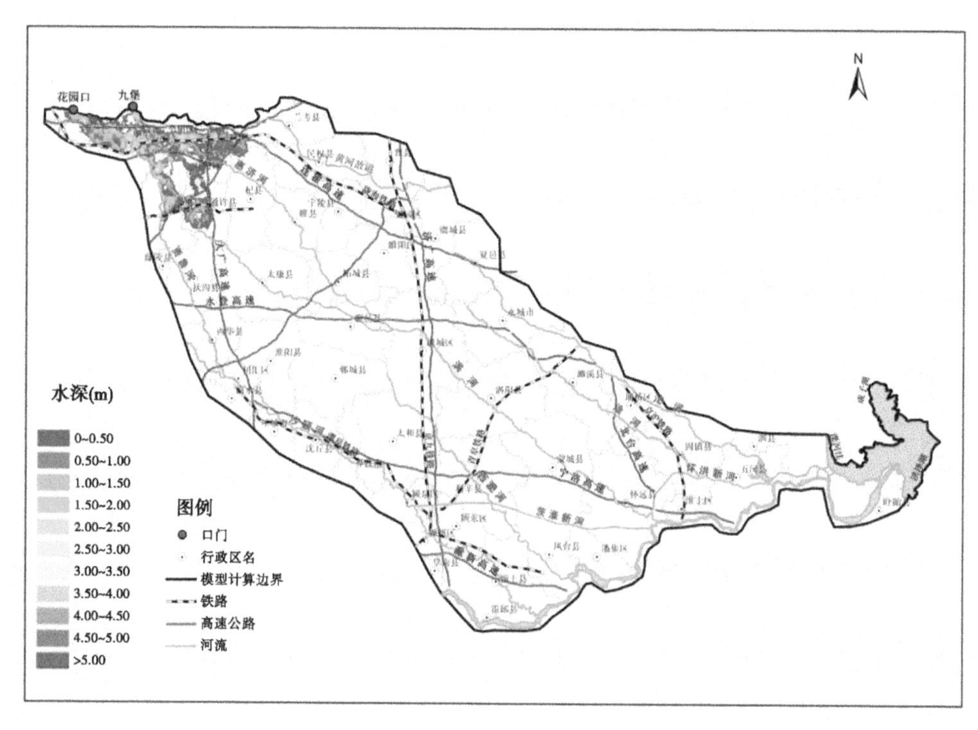

(c)方案三

续图 6-32

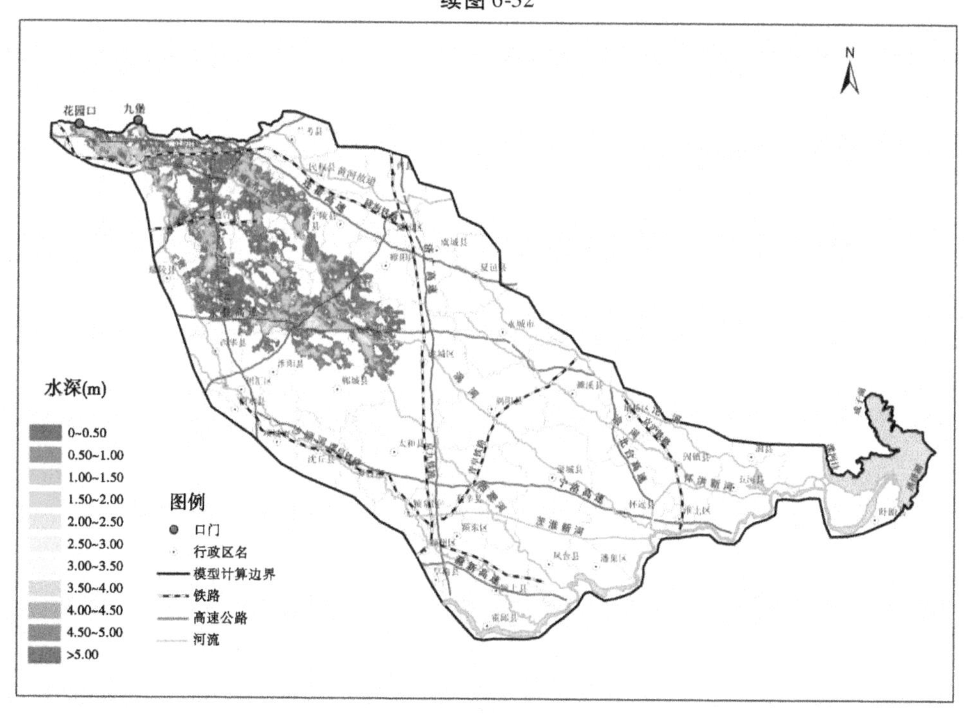

(a)方案一

图 6-33　各方案洪水演进第 192 小时(8 d)淹没水深分布

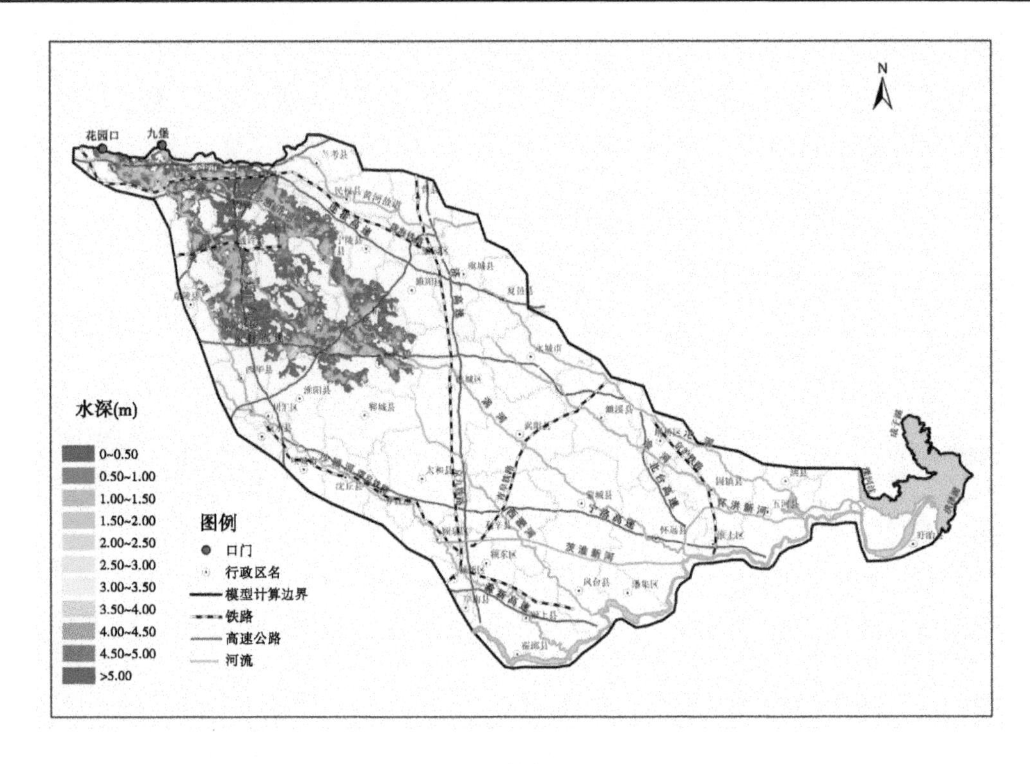

(b)方案二

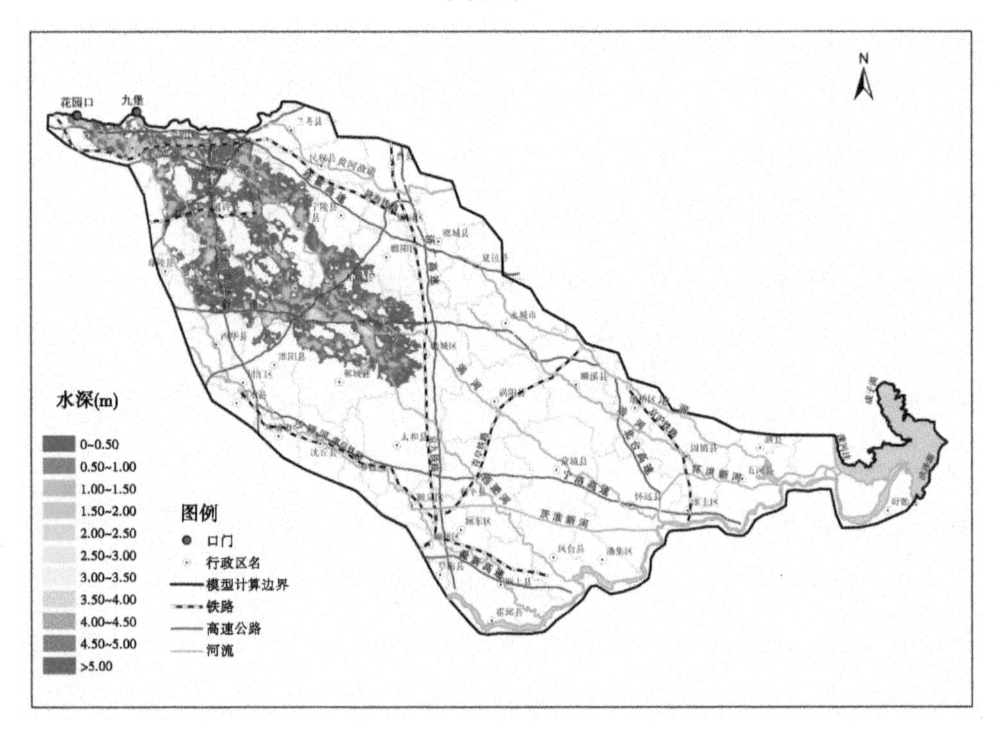

(c)方案三

续图 6-33

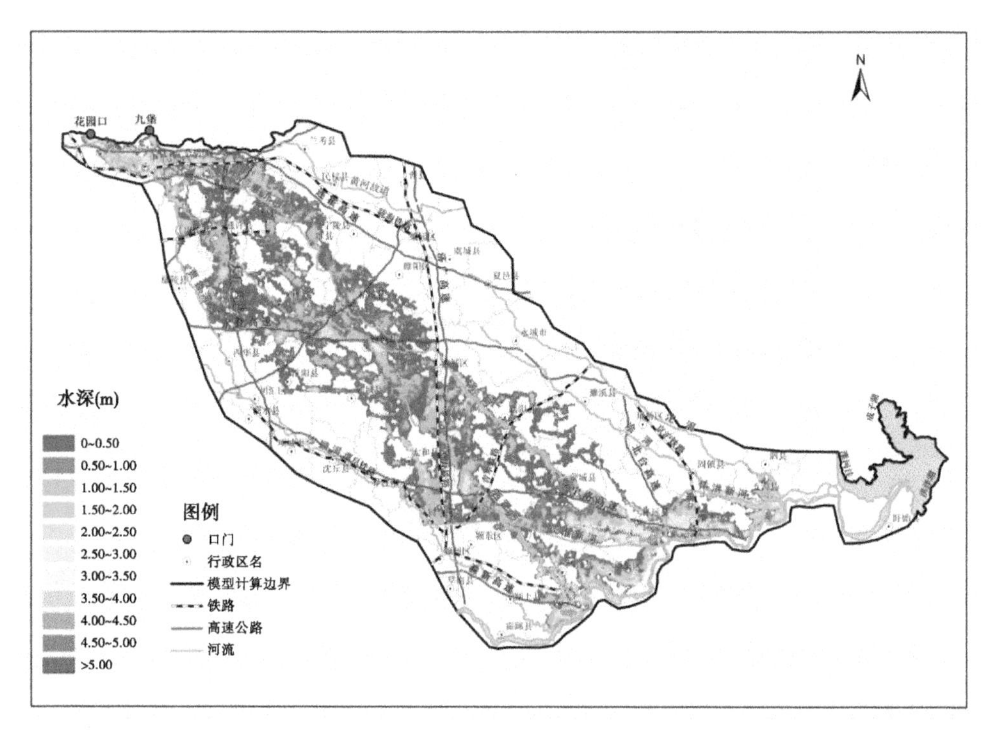

(a)方案一

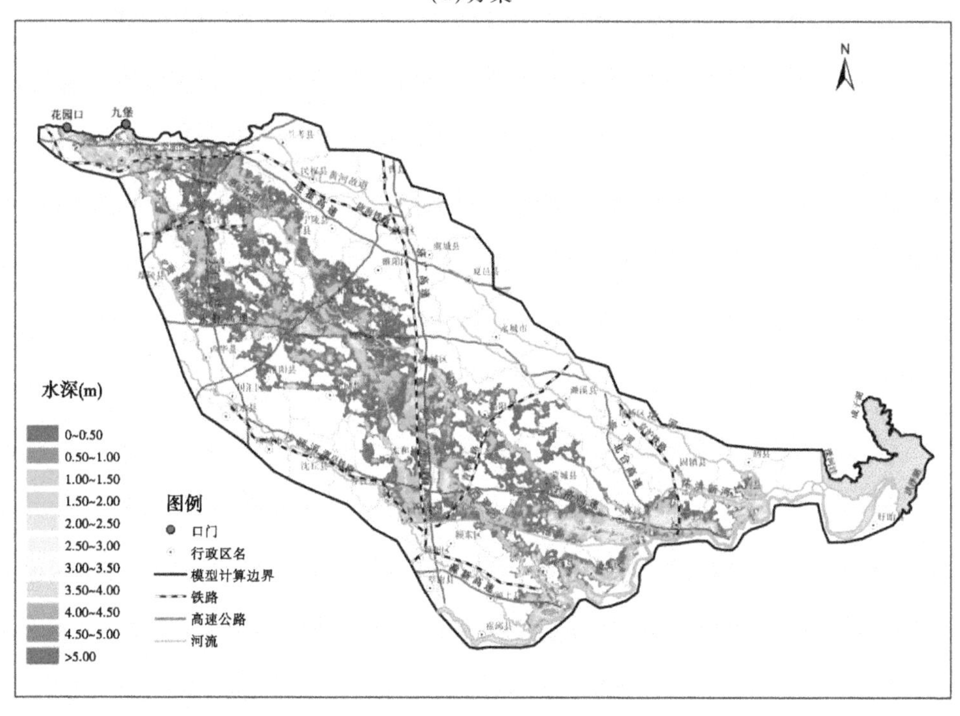

(b)方案二

图6-34　各方案最大淹没水深分布

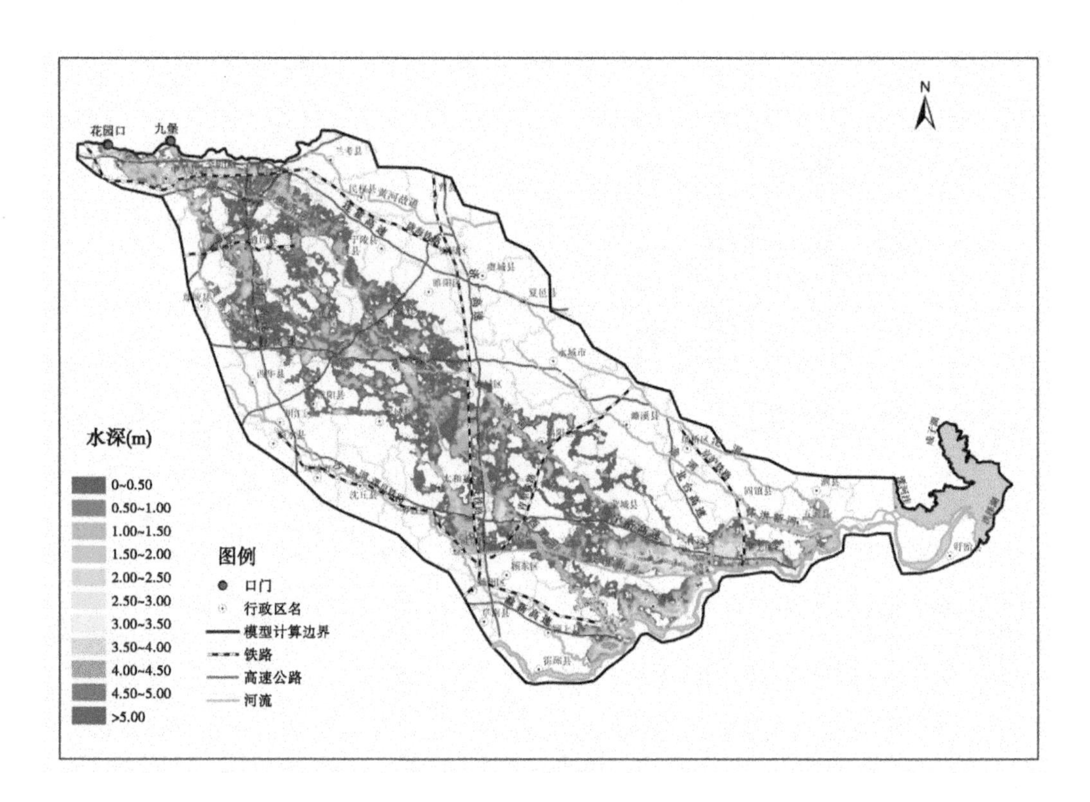

(c)方案三

续图 6-34

由计算结果可以看出,方案一、方案二和方案三洪水最终淹没面积分别为 17 703 km^2、18 114 km^2 和 17 282 km^2,与方案一相比,方案二增加约 2.3%,方案三减少约2.4%。

由于糙率增加,方案二洪水演进速度变慢,决口后 16 d 内相同时刻洪水淹没面积小于方案一,之后相同时刻洪水淹没面积略大于方案一。洪水在近处洼地水深变大,远处相应洼地水深变小,当洪水演进至稳定后,方案二较方案一最大淹没面积增加了 2.3%,两个方案最终淹没面积和最大淹没水深差别不大。

由于糙率减小,方案三洪水演进速度加快,决口后 16 d 内相同时刻洪水淹没面积大于方案一,之后相同时刻洪水淹没面积略小于方案一。洪水在近处洼地水深变小,远处相应洼地水深变大,当洪水演进至稳定后,方案三较方案一最大淹没面积减小了 2.4%,两个方案最终淹没面积和最大淹没水深差别不大。

通过以上敏感性分析可知,糙率值在一定范围内变化对洪水的主要风险因素最大淹没范围和最大淹没水深的影响较小,计算所采用的糙率值是合适的。

6.3　开封—兰考河段右岸堤防决口洪水淹没风险

6.3.1　洪水计算方案集及初始条件、边界条件

6.3.1.1　洪水计算方案集

共设定了 3 个计算方案，洪水分析量级为花园口站发生 22 000 m³/s 洪水，选择 1982 年 8 月下大洪水为典型洪水，堤防决口位置为黑岗口、裴楼和三义寨三处口门，计算单一口门决口条件下的洪水淹没情况，详见表 6-15。

表 6-15　黄河下游开封—兰考河段右岸防洪保护区洪水计算方案

洪水量级	口门位置	口门宽度(m)	决口时机	决口时大河流量(m³/s)	大河设计水量(亿 m³)	口门分洪量(亿 m³)	分洪历时(h)	分流占大河洪量(%)
花园口站 22 000 m³/s 洪水	黑岗口(77+000 附近)	10 000	洪峰前一天	16 700	130(花园口)	98.6	562	76
	裴楼(100+000 附近)			16 300	130(花园口)	99.3	561	76
	三义寨(130+000 附近)			15 500	133(夹河滩)	99.7	558	77

黑岗口、裴楼和三义寨口门处大河流量过程及口门分洪流量过程见图 6-35～图 6-37。

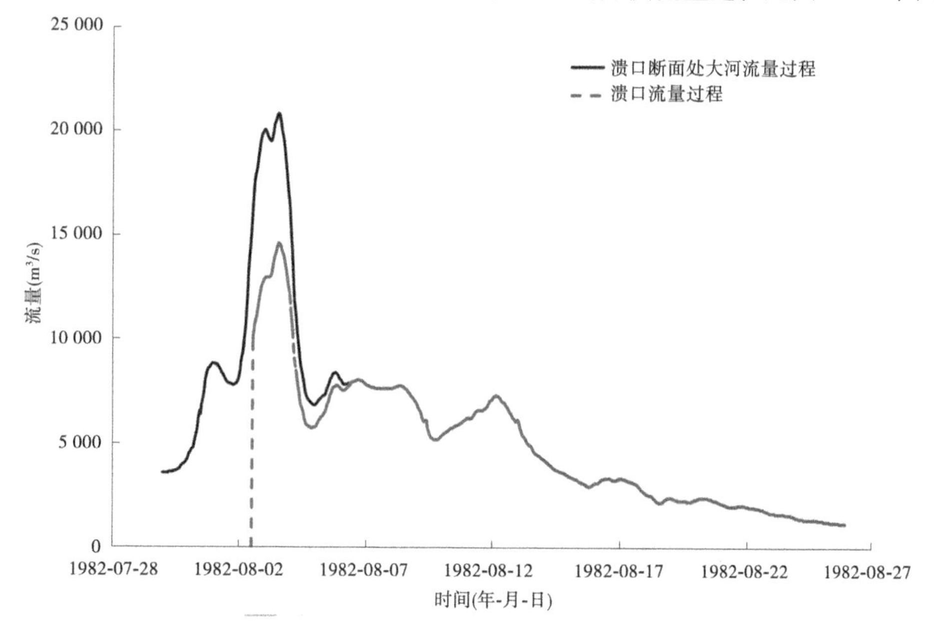

图 6-35　黑岗口口门处大河流量过程及口门分洪流量过程

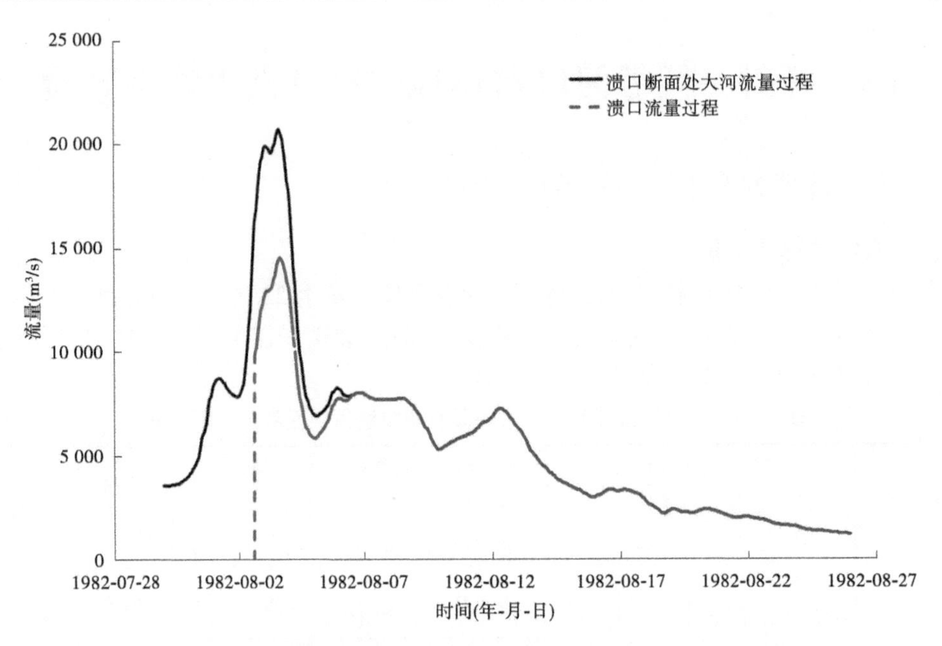

图 6-36　裴楼口门处大河流量过程及口门分洪流量过程

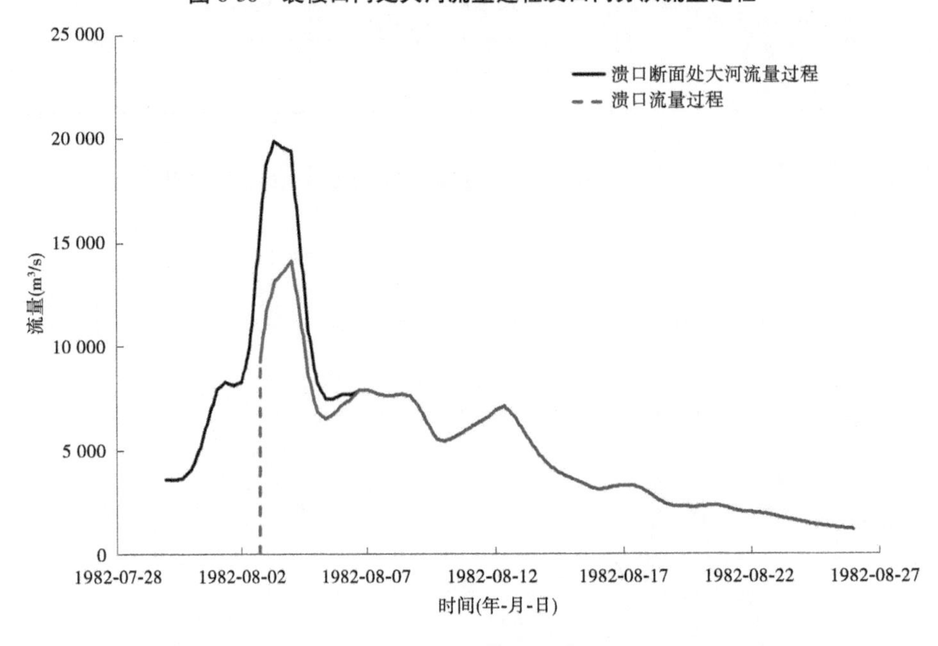

图 6-37　三义寨口门处大河流量过程及口门分洪流量过程

6.3.1.2　初始条件

根据技术大纲审查意见“黄河洪水不填洼，保护区内洪水不出槽”，不考虑保护区内支流水下地形，其基流水面按固结表面考虑，黄河洪水在其表面流动，合理拟定基流水面糙率，保护区内洪泽湖按正常蓄水位考虑。

6.3.1.3　边界条件

(1)进口边界。模型计算进口边界采用黑岗口口门、裴楼口门和三义寨口门的溃口流量过程。

(2)出口边界。出口边界采用洪泽湖三河闸、二河闸及高良涧闸水位流量关系曲线。

6.3.2　洪水分析计算结果

6.3.2.1　黑岗口口门

当黄河发生 1982 年典型近 1 000 年一遇下大洪水,黑岗口处(桩号 77+000 附近)堤防发生溃决时,溃堤洪水以溃口为中心呈扇形向外扩散。

溃堤 6 h 后,洪水向北演进至连霍高速,随着历时增长,部分洪水漫过连霍高速,最大淹没水深 4.2 m;24 h(1 d)后,洪水演进至陇海铁路后分为两股,一股沿陇海铁路向东演进至陇海铁路与连霍高速交汇处,另一股漫过陇海铁路沿惠济河两岸向东南演进至杞县,最大淹没水深 4.5 m。

24 h(1 d)~48 h(2 d),洪水沿惠济河两岸依地形向东南演进,前锋到达太康—睢县一线,淹没面积达到 1 986 km^2,最大淹没水深 3.7 m;48 h(2 d)~144 h(6 d),洪水继续沿惠济河两岸下泄,演进至永登高速受阻,永登高速北侧最大水深达到 3.4 m,随着洪水历时增长,部分水流漫过永登高速沿涡河演进至亳州市谯城区。

144 h(6 d)~192 h(8 d),主流分为 3 股,一股漫过永登高速后演进至西淝河,沿西淝河两岸下泄,一股继续沿涡河两岸下泄,另一股沿永登高速向东演进至永城,最大淹没水深 5.9 m;192 h(8 d)~288 h(12 d),一股洪水沿西淝河演进至茨淮新河,随着洪水历时增长,一部分洪水漫过茨淮新河沿西淝河下段演进,另一部分顺茨淮新河向东演进;沿涡河两岸演进的洪水依地形演进至蒙城;另一股洪水沿永登高速演进至浍河后沿浍河两岸演进至濉溪,最大淹没水深 6.2 m。

288 h(12 d)~384 h(16 d),沿西淝河下段下泄的洪水汇入淮河干流,西淝河两岸颍上县和凤台县被淹;沿茨淮新河下泄的洪水于怀远县入汇淮河干流,茨淮新河左岸利辛、蒙城和怀远被淹;沿涡河两岸下泄的洪水演进至涡河口,部分洪水沿河道入汇淮河干流;沿浍河下泄的洪水演进至固镇,最大淹没水深 5.9 m;384 h(16 d)~576 h(24 d),沿西淝河下段下泄的洪水在西淝河两岸继续漫流,董峰湖、汤渔湖、荆山湖偎水,颍上县、凤台县、潘集区被淹;沿浍河下泄的洪水于五河汇入怀洪新河;沿茨淮新河和涡河下泄的洪水一部分漫过怀洪新河演进至蚌埠市淮上区,另一部分沿怀洪新河下泄于溧河洼汇入洪泽湖。960 h(40 d)后,淹没范围基本达到最大,洪泽湖以下不再新增淹没面积。

本典型溃口洪水最大淹没面积 16 005 km^2,最大淹没水深 6.4 m,洪水演进过程及不同时段淹没水深分布情况见表 6-16、表 6-17、图 6-38~图 6-41。

表 6-16　黑岗口溃口不同时段洪水前锋到达位置及淹没情况

溃口后洪水演进时段	淹没面积（km^2）	洪水演进过程描述	
		前锋位置	淹没情况
第 6 小时	178	开封市金明区	洪水向北演进至连霍高速，随着历时增长，部分洪水漫过连霍高速，最大淹没水深 4.2 m
第 12 小时	362	开封市祥符区	洪水漫过连霍高速演进至陇海铁路，淹没范围继续增大，最大淹没水深 4.4 m
第 24 小时（1 d）	801	开封市祥符区—杞县	洪水演进至陇海铁路后分为两股，一股沿陇海铁路向东演进至陇海铁路与连霍高速交汇处，另一股漫过陇海铁路沿惠济河两岸向东南演进至杞县，最大淹没水深 4.5 m
第 48 小时（2 d）	1 986	太康—睢县	洪水沿惠济河两岸依地形向东南演进，最大淹没水深 3.7 m
第 144 小时（6 d）	6 120	郸城—亳州市谯城区	洪水继续沿惠济河两岸下泄，演进至永登高速受阻，永登高速北侧最大水深达到 3.4 m，随着洪水历时增长，部分水流漫过永登高速沿涡河演进至亳州市谯城区
第 192 小时（8 d）	7 435	太和—利辛—涡阳	主流分为 3 股，一股漫过永登高速后演进至西淝河，沿西淝河两岸下泄，一股继续沿涡河两岸下泄，另一股沿永登高速向东演进至永城，最大淹没水深 5.9 m
第 288 小时（12 d）	10 550	凤台—蒙城—濉溪	一股洪水沿西淝河演进至茨淮新河，随着洪水历时增长，一部分洪水漫过茨淮新河沿西淝河下段演进，另一部分顺茨淮新河向东演进；沿涡河两岸演进的洪水依地形演进至蒙城；另一股洪水沿永登高速演进至浍河后，沿浍河两岸演进至濉溪，最大淹没水深 6.2 m
第 384 小时（16 d）	12 431	凤台—蒙城—怀远	沿西淝河下段下泄的洪水汇入淮河干流，西淝河两岸颍上县和凤台县被淹；沿茨淮新河下泄的洪水于怀远县入汇淮河干流，茨淮新河左岸利辛、蒙城和怀远被淹；沿涡河两岸下泄的洪水演进至涡河口，部分洪水沿河道入汇淮河干流；沿浍河下泄的洪水演进至固镇，最大淹没水深 5.9 m
第 576 小时（24 d）	13 917	洪泽湖	沿西淝河下段下泄的洪水在西淝河两岸继续漫流，董峰湖、汤渔湖、荆山湖偎水，颍上县、凤台县、潘集区被淹；沿浍河下泄的洪水于五河汇入怀洪新河；沿茨淮新河和涡河下泄的洪水一部分漫过怀洪新河演进至蚌埠市淮上区，另一部分沿怀洪新河下泄于溧河洼汇入洪泽湖
第 960 小时（40 d）	14 927	洪泽湖	洪水进入洪泽湖后，洪泽湖以下不再新增淹没面积

表 6-17　重要城市或构筑物洪水到达时间及淹没情况

重要城市或构筑物	洪水到达时间	淹没情况描述
连霍高速	第 1 小时	溃堤洪水向南演进至连霍高速，最大淹没水深 3.7 m
大广高速	第 6 小时	洪水沿连霍高速向东演进至大广高速，中牟、开封市区被淹，最大淹没水深 4.2 m
陇海铁路	第 7 小时	洪水向南依地形演进至陇海铁路，最大淹没水深 4.2 m
日兰高速	第 13 小时	洪水沿陇海铁路演进至日兰高速，最大淹没水深 4.4 m
商周高速	第 70 小时(2.9 d)	洪水沿惠济河演进至商周高速，洪水前锋到达太康—柘城一线，最大淹没水深 4.5 m
商丘市区	第 72 小时(3 d)	洪水沿惠济河左岸演进至商丘市睢阳区，最大淹没水深 4.6 m
永登高速	第 78 小时(3.3 d)	洪水演进至永登高速，洪水前锋到达柘城—商丘市睢阳区一线，最大淹没水深 5.5 m
亳州市区	第 105 小时(4.4 d)	洪水沿涡河两岸演进至亳州市谯城区，最大淹没水深 5.4 m
济广高速	第 134 小时(5.6 d)	洪水沿涡河演进至济广高速，洪水前锋到达郸城—亳州市谯城区一线，最大淹没水深 5.4 m
茨淮新河	第 250 小时(10.4 d)	洪水沿西淝河演进至茨淮新河，洪水前锋到达利辛—蒙城一线，最大淹没水深 6.3 m
淮南市区	第 480 小时(20 d)	洪水沿西淝河下段演进至淮南市潘集区，最大淹没水深 6.4 m
蚌埠市区	第 507 小时(21.1 d)	洪水漫过怀洪新河演进至蚌埠市淮上区，最大淹没水深 6.4 m
洪泽湖	第 575 小时(24 d)	洪水沿怀洪新河下泄于溧河洼汇入洪泽湖

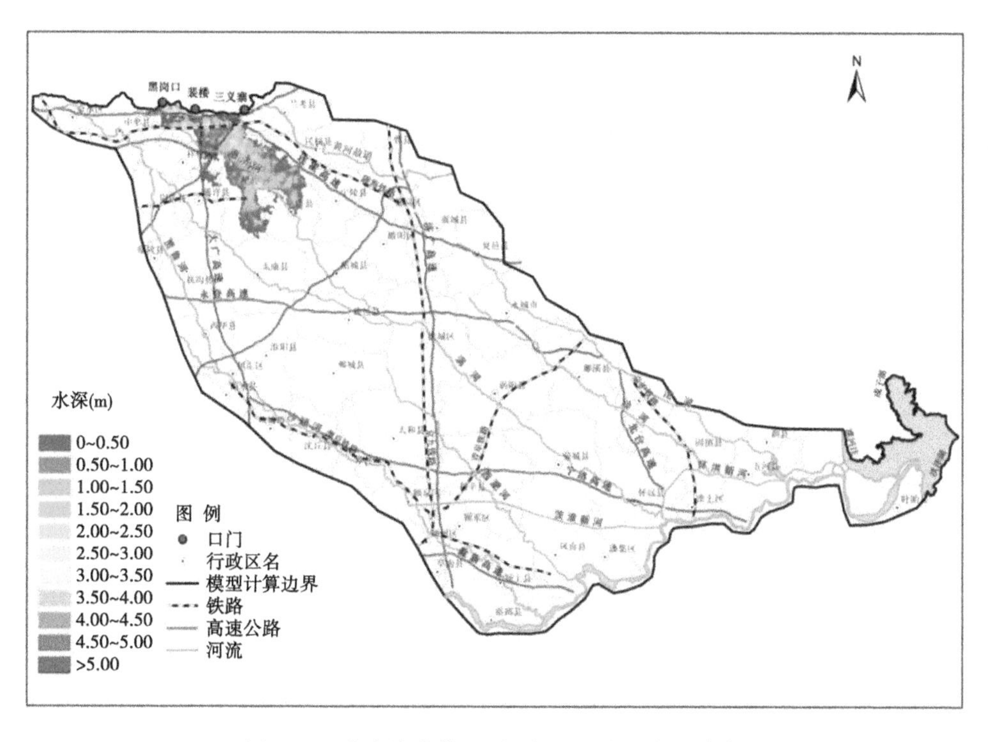

图 6-38　洪水演进第 48 小时(2 d)淹没水深分布

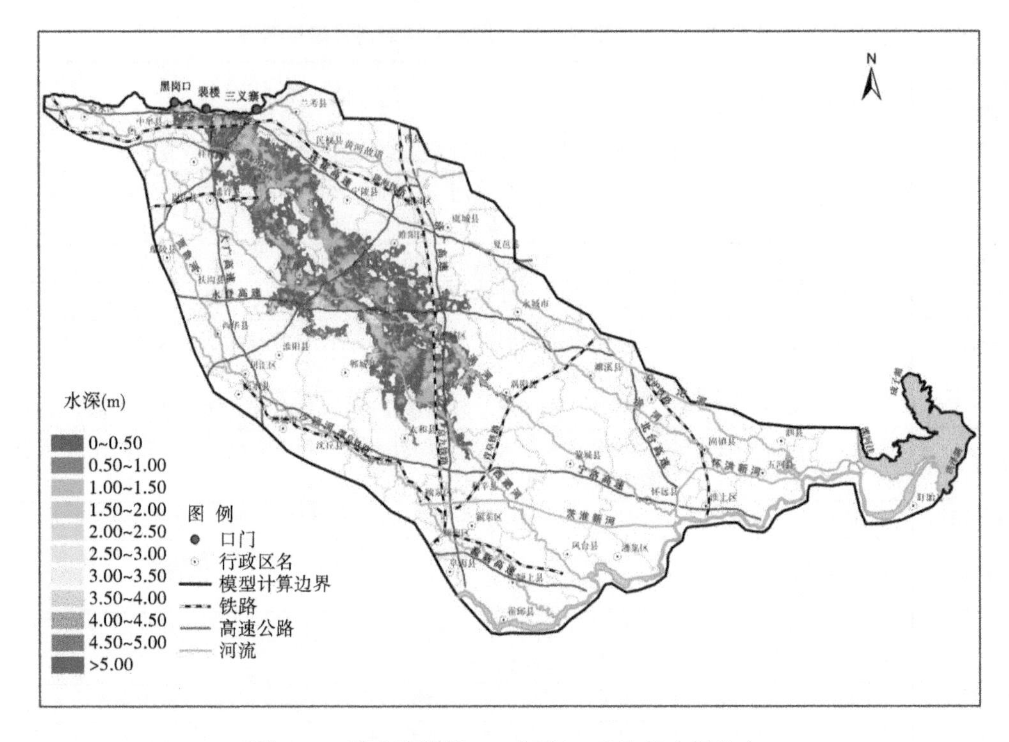

图 6-39　洪水演进第 192 小时(8 d)淹没水深分布

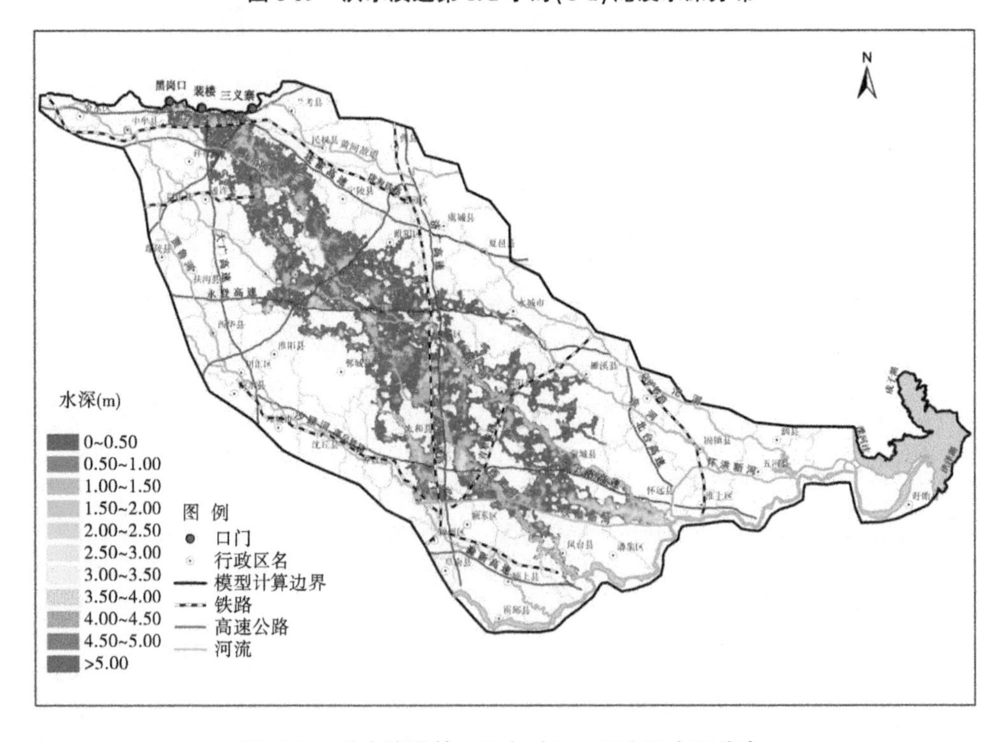

图 6-40　洪水演进第 384 小时(16 d)淹没水深分布

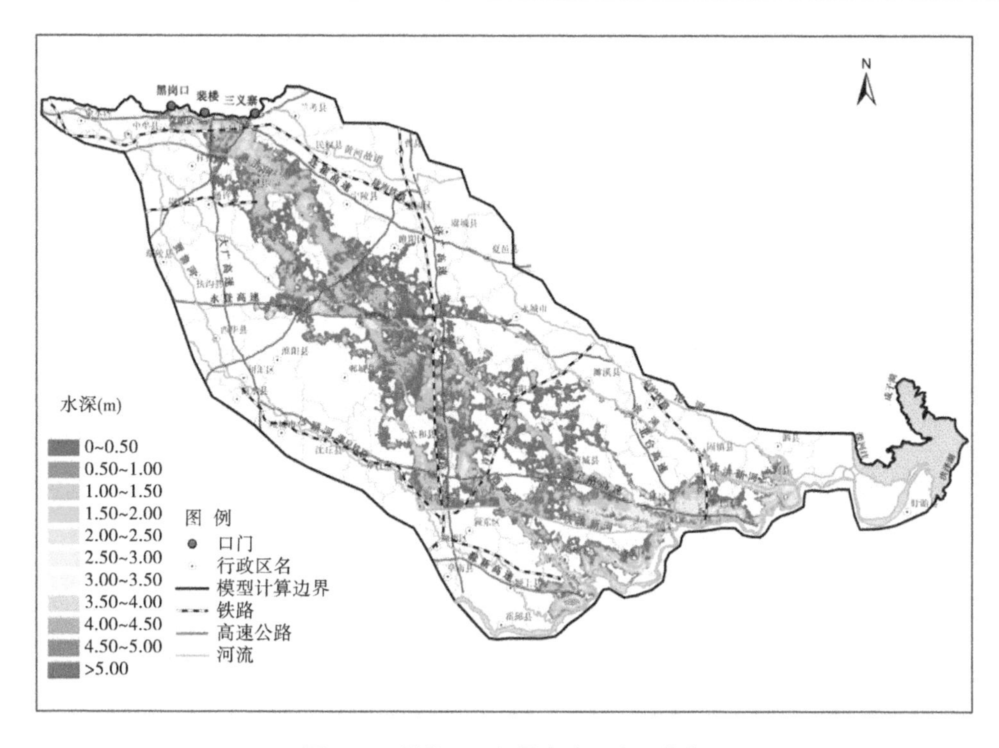

图 6-41　黑岗口口门最大淹没水深分布

6.3.2.2　裴楼口门

当黄河发生 1982 年典型近 1 000 年一遇下大洪水，裴楼处(桩号 100+000 附近)堤防发生溃决时，溃堤洪水以溃口为中心呈扇形向外扩散。

溃堤 6 h 后，洪水向南演进至连霍高速，随着历时增长，部分洪水漫过连霍高速后演进至陇海铁路，而后分为两股，一股沿陇海铁路向东演进至日兰高速，另一股漫过陇海铁路向南演进，最大淹没水深 4.1 m；6 h～24 h(1 d)，一股洪水沿陇海铁路向东演进至陇海铁路与连霍高速交汇处后折向东南，另一股漫过日兰高速向东南演进至惠济河杞县段，而后洪水沿惠济河两岸依地形向东南演进至杞县—睢县一线，最大淹没水深 4.4 m。

24 h(1 d)～48 h(2 d)，洪水沿惠济河两岸依地形继续向东南演进，前锋到达太康—宁陵一线，淹没面积达到 2 183 km^2，最大淹没水深 3.5 m；48 h(2 d)～144 h(6 d)，洪水沿惠济河两岸下泄，演进至永登高速受阻，永登高速北侧最大水深达到 3.4 m，随着洪水历时增长，部分水流漫过永登高速沿涡河演进至亳州市谯城区。

144 h(6 d)～192 h(8 d)，主流分为三股，一股漫过永登高速后演进至西淝河，沿西淝河两岸下泄，一股继续沿涡河两岸下泄至涡阳，另一股沿永登高速向东演进至浍河永城段，最大淹没水深 6.1 m；192 h(8 d)～288 h(12 d)，一股洪水沿西淝河演进至茨淮新河，随着洪水历时增长，一部分洪水漫过茨淮新河沿西淝河下段演进，另一部分顺茨淮新河向东演进；沿涡河两岸演进的洪水依地形演进至蒙城；另一股洪水沿永登高速演进至浍河永城段后沿浍河两岸演进至濉溪，最大淹没水深 6.2 m。

288 h(12 d)～384 h(16 d)，沿西淝河下段下泄的洪水汇入淮河干流，西淝河两岸颍上县和凤台县被淹；沿茨淮新河下泄的洪水于怀远县入汇淮河干流，茨淮新河左岸利辛、蒙城和怀远被淹；沿涡河两岸下泄的洪水演进至涡河口，部分洪水沿河道入汇淮河干流；沿浍河下泄的洪水演进至固镇，最大淹没水深 6.1 m；384 h(16 d)～576 h(24 d)，沿西淝河下段下泄的洪水在西淝河两岸继续漫流，董峰湖、汤渔湖、荆山湖偎水，颍上县、凤台县、潘集区被淹；沿浍河下泄的洪水于五河汇入怀洪新河；沿茨淮新河和涡河下泄的洪水一部分漫过怀洪新河演进至蚌埠市淮上区，另一部分沿怀洪新河下泄于漴河洼汇入洪泽湖。960 h(40 d)后，淹没范围基本达到最大，洪泽湖以下不再新增淹没面积。

本典型溃口洪水最大淹没面积 15 982 km^2，最大淹没水深 6.2 m，洪水演进过程及不同时段淹没水深分布情况见表 6-18、表 6-19、图 6-42～图 6-45。

表 6-18 裴楼溃口不同时段洪水前锋到达位置及淹没情况

溃口后洪水演进时段	淹没面积(km^2)	洪水演进过程描述	
		前锋位置	淹没情况
第 6 小时	213	开封市祥符区	洪水向南演进至连霍高速，随着历时增长，部分洪水漫过连霍高速后演进至陇海铁路，而后分为两股，一股沿陇海铁路向东演进日兰高速，另一股漫过陇海铁路向南演进，最大淹没水深 4.1 m
第 12 小时	450	祥符区—杞县	一股洪水沿陇海铁路向东演进至陇海铁路与连霍高速交汇处后折向东南，另一股漫过日兰高速向东南演进至惠济河杞县段，最大淹没水深 4.2 m
第 24 小时(1 d)	954	杞县—睢县	洪水沿惠济河两岸依地形向东南演进，最大淹没水深 4.4 m
第 48 小时(2 d)	2 183	太康—宁陵	洪水沿惠济河两岸依地形向东南演进至宁陵，最大淹没水深 3.5 m
第 144 小时(6 d)	6 314	太和—亳州市谯城区	洪水沿惠济河两岸下泄，演进至永登高速受阻，永登高速北侧最大水深达到 3.4 m，随着洪水历时增长，部分水流漫过永登高速沿涡河演进至亳州市谯城区
第 192 小时(8 d)	7 705	利辛—涡阳—永城	主流分为三股，一股漫过永登高速后演进至西淝河，沿西淝河两岸下泄，一股继续沿涡河两岸下泄至涡阳，另一股沿永登高速向东演进至浍河永城段，最大淹没水深 6.1 m
第 288 小时(12 d)	10 906	凤台—蒙城—濉溪	一股洪水沿西淝河演进至茨淮新河，随着洪水历时增长，一部分洪水漫过茨淮新河沿西淝河下段演进，另一部分顺茨淮新河向东演进；沿涡河两岸演进的洪水依地形演进至涡阳；另一股洪水沿永登高速演进至浍河永城段后沿浍河两岸演进至濉溪；最大淹没水深 6.2 m

续表 6-18

溃口后洪水演进时段	淹没面积（km²）	洪水演进过程描述	
		前锋位置	淹没情况
第 384 小时（16 d）	12 555	凤台—怀远—固镇	沿西淝河下段下泄的洪水汇入淮河干流，西淝河两岸颍上县和凤台县被淹；沿茨淮新河下泄的洪水于怀远县入汇淮河干流，茨淮新河左岸利辛、蒙城和怀远被淹；沿涡河两岸下泄的洪水演进至涡河口，部分洪水沿河道入汇淮河干流；沿浍河下泄的洪水演进至固镇，最大淹没水深 6.1 m
第 576 小时（24 d）	14 066	洪泽湖	沿西淝河下段下泄的洪水在西淝河两岸继续漫流，董峰湖、汤渔湖、荆山湖偎水，颍上县、凤台县、潘集区被淹；沿浍河下泄的洪水于五河汇入怀洪新河；沿茨淮新河和涡河下泄的洪水一部分漫过怀洪新河演进至蚌埠市淮上区，另一部分沿怀洪新河下泄于溧河洼汇入洪泽湖
第 960 小时（40 d）	14915	洪泽湖	洪水进入洪泽湖后，洪泽湖以下不再新增淹没面积

表 6-19　重要城市或构筑物洪水到达时间及淹没情况

重要城市或构筑物	洪水到达时间	淹没情况描述
连霍高速	第 0.5 小时	溃堤洪水向南演进至连霍高速，最大淹没水深 3 m
陇海铁路	第 2 小时	洪水向南依地形演进至陇海铁路，最大淹没水深 3.7 m
日兰高速	第 5 小时	洪水沿陇海铁路演进至日兰高速，开封市祥符区被淹，最大淹没水深 4.1 m
商周高速	第 60 小时(2.5 d)	洪水沿惠济河演进至商周高速，洪水前锋到达太康—柘城一线，最大淹没水深 3.0 m
商丘市区	第 62 小时(2.6 d)	洪水沿惠济河左岸演进至商丘市睢阳区，最大淹没水深 3.0 m
永登高速	第 69 小时(2.9 d)	洪水演进至永登高速，洪水前锋到达鹿邑—柘城一线，最大淹没水深 5.5 m
亳州市区	第 94 小时(3.9 d)	洪水沿涡河两岸演进至亳州市谯城区，最大淹没水深 5.4 m

续表 6-19

重要城市或构筑物	洪水到达时间	淹没情况描述
济广高速	第 120 小时(5 d)	洪水沿涡河演进至济广高速,洪水前锋到达郸城—亳州市谯城区一线,最大淹没水深 5.4 m
茨淮新河	第 235 小时(9.8 d)	洪水沿西淝河演进至茨淮新河,洪水前锋到达利辛—蒙城一线,最大淹没水深 6.3 m
淮南市区	第 480 小时(19.8 d)	洪水沿西淝河下段演进至淮南市潘集区,最大淹没水深 6.5 m
蚌埠市区	第 485 小时(20.2 d)	洪水漫过怀洪新河演进至蚌埠市淮上区,最大淹没水深 6.4 m
洪泽湖	第 550 小时(22.9 d)	洪水沿怀洪新河下泄于溧河洼汇入洪泽湖

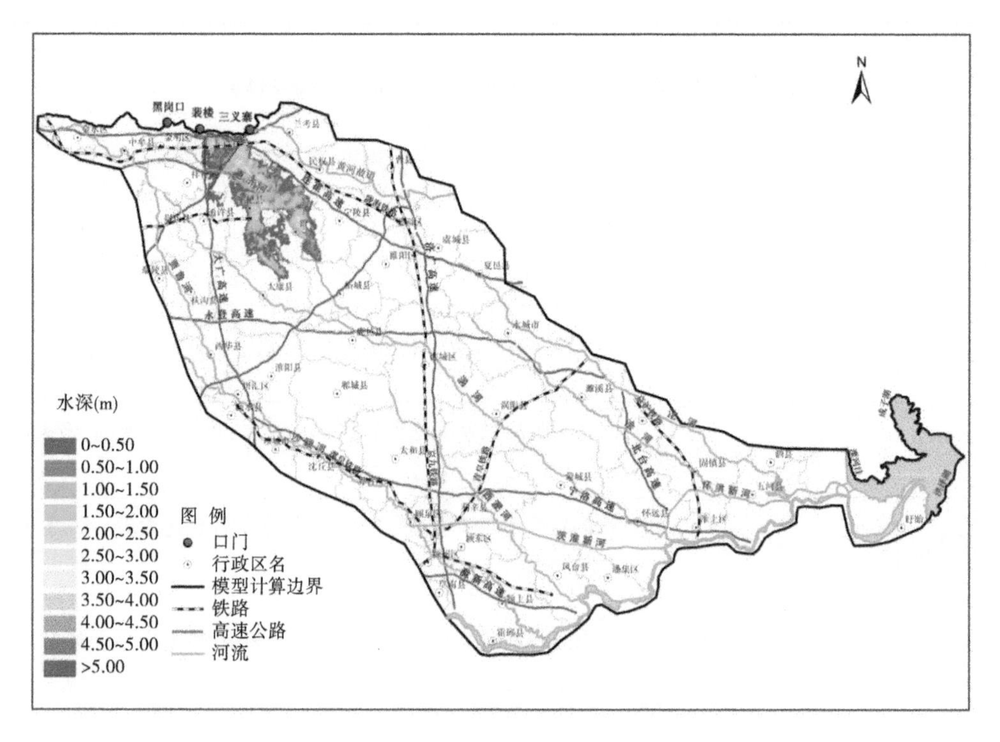

图 6-42　洪水演进第 48 小时(2 d)淹没水深分布

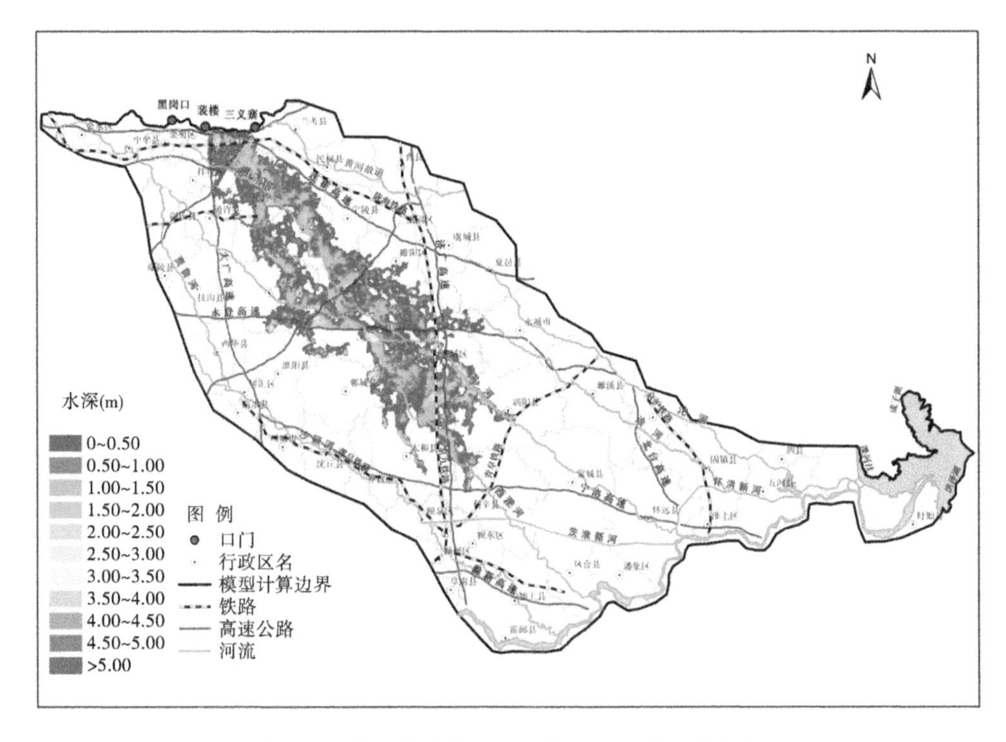

图6-43　洪水演进第192小时(8 d)淹没水深分布

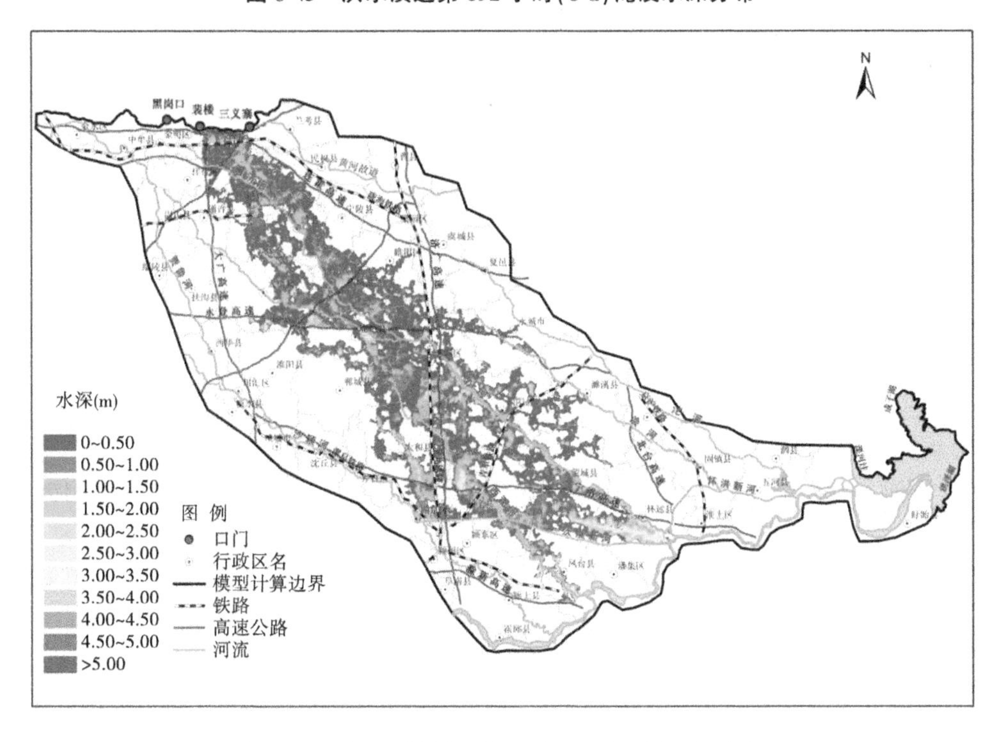

图6-44　洪水演进第384小时(16 d)淹没水深分布

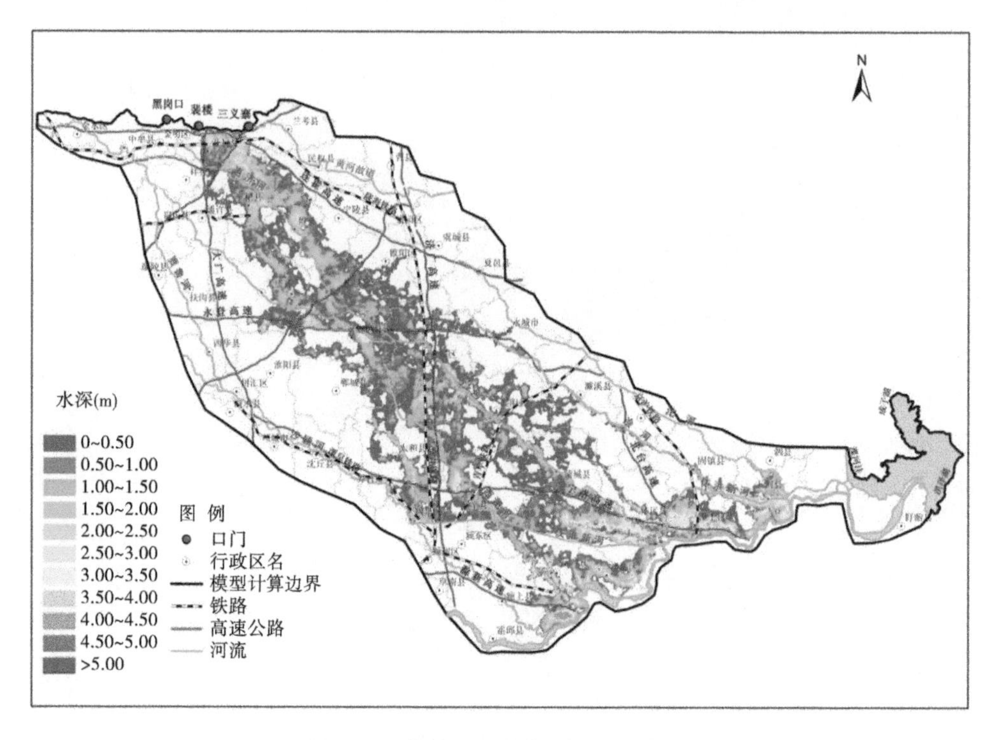

图 6-45　裴楼口门最大淹没水深分布

6.3.2.3　三义寨口门

当黄河发生 1982 年典型近 1 000 年一遇下大洪水，三义寨（桩号 130+000 附近）处堤防发生溃决时，溃堤洪水以溃口为中心呈扇形向外扩散。

溃堤 6 h 后，洪水向北演进至陇海铁路，随着历时增长，部分洪水漫过陇海铁路向南演进，最大淹没水深 3.0 m；6 h~24 h(1 d)，洪水向南演进至惠济河杞县段，而后洪水沿惠济河两岸依地形向东南演进至杞县—睢县一线，最大淹没水深 3.3 m。

24 h(1 d)~48 h(2 d)，洪水沿惠济河两岸依地形继续向东南演进，前锋到达太康—柘城—宁陵一线，淹没面积达到 2 282 km^2，最大淹没水深 3.3 m；48 h(2 d)~144 h(6 d)洪水沿惠济河两岸下泄，演进至永登高速受阻，永登高速北侧最大水深达到 3.4 m，随着洪水历时增长，部分水流漫过永登高速沿涡河演进至亳州市谯城区。

144 h(6 d)~192 h(8 d)，主流分为三股，一股漫过永登高速后演进至西淝河，沿西淝河两岸下泄，一股继续沿涡河两岸下泄至涡阳，另一股沿永登高速向东演进至浍河永城段，最大淹没水深 6.3 m；192 h(8 d)~288 h(12 d)，一股洪水沿西淝河演进至茨淮新河，随着洪水历时增长，一部分洪水漫过茨淮新河沿西淝河下段演进，另一部分顺茨淮新河向东演进；沿涡河两岸演进的洪水依地形演进至蒙城；另一股洪水沿永登高速演进至浍河永城段后沿浍河两岸演进至濉溪，最大淹没水深 6.2 m。

288 h(12 d)~384 h(16 d)，沿西淝河下段下泄的洪水汇入淮河干流，西淝河两岸颍上县和凤台县被淹；沿茨淮新河下泄的洪水于怀远县入汇淮河干流，茨淮新河左岸利辛、蒙城和怀远被淹；沿涡河两岸下泄的洪水演进至涡河口，部分洪水沿河道入汇淮河干流；沿浍河下泄的洪水演进至固镇，最大淹没水深 6.1 m；384 h(16 d)~576 h(24 d)，沿西淝河下段下泄的洪水在西淝河两岸继续漫流，董峰湖、汤渔湖、荆山湖偎水，颍上县、凤台县、潘集区被淹；沿浍河下泄的洪水于五河汇入怀洪新河；沿茨淮新河和涡河下泄的洪水一部分漫过怀洪新河演进至蚌埠市淮上区，另一部分沿怀洪新河下泄于漴河洼汇入洪泽湖。960 h(40 d)后，淹没范围基本达到最大，洪泽湖以下不再新增淹没面积。

本典型溃口洪水最大淹没面积15 901 km^2，最大淹没水深6.5 m，洪水演进过程及不同时段淹没水深分布情况见表6-20、表6-21、图6-46~图6-49。

表6-20 三义寨溃口不同时段洪水前锋到达位置及淹没情况

溃口后洪水演进时段	淹没面积(km^2)	洪水演进过程描述	
		前锋位置	淹没情况
第6小时	224	杞县	洪水向北演进至陇海铁路，随着历时增长，部分洪水漫过陇海铁路向南演进，最大淹没水深3.0 m
第12小时	433	杞县	洪水沿惠济河依地形向东南演进，最大淹没水深3.1 m
第24小时(1 d)	1 035	杞县—睢县	洪水沿惠济河两岸依地形向东南演进至睢县，最大淹没水深3.3 m
第48小时(2 d)	2 282	太康—柘城—宁陵	洪水沿惠济河两岸依地形向东南演进至柘城，最大淹没水深3.3 m
第144小时(6 d)	6 423	太和—亳州市谯城区	洪水沿惠济河两岸下泄，演进至永登高速受阻，永登高速北侧最大水深达到3.4 m，随着洪水历时增长，部分水流漫过永登高速沿涡河演进至亳州市谯城区
第192小时(8 d)	7 878	利辛—涡阳—永城	主流分为三股，一股漫过永登高速后演进至西淝河，沿西淝河两岸下泄，一股继续沿涡河两岸下泄至涡阳，另一股沿永登高速向东演进至浍河永城段，最大淹没水深6.3 m
第288小时(12 d)	11 066	凤台—蒙城—濉溪	一股洪水沿西淝河演进至茨淮新河，随着洪水历时增长，一部分洪水漫过茨淮新河沿西淝河下段演进，另一部分顺茨淮新河向东演进；沿涡河两岸演进的洪水依地形演进至蒙城；另一股洪水沿永登高速演进至浍河永城段后沿浍河两岸演进至濉溪；最大淹没水深6.2 m
第384小时(16 d)	12 530	凤台—怀远—固镇	沿西淝河下段下泄的洪水汇入淮河干流，西淝河两岸颍上县和凤台县被淹；沿茨淮新河下泄的洪水于怀远县入汇淮河干流，茨淮新河左岸利辛、蒙城和怀远被淹；沿涡河两岸下泄的洪水演进至涡河口，部分洪水沿河道入汇淮河干流；沿浍河下泄的洪水演进至固镇，最大淹没水深6.1 m
第576小时(24 d)	14 043	洪泽湖	沿西淝河下段下泄的洪水在西淝河两岸继续漫流，董峰湖、汤渔湖、荆山湖偎水，颍上、凤台、潘集区被淹；沿浍河下泄的洪水于五河汇入怀洪新河；沿茨淮新河和涡河下泄的洪水一部分漫过怀洪新河演进至蚌埠市淮上区，另一部分沿怀洪新河下泄于漴河洼汇入洪泽湖
第960小时(40 d)	14 843	洪泽湖	洪水进入洪泽湖后，洪泽湖以下不再新增淹没面积

表 6-21　重要城市或构筑物洪水到达时间及淹没情况

重要城市或构筑物	洪水到达时间	淹没情况描述
日兰高速	第 0.5 小时	溃堤洪水向南演进至日兰高速，最大淹没水深 2.5 m
陇海铁路	第 1 小时	洪水向南依地形演进至陇海铁路，最大淹没水深 2.5 m
连霍高速	第 1 小时	洪水向南依地形演进至连霍高速，开封市祥符区和兰考被淹，最大淹没水深 2.5 m
商周高速	第 54 小时(2.3 d)	洪水沿惠济河演进至商周高速，洪水前锋到达太康—柘城一线，最大淹没水深 3.0 m
商丘市区	第 56 小时(2.3 d)	洪水沿惠济河左岸演进至商丘市睢阳区，最大淹没水深 3.0 m
永登高速	第 62 小时(2.6 d)	洪水演进至永登高速，洪水前锋到达太康—柘城—商丘市睢阳区一线，最大淹没水深 5.5 m
亳州市区	第 85 小时(3.5 d)	洪水沿涡河两岸演进至亳州市谯城区，最大淹没水深 5.5 m
济广高速	第 110 小时(4.6 d)	洪水沿涡河演进至济广高速，洪水前锋到达郸城—亳州市谯城区一线，最大淹没水深 5.4 m
茨淮新河	第 220 小时(9.2 d)	洪水沿西淝河演进至茨淮新河，洪水前锋到达利辛—蒙城一线，最大淹没水深 6.4 m
淮南市区	第 455 小时(19 d)	洪水沿西淝河下段演进至淮南市潘集区，最大淹没水深 6.5 m
蚌埠市区	第 465 小时(19.4 d)	洪水漫过怀洪新河演进至蚌埠市淮上区，最大淹没水深 6.4 m
洪泽湖	第 530 小时(22.1 d)	洪水沿怀洪新河下泄于溧河洼汇入洪泽湖

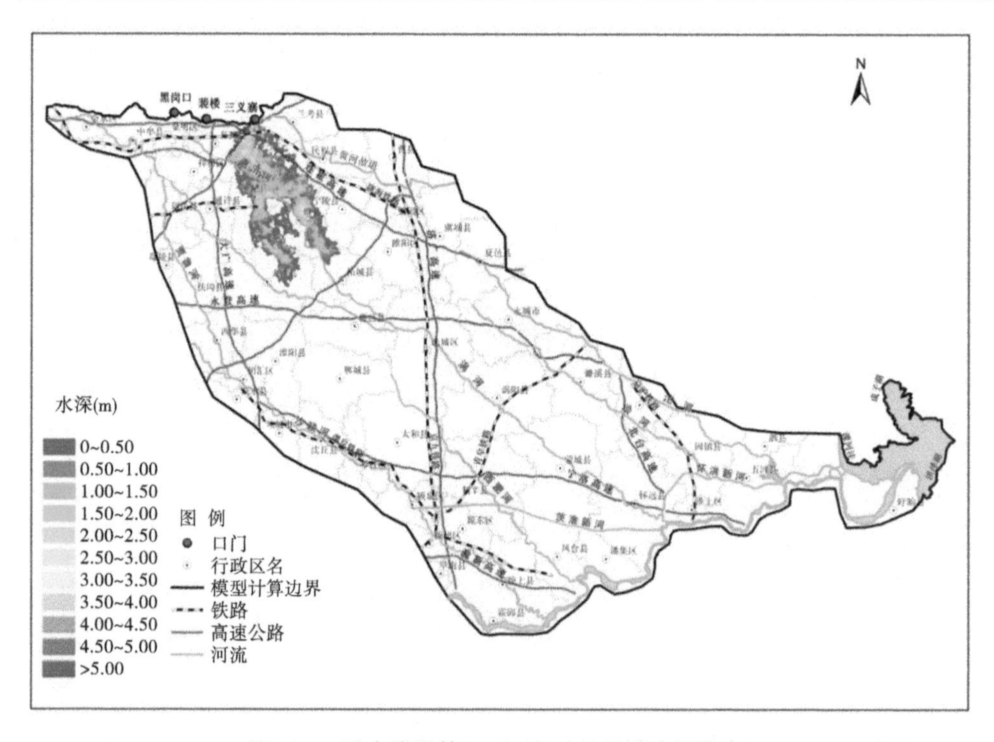

图 6-46　洪水演进第 48 小时(2 d)淹没水深分布

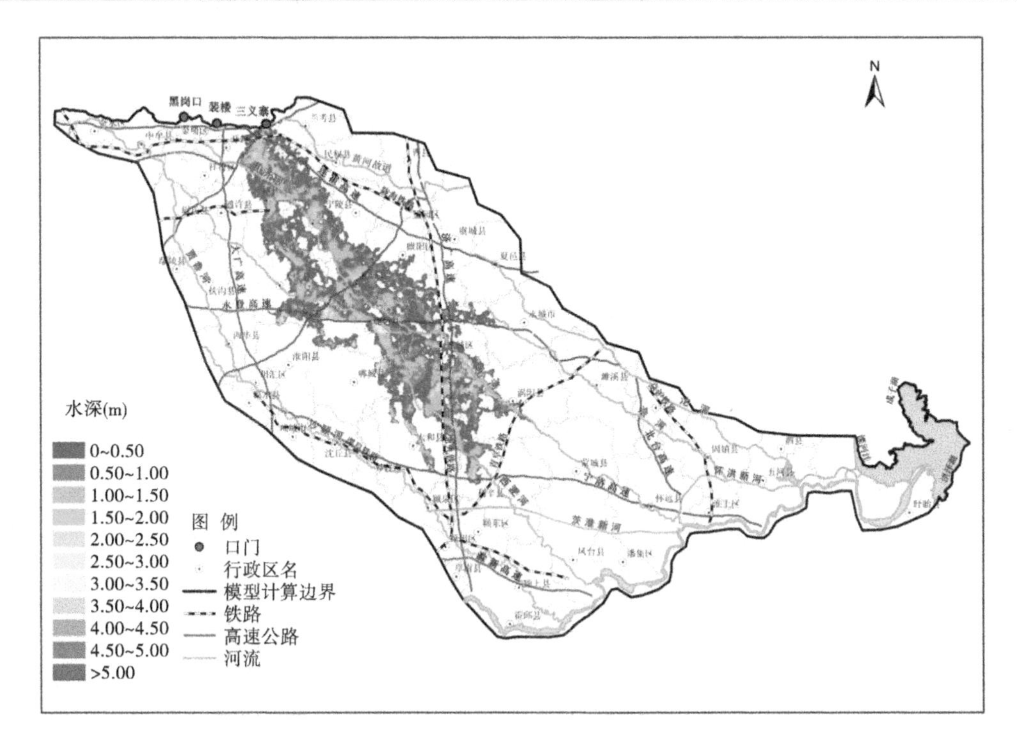

图 6-47　洪水演进第 192 小时(8 d)淹没水深分布

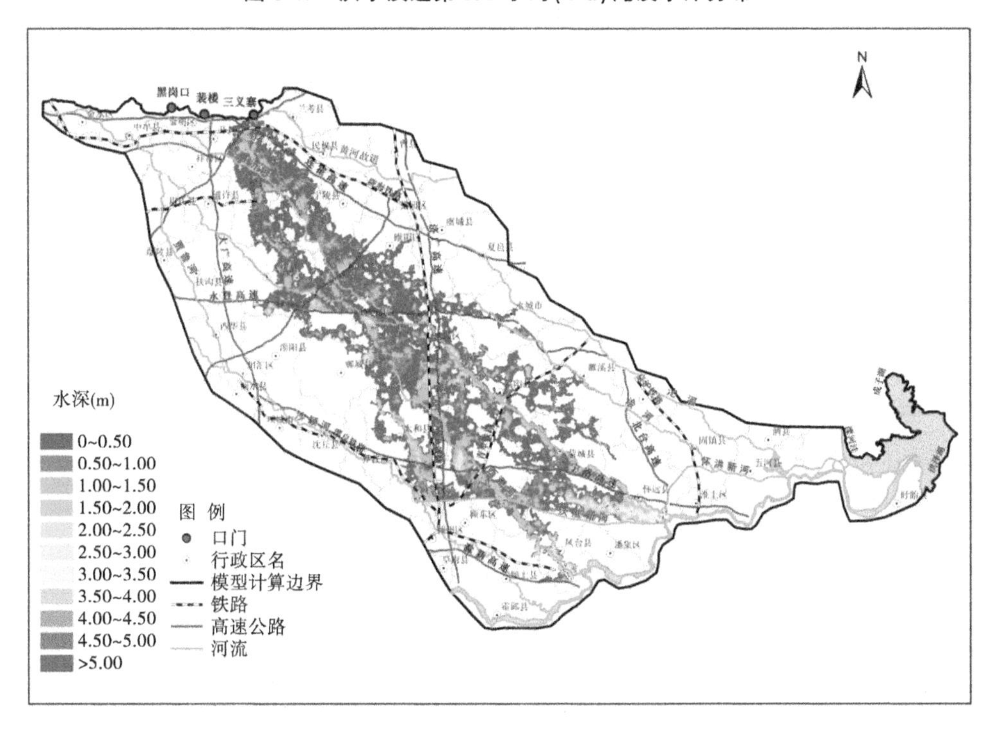

图 6-48　洪水演进第 384 小时(16 d)淹没水深分布

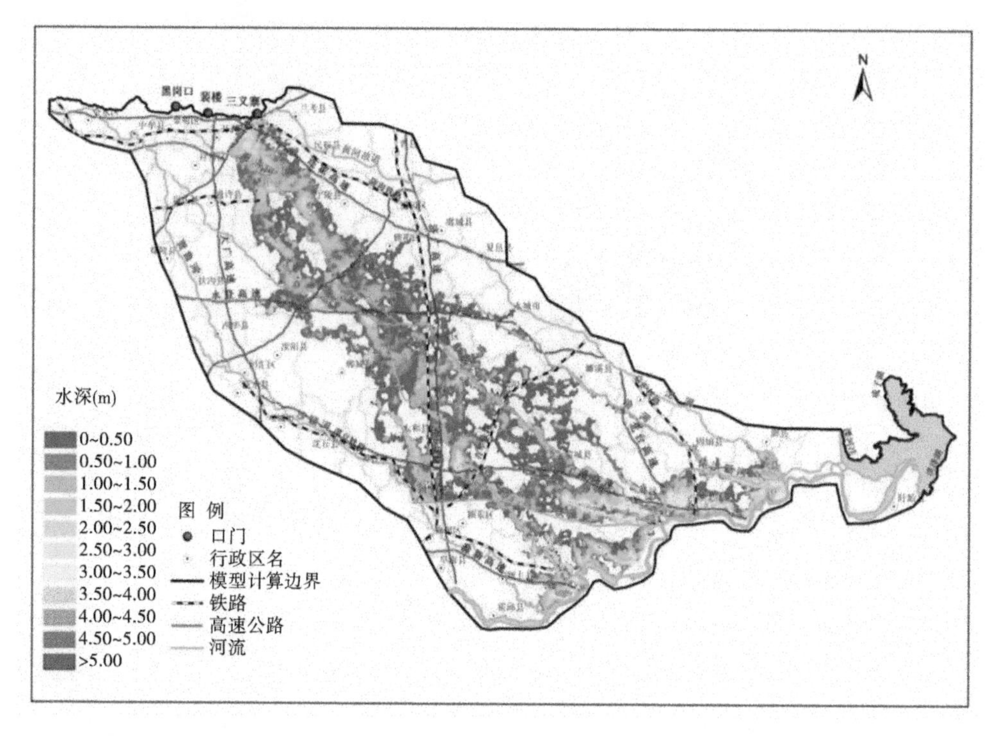

图 6-49 三义寨口门最大淹没水深分布

6.3.2.4 洪水淹没面积

开封—兰考河段右岸防洪保护区各口门淹没面积及主要淹没区域见表 6-22，发生 1982 年典型近 1 000 年一遇下大洪水时，保护区淹没面积为 16 570 km²，最大淹没范围及最大淹没水深分布见图 6-50。

表 6-22 开封—兰考河段右岸防洪保护区淹没面积及主要淹没区域

方案	口门	淹没面积（km²）	主要淹没区域
1982 年典型近 1 000 年一遇洪水计算方案	黑岗口	16 005	开封、睢县、通许、太康、宁陵、柘城、鹿邑、谯城、永城、涡阳、太和、蒙城、颍泉、利辛、凤台、淮上、五河等，淹没水深普遍在 0.5~2 m，部分区域达到 3 m 以上
	裴楼	15 982	
	三义寨	15 901	
	保护区	16 570	

洪水主要淹没区域为开封、睢县、通许、太康、宁陵、柘城、鹿邑、谯城、永城、涡阳、太和、蒙城、颍泉、利辛、凤台、淮上、五河等，淹没水深普遍在 0.5~2 m，部分区域达到 3 m 以上。

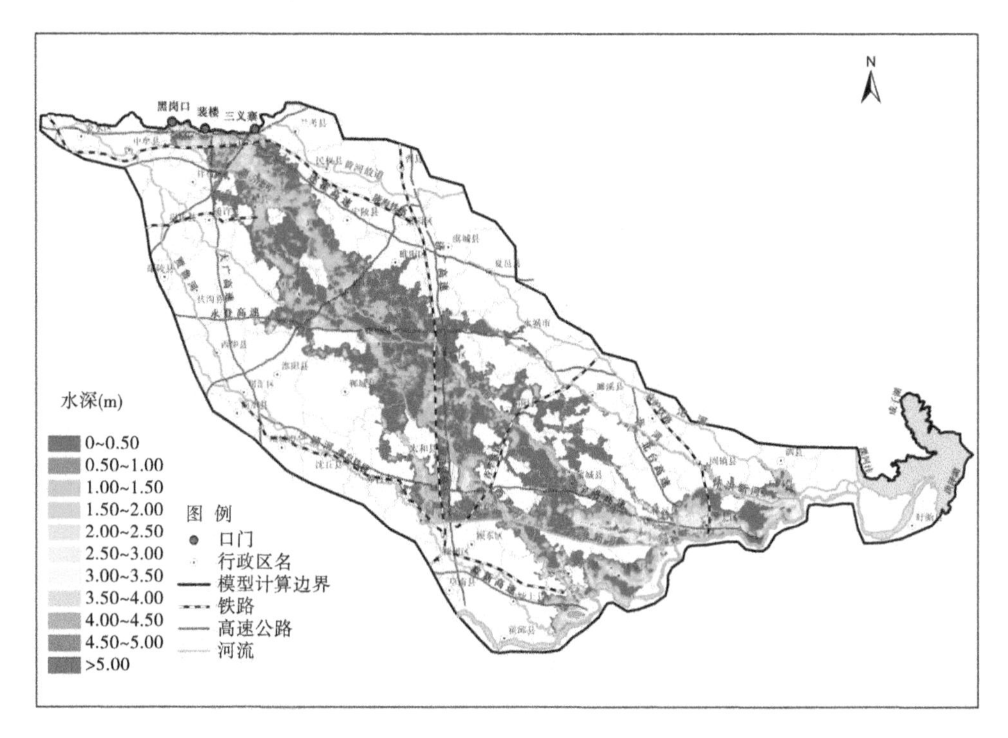

图 6-50　开封—兰考河段 1982 年典型近 1 000 年一遇上下洪水淹没范围及淹没水深分布

6.3.3　合理性分析

6.3.3.1　水量平衡

从表 6-23 可以看出,在发生 1982 年典型近 1 000 年一遇下大洪水情况下,各个溃口方案水量平衡误差为 $4.33\times10^{-5}\sim6.02\times10^{-5}$,满足水量平衡要求,可以认为洪水模拟结果合理。

表 6-23　黄河下游开封—兰考河段右岸各个口门方案水量平衡分析

口门位置	大河设计洪量(亿 m^3)	入流水量(亿 m^3)	出流水量(亿 m^3)	保护区内水量(亿 m^3)	误差值(亿 m^3)	误差
黑岗口	130(花园口)	98.6	26.988	71.608	0.004	4.33×10^{-5}
裴楼	130(花园口)	99.3	28.321	70.974	0.005	5.34×10^{-5}
三义寨	133(夹河滩)	99.7	28.811	70.883	0.006	6.02×10^{-5}

6.3.3.2　流场分布

在对各计算分区剖分网格并内插高程后可以看出,本防洪保护区总体呈西北高东南低地势,故洪水总体上均呈现由西北向东南的演进趋势;各溃口处洪水均为由西向东、由北向南演进,洪水演进与地势非常匹配,模型结果合理。

对于局部区域而言,通过计算结果显示的各方案洪水流场分布与线状地物分析比较,流场分布均匀一致,线状地物具有明显的阻水效果,洪水态势比较准确,结果如图 6-51 所示(以 1982 年典型近 1 000 年一遇下大洪水黑岗口决口为例)。

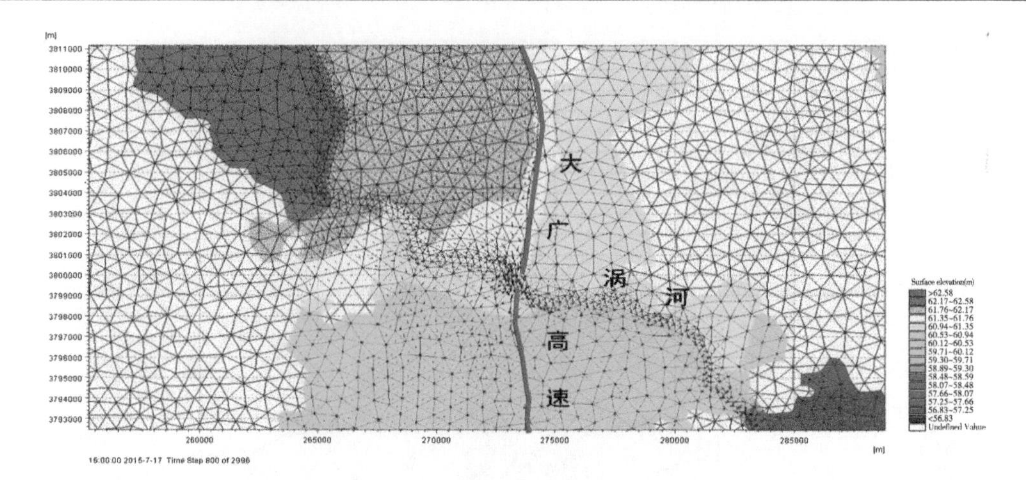

图 6-51　大广高速与涡河交汇处二维平面流场分布

6.3.3.3　同一方案的地形分布、淹没水深合理性分析

同一方案同一地区洪水演进及淹没情况应满足时间上、空间上的分布特点。比较同一方案不同时刻的地形分布、淹没水深、洪水流速，见图 6-52。可见，同一时刻，地势较低洼的地区对应的淹没水深较大，地势较高的地区对应的淹没水深较小，地势由高到低其对应地区淹没后的流速也是从大到小，符合洪水流动趋势的物理原则。

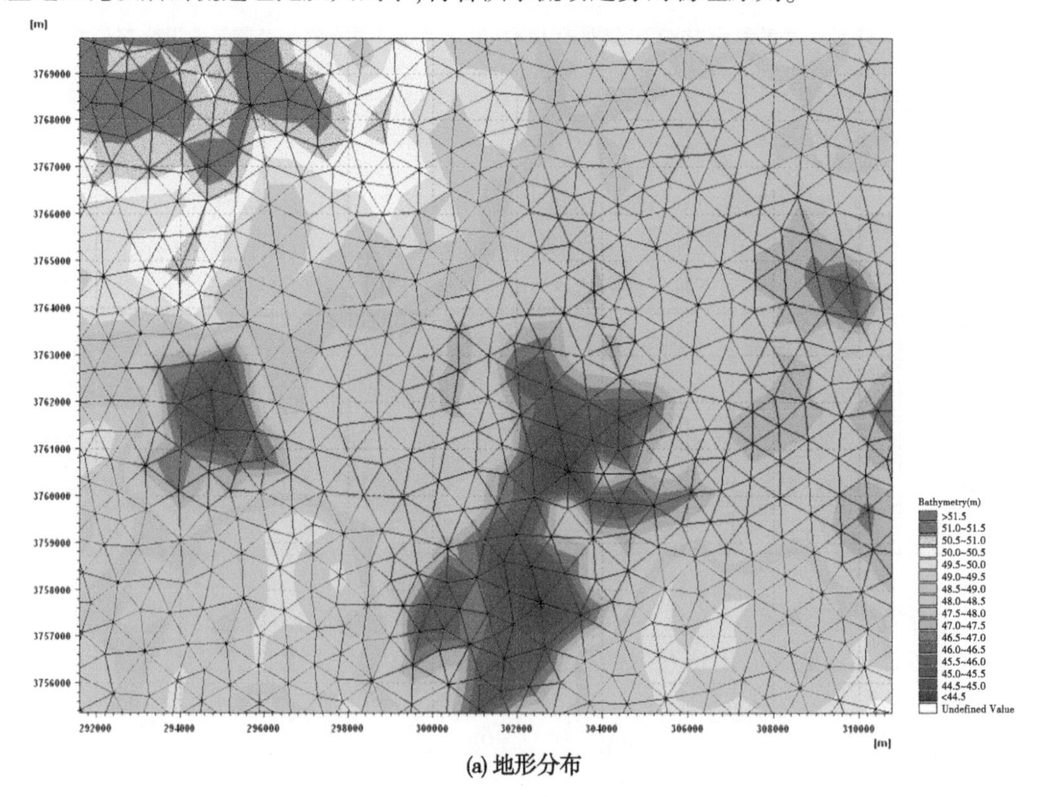

(a) 地形分布

图 6-52　开封—兰考右岸防洪保护区同一方案不同时刻淹没水深比较

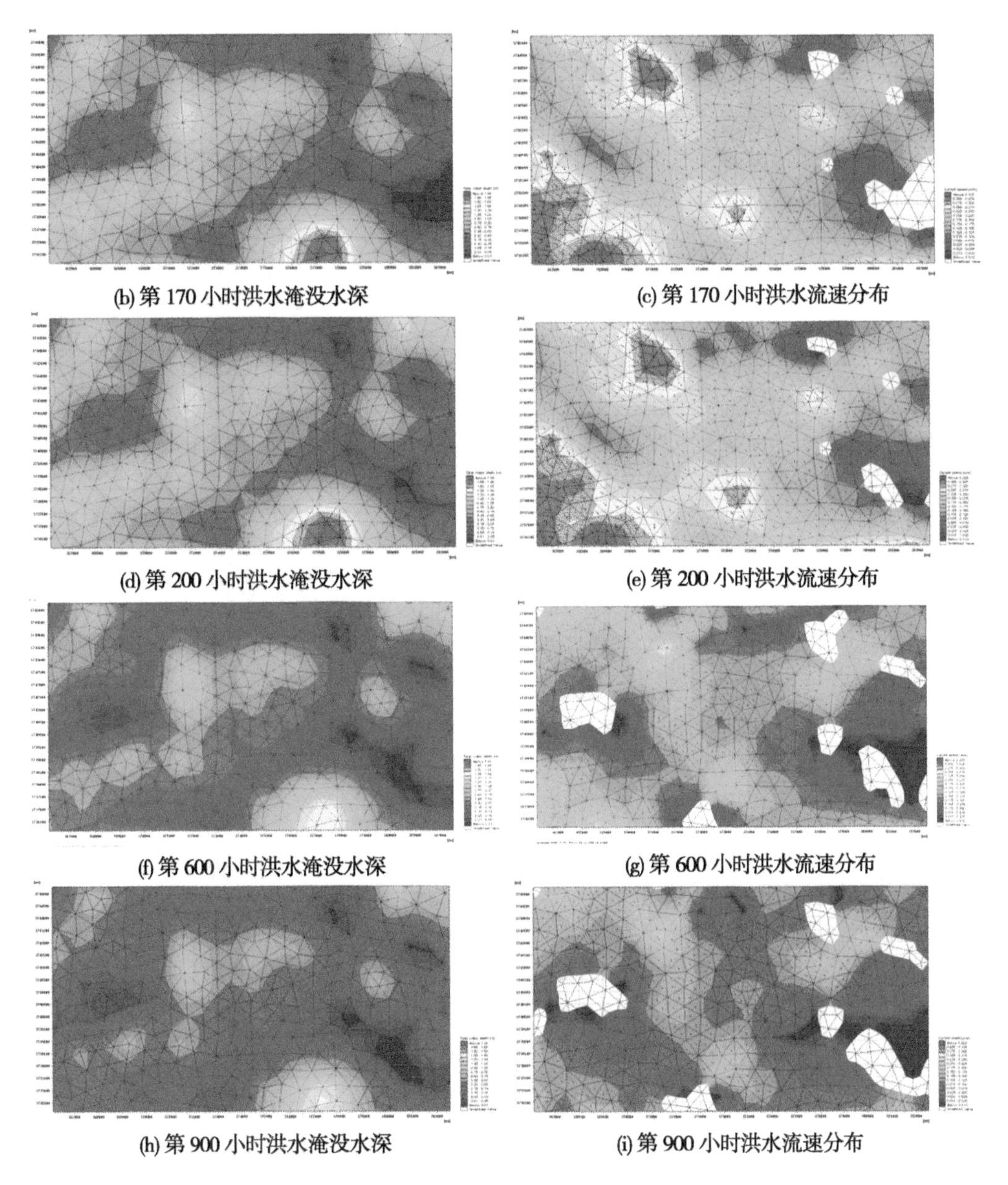
(b) 第 170 小时洪水淹没水深　(c) 第 170 小时洪水流速分布

(d) 第 200 小时洪水淹没水深　(e) 第 200 小时洪水流速分布

(f) 第 600 小时洪水淹没水深　(g) 第 600 小时洪水流速分布

(h) 第 900 小时洪水淹没水深　(i) 第 900 小时洪水流速分布

续图 6-52

洪水演进除应匹配空间地势外,在不同时刻应符合水力学规律,如随着溃口处流量逐步减小或不再出流后,地势较高的淹没区域由于来流少出流多,淹没水深应逐步减小,而地势较低的区域,洪水聚集水深将经历一个由少到多再由多到少,最后趋于稳定的变化过程。图 6-52 中列出了 1982 年典型近 1 000 年一遇黑岗口溃口溃决后第 170 小时、第 200 小时、第 600 小时、第 900 小时的同一地区淹没水深分布,可见,由于第 170 小时后洪水主峰尚未演进至分析区域,分析区域淹没水深及流速呈增加的趋势;第 200 小时后洪水主峰演进至分析区域,分析区域内的淹没水深、洪水流速达到一个较大的值;第 600 小时后,分析区域内的淹没水深与第 300 小时相比大幅减小;第 900 小时后分析区域内地势较高区域的洪水基本退去，地势低洼区域的洪水由于地形影响无法排除，水深维持在一个相对稳定的值。

以上分析说明方案计算是较合理的。

6.3.3.4 退水过程分析

统计了保护区下边界洪泽湖出口二河闸、三河闸和高梁涧闸、怀洪新河（双沟处）以及淮河干流（规划的冯铁营引河处）等位置处流量过程，见表6-24。

表6-24 各个口门方案出口及重要河道断面最大流量

计算方案	口门	最大流量(m^3/s)			
		三河闸	二河闸+高良涧闸	怀洪新河（双沟处）	淮河干流（规划的冯铁营引河处）
1982年典型1 000年一遇洪水计算方案	黑岗口	1 079	929	1 307	1 231
	裴楼	1 102	949	1 350	1 197
	三义寨	1 135	977	1 412	1 195

由表6-25可以看出，各溃口方案怀洪新河（双沟处）最大流量1 412 m^3/s，远小于该处河道过洪能力4 710 m^3/s，淮河干流（规划的冯铁营引河处）最大流量1 231 m^3/s，远小于该处河道过洪能力12 000 m^3/s，洪水能够安全下泄，不新增淹没面积。

各溃口方案，洪泽湖水位最大升高值在0.15 m以内，三河闸黄河溃堤洪水最大退水流量1 135 m^3/s，小于设计流量11 750 m^3/s；二河闸+高良涧闸黄河溃堤洪水最大退水流量977 m^3/s，小于设计流量4 670 m^3/s。各方案溃决洪水均可通过二河闸、三河闸和高良涧闸安全下泄，洪泽湖以下不新增淹没面积，出口边界设置合理。

6.3.3.5 保护区内河堤防决溢位置合理性分析

统计了黑岗口口门方案保护区内重要内河堤防决溢位置的模型计算最大水位和最大水深，见表6-25。

表6-25 黑岗口口门方案重要内河堤防决溢位置水位特征值

重要堤防决溢位置	设计水位（m）	模型计算最大水位（m）	模型计算最大水深（m）
茨淮新河与西淝河交汇处	28.00	27.82	3.4
怀洪新河与涡河	23.87	23.87	6.2

由表6-26可以看出，茨淮新河与西淝河交汇处和怀洪新河与涡河交汇处，模型计算最大水位均达到或接近堤防设计水位，最大积水均超过3 m且历时长，因此两处堤防发生溃决。

6.3.3.6 历史洪灾范围比较

受历史上社会经济等条件限制，下游历史洪灾缺少较详细的记录，以开封—兰考河段道光二十一年（1841年）在祥符县决口的历史洪水灾害情况，与本次分析的黑岗口口门计算方案洪水淹没做一比较。

1.1841 年历史洪水淹没情况

道光二十一年(1841 年)6 月 16 日午时,黄河水在祥符县三十一堡处决开大堤,灌开封省城,害及河南、安徽两省二十三州县,“自河南省城至安徽盱眙县,凡黄流经行之处,下有河槽,溜势湍急,深八九尺至二丈余尺,其由平地慢行者,渺无边际,深四五尺至七八尺,宽二三十里至数百里不等,河南以祥符、陈留、通许、杞县、太康、鹿邑为最终”。河决后,城外民溺死无算,大溜经过村庄人烟断绝,“有全村数百家不存一家者,有一家数十口不存一人者”。开封及其周遭的环境受到很大破坏,城外“沃壤悉变为沙卤之区”,城垣“此修彼坏,百孔千疮”,城内“坑塘尽溢,街市成渠”。河南、安徽五府二十三州县均于害甚重。

2.洪水主流流向及淹没范围对比

1841 年历史洪水自祥符县决口,洪水先后流经通许、杞县、太康、鹿邑,而后进入安徽,最后由盱眙汇入洪泽湖;本次分析的黑岗口口门计算方案,洪水自开封黑岗口决口,先后流经开封祥符区、杞县、太康、鹿邑,而后演进至安徽太和—利辛—涡阳、凤台—蒙城—怀远一线,最后由盱眙汇入洪泽湖,与 1841 年历史洪水流路基本一致,见表 6-26。

表 6-26　黑岗口口门方案洪水分析成果与 1841 年历史洪水淹没对比

项目	洪水主流流向	洪水淹没范围	最大淹没水深
1841 年历史洪水	开封祥符县→通许—杞县→太康→鹿邑→安徽→盱眙	祥符县、通许、杞县、太康、鹿邑等二十三州县	两丈余(约 6.7 m)
本次黑岗口口门计算方案成果	开封市祥符区→杞县→太康→鹿邑→太和—利辛—涡阳(安徽)→凤台—蒙城—怀远(安徽)→洪泽湖(盱眙)	祥符区、通许、杞县、太康、鹿邑、太和、涡阳、利辛、凤台、蒙城、怀远等 24 个县(区)	6.4 m

1841 年历史洪水淹没河南、安徽祥符县、通许、杞县、太康、鹿邑等二十三州县,最大淹没水深两丈余(约 6.7 m);本次分析的黑岗口口门计算方案洪水主要淹没范围为祥符区、通许、杞县、太康、鹿邑、太和、涡阳、利辛、凤台、蒙城、怀远等 24 个县(区),最大水深 6.4 m,洪水淹没范围和最大淹没水深均接近 1841 年历史洪水。

6.3.3.7　糙率敏感性分析

黄河下游防洪保护区涉及的计算范围大,区域内地形地物复杂,且缺乏实测洪灾资料,因此对糙率进行敏感性分析,以验证计算成果的合理性。

以黄河发生 1933 年典型 1 000 年一遇下大洪水,黑岗口(桩号 77+000 附近)处堤防发生溃决为典型,进行糙率敏感性分析。设置三个方案进行对比分析,方案一采用的糙率为本次模型计算采用的糙率;方案二采用的糙率为方案一的糙率增加 20%;方案三采用的糙率为方案一的糙率减小 20%,并考虑各地貌下垫面类型糙率取值上下限确定方案二和方案三糙率值选取,见表 6-27,各方案计算结果见表 6-28 和图 6-53~图 6-55。

表 6-27 各方案保护区不同地貌下垫面类型分区糙率值选取

典型地貌类型		糙率取值范围	糙率值选取		
			方案一	方案二	方案三
有植被覆盖的土地	水田	0.025~0.035	0.030	0.035	0.025
	园地	0.04~0.08	0.045	0.054	0.040
	成林	0.08~0.12	0.085	0.102	0.080
	幼林	0.05~0.08	0.055	0.066	0.050
	灌木林	0.04~0.08	0.045	0.054	0.040
	疏林	0.05~0.08	0.055	0.066	0.050
	苗圃	0.025~0.035	0.030	0.035	0.025
	高草地	0.03~0.05	0.035	0.042	0.030
	草地	0.025~0.035	0.030	0.035	0.025
无植被覆盖的土地		0.026~0.038	0.030	0.036	0.026
居民地及其附属设施		0.06~0.08	0.065	0.078	0.060
河湖		0.02~0.035	0.025	0.030	0.020

表 6-28 各方案不同时刻洪水淹没面积 （单位：km^2）

溃口后洪水演进时段	淹没面积		
	方案一	方案二	方案三
第 6 小时	178	175	184
第 12 小时	362	347	383
第 24 小时(1 d)	801	765	844
第 48 小时(2 d)	1 986	1 836	2 121
第 144 小时(6 d)	6 120	5 807	6 360
第 192 小时(8 d)	7 435	7 183	7 757
第 288 小时(12 d)	10 550	10 115	10 932
第 384 小时(16 d)	12 431	12 406	12 421
第 576 小时(24 d)	13 917	13 972	13 796
第 720 小时(30 d)	14 678	14 836	14 440
第 960 小时(40 d)	14 927	15 164	14 603
最大淹没面积	16 005	16 291	15 652

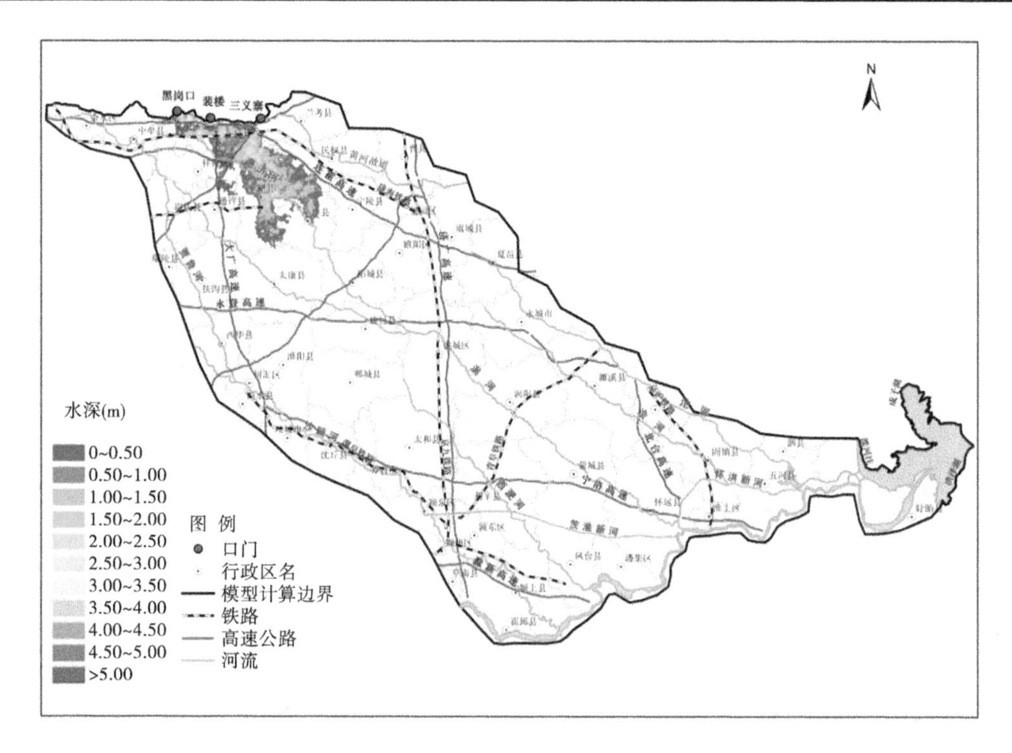

(a)方案一

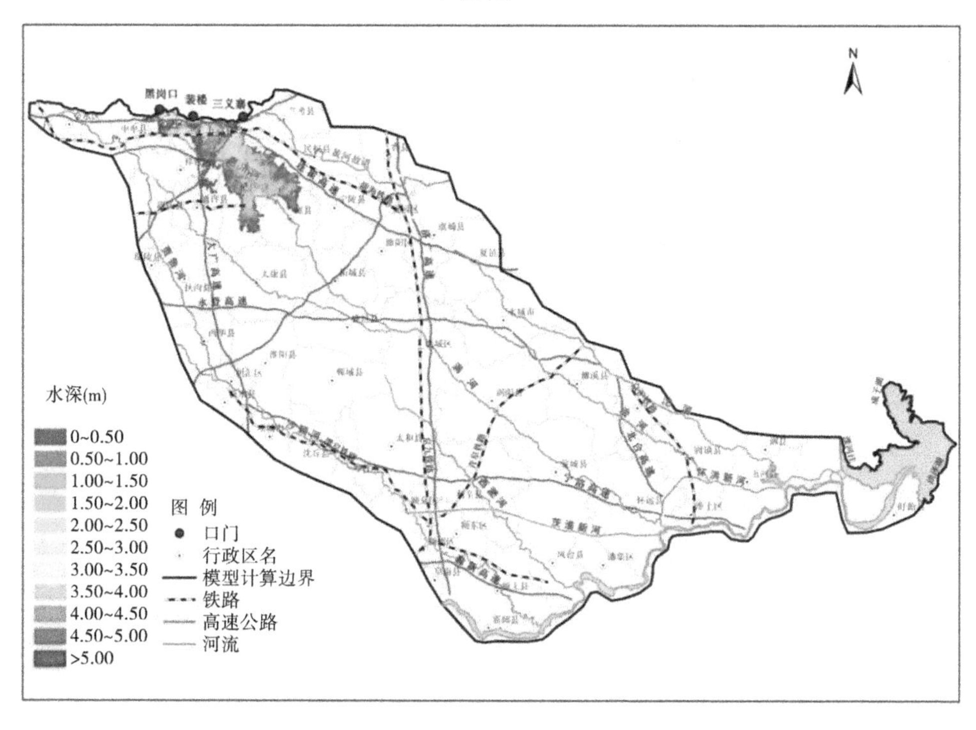

(b)方案二

图 6-53　各方案洪水演进第 48 小时(2 d)淹没水深分布

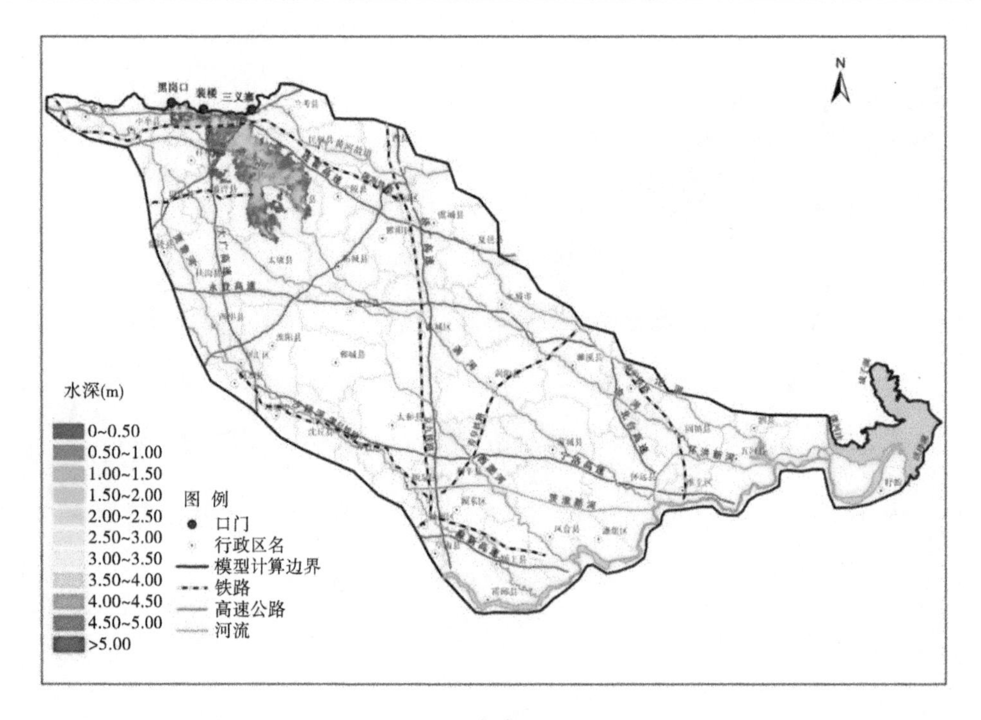

(c)方案三

续图 6-53

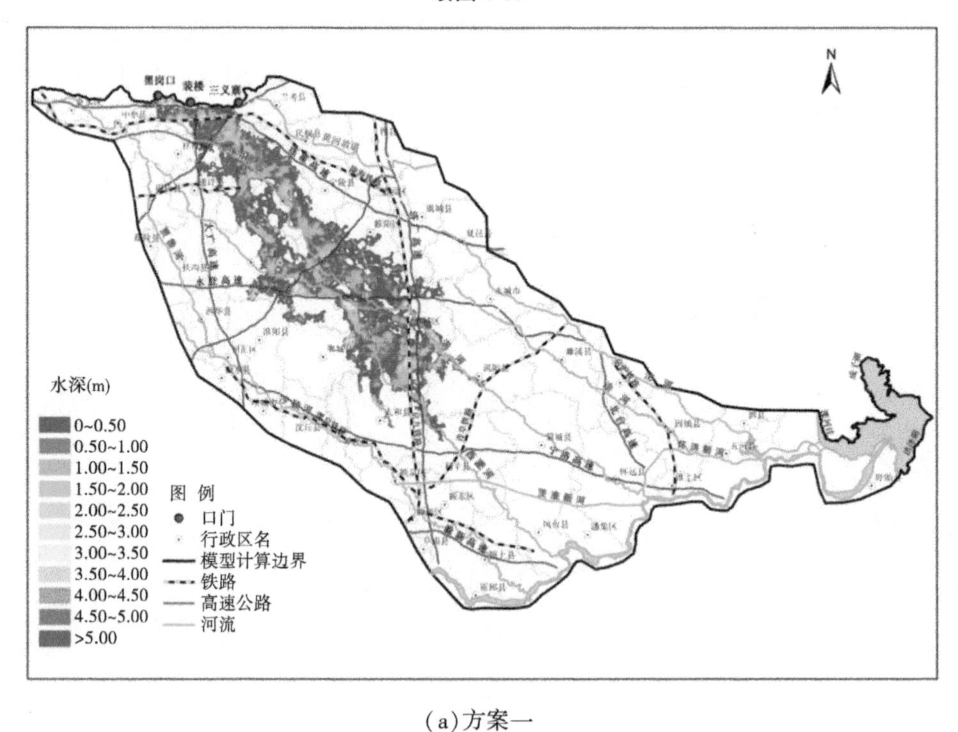

(a)方案一

图 6-54　各方案洪水演进第 192 小时(8 d)淹没水深分布

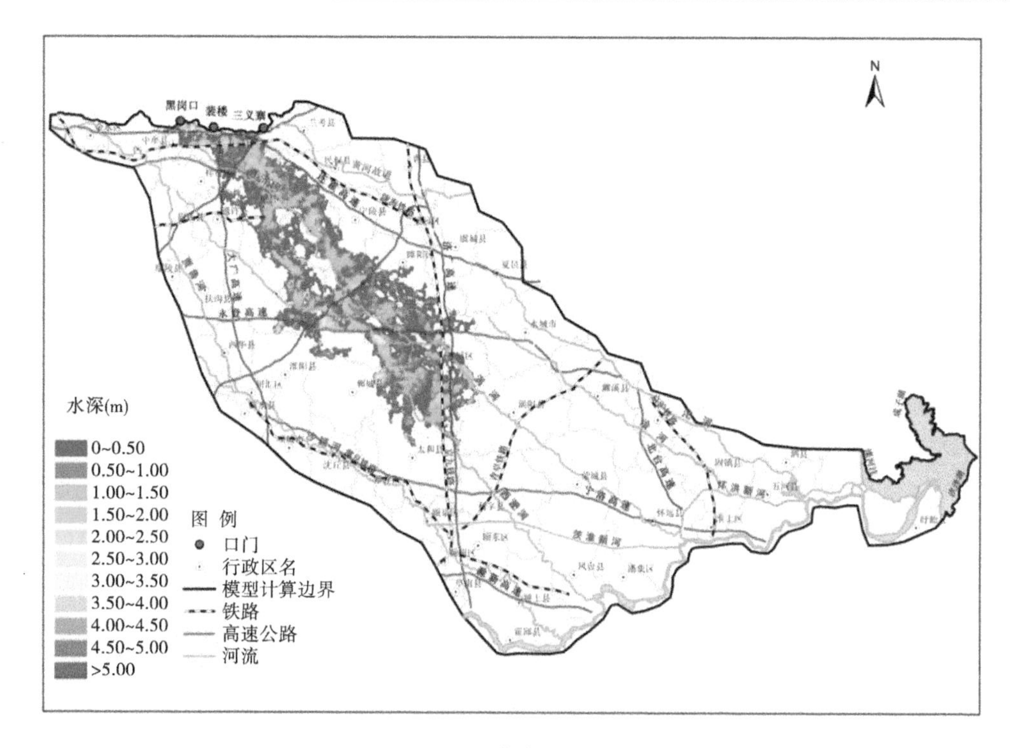

(b)方案二

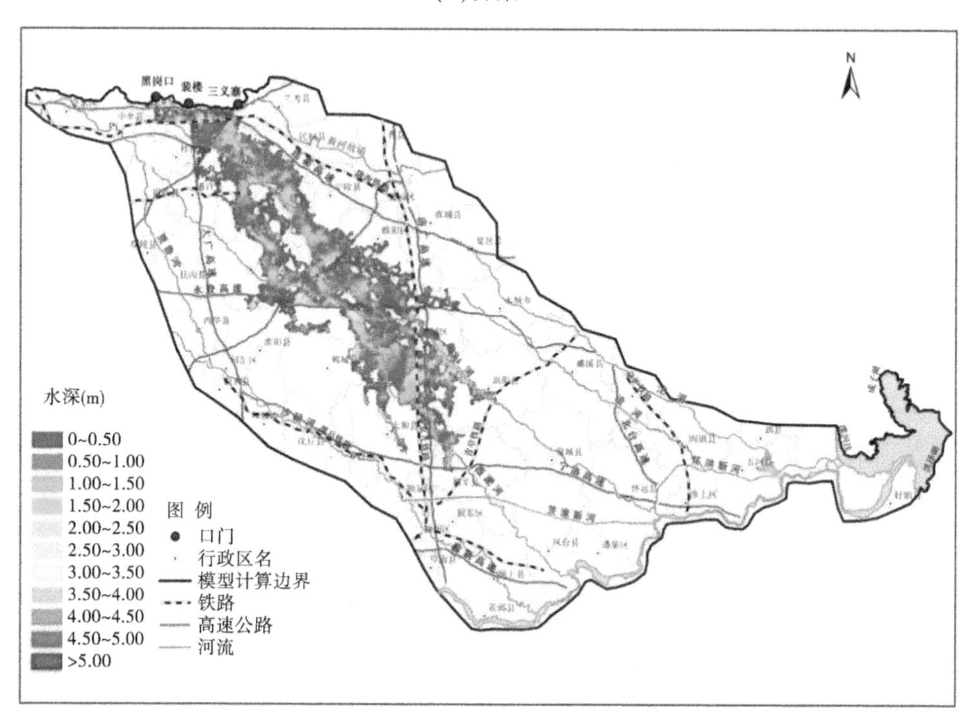

(c)方案三

续图 6-54

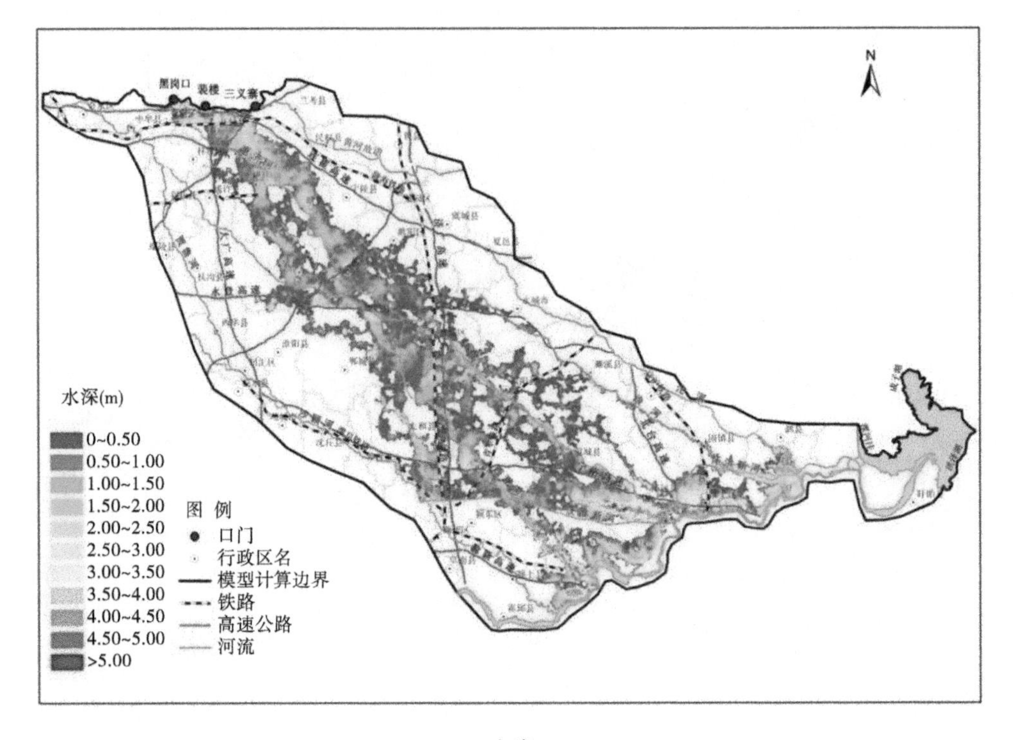

(a)方案一

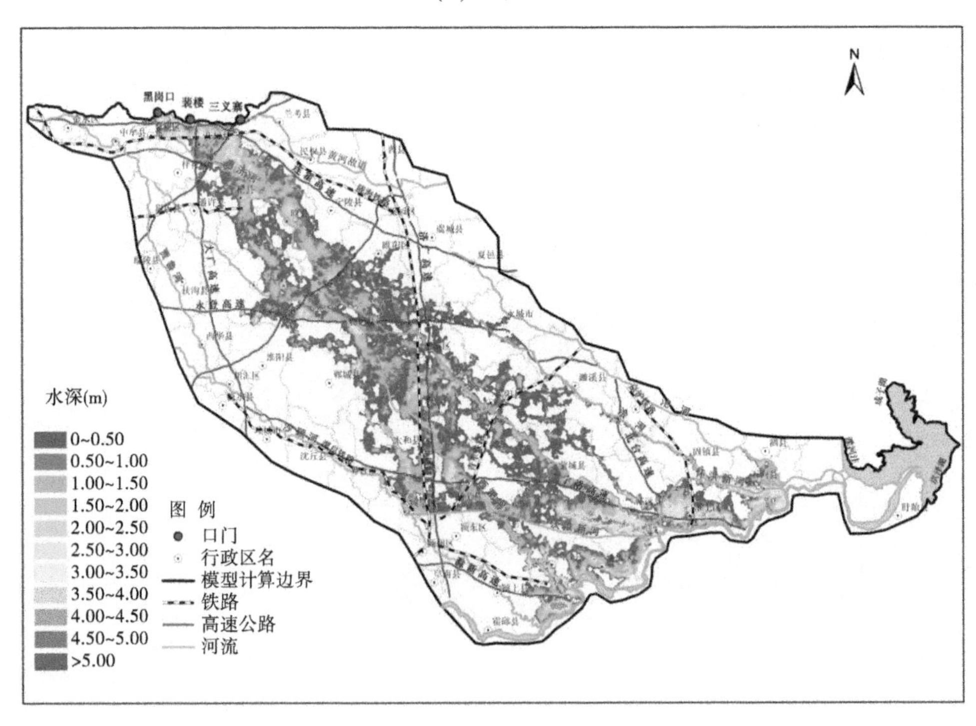

(b)方案二

图 6-55 各方案最大淹没水深分布

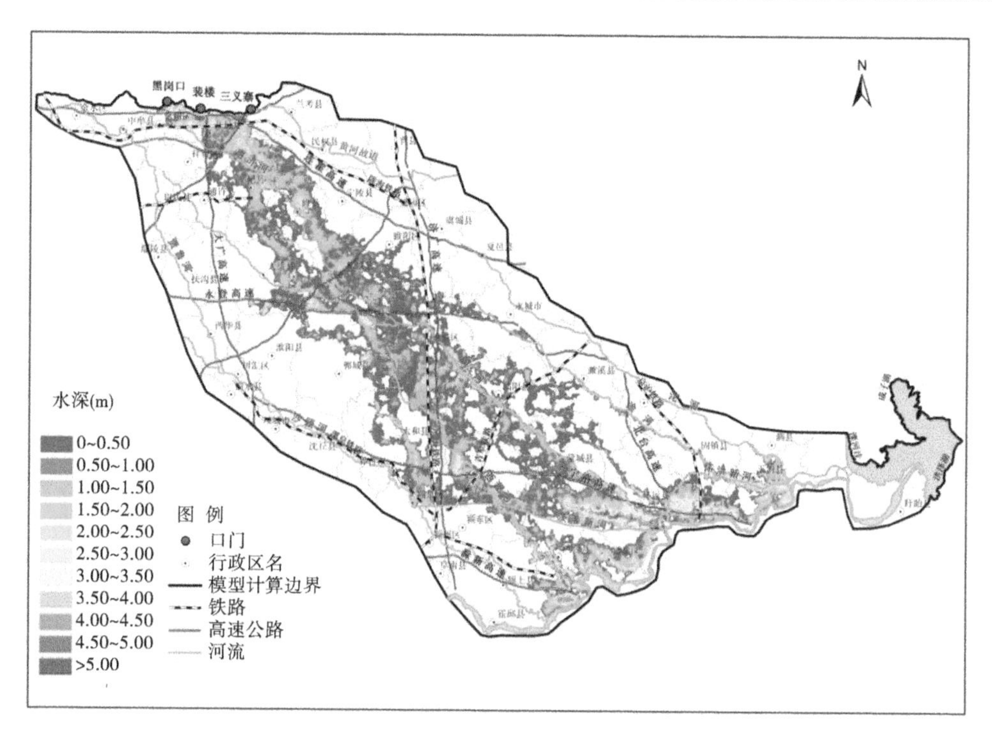

(c)方案三

续图 6-55

从计算结果可以看出,方案一、方案二和方案三洪水最终淹没面积分别为 16 005 km^2、16 291 km^{2}和 15 652 km^2,与方案一相比,方案二淹没面积增加约 1.8%,方案三减小约 2.2%。

与方案一相比,方案二洪水演进速度变慢,洪水演进至洪泽湖之前,相同时刻洪水淹没面积变小,洪水在近处洼地水深变大,相应远处洼地水深变小,当洪水演进至稳定后,两个方案最终淹没面积和最大淹没水深差别不大。

与方案一相比,方案三洪水演进速度加快,洪水演进至洪泽湖之前,相同时刻洪水淹没面积变大,洪水在近处洼地水深变小,远处相应洼地水深变大,从洪水演进至稳定后,两个方案最终淹没面积和最大淹没水深差别不大。

通过以上敏感性分析可知,糙率值在一定范围内变化对洪水的主要风险因素最大淹没范围和最大淹没水深的影响较小,计算所采用的糙率值是合适的。

6.4　兰考—东明河段右岸堤防决口洪水淹没风险

6.4.1　洪水计算方案集及初始条件、边界条件

6.4.1.1　洪水计算方案集

共设定了 6 个计算方案,洪水分析量级为黄河 1982 年型近 1 000 年一遇洪水,详见表 6-29。

表 6-29　黄河下游兰考—东明河段右岸防洪保护区计算方案

编号	口门位置	南四湖初始水位状态	骆马湖初始水位状态	口门宽度(m)	决口时机	大河设计洪量(亿 m^3)	口门分洪量(亿 m^3)	决口洪水历时(h)	分流量占大河流量(%)
1	东坝头(桩号135+000附近)	正常蓄水位	正常蓄水位	1 000	洪峰前一天	133(夹河滩)	103.3	562	78
2		设计洪水位	正常蓄水位	1 000	洪峰前一天	133(夹河滩)	103.3	562	78
3	樊庄(桩号171+200附近)	正常蓄水位	正常蓄水位	1 000	洪峰前一天	133(夹河滩)	103.9	559	79
4		设计洪水位	正常蓄水位	1 000	洪峰前一天	133(夹河滩)	103.9	559	79
5	高村(桩号204+000附近)	正常蓄水位	正常蓄水位	1 000	洪峰前一天	133(高村)	99.2	544	75
6		设计洪水位	正常蓄水位	1 000	洪峰前一天	133(高村)	99.2	544	75

本保护区共设定 3 处溃口,分别为东坝头(桩号 135+000 附近)、樊庄(桩号 171+200 附近)、高村(桩号 204+000 附近)。口门位置选取及各溃口入流过程采用《黄河下游堤防溃口专题研究》成果。各口门位置基本情况见 4.3.4 口门位置选择,各口门处大河流量过程及口门分洪流量过程见图 6-56~图 6-58。

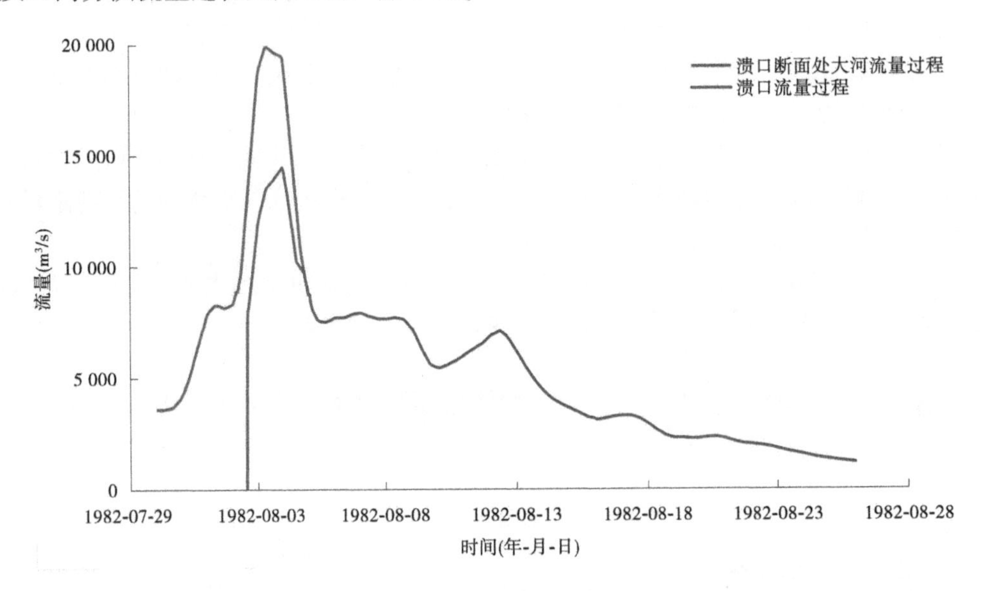

图 6-56　东坝头口门处大河流量过程及口门分洪流量过程

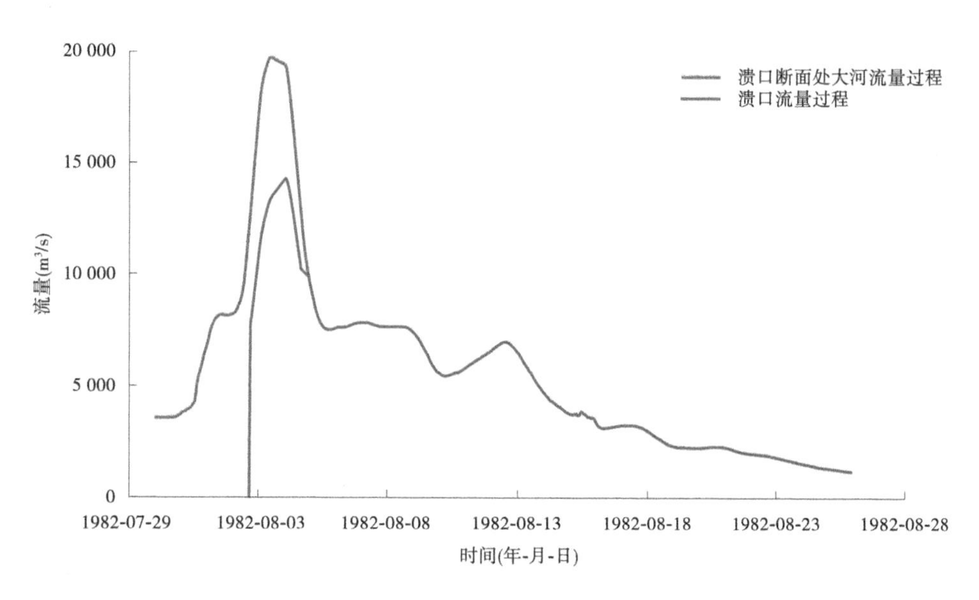

图 6-57　樊庄口门处大河流量过程及口门分洪流量过程

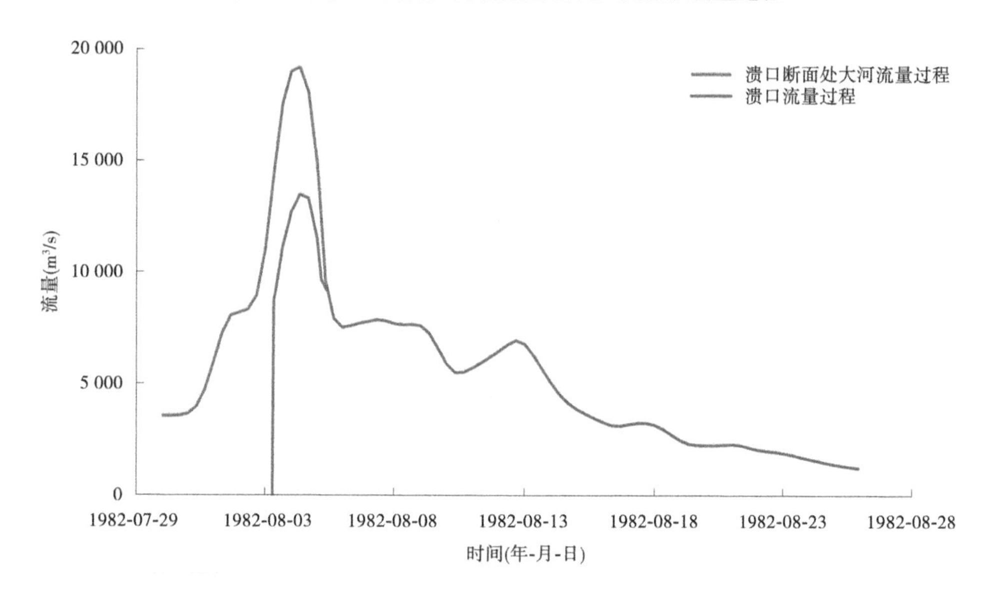

图 6-58　高村口门处大河流量过程及口门分洪流量过程

6.4.1.2　初始条件

初始为干边界，保护区内南四湖初始水位按正常蓄水位和设计水位两种情况考虑，骆马湖初始水位按正常蓄水位考虑。

6.4.1.3　边界条件

保护区上边界以黄河大堤为界，右侧以废黄河为界，左侧沿梁济运河至韩庄运河，结合已有研究成果初步考虑以骆马湖为下边界。根据技术大纲审查意见，不考虑内河洪水。

洪水分析计算模型定义了三种边界，分别为模型计算进口的流量边界、出口边界的水位边界和模型外边界的陆地边界。

1.进口流量边界

进口边界分别设置在 3 个溃口口门位置处,分别为东坝头(桩号 135+000 附近)、樊庄(桩号 171+200 附近)、高村(桩号 204+000 附近)。口门位置选取及各溃口入流过程均采用《黄河下游堤防溃口专题研究》成果。

2.出口水位边界

出口水位边界采用骆马湖嶂山闸水位流量关系曲线和中运河宿迁闸水位流量关系曲线。

3.陆地边界

除进口流量边界、出口水位边界外,计算区域外边界其他位置均为陆地边界,洪水演进过程中将无法穿越闭边界。

6.4.2　计算结果

6.4.2.1　东坝头溃口

当黄河发生 1982 年典型近 1 000 年一遇下大洪水,东坝头(桩号 135+000 附近)处堤防发生溃决时,南四湖初始水位考虑正常蓄水位和设计洪水位两种情况,分别计算保护区洪水演进,方案一考虑南四湖处于正常蓄水位,方案二考虑南四湖处于设计洪水位(下同)。溃口洪水最初以溃口为中心呈扇形向外扩散,溃堤 24 h 后,洪水沿日兰高速向东北演进至菏泽市牡丹区—定陶县后,沿东鱼河折向东,曹县西北部被淹,曹县最大淹没水深达到 4 m;溃堤 48 h 后,洪水分成两股,一股洪水漫过东鱼河继续向东演进至新石铁路,另一股向东演进至京九铁路后受阻,京九铁路北侧水深达到 4.3 m;溃堤 144 h 后,向东北演进的洪水受新石铁路阻滞后沿万福河向东南演进,至定陶县和巨野县交界后分成两股,一小股向东北演进至嘉祥县西北部,另一股与漫过济广高速的洪水汇流演进至鱼台县,巨野县、成武县和金乡县大部分被淹没,淹没面积达到 6 080 km^2;溃堤 192 h 后,方案一中向东南演进的洪水汇入南四湖,淹没面积达到 8 064 km^2,方案二中向东北演进的洪水演进至梁济运河,向东演进的洪水汇入南四湖后经韩庄运河演进至邳州市,淹没面积达到 8 685 km^2;溃堤 500 h 后,两个方案洪水均出南四湖分别沿韩庄运河和不牢河演进,汇流后沿中运河演进至骆马湖,淹没范围基本达到最大,并趋于稳定。

本典型溃口方案一洪水最终淹没面积 10 474 km^2,最大淹没水深出现在骆马湖进口附近,达到 9.3 m;方案二洪水最终淹没面积 10 569 km^2,最大淹没水深出现在骆马湖进口附近,达到 9.7 m;两个方案最大流速均出现在溃口附近,达到 4.9 m/s,洪水演进过程及不同时段淹没水深分布情况见图 6-59~图 6-66、表 6-30~表 6-33。

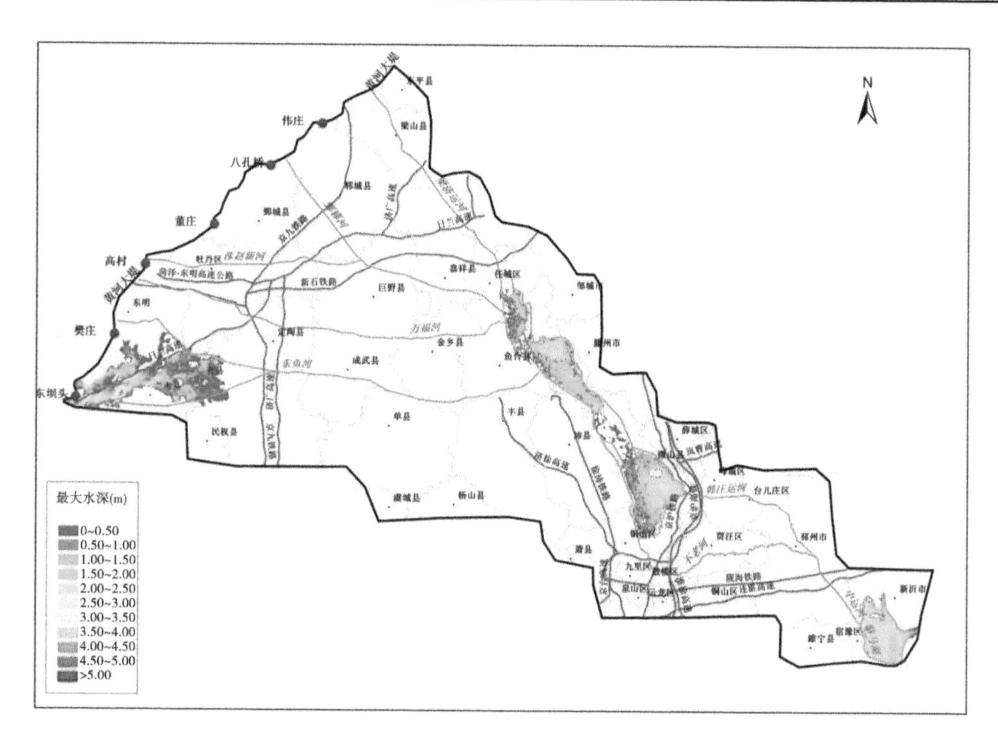

图6-59　洪水演进第24小时(1 d)淹没水深分布(南四湖正常蓄水位)

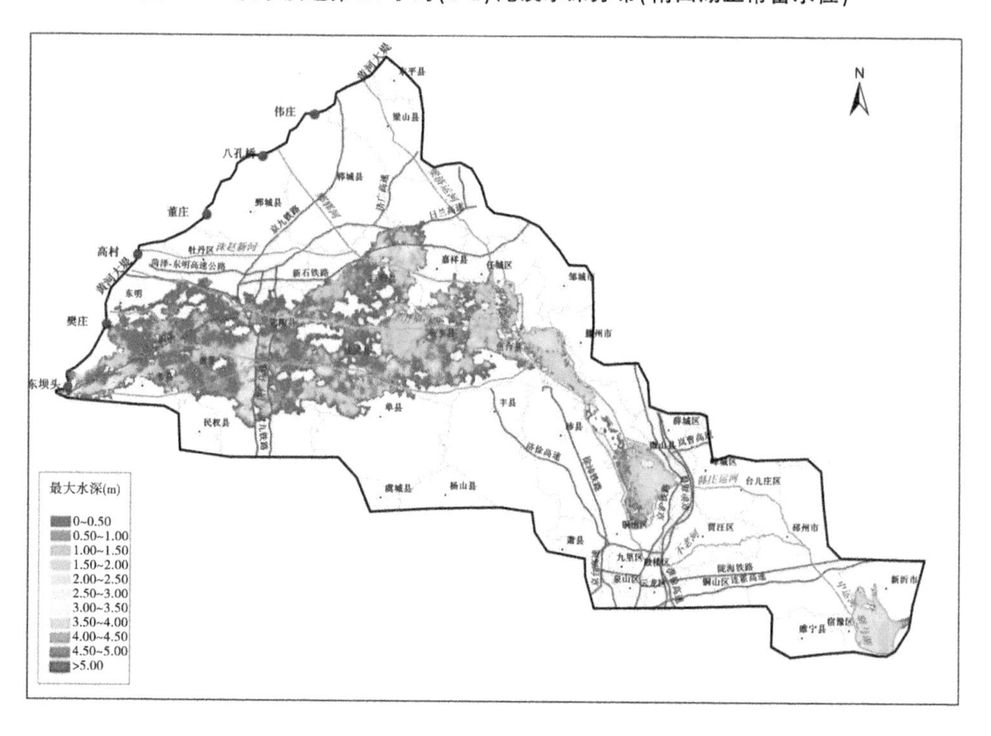

图6-60　洪水演进第144小时(6 d)淹没水深分布(南四湖正常蓄水位)

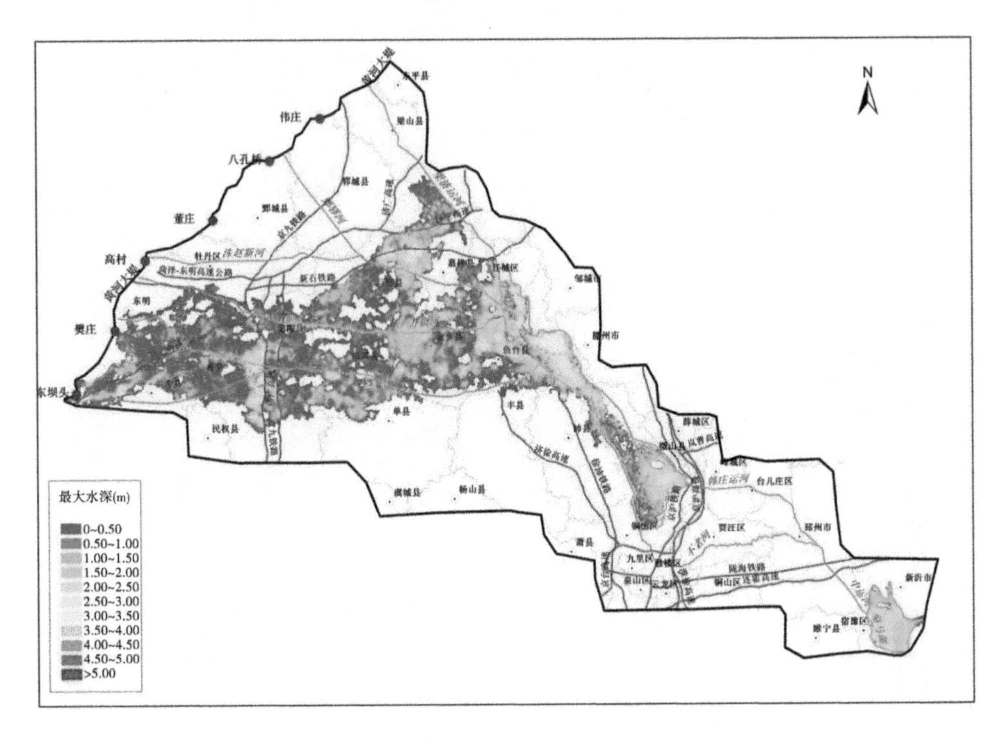

图 6-61　洪水演进第 192 小时(8 d)淹没水深分布(南四湖正常蓄水位)

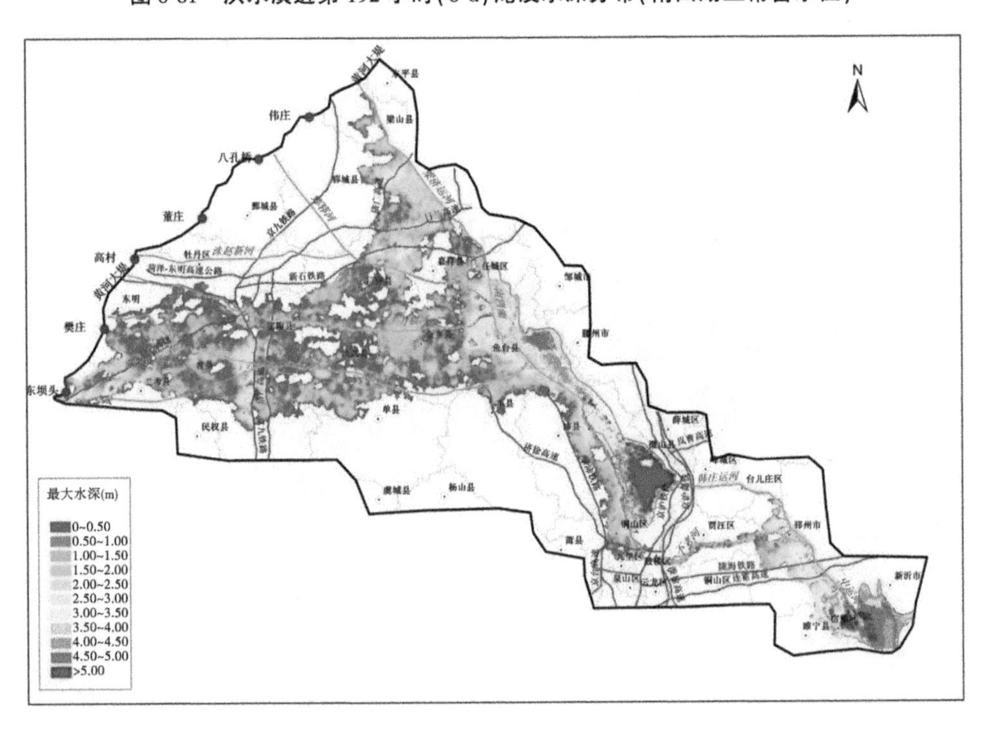

图 6-62　东坝头溃口最大淹没水深分布(南四湖正常蓄水位)

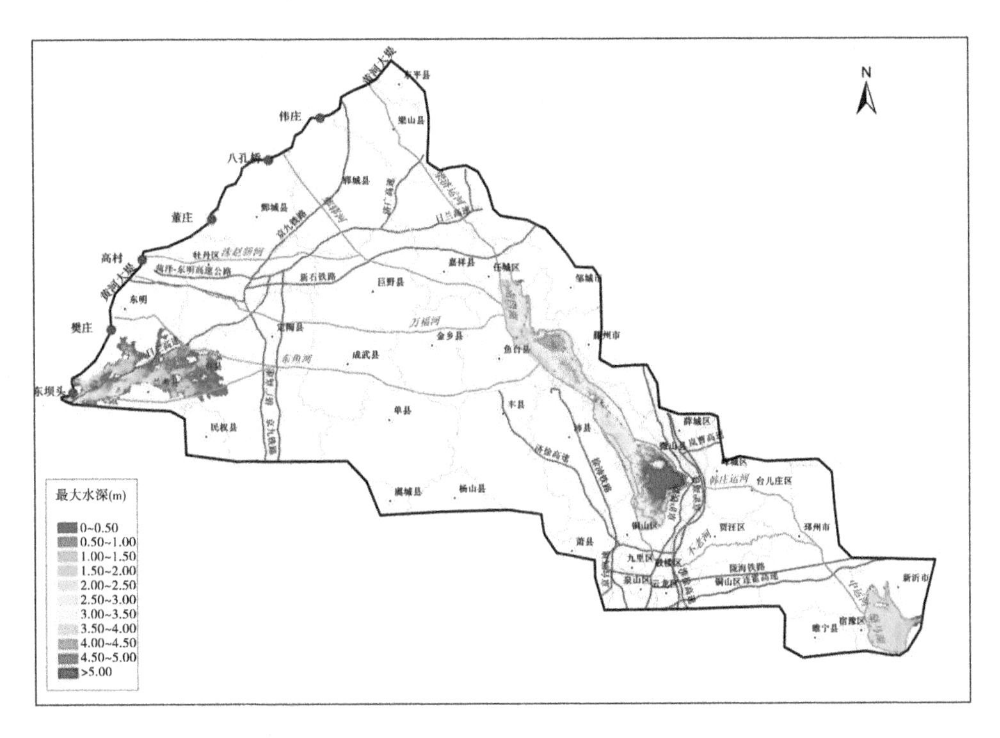

图6-63 洪水演进第24小时(1 d)淹没水深分布(南四湖设计洪水位)

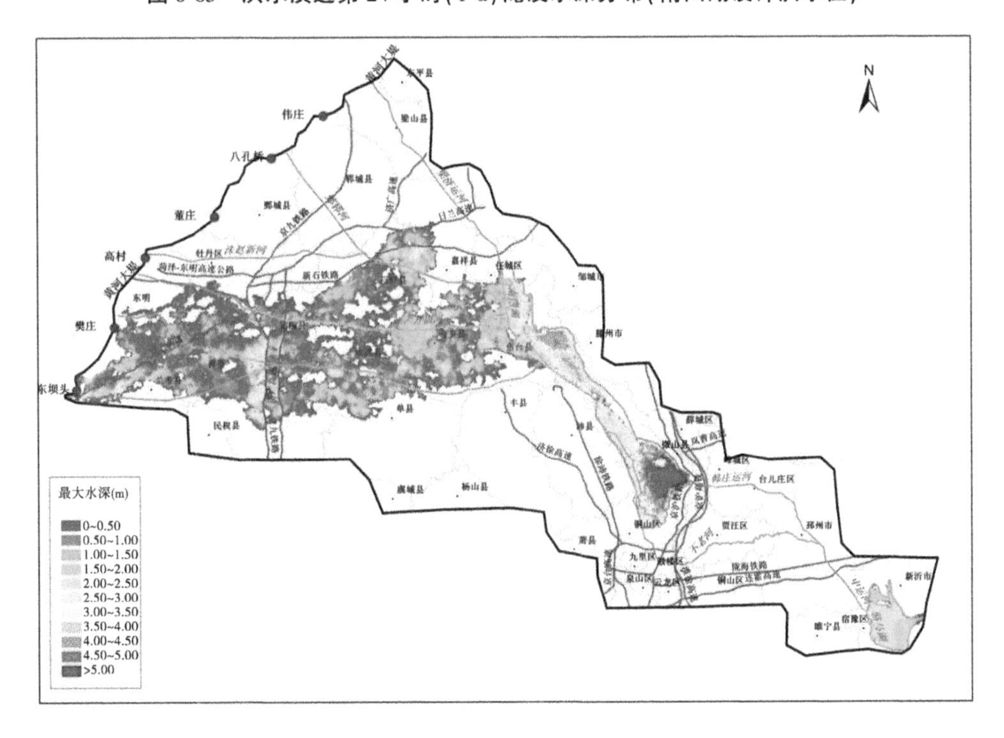

图6-64 洪水演进第144小时(6 d)淹没水深分布(南四湖设计洪水位)

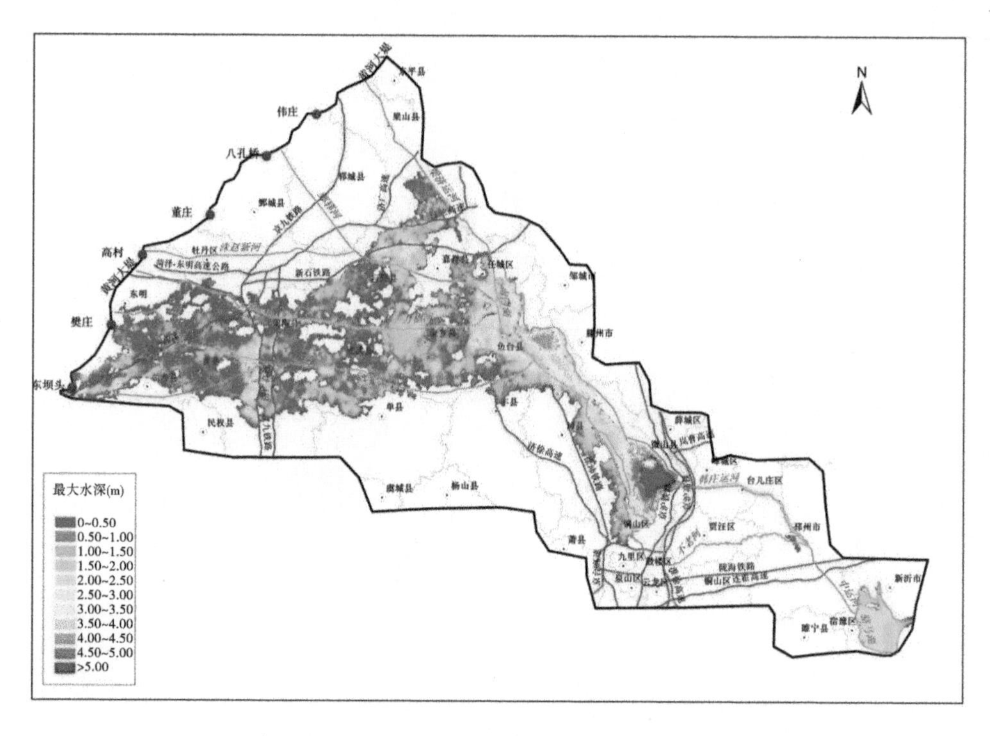

图 6-65　洪水演进第 192 小时(8 d)淹没水深分布(南四湖设计洪水位)

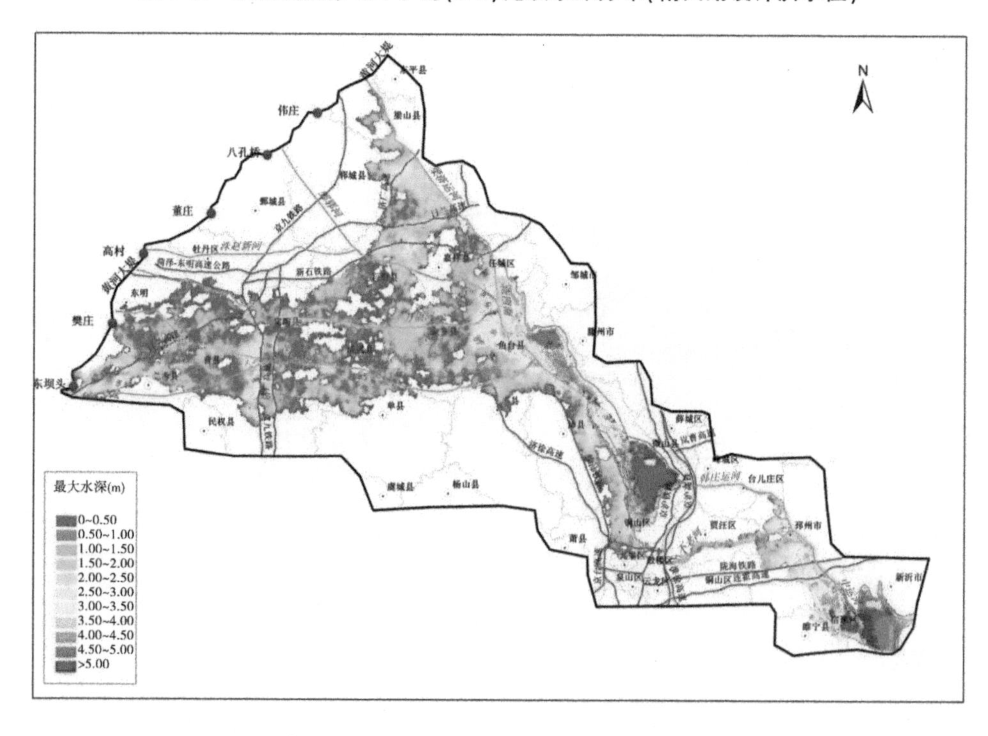

图 6-66　东坝头溃口最大淹没水深分布(南四湖设计洪水位)

表 6-30　东坝头溃口不同时段洪水前锋到达位置及淹没情况(南四湖正常蓄水位)

溃口后洪水演进时段	淹没面积(km^2)	洪水演进过程描述	
		前锋位置	淹没情况
第 6 小时	294	兰考县	沿日兰高速向东北演进,最大淹没水深 6 m
第 12 小时	458	东明县—曹县	沿日兰高速向东北演进,洪水前锋到达东明县—曹县,最大淹没水深 6 m
第 24 小时	989	菏泽市牡丹区—定陶县	沿日兰高速向东北演进至菏泽市牡丹区—定陶县后,沿东鱼河折向东,曹县西北部被淹,曹县最大淹没水深达到 4 m
第 48 小时	2 214	新石铁路—济广高速	洪水分成两股,一股洪水漫过东鱼河继续向东演进至新石铁路,另一股向东演进至京九铁路后受阻,京九铁路北侧水深达到 4.3 m
第 144 小时	6 080	嘉祥县—鱼台县	向东北演进的洪水受新石铁路阻滞后沿万福河向东南演进,至定陶县和巨野县交界后分成两股,一小股向东北演进至嘉祥县西北部,另一股与漫过济广高速的洪水汇流演进至鱼台县,巨野县、成武县和金乡县大部分被淹没,淹没面积达到 6 080 km^2
第 192 小时	8 064	南四湖	向东北演进的洪水到达梁济运河,向东南演进的洪水汇入南四湖,淹没面积达到 8 064 km^2
第 550 小时	10 134	骆马湖	洪水出南四湖后分别沿韩庄运河和不牢河演进,汇流后沿中运河演进至骆马湖,淹没范围基本达到最大,趋于稳定

表 6-31　重要城市或构筑物洪水到达时间及淹没情况(南四湖正常蓄水位)

重要城市或构筑物	洪水到达时间	淹没情况描述
日兰高速	第 1 小时	沿日兰高速向东北演进,最大淹没水深 2.4 m
东鱼河	第 25 小时	兰考县北部,东明县南部和曹县西南部被淹,最大淹没水深 5.1 m
京九铁路	第 33 小时	洪水向东演进至京九铁路后受阻,京九铁路北侧水深达到 4.3 m
新石铁路	第 63 小时	向东北演进的洪水受新石铁路阻滞后沿万福河向东南演进
南四湖	第 125 小时	洪水沿万福河演进至南四湖,巨野县、成武县和金乡县大部分被淹没
邳州市	第 300 小时	洪水汇入南四湖后经韩庄运河演进至邳州市
陇海铁路	第 325 小时	洪水经中运河演进至陇海铁路受阻,铁路北侧最大水深达到 3.1 m
连霍高速	第 333 小时	洪水经中运河演进至连霍高速受阻,高速公路北侧最大水深达到 4.2 m
骆马湖	第 358 小时	洪水到达骆马湖,洪水淹没面积开始趋于稳定

表 6-32　东坝头溃口不同时段洪水前锋到达位置及淹没情况(南四湖设计洪水位)

溃口后洪水演进时段	淹没面积(km^2)	洪水演进过程描述	
		前锋位置	淹没情况
第 6 小时	294	兰考县	沿日兰高速向东北演进,最大淹没水深 6 m
第 12 小时	458	东明县—曹县	沿日兰高速向东北演进,洪水前锋到达东明县—曹县,最大淹没水深 6 m
第 24 小时	989	菏泽市牡丹区—定陶县	沿日兰高速向东北演进至菏泽市牡丹区—定陶县后,沿东鱼河折向东,曹县西北部被淹,曹县最大淹没水深达到 4 m
第 48 小时	2 214	新石铁路—济广高速	洪水分成两股,一股洪水漫过东鱼河继续向东演进至新石铁路,另一股向东演进至京九铁路后受阻,京九铁路北侧水深达到 4.3 m
第 144 小时	6 080	嘉祥县—鱼台县	向东北演进的洪水受新石铁路阻滞后沿万福河向东南演进,至定陶县和巨野县交界后分成两股,一小股向东北演进至嘉祥县西北部,另一股与漫过济广高速的洪水汇流演进至鱼台县,巨野县、成武县和金乡县大部分被淹没,淹没面积达到 6 080 km^2
第 192 小时	8 658	邳州市	向东北演进的洪水到达梁济运河,向东演进的洪水汇入南四湖后经韩庄运河演进至邳州市,淹没面积达到 8 658 km^2
第 550 小时	10 218	骆马湖	洪水出南四湖后分别沿韩庄运河和不牢河演进,汇流后沿中运河演进至骆马湖,淹没范围基本达到最大,趋于稳定

表 6-33　重要城市或构筑物洪水到达时间及淹没情况(南四湖设计洪水位)

重要城市或构筑物	洪水到达时间	淹没情况描述
日兰高速	第 1 小时	沿日兰高速向东北演进,最大淹没水深 2.4 m
东鱼河	第 25 小时	兰考县北部,东明县南部和曹县西南部被淹,最大淹没水深 5.1 m
京九铁路	第 33 小时	洪水向东演进至京九铁路后受阻,京九铁路北侧水深达到 4.3 m
新石铁路	第 63 小时	向东北演进的洪水受新石铁路阻滞后沿万福河向东南演进
南四湖	第 125 小时	洪水沿万福河演进至南四湖,巨野县、成武县和金乡县大部分被淹没
邳州市	第 192 小时	洪水汇入南四湖后经韩庄运河演进至邳州市
陇海铁路	第 212 小时	洪水经中运河演进至陇海铁路受阻,铁路北侧最大水深达到 3.3 m
连霍高速	第 218 小时	洪水经中运河演进至连霍高速受阻,高速公路北侧最大水深达到 4.5 m
骆马湖	第 238 小时	洪水到达骆马湖,洪水淹没面积开始趋于稳定

6.4.2.2　樊庄溃口

当黄河发生 1982 年典型近 1 000 年一遇下大洪水，樊庄（桩号 171+200 附近）处堤防发生溃决时，南四湖初始水位考虑正常蓄水位和设计洪水位两种情况，分别计算保护区洪水演进，方案一考虑南四湖处于正常蓄水位，方案二考虑南四湖处于设计洪水位（下同）。溃口洪水最初以溃口为中心呈扇形向外扩散，溃堤 24 h 后，洪水演进至日兰高速后分为两股，一股沿日兰高速向东北方演进，另一股漫过日兰高速向东演进至定陶县，菏泽市牡丹区西南部被淹，最大淹没水深达到 2 m 以上；溃堤 48 h 后，洪水分为两股，一股漫过新石铁路继续向东北方演进，另一股沿万福河和东鱼河向东演进至巨野县—成武县，定陶县被淹过半，最大淹没水深达到 4 m 以上；溃堤 144 h 后，洪水分为两股，一股沿京九铁路、日兰高速、新石铁路向东演进至鄄郓河和梁济运河，另一股漫过京九铁路和济广高速演进至鱼台县，巨野县、成武县和金乡县大部分被淹没，淹没面积达到 6 747 km^2；溃堤 192 h 后，方案一中洪水汇入南四湖，淹没面积达到 8 570 km^2；方案二中洪水汇入南四湖后经韩庄运河演进至邳州市，淹没面积达到 8 953 km^2；溃堤 500 h 后，两个方案洪水均出南四湖分别沿韩庄运河和不牢河演进，汇流后沿中运河演进至骆马湖，淹没范围基本达到最大，并趋于稳定。

本典型溃口方案一洪水最终淹没面积 10 790 km^2，最大淹没水深出现在骆马湖进口附近，达到 9.3 m；方案二洪水最终淹没面积 10 839 km^2，最大淹没水深出现在骆马湖进口附近，达到 9.5 m；两个方案最大流速均出现在溃口附近，达到 4.4 m/s，洪水演进过程及不同时段淹没水深分布情况见图 6-67～图 6-74、表 6-34～表 6-37。

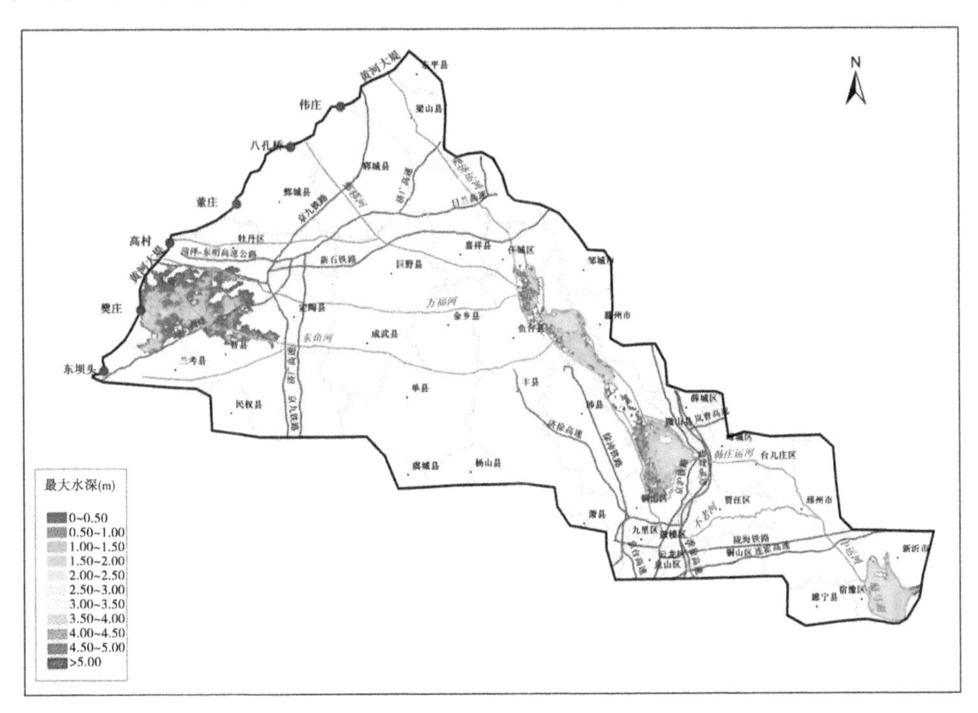

图 6-67　洪水演进第 24 小时（1 d）淹没水深分布（南四湖正常蓄水位）

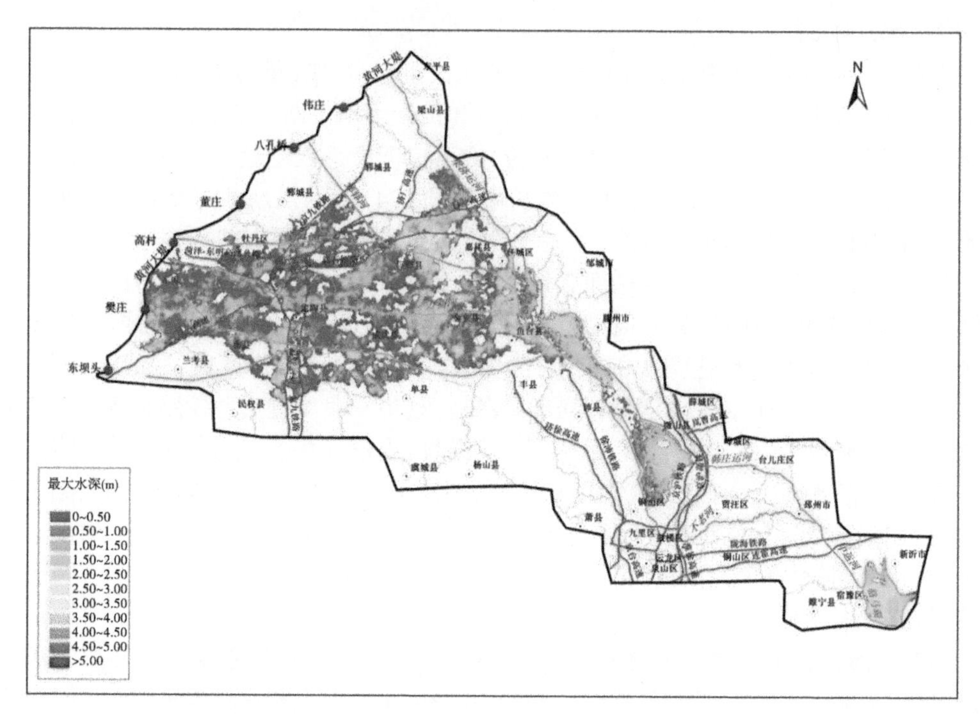

图 6-68　洪水演进第 144 小时(6 d)淹没水深分布(南四湖正常蓄水位)

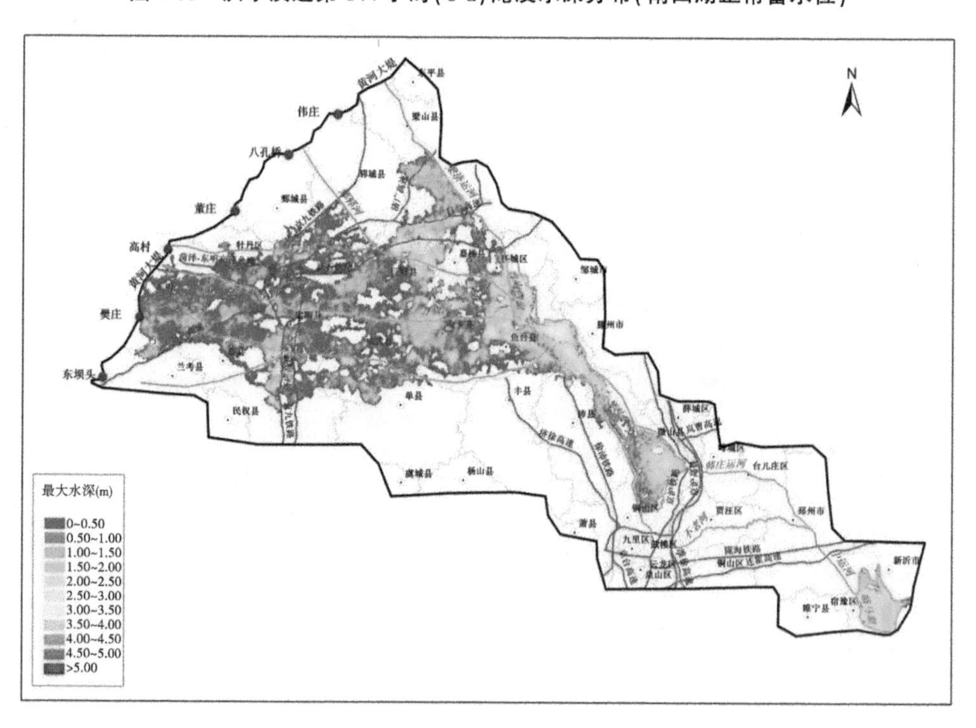

图 6-69　洪水演进第 192 小时(8 d)淹没水深分布(南四湖正常蓄水位)

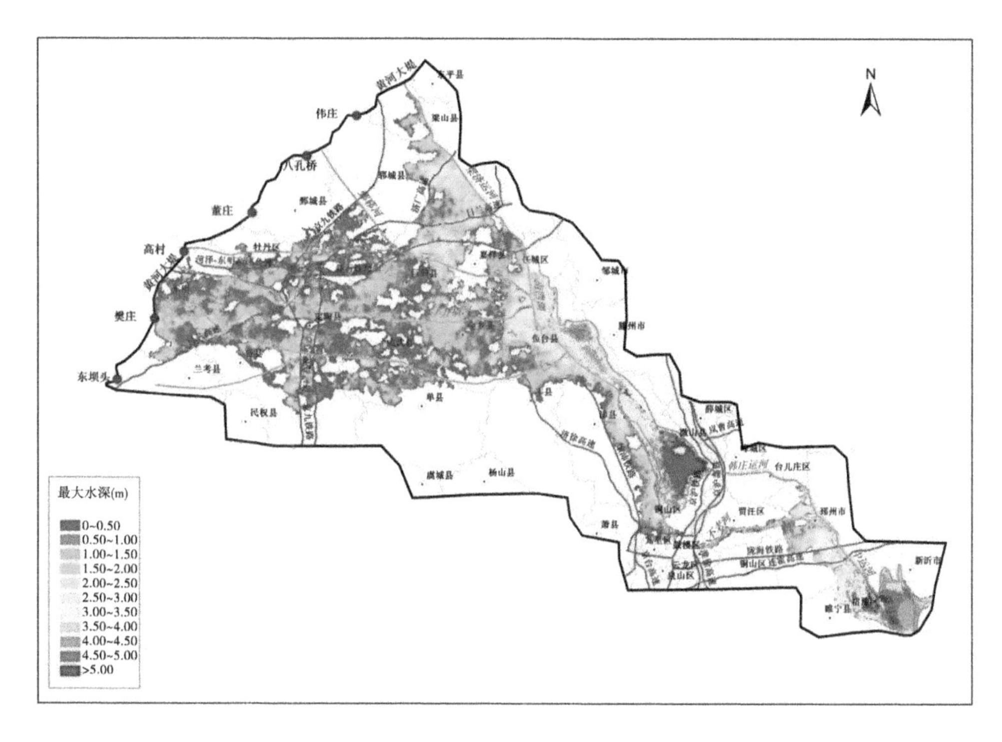

图 6-70　樊庄溃口最大淹没水深分布(南四湖正常蓄水位)

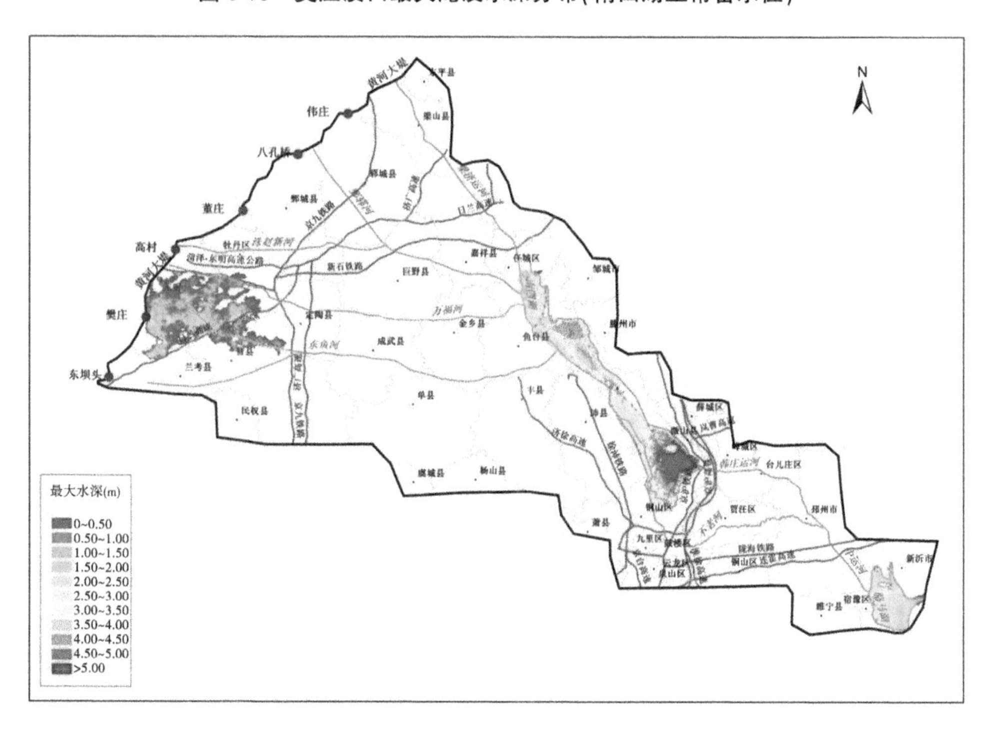

图 6-71　洪水演进第 24 小时(1 d)淹没水深分布(南四湖设计洪水位)

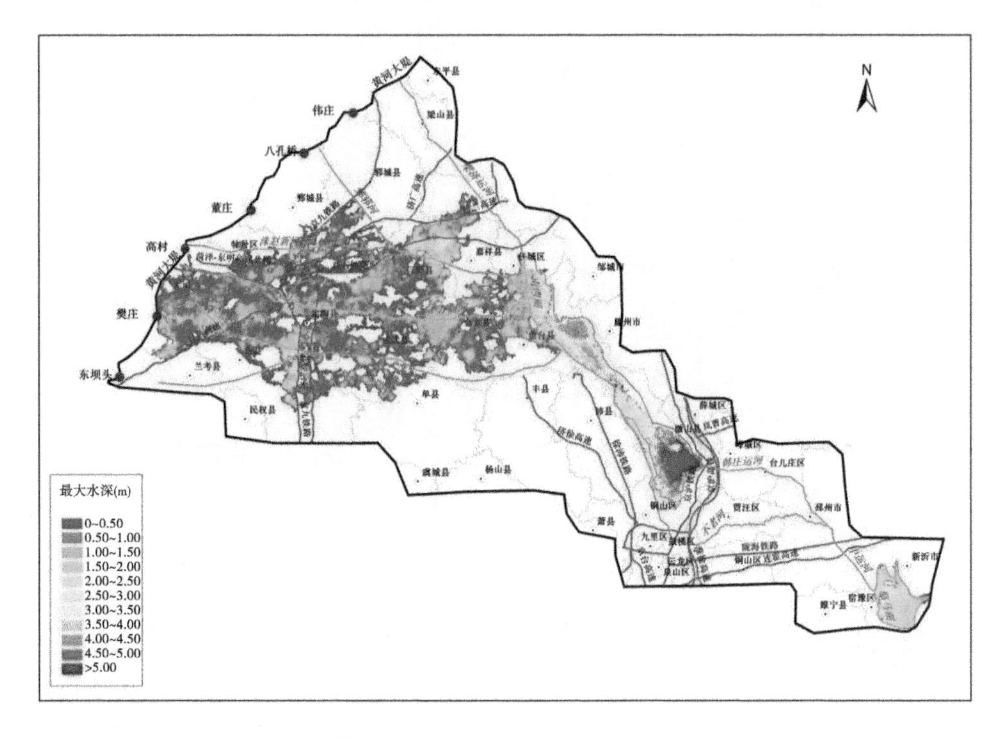

图 6-72　洪水演进第 144 小时(6 d)淹没水深分布(南四湖设计洪水位)

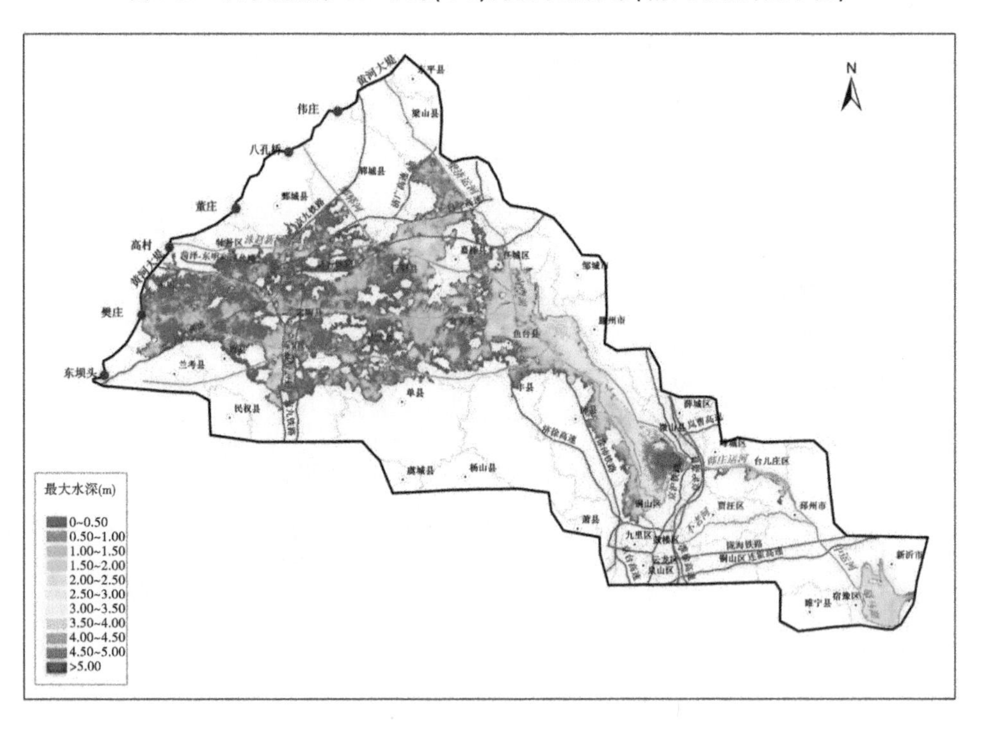

图 6-73　洪水演进第 192 小时(8 d)淹没水深分布(南四湖设计洪水位)

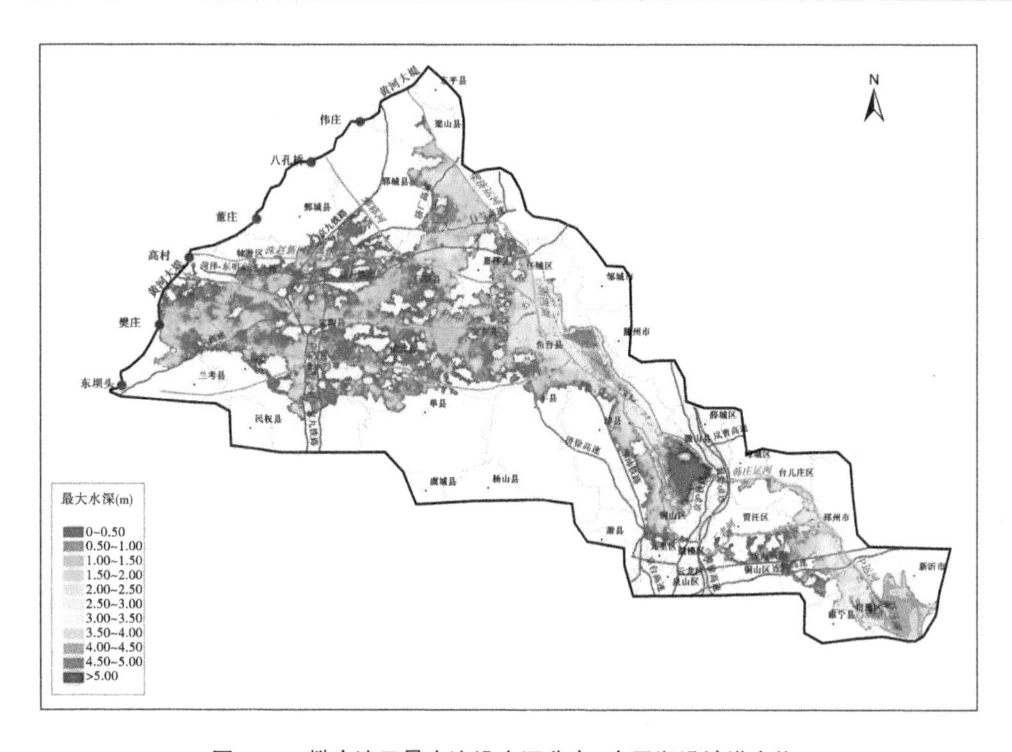

图 6-74　樊庄溃口最大淹没水深分布(南四湖设计洪水位)

表 6-34　樊庄溃口不同时段洪水前锋到达位置及淹没情况(南四湖正常蓄水位)

溃口后洪水演进时段	淹没面积(km^2)	洪水演进过程描述	
		前锋位置	淹没情况
第 6 小时	387	东明	洪水沿东鱼河向东演进,最大淹没水深 2.4 m
第 12 小时	572	日兰高速	洪水沿东鱼河向东演进至日兰高速,最大淹没水深 2.7 m
第 24 小时	1 246	菏泽市牡丹区—定陶县	洪水演进至日兰高速后分为两股,一股沿日兰高速向东北方演进,另一股漫过日兰高速向东演进至定陶县,菏泽市牡丹区西南部被淹,最大淹没水深达到 2 m 以上
第 48 小时	2 321	巨野县—成武县	洪水分为两股,一股漫过新石铁路继续向东北方演进,另一股沿万福河和东鱼河向东演进至巨野县—成武县,定陶县被淹过半,最大淹没水深达到 4 m 以上
第 144 小时	6 747	嘉祥县—鱼台县	洪水分为两股,一股沿京九铁路、日兰高速、新石铁路向东演进至鄄郓河和梁济运河,另一股与漫过京九铁路和济广高速演进至鱼台县,巨野县、成武县和金乡县大部分被淹没,淹没面积达到 6 747 km^2
第 192 小时	8 570	南四湖	洪水汇入南四湖,淹没面积达到 8 570 km^2
第 550 小时	10 468	骆马湖	洪水出南四湖后分别沿韩庄运河和不牢河演进,汇流后沿中运河演进至骆马湖,淹没范围基本达到最大,趋于稳定

表 6-35　重要城市或构筑物洪水到达时间及淹没情况(南四湖正常蓄水位)

重要城市或构筑物	洪水到达时间	淹没情况描述
日兰高速	第 10 小时	洪水沿东鱼河向东演进至日兰高速,最大淹没水深 2.7 m
新石铁路	第 16 小时	向东北演进的洪水受新石铁路阻滞后沿万福河向东南演进
京九铁路	第 30 小时	洪水向东演进至京九铁路后受阻,京九铁路北侧水深达到 3.7 m
郓郓河	第 70 小时	洪水沿日兰高速演进至郓郓河
南四湖	第 104 小时	洪水沿万福河演进至南四湖,巨野县、成武县和金乡县大部分被淹没
邳州市	第 300 小时	洪水汇入南四湖后经韩庄运河演进至邳州市
陇海铁路	第 325 小时	洪水经中运河演进至陇海铁路受阻,铁路北侧最大水深达到 3.1 m
连霍高速	第 333 小时	洪水经中运河演进至连霍高速受阻,高速公路北侧最大水深达到 4.2 m
骆马湖	第 358 小时	洪水到达骆马湖,洪水淹没面积开始趋于稳定

表 6-36　樊庄溃口不同时段洪水前锋到达位置及淹没情况(南四湖设计洪水位)

溃口后洪水演进时段	淹没面积 (km^2)	洪水演进过程描述	
		前锋位置	淹没情况
第 6 小时	387	东明	洪水沿东鱼河向东演进,最大淹没水深 2.4 m
第 12 小时	572	日兰高速	洪水沿东鱼河向东演进至日兰高速,最大淹没水深 2.7 m
第 24 小时	1 246	菏泽市牡丹区—定陶县	洪水演进至日兰高速后分为两股,一股沿日兰高速向东北方演进,另一股漫过日兰高速向东演进至定陶县,菏泽市牡丹区西南部被淹,最大淹没水深达到 2 m 以上
第 48 小时	2 321	巨野县—成武县	洪水分为两股,一股漫过新石铁路继续向东北方演进,另一股沿万福河和东鱼河向东演进至巨野县—成武县,定陶县被淹过半,最大淹没水深达到 4 m 以上
第 144 小时	6 747	嘉祥县—鱼台县	洪水分为两股,一股沿京九铁路、日兰高速、新石铁路向东演进至郓郓河和梁济运河,另一股漫过京九铁路和济广高速演进至鱼台县,巨野县、成武县和金乡县大部分被淹没,淹没面积达到 6 747 km^2
第 192 小时	8 953	邳州市	洪水汇入南四湖后经韩庄运河演进至邳州市,淹没面积达到 8 953 km^2
第 550 小时	10 450	骆马湖	洪水出南四湖后分别沿韩庄运河和不牢河演进,汇流后沿中运河演进至骆马湖,淹没范围基本达到最大,趋于稳定

表 6-37　重要城市或构筑物洪水到达时间及淹没情况(南四湖设计洪水位)

重要城市或构筑物	洪水到达时间	淹没情况描述
日兰高速	第 10 小时	洪水沿东鱼河向东演进至日兰高速,最大淹没水深 2.7 m
新石铁路	第 16 小时	向东北演进的洪水受新石铁路阻滞后沿万福河向东南演进
京九铁路	第 30 小时	洪水向东演进至京九铁路后受阻,京九铁路北侧水深达到 3.7 m
鄄郓河	第 70 小时	洪水沿日兰高速演进至鄄郓河
南四湖	第 104 小时	洪水沿万福河演进至南四湖,巨野县、成武县和金乡县大部分被淹没
邳州市	第 192 小时	洪水汇入南四湖后经韩庄运河演进至邳州市
陇海铁路	第 212 小时	洪水经中运河演进至陇海铁路受阻,铁路北侧最大水深达到 3.3 m
连霍高速	第 218 小时	洪水经中运河演进至连霍高速受阻,高速公路北侧最大水深达到 4.5 m
骆马湖	第 238 小时	洪水到达骆马湖,洪水淹没面积开始趋于稳定

6.4.2.3　高村溃口

当黄河发生 1982 年典型近 1 000 年一遇下大洪水,高村(桩号 204+000 附近)处堤防发生溃决时,南四湖初始水位考虑正常蓄水位和设计洪水位两种情况,分别计算保护区洪水演进,方案一考虑南四湖处于正常蓄水位,方案二考虑南四湖处于设计洪水位(下同)。溃口洪水最初以溃口为中心呈扇形向外扩散,溃堤 24 h 后,洪水沿万福河演进至定陶县,沿菏泽—东明高速公路向东演进至京九铁路受阻滞,京九铁路西北侧水深加大,最大水深达到 3 m 以上;溃堤 48 h 后,受京九铁路阻滞,京九铁路西北侧水深继续加大,最大水深达到 4.6 m,部分水流沿京九铁路向东北演进至郓城县,部分水流漫过京九铁路沿新石铁路演进至巨野县,另一股洪水沿万福河演进至成武县;溃堤 144 h 后,洪水沿京九铁路和日兰高速向东北演进,分别在梁山县和嘉祥县汇入梁济运河后折向东南,另一股洪水沿万福河演进至鱼台县,鄄城县和郓城县大部分被淹,淹没面积达到 5 333 km^2;溃堤 192 h 后,方案一中洪水汇入南四湖,淹没面积达到 7 074 km^2,最大淹没水深达到 9 m 以上;方案二中洪水汇入南四湖后经韩庄运河演进至邳州市,淹没面积达到 7 880 km^2;溃堤 550 h 后,两个方案洪水均出南四湖分别沿韩庄运河和不牢河演进,汇流后沿中运河演进至骆马湖,淹没范围基本达到最大,并趋于稳定。

本典型溃口方案一洪水最终淹没面积 9 434 km^2,最大淹没水深出现在骆马湖进口附近,达到 9.5 m;方案二洪水最终淹没面积 9 836 km^2,最大淹没水深出现在骆马湖进口附近,达到 9.7 m;两个方案最大流速均出现在溃口附近,达到 4.8 m/s,洪水演进过程及不同时段淹没水深分布情况见图 6-75~图 6-82、表 6-38~表 6-41。

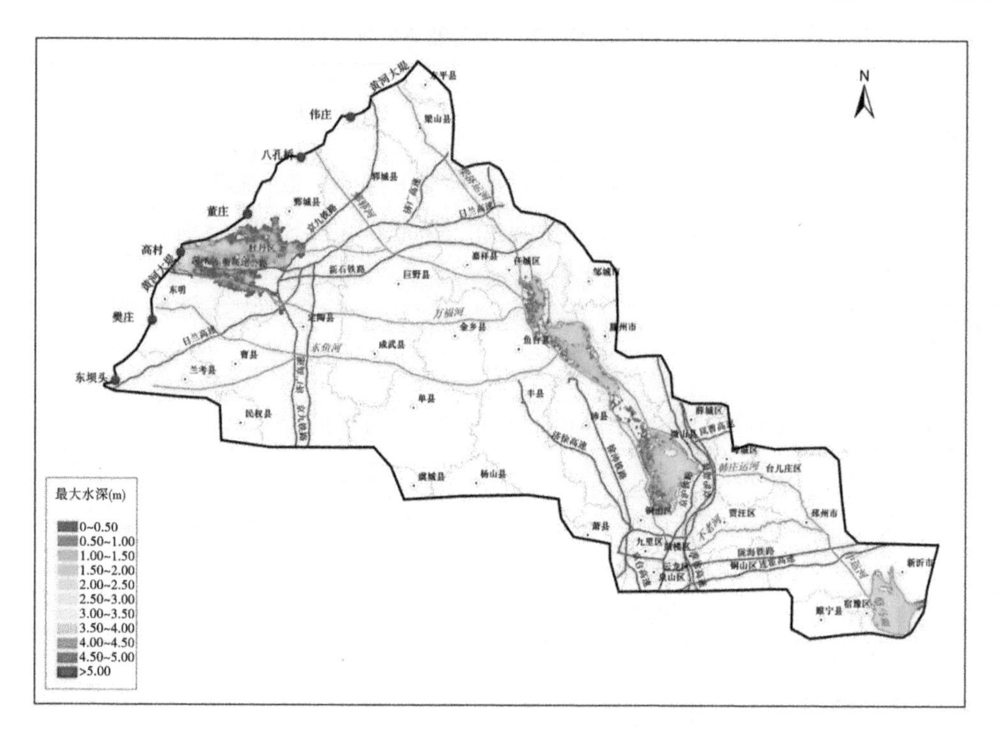

图 6-75　洪水演进第 24 小时(1 d)淹没水深分布(南四湖正常蓄水位)

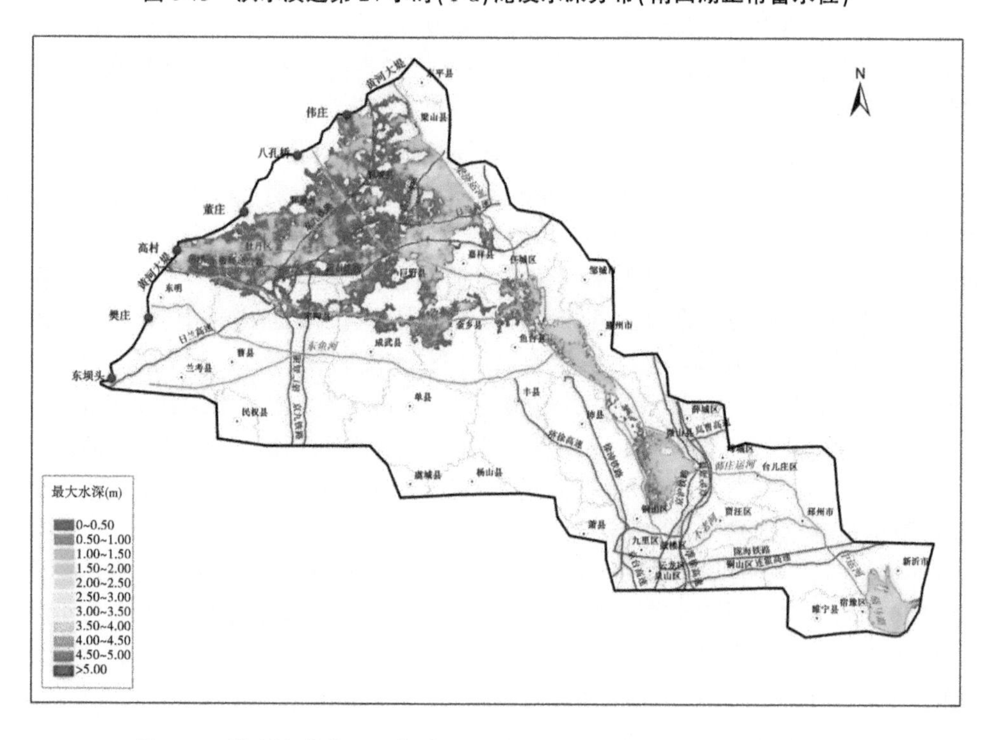

图 6-76　洪水演进第 144 小时(6 d)淹没水深分布(南四湖正常蓄水位)

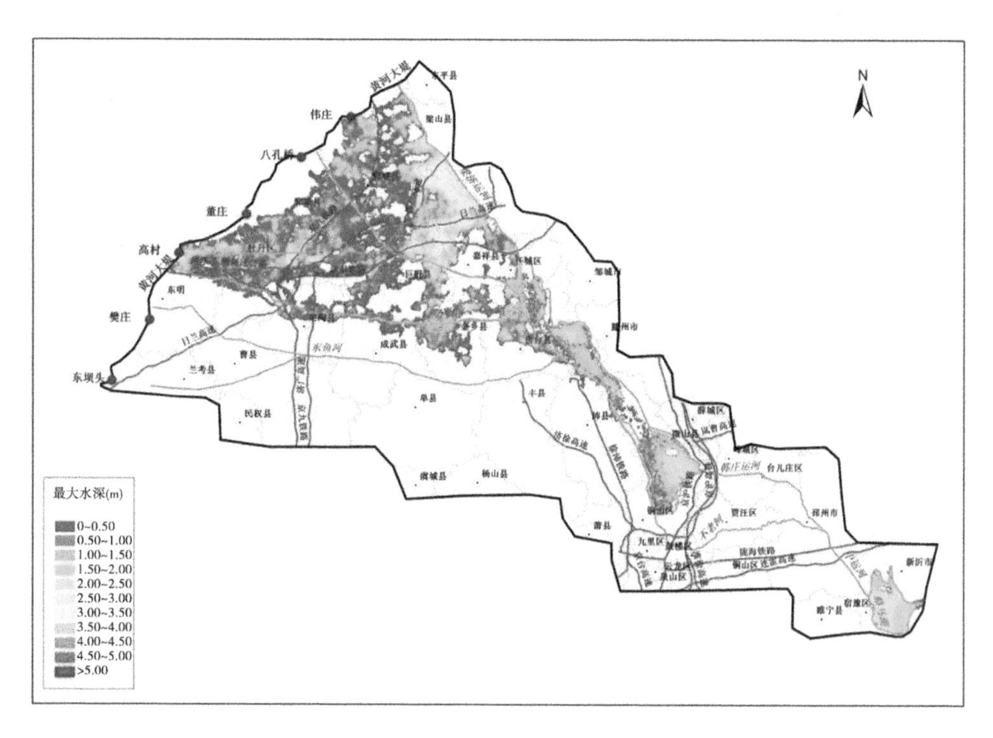

图 6-77　洪水演进第 192 小时(8 d)淹没水深分布(南四湖正常蓄水位)

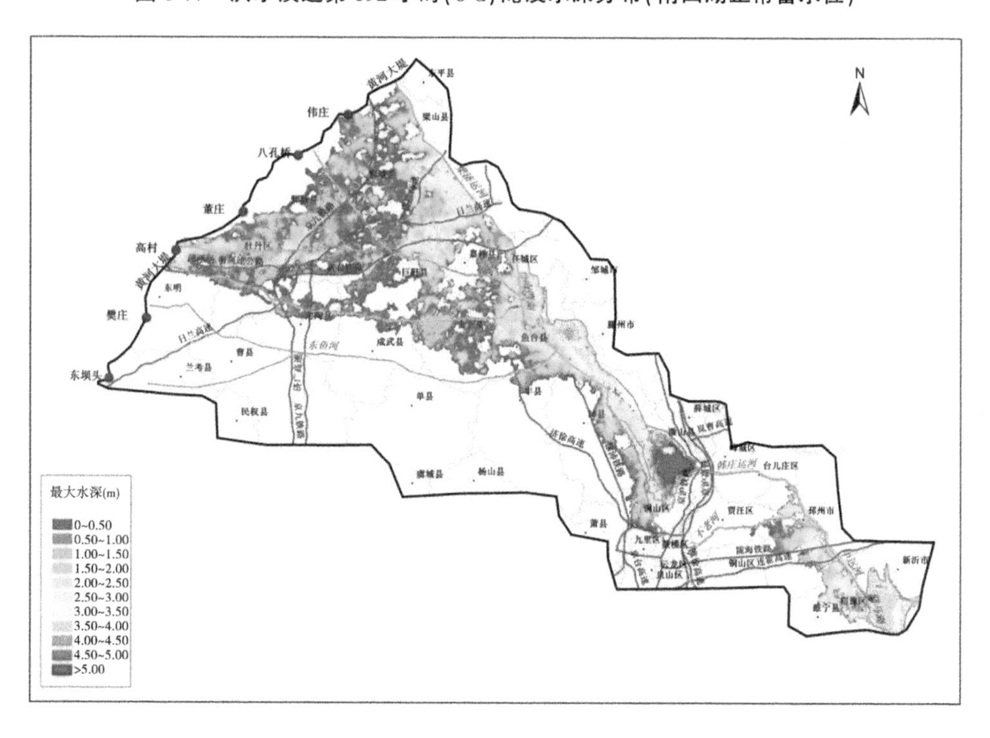

图 6-78　高村溃口最大淹没水深分布(南四湖正常蓄水位)

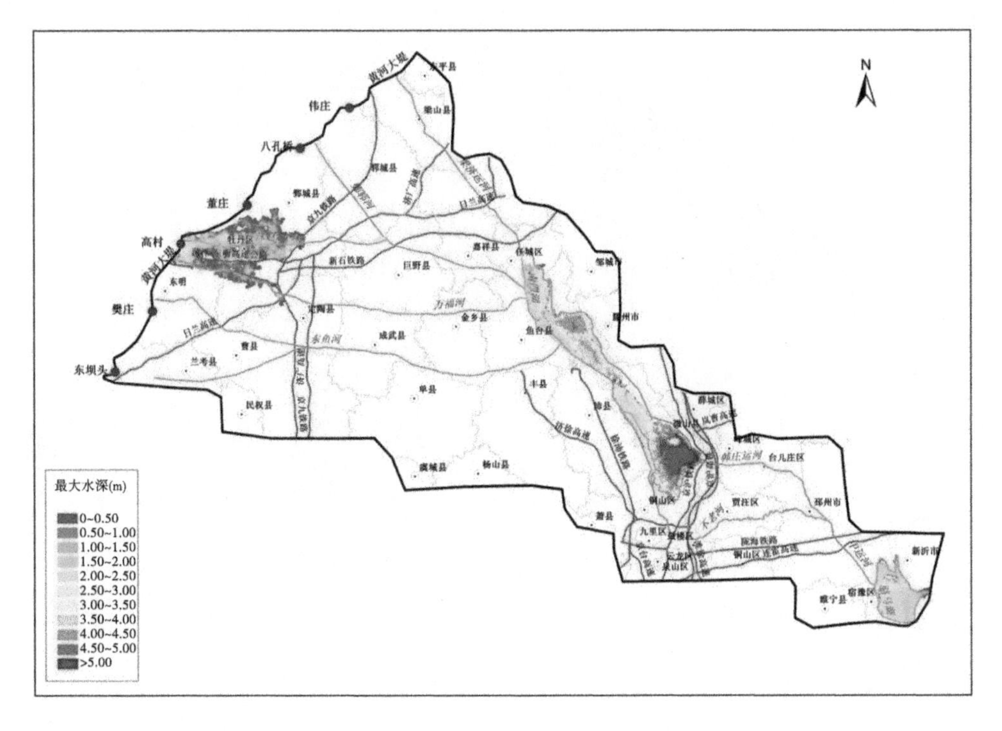

图 6-79　洪水演进第 24 小时(1 d)淹没水深分布(南四湖设计水位)

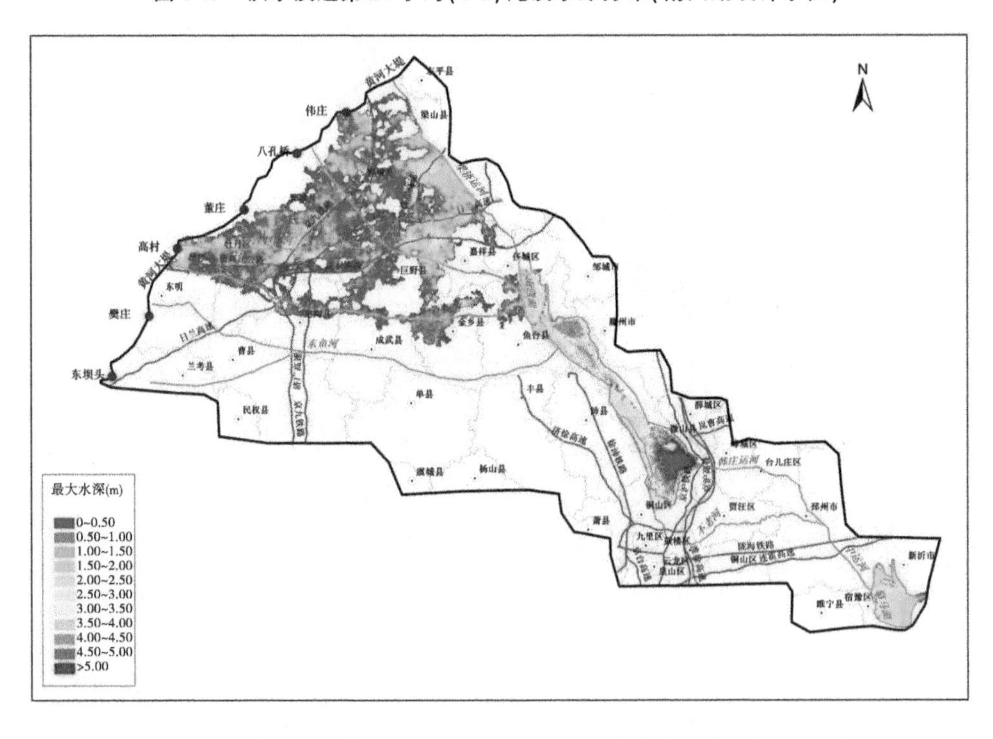

图 6-80　洪水演进第 144 小时(6 d)淹没水深分布(南四湖设计水位)

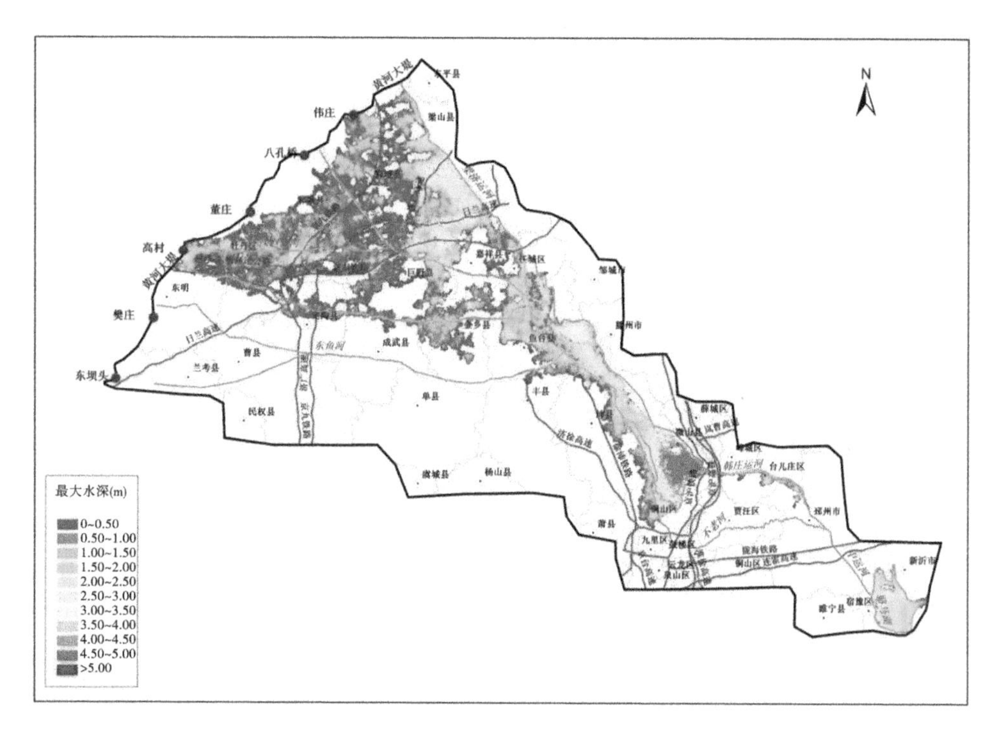

图 6-81　洪水演进第 192 小时(8 d)淹没水深分布(南四湖设计水位)

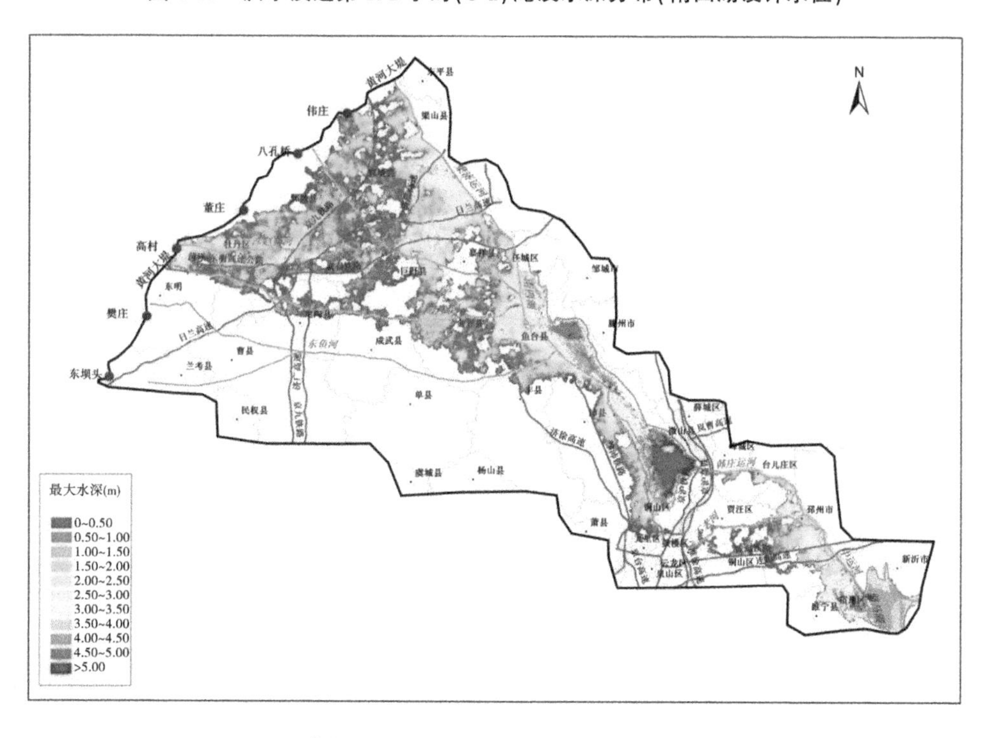

图 6-82　高村溃口最大淹没水深分布(南四湖设计水位)

表 6-38 高村溃口不同时段洪水前锋到达位置及淹没情况(南四湖正常蓄水位)

溃口后洪水演进时段	淹没面积(km^2)	洪水演进过程描述	
		前锋位置	淹没情况
第 6 小时	335	菏泽市牡丹区	洪水沿万福河和菏泽—东明高速公路向东演进,最大淹没水深 3.1 m
第 12 小时	534	菏泽市牡丹区	洪水沿万福河和菏泽—东明高速公路向东演进,东明县北部和牡丹区西部被淹,最大淹没水深 3.1 m
第 24 小时	1 015	鄄城县—定陶县	洪水沿万福河演进至定陶县,沿菏泽—东明高速公路向东演进至京九铁路受阻滞,京九铁路西北侧水深加大,最大水深达到 3 m 以上
第 48 小时	2 101	郓城县—巨野县—成武县	受京九铁路阻滞,京九铁路西北侧水深继续加大,最大水深达到 4.6 m,部分水流沿京九铁路向东北演进至郓城县,部分水流漫过京九铁路沿新石铁路演进至巨野县,另一股洪水沿万福河演进至成武县
第 144 小时	5 333	梁山县—嘉祥县—鱼台县	洪水沿京九铁路和日兰高速向东北演进,分别在梁山县和嘉祥县汇入梁济运河后折向东南,另一股洪水沿万福河演进至鱼台县,鄄城县和郓城县大部分被淹,淹没面积达到 5 333 km^2
第 192 小时	7 074	南四湖	洪水汇入南四湖,淹没面积达到 7 074 km^2,最大淹没水深达到 9 m 以上
第 550 小时	9 017	骆马湖	洪水出南四湖后分别沿韩庄运河和不牢河演进,汇流后沿中运河演进至骆马湖,淹没范围基本达到最大,趋于稳定

表 6-39 重要城市或构筑物洪水到达时间及淹没情况(南四湖正常蓄水位)

重要城市或构筑物	洪水到达时间	淹没情况描述
新石铁路	第 4 小时	洪水沿万福河和菏泽—东明高速公路向东演进,最大淹没水深 3.1 m
京九铁路	第 19 小时	洪水向东演进至京九铁路后受阻,京九铁路北侧水深达到 4 m
日兰高速	第 25 小时	洪水沿万福河演进至日兰高速
鄄郓河	第 45 小时	洪水沿京九铁路演进至鄄郓河,东明县、菏泽市牡丹区、鄄城县和郓城县被淹
梁济运河	第 83 小时	洪水沿京九铁路和日兰高速向东北演进,分别在梁山县和嘉祥县汇入梁济运河后折向东南
南四湖	第 125 小时	洪水沿洙赵新河和万福河演进至南四湖

续表 6-39

重要城市或构筑物	洪水到达时间	淹没情况描述
邳州市	第 300 小时	洪水汇入南四湖后经韩庄运河演进至邳州市
陇海铁路	第 325 小时	洪水经中运河演进至陇海铁路受阻,铁路北侧最大水深达到 3.1 m
连霍高速	第 333 小时	洪水经中运河演进至连霍高速受阻,高速公路北侧最大水深达到 4.2 m
骆马湖	第 358 小时	洪水到达骆马湖,洪水淹没面积开始趋于稳定

表 6-40　高村溃口不同时段洪水前锋到达位置及淹没情况(南四湖设计洪水位)

溃口后洪水演进时段	淹没面积(km^2)	洪水演进过程描述	
		前锋位置	淹没情况
第 6 小时	335	菏泽市牡丹区	洪水沿万福河和菏泽—东明高速公路向东演进,最大淹没水深 3.1 m
第 12 小时	534	菏泽市牡丹区	洪水沿万福河和菏泽—东明高速公路向东演进,东明县北部和牡丹区西部被淹,最大淹没水深 3.1 m
第 24 小时	1 015	鄄城县—定陶县	洪水沿万福河演进至定陶县,沿菏泽—东明高速公路向东演进至京九铁路受阻滞,京九铁路西北侧水深加大,最大水深达到 3 m 以上
第 48 小时	2 101	郓城县—巨野县—成武县	受京九铁路阻滞,京九铁路西北侧水深继续加大,最大水深达到 4.6 m,部分水流沿京九铁路向东北演进至郓城县,部分水流漫过京九铁路沿新石铁路演进至巨野县,另一股洪水沿万福河演进至成武县
第 144 小时	5 333	梁山县—嘉祥县—鱼台县	洪水沿京九铁路和日兰高速向东北演进,分别在梁山县和嘉祥县汇入梁济运河后折向东南,另一股洪水沿万福河演进至鱼台县,鄄城县和郓城县大部分被淹,淹没面积达到 5 333 km^2
第 192 小时	7 880	邳州市	洪水汇入南四湖后经韩庄运河演进至邳州市,淹没面积达到 7 880 km^2
第 550 小时	9 475	骆马湖	洪水出南四湖后分别沿韩庄运河和不牢河演进,汇流后沿中运河演进至骆马湖,淹没范围基本达到最大,趋于稳定

表 6-41 重要城市或构筑物洪水到达时间及淹没情况(南四湖设计洪水位)

重要城市或构筑物	洪水到达时间	淹没情况描述
新石铁路	第 4 小时	洪水沿万福河和菏泽—东明高速公路向东演进,最大淹没水深 3.1 m
京九铁路	第 19 小时	洪水向东演进至京九铁路后受阻,京九铁路北侧水深达到 4.0 m
日兰高速	第 25 小时	洪水沿万福河演进至日兰高速
鄄郓河	第 45 小时	洪水沿京九铁路演进至鄄郓河,东明县、菏泽市牡丹区、鄄城县和郓城县被淹
梁济运河	第 83 小时	洪水沿京九铁路和日兰高速向东北演进,分别在梁山县和嘉祥县汇入梁济运河后折向东南
南四湖	第 125 小时	洪水沿洙赵新河和万福河演进至南四湖
邳州市	第 192 小时	洪水汇入南四湖后经韩庄运河演进至邳州市
陇海铁路	第 212 小时	洪水经中运河演进至陇海铁路受阻,铁路北侧最大水深达到 3.3 m
连霍高速	第 218 小时	洪水经中运河演进至连霍高速受阻,高速公路北侧最大水深达到 4.5 m
骆马湖	第 238 小时	洪水到达骆马湖,洪水淹没面积开始趋于稳定

6.4.2.4 洪水淹没面积

防洪保护区洪水淹没面积见表 6-42,南四湖处于正常蓄水位时,防洪保护区最大淹没面积为 14 078 km^2;南四湖处于设计洪水位时,保护区最大淹没面积为 14 253 km^2。兰考—东明河段右岸堤防溃口最大淹没范围见图 6-83、图 6-84。

表 6-42 防洪保护区洪水淹没面积 (单位:km^2)

方案	兰考—东明河段右岸防洪保护区			
	东坝头	樊庄	高村	保护区
南四湖正常蓄水位	10 474	10 790	9 434	14 078
南四湖设计洪水位	10 569	10 839	9 836	14 253

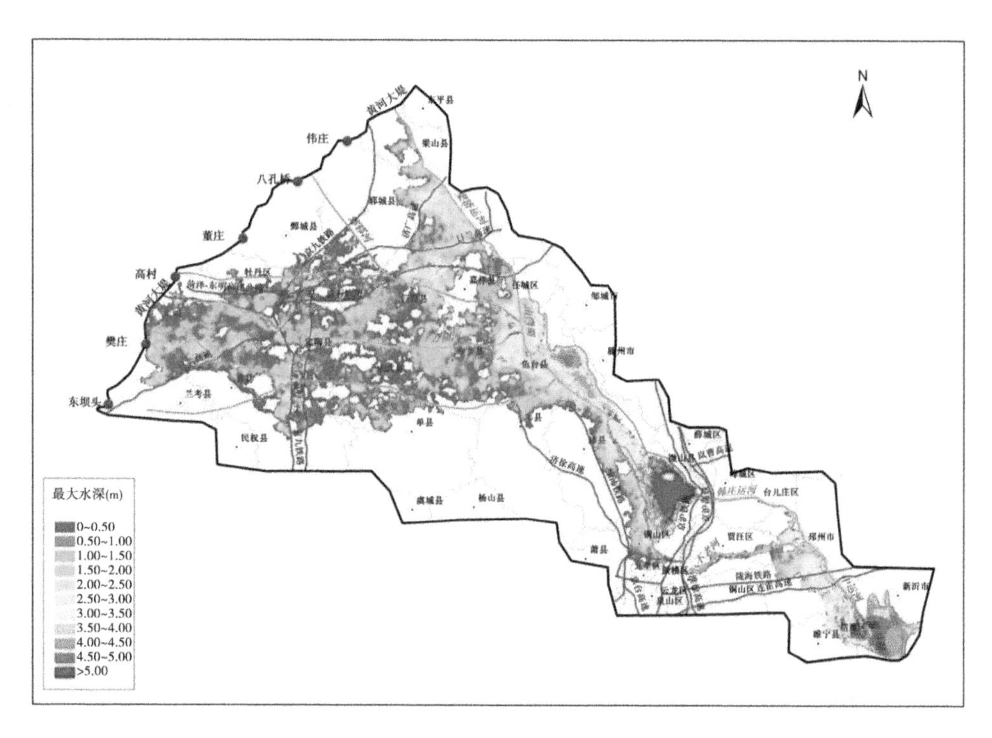

图 6-83　兰考—东明河段右岸堤防溃口最大淹没范围(南四湖正常蓄水位)

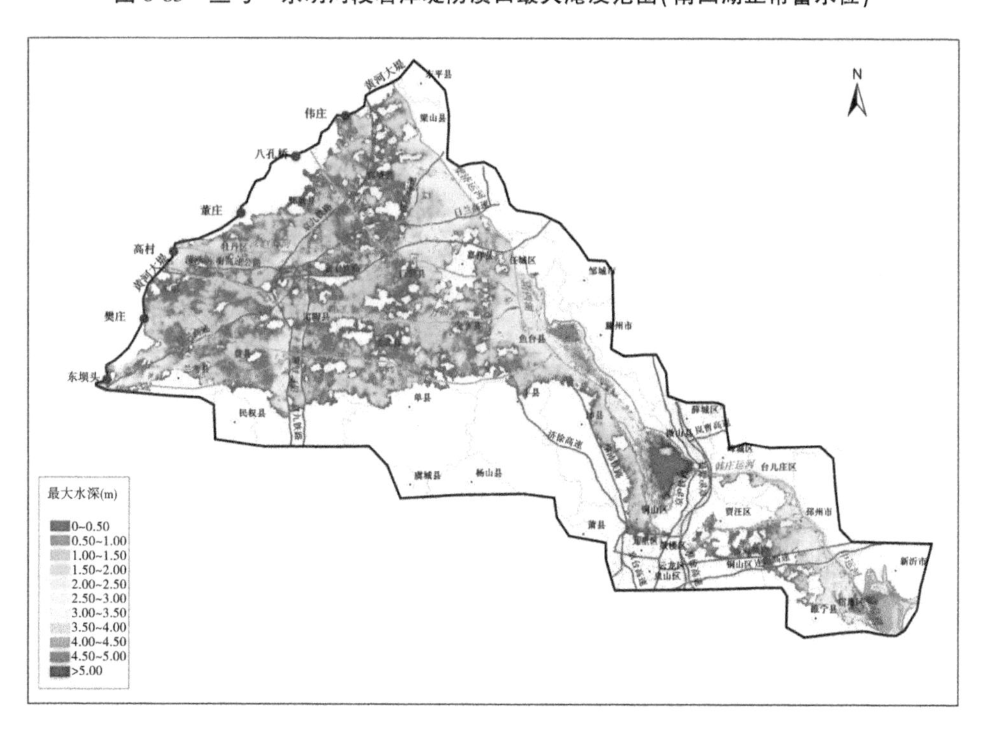

图 6-84　兰考—东明河段右岸堤防溃口最大淹没范围(南四湖设计洪水位)

6.4.3　合理性分析

6.4.3.1　水量平衡

根据计算分区来流量、出流量和区内淹没水量,判断分析来流量减去出流量,与区内淹没总水量的误差。以发生1982年典型近1 000年一遇下大洪水,东坝头处发生溃决为例,模型计算入流水量为103.3亿 m^3,保护区淹没总水量为计算时段末保护区总水量减去计算时段初保护区总水量,见表6-43。来流量减去出流量,与区内淹没总水量的误差为 $1.9×10^{-3}$,可以认为洪水模拟结果合理。

表6-43　黄河下游兰考—东明河段东坝头溃口方案水量平衡分析

口门位置	大河设计洪量(亿 m^3)	入流水量(亿 m^3)	出流水量(亿 m^3)	保护区内水量(亿 m^3)	误差值(亿 m^3)	误差
东坝头	133(夹河滩)	103.3	40.5	62.6	0.2	$1.9×10^{-3}$

6.4.3.2　流场分布

在对各计算分区剖分网格并内插高程后可以看出,本防洪保护区总体呈西北高东南低地势,故洪水总体上均呈现由西北向东南演进趋势;各溃口处洪水均为由西向东、由南向北演进,洪水演进与地势非常匹配,模型结果合理。

对于局部区域而言,通过计算结果显示的各方案洪水流场分布与线状地物分析比较,流场分布均匀一致,线状地物具有明显的阻水效果,洪水态势比较准确,比较结果如图6-85所示(1982年典型近1 000年一遇下大洪水东坝头决口为例)。

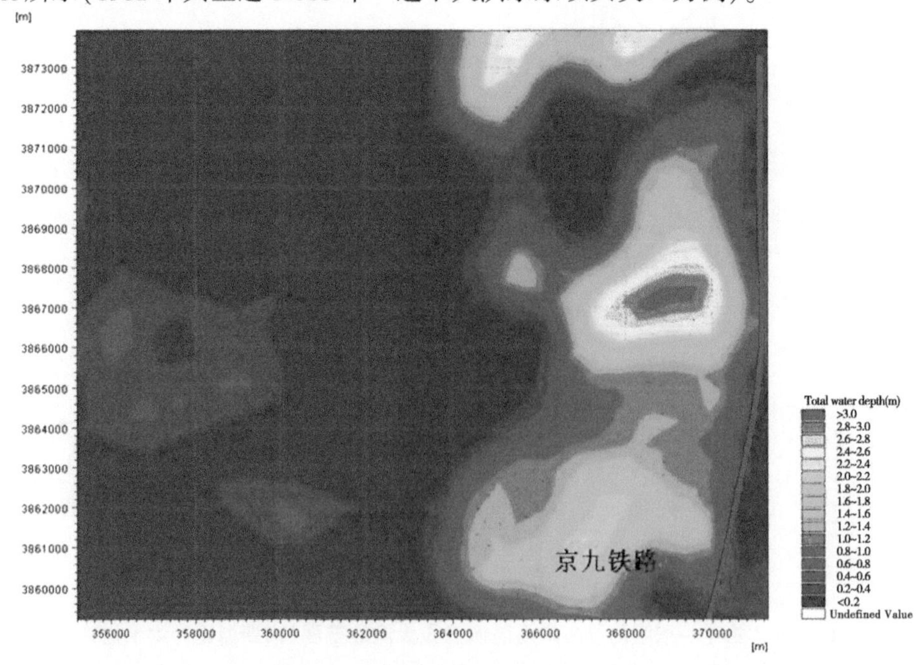

图6-85　京九铁路段沿线水深分布

6.4.3.3　同一方案不同时刻洪水演进变化的合理性分析

洪水演进除应匹配空间地势外，在不同时刻应符合水力学规律，如随着溃口处流量逐步减小或不再出流后，地势较高的淹没区域由于来流少出流多，淹没水深应逐步减小，而地势较低的区域，即使溃口流量减小或不再出流，洪水聚集水深也将继续增加。同一时间同一地点洪水淹没水深分布情况与地形情况比较见图 6-86(以 1982 年典型近 1 000 年一遇下大洪水东坝头处发生溃决为例)。

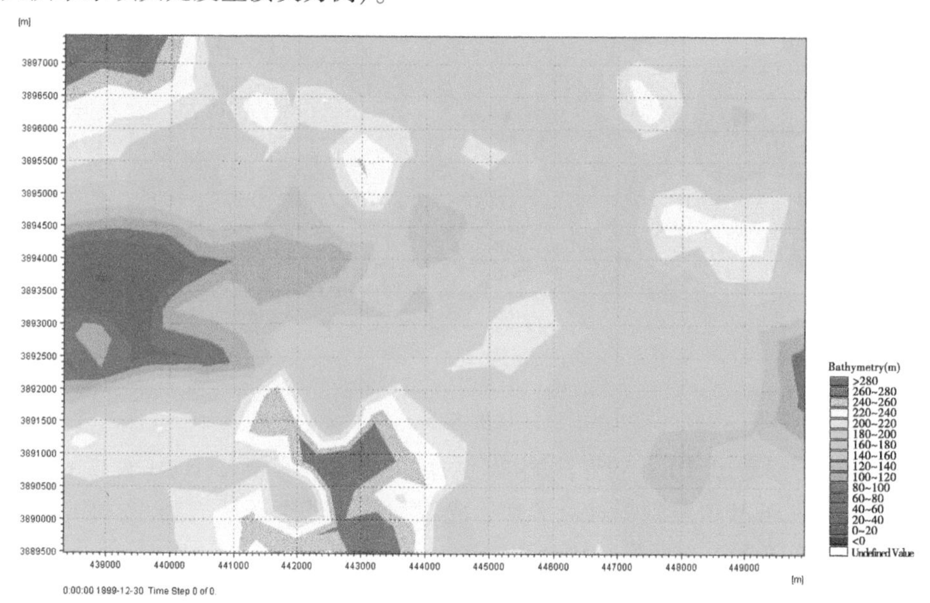

(a)基础 DEM 高程

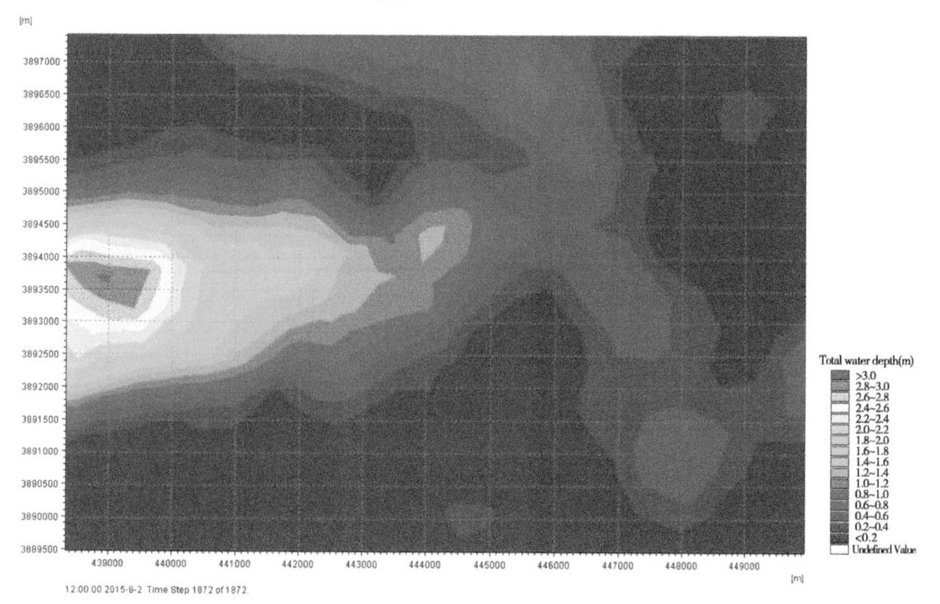

(b)洪水淹没后水深

图 6-86　同一方案的地形分布、淹没水深、洪水流速分布对比分析

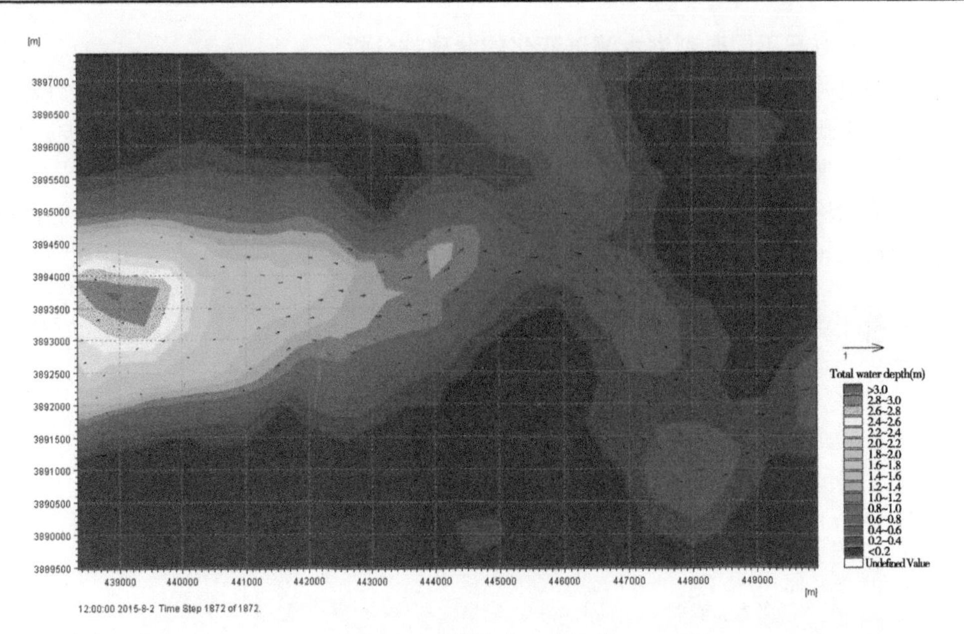

(c)同一时刻洪水流速分布

续图 6-86

由图 6-85 可以看出,DEM 较低洼的地区对应的淹没水深较大,DEM 较高的地区对应的淹没水深较小,DEM 由高到低其对应地区淹没后的流速也是从大到小,符合洪水流动趋势的物理原则,说明方案计算是较合理的。

6.4.3.4 退水过程分析

兰考—东明河段右岸防洪保护区下边界骆马湖出口嶂山闸、宿迁闸的各溃口最大退水流量见表 6-44,可以看出嶂山闸最大退水流量 4 899 m^3/s,小于设计流量 8 000 m^3/s,可以安全下泄。宿迁闸最大退水流量 921 m^3/s,小于设计流量 1 000 m^3/s,可以安全下泄。经分析可知,各方案溃决洪水均可通过嶂山闸和宿迁闸安全下泄,骆马湖以下不新增淹没面积。

表 6-44 保护区各溃口最大退水流量

方案	模型下边界	兰考—东明河段右岸防洪保护区各溃口最大退水流量(m^3/s)		
		东坝头	樊庄	高村
南四湖正常蓄水位	嶂山闸	4 276	2 785	1 988
	宿迁闸	853	724	523
南四湖设计洪水位	嶂山闸	4 899	3 912	2 703
	宿迁闸	927	808	717

6.4.3.5 糙率敏感性分析

黄河下游防洪保护区涉及的计算范围大,区域内地形地物复杂,且缺乏实测洪灾资料,因此对糙率进行敏感性分析,以验证计算成果的合理性。

以黄河发生 1982 年典型近 1 000 年一遇下大洪水,东坝头(桩号 135+000 附近)处堤防发生溃决,南四湖处于正常蓄水位为典型,进行糙率敏感性分析。设置三个方案进行对比分析,方案一采用的糙率为本次模型计算采用的糙率;方案二采用的糙率为方案一的糙率增加 20%;方案三采用的糙率为方案一的糙率减小 20%,并考虑各地貌下垫面类型糙率取值上下限确定方案二和方案三糙率值选取,见表 6-45,各方案计算结果见表 6-46 和图 6-87、图 6-88。

表 6-45 各方案保护区不同地貌下垫面类型分区糙率值选取

典型地貌类型		糙率值选取		
		方案一	方案二	方案三
有植被覆盖的土地	旱地	0.03	0.035	0.025
	水田	0.03	0.035	0.025
	园地	0.03	0.035	0.025
	幼林	0.03	0.035	0.025
	灌木林	0.03	0.035	0.025
	疏林	0.03	0.035	0.025
	苗圃	0.03	0.035	0.025
	高草地	0.03	0.035	0.025
	草地	0.03	0.035	0.025
	半荒草地	0.03	0.035	0.025
	荒草地	0.03	0.035	0.025
	城市绿地	0.03	0.035	0.025
河湖水面	地面河流	0.025	0.03	0.02
	时令河	0.025	0.03	0.02
	河道干河	0.025	0.03	0.02
	运河	0.025	0.03	0.02
	干渠	0.025	0.03	0.02
	干沟	0.025	0.03	0.02
	湖泊	0.025	0.03	0.02
	池塘	0.025	0.03	0.02
	时令湖	0.025	0.03	0.02
	水库	0.025	0.03	0.02
	建筑中水库	0.025	0.03	0.02
	溢洪道	0.025	0.03	0.02
	海域	0.025	0.03	0.02
	河、湖岛	0.025	0.03	0.02
	沼泽	0.025	0.03	0.02

续表 6-45

典型地貌类型		糙率值选取		
		方案一	方案二	方案三
河湖水面附属设施	沙滩	0.03	0.036	0.026
	沙泥滩	0.03	0.036	0.026
	干出滩中河道	0.03	0.036	0.026
	沙洲	0.03	0.036	0.026
	岸滩	0.03	0.036	0.026
	水中滩	0.03	0.036	0.026
居民地	普通房屋	0.06	0.072	0.05
	高层建筑区	0.06	0.072	0.05
	棚房	0.06	0.072	0.05
	破坏房屋	0.06	0.072	0.05
无植被覆盖的土地	土堆	0.03	0.036	0.026
	坑穴	0.03	0.036	0.026
	平沙地	0.03	0.036	0.026
	龟裂地	0.03	0.036	0.026
	石块地	0.03	0.036	0.026

表 6-46　各方案不同时刻洪水淹没面积

溃口后洪水演进时段	淹没面积(km^2)		
	方案一	方案二	方案三
第 12 小时	458	440	489
第 24 小时	989	932	1 068
第 48 小时	2 214	2 098	2 375
第 144 小时	6 080	5 961	6 234
第 192 小时	8 064	7 975	8 196
演进至稳定	10 474	10 651	10 274

从计算结果可以看出，方案一、方案二和方案三洪水最终淹没面积分别为 10 474 km^2、10 651 km^2和 10 274 km^2，与方案一相比，方案二淹没面积增大约 1.7%，方案三减小约 1.9%。

方案二洪水演进速度变慢，相同时刻洪水淹没面积变小，洪水在近处洼地水深变大，相应远处洼地水深变小，从而导致近处洼地淹没水深及淹没范围略微大，远处洼地淹没水深及范围略微小，当洪水演进至稳定后，两个方案最终淹没面积和最大淹没水深差别不大。

与方案一相比，方案三洪水演进速度加快，相同时刻洪水淹没面积变大，洪水在近处洼地水深变小，相应远处洼地水深变大，从而导致近处洼地淹没水深及淹没范围略微减小，远处洼地淹没水深及淹没范围略微增大，当洪水演进至稳定后，两个方案最终淹没面积和最大淹没水深差别不大。

通过以上敏感性分析可知，糙率值在一定范围内变化对洪水的主要风险因素最大淹没范围和最大淹没水深的影响较小，计算所采用的糙率值合适。

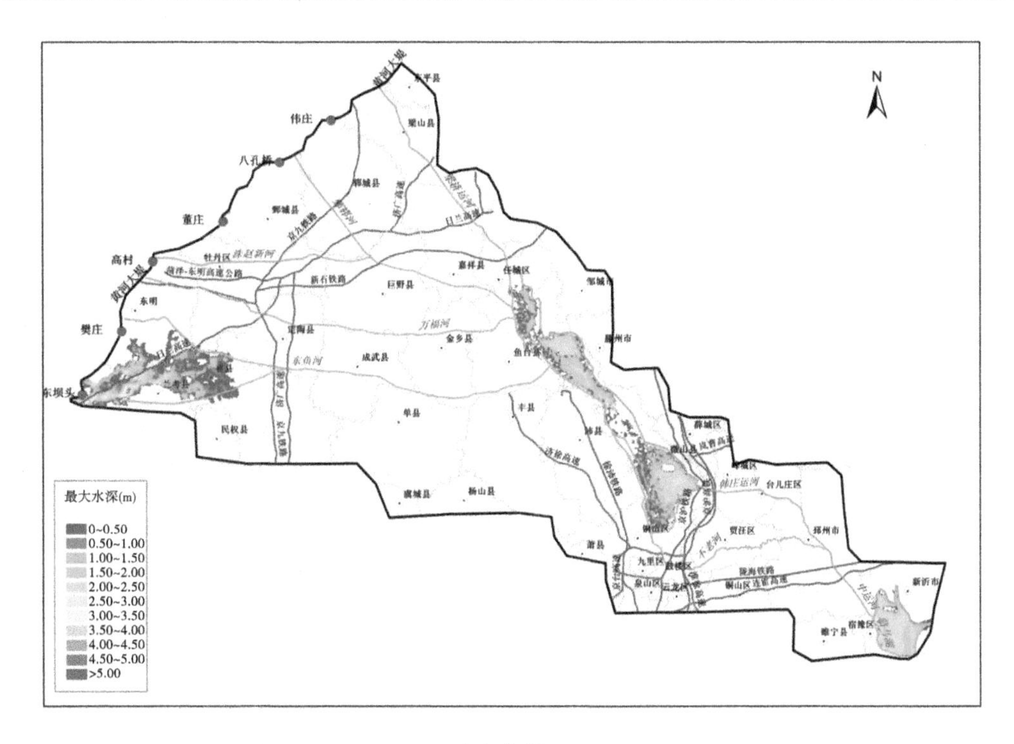

(a)方案一

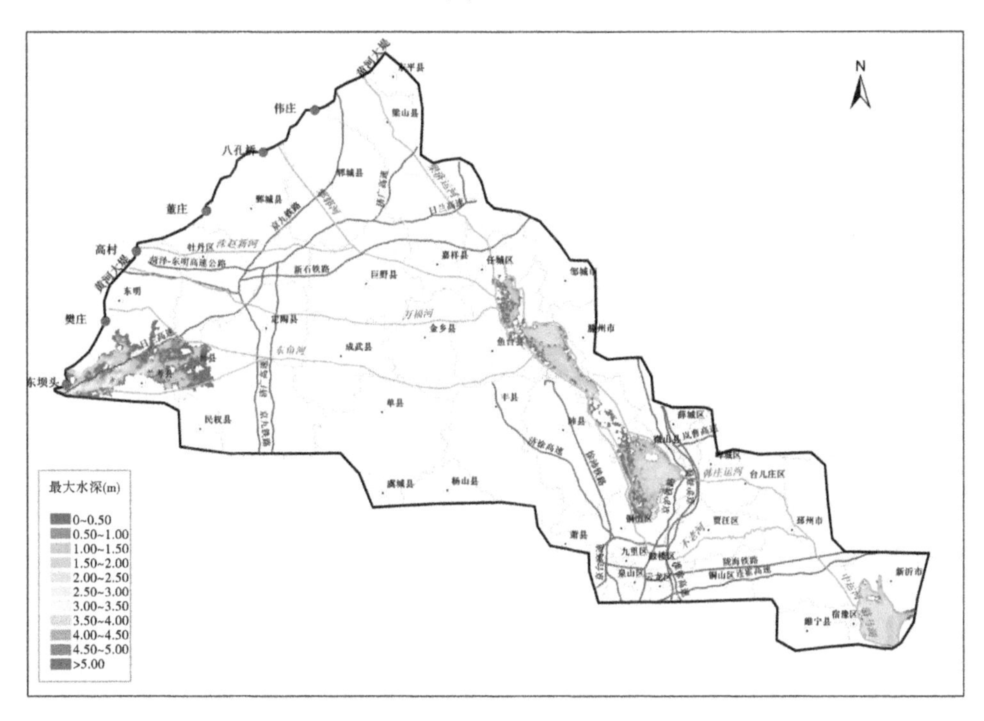

(b)方案二

图 6-87　各方案洪水演进第 24 小时淹没水深分布

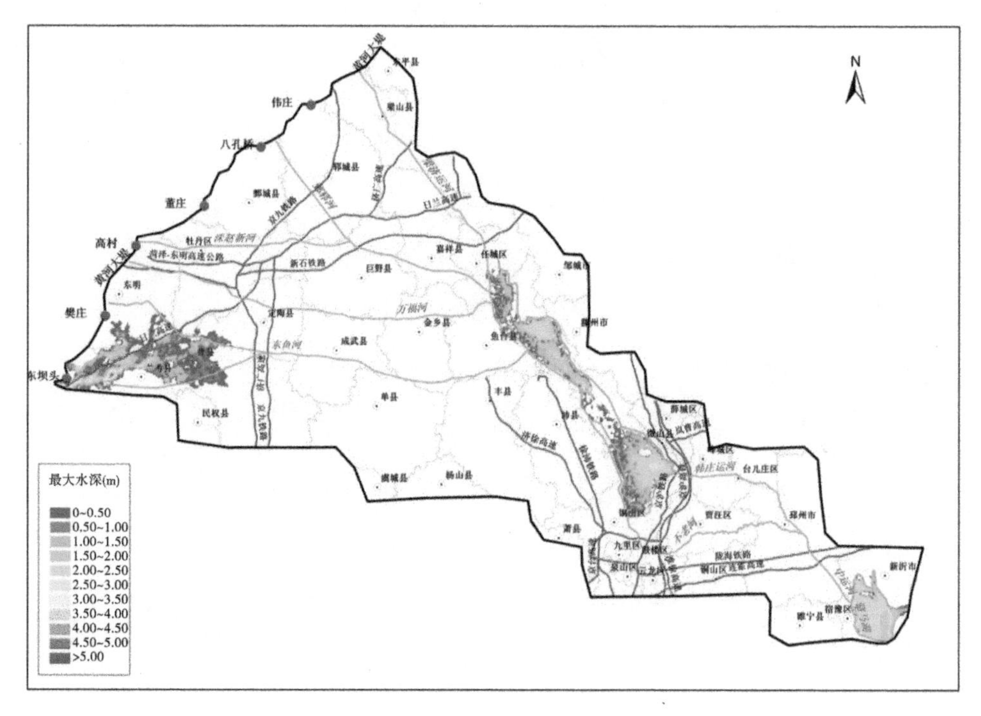

(c)方案三

续图 6-87

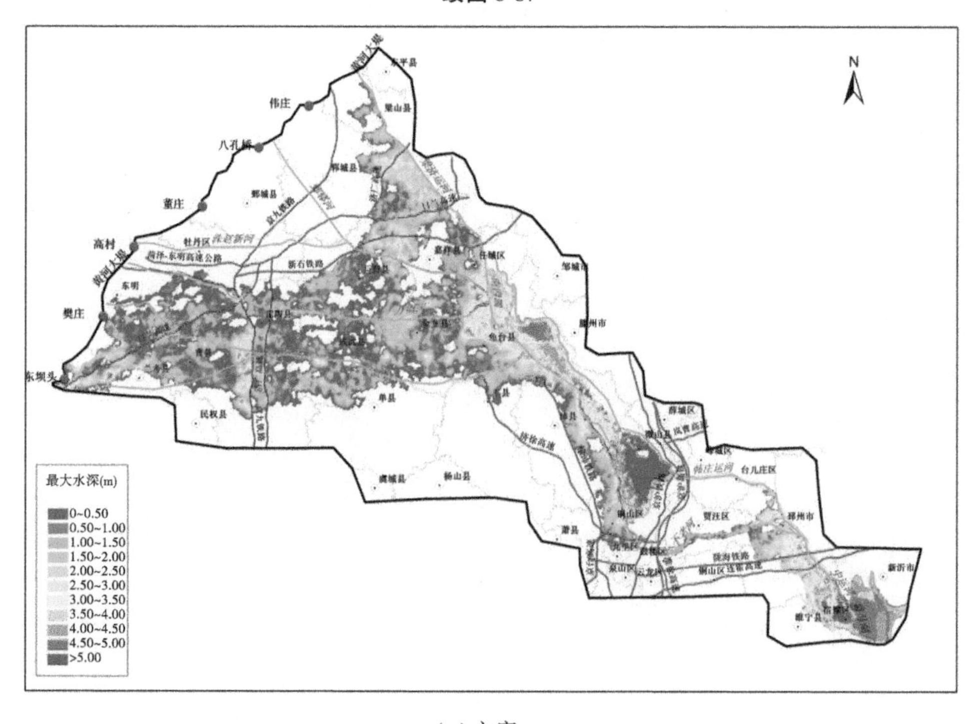

(a)方案一

图 6-88　各方案最大淹没水深分布

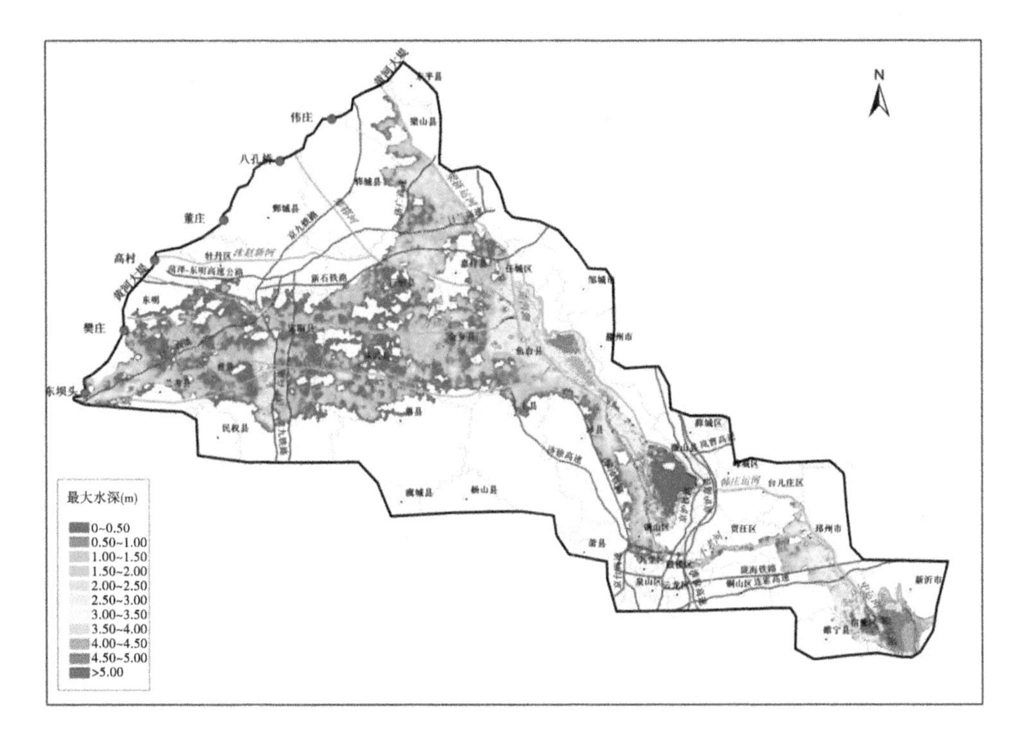

(b)方案二

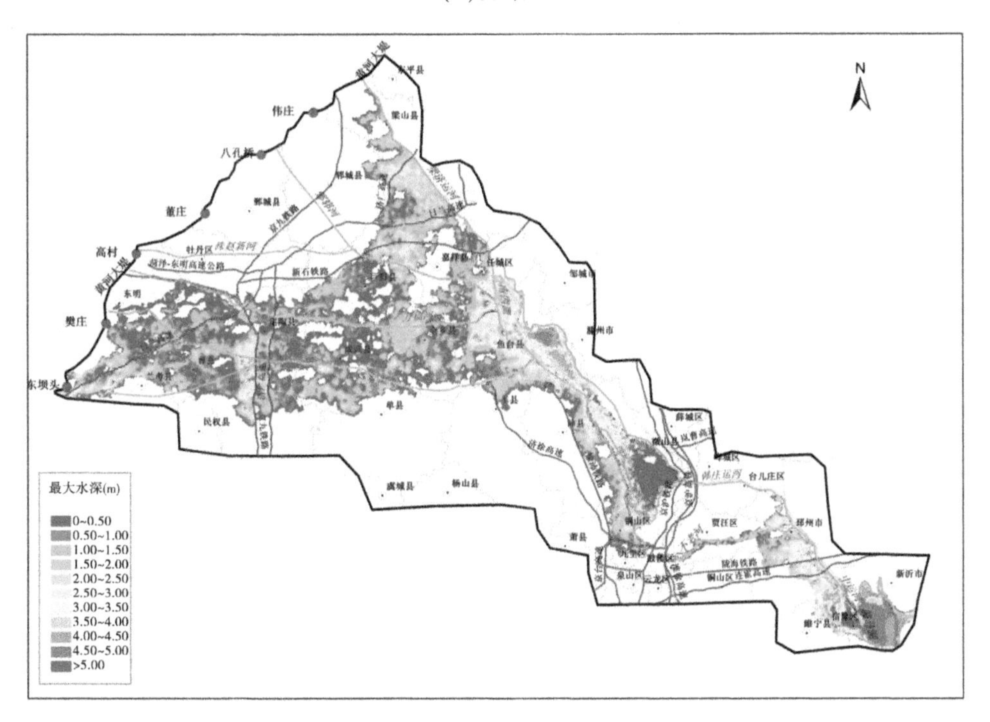

(c)方案三

续图 6-88

6.4.3.6 历史洪灾范围比较

受历史上社会经济等条件限制，下游历史洪灾缺少较详细的记录，仅根据历史洪水灾害描述与本次分析的洪水淹没做一比较。

1933 年 8 月大洪水，5 d 内两次降雨过程，每次过程形成的干流洪水与泾、洛、渭、汾等支流洪水遭遇，造成陕县站峰高量大的洪水过程，实测洪峰流量 22 000 m^3/s，5 d 洪量 51.8 亿 m^3，到达花园口断面洪峰流量为 20 400 m^3/s。本次洪水造成河南、河北、山东堤防漫决 58 处，三省共 45 个县受灾，其中兰考四明堂（桩号 155+000 附近）决口，河南兰封（今兰考县、仪封乡等周边地区），山东的菏泽、定陶、巨野、郓城、鄄城、单县、曹县、鱼台、金乡、成武、济宁、汶上、嘉祥等 21 个县受淹，山东境内淹没面积达 6 768 km^2。

与本次计算结果相比，1933 年洪水淹没区域均在本次计算范围内，但由于上游河南、河北段堤防多处决口分洪，进入山东境内的洪量小，淹没范围比本次计算范围小。

从整体上看，本次洪水风险图编制洪水分析结果是合理的。

6.5 东明—东平湖河段右岸堤防决口洪水淹没风险

6.5.1 洪水计算方案集及初始条件、边界条件

6.5.1.1 洪水计算方案集

共设定了 6 个计算方案，洪水分析量级为黄河 1982 年型近 1 000 年一遇洪水，详见表 6-47。

表 6-47 黄河下游东明—东平湖河段右岸防洪保护区计算方案

编号	口门位置	南四湖初始水位状态	骆马湖初始水位状态	口门宽度（m）	决口时机	大河设计洪量（亿 m^3）	口门分洪量（亿 m^3）	决口洪水历时（h）	分流量占大河流量（%）
1	董庄（239+000 附近）	正常蓄水位	正常蓄水位	1 000	洪峰前一天	133（高村）	98.9	543	74
2		设计洪水位	正常蓄水位	1 000		133（高村）	98.9	543	74
3	八孔桥（276+000 附近）	正常蓄水位	正常蓄水位	1 000		133（高村）	100.1	541	75
4		设计洪水位	正常蓄水位	1 000		133（高村）	100.1	541	75
5	伟庄（310+000 附近）	正常蓄水位	正常蓄水位	1 000		133（高村）	100.8	538	76
6		设计洪水位	正常蓄水位	1 000		133（高村）	100.8	538	76

本保护区共设定 3 处口门,分别为董庄(239+000 附近)、八孔桥(276+000 附近)、伟庄(310+000 附近),口门位置选取及各溃口入流过程采用《黄河下游堤防溃口专题研究》成果。各口门位置基本情况见“4.3.4 口门位置选择”,各口门处大河流量过程及口门分洪流量过程见图 6-89～图 6-91。

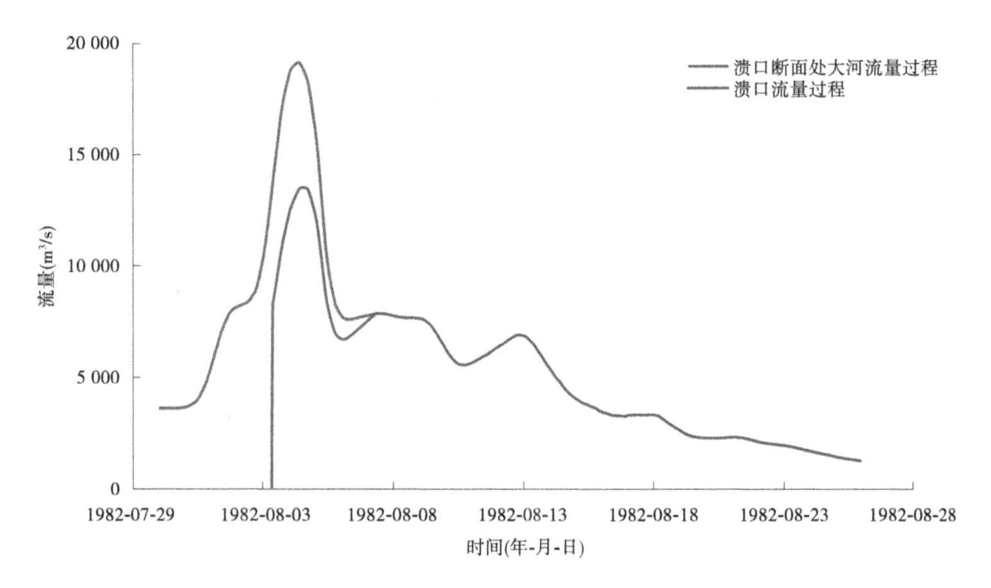

图 6-89　董庄口门大河处流量过程及口门分洪流量过程线

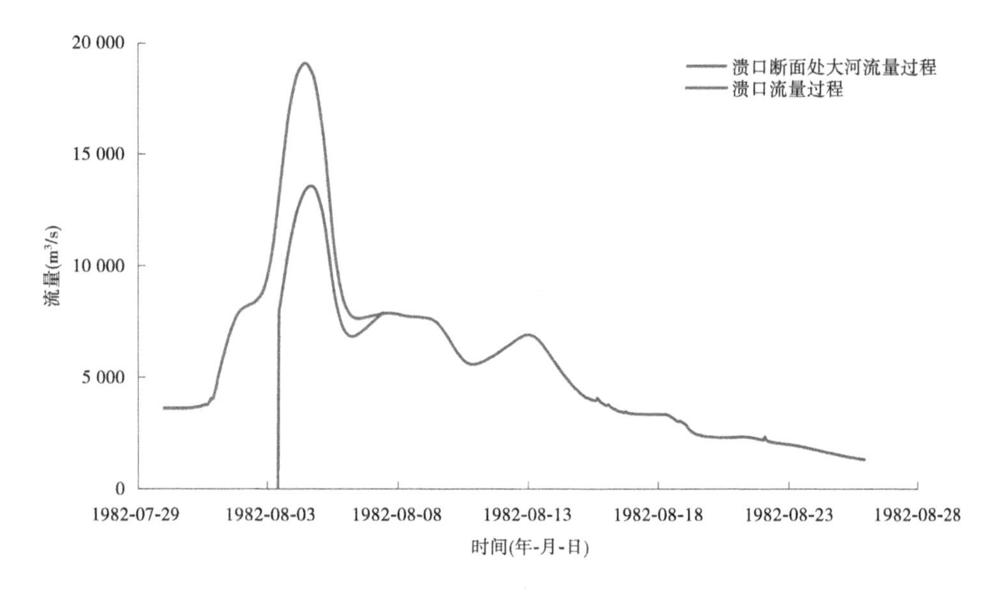

图 6-90　八孔桥口门大河处流量过程及口门分洪流量过程线

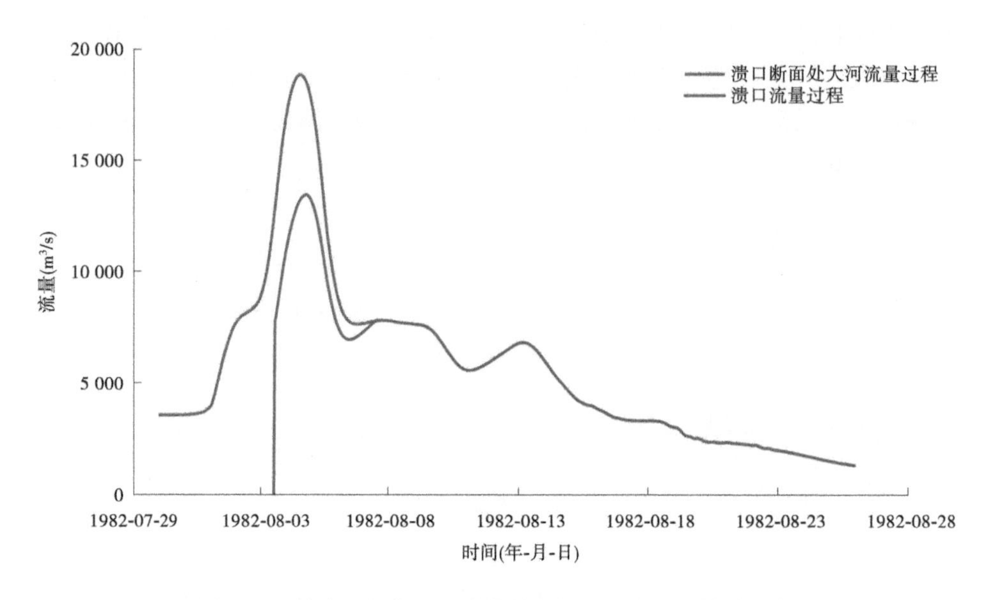

图 6-91　伟庄口门大河处流量过程及口门分洪流量过程线

6.5.1.2　初始条件

初始为干边界，保护区内南四湖初始水位按正常蓄水位和设计洪水位两种情况考虑，骆马湖初始水位按正常蓄水位考虑。

6.5.1.3　边界条件

保护区上边界以黄河大堤为界，右侧以废黄河为界，左侧沿梁济运河至韩庄运河，结合已有研究成果初步考虑以骆马湖为下边界。根据技术大纲审查意见，不考虑内河洪水。

洪水分析计算模型定义了三种边界，分别为模型计算进口流量边界、出口水位边界和模型外边界的陆地边界。

1.进口流量边界

进口流量边界分别设置在 3 个溃口口门位置处，分别为董庄（239+000 附近）、八孔桥（276+000 附近）、伟庄（310+000 附近）。口门位置选取及各溃口入流过程均采用溃口专题研究成果。

2.出口水位边界

出口水位边界采用骆马湖嶂山闸水位流量关系曲线和中运河宿迁闸水位流量关系曲线。

3.陆地边界

除进口流量边界、出口水位边界外，计算区域外边界其他位置均为陆地边界，洪水演进过程中将无法穿越闭边界。

6.5.2　计算结果

6.5.2.1　董庄溃口

董庄（239+000 附近）处堤防发生溃决时，南四湖初始水位考虑设计洪水位和正常蓄水位两种情况，分别计算保护区洪水演进，方案一考虑南四湖处于正常蓄水位，方案二考虑南四湖处于设计洪水位（下同）。溃口洪水最初以溃口为中心呈扇形向外扩散，溃堤 24 h后，洪水沿京九铁路向东演进至郓城县，受京九铁路阻滞，京九铁路西北侧水深加大，最大水深达到 4 m 以上；溃堤 48 h 后，受京九铁路阻滞，京九铁路西北侧水深继续加大，最大水深达到 4.6 m，部分水流沿京九铁路向东北演进，鄄城县和郓城县大部分被淹，部分水流漫过京九铁路沿新石铁路演进至巨野县；溃堤 144 h 后，洪水沿京九铁路和日兰高速向东北演进，分别在梁山县和嘉祥县汇入梁济运河后折向东南，另一股洪水沿洙赵新河演进至鱼台县，鄄城县和郓城县大部分被淹，淹没面积达到 4 387 km^2；溃堤 192 h 后，方案一中洪水汇入南四湖，淹没面积达到 6 213 km^2；方案二中洪水演进较快，出南四湖后经韩庄运河演进至邳州市，淹没面积达到 7 051 km^2；溃堤 550 h 后，两个方案洪水均出南四湖分别沿韩庄运河和不牢河演进，汇流后沿中运河演进至骆马湖，淹没范围基本达到最大，并趋于稳定。

本典型溃口方案一洪水最终淹没面积 8 641 km^2，最大淹没水深出现在骆马湖进口附近，达到 9.2 m；方案二洪水最终淹没面积 9 148 km^2，最大淹没水深出现在骆马湖进口附近，达到 9.7 m；两个方案最大流速均出现在溃口附近，达到 6.2 m/s，洪水演进过程及不同时段淹没水深分布情况见图 6-92～图 6-99、表 6-48～表 6-51。

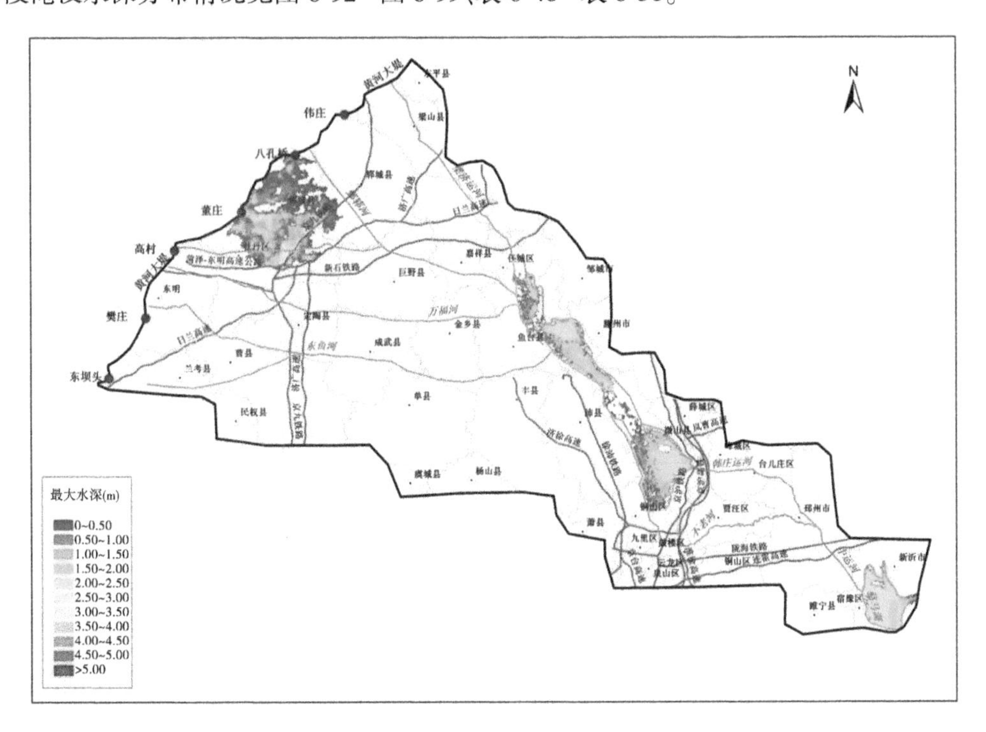

图 6-92　洪水演进第 24 小时（1 d）淹没水深分布（南四湖正常蓄水位）

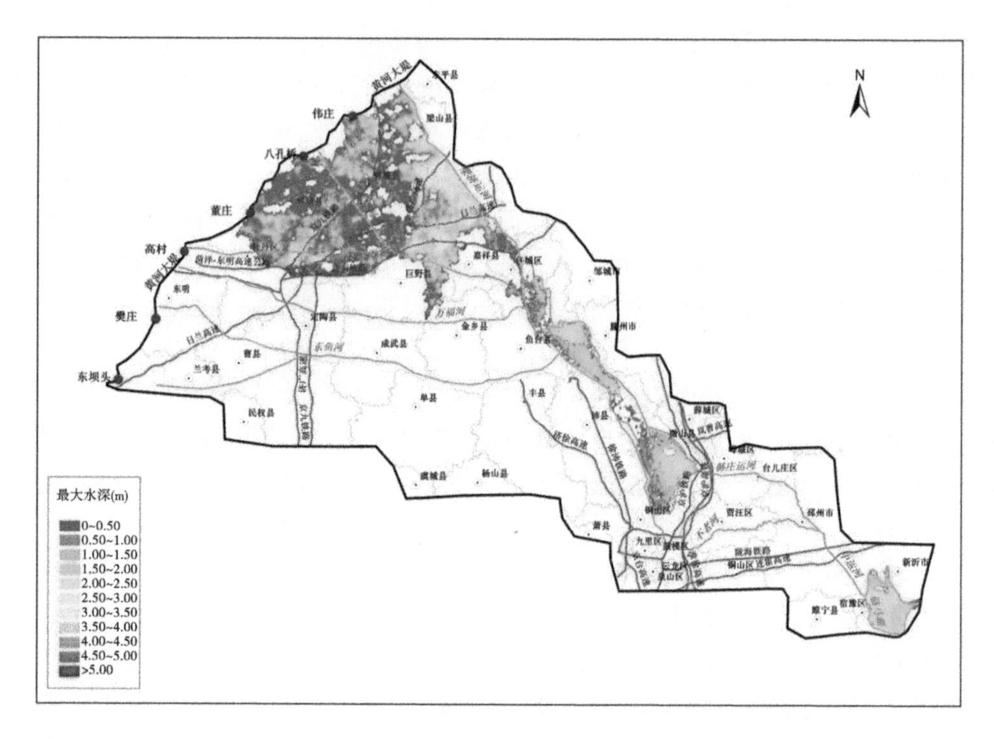

图 6-93　洪水演进第 144 小时(6 d)淹没水深分布(南四湖正常蓄水位)

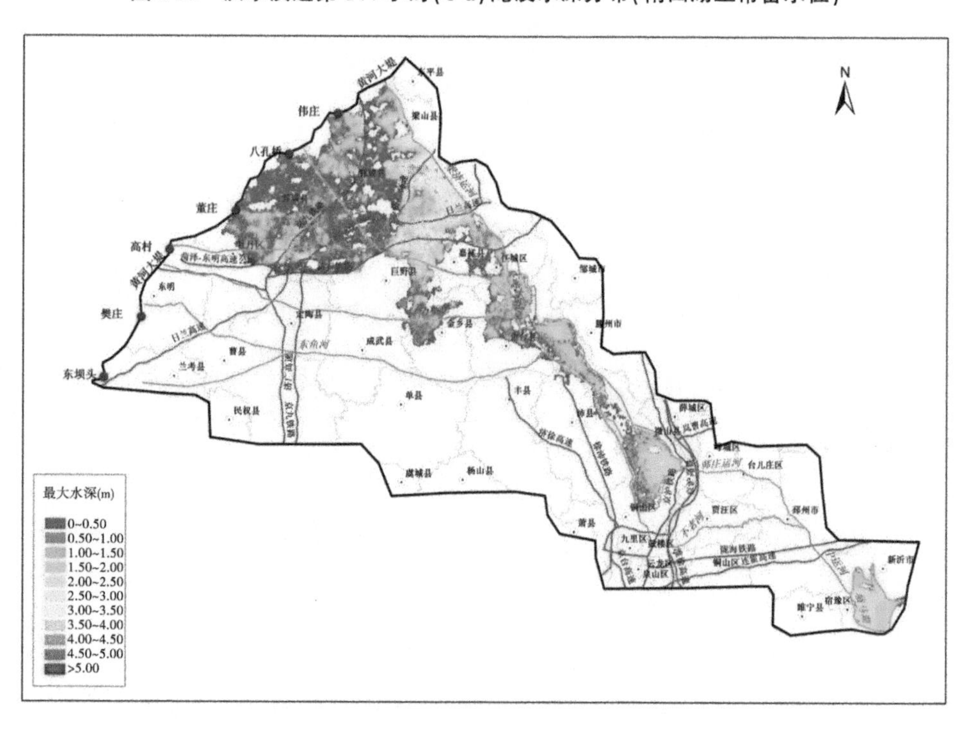

图 6-94　洪水演进第 192 小时(8 d)淹没水深分布(南四湖正常蓄水位)

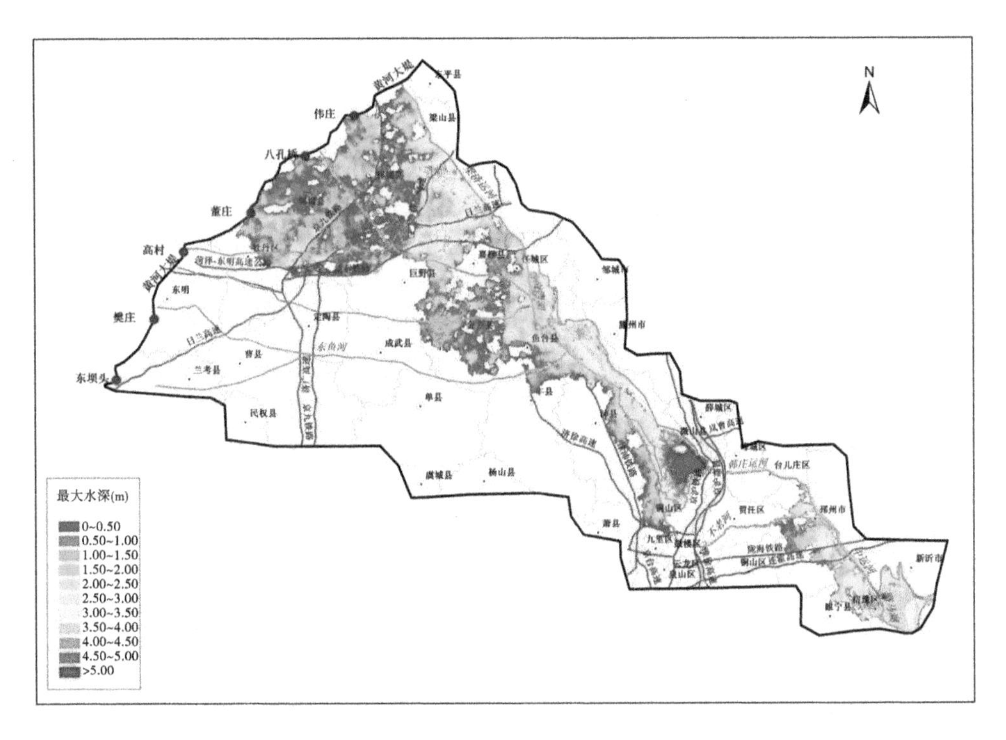

图 6-95　董庄溃口最大淹没水深分布(南四湖正常蓄水位)

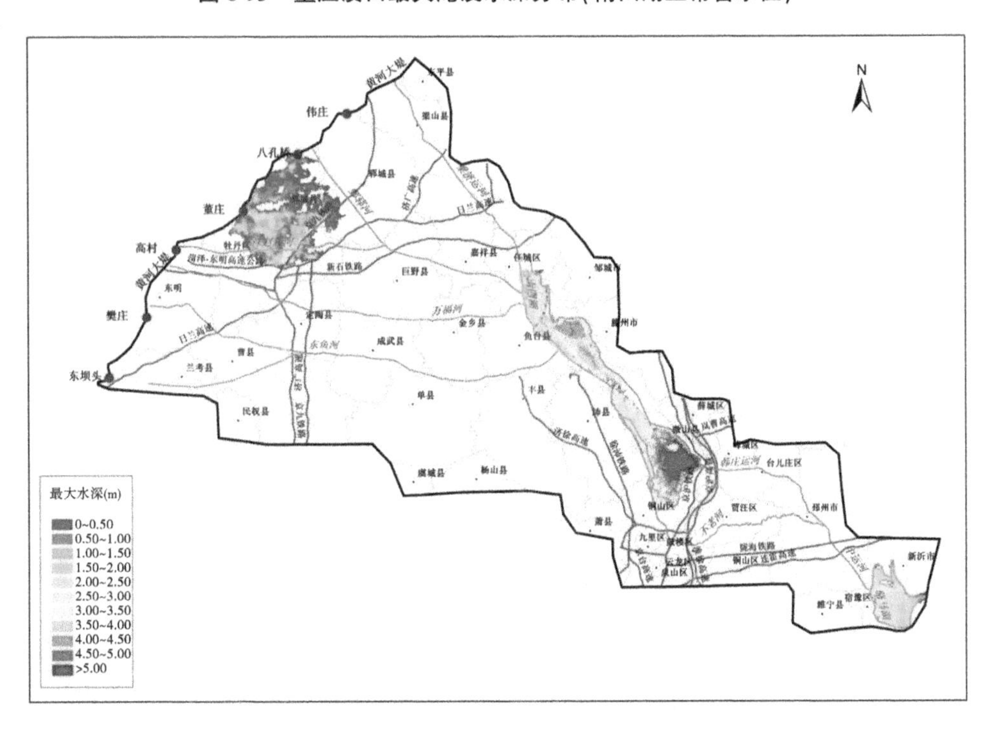

图 6-96　洪水演进第 24 小时(1 d)淹没水深分布(南四湖设计洪水位)

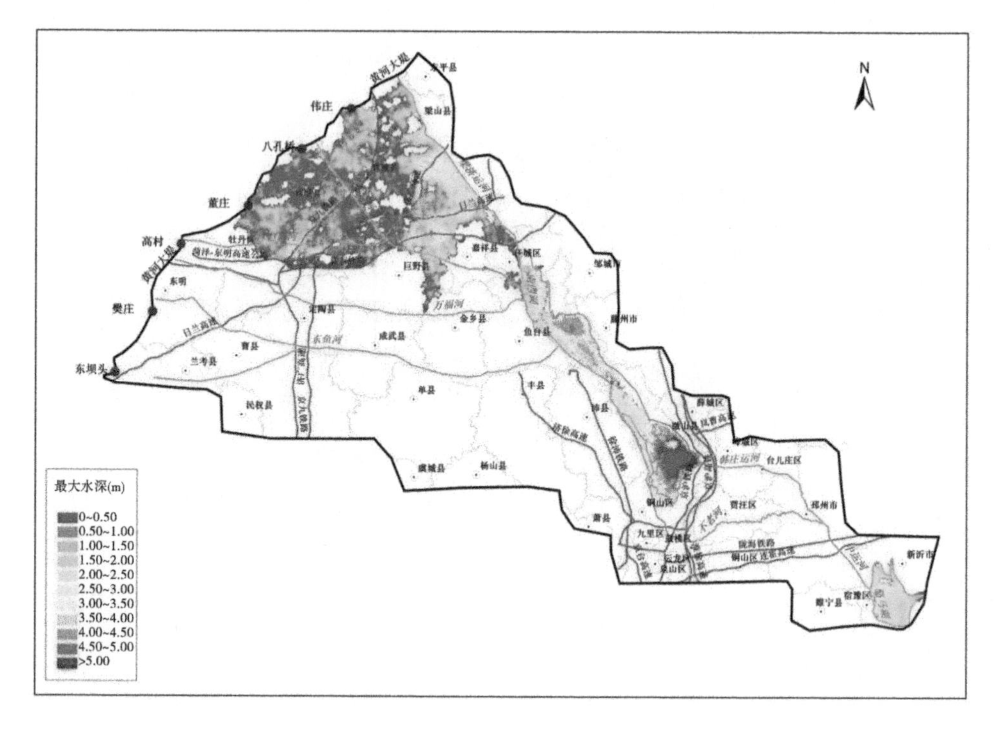

图 6-97　洪水演进第 144 小时(6 d)淹没水深分布(南四湖设计洪水位)

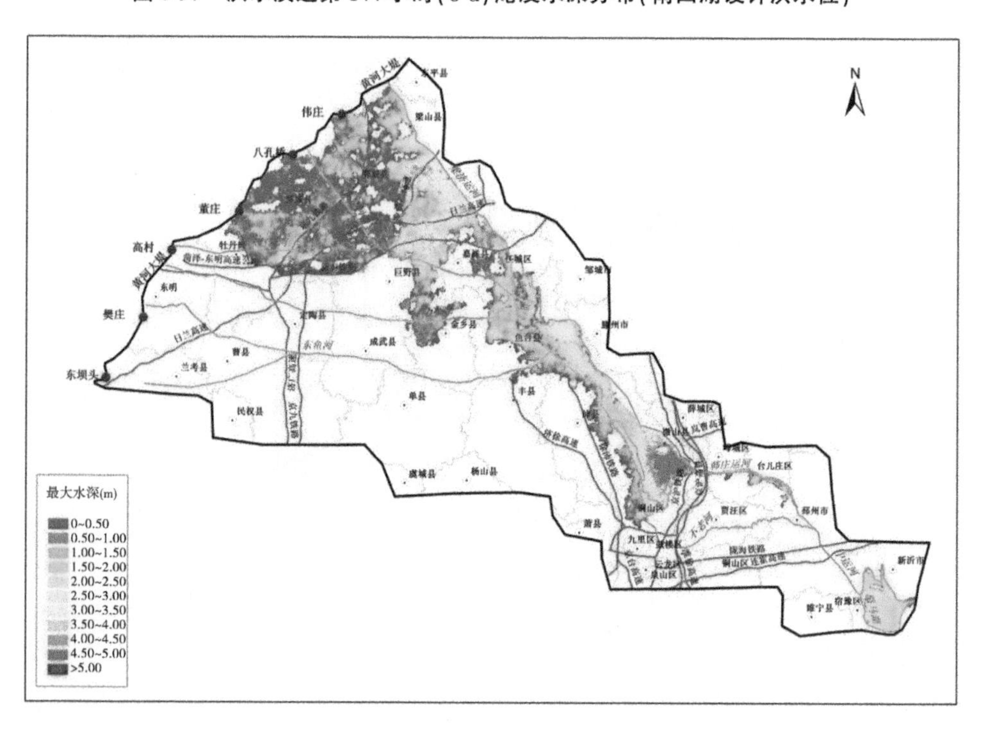

图 6-98　洪水演进第 192 小时(8 d)淹没水深分布(南四湖设计洪水位)

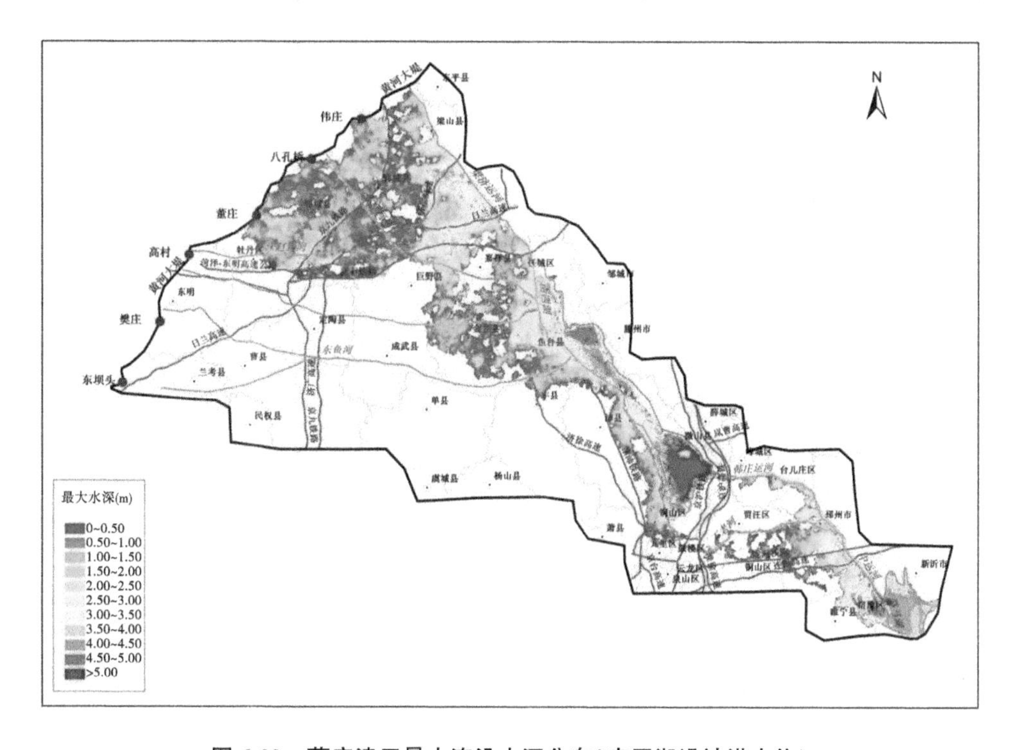

图 6-99　董庄溃口最大淹没水深分布(南四湖设计洪水位)

表 6-48　董庄不同时段洪水前锋到达位置及淹没情况(南四湖正常蓄水位)

溃口后洪水演进时段	淹没面积(km^2)	洪水演进过程描述	
		前锋位置	淹没情况
第 6 小时	417	鄄城县—菏泽市牡丹区	洪水向东演进,鄄城县西南部和牡丹区东北部被淹,最大淹没水深 2.6 m
第 12 小时	731	京九铁路	洪水向东演进至京九铁路,鄄城县被淹过半,最大淹没水深 4 m
第 24 小时	1 221	郓城县	洪水沿京九铁路向东演进至郓城县,受京九铁路阻滞,京九铁路西北侧水深加大,最大水深达到 4 m 以上
第 48 小时	2 398	郓城县—巨野县	受京九铁路阻滞,京九铁路西北侧水深继续加大,最大水深达到 4.6 m,部分水流沿京九铁路向东北演进,鄄城县和郓城县大部分被淹,部分水流漫过京九铁路沿新石铁路演进至巨野县
第 144 小时	4 387	梁山县—嘉祥县—鱼台县	洪水沿京九铁路和日兰高速向东北演进,分别在梁山县和嘉祥县汇入梁济运河后折向东南,另一股洪水沿洙赵新河演进至鱼台县,鄄城县和郓城县大部分被淹,淹没面积达到 4 387 km^2

续表 6-48

溃口后洪水演进时段	淹没面积（km^2）	洪水演进过程描述	
		前锋位置	淹没情况
第 192 小时	6 213	南四湖	洪水汇入南四湖，淹没面积达到 6 214 km^2
第 550 小时	8 295	骆马湖	洪水出南四湖后分别沿韩庄运河和不牢河演进，汇流后沿中运河演进至骆马湖，淹没范围基本达到最大，趋于稳定

表 6-49　重要城市或构筑物洪水到达时间及淹没情况（南四湖正常蓄水位）

重要城市或构筑物	洪水到达时间	淹没情况描述
京九铁路	第 12 小时	洪水向东演进至京九铁路，鄄城县被淹过半，最大淹没水深 4 m
日兰高速	第 25 小时	洪水漫过京九铁路向东演进至日兰高速
鄄郓河	第 33 小时	洪水沿京九铁路向东北演进至鄄郓河
梁济运河	第 75 小时	洪水沿京九铁路和日兰高速向东北演进，分别在梁山县和嘉祥县汇入梁济运河后折向东南
南四湖	第 125 小时	洪水沿洙赵新河演进至南四湖
邳州市	第 300 小时	洪水汇入南四湖后经韩庄运河演进至邳州市
陇海铁路	第 325 小时	洪水经中运河演进至陇海铁路受阻，铁路北侧最大水深达到 3.1 m
连霍高速	第 333 小时	洪水经中运河演进至连霍高速受阻，高速公路北侧最大水深达到 4.2 m
骆马湖	第 358 小时	洪水到达骆马湖，洪水淹没面积开始趋于稳定

表 6-50　董庄溃口不同时段洪水前锋到达位置及淹没情况（南四湖设计洪水位）

溃口后洪水演进时段	淹没面积（km^2）	洪水演进过程描述	
		前锋位置	淹没情况
第 6 小时	417	鄄城县—菏泽市牡丹区	洪水向东演进，鄄城县西南部和牡丹区东北部被淹，最大淹没水深 2.6 m
第 12 小时	731	京九铁路	洪水向东演进至京九铁路，鄄城县被淹过半，最大淹没水深 4 m
第 24 小时	1 221	郓城县	洪水沿京九铁路向东演进至郓城县，受京九铁路阻滞，京九铁路西北侧水深加大，最大水深达到 4 m 以上
第 48 小时	2 398	郓城县—巨野县	受京九铁路阻滞，京九铁路西北侧水深继续加大，最大水深达到 4.6 m，部分水流沿京九铁路向东北演进，鄄城县和郓城县大部分被淹，部分水流漫过京九铁路沿新石铁路演进至巨野县

续表 6-50

溃口后洪水演进时段	淹没面积（km^2）	洪水演进过程描述	
		前锋位置	淹没情况
第 144 小时	4 387	梁山县—嘉祥县—鱼台县	洪水沿京九铁路和日兰高速向东北演进，分别在梁山县和嘉祥县汇入梁济运河后折向东南，另一股洪水沿洙赵新河演进至鱼台县，鄄城县和郓城县大部分被淹，淹没面积达到 4 387 km^2
第 192 小时	7 051	邳州市	洪水出南四湖后经韩庄运河演进至邳州市，淹没面积达到 7 051 km^2
第 550 小时	8 850	骆马湖	洪水出南四湖后分别沿韩庄运河和不牢河演进，汇流后沿中运河演进至骆马湖，淹没范围基本达到最大，趋于稳定

表 6-51　重要城市或构筑物洪水到达时间及淹没情况（南四湖设计洪水位）

重要城市或构筑物	洪水到达时间	淹没情况描述
京九铁路	第 12 小时	洪水向东演进至京九铁路，鄄城县被淹过半，最大淹没水深 4 m
日兰高速	第 25 小时	洪水漫过京九铁路向东演进至日兰高速
鄄郓河	第 33 小时	洪水沿京九铁路向东北演进至鄄郓河
梁济运河	第 75 小时	洪水沿京九铁路和日兰高速向东北演进，分别在梁山县和嘉祥县汇入梁济运河后折向东南
南四湖	第 125 小时	洪水沿洙赵新河演进至南四湖
邳州市	第 192 小时	洪水汇入南四湖后经韩庄运河演进至邳州市
陇海铁路	第 212 小时	洪水经中运河演进至陇海铁路受阻，铁路北侧最大水深达到 3.3 m
连霍高速	第 218 小时	洪水经中运河演进至连霍高速受阻，高速公路北侧最大水深达到 4.5 m
骆马湖	第 238 小时	洪水到达骆马湖，洪水淹没面积开始趋于稳定

6.5.2.2　八孔桥溃口

八孔桥(276+000 附近)处堤防发生溃决时,南四湖初始水位考虑设计洪水位和正常蓄水位两种情况,分别计算保护区洪水演进,方案一考虑南四湖处于正常蓄水位,方案二考虑南四湖处于设计洪水位(下同)。溃口洪水最初以溃口为中心呈扇形向外扩散,溃堤 24 h 后,洪水向东北演进至京九铁路受阻,铁路西北侧水深增大,最大淹没水深达到 3.0 m,洪水漫过京九铁路后演进至梁山县;溃堤 48 h 后,洪水向东北演进至梁山县后汇入梁济运河而后折向东南,鄄城县、郓城县、梁山县和嘉祥县被淹,淹没面积达到 1 834 km^2;溃堤 144 h 后,洪水沿梁济运河向东南演进,沿程漫过济广高速、日兰高速和新石铁路,高速和铁路的阻水作用导致其两侧水深较大,最大水深达到 4.6 m,梁山县、郓城县、嘉祥县、巨野县和鱼台县被淹,淹没面积达到 3 049 km^2;溃堤 192 h 后,方案一中洪水汇入南四湖,淹没面积达到 4 889 km^2;方案二中洪水演进较快,出南四湖后经韩庄运河演进至邳州市,淹没面积达到 5 675 km^2;溃堤 550 h 后,两个方案洪水均出南四湖分别沿韩庄运河和不牢河演进,汇流后沿中运河演进至骆马湖,淹没范围基本达到最大,并趋于稳定。

本典型溃口方案一洪水最终淹没面积 7 183 km^2,最大淹没水深出现在骆马湖进口附近,达到 9.1 m;方案二洪水最终淹没面积 7 716 km^2,最大淹没水深出现在骆马湖进口附近,达到 9.6 m;两个方案最大流速均出现在梁济运河入汇南四湖处,达到 4.3 m/s,洪水演进过程及不同时段淹没水深分布情况见图 6-100～图 6-107、表 6-52～表 6-55。

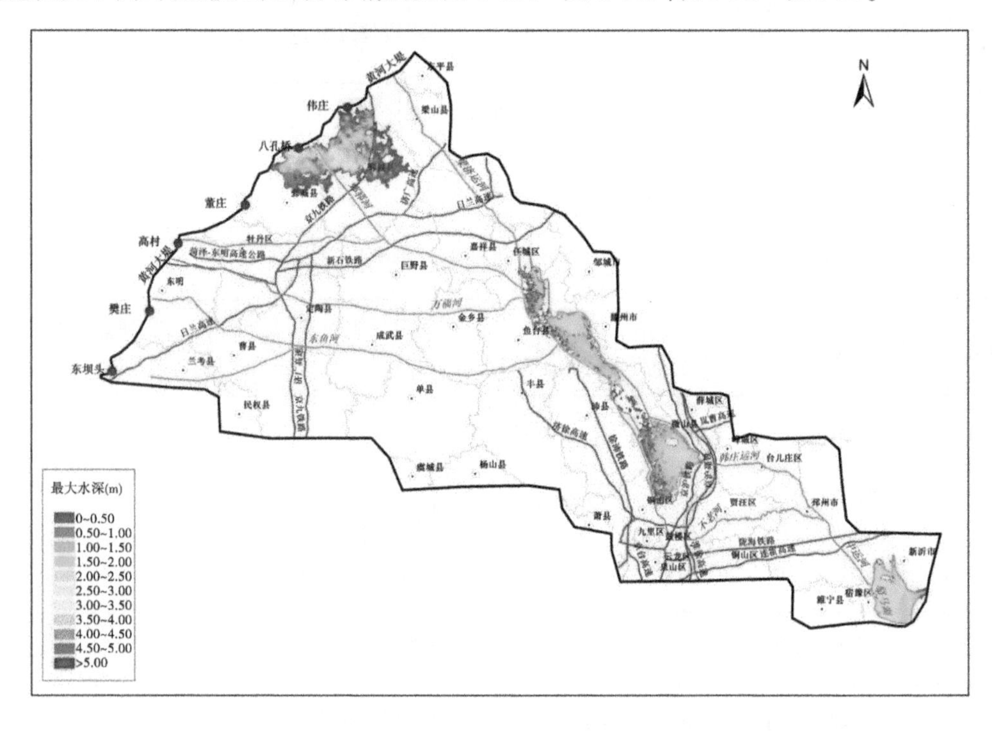

图 6-100　洪水演进第 24 小时(1 d)淹没水深分布(南四湖正常蓄水位)

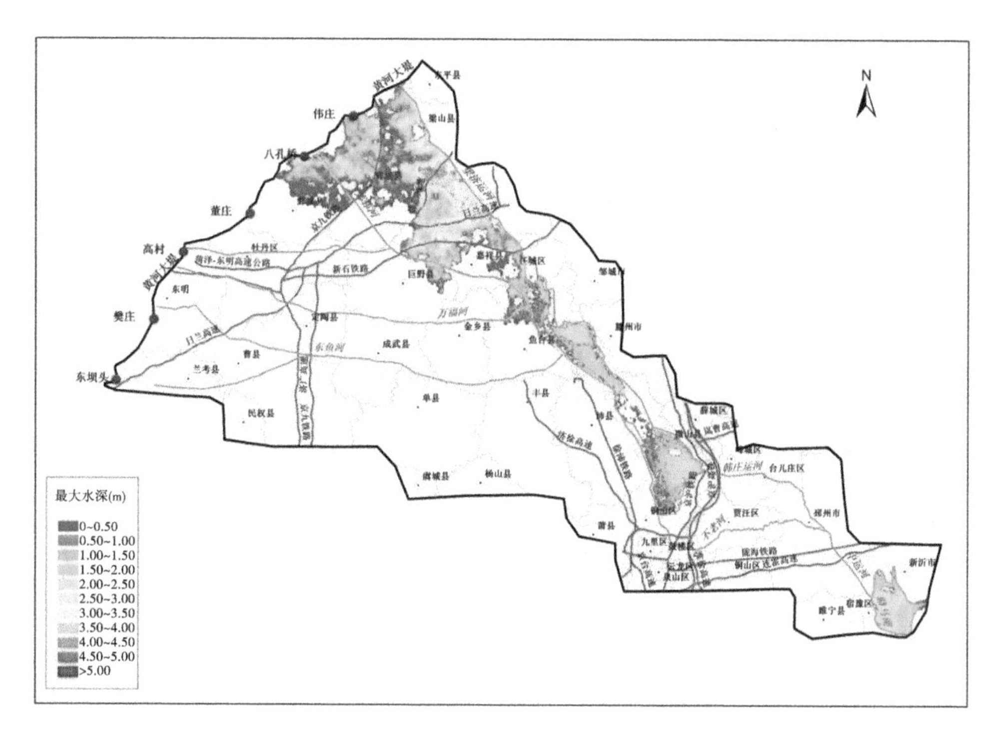

图 6-101　洪水演进第 144 小时(6 d)淹没水深分布(南四湖正常蓄水位)

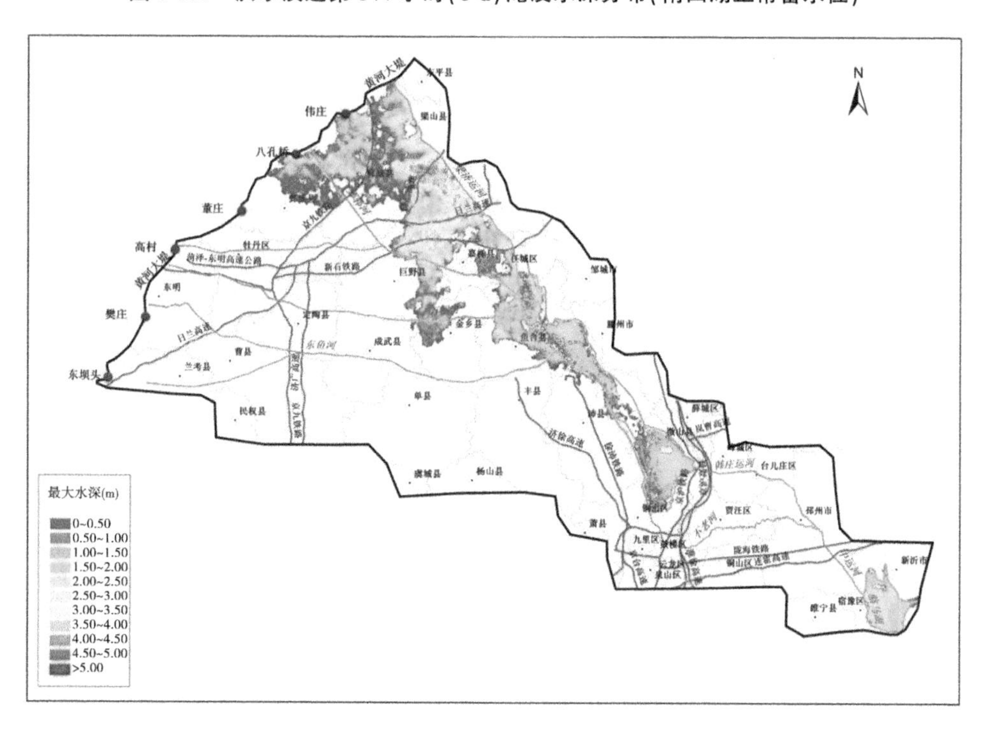

图 6-102　洪水演进第 192 小时(8 d)淹没水深分布(南四湖正常蓄水位)

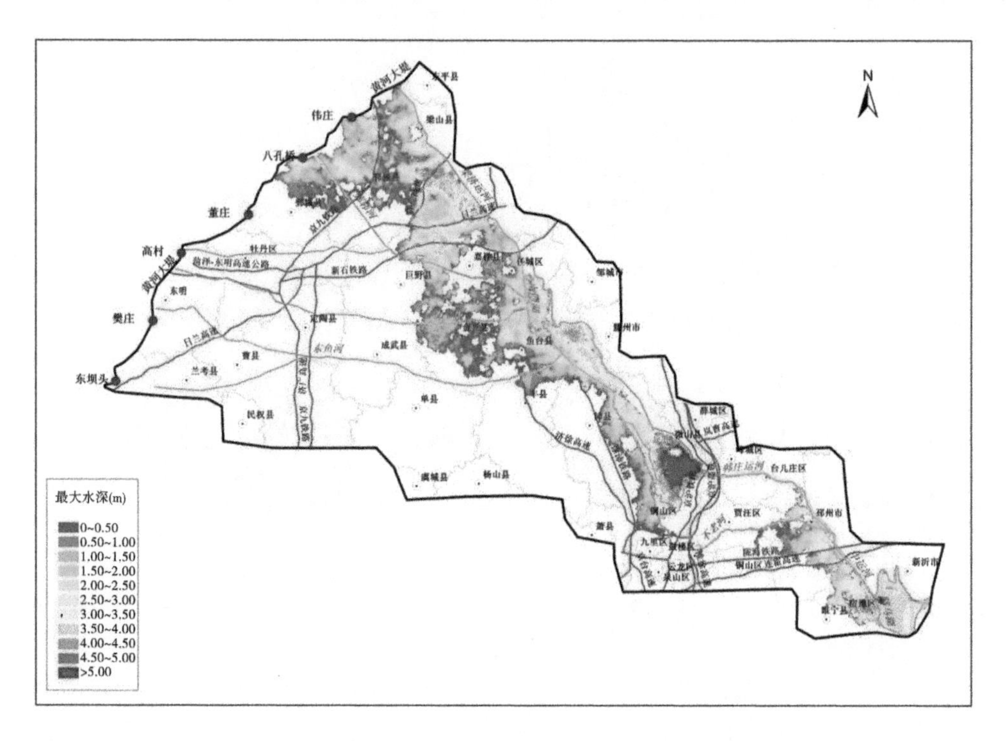

图 6-103　八孔桥溃口最大淹没水深分布(南四湖正常蓄水位)

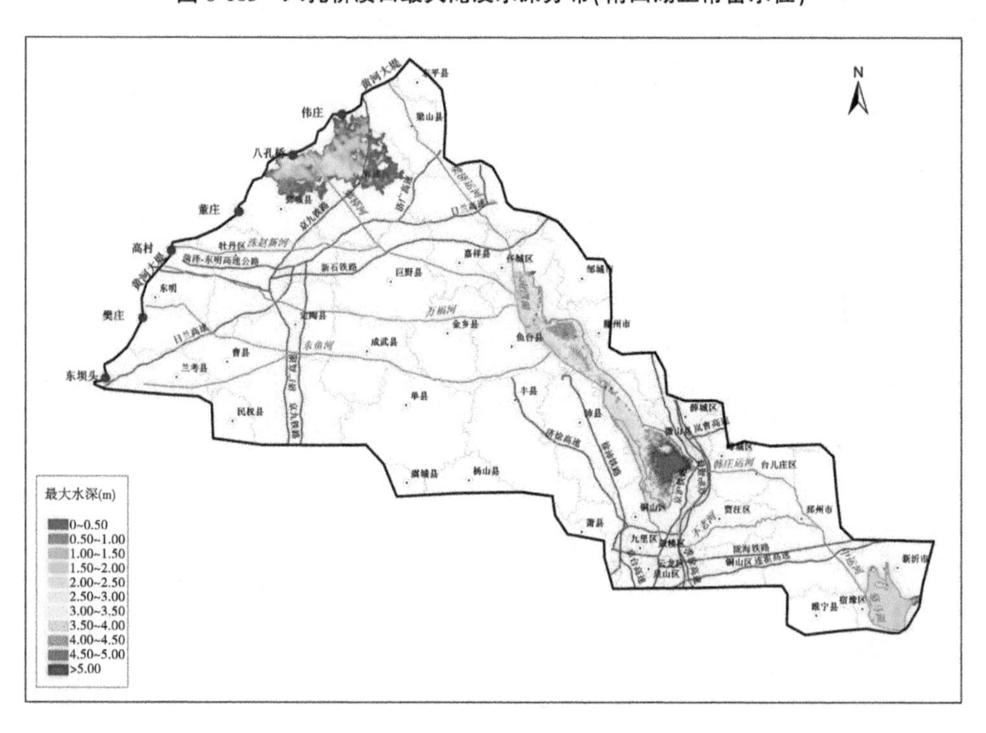

图 6-104　洪水演进第 24 小时(1 d)淹没水深分布(南四湖设计洪水位)

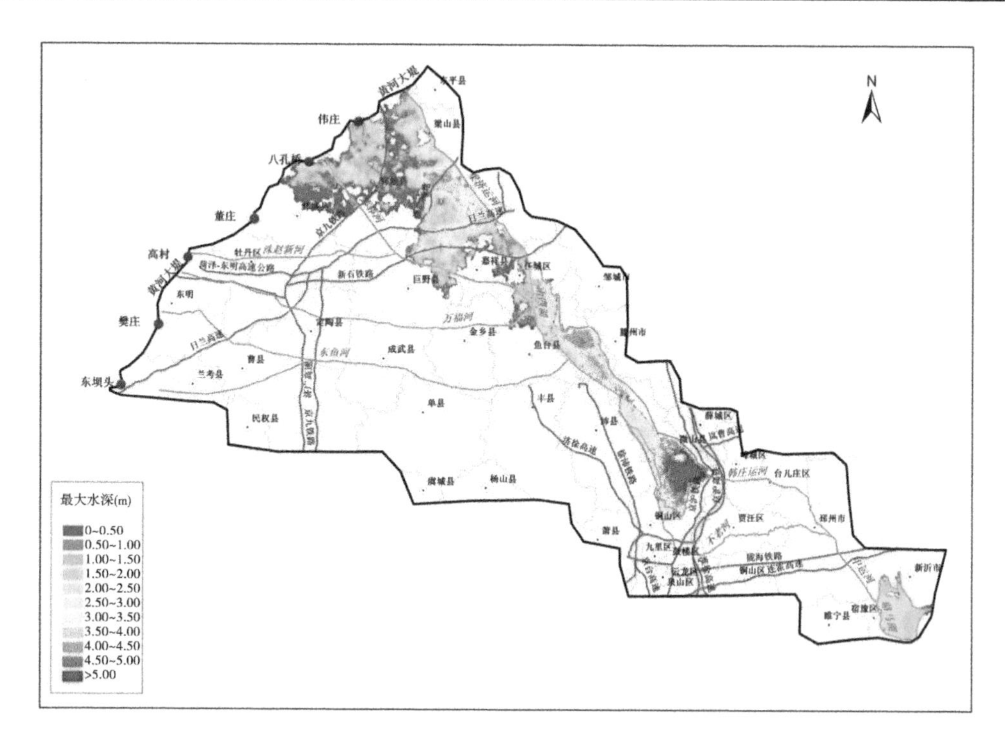

图6-105　洪水演进第144小时(6 d)淹没水深分布(南四湖设计洪水位)

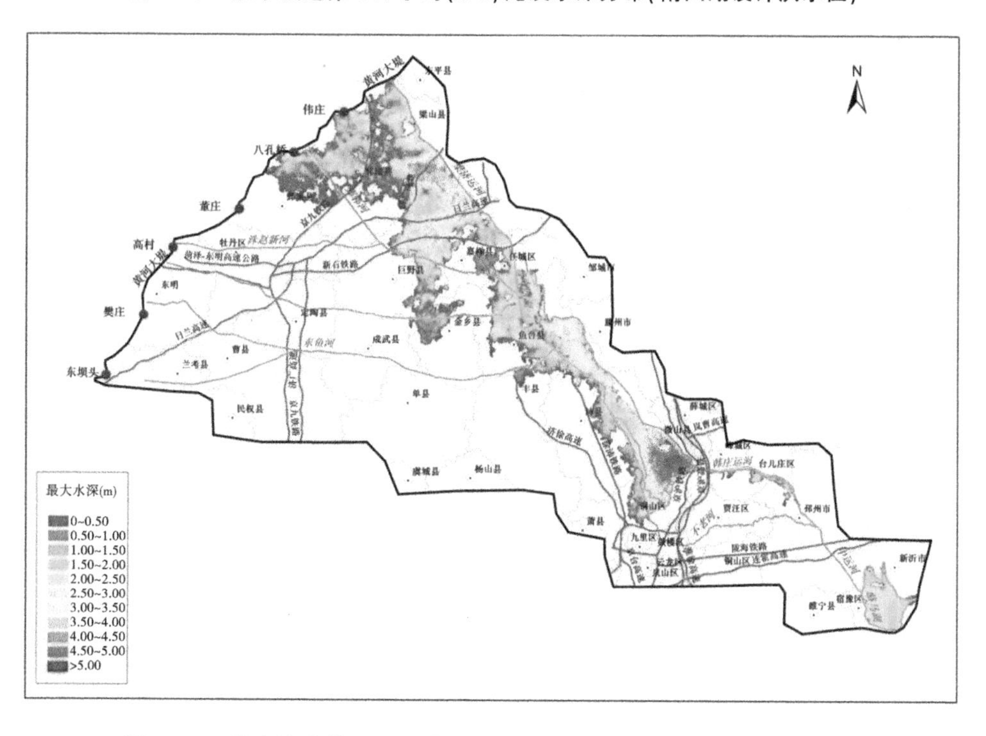

图6-106　洪水演进第192小时(8 d)淹没水深分布(南四湖设计洪水位)

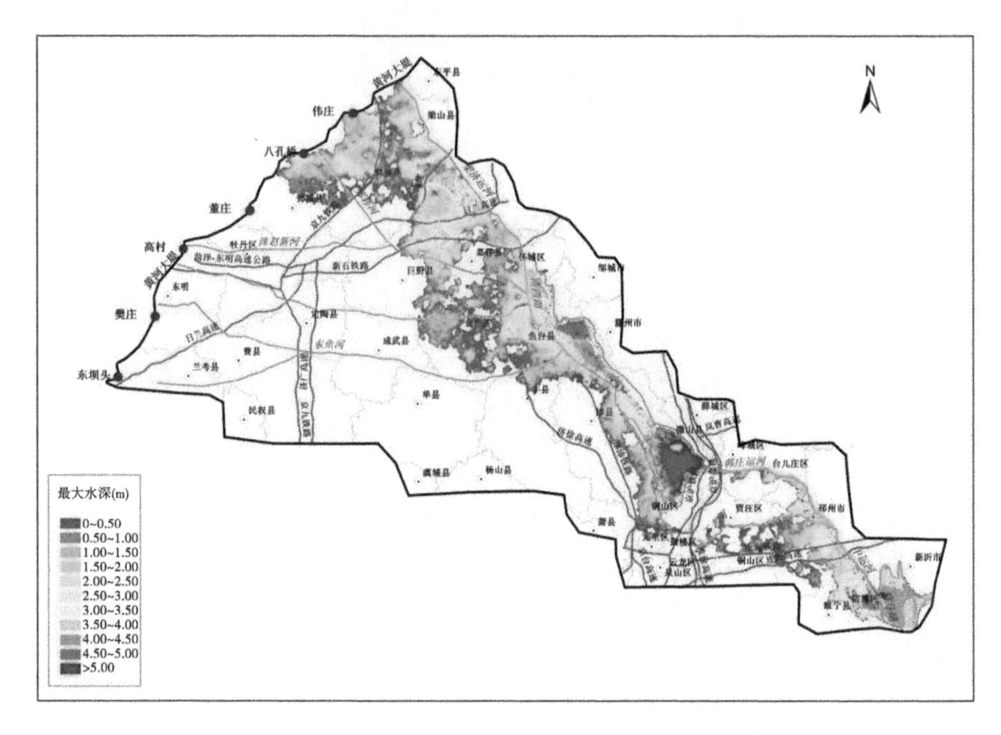

图 6-107　八孔桥溃口最大淹没水深分布(南四湖设计洪水位)

表 6-52　八孔桥溃口不同时段洪水前锋到达位置及淹没情况(南四湖正常蓄水位)

溃口后洪水演进时段	淹没面积(km^2)	洪水演进过程描述	
		前锋位置	淹没情况
第 6 小时	358	郓城县—鄄城县	洪水向东南演进,郓城县西部和鄄城县北部被淹,最大淹没水深 2.9 m
第 12 小时	521	郓城县—鄄城县	洪水继续向东南演进,淹没面积增大,最大淹没水深 3 m
第 24 小时	1 049	梁山县	洪水向东北演进至京九铁路受阻,铁路西北侧水深增大,最大淹没水深达到 3.0 m,洪水漫过京九铁路后演进至梁山县
第 48 小时	1 834	嘉祥县	洪水向东北演进至梁山县后汇入梁济运河而后折向东南,鄄城县、郓城县、梁山县和嘉祥县被淹,淹没面积达到 1 834 km^2
第 144 小时	3 049	鱼台县	洪水沿梁济运河向东南演进,沿程漫过济广高速、日兰高速和新石铁路,高速和铁路的阻水作用导致其两侧水深较大,最大水深达到 4.6 m,梁山县、郓城县、嘉祥县、巨野县和鱼台县被淹,淹没面积达到 3 049 km^2
第 192 小时	4 889	南四湖	洪水汇入南四湖,淹没面积达到 4 889 km^2
第 550 小时	6 970	骆马湖	洪水出南四湖后分别沿韩庄运河和不牢河演进,汇流后沿中运河演进至骆马湖,淹没范围基本达到最大,趋于稳定

表 6-53　重要城市或构筑物洪水到达时间及淹没情况(南四湖正常蓄水位)

重要城市或构筑物	洪水到达时间	淹没情况描述
京九铁路	第 15 小时	洪水向东演进至京九铁路,最大淹没水深 3.5 m
济广高速	第 29 小时	洪水漫过京九铁路向东演进至济广高速受阻,高速北侧最大淹没水深达到 3.1 m
梁济运河	第 38 小时	洪水向东北演进至梁山县后汇入梁济运河而后折向东南,鄄城县、郓城县、梁山县和嘉祥县被淹
日兰高速	第 58 小时	洪水沿梁济运河向东南演进至日兰高速,高速北侧最大淹没水深达到 3.5 m
新石铁路	第 79 小时	洪水沿梁济运河向东南演进至新石铁路
南四湖	第 108 小时	洪水沿梁济运河向东南演进至南四湖
邳州市	第 300 小时	洪水汇入南四湖后经韩庄运河演进至邳州市
陇海铁路	第 325 小时	洪水经中运河演进至陇海铁路受阻,铁路北侧最大水深达到 3.1 m
连霍高速	第 333 小时	洪水经中运河演进至连霍高速受阻,高速公路北侧最大水深达到 4.2 m
骆马湖	第 358 小时	洪水到达骆马湖,洪水淹没面积开始趋于稳定

表 6-54　八孔桥溃口不同时段洪水前锋到达位置及淹没情况(南四湖设计洪水位)

溃口后洪水演进时段	淹没面积(km^2)	洪水演进过程描述	
		前锋位置	淹没情况
第 6 小时	358	郓城县—鄄城县	洪水向东南演进,郓城县西部和鄄城县北部被淹,最大淹没水深 2.9 m
第 12 小时	521	郓城县—鄄城县	洪水继续向东南演进,淹没面积增大,最大淹没水深 3 m
第 24 小时	1 049	梁山县	洪水向东北演进至京九铁路受阻,铁路西北侧水深增大,最大淹没水深达到 3 m,洪水漫过京九铁路后演进至梁山县
第 48 小时	1 834	嘉祥县	洪水向东北演进至梁山县后汇入梁济运河而后折向东南,鄄城县、郓城县、梁山县和嘉祥县被淹,淹没面积达到 1 834 km^2
第 144 小时	3 049	鱼台县	洪水沿梁济运河向东南演进,沿程漫过济广高速、日兰高速和新石铁路,高速和铁路的阻水作用导致其两侧水深较大,最大水深达到 4.6 m,梁山县、郓城县、嘉祥县、巨野县和鱼台县被淹,淹没面积达到 3 049 km^2
第 192 小时	5 675	邳州市	洪水出南四湖后经韩庄运河演进至邳州市,淹没面积达到 5 675 km^2
第 550 小时	7 531	骆马湖	洪水出南四湖后分别沿韩庄运河和不牢河演进,汇流后沿中运河演进至骆马湖,淹没范围基本达到最大,趋于稳定

表 6-55　重要城市或构筑物洪水到达时间及淹没情况(南四湖设计洪水位)

重要城市或构筑物	洪水到达时间	淹没情况描述
京九铁路	第 15 小时	洪水向东演进至京九铁路,最大淹没水深 3.5 m
济广高速	第 29 小时	洪水漫过京九铁路向东演进至济广高速受阻,高速北侧最大淹没水深达到 3.1 m
梁济运河	第 38 小时	洪水向东北演进至梁山县后汇入梁济运河而后折向东南,鄄城县、郓城县、梁山县和嘉祥县被淹
日兰高速	第 58 小时	洪水沿梁济运河向东南演进至日兰高速,高速北侧最大淹没水深达到 3.5 m
新石铁路	第 79 小时	洪水沿梁济运河向东南演进至新石铁路
南四湖	第 108 小时	洪水沿梁济运河向东南演进至南四湖
邳州市	第 192 小时	洪水汇入南四湖后经韩庄运河演进至邳州市
陇海铁路	第 212 小时	洪水经中运河演进至陇海铁路受阻,铁路北侧最大水深达到 3.3 m
连霍高速	第 218 小时	洪水经中运河演进至连霍高速受阻,高速公路北侧最大水深达到 4.5 m
骆马湖	第 238 小时	洪水到达骆马湖,洪水淹没面积开始趋于稳定

6.5.2.3　伟庄溃口

当黄河发生 1982 年典型近 1 000 年一遇下大洪水,伟庄(桩号 310+000 附近)处堤防发生溃决时,南四湖初始水位考虑设计洪水位和正常蓄水位两种情况,分别计算保护区洪水演进,方案一考虑南四湖处于正常蓄水位,方案二考虑南四湖处于设计洪水位。溃口洪水最初以溃口为中心呈扇形向外扩散,溃堤 24 h 后,洪水漫过京九铁路向东北演进至梁济运河后折向东南,另一股洪水漫过京九铁路后继续向东南演进;溃堤 144 h 后,洪水沿梁济运河向东南演进,沿程漫过日兰高速和新石铁路,高速和铁路的阻水作用导致其两侧水深较大,最大水深达到 4.2 m,梁山县、郓城县、嘉祥县、巨野县和鱼台县被淹,淹没面积达到 2 753 km^2;溃堤 192 h 后,方案一中洪水汇入南四湖,淹没面积达到 4 554 km^2;方案二中洪水演进较快,出南四湖后经韩庄运河演进至邳州市,淹没面积达到 5 333 km^2;溃堤 500 h 后,两方案洪水出南四湖后分别沿韩庄运河和不牢河演进,汇流后沿中运河演进至骆马湖,淹没范围基本达到最大,并趋于稳定。

本典型溃口方案一洪水最终淹没面积 6 707 km^2,最大淹没水深出现在骆马湖进口附近,达到 9.2 m;方案二洪水最终淹没面积 7 263 km^2,最大淹没水深出现在骆马湖进口附近,达到 9.7 m;两个方案最大流速均出现在洙赵新河入汇南四湖处,达到 4.2 m/s,洪水演进过程及不同时段淹没水深分布情况见图 6-108~图 6-115、表 6-56~表 6-59。

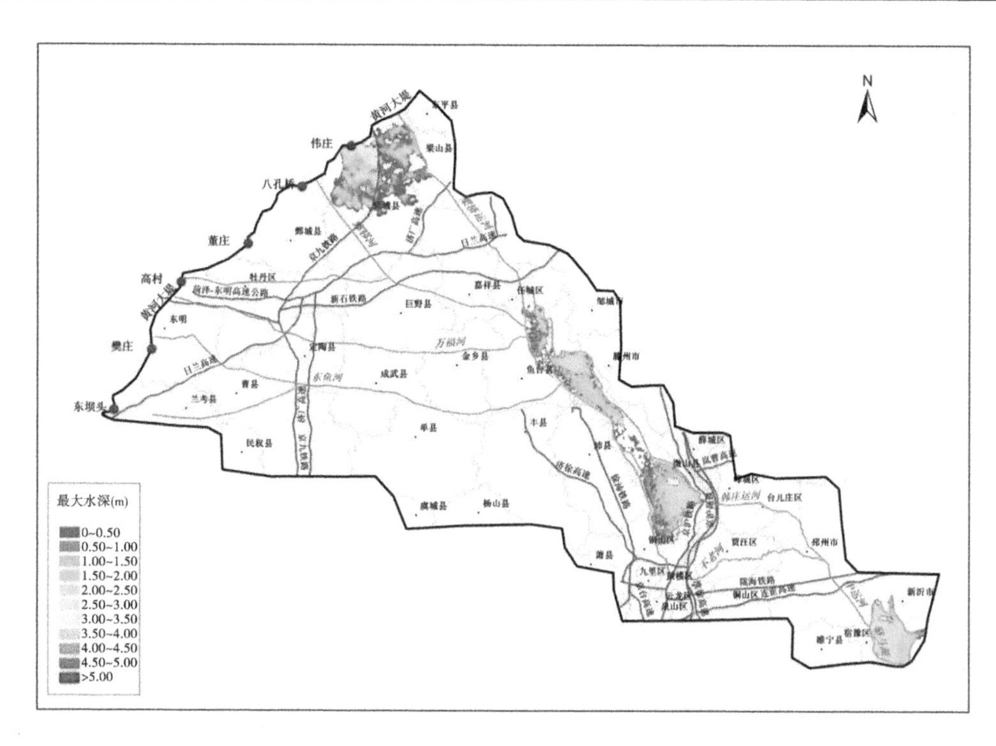

图 6-108　洪水演进第 24 小时(1 d)淹没水深分布(南四湖正常蓄水位)

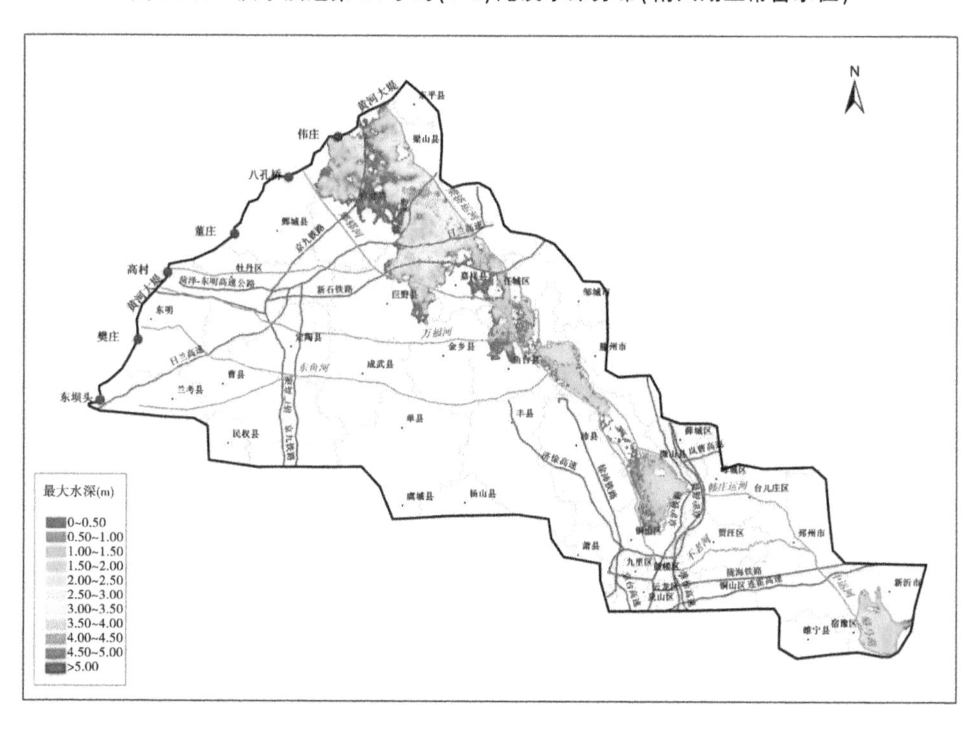

图 6-109　洪水演进第 144 小时(6 d)淹没水深分布(南四湖正常蓄水位)

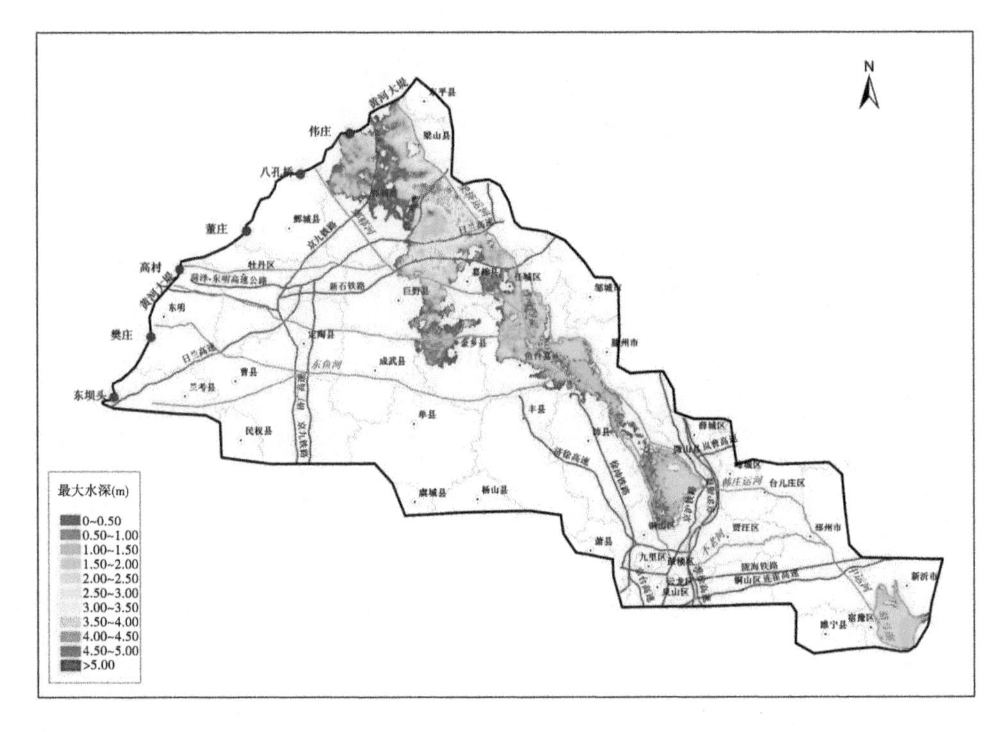

图 6-110　洪水演进第 192 小时(8 d)淹没水深分布(南四湖正常蓄水位)

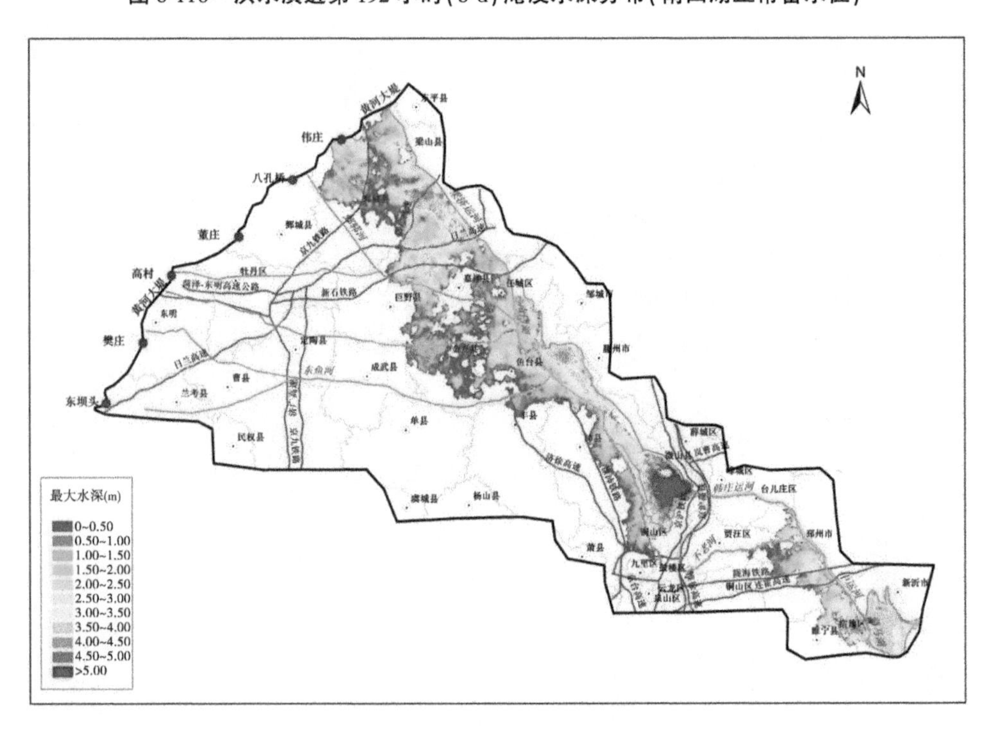

图 6-111　伟庄溃口最大淹没水深分布(南四湖正常蓄水位)

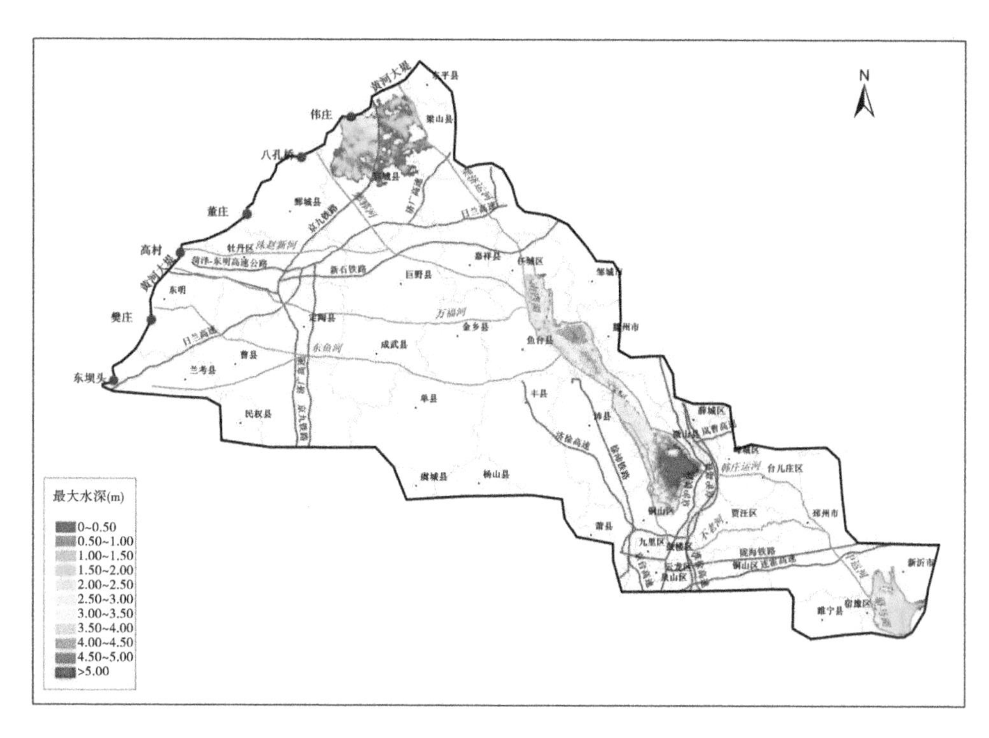

图6-112 洪水演进第24小时(1 d)淹没水深分布(南四湖设计洪水位)

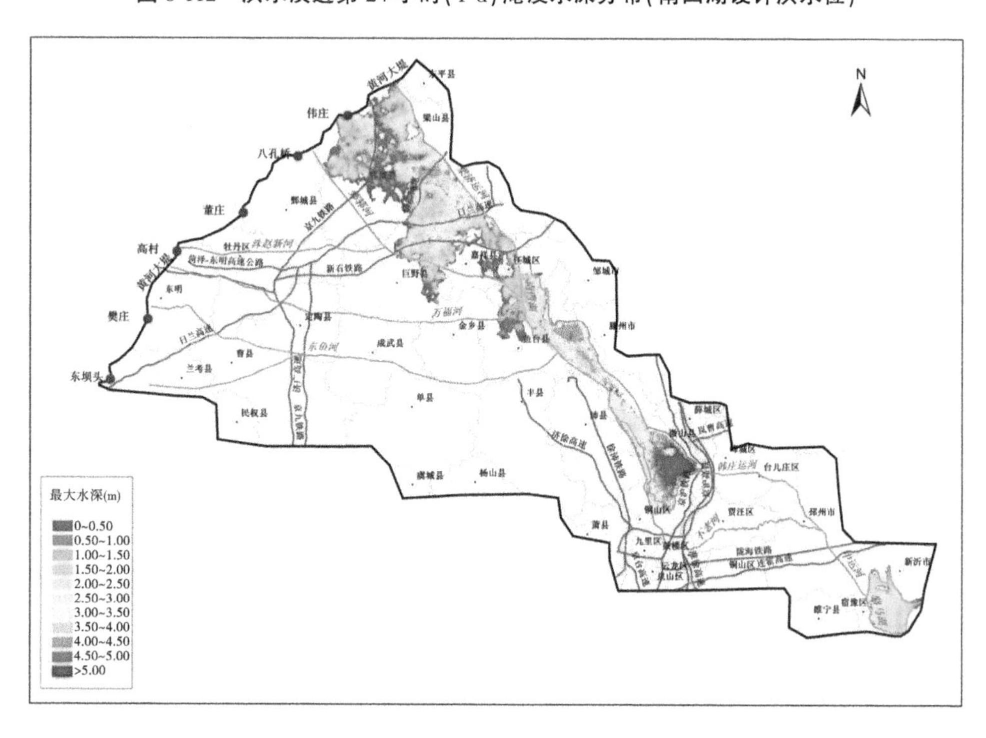

图6-113 洪水演进第144小时(6 d)淹没水深分布(南四湖设计洪水位)

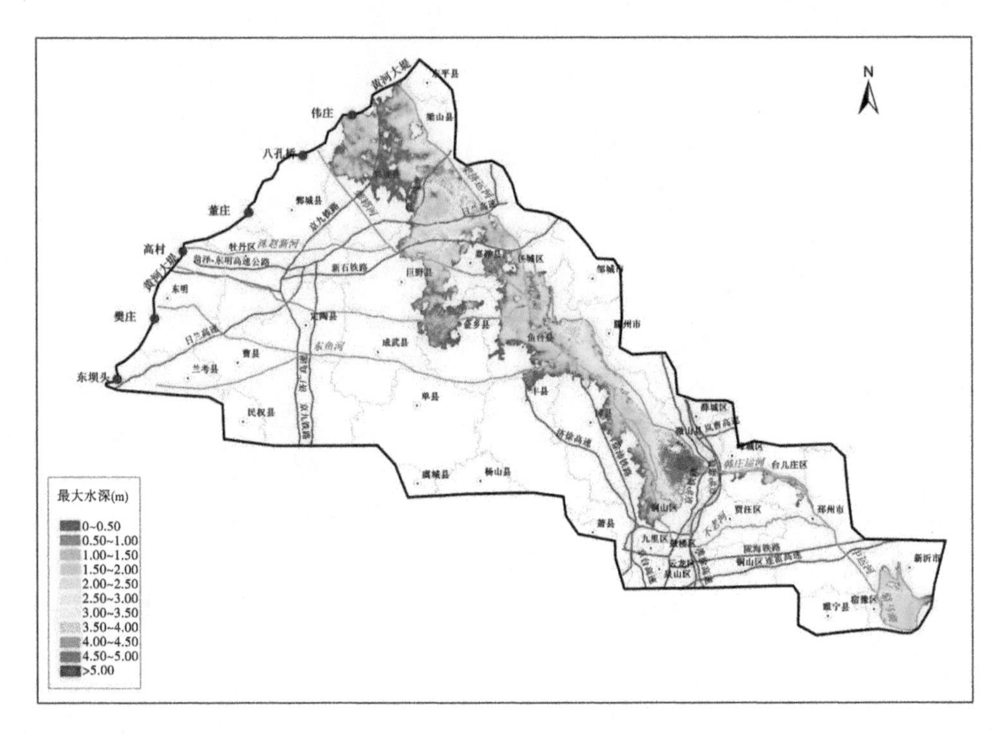

图 6-114　洪水演进第 192 小时(8 d)淹没水深分布(南四湖设计洪水位)

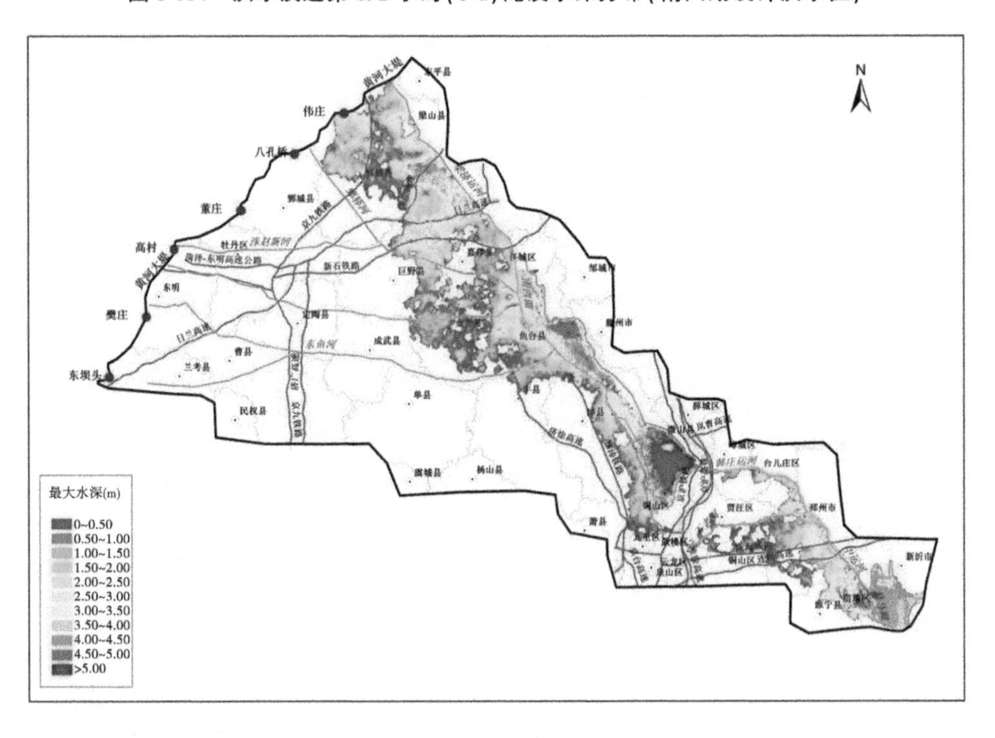

图 6-115　伟庄溃口最大淹没水深分布(南四湖设计洪水位)

表 6-56　伟庄溃口不同时段洪水前锋到达位置及淹没情况(南四湖正常蓄水位)

溃口后洪水演进时段	淹没面积(km^2)	洪水演进过程描述	
		前锋位置	淹没情况
第 6 小时	310	梁山县—郓城县	洪水向东南演进,郓城县北部被淹,最大淹没水深 2.3 m
第 12 小时	493	梁山县—郓城县	洪水向东南演进,受京九铁路阻滞,京九铁路西北部水深增大,最大淹没水深 3.2 m
第 24 小时	971	梁济运河	洪水漫过京九铁路向东北演进至梁济运河后折向东南,另一股洪水漫过京九铁路后继续向东南演进
第 48 小时	1 452	嘉祥县	洪水向东南演进至济广高速后受阻,济广高速西北部水深增加,最大水深达到 4 m,洪水漫过济广高速后演进至嘉祥县
第 144 小时	2 753	鱼台县	洪水沿梁济运河向东南演进,沿程漫过日兰高速和新石铁路,高速和铁路的阻水作用导致其两侧水深较大,最大水深达到 4.2 m,梁山县、郓城县、嘉祥县、巨野县和鱼台县被淹,淹没面积达到 2 753 km^2
第 192 小时	4 554	南四湖	洪水汇入南四湖,淹没面积达到 4 554 km^2
第 550 小时	6 529	骆马湖	洪水出南四湖后分别沿韩庄运河和不牢河演进,汇流后沿中运河演进至骆马湖,淹没范围基本达到最大,趋于稳定

表 6-57　重要城市或构筑物洪水到达时间及淹没情况(南四湖正常蓄水位)

重要城市或构筑物	洪水到达时间	淹没情况描述
京九铁路	第 7 小时	洪水向东演进至京九铁路,最大淹没水深 3.1 m
梁济运河	第 17 小时	洪水漫过京九铁路向东北演进至梁济运河而后折向东南
济广高速	第 29 小时	洪水向东南演进至济广高速后受阻,济广高速西北部水深增加,最大水深达到 4 m
日兰高速	第 56 小时	洪水沿梁济运河向东南演进至日兰高速,高速北侧最大淹没水深达到 3.8 m
新石铁路	第 77 小时	洪水沿梁济运河向东南演进至新石铁路
南四湖	第 105 小时	洪水沿梁济运河向东南演进至南四湖
邳州市	第 300 小时	洪水汇入南四湖后经韩庄运河演进至邳州市
陇海铁路	第 325 小时	洪水经中运河演进至陇海铁路受阻,铁路北侧最大水深达到 3.1 m
连霍高速	第 333 小时	洪水经中运河演进至连霍高速受阻,高速公路北侧最大水深达到 4.2 m
骆马湖	第 358 小时	洪水到达骆马湖,洪水淹没面积开始趋于稳定

表 6-58　伟庄溃口不同时段洪水前锋到达位置及淹没情况(南四湖设计洪水位)

溃口后洪水演进时段	淹没面积(km^2)	洪水演进过程描述	
		前锋位置	淹没情况
第 6 小时	310	梁山县—郓城县	洪水向东南演进,郓城县北部被淹,最大淹没水深 2.3 m
第 12 小时	493	梁山县—郓城县	洪水向东南演进,受京九铁路阻滞,京九铁路西北部水深增大,最大淹没水深 3.2 m
第 24 小时	971	梁济运河	洪水漫过京九铁路向东北演进至梁济运河后折向东南,另一股洪水漫过京九铁路后继续向东南演进
第 48 小时	1 452	嘉祥县	洪水向东南演进至济广高速后受阻,济广高速西北部水深增加,最大水深达到 4 m,洪水漫过济广高速后演进至嘉祥县
第 144 小时	2 753	鱼台县	洪水沿梁济运河向东南演进,沿程漫过日兰高速和新石铁路,高速和铁路的阻水作用导致其两侧水深较大,最大水深达到 4.2 m,梁山县、郓城县、嘉祥县、巨野县和鱼台县被淹,淹没面积达到 2 753 km^2
第 192 小时	5 333	邳州市	洪水出南四湖后经韩庄运河演进至邳州市,淹没面积达到 5 333 km^2
第 550 小时	7 102	骆马湖	洪水出南四湖后分别沿韩庄运河和不牢河演进,汇流后沿中运河演进至骆马湖,淹没范围基本达到最大,趋于稳定

表 6-59　重要城市或构筑物洪水到达时间及淹没情况(南四湖设计洪水位)

重要城市或构筑物	洪水到达时间	淹没情况描述
京九铁路	第 7 小时	洪水向东演进至京九铁路,最大淹没水深 3.1 m
梁济运河	第 17 小时	洪水漫过京九铁路向东北演进至梁济运河而后折向东南
济广高速	第 29 小时	洪水向东南演进至济广高速后受阻,济广高速西北部水深增加,最大水深达到 4 m
日兰高速	第 56 小时	洪水沿梁济运河向东南演进至日兰高速,高速北侧最大淹没水深达到 3.8 m
新石铁路	第 77 小时	洪水沿梁济运河向东南演进至新石铁路
南四湖	第 105 小时	洪水沿梁济运河向东南演进至南四湖
邳州市	第 192 小时	洪水汇入南四湖后经韩庄运河演进至邳州市
陇海铁路	第 212 小时	洪水经中运河演进至陇海铁路受阻,铁路北侧最大水深达到 3.3 m
连霍高速	第 218 小时	洪水经中运河演进至连霍高速受阻,高速公路北侧最大水深达到 4.5 m
骆马湖	第 238 小时	洪水到达骆马湖,洪水淹没面积开始趋于稳定

6.5.2.4　洪水淹没面积

防洪保护区洪水淹没面积见表 6-60，南四湖处于正常蓄水位时，防洪保护区最大淹没面积为 8 839 km²；南四湖处于设计洪水位时，防洪保护区最大淹没面积为 9 307 km²。东明—东平湖河段右岸堤防溃口淹没范围见图 6-116、图 6-117。

表 6-60　防洪保护区洪水淹没面积　（单位：km²）

方案	东明—东平湖河段右岸防洪保护区			
	董庄	八孔桥	伟庄	保护区
南四湖正常蓄水位	8 641	7 183	6 707	8 839
南四湖设计洪水位	9 148	7 716	7 263	9 307

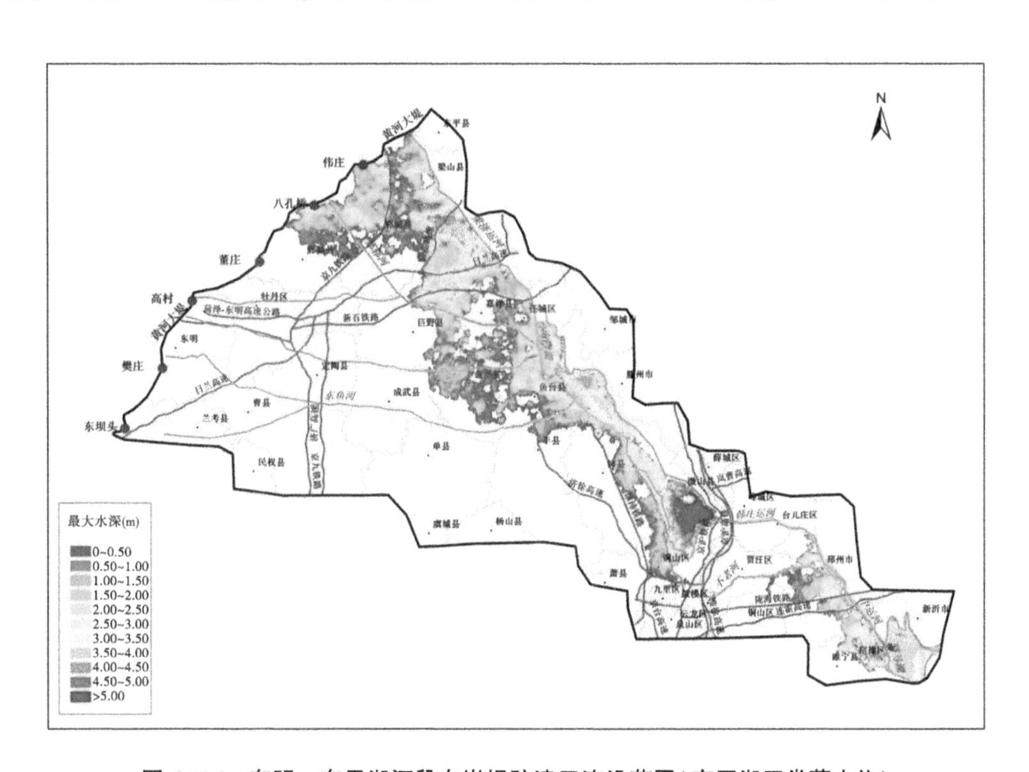

图 6-116　东明—东平湖河段右岸堤防溃口淹没范围(南四湖正常蓄水位)

6.5.3　合理性分析

6.5.3.1　水量平衡

根据计算分区来流量、出流量和区内淹没总水量，判断分析来流量减去出流量，与区内淹没总水量的误差。以发生 1982 年典型近 1 000 年一遇上大洪水，董庄处发生溃决为例，模型计算入流量为 98.9 亿 m³，保护区内淹没总水量为计算时段末保护区内总水量减去计算时段初保护区内总水量，见表 6-61。来流量减去出流量，与区内淹没总水量的误差为 2.0×10^{-3}，可以认为洪水模拟结果合理。

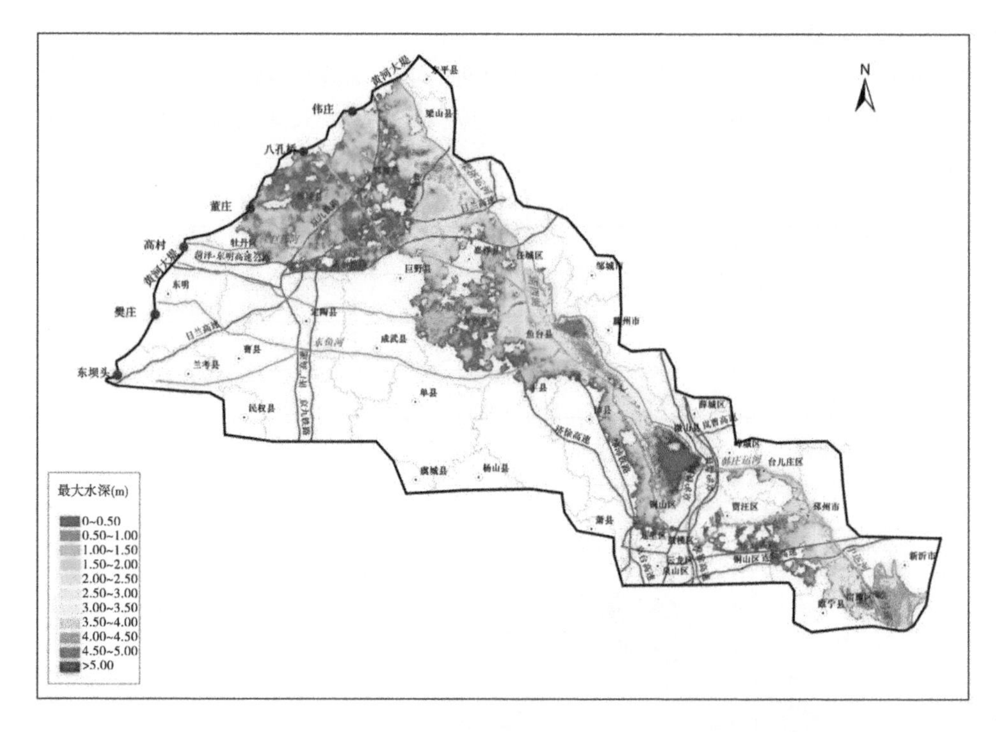

图 6-117　东明—东平湖河段右岸堤防溃口淹没范围(南四湖设计洪水位)

表 6-61　黄河下游兰考—东明河段董庄溃口方案水量平衡分析

口门位置	大河设计洪量(亿 m^3)	入流量(亿 m^3)	出流量(亿 m^3)	保护区内总水量(亿 m^3)	误差值(亿 m^3)	误差
董庄	133(高村)	98.9	42.6	56.1	0.2	2.0×10^{-3}

6.5.3.2　流场分布

在对各计算分区剖分网格并内插高程后,各分区地势高低一目了然,本防洪保护区总体呈西北高东南低地势,故洪水总体上均呈现由西北向东南演进趋势;各溃口处洪水均为由西向东、由南向北演进,洪水演进与地势非常匹配,模型结果合理。

对于局部区域而言,通过计算结果显示的各方案洪水流场分布与线状地物分析比较,流场分布均匀一致,线状地物具有明显的阻水效果,洪水态势比较准确,比较结果如图 6-118所示(以 1982 年典型近 1 000 年一遇上大洪水董庄处发生溃决为例)。

6.5.3.3　同一方案同一时刻洪水演进变化的合理性分析

洪水演进除应匹配空间地势外,在不同时刻应符合水力学规律,如随着溃口处流量逐步减小或不再出流后,地势较高的淹没区域由于来流少出流多,淹没水深应逐步减小,而地势较低的区域,即使溃口流量减小或不再出流,洪水聚集水深也将继续增加。同一时间同一地点洪水淹没水深分布情况与地形情况比较见图 6-119(1982 年典型近 1 000 年一遇上大洪水董庄处发生溃决为例)。

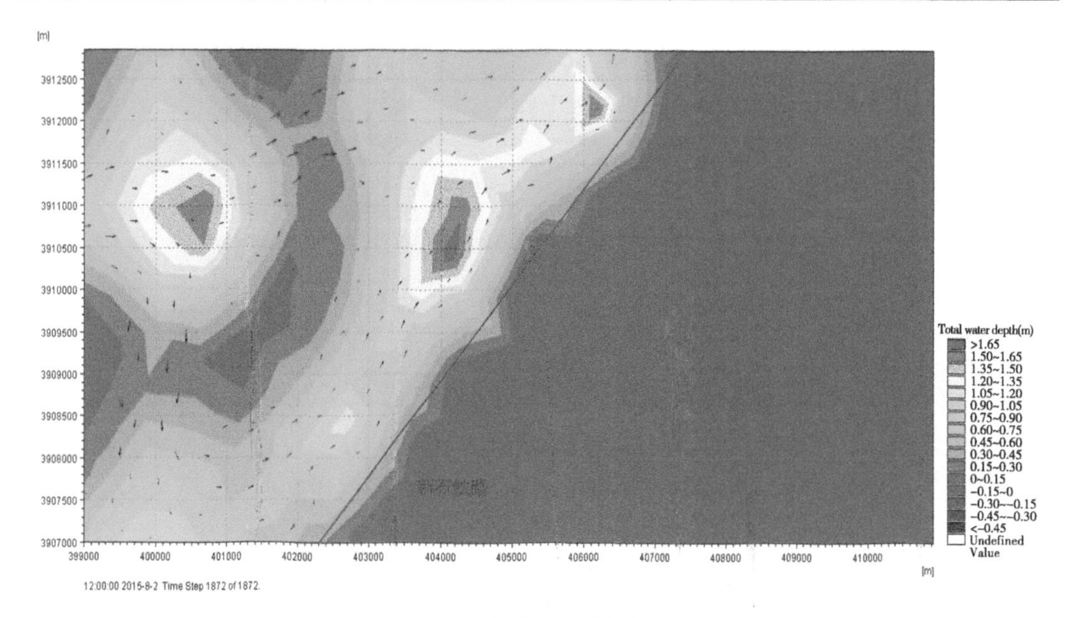

图 6-118　新石铁路沿线水深分布

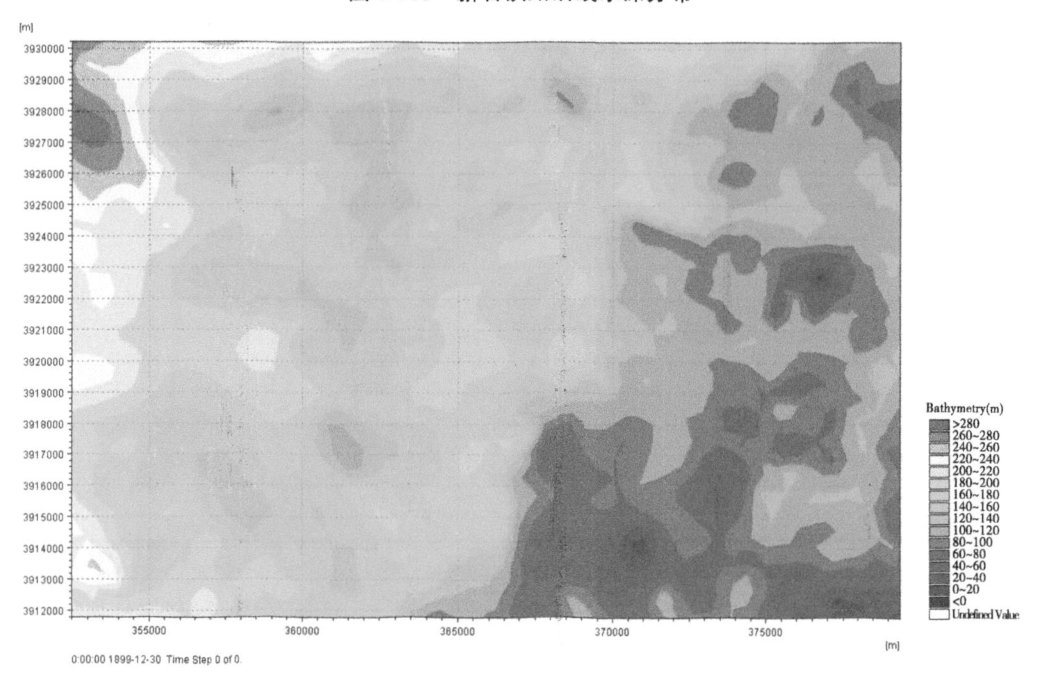

(a)基础 DEM 高程

图 6-119　同一方案的地形分布、淹没水深、洪水流速分布对比分析

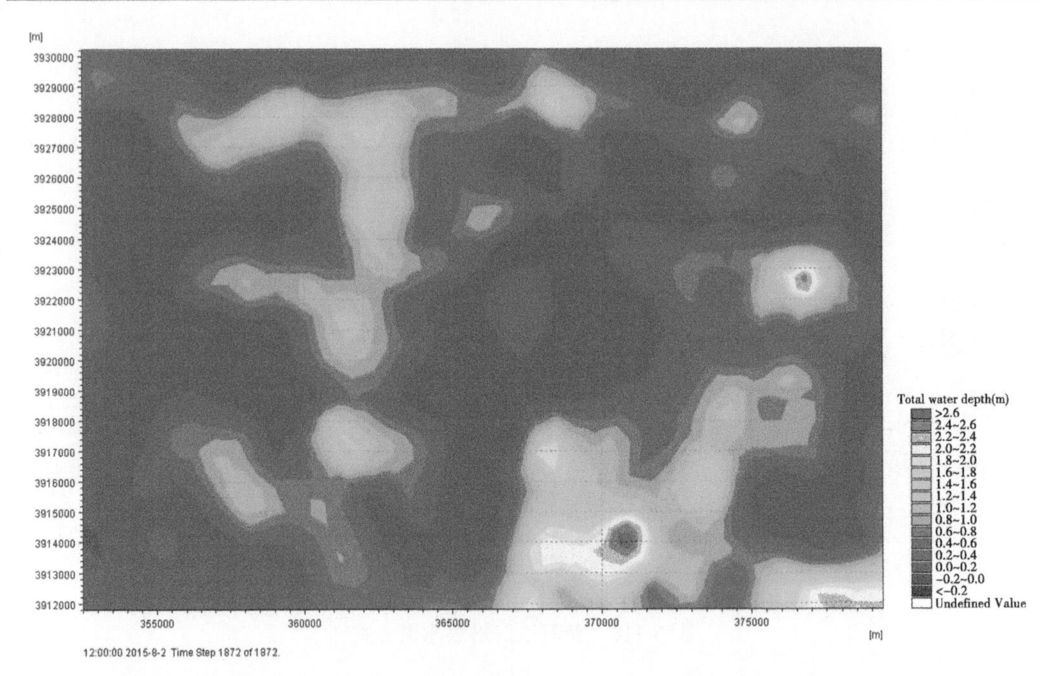

(b)洪水淹没后水深

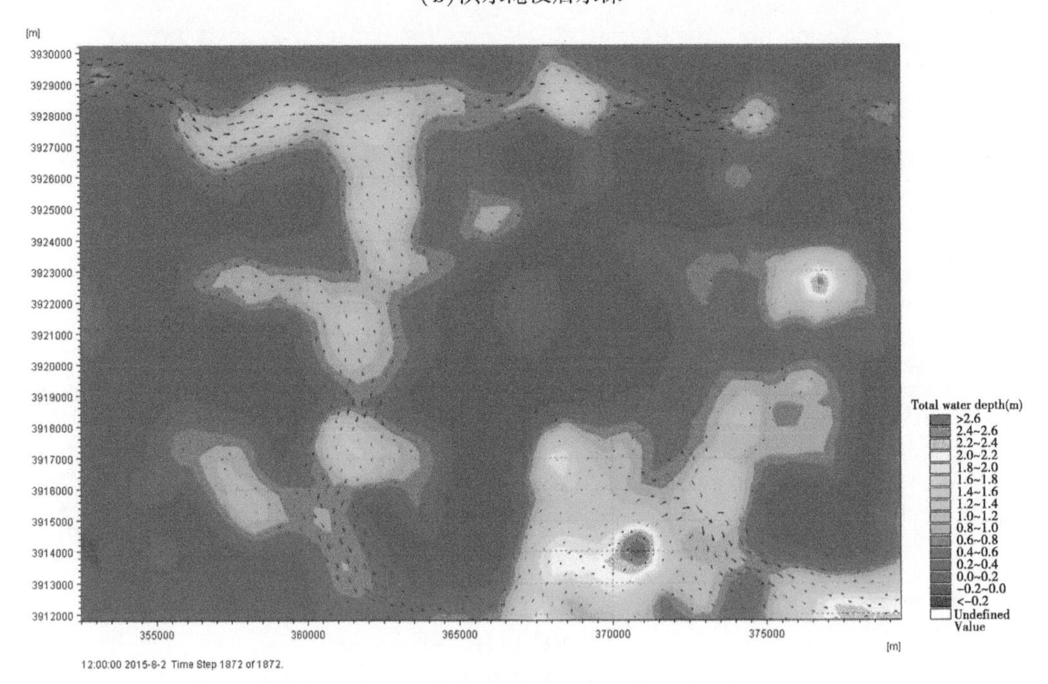

(c)同一时刻洪水流速分布

续图 6-119

由图 6-119 可以看出，DEM 较低洼的地区对应的淹没水深较大，DEM 较高的地区对应的淹没水深较小，DEM 由高到低其对应地区淹没后的流速也是从大到小，符合洪水流动趋势的物理原则，说明方案计算是较合理的。

6.5.3.4 退水过程分析

东明—东平湖河段右岸防洪保护区下边界骆马湖出口嶂山闸、宿迁闸的各溃口最大退水流量见表 6-62，可以看出嶂山闸最大退水流量 2 827 m^3/s，小于设计流量 8 000 m^3/s，可以安全下泄。宿迁闸最大退水流量 729 m^3/s，小于设计流量 1 000 m^3/s，可以安全下泄。经分析可知，各方案溃决洪水均可通过嶂山闸和宿迁闸安全下泄，骆马湖以下不新增淹没面积。

表 6-62 保护区各溃口最大退水流量 （单位：m^3/s）

方案	模型下边界	东明—东平湖河段右岸防洪保护区各溃口最大退水流量		
		董庄	八孔桥	伟庄
南四湖正常蓄水位	嶂山闸	1 894	2 025	1 952
	宿迁闸	497	534	514
南四湖设计洪水位	嶂山闸	2 730	2 794	2 827
	宿迁闸	718	726	729

6.5.3.5 糙率敏感性分析

黄河下游防洪保护区涉及的计算范围大，区域内地形地物复杂，且缺乏实测洪灾资料，因此对糙率进行敏感性分析，以保证计算成果的合理性。

以黄河发生 1982 年典型近 1 000 年一遇下大洪水，董庄（239+000 附近）处堤防发生溃决，南四湖处于正常蓄水位为典型，进行糙率敏感性分析。设置三个方案进行对比分析，方案一采用的糙率为本次模型计算采用的糙率；方案二采用的糙率为方案一的糙率增加 20%；方案三采用的糙率为方案一的糙率减小 20%，并考虑各地貌下垫面类型糙率取值上下限确定方案二和方案三糙率值选取，见表 6-63，各方案计算结果见表 6-64 和图 6-120、图 6-121。

表 6-63 各方案保护区不同地貌下垫面类型分区糙率值选取

典型地貌类型		糙率值选取		
		方案一	方案二	方案三
有植被覆盖的土地	旱地	0.03	0.035	0.025
	水田	0.03	0.035	0.025
	园地	0.03	0.035	0.025
	幼林	0.03	0.035	0.025
	灌木林	0.03	0.035	0.025
	疏林	0.03	0.035	0.025

续表 6-63

典型地貌类型		糙率值选取		
		方案一	方案二	方案三
有植被覆盖的土地	苗圃	0.03	0.035	0.025
	高草地	0.03	0.035	0.025
	草地	0.03	0.035	0.025
	半荒草地	0.03	0.035	0.025
	荒草地	0.03	0.035	0.025
	城市绿地	0.03	0.035	0.025
河湖水面	地面河流	0.025	0.03	0.02
	时令河	0.025	0.03	0.02
	河道干河	0.025	0.03	0.02
	运河	0.025	0.03	0.02
	干渠	0.025	0.03	0.02
	干沟	0.025	0.03	0.02
	湖泊	0.025	0.03	0.02
	池塘	0.025	0.03	0.02
	时令湖	0.025	0.03	0.02
	水库	0.025	0.03	0.02
	建筑中水库	0.025	0.03	0.02
	溢洪道	0.025	0.03	0.02
	海域	0.025	0.03	0.02
	河、湖岛	0.025	0.03	0.02
	沼泽	0.025	0.03	0.02

续表 6-63

典型地貌类型		糙率值选取		
		方案一	方案二	方案三
河湖水面附属设施	沙滩	0.03	0.036	0.026
	沙泥滩	0.03	0.036	0.026
	干出滩中河道	0.03	0.036	0.026
	沙洲	0.03	0.036	0.026
	岸滩	0.03	0.036	0.026
	水中滩	0.03	0.036	0.026
居民地	普通房屋	0.06	0.072	0.05
	高层建筑区	0.06	0.072	0.05
	棚房	0.06	0.072	0.05
	破坏房屋	0.06	0.072	0.05
无植被覆盖的土地	土堆	0.03	0.036	0.026
	坑穴	0.03	0.036	0.026
	平沙地	0.03	0.036	0.026
	龟裂地	0.03	0.036	0.026
	石块地	0.03	0.036	0.026

表 6-64　各方案不同时刻洪水淹没面积　（单位：km^2）

溃口后洪水演进时段	淹没面积		
	方案一	方案二	方案三
第 12 小时	731	697	760
第 24 小时	1 221	1 179	1 275
第 48 小时	2 398	2 214	2 604
第 144 小时	4 387	4 326	4 457
第 192 小时	6 213	6 118	6 311
演进至稳定	8 641	8 749	8 508

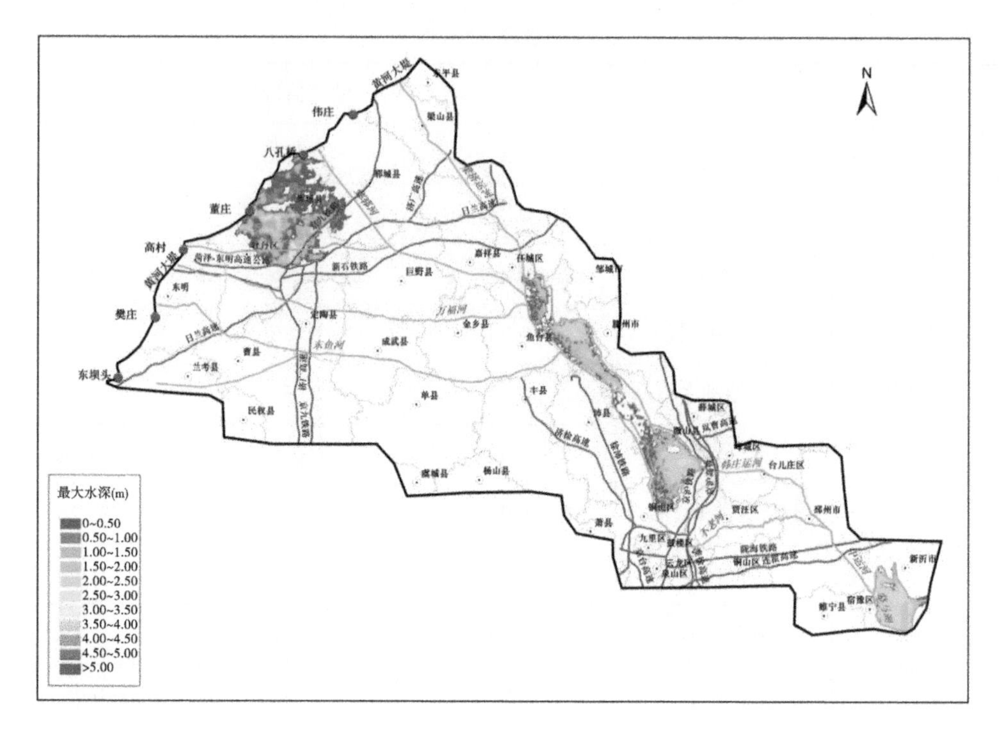

(a)方案一

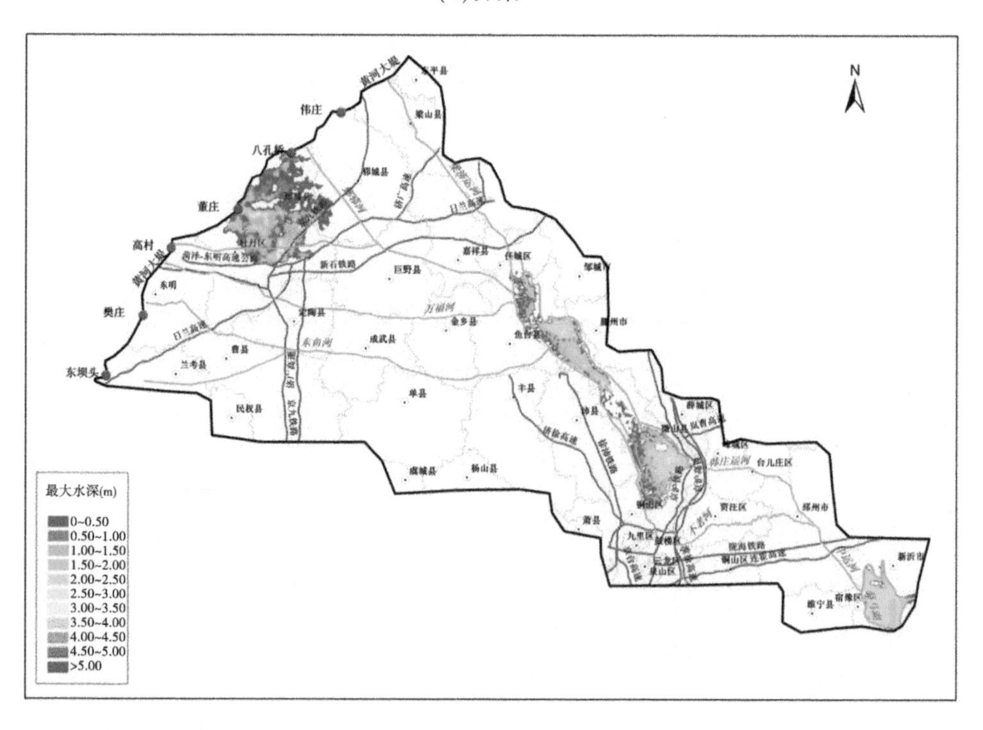

(b)方案二

图 6-120　各方案洪水演进第 24 小时淹没水深分布

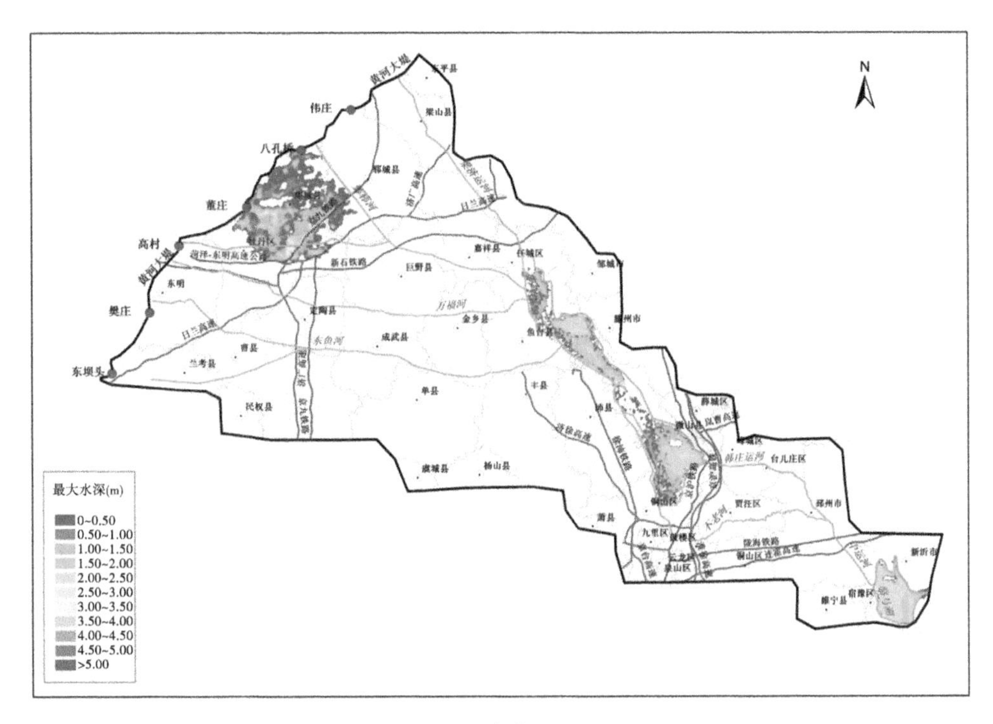

(c)方案三

续图 6-120

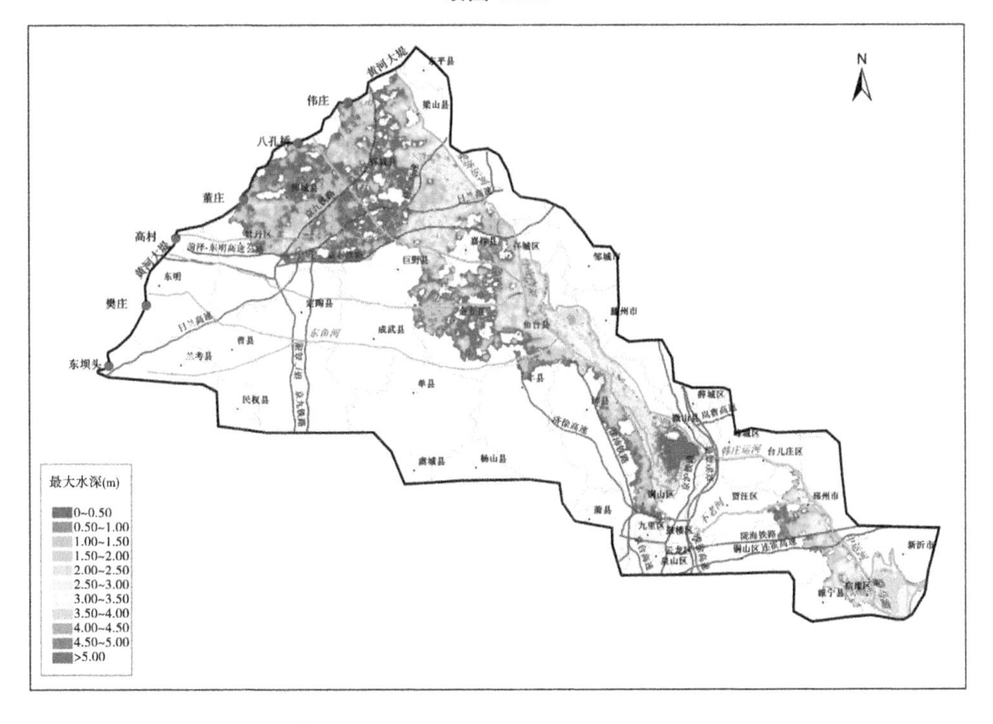

(a)方案一

图 6-121　各方案最大淹没水深分布

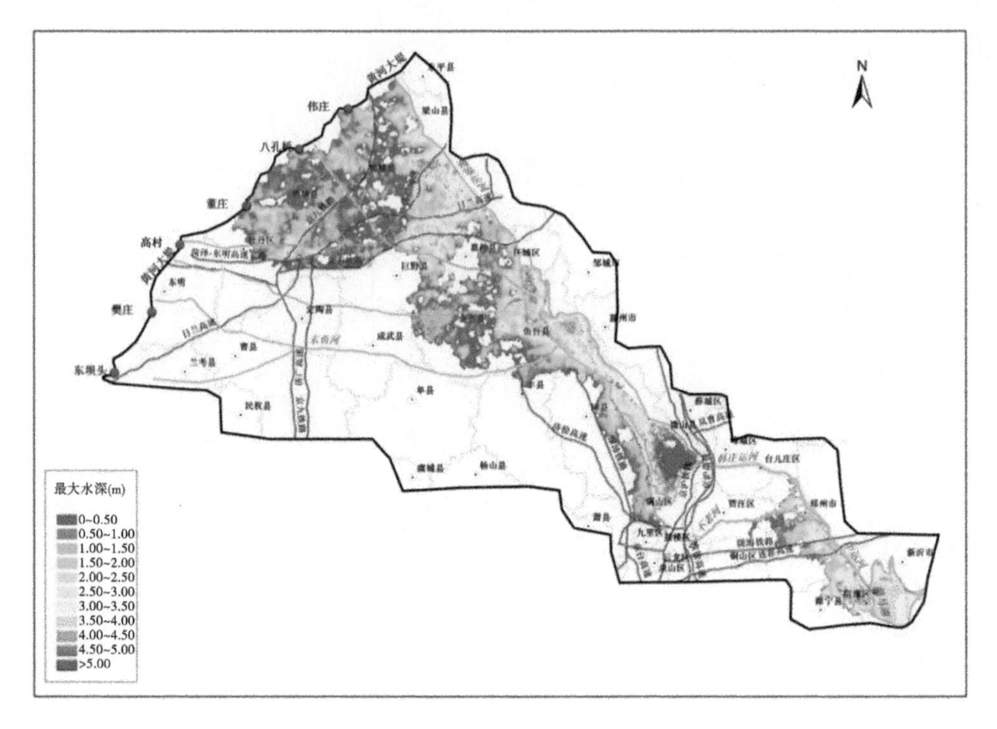

(b)方案二

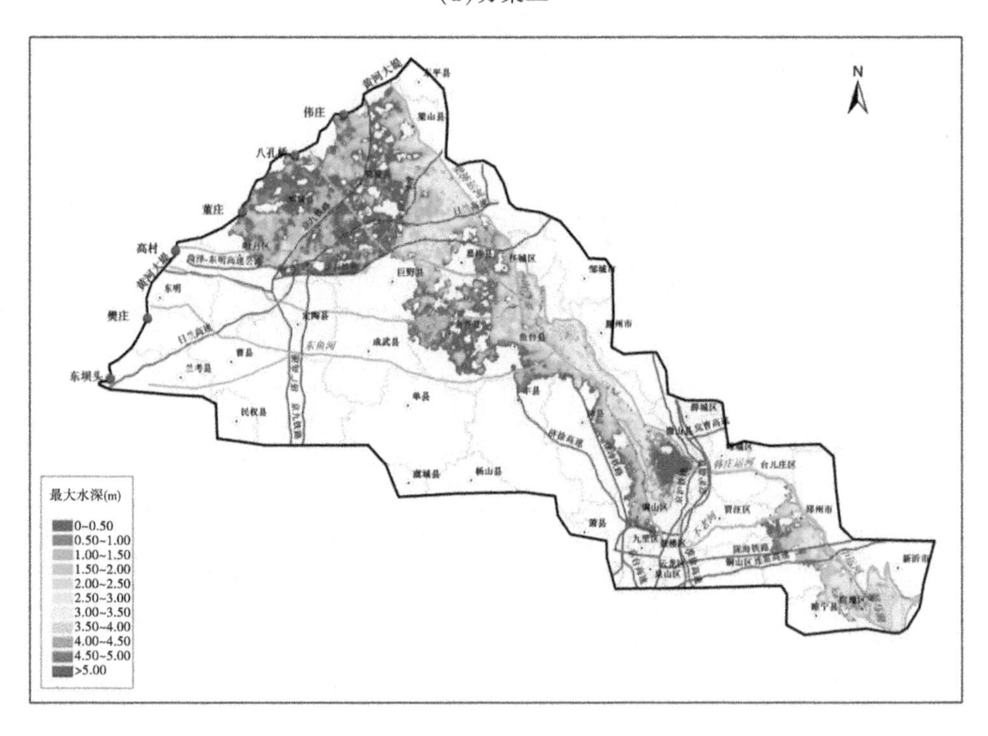

(c)方案三

续图 6-121

由计算结果可以看出,方案一、方案二和方案三洪水最终淹没面积分别为 8 641 km^2、8 749 km^{2}和 8 508 km^2,与方案一相比,方案二淹没面积增大约 1.2%,方案三淹没面积减小约 1.5%。

与方案一相比,方案二洪水演进速度变慢,相同时刻洪水淹没面积变小,洪水在近处洼地水深变大,相应远处洼地水深变小,从而导致近处洼地淹没水深及范围略微增大,远处洼地淹没水深及淹没范围略微减小,当洪水演进至稳定后,两个方案最终淹没面积和最大淹没水深差别不大。

与方案一相比,方案三洪水演进速度加快,相同时刻洪水淹没面积变大,洪水在近处洼地水深变小,相应远处洼地水深变大,从而导致近处洼地淹没水深及淹没范围略微减小,远处洼地淹没水深及淹没范围略微增大,当洪水演进至稳定后,两个方案最终淹没面积和最大淹没水深差别不大。

通过以上敏感性分析可知,糙率值在一定范围内变化对洪水的主要风险因素最大淹没范围和最大淹没水深的影响较小,计算所采用的糙率值合适。

6.5.3.6　历史洪灾范围比较

受历史上社会经济等条件限制,下游历史洪灾缺少较详细的记录,仅根据 1935 年洪害描述与本次分析的洪水淹没做一比较。

1935 年 7 月黄河大洪水,花园口站洪峰流量 14 900 m^3/s,董口发生溃决,洪水出此口门后,大部分向东南流,溃水漫于菏泽、郓城、嘉祥、巨野、济宁、金乡、鱼台等县,沿洙水河、赵王河注入南阳、邵阳、微山各湖,再由运河入江苏省。除黄河干流多出漫决外,由于黄河洪水倾注和倒灌,山东境内各支流及运河和南四湖等湖泊亦多处决口漫溢,山东境内一片汪洋。该场洪水使江苏、山东二省 27 个县受灾,受灾面积 1.2 万 km^2,灾民 341 万人,经济损失达1.95亿元(当时银元)。

与本次计算结果相比,1935 年洪水淹没区域比本次计算结果大,但上述记载还包括左岸山东段堤防决口造成的淹没面积,这一面积大小历史记载不详,只出现范县、濮阳、阳谷、馆陶等十余县受灾的描述。因此,从历史记载的淹没范围分析,本次计算的淹没范围涵盖了 1935 年洪灾范围,1935 年淹没范围比本次计算范围略小。

从整体上看,本次洪水风险图编制洪水分析结果是合理的。

6.6　济南—河口河段右岸堤防决口洪水淹没风险

6.6.1　洪水计算方案集及初始条件、边界条件

共设定了 15 个计算方案,洪水分析量级为黄河“1933 年典型”100 年一遇洪水、黄河“1933 年典型”1 000 年一遇洪水、黄河“1982 年典型”近 1 000 年一遇洪水,详见表 6-65。

表 6-65 黄河下游济南—河口河段右岸防洪保护区计算方案

洪水来源	口门位置	口门宽度(m)	决口时机	大河设计洪量(亿 m^3)	口门分洪量(亿 m^3)	决口洪水历时(h)	分流量占大河洪量(%)
近 1 000 年一遇洪水艾山站 11 000 m^3/s 洪水过程("1982 年典型")	杨庄(16 +000 附近)	700	口门处大河流量超 10 000 m^3/s	120(艾山)	85.6	489	71
	胡家岸(65 +000 附近)			120(艾山)	85.8	486	71
	马扎子(120 +000 附近)			120(艾山)	85.7	480	71
	麻湾(191 +400 附近)			120(艾山)	85.7	472	71
	垦利(240 +000 附近)			120(艾山)	85.7	469	71
100 年一遇洪水艾山站 11 000 m^3/s 洪水过程("1933 年典型")	杨庄(16 +000 附近)	700	口门处大河流量超 10 000 m^3/s	246(艾山)	121.9	603	50
	胡家岸(65 +000 附近)			246(艾山)	121.9	600	50
	马扎子(120 +000 附近)			246(艾山)	121.6	595	49
	麻湾(191 +400 附近)			246(艾山)	120.9	587	49
	垦利(240 +000 附近)			246(艾山)	120.6	584	49
1 000 年一遇洪水艾山站 11 000 m^3/s 洪水过程("1933 年典型")	杨庄(16 +000 附近)	700	口门处大河流量超 10 000 m^3/s	306(艾山)	168.4	619	55
	胡家岸(65 +000 附近)			306(艾山)	168.2	610	55
	马扎子(120 +000 附近)			306(艾山)	168.1	607	55
	麻湾(191 +400 附近)			306(艾山)	167.8	602	55
	垦利(240 +000 附近)			306(艾山)	167.1	592	55

本保护区共设定 5 处口门,分别为杨庄(16 +000 附近)、胡家岸(65 +000 附近)、马扎子(120 +000 附近)、麻湾(191 +400 附近)、垦利(240 +000 附近)。口门位置选取及各溃口入流过程采用《黄河下游堤防溃口专题研究》成果。各口门位置基本情况见"4.3.4 口门位置选择",各口门分流过程线见图 6-122 ~ 图 6-124,典型口门大河流量过程与分流过程套汇图见图 6-125 ~ 图 6-127。

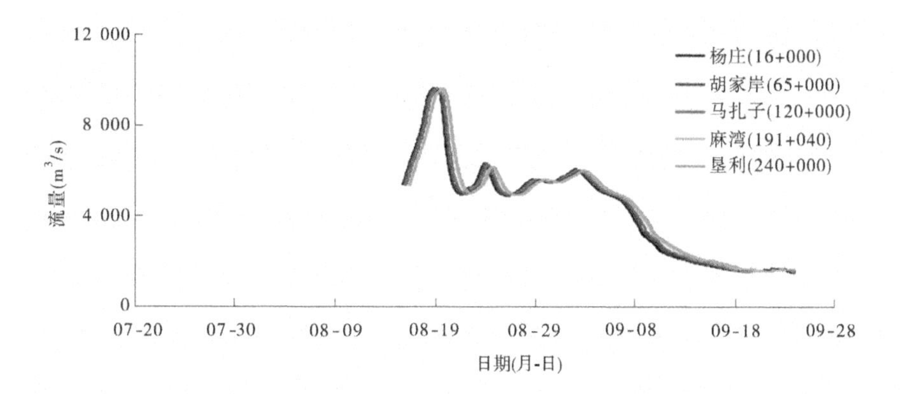

图 6-122　济南—河口河段右岸溃口口门分流过程线(“1933 年典型”100 年一遇上大洪水)

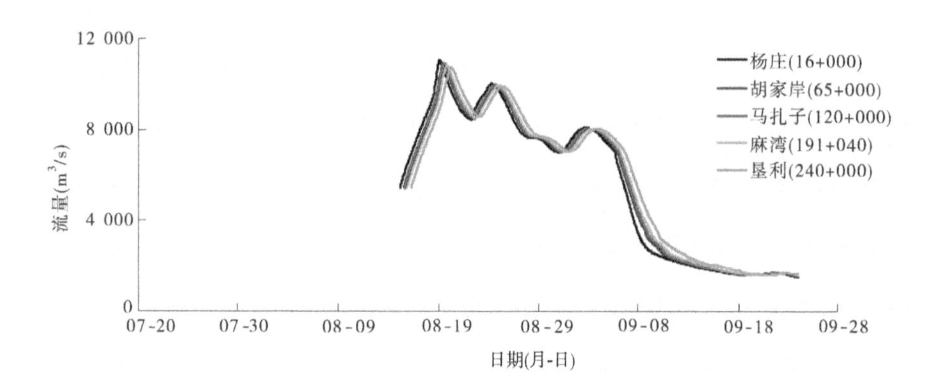

图 6-123　济南—河口河段右岸溃口口门分流过程线(“1933 年典型”1 000 年一遇上大洪水)

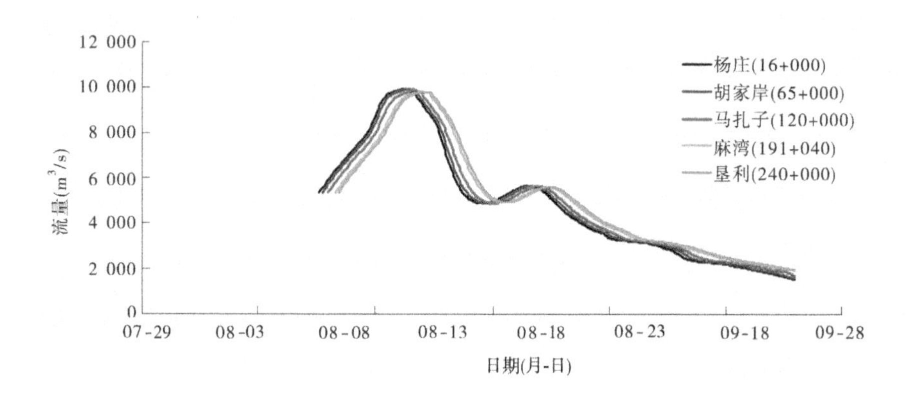

图 6-124　济南—河口河段右岸溃口口门分流过程线(“1982 年典型”近 1 000 年一遇下大洪水)

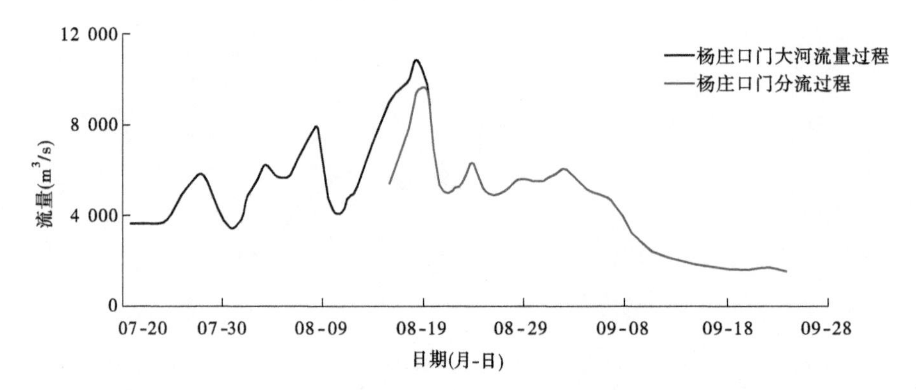

图 6-125 济南—河口河段右岸典型口门大河流量与分流过程套汇
（“1933 年典型”100 年一遇上大洪水）

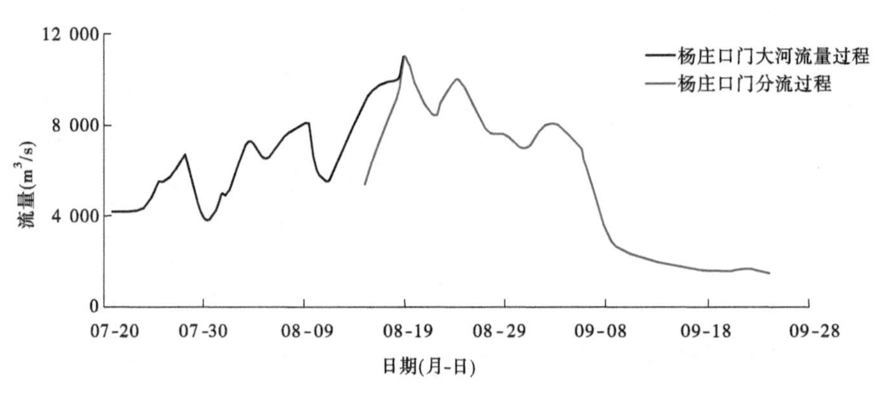

图 6-126 济南—河口河段右岸典型口门大河流量过程与分流过程套汇
（“1933 年典型”1 000 年一遇上大洪水）

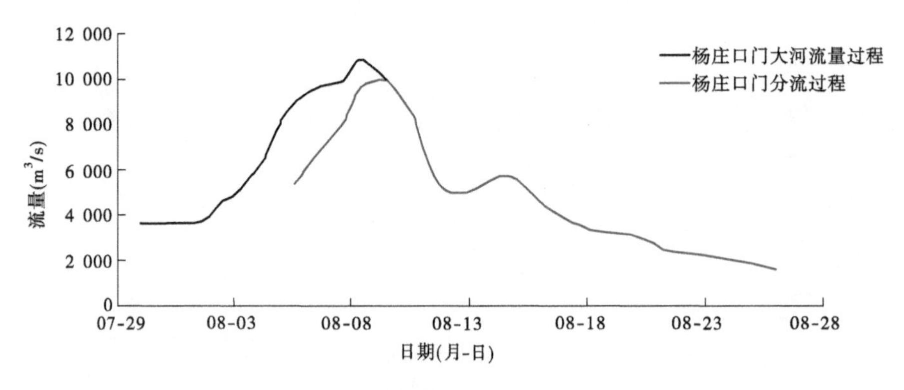

图 6-127 济南—河口河段右岸典型口门大河流量过程与分流过程套汇
（“1982 年典型”近 1 000 年一遇下大洪水）

6.6.1.1　洪水计算方案集

6.6.1.2　初始条件

初始为干边界,渤海湾海平面取多年平均高潮位。

6.6.1.3　边界条件

保护区上边界以黄河大堤为界,以渤海湾为下边界。根据技术大纲审查意见,不考虑内河洪水。

洪水分析计算模型定义了三种边界,分别为模型计算进口的流量边界、出口水位边界和模型外边界的陆地边界。

1. 进口流量边界

进口流量边界分别设置在5个溃口口门位置处,分别为杨庄(16+000附近)、胡家岸(65+000附近)、马扎子(120+000附近)、麻湾(191+400附近)、垦利(240+000附近)。口门位置选取及各溃口入流过程均采用《黄河下游堤防溃口专题成果》。

2. 出口水位边界

济南—河口河段右岸防洪保护区入海口处设有羊角沟潮位站。《黄河入海流路规划报告》(1989年)、《东营市防潮堤工程可行性研究报告》(2002年)和《东营市黄河南海堤工程可行性研究报告》(2004年)对该站潮位进行了统计,表明出口渤海湾多年潮差变化不大,对保护区洪水分析计算影响不大,采用羊角沟站多年平均高潮位0.88 m作为下边界条件。

3. 陆地边界

除进口流量边界、出口水位边界外,计算区域外边界其他位置均为陆地边界,洪水演进过程中将无法穿越闭边界。

6.6.2　计算结果

6.6.2.1　杨庄溃口

1. 1933年典型100年一遇上大洪水

当黄河发生1933年典型100年一遇上大洪水杨庄险工处堤防发生溃决时,溃口洪水最初以溃口为中心呈扇形向外扩散,溃堤32 h后济南市淹没水深基本达到最大值,洪水沿小清河逐步向东北方向演进。75 h后洪水演进至滨莱高速。75~132 h,受滨莱高速、长深高速等道路的阻滞,洪水沿各高速、铁路线逐步向小清河南北两岸演进,部分洪水通过高速上的涵洞及桥梁继续向东演进。132 h后洪水向东演进至德龙烟铁路,通过铁路上的涵洞及桥梁向东营市方向演进;另有一部分洪水向东演进至羊角镇境内,并沿小清河河道入渤海湾。372 h后洪水淹没范围基本达到最大,后续溃口洪水基本不再扩大淹没面积,除部分低洼地区积水无法排出外,地势较高地区的洪水流动趋势遵循从高到低的原则,并逐渐汇入小清河,最终入渤海湾。

本典型溃口洪水最终淹没面积4 449 km^2,最大淹没水深8.5 m,最大流速在5 m/s以上。洪水演进过程及不同时段淹没水深分布情况见图6-128~图6-131及表6-66、表6-67。

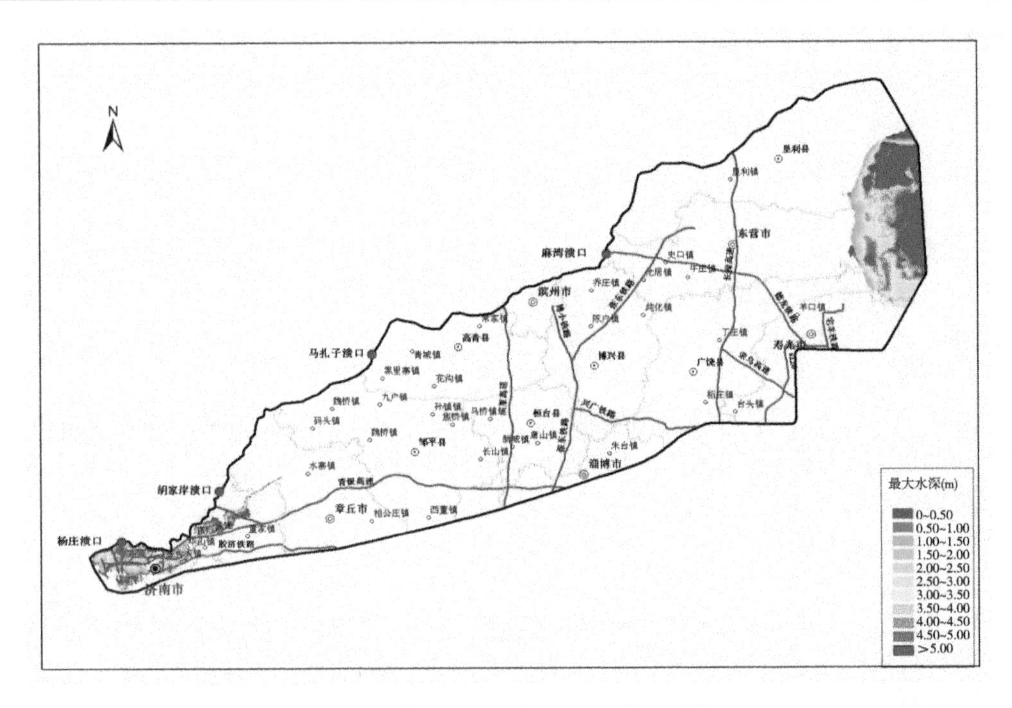

图 6-128　洪水演进第 24 小时(1 d)淹没水深分布

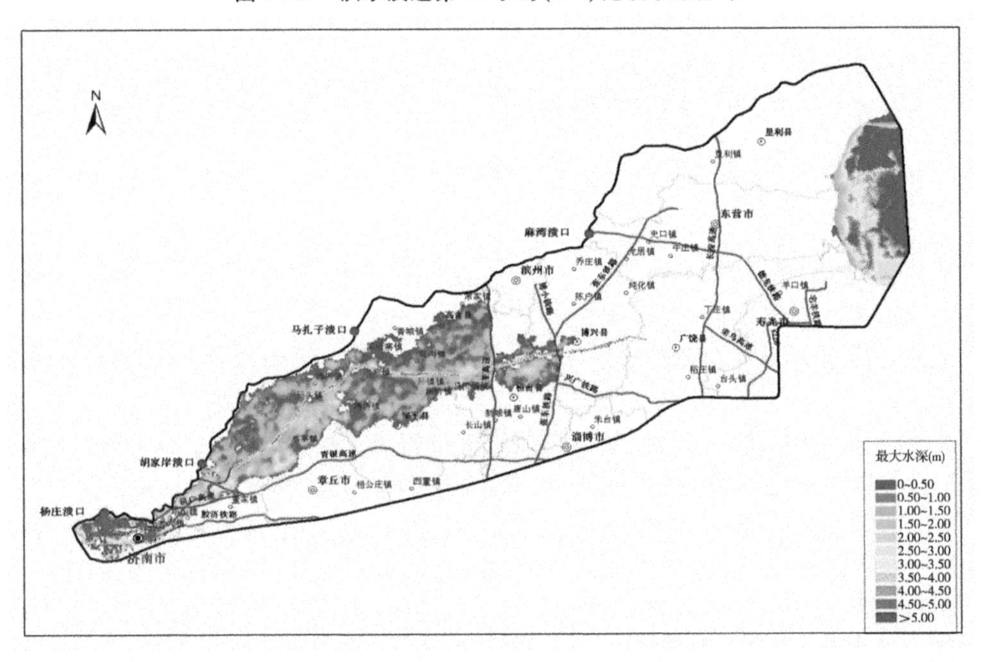

图 6-129　洪水演进第 96 小时(4 d)淹没水深分布

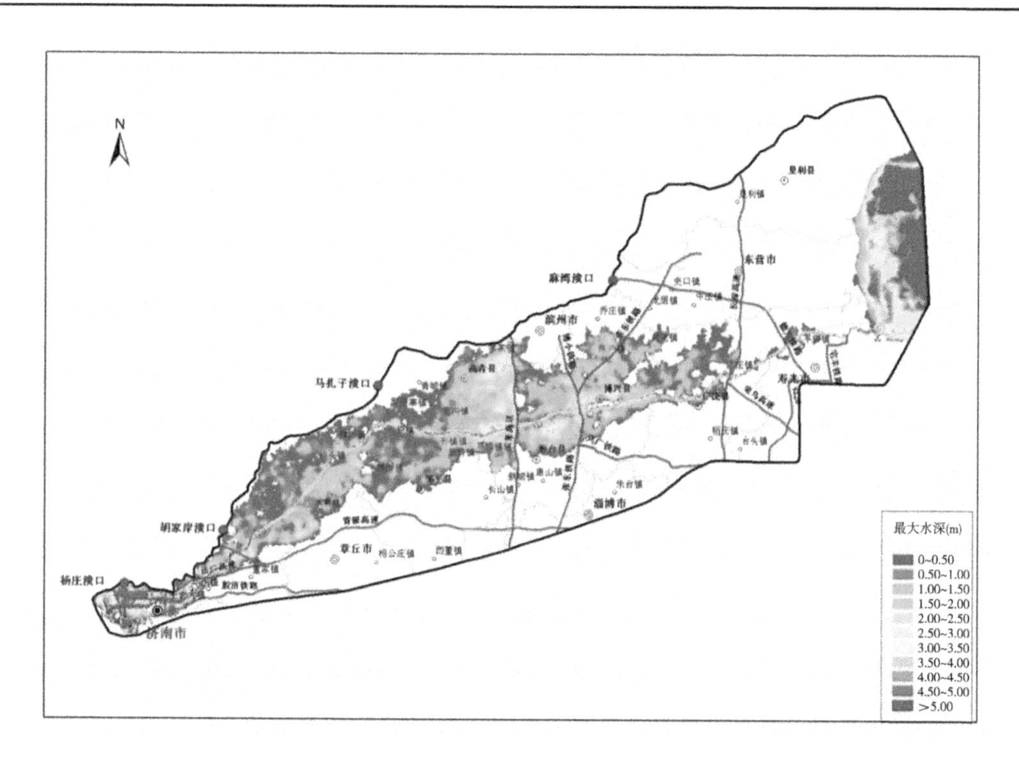

图6-130　洪水演进第144小时(6 d)淹没水深分布

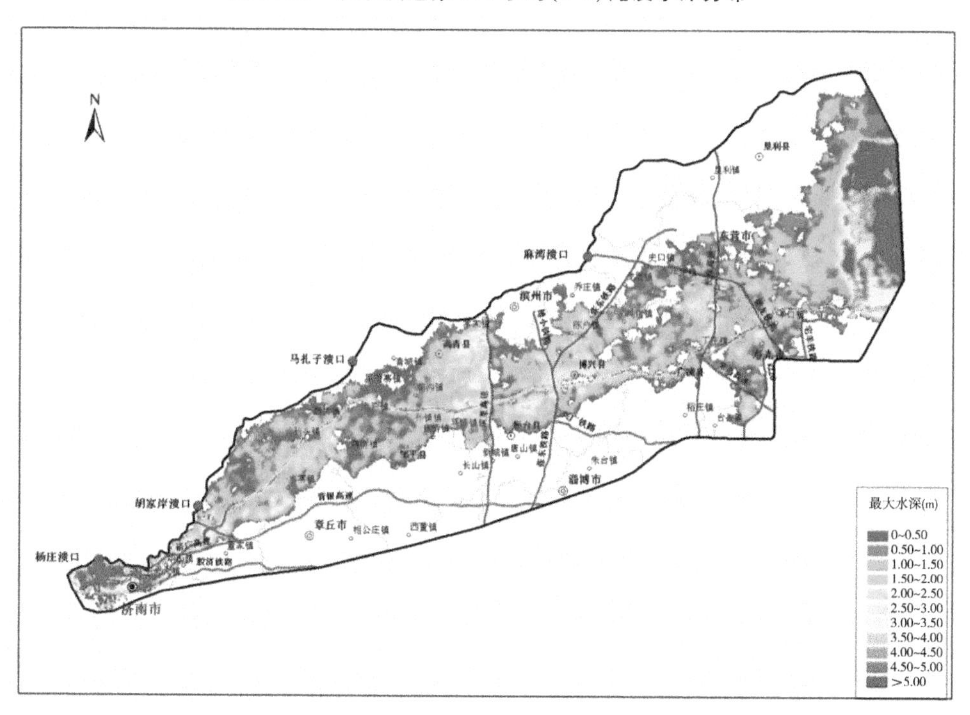

图6-131　1933年典型100年一遇上大洪水最大淹没水深分布

表 6-66 杨庄溃口不同时段洪水前锋到达位置及淹没情况

溃口后洪水演进时段	淹没面积（km^2）	洪水演进过程描述	
		前锋位置	淹没情况
第 6 小时	148	济南市	济南市小清河以北受淹，最大淹没水深 4.4 m
第 12 小时	195	济南市	济南市区小清河以南少部分地区受淹，最大淹没水深 5.0 m
第 24 小时	301	董家镇	济南市淹没范围仍在扩大，最大淹没水深 7.0 m
第 48 小时	694	码头镇	洪水沿小清河向东演进，最大淹没水深 8.7 m
第 96 小时	1 970	张东铁路	洪水沿小清河向东演进，沿途受滨莱高速、张东铁路阻滞，最大淹没水深 8.5 m
第 144 小时	2 880	丁庄镇	洪水受长深高速阻滞，最大淹没水深 8.5 m
第 372 小时	4 344		淹没范围基本达到最大

表 6-67 重要城市或构筑物洪水到达时间及淹没情况

重要城市或构筑物	洪水到达时间	淹没情况描述
济南市	第 1 小时	32 h 后淹没水深基本达到最大值
章丘市	第 42 小时	章丘市水寨镇以北受淹，最大淹没水深 3.1 m
东营市	第 182 小时	东营市大部分地区受淹，最大淹没水深 1.9 m
济广高速	第 17 小时	阻水作用较小，洪水基本沿小清河两岸向下游演进
青银高速	第 19 小时	阻水作用较小，洪水基本沿小清河两岸向下游演进
滨莱高速	第 75 小时	132 h 后阻水作用达到最大，滨莱高速以西地区的淹没范围趋于稳定，高青县境内最大淹没水深 3.7 m
博小铁路、张东铁路	第 80 小时	阻水作用较小，博兴县境内最大淹没水深 3.9 m
长深高速	第 132 小时	182 h 后阻水作用达到最大，长深高速以西地区的淹没范围趋于稳定，广饶县境内最大淹没水深 3.5 m
德龙烟铁路	第 140 小时	205 h 后，德龙烟铁路以西地区的淹没范围趋于稳定

2. 1933 年典型 1 000 年一遇上大洪水

当黄河发生 1933 年典型 1 000 年一遇上大洪水杨庄险工处堤防发生溃决时，溃口洪水最初以溃口为中心呈扇形向外扩散，溃堤 24 h 后济南市淹没水深基本达到最大值，洪水沿小清河逐步向东北方向演进。63 h 后洪水演进至滨莱高速。63 ~ 150 h，受滨莱高速、长深高速等道路的阻滞，洪水沿各高速线、铁路线逐步向小清河南北两岸演进，部分洪水通过高速上的涵洞及桥梁继续向东演进。150 h 后洪水向东演进至德龙烟铁路，通过铁路上的涵洞及桥梁向东营市方向演进；另有一部分洪水向东演进至羊角镇境内，并沿小清河河道入渤海湾。400 h 后洪水淹没范围基本达到最大，后续溃口洪水基本沿固定流量向下游演进，除部分低洼地区积水无法排出外，地势较高地区的洪水流动趋势遵循从高到低的原则，并逐渐汇入小清河，最终入渤海湾。

本典型溃口洪水最终淹没面积 4 805 km^2，最大淹没水深 9.5 m，最大流速在 5 m/s 以上。洪水演进过程及不同时段淹没水深分布情况见图 6-132 ~ 图 6-135 及表 6-68、表 6-69。

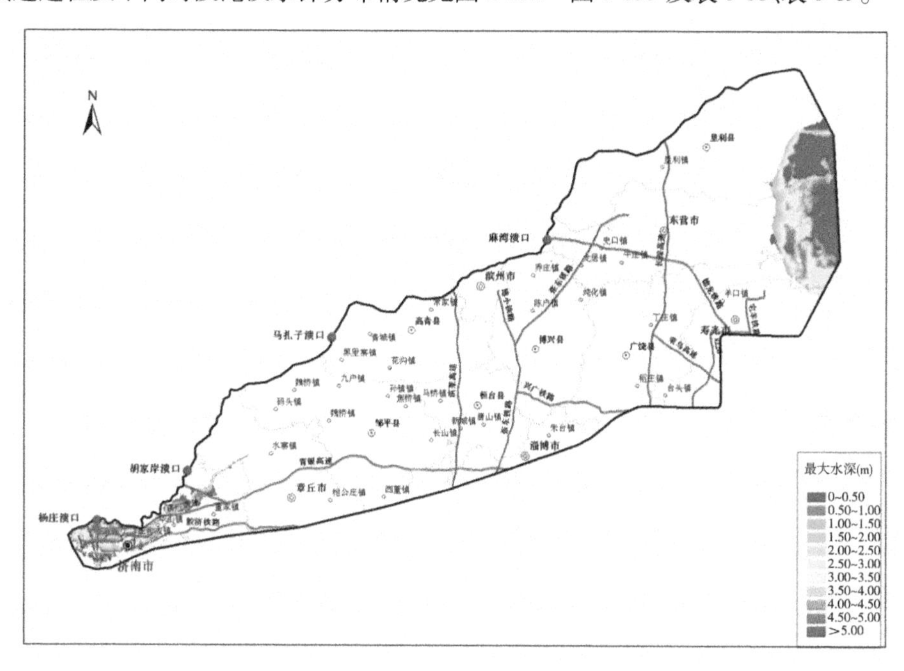

图 6-132　洪水演进第 24 小时(1 d)淹没水深分布

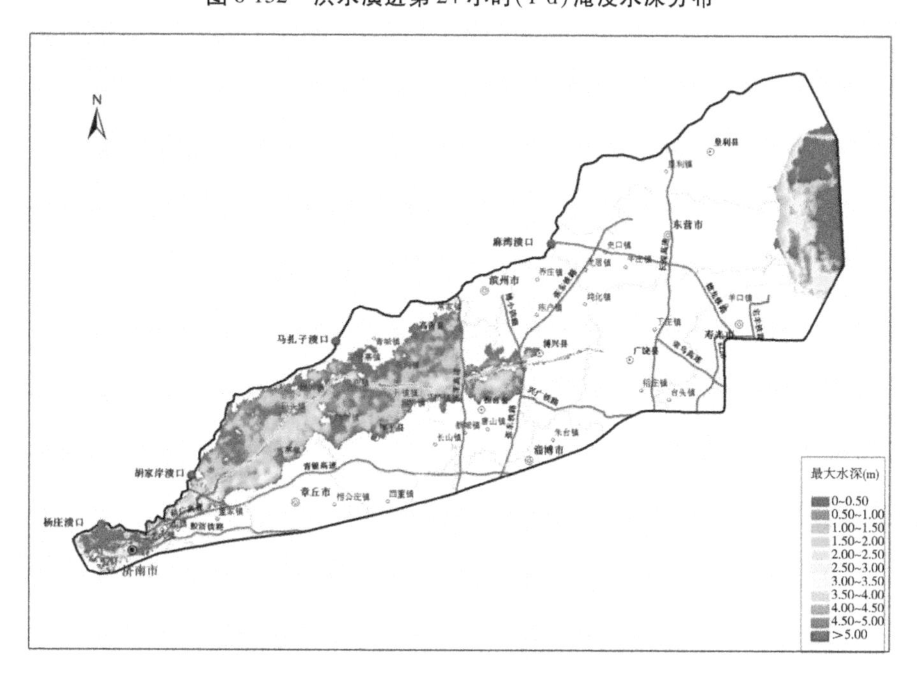

图 6-133　洪水演进第 96 小时(4 d)淹没水深分布

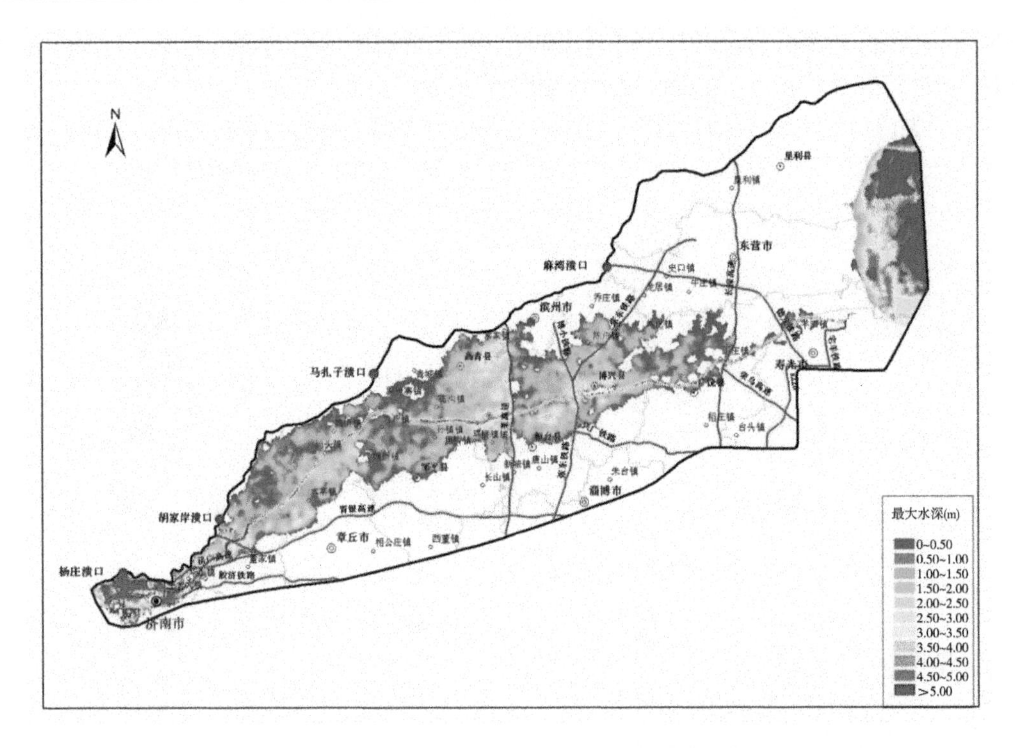

图 6-134　洪水演进第 144 小时(6 d)淹没水深分布

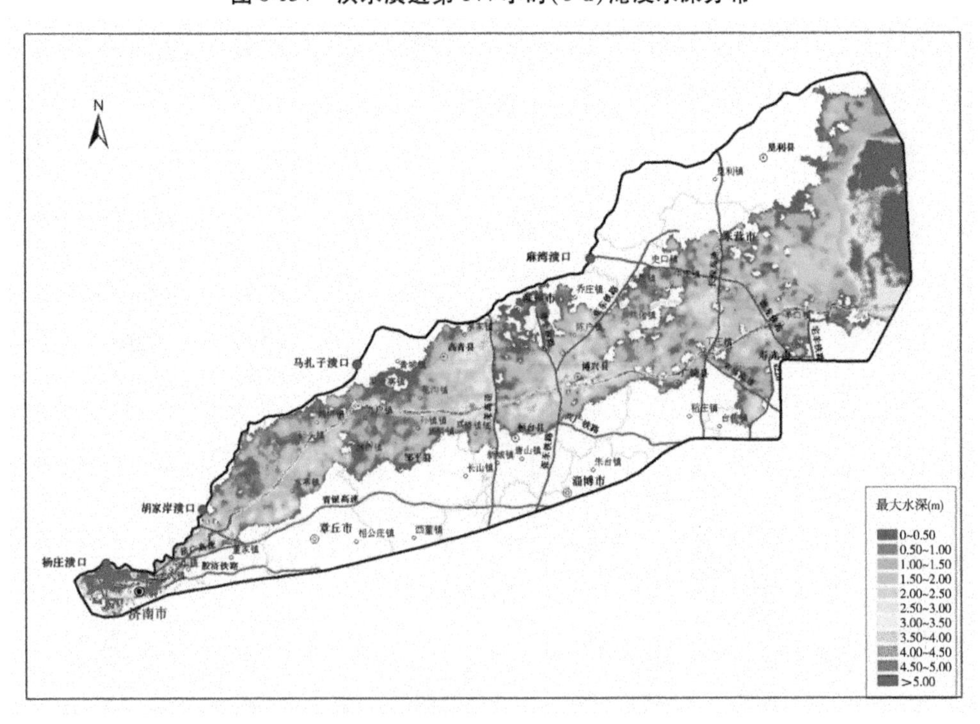

图 6-135　1933 年典型 1 000 年一遇上大洪水最大淹没水深分布

表 6-68　杨庄溃口不同时段洪水前锋到达位置及淹没情况

溃口后洪水演进时段	淹没面积（km^2）	洪水演进过程描述	
		前锋位置	淹没情况
第 6 小时	152	济南市	济南市小清河以北受淹，最大淹没水深 4.4 m
第 12 小时	199	济南市	济南市区的地势低洼处基本受淹，最大淹没水深 5.0 m
第 24 小时	306	董家镇	济南市淹没水深基本达到最大值，最大淹没水深 7.4 m
第 48 小时	706	魏桥镇	洪水沿小清河向东演进，最大淹没水深 8.8 m
第 96 小时	1 972	博兴县	洪水沿小清河向东演进，沿途受滨莱高速、张东铁路阻滞，最大淹没水深 9.5 m
第 144 小时	2 929	丁庄镇	洪水受长深高速阻滞，最大淹没水深 9.5 m
第 400 小时	4 753		淹没范围基本达到最大

表 6-69　重要城市或构筑物洪水到达时间及淹没情况

重要城市或构筑物	洪水到达时间	淹没情况描述
济南市	第 1 小时	24 h 后淹没水深基本达到最大值
章丘市	第 35 小时	章丘市水寨镇以北受淹，最大淹没水深 3.3 m
东营市	第 170 小时	东营市大部分地区受淹，最大淹没水深 2.7 m
济广高速	第 13 小时	阻水作用较小，洪水基本沿小清河两岸向下游演进
青银高速	第 15 小时	阻水作用较小，洪水基本沿小清河两岸向下游演进
滨莱高速	第 63 小时	150 h 后阻水作用达到最大，滨莱高速以西地区的淹没范围趋于稳定，高青县境内最大淹没水深 4.4 m
博小铁路、张东铁路	第 67 小时	阻水作用较小，博兴县境内最大淹没水深 4.1 m
长深高速	第 118 小时	168 h 后阻水作用达到最大，长深高速以西地区的淹没范围趋于稳定，广饶县境内最大淹没水深 3.6 m
德龙烟铁路	第 125 小时	190 h 后，德龙烟铁路以西地区的淹没范围趋于稳定

3. 1982 年典型近 1 000 年一遇下大洪水

当黄河发生 1982 年典型近 1 000 年一遇上大洪水杨庄险工处堤防发生溃决时，溃口洪水最初以溃口为中心呈扇形向外扩散，溃堤 30 h 后济南市淹没水深基本达到最大值，洪水沿小清河逐步向东北方向演进。67 h 后洪水演进至滨莱高速。67 ~ 157 h，受滨莱高速、长深高速等道路的阻滞，洪水沿各高速线、铁路线逐步向小清河南北两岸演进，部分洪水通过高速上的涵洞及桥梁继续向东演进。157 h 后洪水向东演进至德龙烟铁路，通过铁路上的涵洞及桥梁向东营市方向演进；另有一部分洪水向东演进至羊角镇境内，并沿小清河河道入渤海湾。345 h 后洪水淹没范围基本达到最大，后续溃口洪水基本沿固定流量向下游演进，除部分低洼地区积水无法排出外，地势较高地区的洪水流动趋势遵循从高到低的原则，并逐渐汇入小清河，最终入渤海湾。

本典型溃口洪水最终淹没面积4 600 km^2，最大淹没水深9.5 m，最大流速在5 m/s以上。洪水演进过程及不同时段淹没水深分布情况见表6-70、表6-71及图6-136～图6-139。

表6-70　杨庄溃口不同时段洪水前锋到达位置及淹没情况

溃口后洪水演进时段	淹没面积(km^2)	洪水演进过程描述	
		前锋位置	淹没情况
第6小时	140	济南市	济南市小清河以北受淹，最大淹没水深4.4 m
第12小时	187	济南市	济南市区的地势低洼处基本受淹，最大淹没水深5.0 m
第24小时	291	董家镇	济南市淹没水深基本达到最大值，最大淹没水深7.4 m
第48小时	678	魏桥镇	洪水沿小清河向东北方向演进，最大淹没水深8.6 m
第96小时	1 982	博兴县	洪水沿小清河向东演进，沿途受滨莱高速、张东铁路阻滞，最大淹没水深9.5 m
第144小时	2 946	丁庄镇	洪水受长深高速阻滞，最大淹没水深9.5 m
第345小时	4 455		淹没范围基本达到最大

表6-71　重要城市或构筑物洪水到达时间及淹没情况

重要城市或构筑物	洪水到达时间	淹没情况描述
济南市	第1小时	30 h后淹没水深基本达到最大值
章丘市	第36小时	章丘市水寨镇以北受淹，最大淹没水深3.3 m
东营市	第172小时	东营市大部分地区受淹，最大淹没水深2.7 m
济广高速	第14小时	阻水作用较小，洪水基本沿小清河两岸向下游演进
青银高速	第16小时	阻水作用较小，洪水基本沿小清河两岸向下游演进
滨莱高速	第67小时	157 h后阻水作用达到最大，滨莱高速以西地区的淹没范围趋于稳定，高青县境内最大淹没水深4.4 m
博小铁路、张东铁路	第71小时	阻水作用较小，博兴县境内最大淹没水深4.1 m
长深高速	第122小时	175 h后阻水作用达到最大，长深高速以西地区的淹没范围趋于稳定，广饶县境内最大淹没水深3.6 m
德龙烟铁路	第129小时	195 h后，德龙烟铁路以西的淹没范围趋于稳定

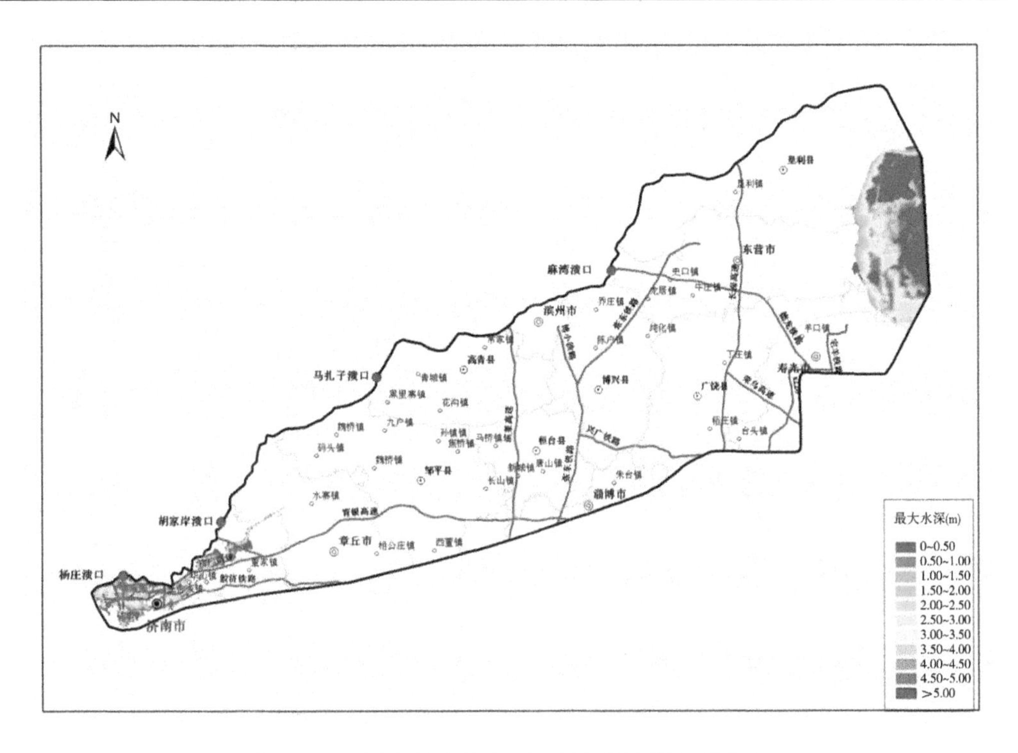

图6-136　洪水演进第24小时(1 d)淹没水深分布

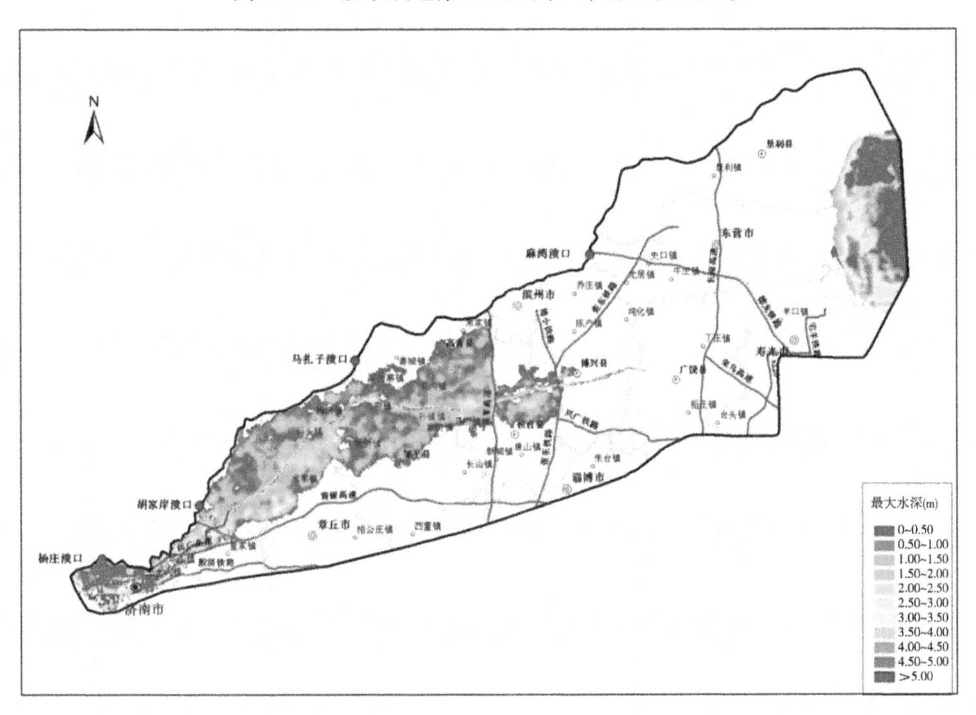

图6-137　洪水演进第96小时(4 d)淹没水深分布

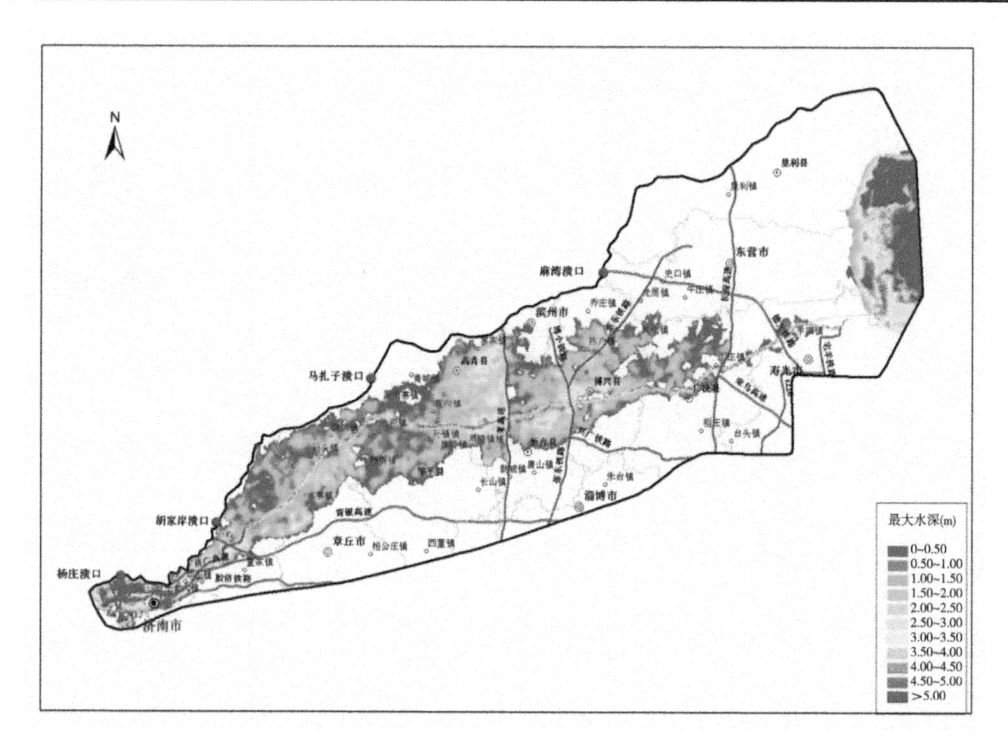

图 6-138　洪水演进第 144 小时(6 d)淹没水深分布

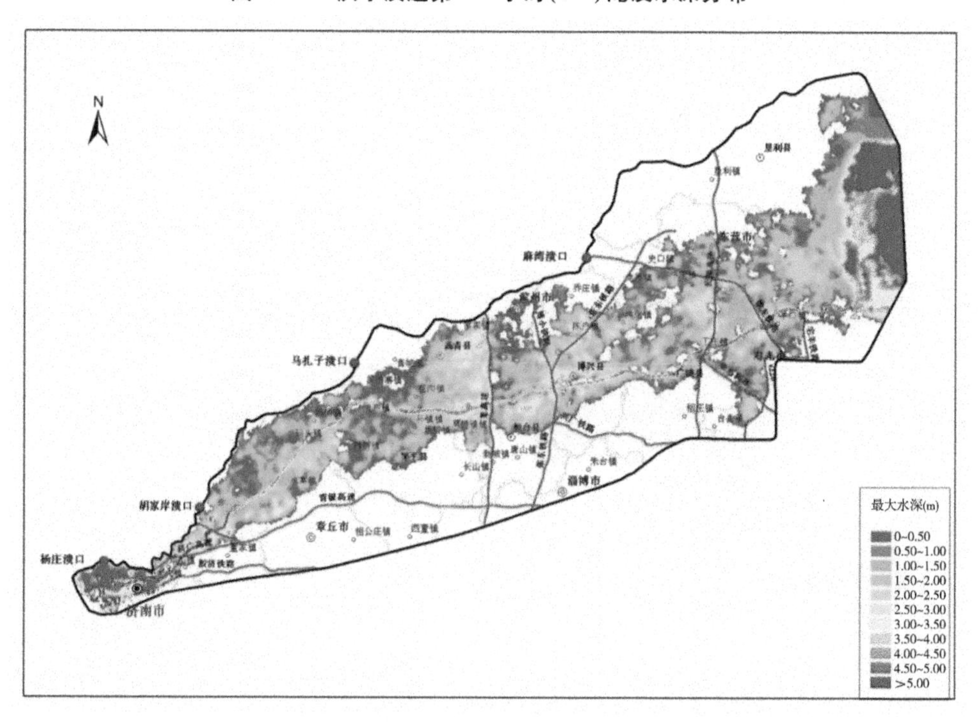

图 6-139　1982 年典型近 1 000 年一遇上大洪水最大淹没水深分布

6.6.2.2　胡家岸溃口

1. 1933 年典型 100 年一遇上大洪水

当黄河发生 1933 年典型 100 年一遇上大洪水胡家岸河段处堤防发生溃决时，溃口洪水最初以溃口为中心呈扇形向外扩散，溃堤 2 h 后洪水演进至小清河，此后受地形及青银高速阻水影响，一部分洪水沿小清河逐步向下游演进，一部分洪水在小清河以北地区顺地形由高到低继续向东演进，少部分洪水通过青银高速上的涵洞及桥梁沿小清河向上游演进。36 h 后洪水演进至滨莱高速。36 ~ 98 h，受滨莱高速、长深高速等道路的阻滞，洪水沿各高速线、铁路线逐步向小清河南北两岸演进，部分洪水通过高速上的涵洞及桥梁继续向东演进。98 h 后洪水向东演进至德龙烟铁路，通过铁路上的涵洞及桥梁向东营市方向演进；另有一部分洪水向东演进至羊角镇境内，并沿小清河河道入渤海湾。394 h 后洪水淹没范围基本达到最大，后续溃口洪水基本沿固定流量向下游演进，除部分低洼地区积水无法排出外，地势较高地区的洪水流动趋势遵循从高到低的原则，并逐渐汇入小清河，最终入渤海湾。

本典型溃口洪水最终淹没面积 4 222 km^2，最大淹没水深 5.6 m，最大流速在 5 m/s 以上。洪水演进过程及不同时段淹没水深分布情况见表 6-72、表 6-73 及图 6-140 ~ 图 6-143。

表 6-72　胡家岸溃口不同时段洪水前锋到达位置及淹没情况

溃口后洪水演进时段	淹没面积 (km^2)	洪水演进过程描述	
		前锋位置	淹没情况
第 6 小时	198	董家镇	董家镇以北受淹，最大淹没水深 2.6 m
第 12 小时	325	水寨镇	洪水沿小清河向东演进，最大淹没水深 2.9 m
第 24 小时	615	魏桥镇	洪水沿小清河向东演进，水寨镇以北至黄河大堤之间地区大面积受淹，最大淹没水深 3.1 m
第 48 小时	1 186	桓台县	洪水沿小清河向东演进，邹平县城区以北乡镇受淹，县城最大淹没水深 2.1 m
第 96 小时	2 196	广饶县	洪水沿小清河向东演进，沿途受滨莱铁路、张东铁路阻滞，最大淹没水深 5.6 m
第 144 小时	3 230	东营市、羊角镇	
第 394 小时	4 129		淹没范围基本达到最大

表 6-73　重要城市或构筑物洪水到达时间及淹没情况

重要城市或构筑物	洪水到达时间	淹没情况描述
东营市	第 144 小时	东营市大部分地区受淹，最大淹没水深 2.5 m
滨莱高速	第 36 小时	119 h 后阻水作用达到最大，滨莱高速以西地区的淹没范围趋于稳定，高青县境内最大淹没水深 3.8 m
张东铁路	第 45 小时	阻水作用较小，博兴县境内最大淹没水深 3.9 m
长深高速	第 96 小时	169 h 后阻水作用达到最大，长深高速以西地区的淹没范围趋于稳定，广饶县境内最大淹没水深 1.9 m
德龙烟铁路	第 98 小时	184 h 后，德龙烟铁路以西地区的淹没范围趋于稳定

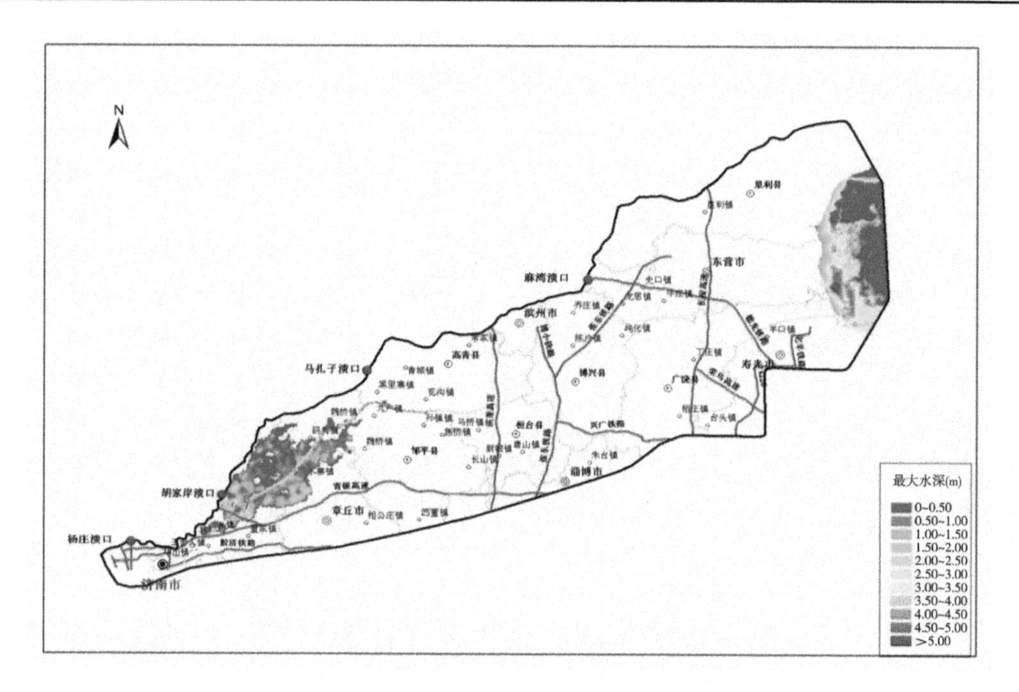

图 6-140　洪水演进第 24 小时(1 d)淹没水深分布

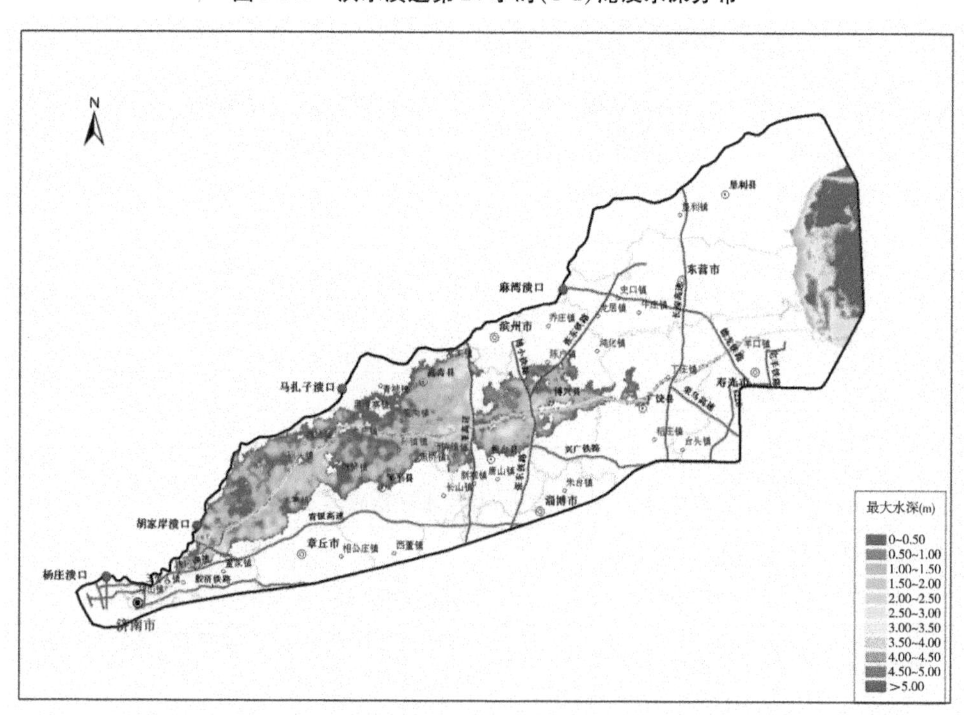

图 6-141　洪水演进第 96 小时(4 d)淹没水深分布

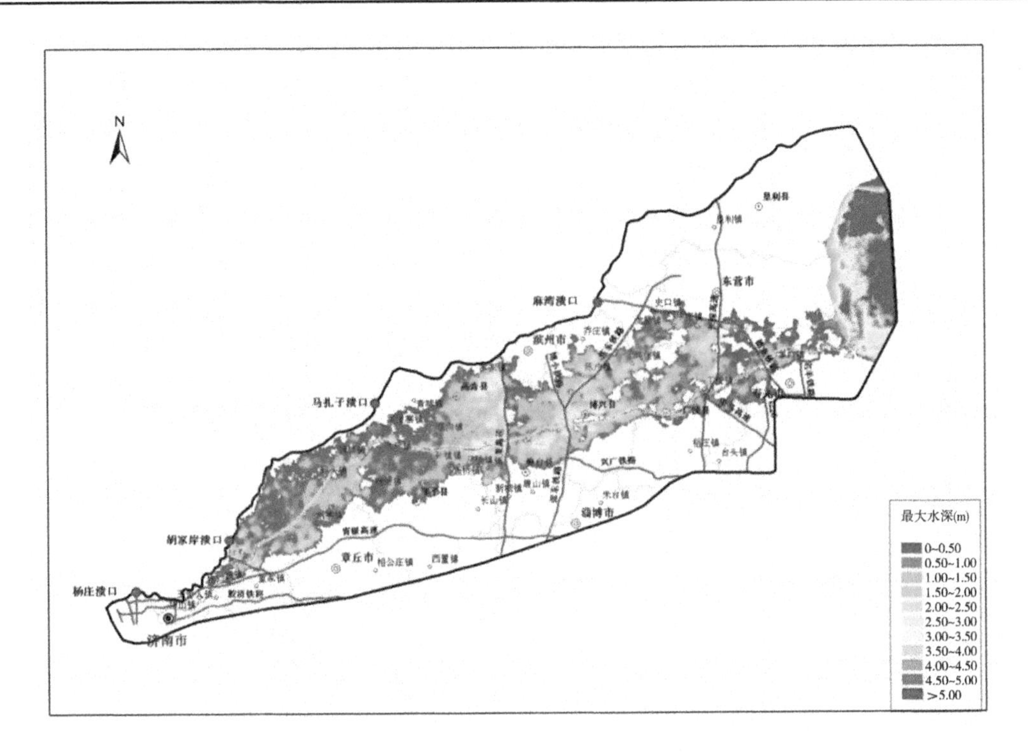

图6-142　洪水演进第144小时(6 d)淹没水深分布

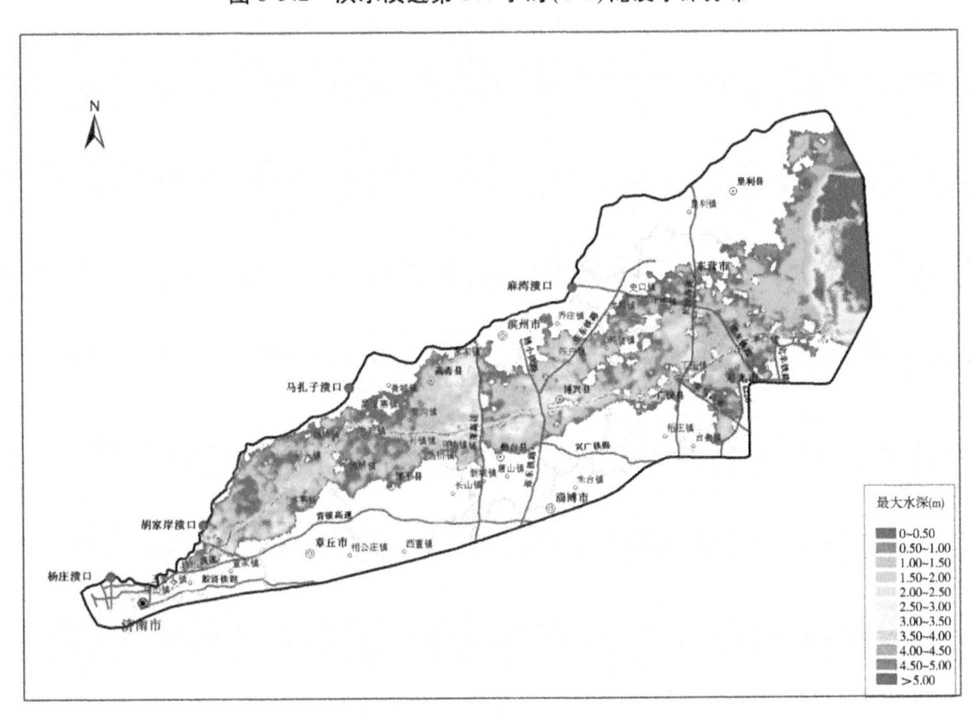

图6-143　1933年典型100年一遇上大洪水最大淹没水深分布

2.1933 年典型 1 000 年一遇上大洪水

当黄河发生 1933 年典型 1 000 年一遇上大洪水胡家岸河段处堤防发生溃决时，溃口洪水最初以溃口为中心呈扇形向外扩散，溃堤 2 h 后洪水演进至小清河，此后受地形及青银高速阻水影响，一部分洪水沿小清河逐步向下游演进，一部分洪水在小清河以北地区顺地形由高到低继续向东演进，少部分洪水通过青银高速上的涵洞及桥梁沿小清河向上游演进。35 h 后洪水演进至滨莱高速。35 ~ 97 h，受滨莱高速、长深高速等道路的阻滞，洪水沿各高速线、铁路线逐步向小清河南北两岸演进，部分洪水通过高速上的涵洞及桥梁继续向东演进。97 h 后洪水向东演进至德龙烟铁路，通过铁路上的涵洞及桥梁向东营市方向演进；另有一部分洪水向东演进至羊角镇境内，并沿小清河河道入渤海湾。394 h 后洪水淹没范围基本达到最大，后续溃口洪水基本不再扩大淹没面积，除部分低洼地区积水无法排出外，地势较高地区的洪水流动趋势遵循从高到低的原则，并逐渐汇入小清河，最终入渤海湾。

本典型溃口洪水最终淹没面积 4 531 km^2，最大淹没水深 6.0 m 及最大流速在 5 m/s 以上。洪水演进过程及不同时段淹没水深分布情况见表 6-74、表 6-75 及图 6-144 ~ 图 6-147。

表 6-74　胡家岸溃口不同时段洪水前锋到达位置及淹没情况

溃口后洪水演进时段	淹没面积（km^2）	洪水演进过程描述	
		前锋位置	淹没情况
第 6 小时	199	董家镇	董家镇以北受淹，最大淹没水深 2.6 m
第 12 小时	328	水寨镇	洪水沿小清河向东演进，最大淹没水深 2.9 m
第 24 小时	619	魏桥镇	洪水沿小清河向东演进，水寨镇以北至黄河大堤之间地区大面积受淹，最大淹没水深 3.1 m
第 48 小时	1 196	桓台县	洪水沿小清河向东演进，邹平县城区以北乡镇受淹，县城最大淹没水深 2.1 m
第 96 小时	2 211	广饶县	洪水沿小清河向东演进，沿途受滨莱铁路、张东铁路阻滞，最大淹没水深 5.6 m
第 144 小时	3 276	东营市、羊角镇	
第 394 小时	4 483		淹没范围基本达到最大

表 6-75　重要城市或构筑物洪水到达时间及淹没情况

重要城市或构筑物	洪水到达时间	淹没情况描述
东营市	第 143 小时	东营市大部分地区受淹，最大淹没水深 2.4 m
滨莱高速	第 35 小时	128 h 后阻水作用达到最大，滨莱高速以西地区的淹没范围趋于稳定，高青县境内最大淹没水深 4.0 m
张东铁路	第 44 小时	阻水作用较小，博兴县境内最大淹没水深 4.2 m
长深高速	第 95 小时	168 h 后阻水作用达到最大，长深高速以西地区的淹没范围趋于稳定，广饶县境内最大淹没水深 2.1 m
德龙烟铁路	第 97 小时	184 h 后，德龙烟铁路以西地区的淹没范围趋于稳定

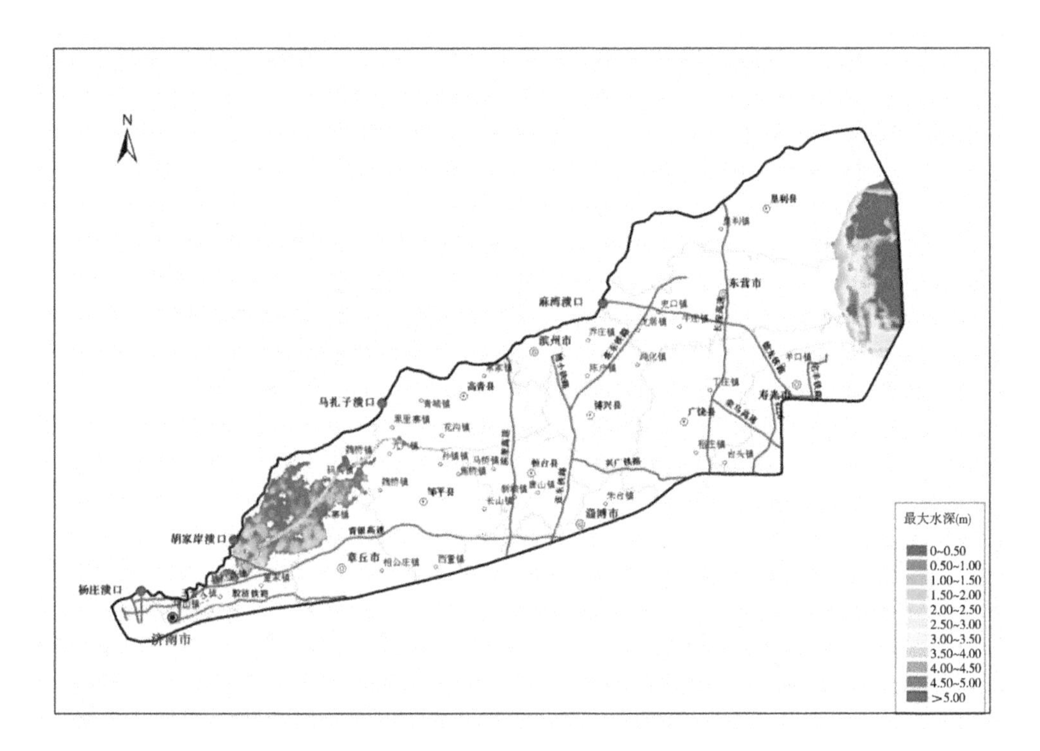

图 6-144　洪水演进第 24 小时(1 d)淹没水深分布

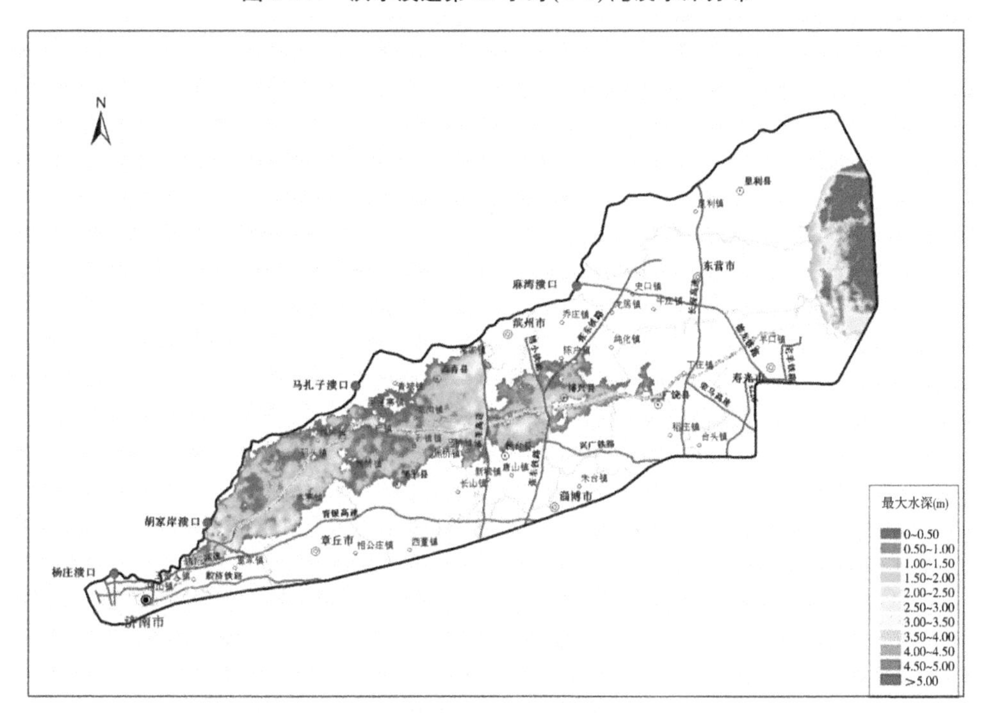

图 6-145　洪水演进第 96 小时(4 d)淹没水深分布

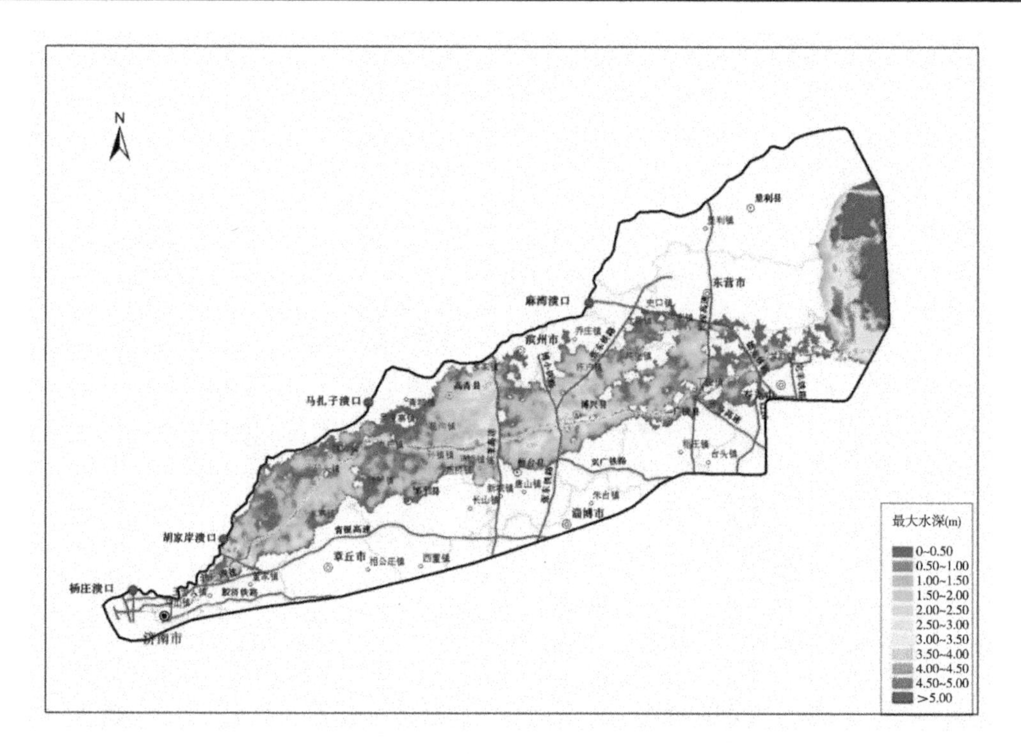

图 6-146　洪水演进第 144 小时(6 d)淹没水深分布

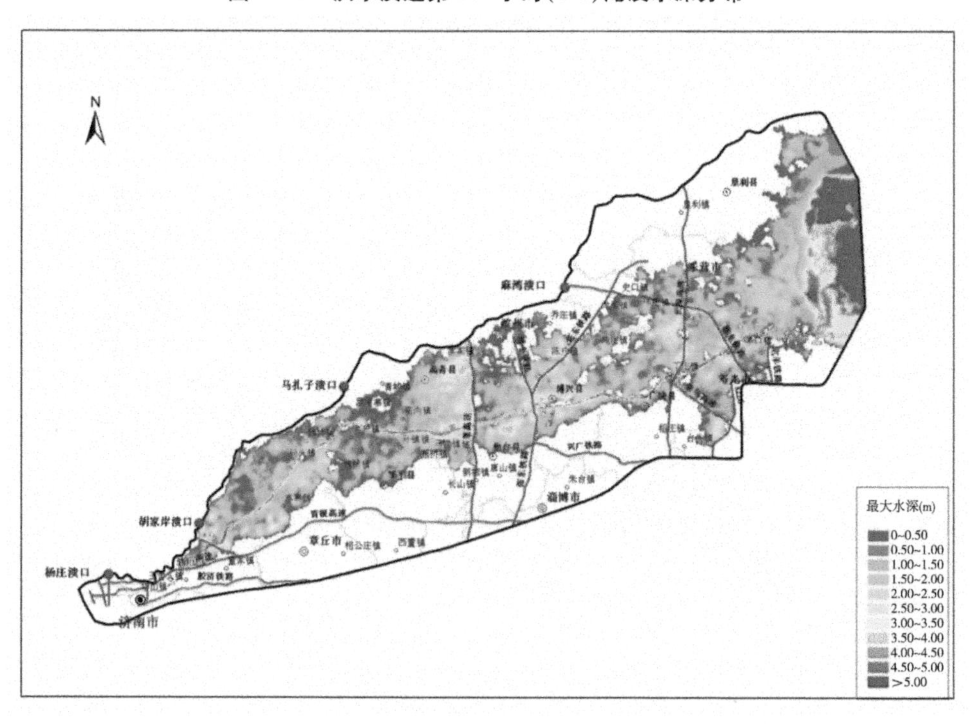

图 6-147　1933 年典型 1 000 年一遇上大洪水最大淹没水深分布

3. 1982 年典型近 1 000 年一遇上大洪水

当黄河发生 1982 年典型近 1 000 年一遇上大洪水胡家岸河段处堤防发生溃决时，溃口洪水最初以溃口为中心呈扇形向外扩散，溃堤 2 h 后洪水演进至小清河，此后受地形及青银高速阻水影响，一部分洪水沿小清河逐步向下游演进，一部分洪水在小清河以北地区顺地形由高到低继续向东演进，少部分洪水通过青银高速上的涵洞及桥梁沿小清河向上游演进。36 h 后洪水演进至滨莱高速。35 ~ 97 h，受滨莱高速、长深高速等道路的阻滞，洪水沿各高速线、铁路线逐步向小清河南北两岸演进，部分洪水通过高速上的涵洞及桥梁继续向东演进。97 h 后洪水向东演进至德龙烟铁路，通过铁路上的涵洞及桥梁向东营市方向演进；另有一部分洪水向东演进至羊角镇境内，并沿小清河河道入渤海湾。394 h 后洪水淹没范围基本达到最大，后续溃口洪水基本不再扩大淹没面积，除部分低洼地区积水无法排出外，地势较高地区的洪水流动趋势遵循从高到低的原则，并逐渐汇入小清河，最终入渤海湾。

本典型溃口洪水最终淹没面积 4 358 km^2，最大淹没水深 6.0 m，最大流速在 5 m/s 以上。洪水演进过程及不同时段淹没水深分布情况见表 6-76、表 6-77 及图 6-148 ~ 图 6-151。

表 6-76　胡家岸溃口不同时段洪水前锋到达位置及淹没情况

溃口后洪水演进时段	淹没面积（km^2）	洪水演进过程描述	
		前锋位置	淹没情况
第 6 小时	194	董家镇	董家镇以北受淹，最大淹没水深 2.5 m
第 12 小时	312	水寨镇	洪水沿小清河向东演进，最大淹没水深 2.8 m
第 24 小时	606	魏桥镇	洪水沿小清河向东演进，水寨镇以北至黄河大堤之间地区大面积受淹，最大淹没水深 3.1 m
第 48 小时	1 165	桓台县	洪水沿小清河向东演进，邹平县城区以北乡镇受淹，县城最大淹没水深 2.1 m
第 96 小时	2 224	广饶县	洪水沿小清河向东演进，沿途受滨莱铁路、张东铁路阻滞，最大淹没水深 5.7 m
第 144 小时	3 319	东营市、羊角镇	
第 394 小时	4 233		淹没范围基本达到最大

表 6-77　重要城市或构筑物洪水到达时间及淹没情况

重要城市或构筑物	洪水到达时间	淹没情况描述
东营市	第 143 小时	东营市大部分地区受淹，最大淹没水深 2.2 m
滨莱高速	第 35 小时	138 h 后阻水作用达到最大，滨莱高速以西地区的淹没范围趋于稳定，高青县境内最大淹没水深 4.0 m
张东铁路	第 44 小时	阻水作用较小，博兴县境内最大淹没水深 4.1 m
长深高速	第 95 小时	168 h 后阻水作用达到最大，长深高速以西地区的淹没范围趋于稳定，广饶县境内最大淹没水深 2.0 m
德龙烟铁路	第 97 小时	184 h 后，德龙烟铁路以西地区的淹没范围趋于稳定

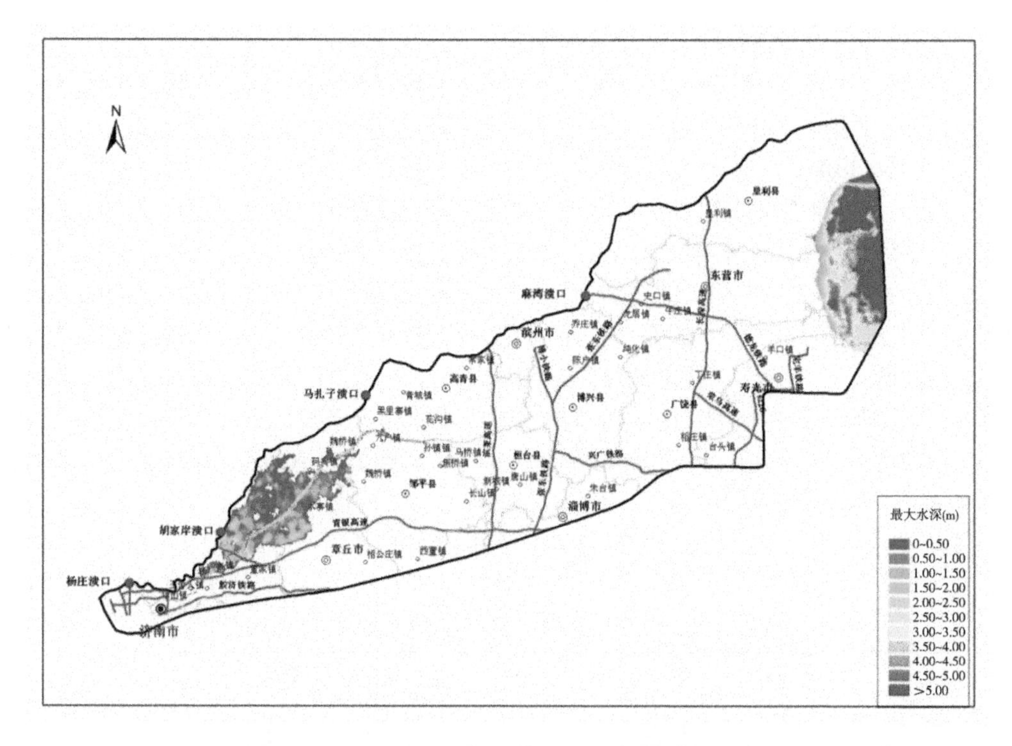

图 6-148　洪水演进第 24 小时(1 d)淹没水深分布

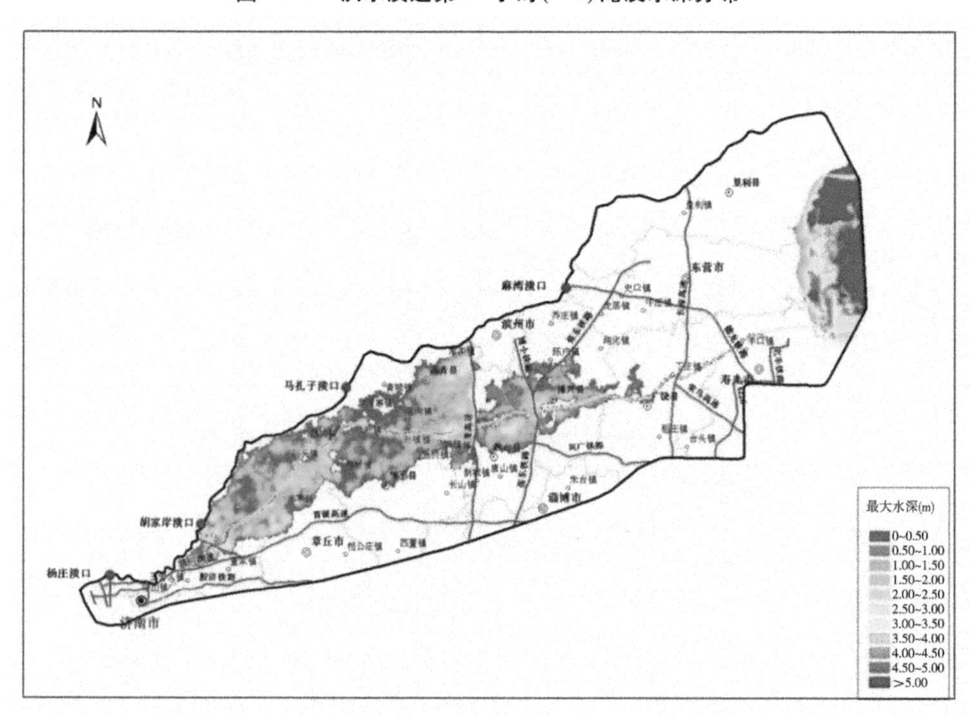

图 6-149　洪水演进第 96 小时(4 d)淹没水深分布

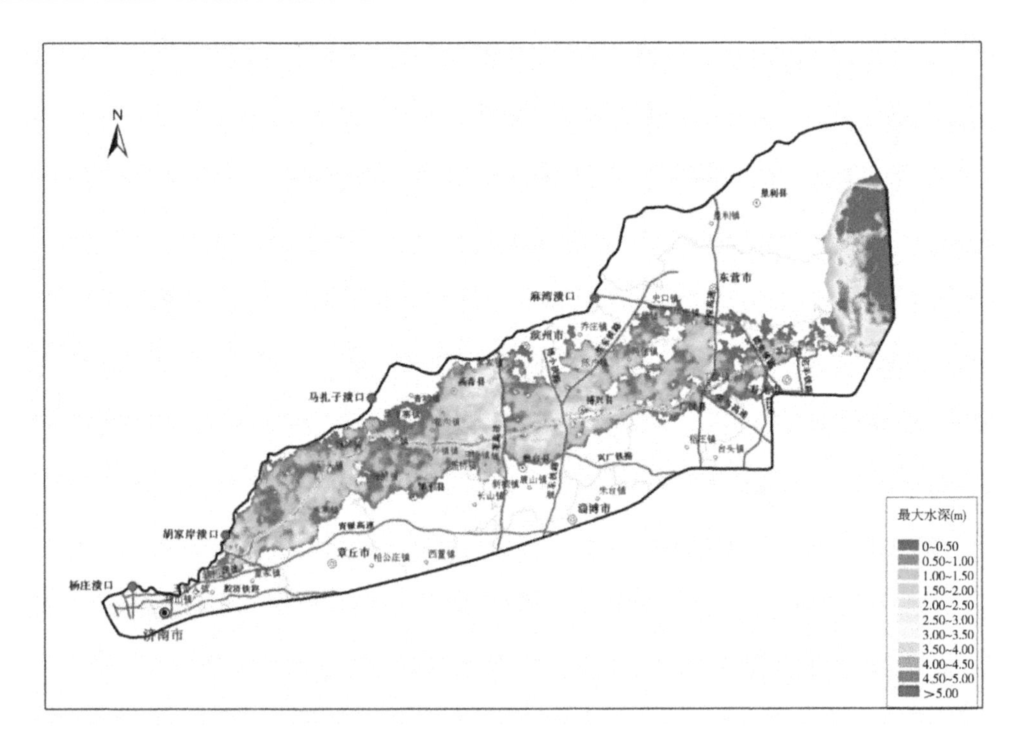

图 6-150　洪水演进第 144 小时(6 d)淹没水深分布

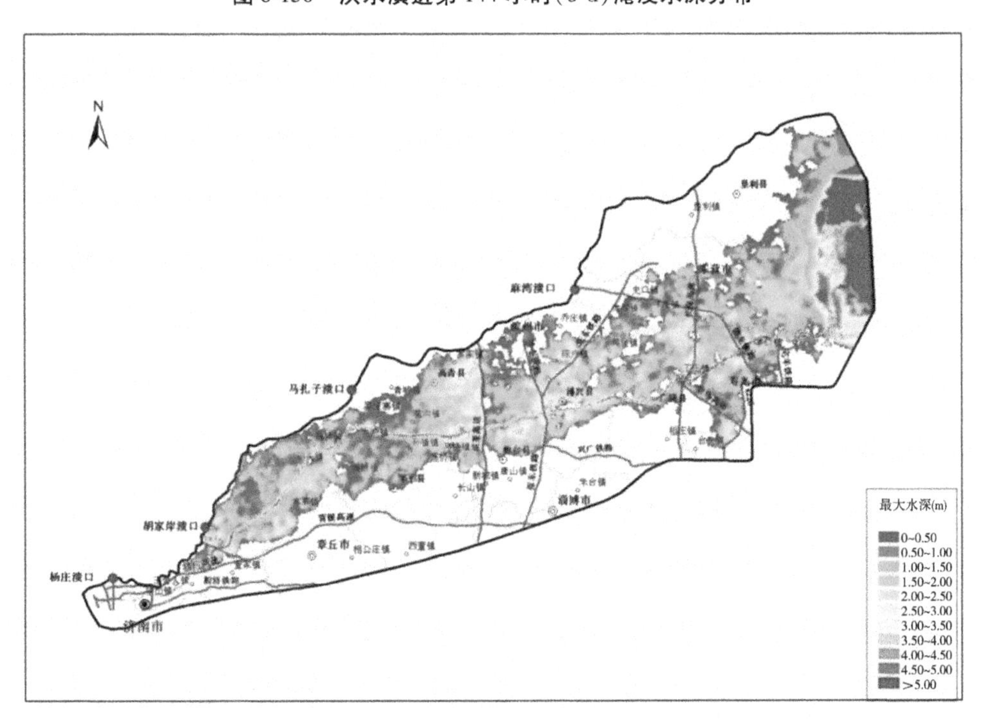

图 6-151　1982 年典型近 1 000 年一遇上大洪水最大淹没水深分布

6.6.2.3　马扎子溃口

1.1933 年典型 100 年一遇上大洪水

当黄河发生 1933 年典型 100 年一遇上大洪水马扎子河段处堤防发生溃决时，溃口洪水最初以溃口为中心呈扇形向外扩散，溃堤 3 h 后洪水演进至小清河，此后部分洪水沿小清河逐步向下游演进，部分洪水在小清河以北地区顺地形由高到低继续向东演进。14 h 后洪水演进至滨莱高速。14～72 h，受滨莱高速、长深高速等道路的阻滞，洪水沿各高速线、铁路线逐步向小清河南北两岸演进，部分洪水通过高速上的涵洞及桥梁继续向东演进。72 h 后洪水向东演进至德龙烟铁路，通过铁路上的涵洞及桥梁向东营市方向演进；另有一部分洪水向东演进至羊角镇境内，并沿小清河河道入渤海湾。329 h 后洪水淹没范围基本达到最大，后续溃口洪水基本沿固定流量向下游演进，除部分低洼地区积水无法排出外，地势较高地区的洪水流动趋势遵循从高到低的原则，并逐渐汇入小清河，最终入渤海湾。

本典型溃口洪水最终淹没面积 3 468 km^2，最大淹没水深 5.9 m，最大流速在 5 m/s 以上。洪水演进过程及不同时段淹没水深分布情况见表 6-78、表 6-79 及图 6-152～图 6-155。

表 6-78　马扎子溃口不同时段洪水前锋到达位置及淹没情况

溃口后洪水演进时段	淹没面积 (km^2)	洪水演进过程描述	
		前锋位置	淹没情况
第 6 小时	291	青城镇、花沟镇	青城镇、花沟镇以西受淹，黑里寨镇大部分地区受淹，最大淹没水深 2.3 m
第 12 小时	466	高青县	高青县县城以西乡镇大部分受淹，最大淹没水深 2.6 m
第 24 小时	764	桓台县、滨莱高速	高青县城区全部受淹，县城内最大淹没水深 1.5 m。滨莱高速淹没范围基本稳定
第 48 小时	1 116	博兴县	洪水沿小清河向东演进，沿途受滨莱高速阻滞，博兴县城区受淹，最大淹没水深 2.8 m
第 96 小时	2 085	羊角镇、牛庄镇	洪水沿小清河向东演进，沿途受张东铁路、德龙烟铁路阻滞，最大淹没水深 5.8 m
第 144 小时	3 061	东营市	东营市城区以南乡镇受淹，城区最大淹没水深 2.0 m
第 329 小时	3 392		淹没范围基本达到最大

表 6-79　重要城市或构筑物洪水到达时间及淹没情况

重要城市或构筑物	洪水到达时间	淹没情况描述
东营市	第 110 小时	东营市大部分地区受淹，最大淹没水深 2.7 m
滨莱高速	第 14 小时	89 h 后阻水作用达到最大，滨莱高速以西地区的淹没范围趋于稳定，高青县境内最大淹没水深 3.9 m
张东铁路	第 25 小时	阻水作用较小，博兴县境内最大淹没水深 3.7 m
长深高速	第 69 小时	129 h 后阻水作用达到最大，长深高速以西地区的淹没范围趋于稳定，广饶县境内最大淹没水深 2.0 m
德龙烟铁路	第 72 小时	154 h 后，德龙烟铁路以西地区的淹没范围趋于稳定

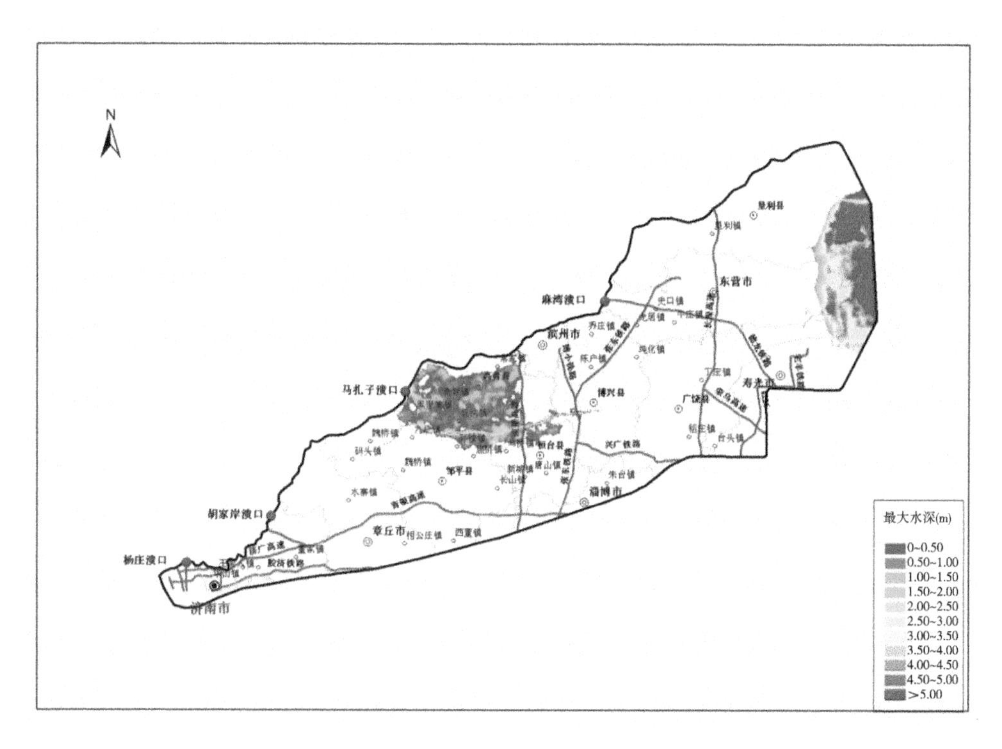

图 6-152　洪水演进第 24 小时(1 d)淹没水深分布

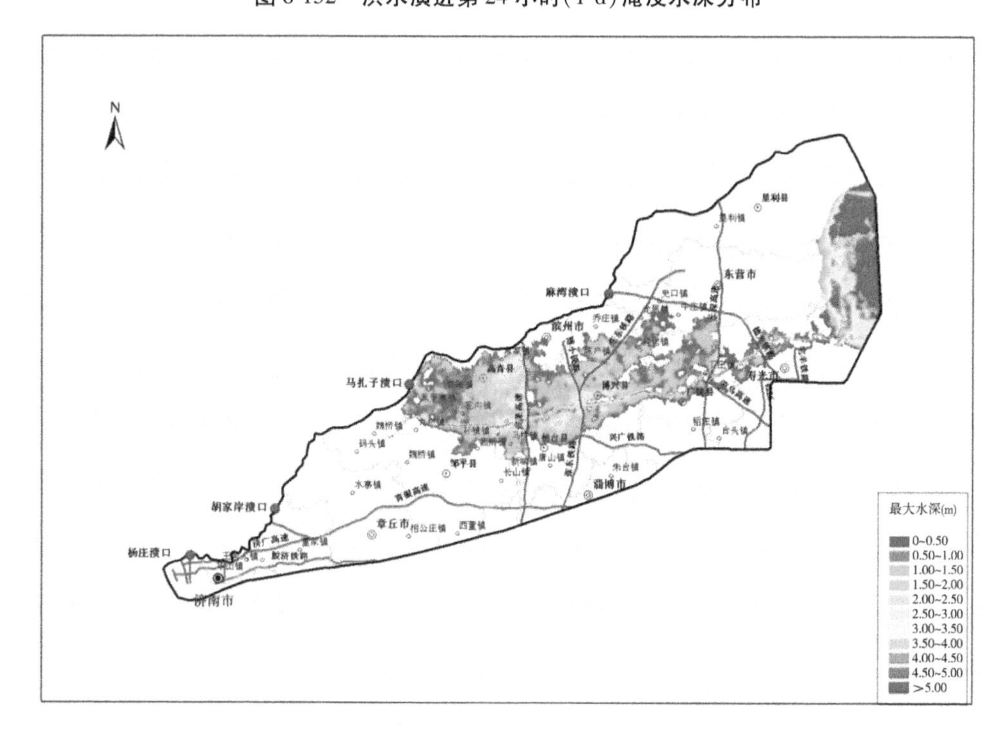

图 6-153　洪水演进第 96 小时(4 d)淹没水深分布

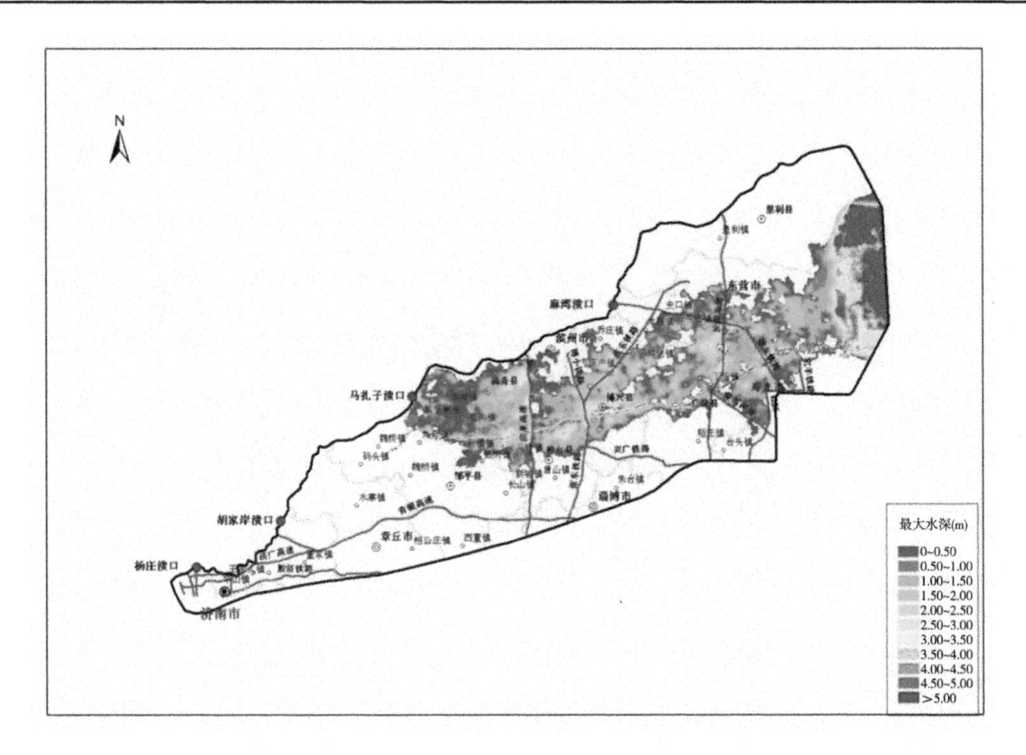

图 6-154　洪水演进第 144 小时(6 d)淹没水深分布

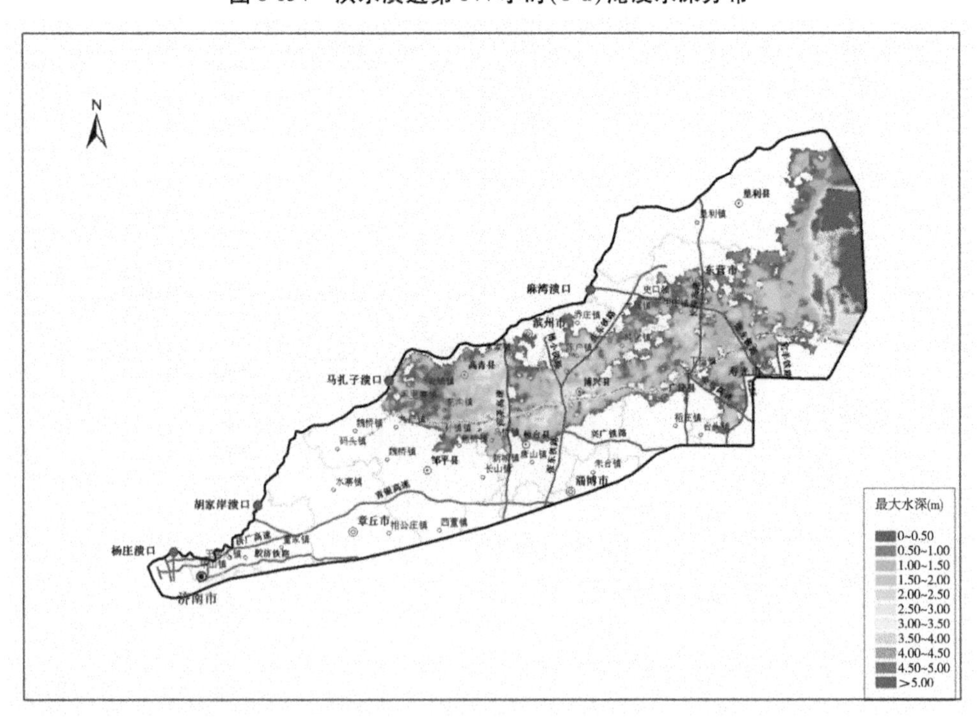

图 6-155　1933 年典型 100 年一遇上大洪水最大淹没水深分布

2. 1933 年典型 1 000 年一遇上大洪水

当黄河发生 1933 年典型 1 000 年一遇上大洪水马扎子河段处堤防发生溃决时，溃口洪水最初以溃口为中心呈扇形向外扩散，溃堤 3 h 后洪水演进至小清河，此后部分洪水沿小清河逐步向下游演进，部分洪水在小清河以北地区顺地形由高到低继续向东演进。14 h后洪水演进至滨莱高速。14 ~ 69 h，受滨莱高速、长深高速等道路的阻滞，洪水沿各高速线、铁路线逐步向小清河南北两岸演进，部分洪水通过高速上的涵洞及桥梁继续向东演进。69 h 后洪水向东演进至德龙烟铁路，通过铁路上的涵洞及桥梁向东营市方向演进；另有一部分洪水向东演进至羊角镇境内，并沿小清河河道入渤海湾。308 h 后洪水淹没范围基本达到最大，后续溃口洪水基本沿固定流量向下游演进，除部分低洼地区积水无法排出外，地势较高地区的洪水流动趋势遵循从高到低的原则，并逐渐汇入小清河，最终入渤海湾。

本典型溃口洪水最终淹没面积 3 745 km^2，最大淹没水深 5.9 m，最大流速在 5 m/s 以上。洪水演进过程及不同时段淹没水深分布情况见表 6-80、表 6-81 及图 6-156 ~ 图 6-159。

表 6-80　马扎子溃口不同时段洪水前锋到达位置及淹没情况

溃口后洪水演进时段	淹没面积(km^2)	洪水演进过程描述	
		前锋位置	淹没情况
第 6 小时	292	青城镇、花沟镇	青城镇、花沟镇以西受淹，黑里寨镇大部分地区受淹，最大淹没水深 2.5 m
第 12 小时	466	高青县	高青县县城以西乡镇大部分受淹，最大淹没水深 2.6 m
第 24 小时	766	桓台县、滨莱高速	高青县城区全部受淹，县城内最大淹没水深 1.7 m。滨莱高速淹没范围基本稳定
第 48 小时	1 119	博兴县	洪水沿小清河向东演进，沿途受滨莱高速阻滞，博兴县城区受淹，最大淹没水深 3.2 m
第 96 小时	2 143	羊角镇、牛庄镇	洪水沿小清河向东演进，沿途受张东铁路、德龙烟铁路阻滞，最大淹没水深 5.9 m
第 144 小时	3 169	东营市	东营市城区以南乡镇受淹，城区最大淹没水深 2.1 m
第 308 小时	3 713		淹没范围基本达到最大

表 6-81　重要城市或构筑物洪水到达时间及淹没情况

重要城市或构筑物	洪水到达时间	淹没情况描述
东营市	第 110 小时	东营市大部分地区受淹，最大淹没水深 3.1 m
滨莱高速	第 14 小时	89 h 后阻水作用达到最大，滨莱高速以西地区的淹没范围趋于稳定，高青县境内最大淹没水深 4.0 m
张东铁路	第 24 小时	阻水作用较小，博兴县境内最大淹没水深 4.1 m
长深高速	第 67 小时	129 h 后阻水作用达到最大，长深高速以西地区的淹没范围趋于稳定，广饶县境内最大淹没水深 2.1 m
德龙烟铁路	第 69 小时	154 h 后，德龙烟铁路以西地区的淹没范围趋于稳定

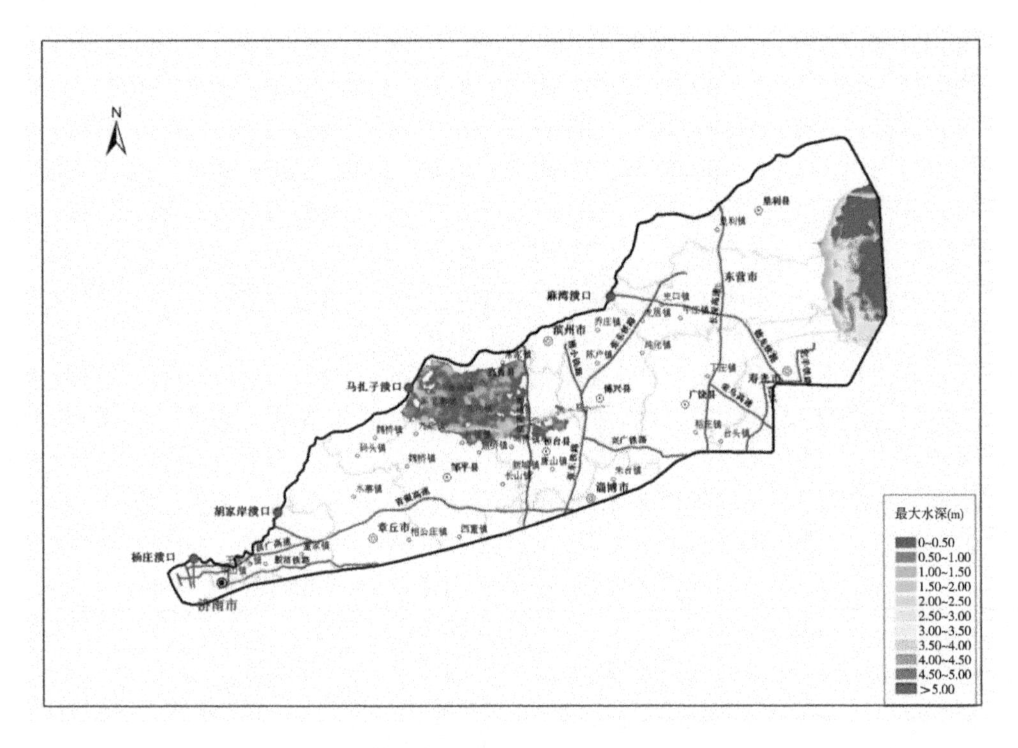

图 6-156　洪水演进第 24 小时(1 d)淹没水深分布

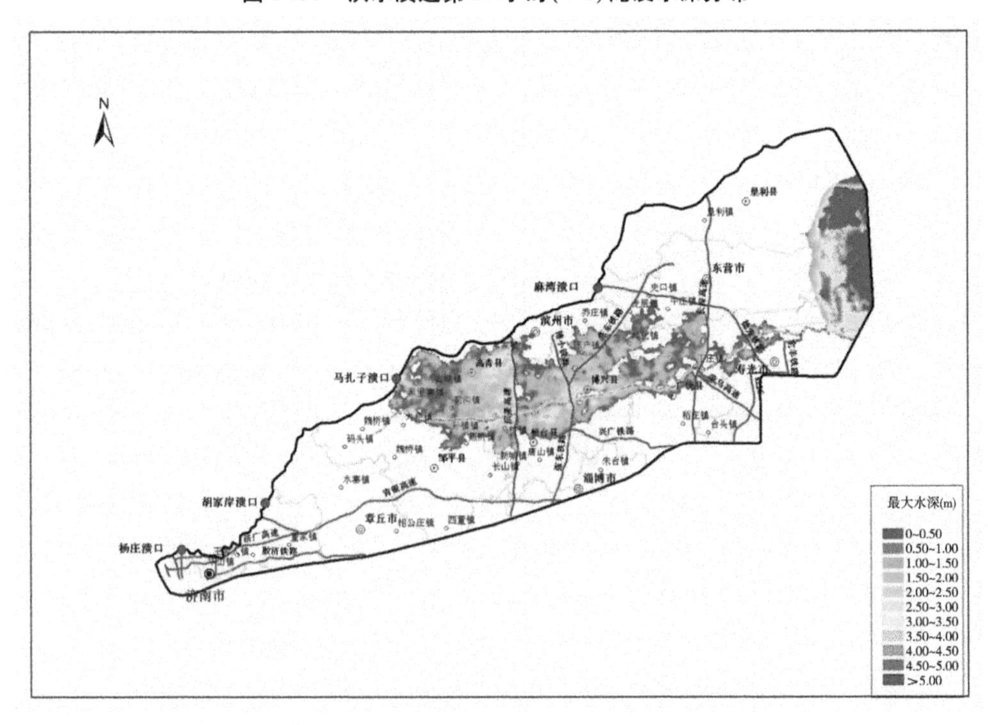

图 6-157　洪水演进第 96 小时(4 d)淹没水深分布

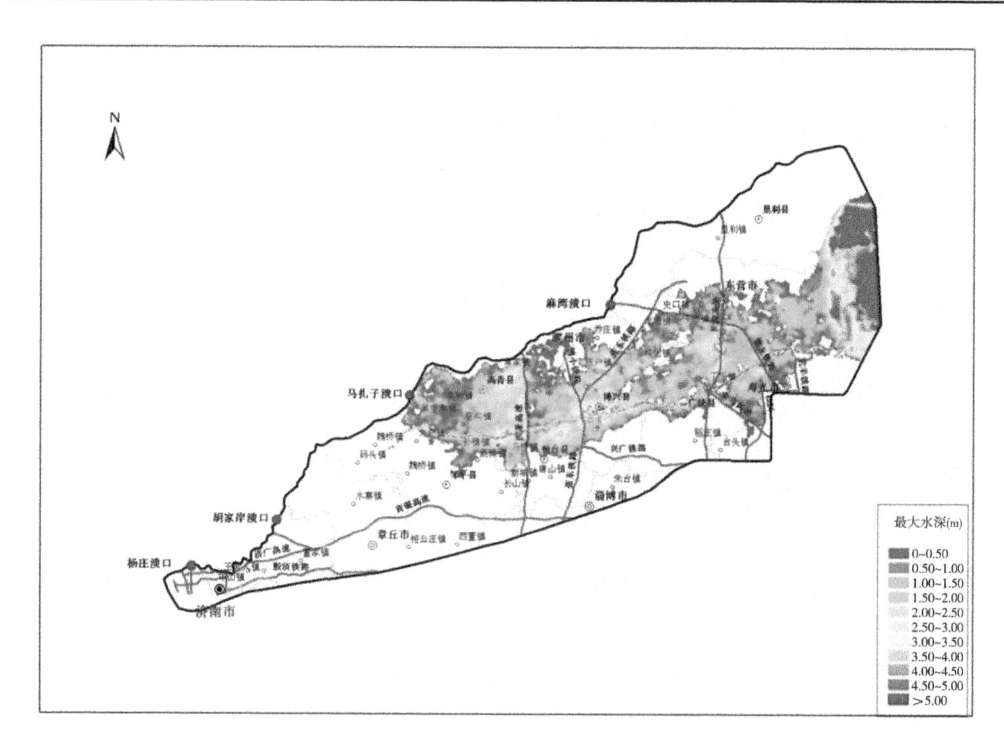

图6-158　洪水演进第144小时(6 d)淹没水深分布

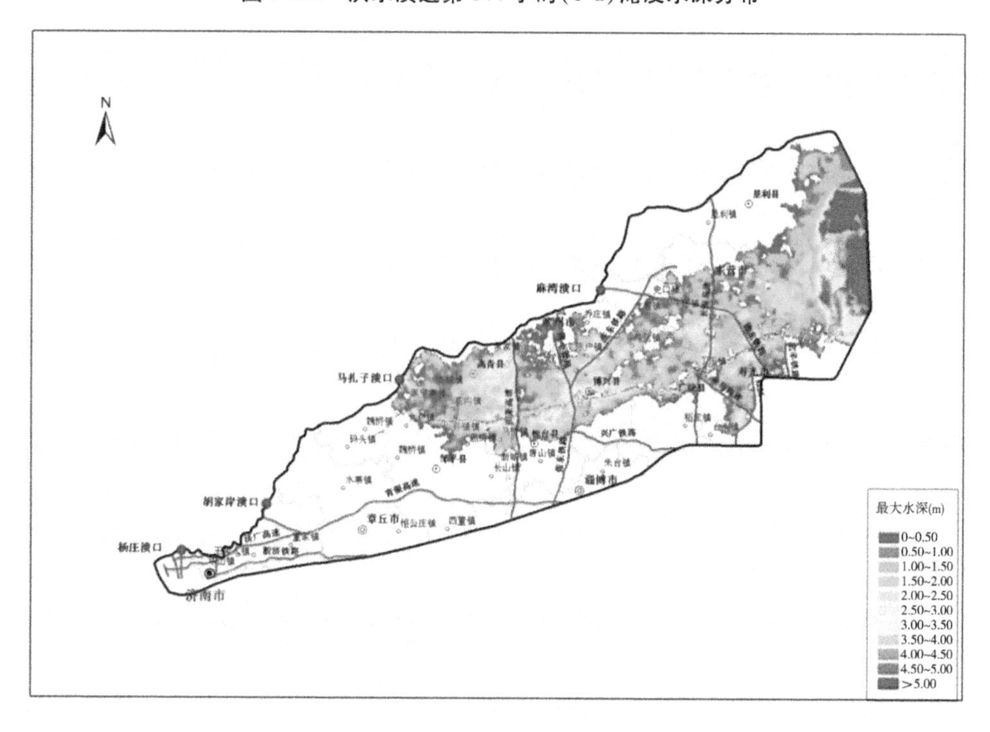

图6-159　1933年典型1 000年一遇上大洪水最大淹没水深分布

3. 1982 年典型近 1 000 年一遇上大洪水

当黄河发生 1982 年典型近 1 000 年一遇上大洪水马扎子河段处堤防发生溃决时，溃口洪水最初以溃口为中心呈扇形向外扩散，溃堤 3 h 后洪水演进至小清河，此后部分洪水沿小清河逐步向下游演进，部分洪水在小清河以北地区顺地形由高到低继续向东演进。14 h 后洪水演进至滨莱高速。14 ~ 69 h，受滨莱高速、长深高速等道路的阻滞，洪水沿各高速线、铁路线逐步向小清河南北两岸演进，部分洪水通过高速上的涵洞及桥梁继续向东演进。69 h 后洪水向东演进至德龙烟铁路，通过铁路上的涵洞及桥梁向东营市方向演进；另有一部分洪水向东演进至羊角镇境内，并沿小清河河道入渤海湾。288 h 后洪水淹没范围基本达到最大，后续溃口洪水基本沿固定流量向下游演进，除部分低洼地区积水无法排出外，地势较高地区的洪水流动趋势遵循从高到低的原则，并逐渐汇入小清河，最终入渤海湾。

本典型溃口洪水最终淹没面积 3 605 km^2，最大淹没水深 6.0 m，最大流速在 5 m/s 以上。洪水演进过程及不同时段淹没水深分布情况见表 6-82、表 6-83 及图 6-160 ~ 图 6-163。

表 6-82 马扎子溃口不同时段洪水前锋到达位置及淹没情况

溃口后洪水演进时段	淹没面积（km^2）	洪水演进过程描述	
		前锋位置	淹没情况
第 6 小时	285	青城镇、花沟镇	青城镇、花沟镇以西受淹，黑里寨镇大部分地区受淹，最大淹没水深 2.4 m
第 12 小时	454	高青县	高青县县城以西乡镇大部分受淹，最大淹没水深 2.6 m
第 24 小时	754	桓台县、滨莱高速	高青县城区全部受淹，县城内最大淹没水深 1.7 m。滨莱高速淹没范围基本稳定
第 48 小时	1 101	博兴县	洪水沿小清河向东演进，沿途受滨莱高速阻滞，博兴县城区受淹，最大淹没水深 3.2 m
第 96 小时	2 124	羊角镇、牛庄镇	洪水沿小清河向东演进，沿途受张东铁路、德龙烟铁路阻滞，最大淹没水深 5.9 m
第 144 小时	3 172	东营市	东营市城区以南乡镇受淹，城区最大淹没水深 2.1 m
第 288 小时	3 525		淹没范围基本达到最大

表 6-83 重要城市或构筑物洪水到达时间及淹没情况

重要城市或构筑物	洪水到达时间	淹没情况描述
东营市	第 110 小时	东营市大部分地区受淹，最大淹没水深 2.9 m
滨莱高速	第 14 小时	89 h 后阻水作用达到最大，滨莱高速以西地区的淹没范围趋于稳定，高青县境内最大淹没水深 4.0 m
张东铁路	第 24 小时	阻水作用较小，博兴县境内最大淹没水深 4.2 m
长深高速	第 67 小时	129 h 后阻水作用达到最大，长深高速以西地区的淹没范围趋于稳定，广饶县境内最大淹没水深 2.1 m
德龙烟铁路	第 69 小时	154 h 后，德龙烟铁路以西地区的淹没范围趋于稳定

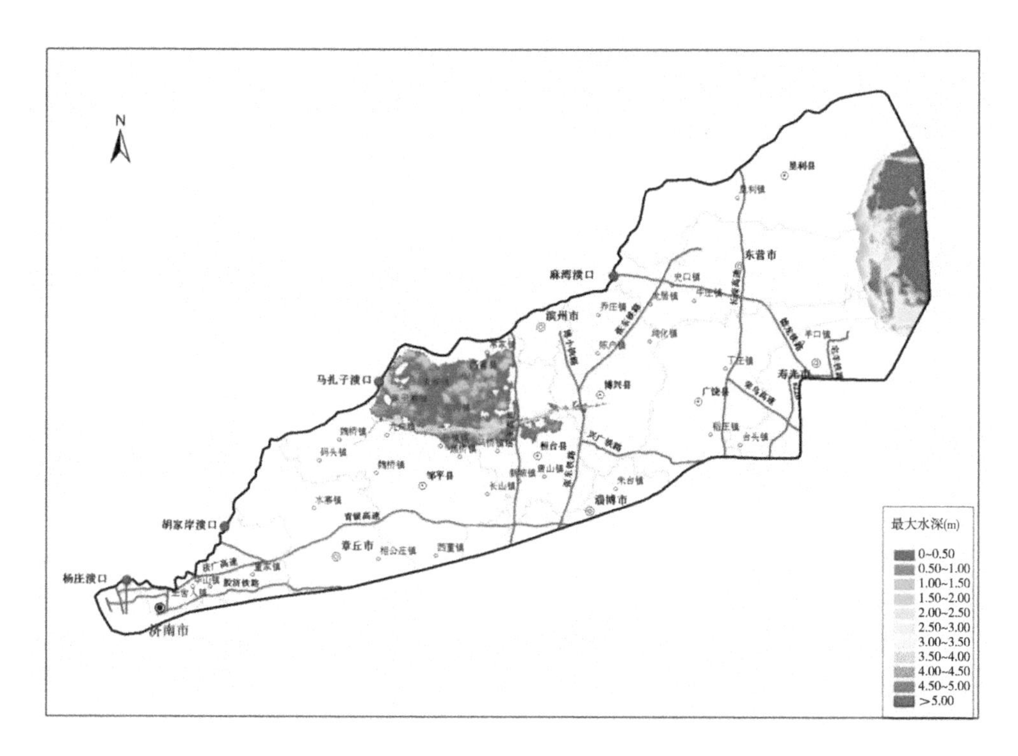

图6-160 洪水演进第24小时(1 d)淹没水深分布

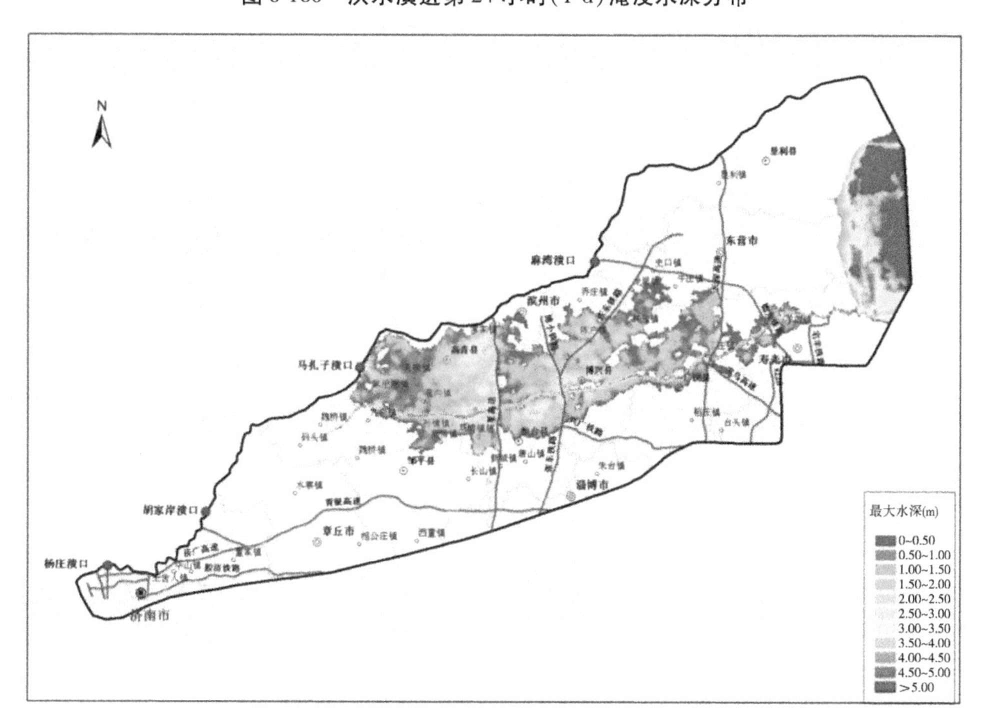

图6-161 洪水演进第96小时(4 d)淹没水深分布

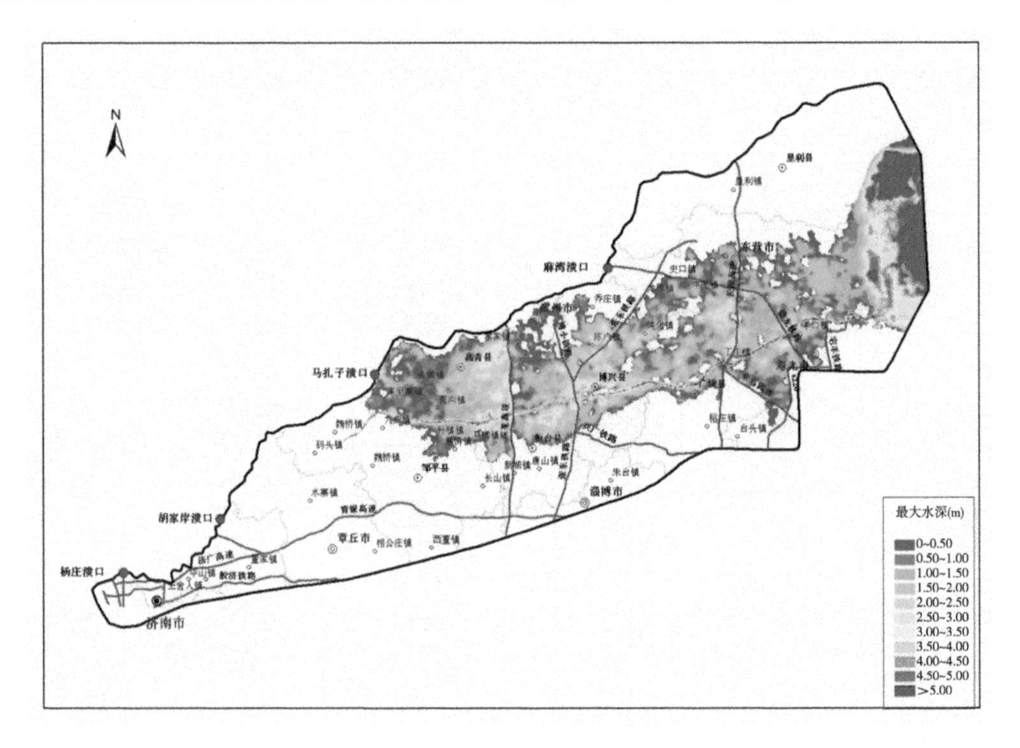

图 6-162　洪水演进第 144 小时(6 d)淹没水深分布

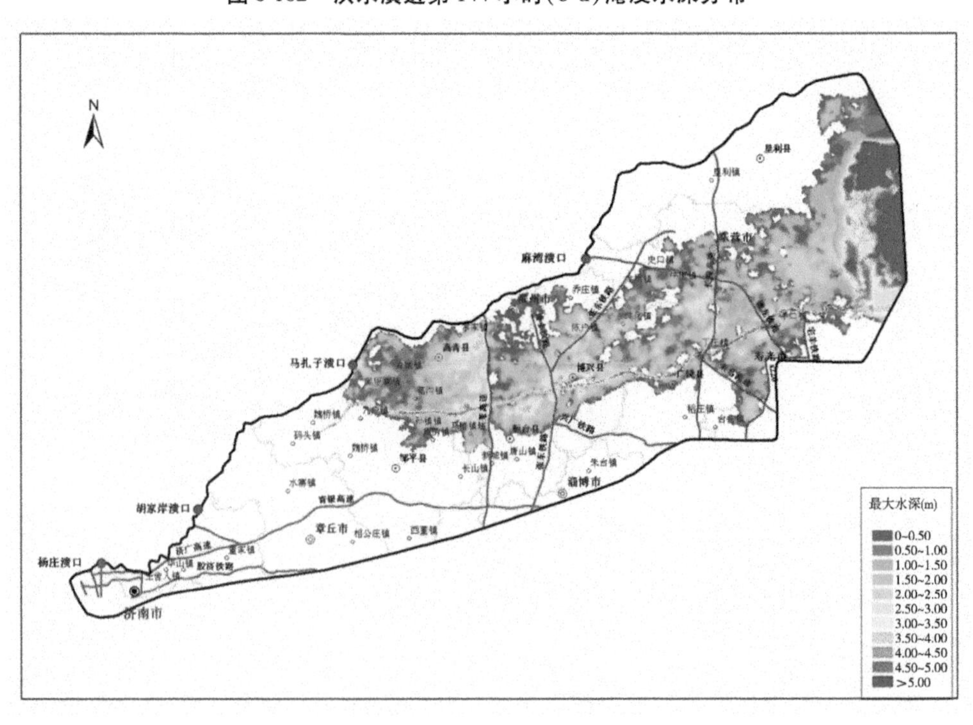

图 6-163　1982 年典型近 1 000 年一遇上大洪水最大淹没水深分布

6.6.2.4　麻湾溃口

1. 1933 年典型 100 年一遇上大洪水

当黄河发生 1933 年典型 100 年一遇上大洪水麻湾险工处堤防发生溃决时，溃口洪水最初以溃口为中心呈扇形向外扩散，溃堤 7 h 后洪水演进至张东铁路，受道路阻水作用洪水分东西两股沿铁路向两个方向演进。21 h 后洪水向东演进至东营市，向西演进至博小铁路。此后，受德龙烟铁路阻水作用，大部分洪水被阻滞在德龙烟铁路以北，东营市区界内洪水淹没水深继续加深，淹没范围加大。26 h 后洪水到达长深高速。34 h 后向西演进的洪水汇入小清河，向东演进的洪水通过长深高速上的涵洞及桥梁继续向东演进。66 h 后洪水演进至海口，汇入渤海湾。251 h 后洪水淹没范围基本达到最大，后续溃口洪水基本沿固定流量向下游演进，除部分低洼地区积水无法排出外，地势较高地区的洪水流动趋势遵循从高到低的原则，并逐渐汇入小清河，最终入渤海湾。

本典型溃口洪水最终淹没面积 2 927 km^2，最大淹没水深 3.2 m，最大流速在 5 m/s 以上。洪水演进过程及不同时段淹没水深分布情况见表 6-84、表 6-85 及图 6-164 ~ 图 6-167。

表 6-84　麻湾溃口不同时段洪水前锋到达位置及淹没情况

溃口后洪水演进时段	淹没面积(km^2)	洪水演进过程描述	
		前锋位置	淹没情况
第 6 小时	246	张东铁路	乔庄镇、龙居镇部分地区受淹，最大淹没水深 2.6 m
第 12 小时	382	陈户镇、史口镇	张东铁路以北淹没范围向东西两个方向扩大，乔庄镇基本受淹，陈户镇、龙居镇、史口镇部分地区受淹，最大淹没水深 2.95 m
第 24 小时	679	博兴县、东营市	张东铁路、德龙烟铁路以北淹没范围继续扩大，陈户镇基本受淹，东营市长深高速以西地区受淹，东营市最大淹没水深 1.0 m
第 48 小时	1 204	小清河、羊口镇	部分洪水自博兴县地区汇入小清河，东营市区界内淹没水深基本达到最大，约 3.0 m
第 96 小时	2 520	东营市北	东营市大部分地区受淹，最大淹没水深 3.0 m
第 144 小时	2 790	垦利县	沿海地区受淹，最大淹没水深 2.0 m
第 251 小时	2 857		淹没范围基本达到最大

表 6-85　重要城市或构筑物洪水到达时间及淹没情况

重要城市或构筑物	洪水到达时间	淹没情况描述
德龙烟铁路	第 1 小时	受德龙烟铁路阻水作用，大部分洪水被阻滞在铁路以北，致使东营市灾情加重
张东铁路	第 7 小时	阻水作用较大，洪水分东西两股沿铁路向两个方向演进
东营市	第 21 小时	东营市大部分地区受淹，最大淹没水深 3.2 m
长深高速	第 26 小时	56 h 后阻水作用达到最大，长深高速以西地区的淹没范围趋于稳定，牛庄镇境内最大淹没水深 3.2 m
博小铁路	第 21 小时	博兴县境内最大淹没水深 2.9 m

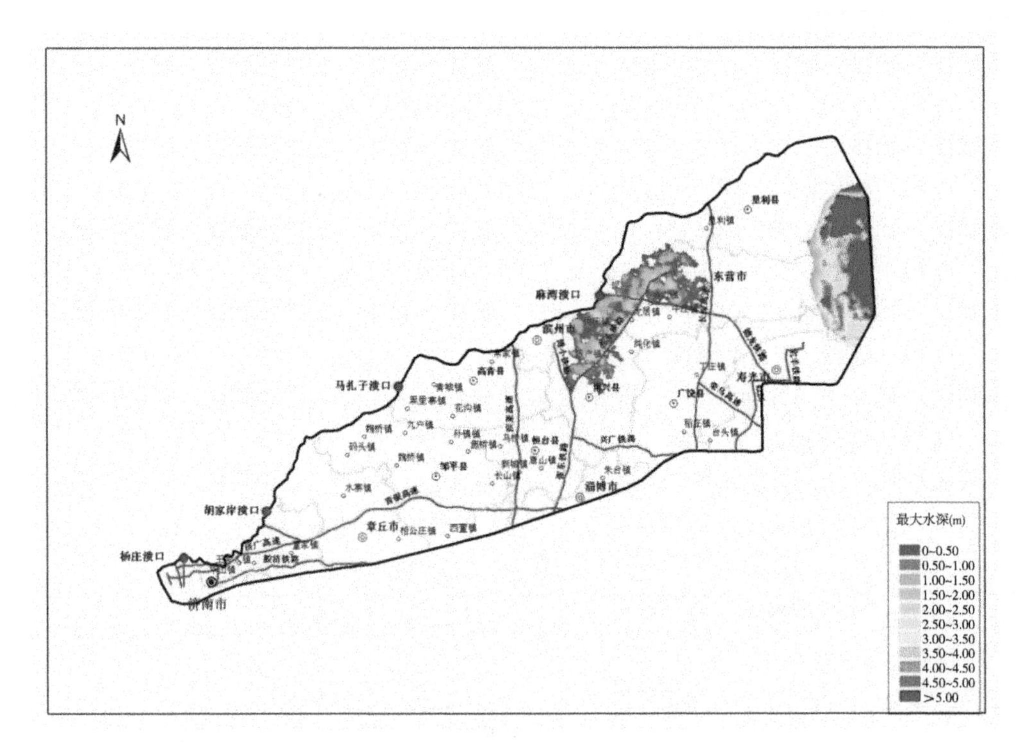

图 6-164　洪水演进第 24 小时(1 d)淹没水深分布

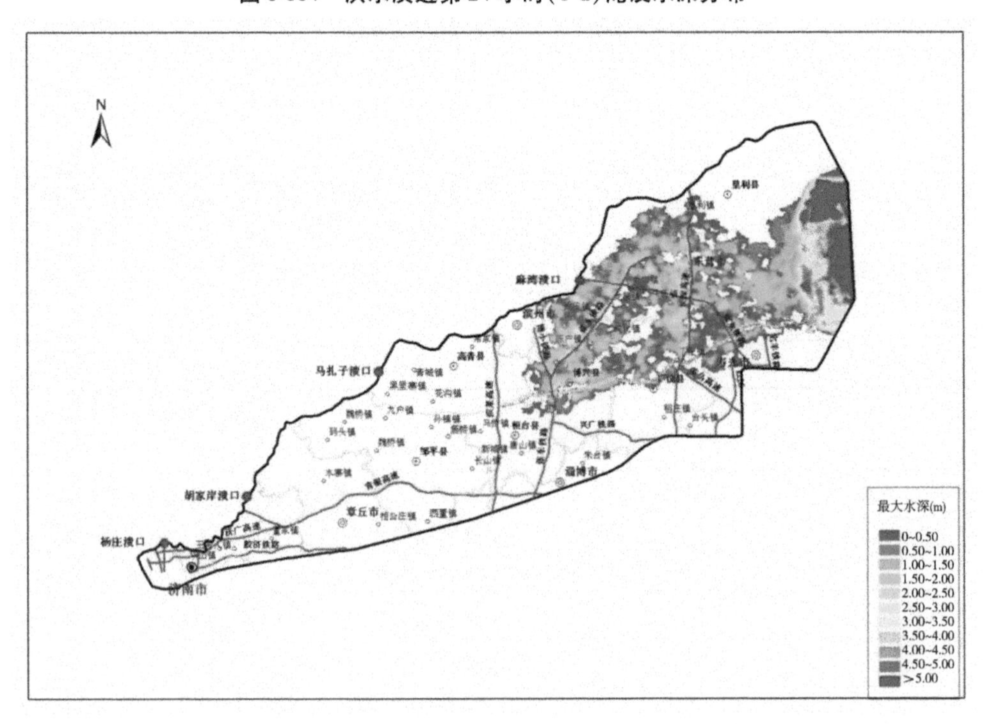

图 6-165　洪水演进第 96 小时(4 d)淹没水深分布

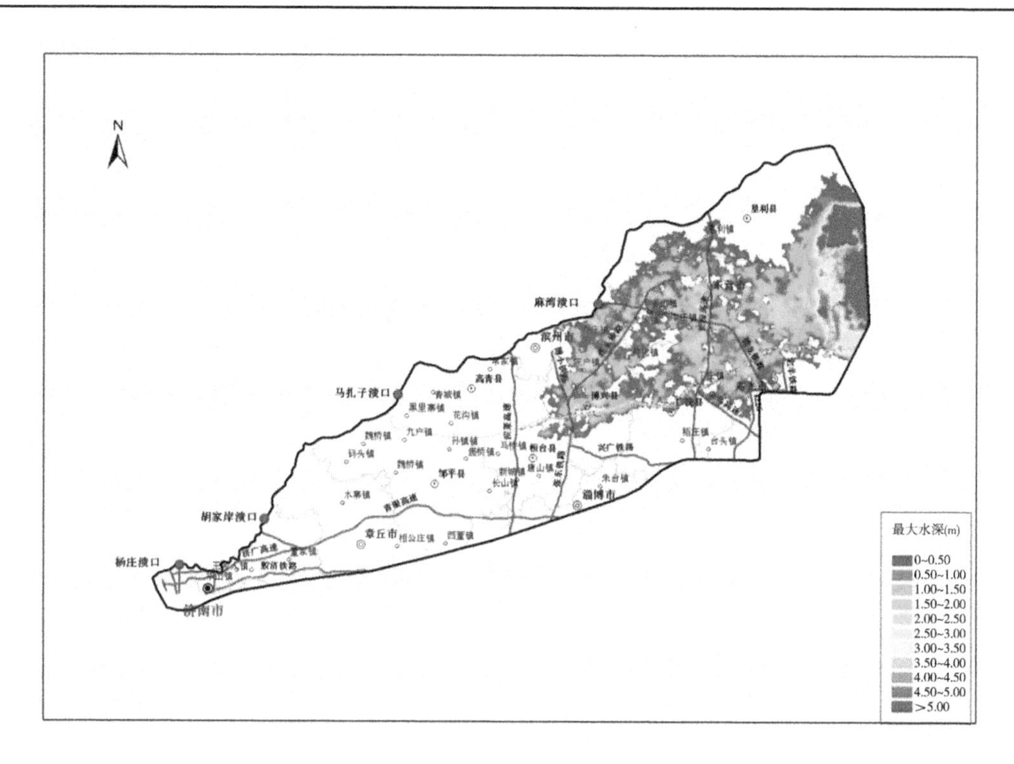

图6-166　洪水演进第144小时(6 d)淹没水深分布

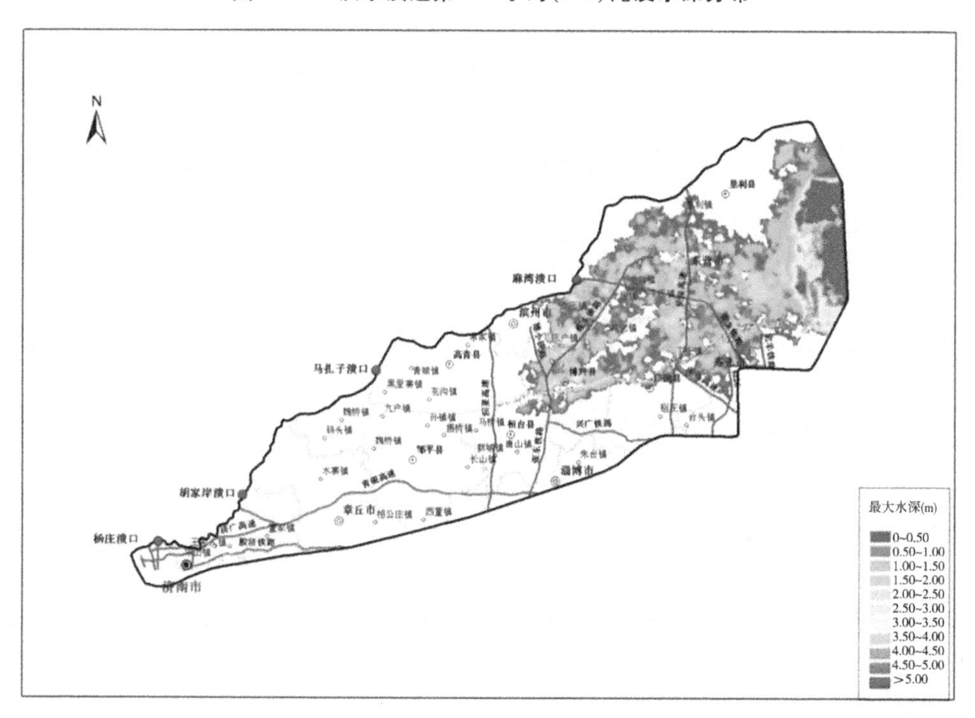

图6-167　1933年典型100年一遇上大洪水最大淹没水深分布

2. 1933 年典型 1 000 年一遇上大洪水

当黄河发生 1933 年典型 1 000 年一遇上大洪水麻湾险工处堤防发生溃决时，溃口洪水最初以溃口为中心呈扇形向外扩散，溃堤 3 h 后洪水演进至张东铁路，受道路阻水作用洪水分东西两股沿铁路向两个方向演进。20 h 后洪水向东演进至东营市，向西演进至博小铁路。此后，受德龙烟铁路阻水作用，大部分洪水被阻滞在德龙烟铁路以北，东营市区界内洪水淹没水深继续加深，淹没范围加大。25 h 后洪水到达长深高速。34 h 后向西演进的洪水汇入小清河，向东演进的洪水通过长深高速上的涵洞及桥梁继续向东演进。66 h 后洪水演进至海口，汇入渤海湾。310 h 后洪水淹没范围基本达到最大，后续溃口洪水基本沿固定流量向下游演进，除部分低洼地区积水无法排出外，地势较高地区的洪水流动趋势遵循从高到低的原则，并逐渐汇入小清河，最终入渤海湾。

本典型溃口洪水最终淹没面积 3 194 km^2，最大淹没水深 3. 8 m，最大流速在 5 m/s 以上。洪水演进过程及不同时段淹没水深分布情况见表 6-86、表 6-87 及图 6-168 ~ 图 6-171。

表 6-86　麻湾溃口不同时段洪水前锋到达位置及淹没情况

溃口后洪水演进时段	淹没面积（km^2）	洪水演进过程描述	
		前锋位置	淹没情况
第 6 小时	247	张东铁路	乔庄镇、龙居镇部分地区受淹，最大淹没水深 3. 0 m
第 12 小时	382	陈户镇、史口镇	张东铁路以北淹没范围向东西两个方向扩大，乔庄镇基本受淹，陈户镇、龙居镇、史口镇部分地区受淹，最大淹没水深 3. 1 m
第 24 小时	681	博兴县、东营市	张东铁路、德龙烟铁路以北淹没范围继续扩大，陈户镇基本受淹，东营市长深高速以西地区受淹，东营市最大淹没水深 1. 5 m
第 48 小时	1 206	小清河、羊口镇	部分洪水自博兴县地区汇入小清河，东营市区界内淹没水深基本达到最大，约 3. 1 m
第 96 小时	2 545	东营市北	东营市大部分地区受淹，最大淹没水深 3. 1 m
第 144 小时	2 953	垦利县	沿海地区受淹，最大淹没水深 2. 1 m
第 310 小时	3 167		淹没范围基本达到最大

表 6-87　重要城市或构筑物洪水到达时间及淹没情况

重要城市或构筑物	洪水到达时间	淹没情况描述
德龙烟铁路	第 1 小时	受德龙烟铁路阻水作用，大部分洪水被阻滞在铁路以北，致使东营市地区灾情加重
张东铁路	第 3 小时	阻水作用较大，洪水分东西两股沿铁路向两个方向演进
东营市	第 20 小时	东营市大部分地区受淹，最大淹没水深 3. 8 m
长深高速	第 25 小时	65 h 后阻水作用达到最大，长深高速以西地区的淹没范围趋于稳定，牛庄镇境内最大淹没水深 3. 4 m
博小铁路	第 20 小时	博兴县境内最大淹没水深 3. 1 m

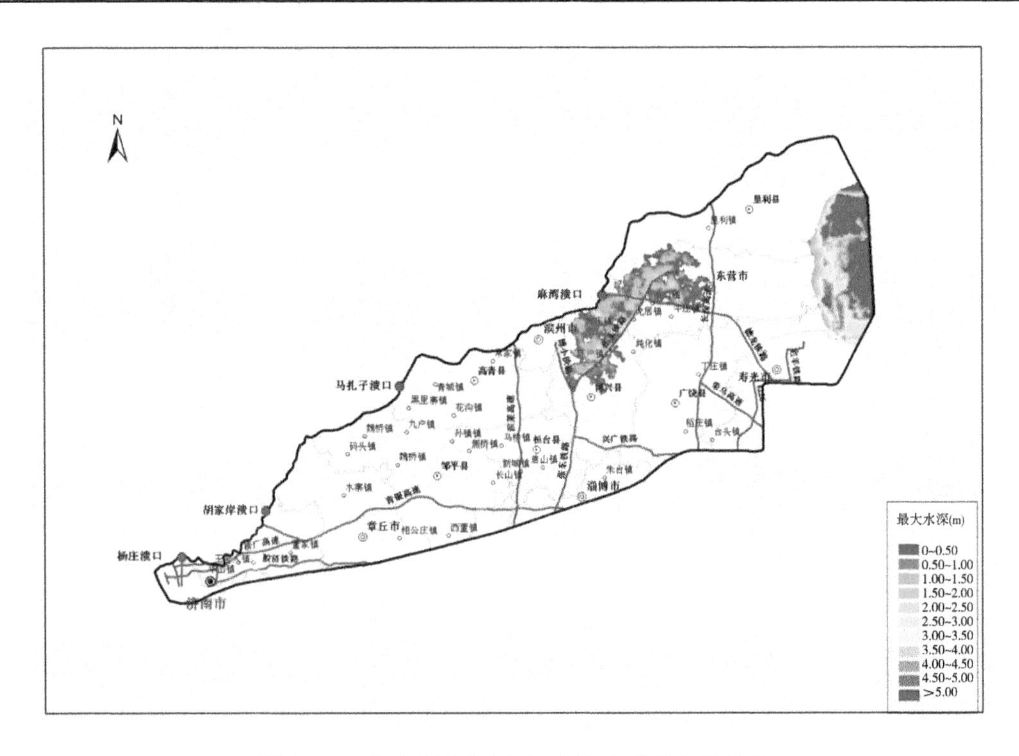

图 6-168　洪水演进第 24 小时(1 d)淹没水深分布

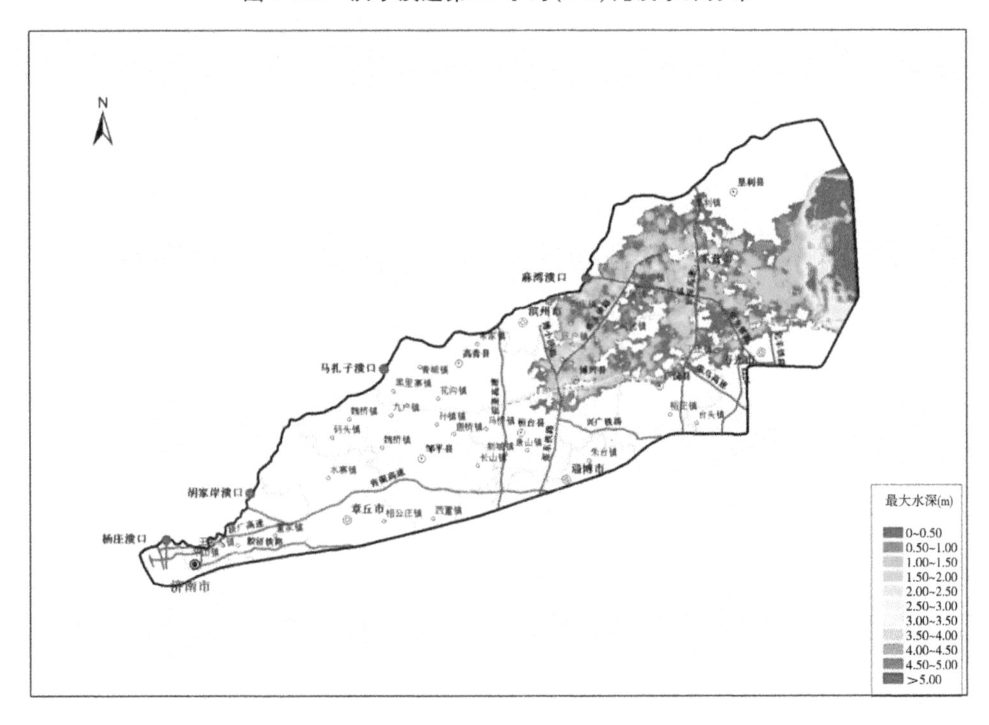

图 6-169　洪水演进第 96 小时(4 d)淹没水深分布

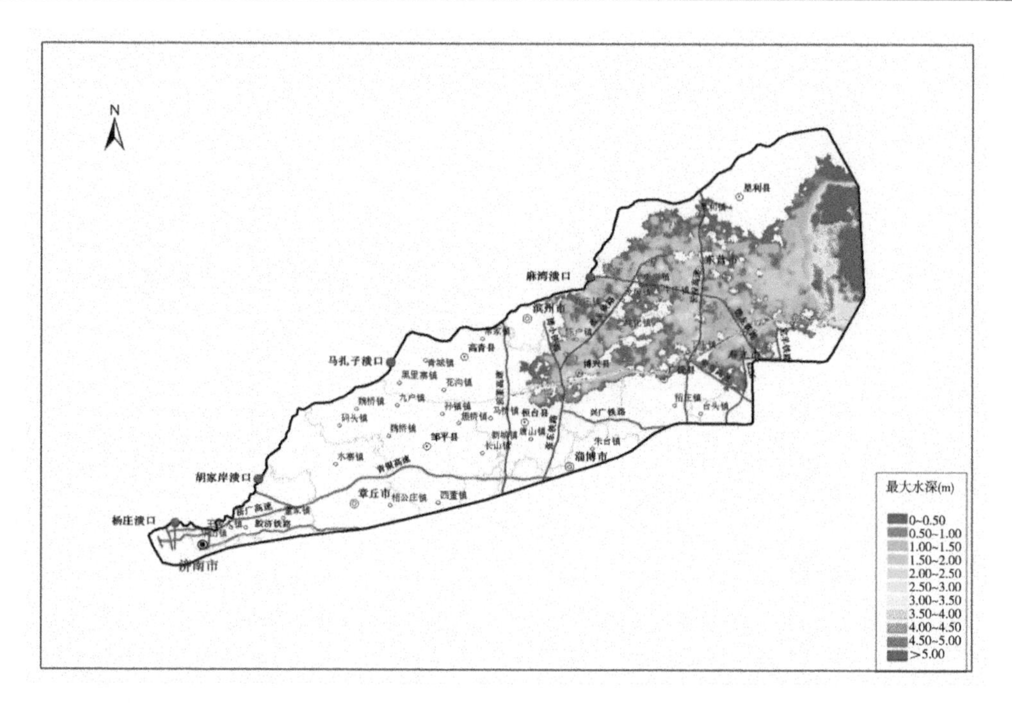

图 6-170　洪水演进第 144 小时(6 d)淹没水深分布

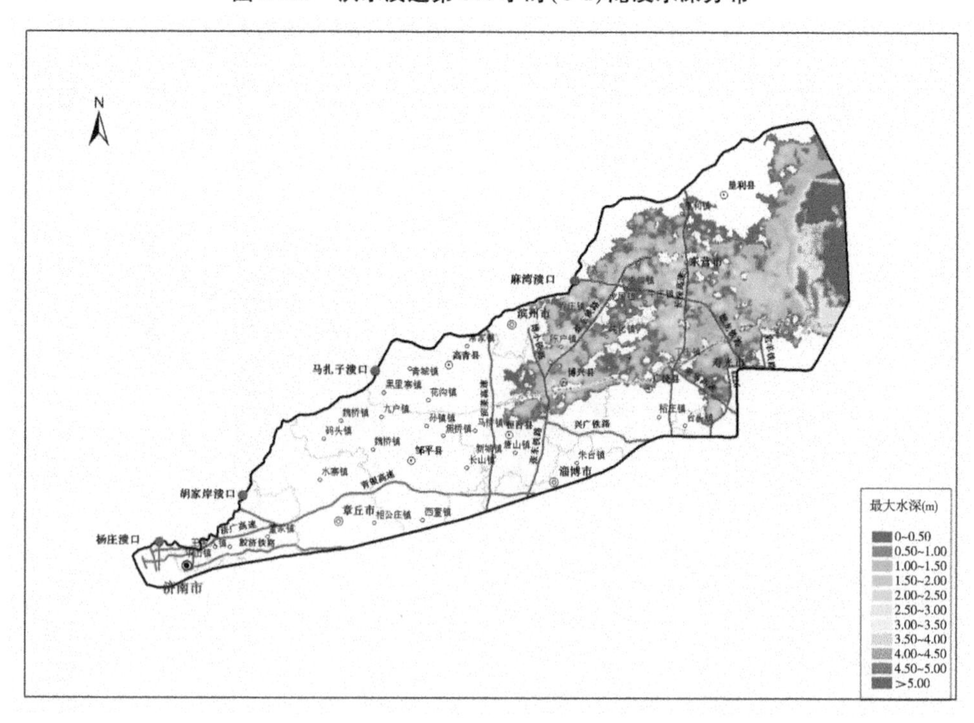

图 6-171　1933 年典型 1 000 年一遇上大洪水最大淹没水深分布

3. 1982 年典型近 1 000 年一遇下大洪水

当黄河发生 1982 年典型近 1 000 年一遇上大洪水麻湾险工处堤防发生溃决时，溃口洪水最初以溃口为中心呈扇形向外扩散,溃堤3 h后洪水演进至张东铁路,受道路阻水作用洪水分东西两股沿铁路向两个方向演进。20 h后洪水向东演进至东营市,向西演进至博小铁路。此后,受德龙烟铁路阻水作用,大部分洪水被阻滞在德龙烟铁路以北,东营市区界内洪水淹没水深继续加深,淹没范围加大。25 h后洪水到达长深高速。34 h后向西演进的洪水汇入小清河,向东演进的洪水通过长深高速上的涵洞及桥梁继续向东演进。66 h后洪水演进至海口,汇入渤海湾。310 h后洪水淹没范围基本达到最大,后续溃口洪水基本沿固定流量向下游演进,除部分低洼地区积水无法排出外,地势较高地区的洪水流动趋势遵循从高到低的原则,并逐渐汇入小清河,最终入渤海湾。

本典型溃口洪水最终淹没面积3 089 km^2,最大淹没水深3.8 m,最大流速在5 m/s以上。洪水演进过程及不同时段淹没水深分布情况见表6-88、表6-89、图6-172~图6-175。

表6-88 麻湾溃口不同时段洪水前锋到达位置及淹没情况

溃口后洪水演进时段	淹没面积(km^2)	洪水演进过程描述	
		前锋位置	淹没情况
第6小时	239	张东铁路	乔庄镇、龙居镇部分地区受淹,最大淹没水深3.0 m
第12小时	374	陈户镇、史口镇	张东铁路以北淹没范围向东西两个方向扩大,乔庄镇基本受淹,陈户镇、龙居镇、史口镇部分地区受淹,最大淹没水深3.1 m
第24小时	660	博兴县、东营市	张东铁路、德龙烟铁路以北淹没范围继续扩大,陈户镇基本受淹,东营市长深高速以西地区受淹,东营市最大淹没水深1.1 m
第48小时	1 194	小清河、羊口镇	部分洪水自博兴县地区汇入小清河,东营市区界内淹没水深基本达到最大,约3.4 m
第96小时	2 624	东营市北	东营市大部分地区受淹,最大淹没水深3.4 m
第144小时	2 954	垦利县	沿海地区受淹,最大淹没水深2.1 m
第310小时	3 020		淹没范围基本达到最大

表6-89 重要城市或构筑物洪水到达时间及淹没情况

重要城市或构筑物	洪水到达时间	淹没情况描述
德龙烟铁路	第1小时	受德龙烟铁路阻水作用,大部分洪水被阻滞在铁路以北,致使东营市灾情加重
张东铁路	第3小时	阻水作用较大,洪水分东西两股沿铁路向两方向演进
东营市	第20小时	东营市大部分地区受淹,最大淹没水深3.8 m
长深高速	第22小时	64 h后阻水作用达到最大,长深高速以西地区的淹没范围趋于稳定,牛庄镇境内最大淹没水深3.3 m
博小铁路	第20小时	博兴县境内最大淹没水深3.3 m

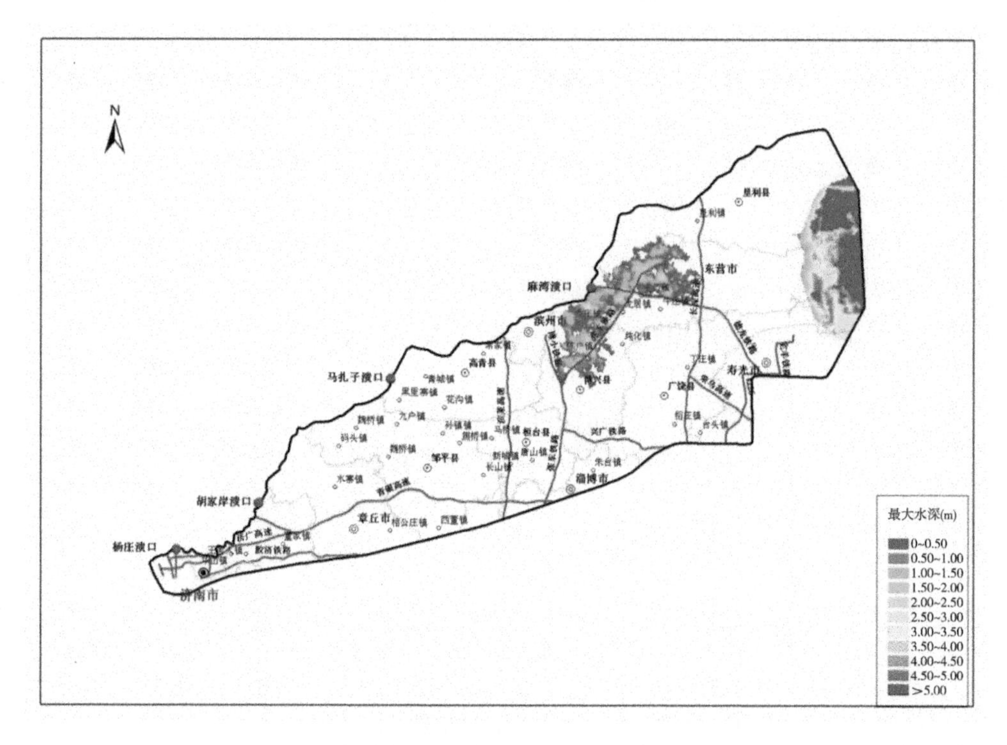

图 6-172　洪水演进第 24 小时(1 d)淹没水深分布

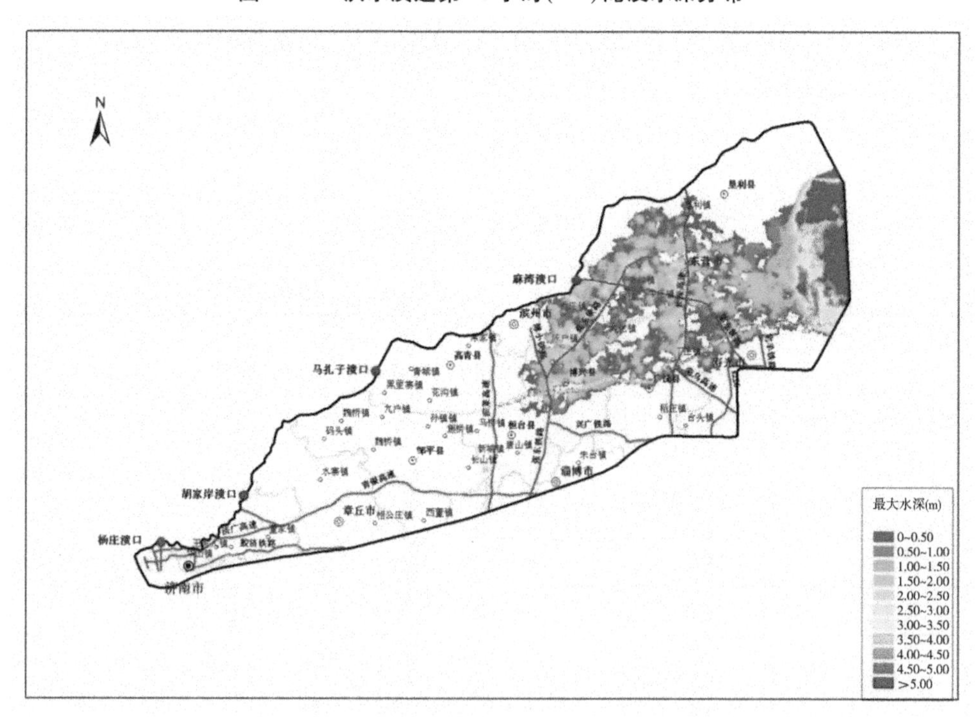

图 6-173　洪水演进第 96 小时(4 d)淹没水深分布

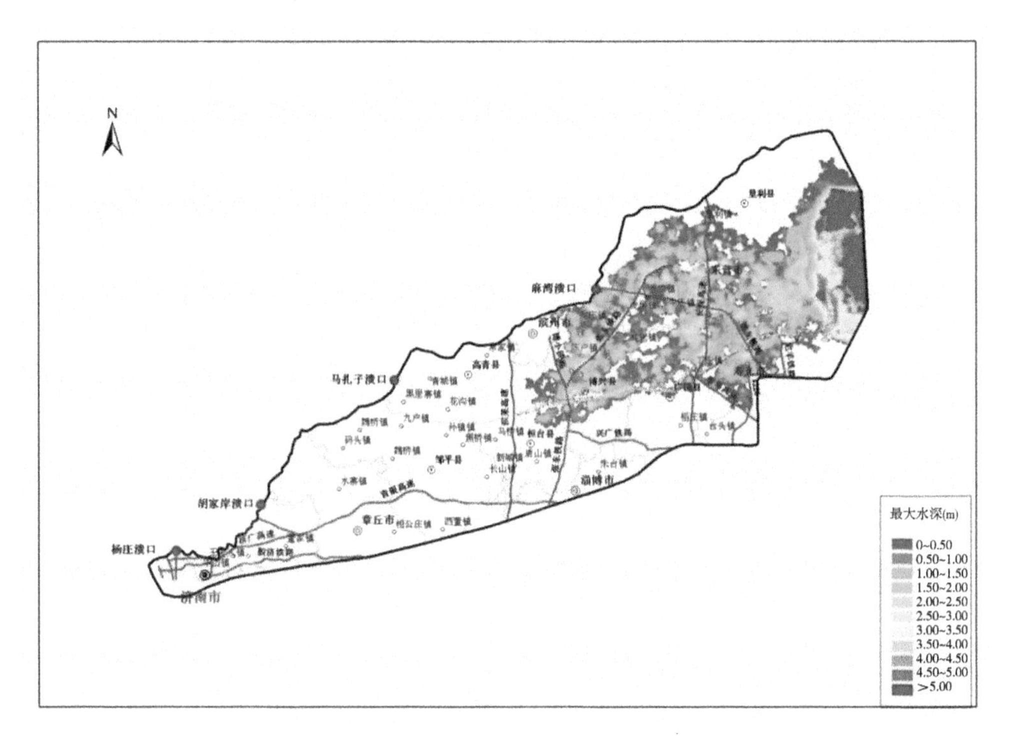

图 6-174　洪水演进第 144 小时(6 d)淹没水深分布

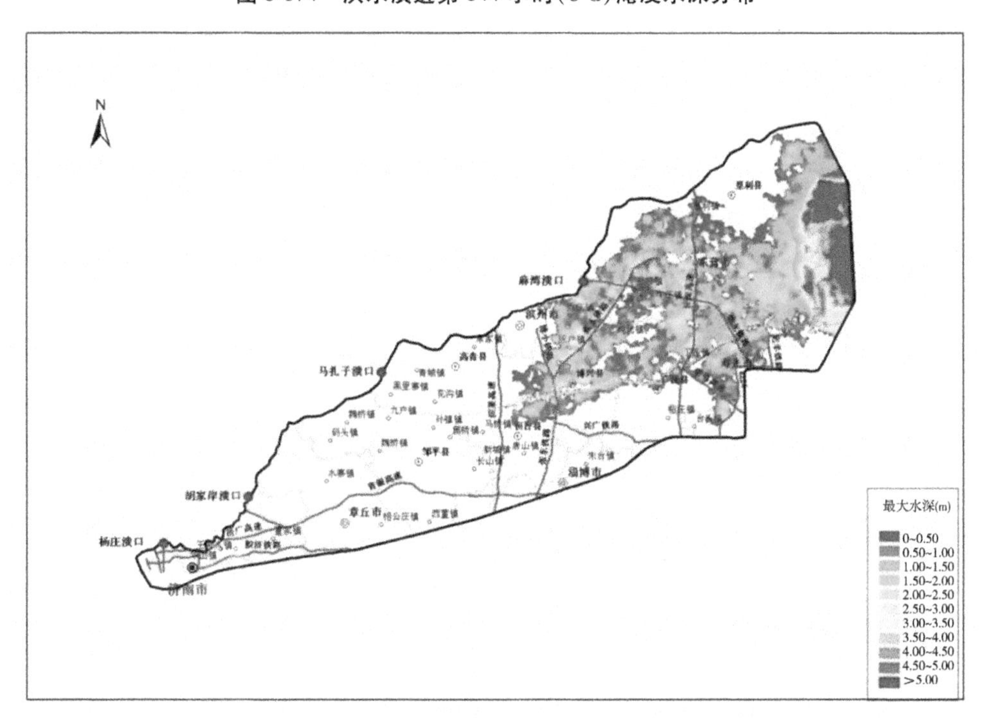

图 6-175　1982 年典型近 1 000 年一遇上大洪水最大淹没水深分布

6.6.2.5 垦利溃口

1.1933 年典型 100 年一遇上大洪水

当黄河发生 1933 年典型 100 年一遇上大洪水垦利处堤防发生溃决时，溃口洪水最初以溃口为中心呈扇形向外扩散，溃堤 1 h 后洪水演进至长深高速，由于淹没水深较大，洪水沿地形向东南方向扩大，高速阻水作用不明显。12 h 后洪水演进至东营市。24 h 后洪水演进至德龙烟铁路。此后，受德龙烟铁路阻水作用，洪水被阻滞在德龙烟铁路以北，东营市区界内洪水淹没水深继续加深，淹没范围加大。48 h 后德龙烟铁路以北大部分地区受淹。126 h 后洪水淹没范围基本达到最大，后续溃口洪水基本沿固定流量向下游演进，除部分低洼地区积水无法排出外，地势较高地区的洪水流动趋势遵循从高到低的原则，最终入渤海湾。

本典型溃口洪水最终淹没面积 2 006 km^2，最大淹没水深 4.3 m，最大流速在 5 m/s 以上。洪水演进过程及不同时段淹没水深分布情况见表 6-90、表 6-91 及图 6-176、图 6-177。

表 6-90 垦利溃口不同时段洪水前锋到达位置及淹没情况

溃口后洪水演进时段	淹没面积（km^2）	洪水演进过程描述	
		前锋位置	淹没情况
第 6 小时	210	垦利县	垦利镇、垦利县西部部分地区受淹，最大淹没水深 3.0 m
第 12 小时	414	东营市	淹没范围向东南两个方向扩大，垦利镇基本受淹，东营市以北受淹，最大淹没水深 3.0 m
第 24 小时	777	德龙烟铁路	德龙烟铁路以北淹没范围继续扩大，东营市大部分地区受淹，东营市最大淹没水深 3.8 m
第 48 小时	1 401	小清河、羊口镇	德龙烟铁路以北大部分地区受淹
第 126 小时	1 990		淹没范围基本达到最大

表 6-91 重要城市或构筑物洪水到达时间及淹没情况

重要城市或构筑物	洪水到达时间	淹没情况描述
长深高速	第 1 小时	由于淹没水深较大，洪水沿地形向东南方向扩大，高速阻水作用不明显
德龙烟铁路	第 24 小时	阻水作用较大，洪水分东西两股沿铁路向两个方向演进

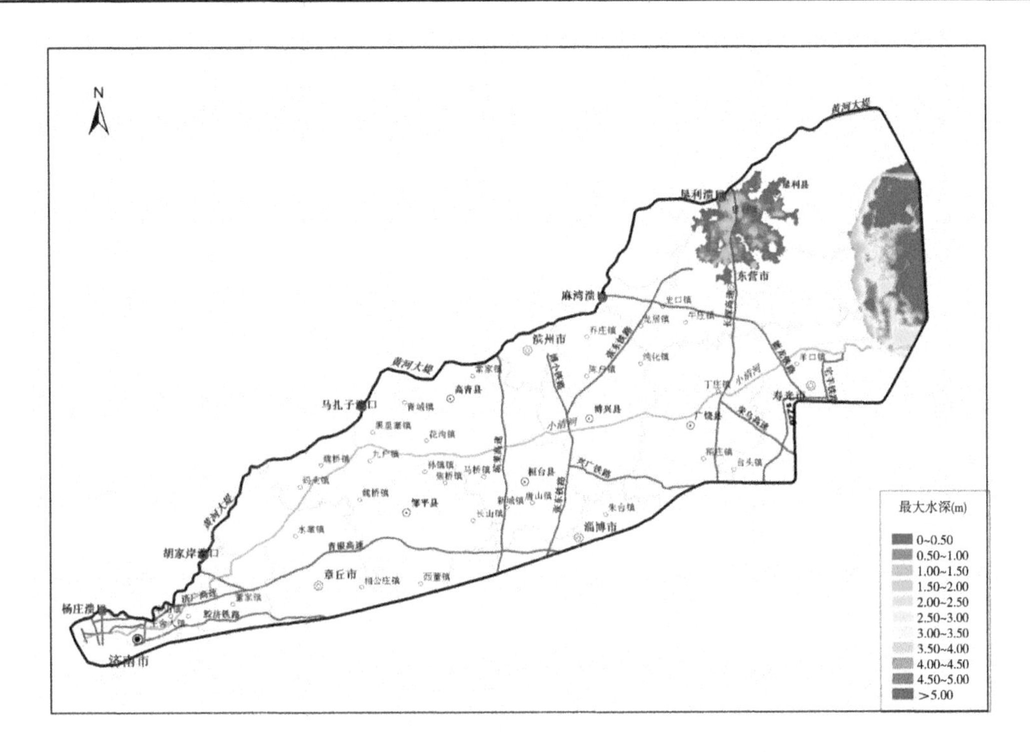

图6-176 洪水演进第24小时(1 d)淹没水深分布

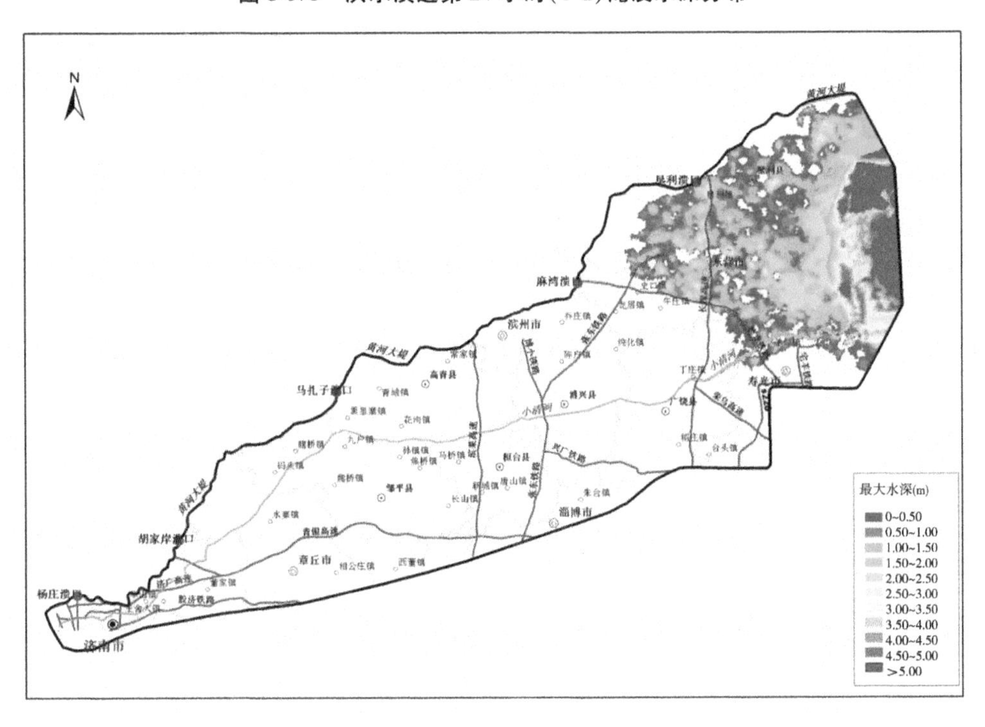

图6-177 1933年典型100年一遇上大洪水最大淹没水深分布

2.1933 年典型 1 000 年一遇上大洪水

当黄河发生 1933 年典型 1 000 年一遇上大洪水垦利处堤防发生溃决时，溃口洪水最初以溃口为中心呈扇形向外扩散，溃堤 1 h 后洪水演进至长深高速，由于淹没水深较大，洪水沿地形向东南方向扩大，高速阻水作用不明显。12 h 后洪水演进至东营市。24 h 后洪水演进至德龙烟铁路。此后，受德龙烟铁路阻水作用，洪水被阻滞在德龙烟铁路以北，东营市区界内洪水淹没水深继续加深，淹没范围加大。48 h 后德龙烟铁路以北大部分地区受淹。126 h 后洪水淹没范围基本达到最大，后续溃口洪水基本沿固定流量向下游演进，除部分低洼地区积水无法排出外，地势较高地区的洪水流动趋势遵循从高到低的原则，最终入渤海湾。

本典型溃口洪水最终淹没面积 2 218 km^2，最大淹没水深 4.4 m，最大流速在 5 m/s 以上。洪水演进过程及不同时段淹没水深分布情况见表 6-92、表 6-93 及图 6-178、图 6-179。

表 6-92　垦利溃口不同时段洪水前锋到达位置及淹没情况

溃口后洪水演进时段	淹没面积（km^2）	洪水演进过程描述	
		前锋位置	淹没情况
第 6 小时	297	垦利县	垦利镇、垦利县西部部分地区受淹，最大淹没水深 3.0 m
第 12 小时	480	东营市	淹没范围向东南两个方向扩大，垦利镇基本受淹，东营市以北受淹，最大淹没水深 3.1 m
第 24 小时	859	德龙烟铁路	德龙烟铁路以北淹没范围继续扩大，东营市大部分地区受淹，东营市最大淹没水深 4.0 m
第 48 小时	1 438	小清河、羊口镇	德龙烟铁路以北大部分地区受淹
第 126 小时	2 209		淹没范围基本达到最大

表 6-93　重要城市或构筑物洪水到达时间及淹没情况

重要城市或构筑物	洪水到达时间	淹没情况描述
长深高速	第 1 小时	由于淹没水深较大，洪水沿地形向东南方向扩大，高速阻水作用不明显
德龙烟铁路	第 24 小时	阻水作用较大，洪水分东西两股沿铁路向两个方向演进

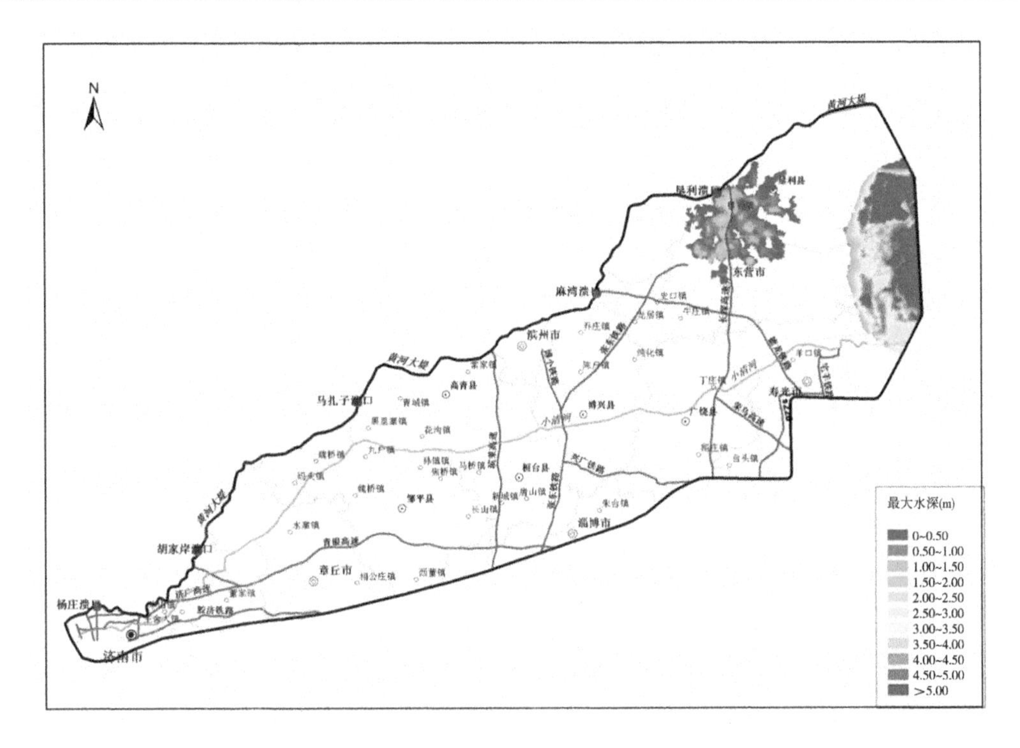

图6-178　洪水演进第24小时(1 d)淹没水深分布

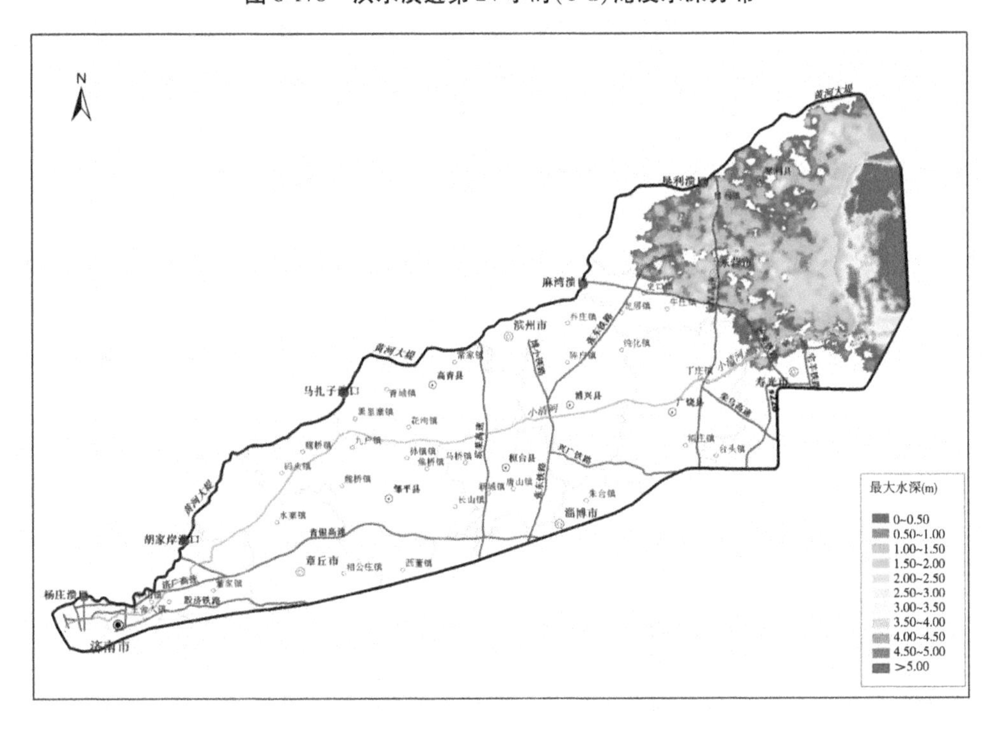

图6-179　1933年典型1 000年一遇下大洪水最大淹没水深分布

3.1982 年典型近 1 000 年一遇下大洪水

当黄河发生 1982 年典型近 1 000 年一遇下大洪水垦利处堤防发生溃决时，溃口洪水最初以溃口为中心呈扇形向外扩散，溃堤 1 h 后洪水演进至长深高速，由于淹没水深较大，洪水沿地形向东南方向扩大，高速阻水作用不明显。12 h 后洪水演进至东营市。24 h 后洪水演进至德龙烟铁路。此后，受德龙烟铁路阻水作用，洪水被阻滞在德龙烟铁路以北，东营市区界内洪水淹没水深继续加深，淹没范围加大。48 h 后德龙烟铁路以北大部分地区受淹。126 h 后洪水淹没范围基本达到最大，后续溃口洪水基本沿固定流量向下游演进，除部分低洼地区积水无法排出外，地势较高地区的洪水流动趋势遵循从高到低的原则，最终入渤海湾。

本典型溃口洪水最终淹没面积 2 017 km^2，最大淹没水深 4.3 m，最大流速在 5 m/s 以上。洪水演进过程及不同时段淹没水深分布情况见表 6-94、表 6-95 及图 6-180、图 6-181。

表 6-94　垦利溃口不同时段洪水前锋到达位置及淹没情况

溃口后洪水演进时段	淹没面积(km^2)	洪水演进过程描述	
		前锋位置	淹没情况
第 6 小时	248	垦利县	垦利镇、垦利县西部部分地区受淹，最大淹没水深 3.0 m
第 12 小时	450	东营市	淹没范围向东南两个方向扩大，垦利镇基本受淹，东营市以北受淹，最大淹没水深 3.1 m
第 24 小时	818	德龙烟铁路	德龙烟铁路以北淹没范围继续扩大，东营市大部分地区受淹，东营市最大淹没水深 3.8 m
第 48 小时	1 420	小清河、羊口镇	德龙烟铁路以北大部分地区受淹
第 126 小时	2 007		淹没范围达到最大

表 6-95　重要城市或构筑物洪水到达时间及淹没情况

重要城市或构筑物	洪水到达时间	淹没情况描述
长深高速	第 1 小时	由于淹没水深较大，洪水沿地形向东南方向扩大，高速阻水作用不明显
德龙烟铁路	第 24 小时	阻水作用较大，洪水分东西两股沿铁路向两个方向演进

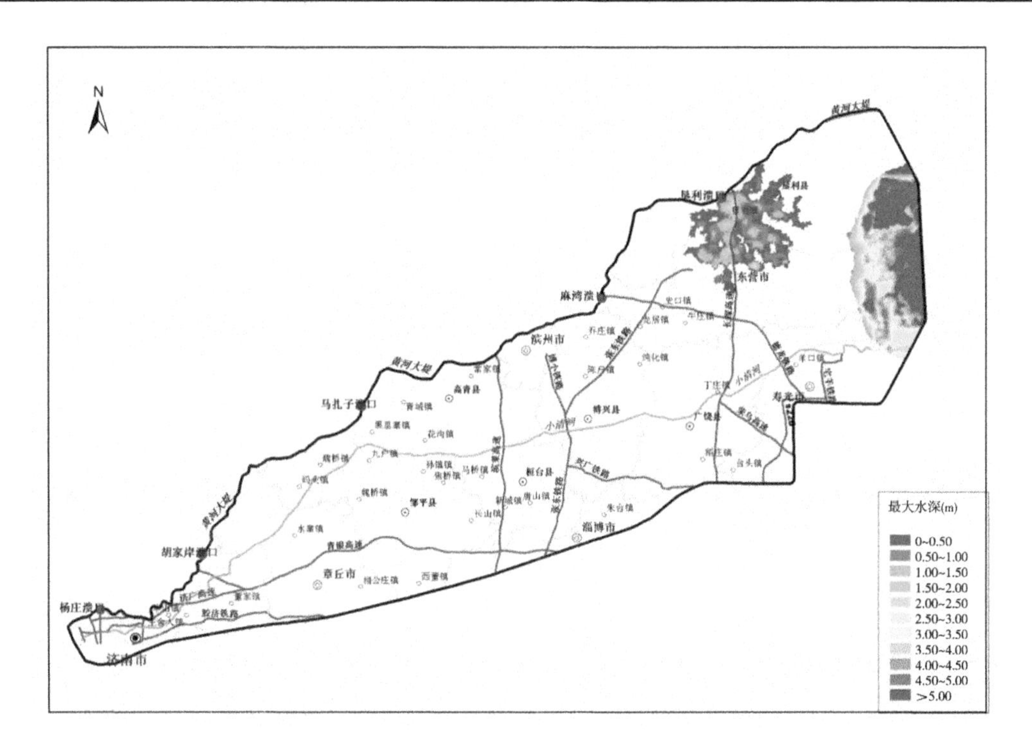

图 6-180　洪水演进第 24 小时(1 d)淹没水深分布

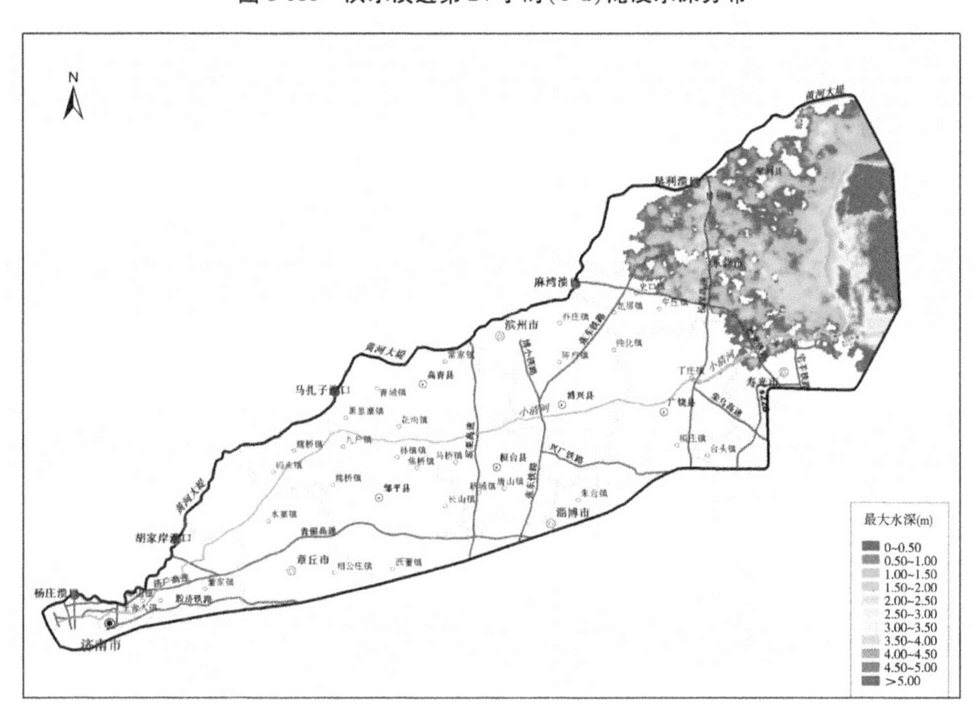

图 6-181　1982 年典型近 1 000 年一遇上大洪水最大淹没水深分布

6.6.2.6　洪水淹没面积

济南—河口河段右岸防洪保护区各口门淹没面积见表6-96，发生1933年典型100年一遇和1 000年一遇洪水时，保护区淹没面积分别为5 806 km² 和6 607 km²；发生1982年典型近1 000年一遇洪水时，保护区淹没面积为5 917 km²。各洪水计算方案最大淹没范围及最大淹没水深分布见图6-182～图6-184。

表6-96　济南—河口河段右岸防洪保护区各口门淹没面积　　（单位：km²）

计算方案	口门					保护区
	杨庄	胡家岸	马扎子	麻湾	垦利	
1933年典型100年一遇洪水计算方案	4 449	4 222	3 468	2 927	2 006	5 806
1933年典型1 000年一遇洪水计算方案	4 805	4 531	3 745	3 194	2 218	6 607
1982年典型近1 000年一遇洪水计算方案	4 600	4 358	3 605	3 089	2 017	5 917

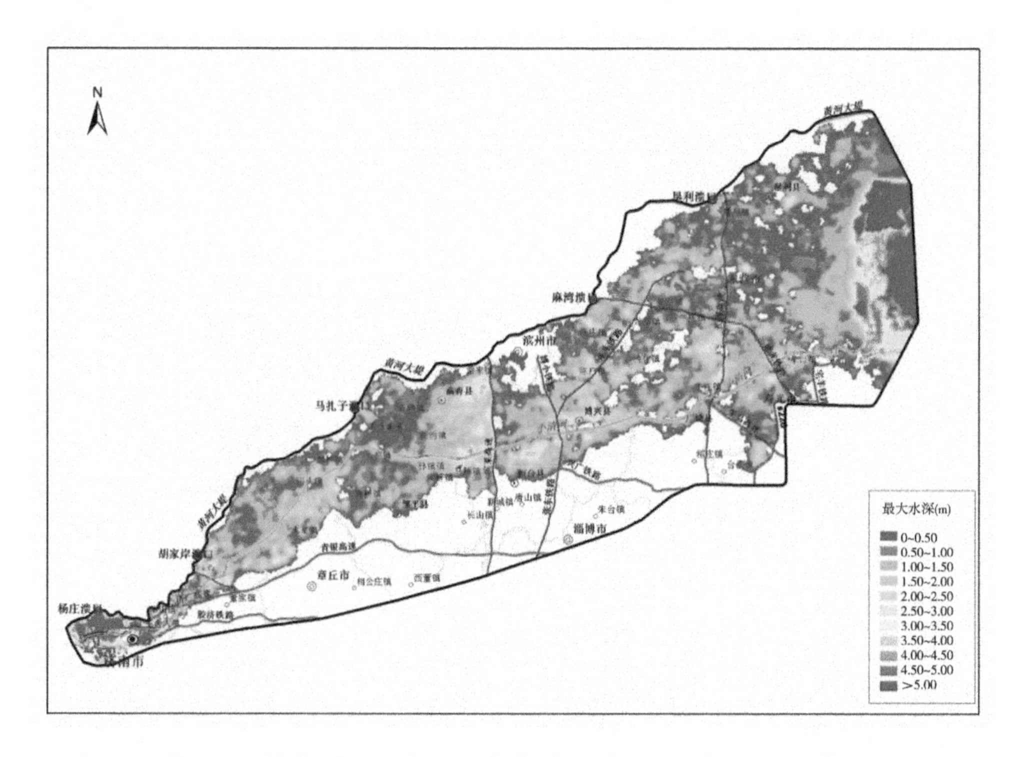

图6-182　济南—河口河段1933年典型100年一遇上大洪水淹没范围

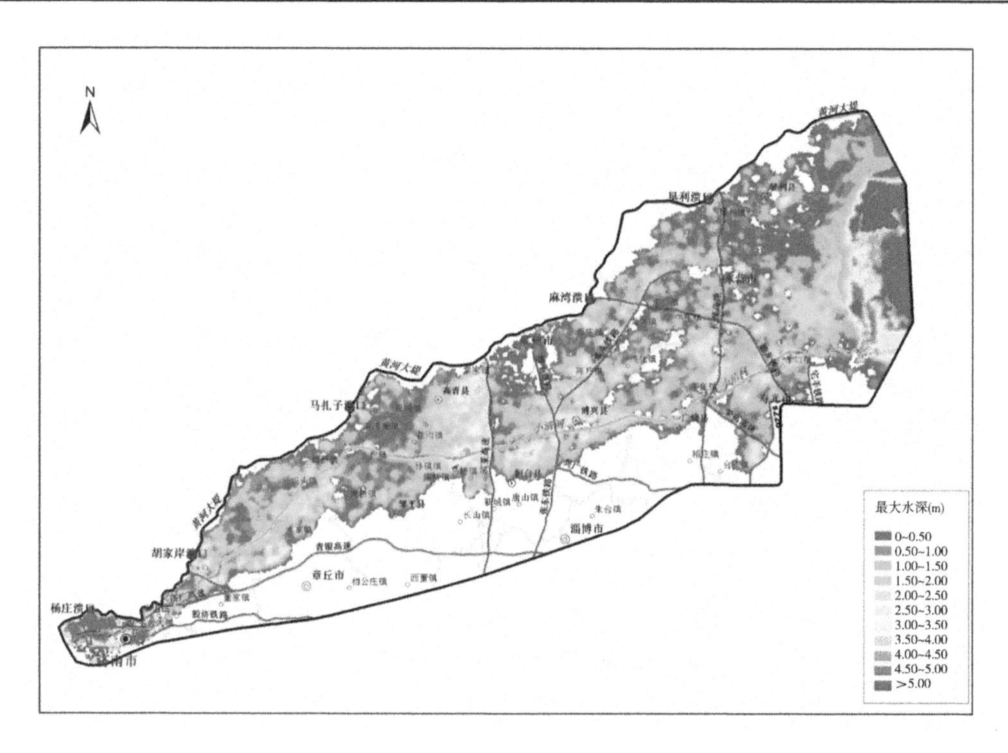

图 6-183　济南—河口河段 1933 年典型 1 000 年一遇上大洪水淹没范围

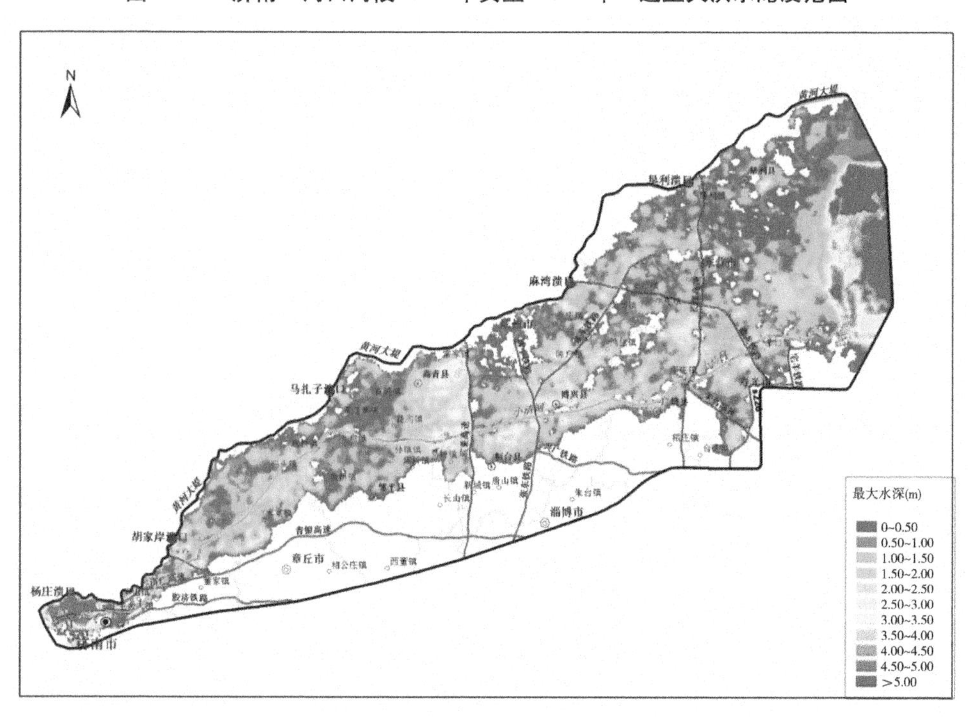

图 6-184　济南—河口河段 1982 年典型近 1 000 年一遇上大洪水淹没范围

6.6.3　合理性分析

6.6.3.1　水量平衡

根据计算分区来流量、出流量和区内淹没总水量，判断分析来流量减去出流量，与区内淹没总水量的误差。以发生 1982 年典型近 1 000 年一遇下大洪水杨庄处发生溃决为例，模型大河设计洪量为 120 亿 m^3，保护区淹没总水量为计算时段末保护区内总水量减去计算时段初保护区内总水量，见表 6-97。出流水量加区内淹没总水量，与入流水量的误差为 5.5×10^{-3}，可以认为洪水模拟结果合理。

表 6-97　黄河下游济南—河口河段杨庄溃口方案水量平衡分析

口门位置	大河设计洪量（亿 m^3）	入流量（亿 m^3）	出流量（亿 m^3）	保护区内水量（亿 m^3）	误差值（亿 m^3）	误差
杨庄	120（艾山）	90.1	35.1	54.5	0.5	5.5×10^{-3}

6.6.3.2　流场分布

在对计算分区进行网格剖分并内插高程后，计算区域内地势高低一目了然，济南—河口河段右岸防洪保护区总体呈西高东低地势，故洪水总体上均呈现由西向东演进趋势。同时，保护区内地势又以小清河为界，小清河左岸为黄河冲积平原，区域内低岗、缓坡、浅洼相间，海拔一般在 1 ~ 20 m。小清河右岸为山前冲积平原，并有部分低山丘岭，地势南高北低，海拔最低 1 m，最高超过 900 m。因此，受灾区域主要集中小清河左岸，右岸淹没范围相对较小。比较计算结果显示的流场分布与 DEM 整体高程可见，流场分布均匀一致，流速较大的区域集中在低洼地带，洪水流动趋势遵循从高到低的原则，并逐渐汇入小清河，最终入渤海湾。

对于局部区域而言，通过计算结果显示的各方案洪水流场分布与线状地物分析比较，流场分布均匀一致，线状地物具有明显的阻水效果，洪水态势比较准确，比较结果如图 6-185、图 6-186 所示（以 1933 年典型 1 000 年一遇洪水杨庄溃口方案为例）。

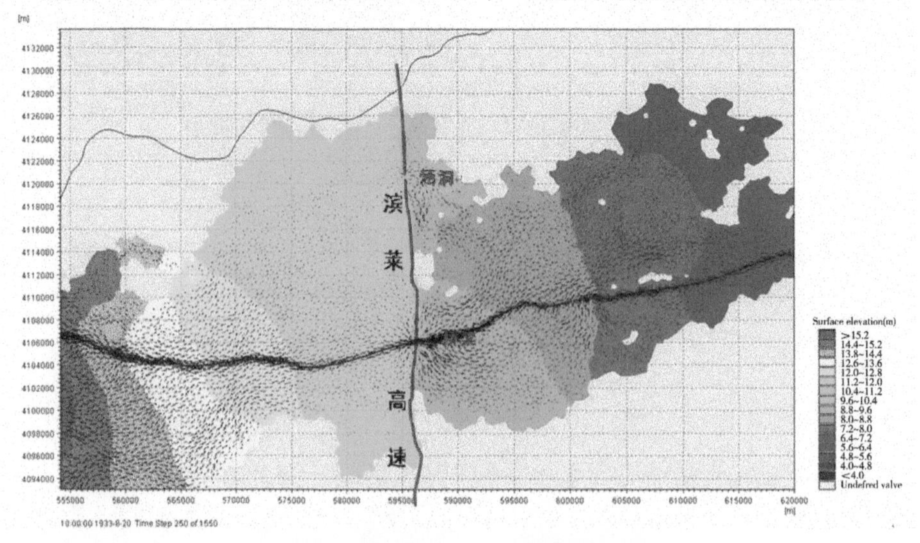

图 6-185　滨莱高速处二维平面流场分布

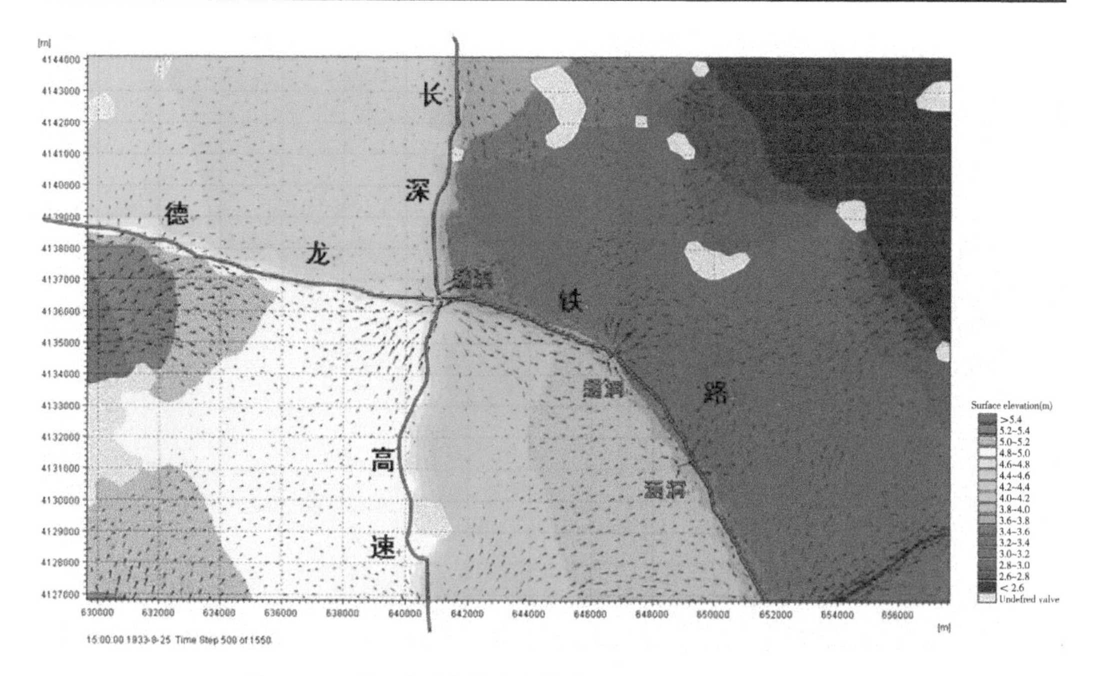

图6-186　长深高速与德龙烟铁路交汇处二维平面流场分布

6.6.3.3　同一方案的地形分布、淹没水深、洪水流速合理性分析

同一方案同一地区洪水演进及淹没情况应满足时间上、空间上的分布特点。比较同一方案不同时刻的地形分布、淹没水深、洪水流速，见图6-187。可见，同一时刻，地势较低洼的地区对应的淹没水深较大，地势较高的地区对应的淹没水深较小，地势由高到低其对应地区淹没后的流速也是从大到小，符合洪水流动趋势的物理原则。

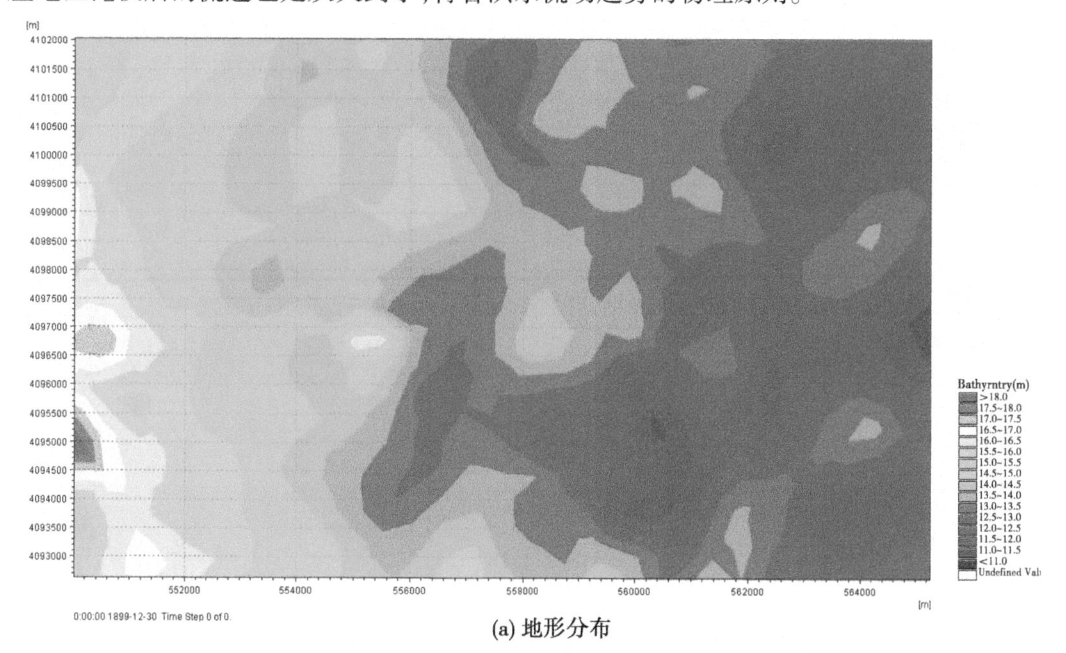

(a) 地形分布

图6-187　同一方案不同时刻淹没水深、洪水流速分布比较

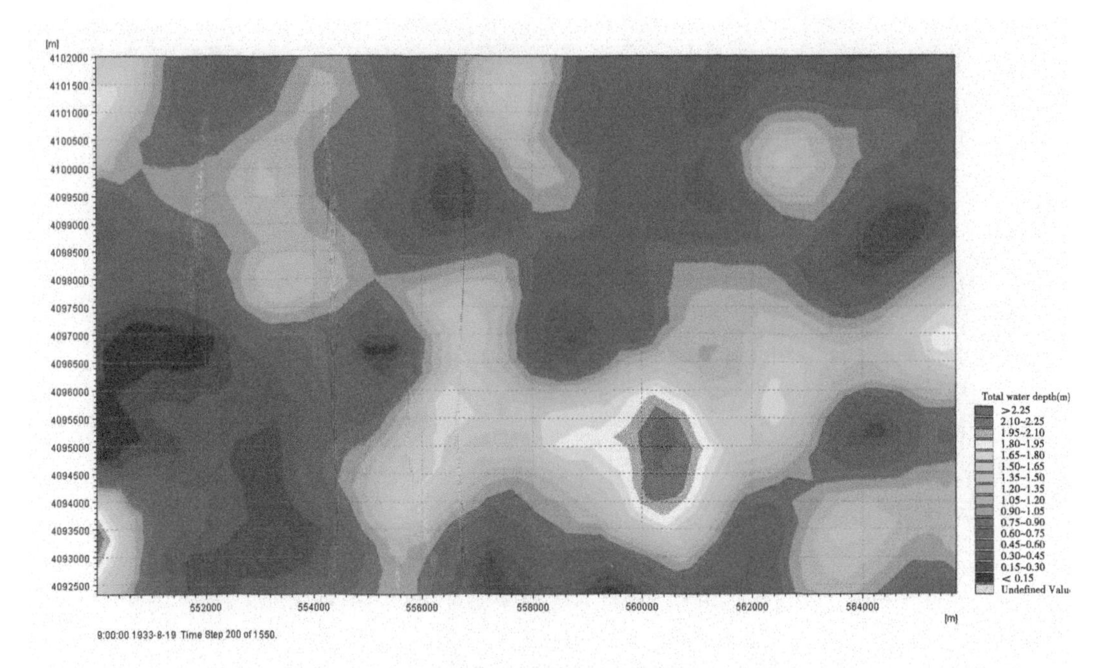

(b) 第 100 小时洪水淹没水深

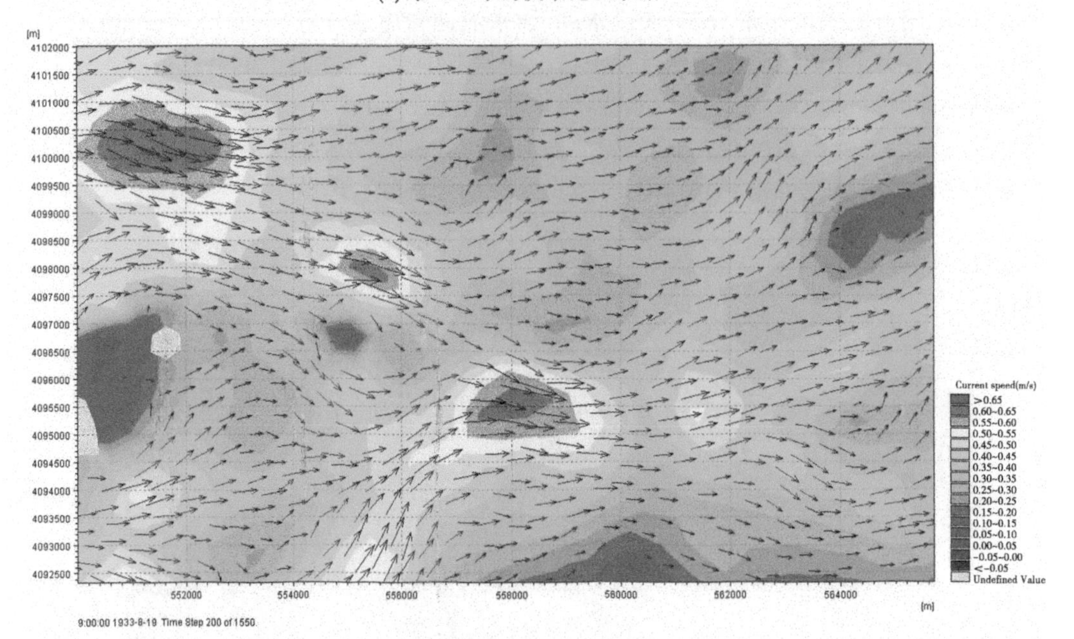

(c) 第 100 小时洪水流速分布

续图 6-187

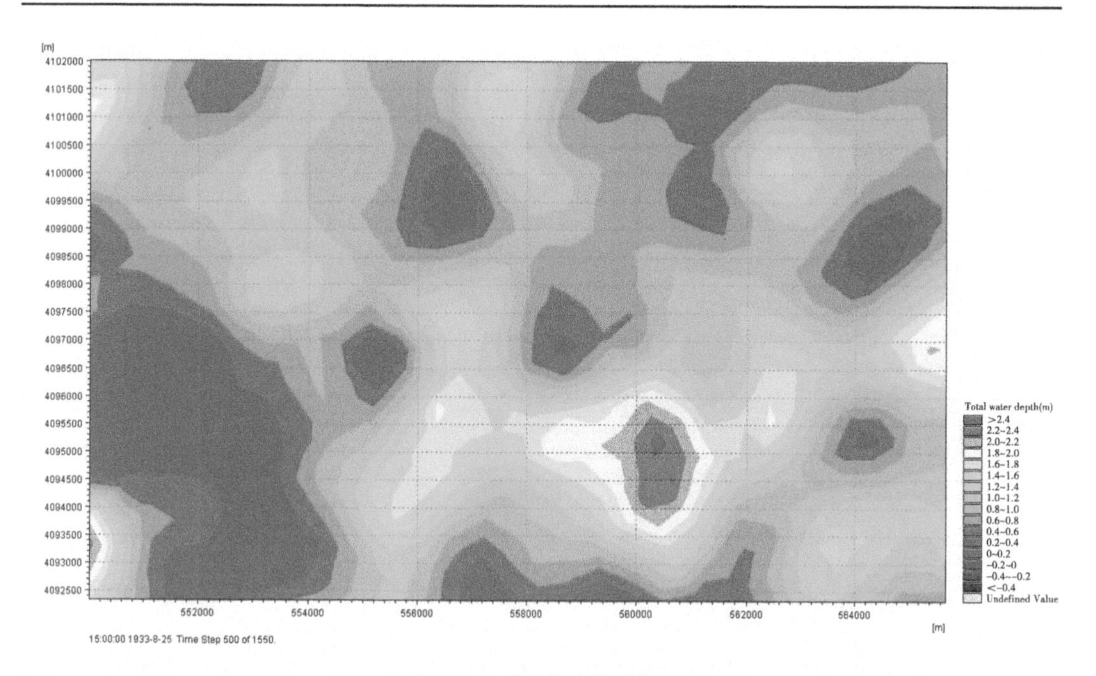

(d) 第 250 小时洪水淹没水深

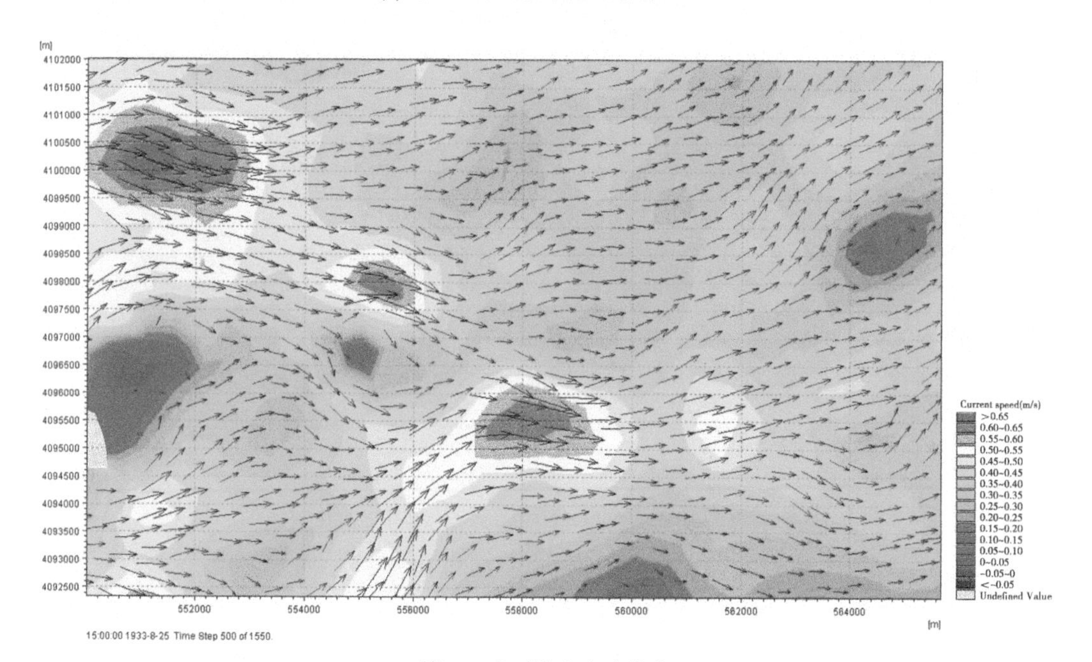

(e) 第 250 小时洪水流速分布

续图 6-187

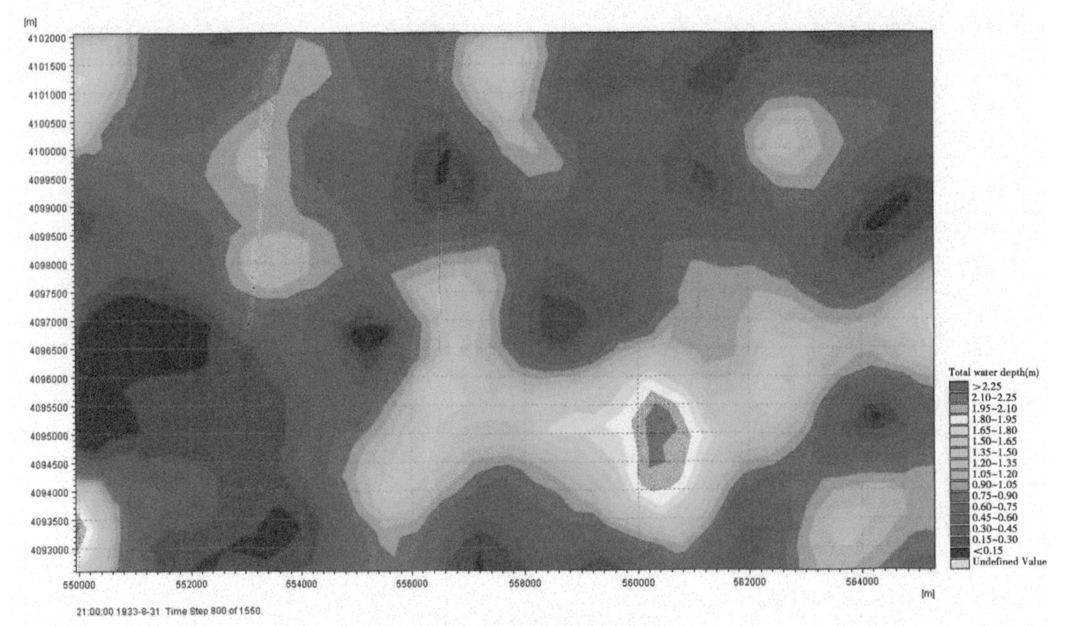

(f) 第 500 小时洪水淹没水深

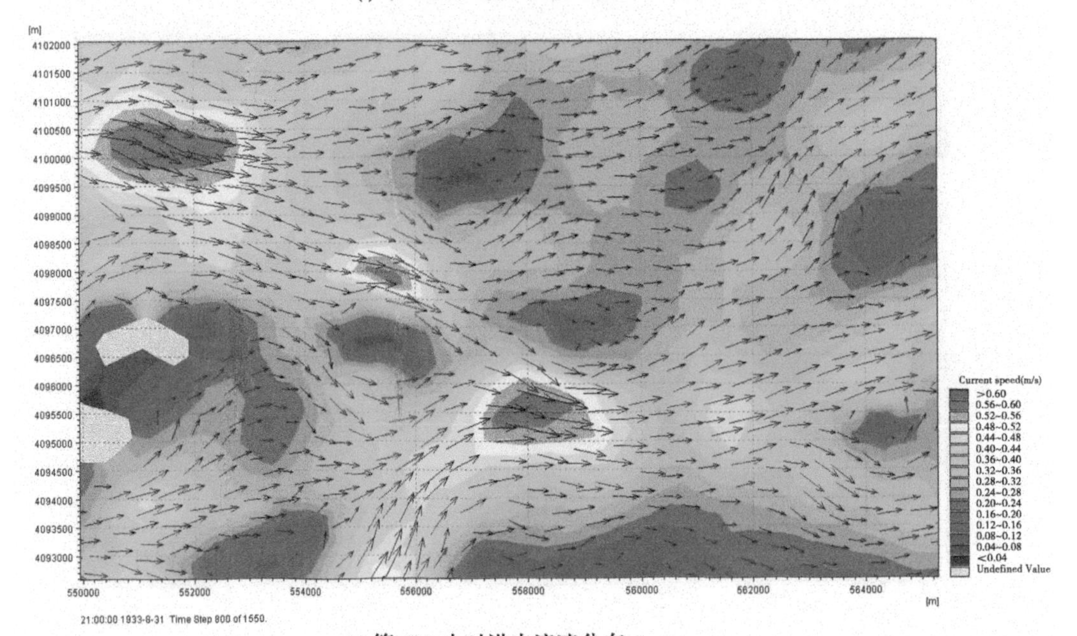

(g) 第 500 小时洪水流速分布

续图 6-187

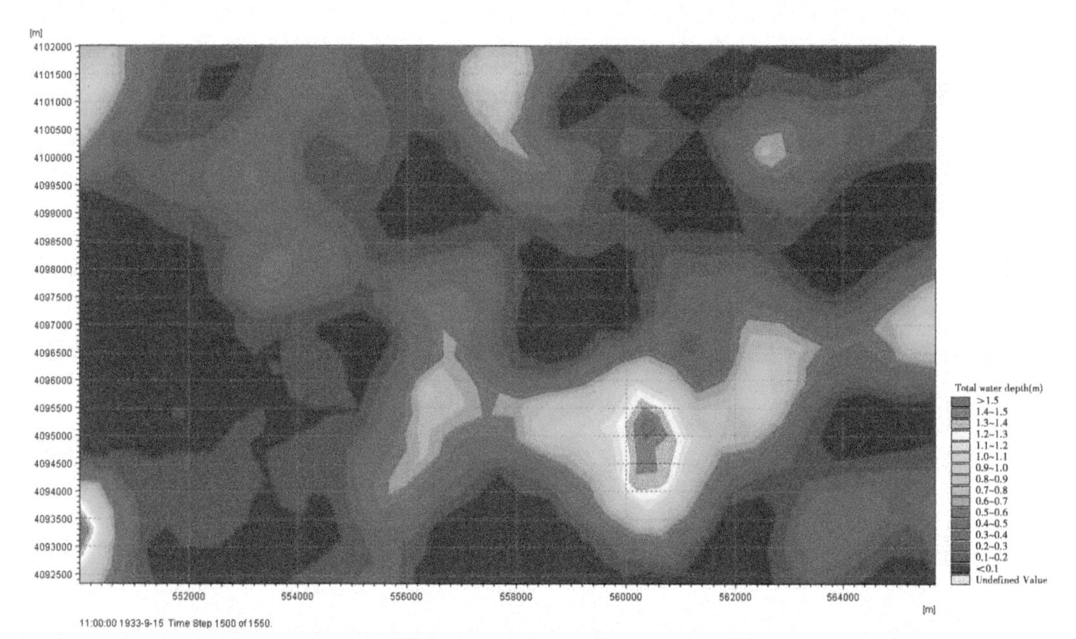

(h) 第 750 小时洪水淹没水深

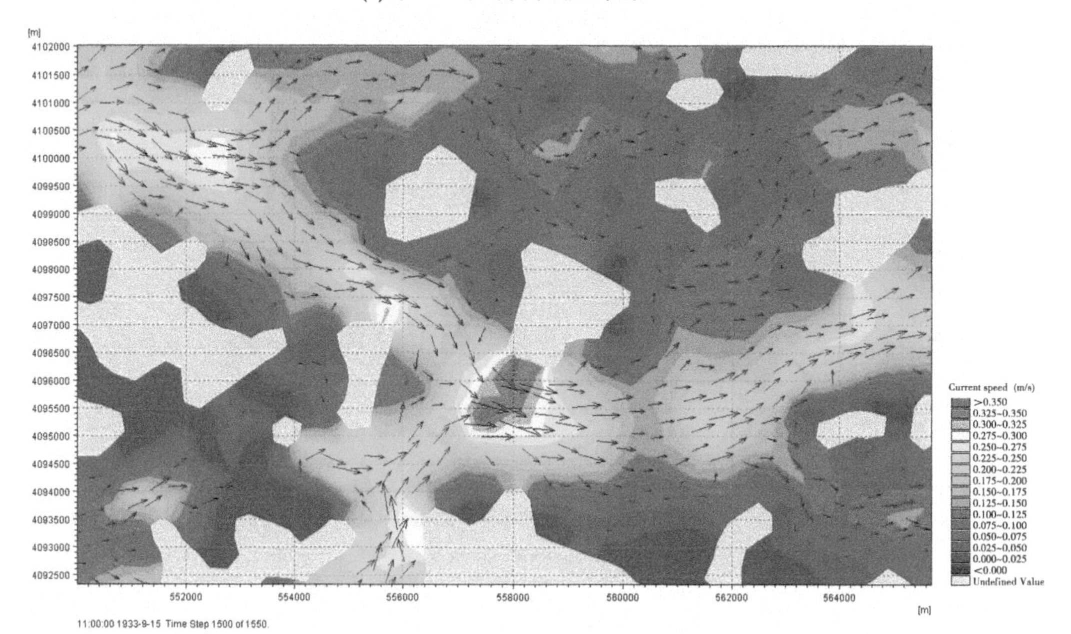

(i) 第 750 小时洪水流速分布

续图 6-187

洪水演进除应匹配空间地势外，在不同时刻应符合水力学规律，如随着溃口处流量逐步减小或不再出流后，地势较高的淹没区域由于来流少出流多，淹没水深应逐步减小，而地势较低的区域，洪水聚集水深将经历一个由少到多再由多到少，最后趋于稳定的变化过程。图6-187中列出了1933年典型1 000年一遇洪水杨庄溃口溃决后第100小时、第250小时、第500小时、第750小时的同一地区淹没水深及流速分布。可见，由于第100小时后溃口洪水仍在继续增加，淹没水深及流速呈继续增加的趋势；第250小时后溃口处洪水主峰已出现，分析区域内的淹没水深、洪水流速达到一个较大的值；第500小时后溃口洪水进入退水阶段，淹没水深及流速呈减小趋势；第750小时后溃口流量已减小到1 000 m^3/s，分析区域内地势较高区域的洪水基本退去，地势低洼区域的洪水受地形影响无法排除，水深将维持在一个相对稳定的值。

以上分析说明方案计算是较合理的。

6.6.3.4 同一溃口不同量级洪水的淹没影响程度合理性分析

相同洪水典型情况下，同一溃口洪水量级越大，淹没范围、淹没水深应该越大。另外，由于本保护区地形走势整体呈西高东低的趋势，因此溃口越靠下游，淹没范围应当越小。比较1933年典型100年一遇、1 000年一遇洪水各溃口处相同时段的淹没范围，见表6-98。

表6-98 1933年典型100年一遇、1 000年一遇洪水各溃口处相同时段的淹没面积比较

口门位置		杨庄		胡家岸		马扎子		麻湾	
洪水量级		1 000年一遇	100年一遇	1 000年一遇	100年一遇	1 000年一遇	100年一遇	1 000年一遇	100年一遇
溃口后不同时段淹没面积(km^2)	第12小时	199	195	328	325	466	466	382	382
	第24小时	306	301	619	615	766	764	681	679
	第48小时	706	694	1 196	1 186	1 119	1 116	1 206	1 204
	第96小时	1 972	1 970	2 211	2 196	2 143	2 085	2 545	2 520
	第144小时	2 929	2 880	3 276	3 230	3 169	3 061	2 953	2 790
最大淹没面积(km^2)		4 805	4 449	4 533	4 222	3 745	3 468	3 194	2 927

表6-99中同一时段同一溃口比较结果表明，1 000年一遇洪水淹没面积均比100年一遇洪水的大，且随着溃口历时的增加，淹没面积差别增大；同一时段不同溃口比较结果表明，口门位置越靠下游，淹没面积越小。说明本模型计算结果较为合理可靠，切合实际。

6.6.3.5 糙率敏感性分析

黄河下游防洪保护区涉及的计算范围大，区域内地形地物复杂，且缺乏实测洪灾资料，因此对糙率进行敏感性分析，以验证计算成果的合理性。

以黄河发生1933年典型1 000年一遇下大洪水，胡家岸(65 +000附近)处堤防发生溃决为典型，进行糙率敏感性分析。设置三个方案进行对比分析，方案一的采用的糙率为本次模型计算采用的糙率；方案二采用的糙率为方案一的糙率增加20%；方案三采用的糙率为方案一的糙率减小20%，并考虑各地貌下垫面类型糙率取值上下限确定方案二和方案三糙率值选取，见表6-99，各方案计算结果见表6-100和图6-188、图6-189。

表6-99　各方案保护区不同地貌下垫面类型分区糙率值选取

典型地貌类型		糙率值选取		
		方案一	方案二	方案三
有植被覆盖的土地	旱地	0.03	0.035	0.025
	水田	0.03	0.035	0.025
	园地	0.03	0.035	0.025
	幼林	0.03	0.035	0.025
	灌木林	0.03	0.035	0.025
	疏林	0.03	0.035	0.025
	苗圃	0.03	0.035	0.025
	高草地	0.03	0.035	0.025
	草地	0.03	0.035	0.025
	半荒草地	0.03	0.035	0.025
	荒草地	0.03	0.035	0.025
	城市绿地	0.03	0.035	0.025
河湖水面	地面河流	0.025	0.03	0.02
	时令河	0.025	0.03	0.02
	河道干河	0.025	0.03	0.02
	运河	0.025	0.03	0.02
	干渠	0.025	0.03	0.02
	干沟	0.025	0.03	0.02
	湖泊	0.025	0.03	0.02
	池塘	0.025	0.03	0.02
	时令湖	0.025	0.03	0.02
	水库	0.025	0.03	0.02
	建筑中水库	0.025	0.03	0.02
	溢洪道	0.025	0.03	0.02
	海域	0.025	0.03	0.02
	河、湖岛	0.025	0.03	0.02
	沼泽	0.025	0.03	0.02

续表 6-99

典型地貌类型		糙率值选取		
		方案一	方案二	方案三
河湖水面附属设施	沙滩	0.03	0.036	0.026
	沙泥滩	0.03	0.036	0.026
	干出滩中河道	0.03	0.036	0.026
	沙洲	0.03	0.036	0.026
	岸滩	0.03	0.036	0.026
	水中滩	0.03	0.036	0.026
居民地	普通房屋	0.06	0.072	0.05
	高层建筑区	0.06	0.072	0.05
	棚房	0.06	0.072	0.05
	破坏房屋	0.06	0.072	0.05
无植被覆盖的土地	土堆	0.03	0.036	0.026
	坑穴	0.03	0.036	0.026
	平沙地	0.03	0.036	0.026
	龟裂地	0.03	0.036	0.026
	石块地	0.03	0.036	0.026

表 6-100　各方案不同时刻洪水淹没面积

溃口后洪水演进时段	淹没面积(km^2)		
	方案一	方案二	方案三
第 12 小时	328	313	335
第 24 小时	619	603	630
第 48 小时	1 196	1 099	1 254
第 144 小时	2 211	2 113	2 322
第 192 小时	3 230	3 126	3 308
最大淹没范围	4 533	4 456	4 562

从计算结果可以看出，方案一、方案二和方案三洪水最终淹没面积分别为 4 533 km^2、4 456 km^2和 4 562 km^2，与方案一相比，方案二淹没面积减小约 1.7%，方案三增加约 0.6%。

与方案一相比，方案二洪水演进速度变慢，相同时刻洪水淹没面积变小，洪水在近处洼地水深变大，相应远处洼地水深变小，从而导致近处洼地淹没水深及淹没范围略微增大，远处洼地淹没水深及淹没范围略微减小，当洪水演进至稳定后，两个方案最终淹没面积和最大淹没水深差别不大。

与方案一相比，方案三洪水演进速度加快，相同时刻洪水淹没面积变大，洪水在近处洼地水深变小，相应远处洼地水深变大，从而导致近处洼地淹没水深及淹没范围略微减小，远处洼地淹没水深及淹没范围略微增大，当洪水演进至稳定后，两个方案最终淹没面积和最大淹没水深差别不大。

通过以上敏感性分析可知，糙率值在一定范围内变化对洪水的主要风险因素最大淹没范围和最大淹没水深的影响较小，计算所采用的糙率值合适。

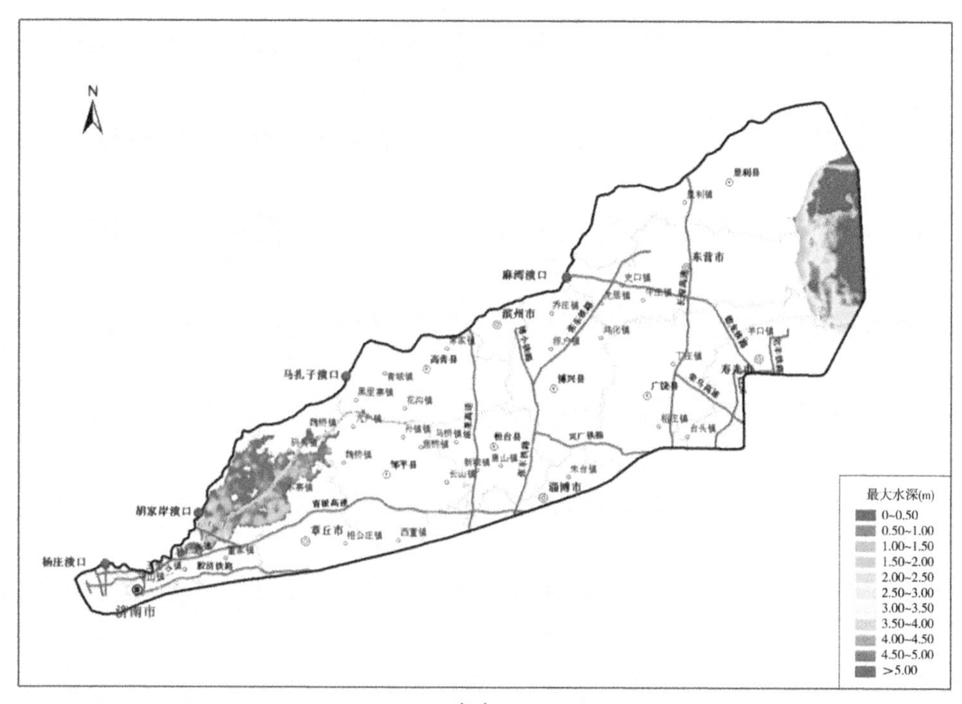

(a) 方案一

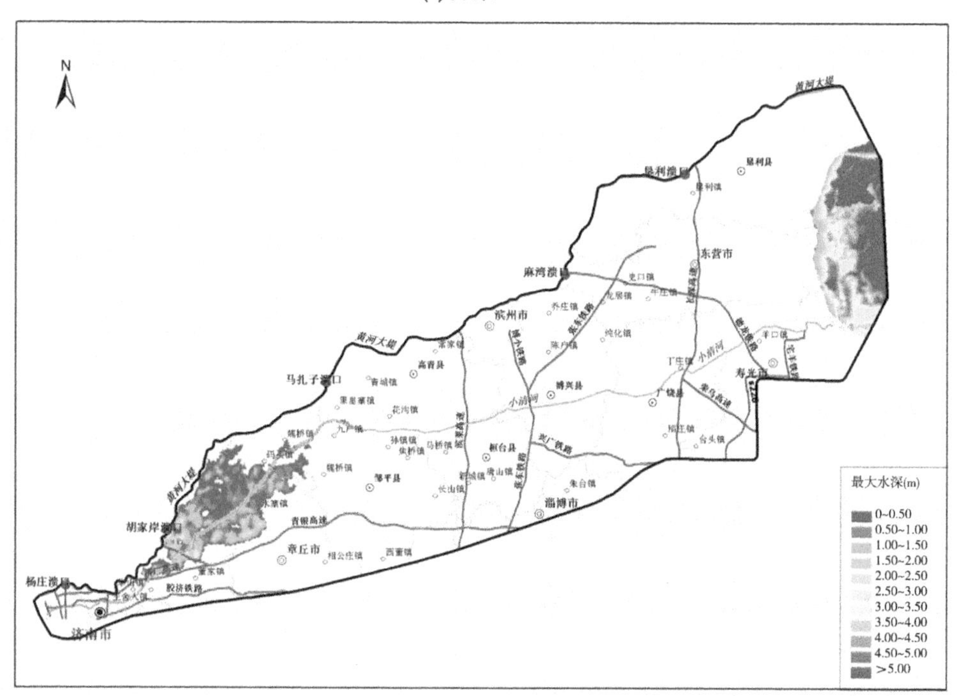

(b) 方案二

图 6-188　各方案洪水演进第 24 小时淹没水深分布

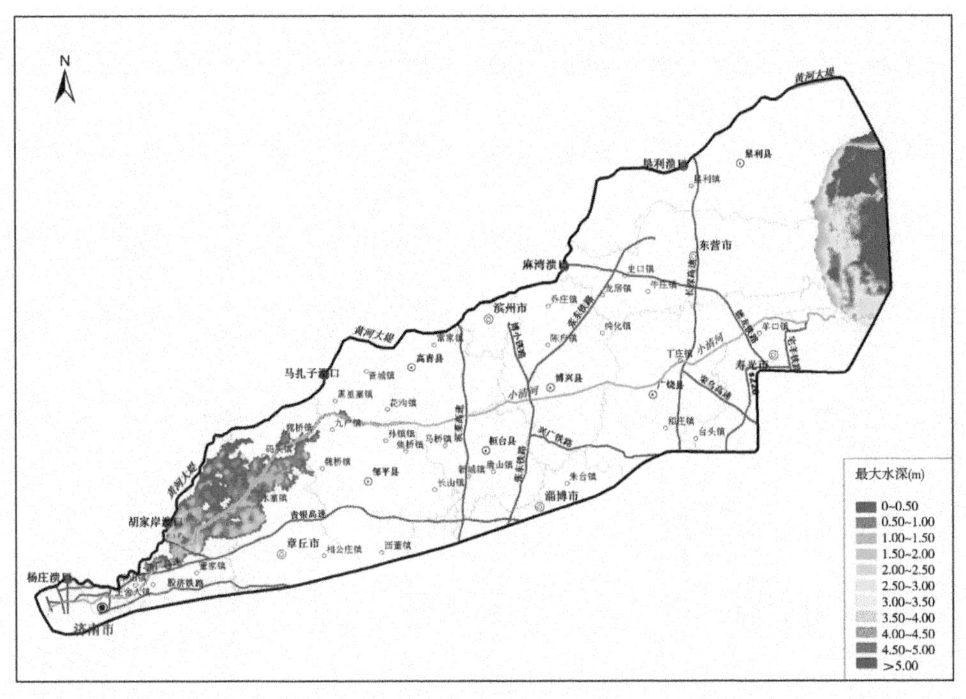

(c) 方案三

续图 6-188

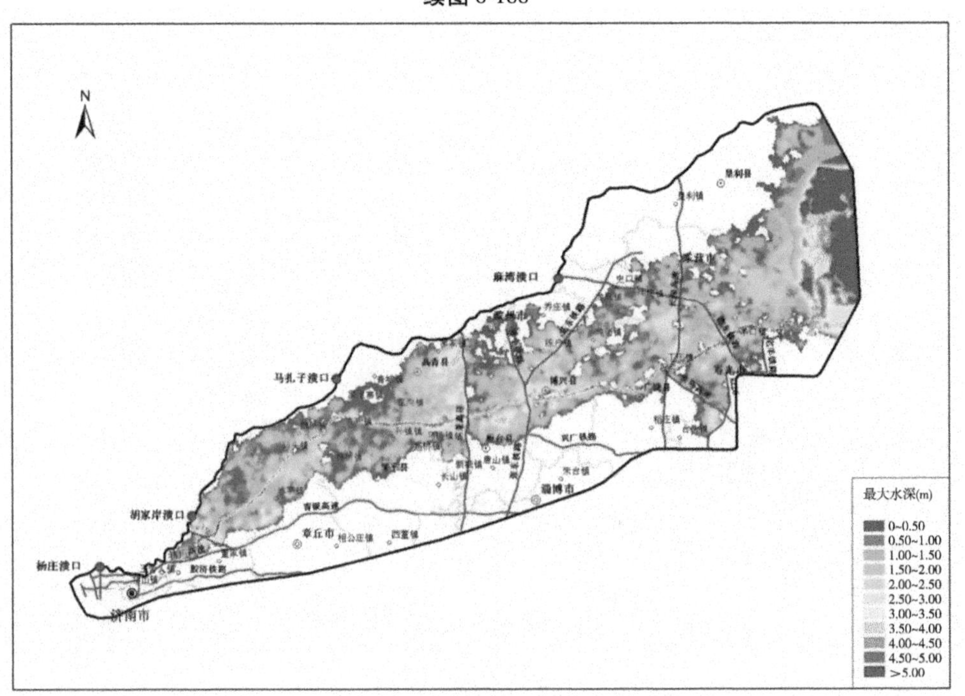

(a) 方案一

图 6-189　各方案最大淹没水深分布

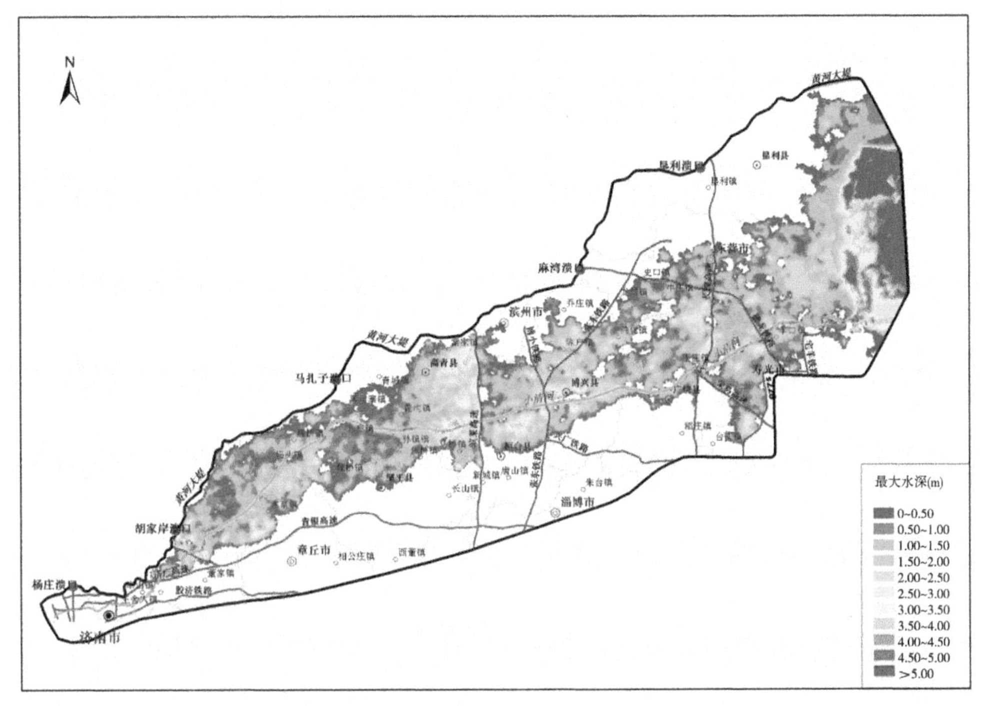

(b) 方案二

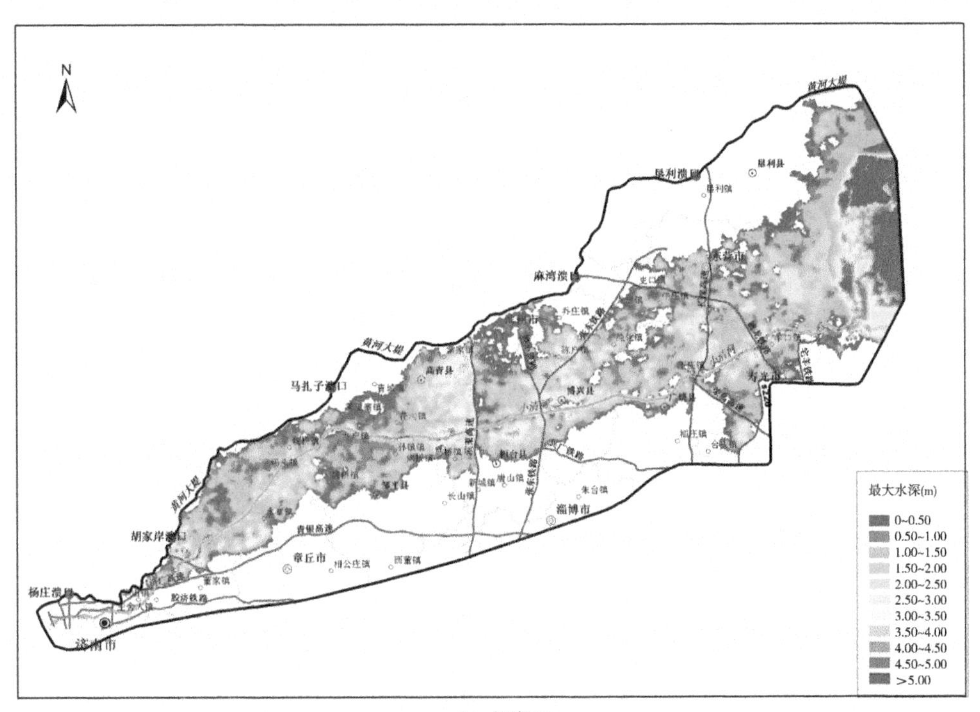

(c) 方案三

续图 6-189

6.7　津浦铁路桥—河口河段左岸堤防决口洪水淹没风险

6.7.1　洪水计算方案集及初始条件、边界条件

6.7.1.1　洪水计算方案集

共设定了5个计算方案,洪水分析量级为艾山站11 000 m^3/s,选择黄河“1933年典型”1 000年一遇洪水为典型洪水,堤防决口位置为八里庄、葛家店、白龙湾、宫家和朱家屋子五处口门,各口门处大河流量过程及口门分洪流量过程见图6-190～图6-194。计算单一口门决口条件下的洪水淹没情况,详见表6-101。

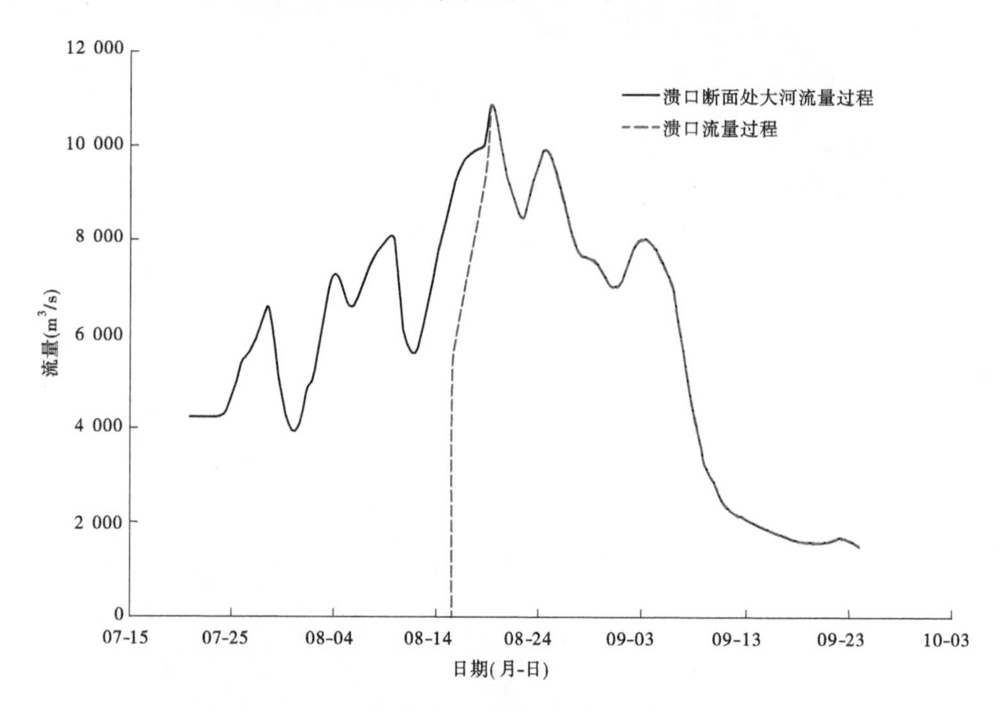

图6-190　八里庄口门处大河流量过程及口门分洪流量过程

表6-101　黄河下游津浦铁路桥—河口河段左岸防洪保护区洪水计算方案表

洪水量级	口门位置	口门宽度(m)	决口时机	大河设计水量(亿 m^3)	口门分洪量(亿 m^3)	分洪历时(h)
艾山站发生11 000 m^3/s洪水	八里庄(桩号140+000)	700	口门断面大河流量超10 000 m^3/s(考虑区间入流)	305(艾山)	168.3	609
	葛家店(桩号181+000)			305(艾山)	168.2	606
	白龙湾(桩号234+000)			305(艾山)	167.7	601
	宫家(桩号299+200)			305(利津)	167.2	594
	朱家屋子(桩号354+200)			305(利津)	137.2	591

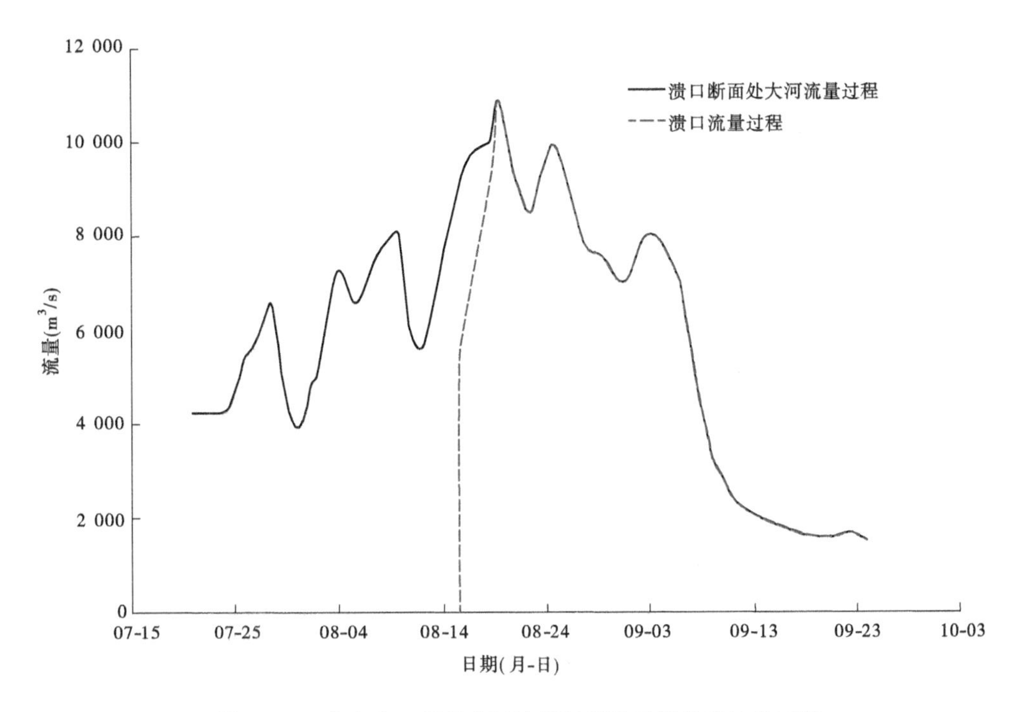

图 6-191　葛家店口门处大河流量过程及口门分洪流量过程

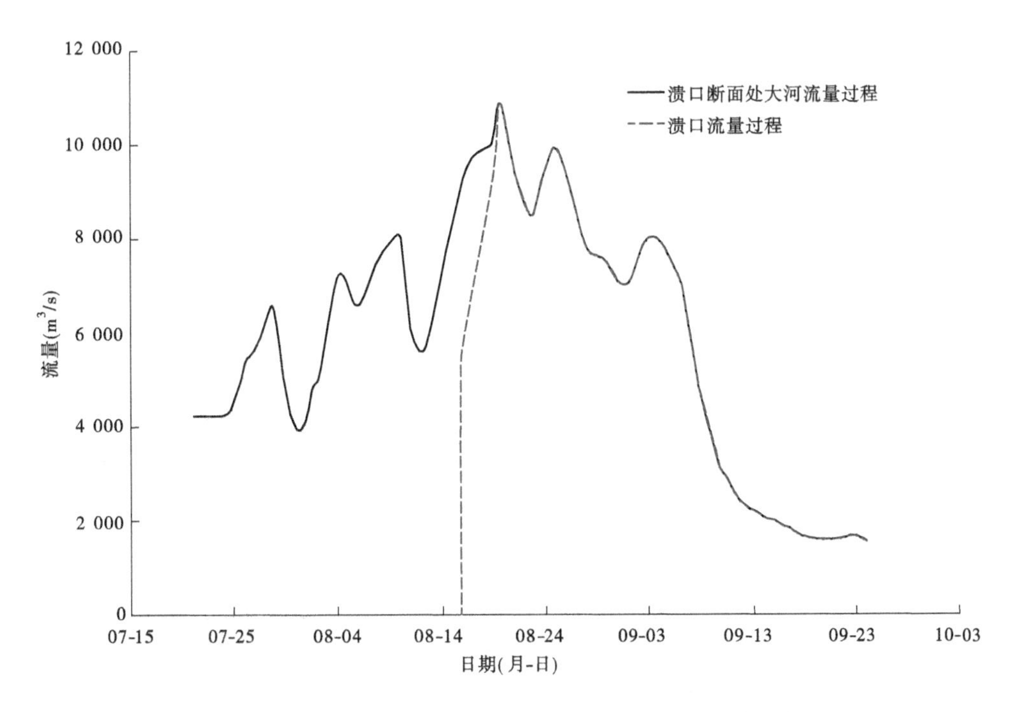

图 6-192　白龙湾口门处大河流量过程及口门分洪流量过程

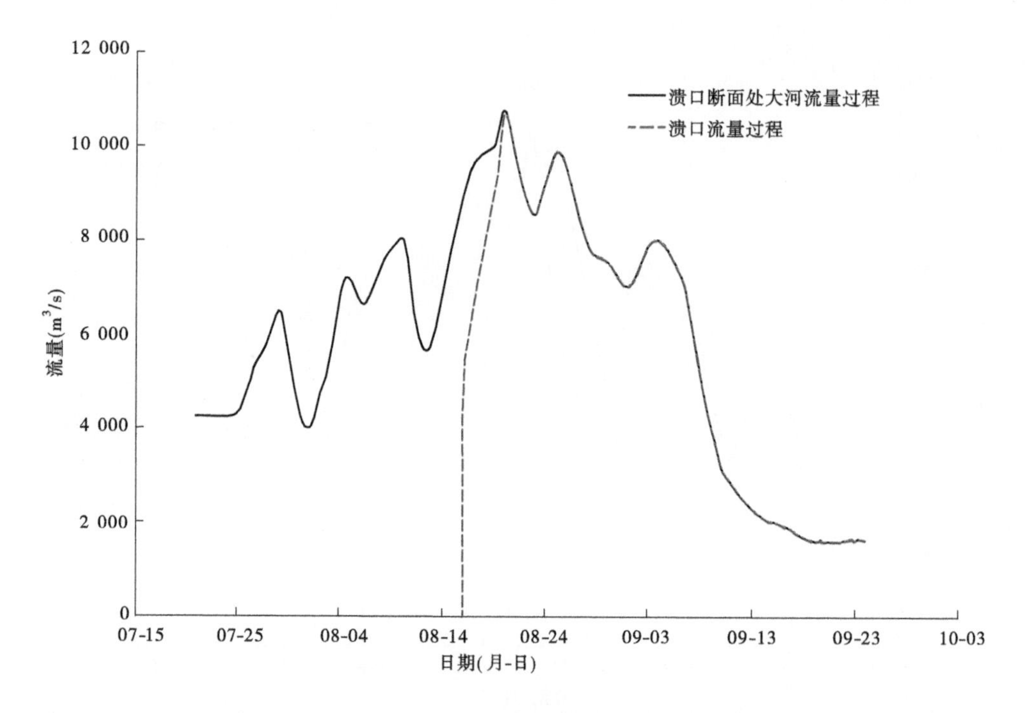

图 6-193　宫家口门处大河流量过程及口门分洪流量过程

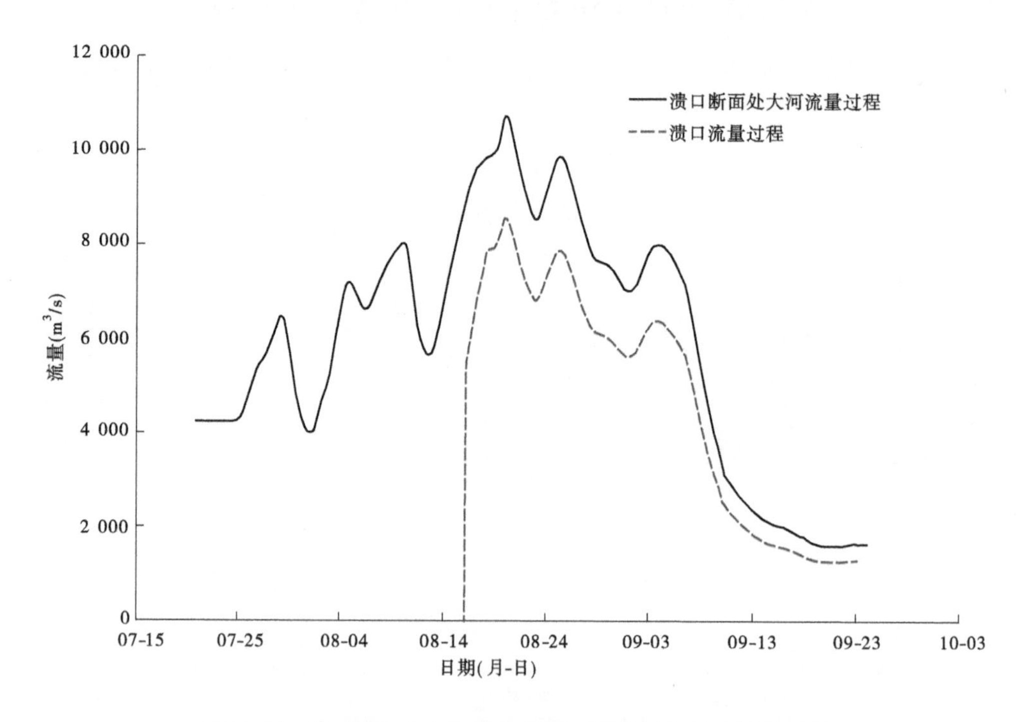

图 6-194　朱家屋子口门处大河流量过程及口门分洪流量过程

6.7.1.2　初始条件

根据技术大纲专家咨询意见“黄河洪水不填洼,保护区内洪水不出槽”,不考虑保护区内支流水下地形，其基流水面按固结表面考虑，黄河洪水在其表面流动，合理拟定基流水面糙率，模型下边界渤海湾海平面取多年平均潮位。

6.7.1.3　边界条件

洪水分析计算模型定义了三种边界，分别为模型计算进口的流量边界、出口边界的水位边界和模型外边界的陆地边界。

1. 进口边界

模型计算进口边界采用八里庄口门、葛家店口门、白龙湾口门、宫家口门和朱家屋子口门的溃口流量过程。

2. 出口边界

津浦铁路桥—河口河段左岸防洪保护区入海口处设有东风港潮位站。《黄河入海流路规划报告》(1989 年)、《滨州港总体规划》(2012 年)对该站潮位进行了统计，表明模型下边界渤海湾多年平均潮位变化不大，对保护区洪水分析计算影响不大，因此采用东风港站多年平均潮位 0.14 m 作为下边界条件。

6.7.2　洪水分析计算结果

6.7.2.1　八里庄口门

当黄河发生 1933 年典型 1 000 年一遇上大洪水在八里庄口门(140 +000 附近)处堤防发生溃决时，溃口洪水以溃口为中心呈扇形向外扩散。

溃堤 6 h 后洪水演进至青银高速，最大淹没水深达到 3.0 m，由于青银高速的阻水作用，青银高速北侧水深加大，12 h 后，最大淹没水深达到 3.7 m；24 h(1 d)后，一股洪水沿青银高速向西演进至台北高速，另一股洪水漫过青银高速向北继续演进，淹没范围持续扩大，最大淹没水深达到 4.2 m；24 h(1 d) ~48 h(2 d)，向西演进的洪水漫过台北高速后演进至京沪铁路受阻折向北演进至禹城，向北演进的水流沿北上高速漫过徒骇河演进至临邑—商河一线，最大淹没水深达到 4.3 m。48 h(2 d) ~96 h(4 d)，洪水分为三股，一股继续沿台北高速向禹城与平原县界演进，另一股洪水沿北上高速向德龙烟铁路演进，第三股洪水折向东北沿徒骇河演进，最大淹没水深 4.7 m；144 h(6 d)后，沿台北高速向北演进的洪水演进至禹城与平原县界；向北演进的洪水越过德龙烟铁路演进至德惠新河受阻后折向东北至荣乌高速，沿徒骇河两岸演进的洪水依地形演进至惠民与阳信县界，最大淹没水深 4.9 m；192 h(8 d)后，洪水依地形继续向东北演进，沿德惠新河右堤演进的洪水到达庆云—无棣一线，沿徒骇河两岸演进的洪水到达沾化—滨州一线，淹没面积持续扩大，达到 5 549 km^2。

溃堤 245 h(约 10 d)后，洪水依地形演进至渤海湾；溃堤 360 h(15 d)，淹没范围基本达到最大。后续溃口洪水基本沿固定流路向下游演进，除部分低洼地区积水无法排出外，地势较高地区的洪水流动趋势遵循从高到低的原则，最终汇入渤海湾。

本典型溃口洪水最大淹没面积 8 388 km^2，最大淹没水深 4.9 m，洪水演进过程及不同时段淹没水深分布情况见图 6-195 ~ 图 6-198、表 6-102、表 6-103。

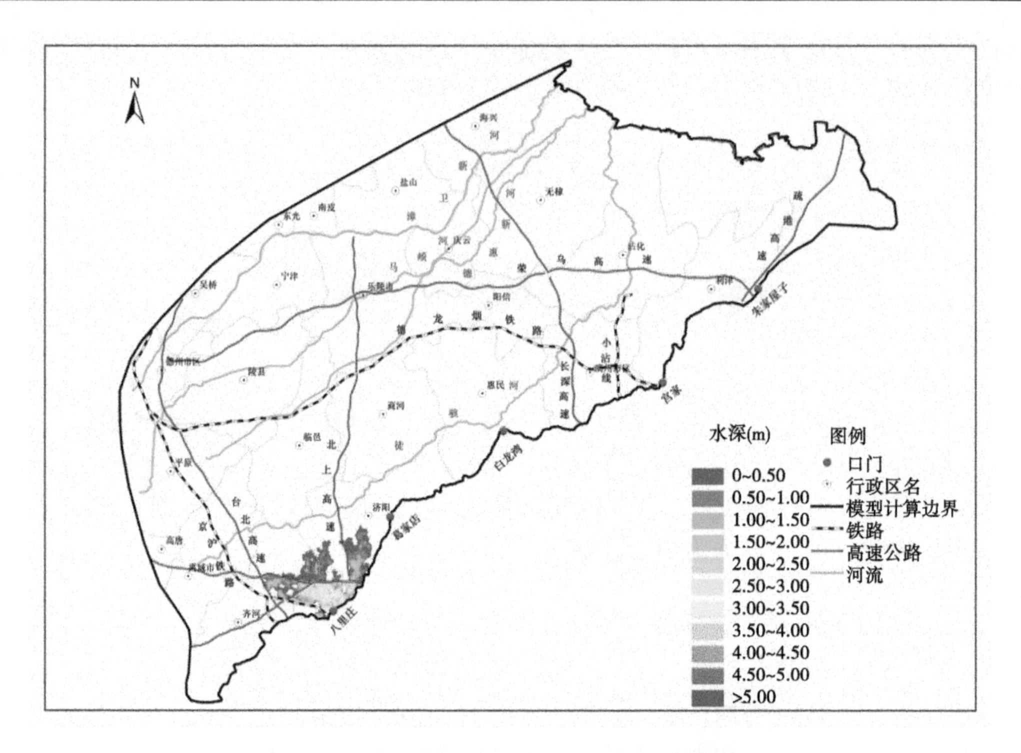

图 6-195　洪水演进第 24 小时(1 d)淹没水深分布

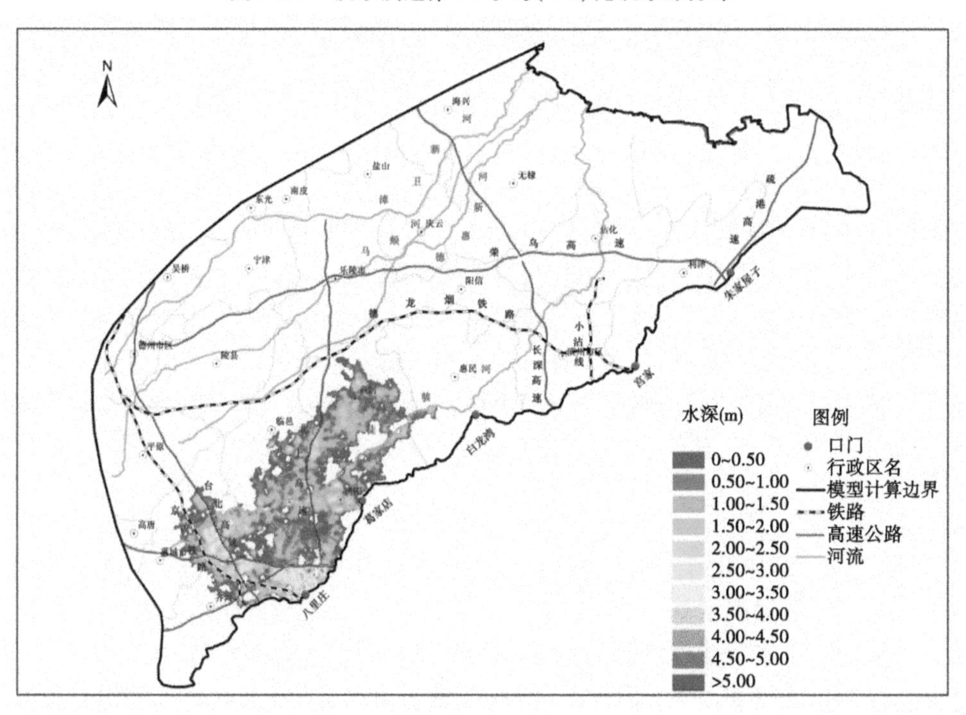

图 6-196　洪水演进第 96 小时(4 d)淹没水深分布

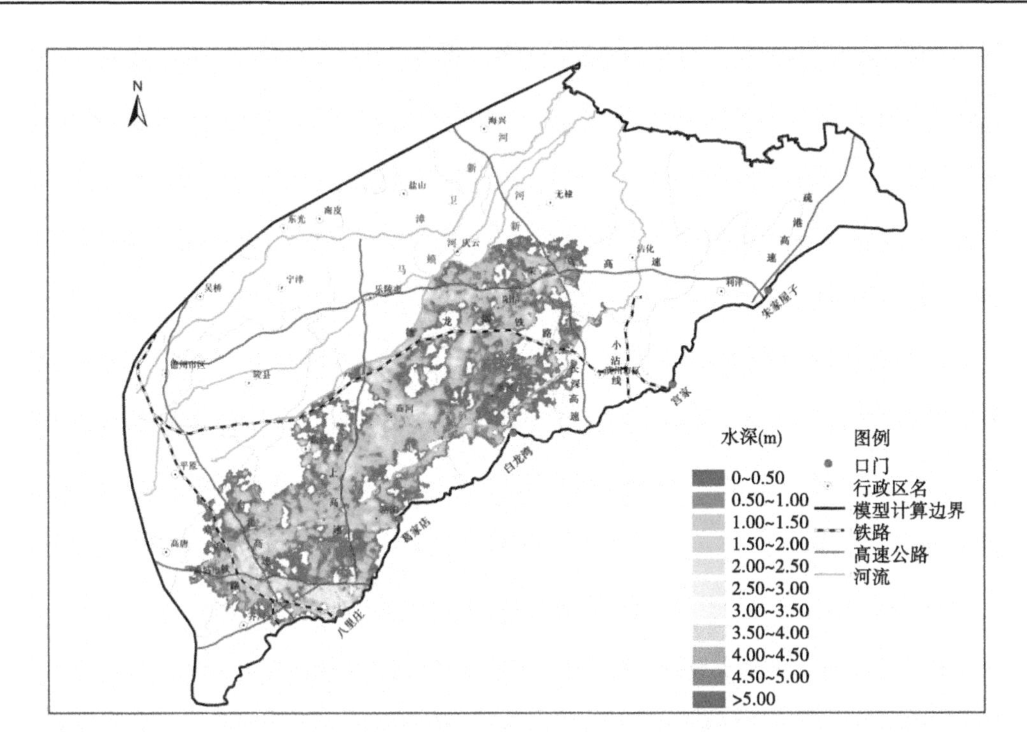

图 6-197　洪水演进第 192 小时(8 d)淹没水深分布

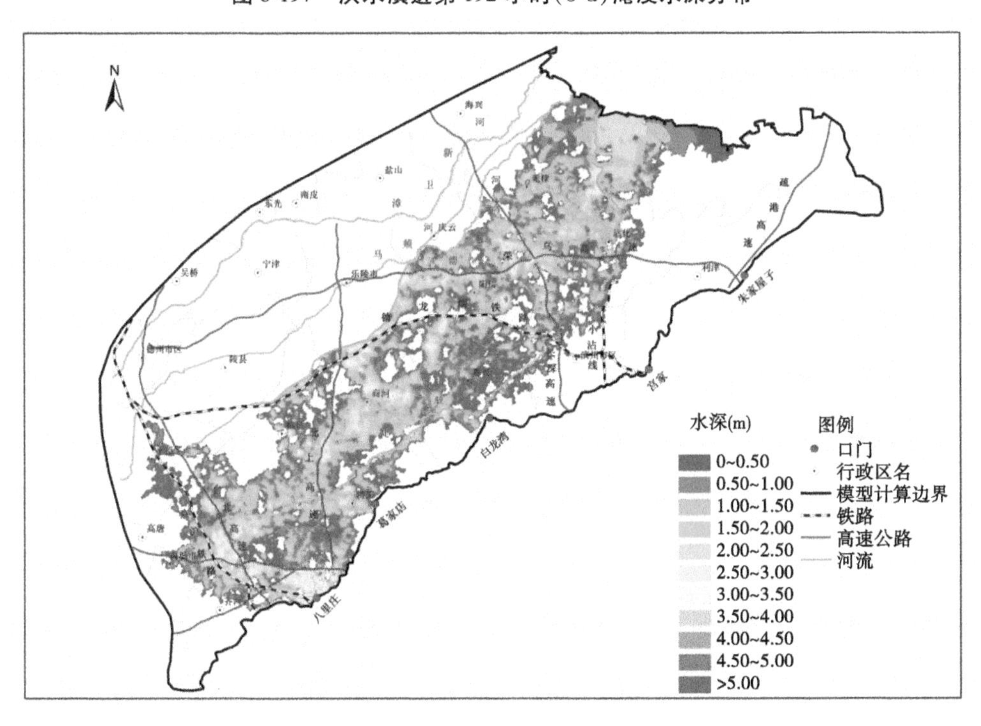

图 6-198　八里庄口门最大淹没水深分布

表 6-102　八里庄口门不同时段洪水前锋到达位置及淹没情况

溃口后洪水演进时段	淹没面积（km^2）	洪水演进过程描述	
		前锋位置	淹没情况
第 6 小时	97	济南市区	洪水向北演进至青银高速，最大淹没水深达到 3.0 m
第 12 小时	132	济南市区	由于青银高速的阻水作用，青银高速北侧水深加大，最大淹没水深达到 3.7 m
第 24 小时（1 d）	427	济阳—齐河	一股洪水沿青银高速向西演进至台北高速，另一股洪水漫过青银高速向北继续演进，淹没范围持续扩大，最大淹没水深达到 4.2 m
第 48 小时（2 d）	1 125	禹城—临邑—商河	向西演进的洪水漫过台北高速后演进至京沪铁路受阻折向北演进至禹城，向北演进的水流沿北上高速漫过徒骇河演进至临邑—商河一线，最大淹没水深达到 4.3 m
第 96 小时（4 d）	2 527	商河—惠民	洪水分为三股，一股沿台北高速向禹城与平原县界演进，另一股洪水沿北上高速向德龙烟铁路演进，第三股洪水折向东北沿徒骇河演进，最大淹没水深 4.7 m
第 144 小时（6 d）	4 076	庆云—阳信—惠民	沿台北高速向北演进的洪水演进至禹城与平原县界；向北演进的洪水越过德龙烟铁路演进至德惠新河受阻后折向东北至荣乌高速，沿徒骇河两岸演进的洪水依地形演进至惠民与阳信县界，最大淹没水深 4.9 m
第 192 小时（8 d）	5 549	庆云—无棣—沾化—滨州	洪水依地形大体向东北演进，沿德惠新河右堤演进的洪水到达庆云—无棣一线；沿徒骇河两岸演进的洪水到达沾化—滨州一线，最大淹没水深 4.9 m
第 245 小时（约 10 d）	7 183	渤海湾	洪水依地形演进至渤海湾
第 360 小时（15 d）	8 180	渤海湾	淹没范围基本达到最大

表6-103 重要城市或构筑物洪水到达时间及淹没情况

重要城市或构筑物	洪水到达时间	淹没情况描述
青银高速	第4小时	洪水向北演进至青银高速,最大淹没水深达到3.0 m
齐河	第15小时	向西演进的洪水沿京沪铁路演进至齐河,最大淹没水深达到3.2 m
徒骇河	第32小时(1.3 d)	洪水依地形向北演进至徒骇河,济南市天桥区、历城区、齐河县东部以及济阳县西部被淹
德龙烟铁路	第100小时(4.2 d)	洪水演进至德龙烟铁路,新增淹没范围为禹城东部、临邑南部和东部以及商河西部和中部,最大淹没水深达到4.7 m
德惠新河	第110小时(4.6 d)	洪水前锋继续向北演进至德惠新河,受德惠新河堤防阻挡后折向东北
荣乌高速	第144小时(6 d)	洪水前锋沿德惠新河右堤演进至荣乌高速,新增淹没范围为惠民县西北部、阳信西部以及庆云北部,淹没面积达到4 076 km²
滨州市区	第170小时(7.1 d)	洪水前锋沿徒骇河两岸演进至滨州市区,最大淹没水深达到4.8 m
长深高速	第180小时(7.5 d)	洪水前锋沿荣乌高速两侧演进至长深高速,新增淹没范围为滨州市区西部、无棣北部以及沾化西部
渤海湾	第245小时(10.2 d)	洪水前锋到达渤海湾

6.7.2.2 葛家店口门

当黄河发生1933年典型1 000年一遇上大洪水在葛家店口门(181 +000附近)处堤防发生溃决时,溃口洪水以溃口为中心呈扇形向外扩散。

溃堤6 h后,洪水向北演进至徒骇河,最大淹没水深2.9 m,洪水受徒骇河堤防阻挡,沿徒骇河右堤向徒骇河上下游漫流,12 h后,向徒骇河上游演进的洪水至北上高速;24 h(1 d)后,随着洪水历时增长,徒骇河右堤侧水深不断增加,最大水深达到3.8 m,漫过了徒骇河堤防,而后洪水分为两股,一股沿北上高速向北演进,一股沿徒骇河两岸向东北演进,洪水前锋到达临邑—商河一线;24 h(1 d) ~48 h(2 d),洪水依地形分别向北和东北方向演进,洪水前锋到临邑—商河—惠民一线,济阳、临邑、商河和惠民县被淹,最大淹没水深4.1 m;48 h(2 d) ~96 h(4 d)后,向北演进的洪水越过德龙烟铁路演进至德惠新河受阻后折向东北至荣乌高速,沿徒骇河两岸演进的洪水依地形演进至惠民与阳信县界,最大淹没水深4.3 m;144 h(6 d)后,洪水向东北继续演进,漫过荣乌高速演进至庆云—无棣—沾化,商河、惠民和阳信几乎全部被淹,淹没范围达到4 172 km²,最大淹没水深4.6 m。溃堤192 h(8 d)后,洪水依地形演进至渤海湾,312 h(13 d)后,淹没范围基本达到最大。后续溃口洪水基本沿固定流路向下游演进,除部分低洼地区积水无法排出外,地势较高地区的洪水流动趋势遵循从高到低的原则,最终汇入渤海湾。

本典型溃口洪水最大淹没面积6 307 km²,最大淹没水深4.6 m,洪水演进过程及不同时段淹没水深分布情况见图6-199 ~图6-202、表6-104、表6-105。

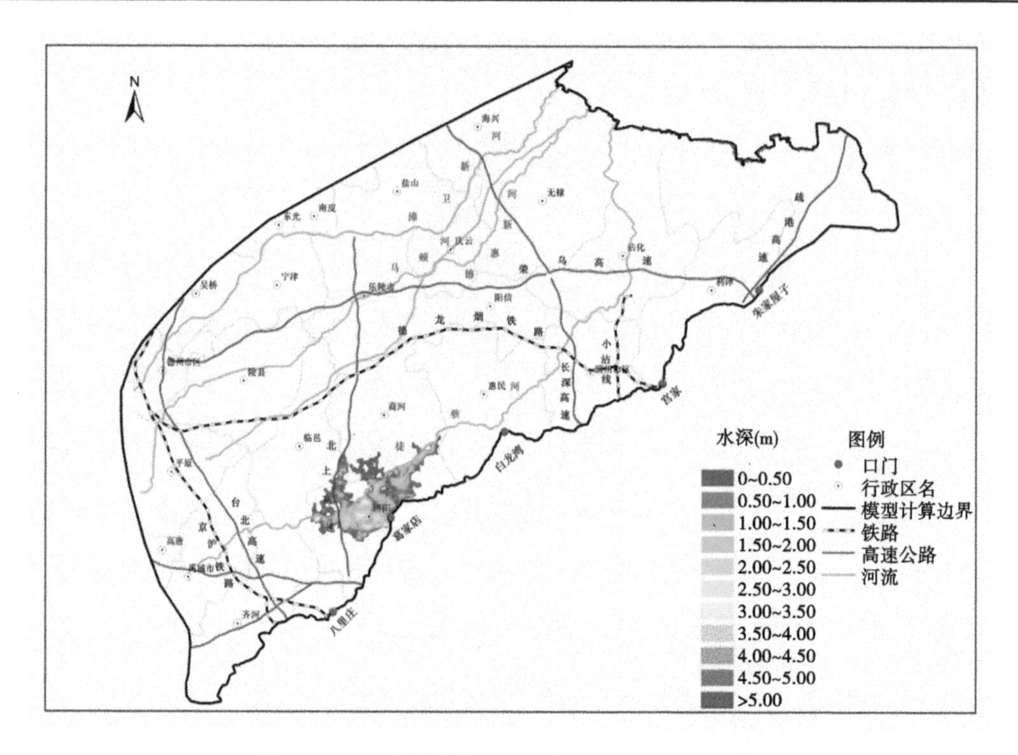

图 6-199　洪水演进第 24 小时(1 d)淹没水深分布

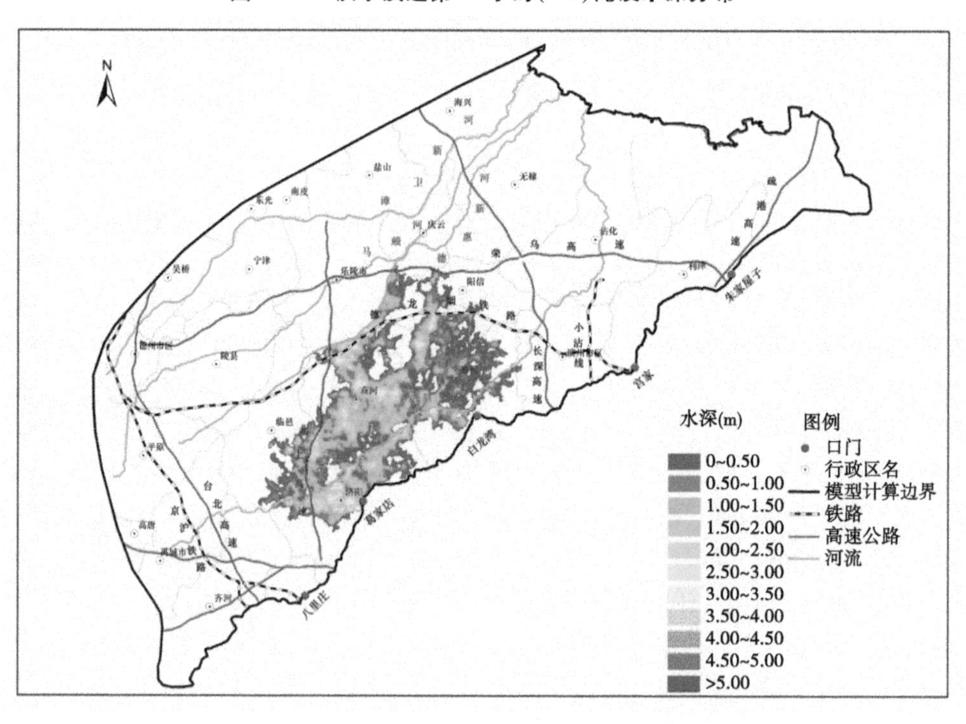

图 6-200　洪水演进第 96 小时(4 d)淹没水深分布

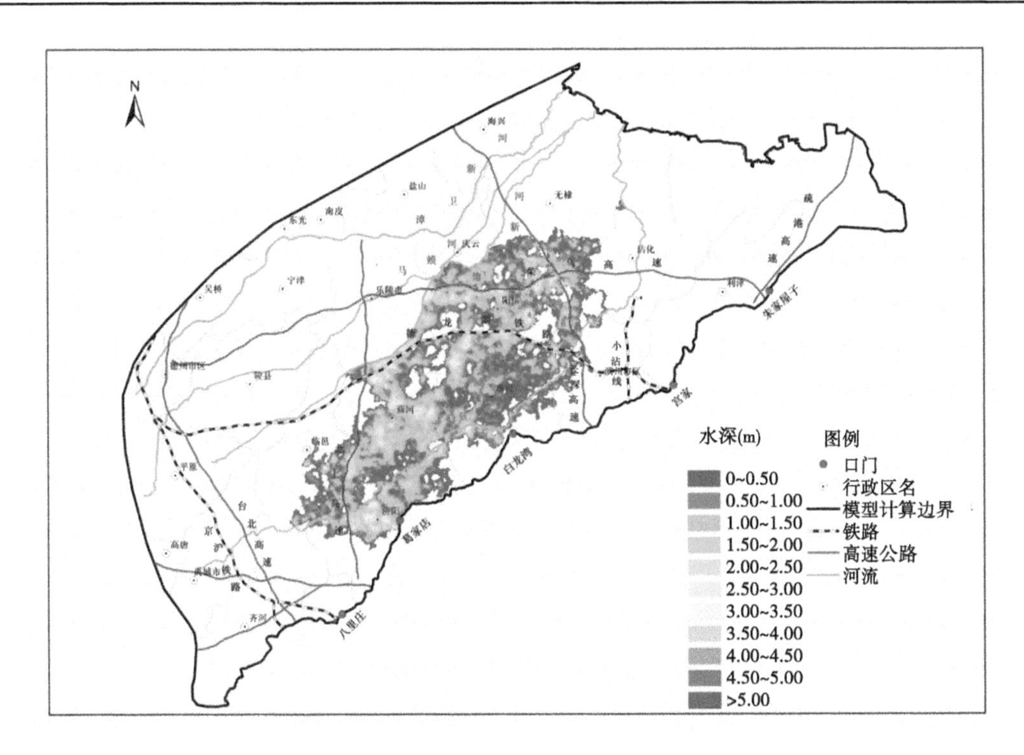

图6-201　洪水演进第144小时(6 d)淹没水深分布

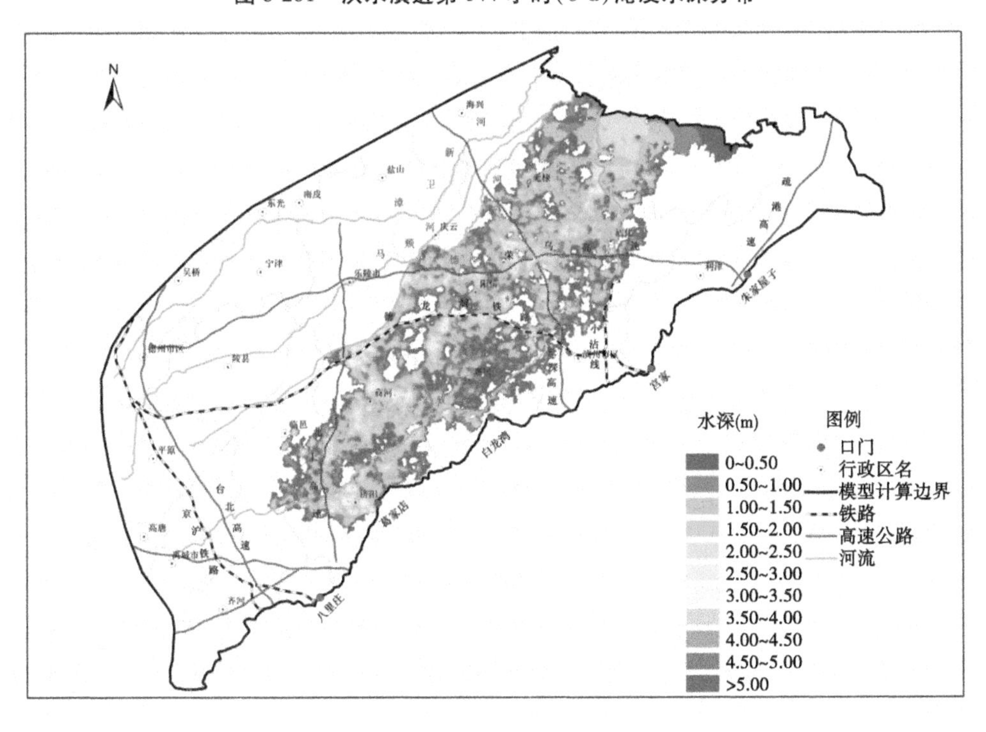

图6-202　葛家店口门最大淹没水深分布

表 6-104　葛家店口门不同时段洪水前锋到达位置及淹没情况

溃口后洪水演进时段	淹没面积（km^2）	洪水演进过程描述	
		前锋位置	淹没情况
第 6 小时	150	济阳	洪水向北演进至徒骇河，最大淹没水深 2.9 m
第 12 小时	256	商河	洪水受徒骇河堤防阻挡，沿徒骇河右堤向徒骇河上下游漫流，向徒骇河上游演进的洪水至北上高速
第 24 小时（1 d）	530	临邑—商河	随着洪水历时增长，徒骇河右堤侧水深不断增加，最大水深达到 3.8 m，漫过了徒骇河堤防，而后洪水分为两股，一股沿北上高速向北演进，一股沿徒骇河两岸向东北演进
第 48 小时（2 d）	1 236	临邑—商河—惠民	洪水依地形分别向北和东北方向演进，济阳、临邑、商河和惠民县被淹，最大淹没水深 4.1 m
第 96 小时（4 d）	2 687	庆云—阳信	向北演进的洪水越过德龙烟铁路演进至德惠新河受阻后折向东北至荣乌高速，沿徒骇河两岸演进的洪水依地形演进至惠民与阳信县界，最大淹没水深 4.3 m
第 144 小时（6 d）	4 172	庆云—无棣—沾化	洪水先东北继续演进，漫过荣乌高速演进至庆云—无棣—沾化，商河、惠民和阳信几乎全部被淹，最大淹没水深 4.6 m
第 192 小时（8 d）	5 582	渤海湾	洪水依地形演进至渤海湾
第 312 小时（13 d）	6 311	渤海湾	淹没范围基本达到最大

表 6-105　重要城市或构筑物洪水到达时间及淹没情况

重要城市或构筑物	洪水到达时间	淹没情况描述
徒骇河	第 6 小时	洪水向北演进至徒骇河，最大淹没水深 2.9 m
北上高速	第 10 小时	洪水演进至徒骇河受阻后折向西演进至北上高速
临邑	第 14 小时	洪水漫过徒骇河后沿北上高速演进至临邑
惠民	第 28 小时	洪水沿徒骇河向东北演进至惠民
德龙烟铁路	第 65 小时（2.7 d）	洪水演进至德龙烟铁路，济阳、临邑、商河、惠民和阳信被淹，最大淹没水深达到 4.2 m
德惠新河	第 70 小时（4.6 d）	洪水前锋继续向北演进至德惠新河，受德惠新河堤防阻挡后折向东北
荣乌高速	第 96 小时（4 d）	洪水前锋沿德惠新河右堤演进至荣乌高速，淹没面积达到 2 687 km^2
滨州市区	第 98 小时（4.1 d）	洪水前锋沿徒骇河两岸演进至滨州市区，最大淹没水深达到 4.3 m
长深高速	第 120 小时（5 d）	洪水前锋沿荣乌高速两侧演进至长深高速，新增淹没范围为滨州市区西部、无棣北部以及沾化西北部
渤海湾	第 192 小时（8 d）	洪水前锋到达渤海湾

6.7.2.3　白龙湾口门

当黄河发生 1933 年典型 1 000 年一遇上大洪水在白龙湾口门(234 +000 附近)处堤防发生溃决时,溃口洪水以溃口为中心呈扇形向外扩散。

溃堤 6 h 后,洪水向北演进至徒骇河,受阻后折向东北,随着洪水历时增长,徒骇河堤防处水深持续增加,最大淹没水深达到 3.2 m,部分水流漫过徒骇河;12 h(1 d)后,洪水分为两股,一股依地形向北演进,另一股沿徒骇河右岸向东北演进滨州市区,最大淹没水深 3.2 m;24 h(1 d)后,洪水向东北演进至德龙烟铁路和长深高速,惠民县大部分被淹,最大淹没水深 3.4 m;24 h(1 d) ~48 h(2 d),洪水分为两股,一股洪水向北演进至阳信,另一股沿徒骇河向东北演进至沾化,惠民、滨州市区和沾化北部被淹,最大淹没水深 3.6 m;96 h(4 d)后,洪水漫过荣乌高速,继续沿长深高速向北演进,沿徒骇河向东北演进,到达无棣—沾化一线,淹没范围持续增加,达到 3 809 km^2。

溃堤 120 h(5 d)后,洪水依地形演进至渤海湾;240 h(10 d)后,淹没范围基本达到最大。后续溃口洪水基本沿固定流路向下游演进,除部分低洼地区积水无法排出外,地势较高地区的洪水流动趋势遵循从高到低的原则,最终汇入渤海湾。

本典型溃口洪水最大淹没面积 4 895 km^2,最大淹没水深 4.2 m,洪水演进过程及不同时段淹没水深分布情况见表 6-106、表 6-107、图 6-203 ~ 图 6-206。

表 6-106　白龙湾口门不同时段洪水前锋到达位置及淹没情况

溃口后洪水演进时段	淹没面积(km^2)	洪水演进过程描述	
		前锋位置	淹没情况
第 6 小时	159	惠民	洪水向北演进至徒骇河,受阻后折向东北,随着洪水历时增长,徒骇河堤防处水深持续增加,最大淹没水深 3.2 m,部分水流漫过徒骇河
第 12 小时	309	滨州市区	洪水分为两股,一股依地形向北演进,另一股沿徒骇河右岸向东北演进滨州市区,最大淹没水深 3.2 m
第 24 小时(1 d)	692	惠民—滨州市区	洪水向东北演进至德龙烟铁路和长深高速,惠民县大部分被淹,最大淹没水深 3.4 m
第 48 小时(2 d)	1 444	阳信—沾化	洪水分为两股,一股洪水向北演进至阳信,另一股沿徒骇河向东北演进至沾化,惠民、滨州市区和沾化北部被淹,最大淹没水深 3.6 m
第 96 小时(4 d)	2 964	无棣—沾化	洪水漫过荣乌高速,继续沿长深高速向北演进,沿徒骇河向东北演进,淹没范围持续增加,最大淹没水深 4.2 m
第 120 小时(5 d)	3 809	渤海湾	洪水依地形演进至渤海湾,最大淹没水深 4.2 m
第 240 小时(10 d)	4 841	渤海湾	淹没范围基本达到最大

表 6-107　重要城市或构筑物洪水到达时间及淹没情况

重要城市或构筑物	洪水到达时间	淹没情况描述
徒骇河	第 1 小时	洪水向北演进至徒骇河,最大淹没水深 3.2 m
滨州市区	第 10 小时	洪水前锋沿徒骇河右岸演进至滨州市区,最大淹没水深达到 3.2 m
德龙烟铁路	第 17 小时	洪水前锋沿徒骇河两岸演进至德龙烟铁路,最大淹没水深达到 3.3 m
长深高速	第 17 小时	洪水前锋沿徒骇河两岸演进至长深高速,最大淹没水深达到 3.3 m
小沾线	第 72 小时(1.5 d)	洪水前锋沿徒骇河两岸演进至小沾线,最大淹没水深达到 3.4 m
荣乌高速	第 100 小时(4.2 d)	洪水前锋沿徒骇河两岸演进至荣乌高速,惠民、滨州市区、阳信、沾化被淹
渤海湾	第 120 小时(5 d)	洪水前锋到达渤海湾

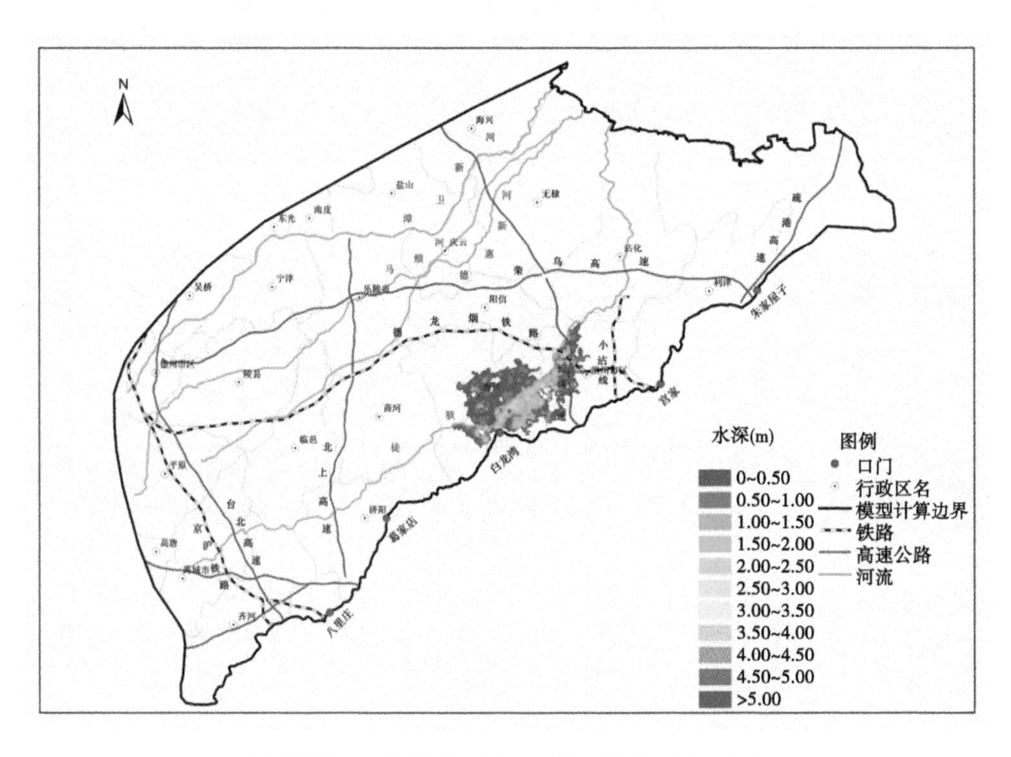

图 6-203　洪水演进第 24 小时(1 d)淹没水深分布

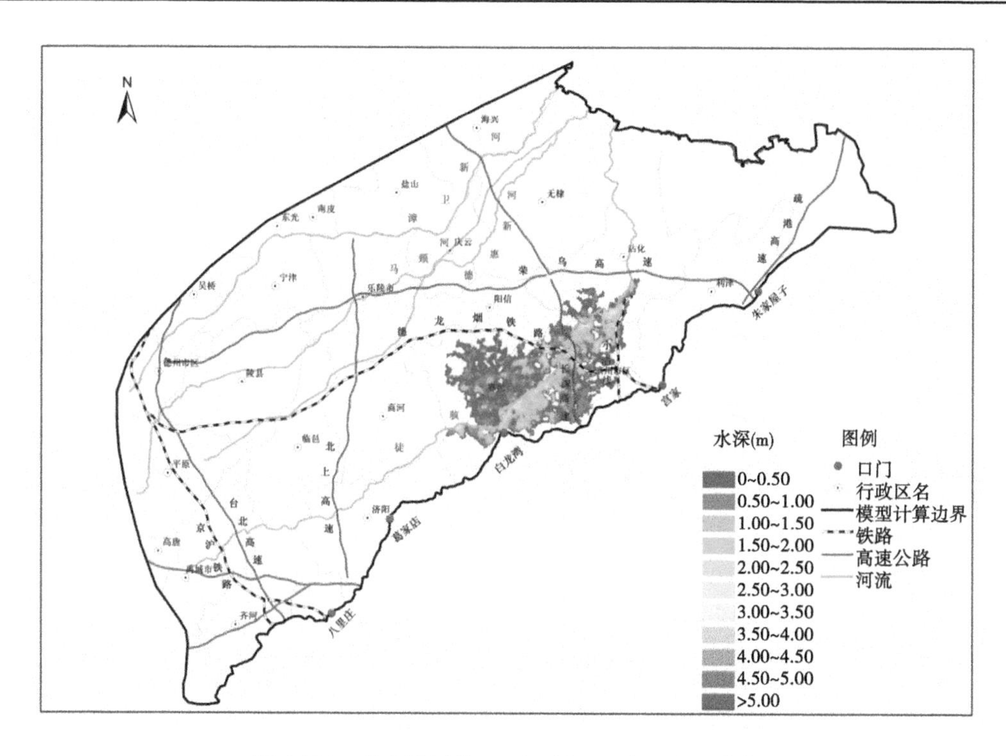

图 6-204　洪水演进第 48 小时(2 d)淹没水深分布

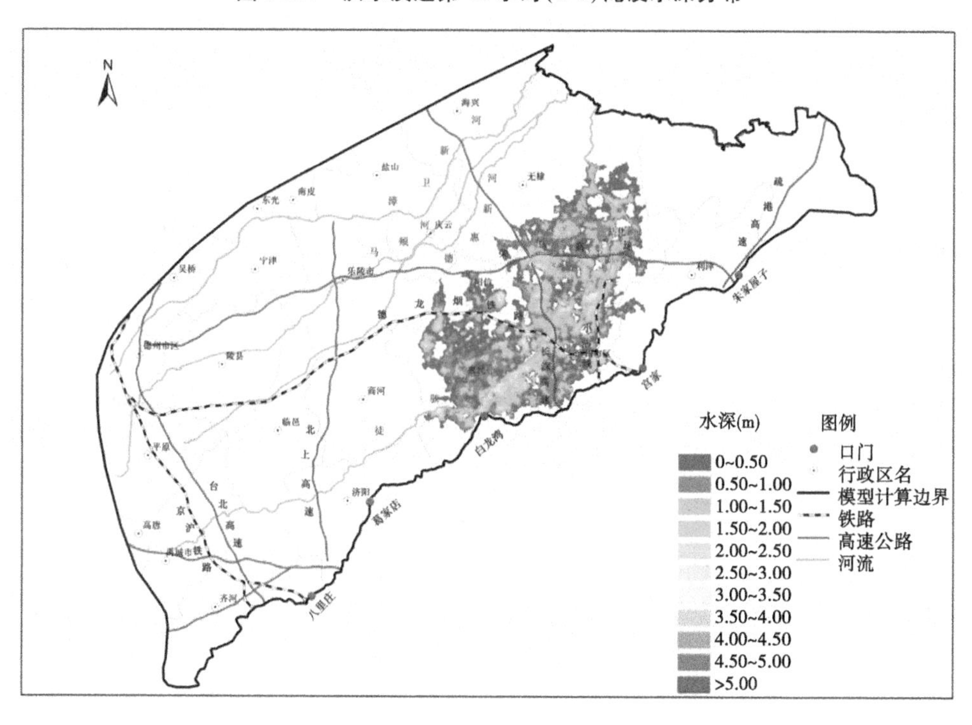

图 6-205　洪水演进第 96 小时(4 d)淹没水深分布

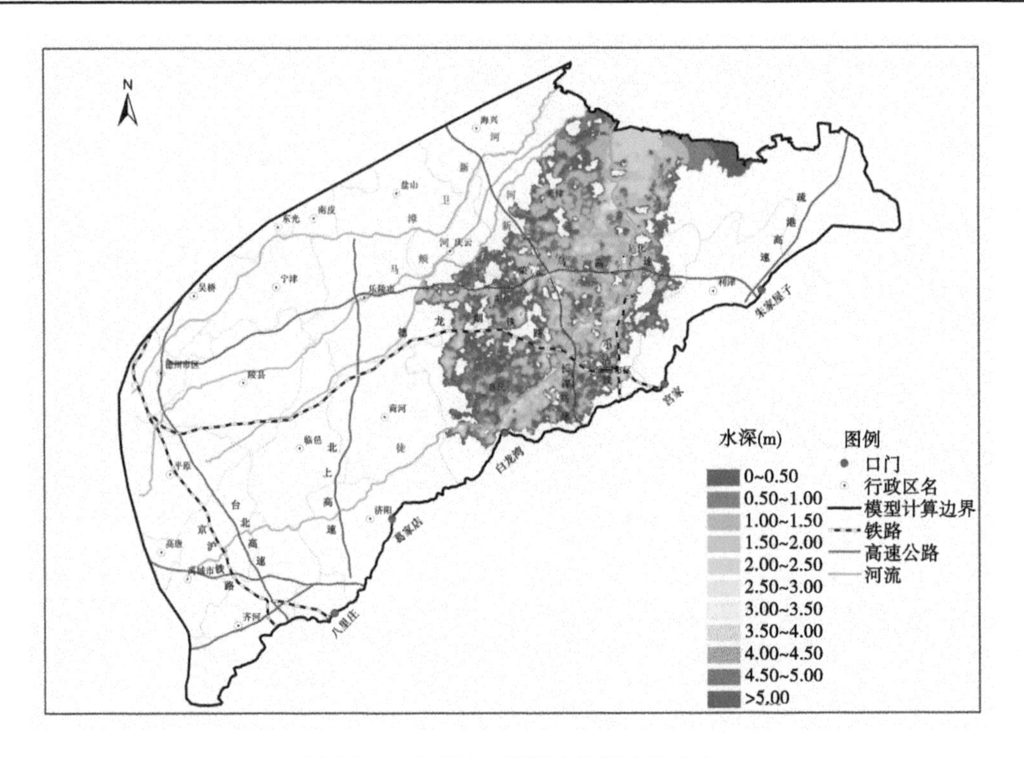

图 6-206　白龙湾口门最大淹没水深分布

6.7.2.4　宫家口门

当黄河发生 1933 年典型 1 000 年一遇上大洪水在宫家口门(299 + 200 附近)处堤防发生溃决时,溃口洪水最初以溃口为中心呈扇形向外扩散。

溃堤 6 h 后,部分洪水沿德龙烟铁路向西北演进,部分洪水依地形向北演进,最大淹没水深 3.3 m;12 h 后,部分洪水继续向西北演进至小沾线受阻后折向北,另一部分洪水向北演进至沾化县界,滨州市区东部和利津西北被淹,最大淹没水深 3.4 m。

24 h(1 d)后,洪水依地形向北演进至荣乌高速,最大淹没水深 3.4 m;24 h(1 d) ~ 48 h(2 d),洪水漫过荣乌高速沿徒骇河两岸向北演进,淹没范围达到 1 048 km^2,最大淹没水深 4 m。

溃堤 84 h(3.5 d)后,洪水依地形演进至渤海湾,192 h(8 d)后,淹没范围基本达到最大。后续溃口洪水基本沿固定流路向下游演进,除部分低洼地区积水无法排出外,地势较高地区的洪水流动趋势遵循从高到低的原则,最终汇入渤海湾。

本典型溃口洪水最大淹没面积 3 183 km^2,最大淹没水深 4.2 m,洪水演进过程及不同时段淹没水深分布情况见图 6-207 ~ 图 6-210、表 6-108、表 6-109。

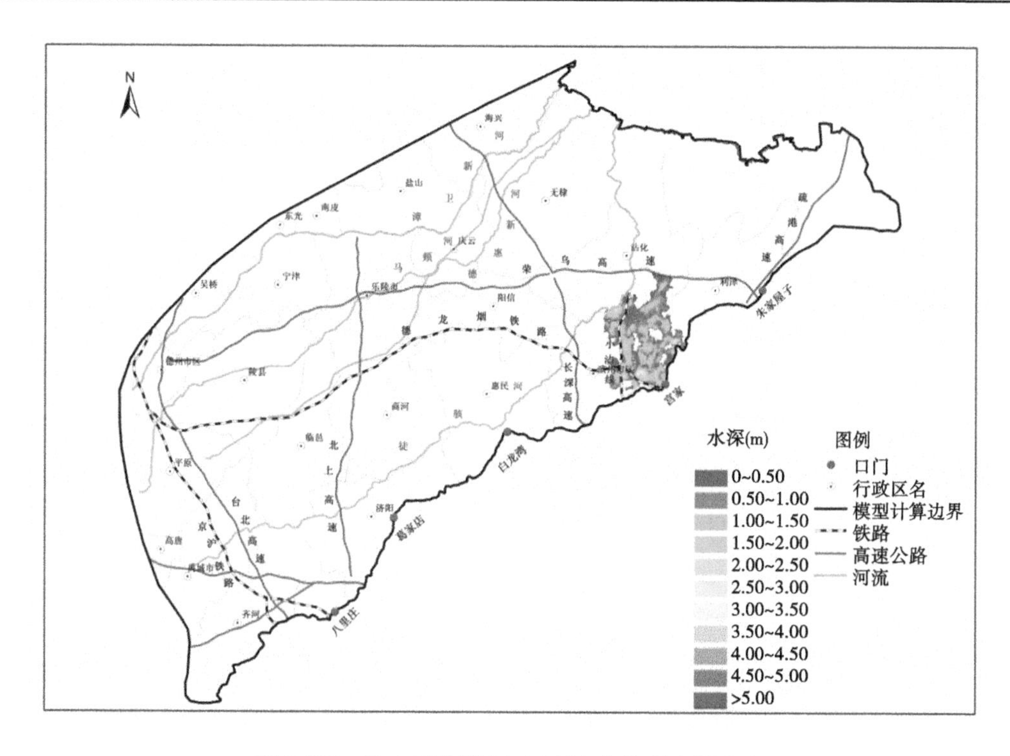

图 6-207　洪水演进第 24 小时(1 d)淹没水深分布

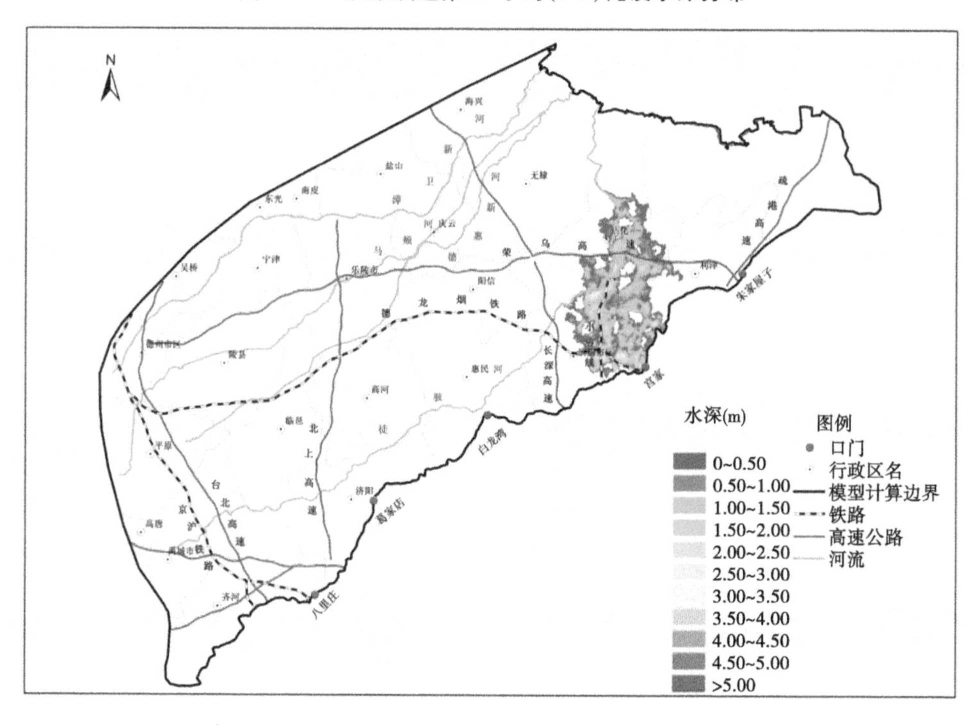

图 6-208　洪水演进第 48 小时(2 d)淹没水深分布

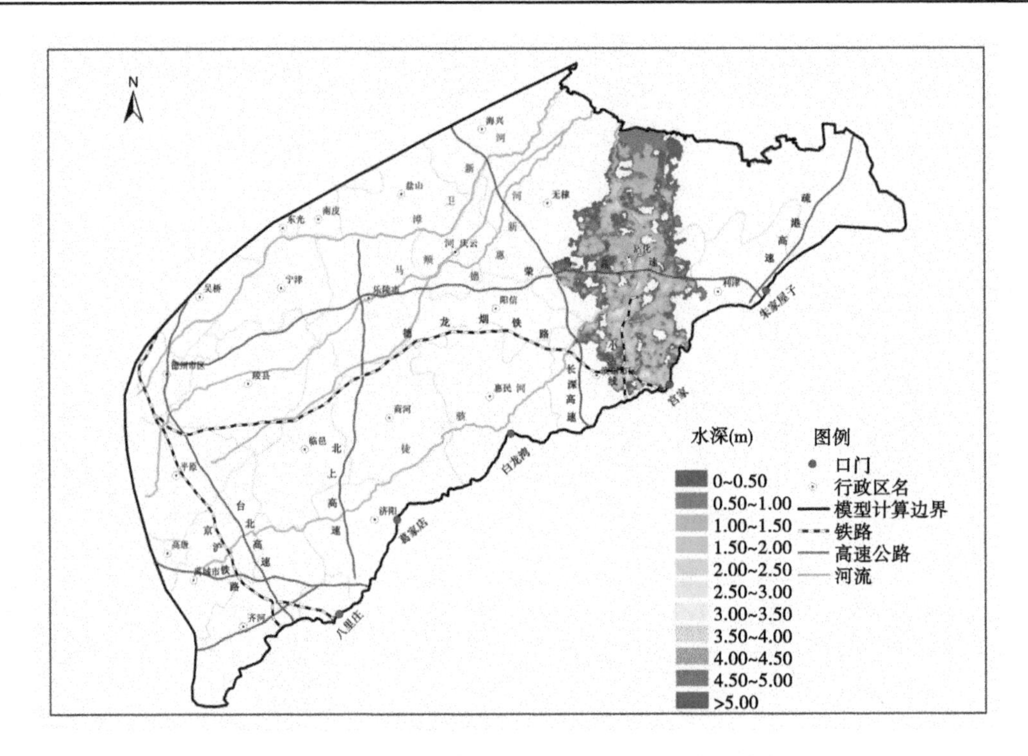

图 6-209　洪水演进第 84 小时(3.5 d)淹没水深分布

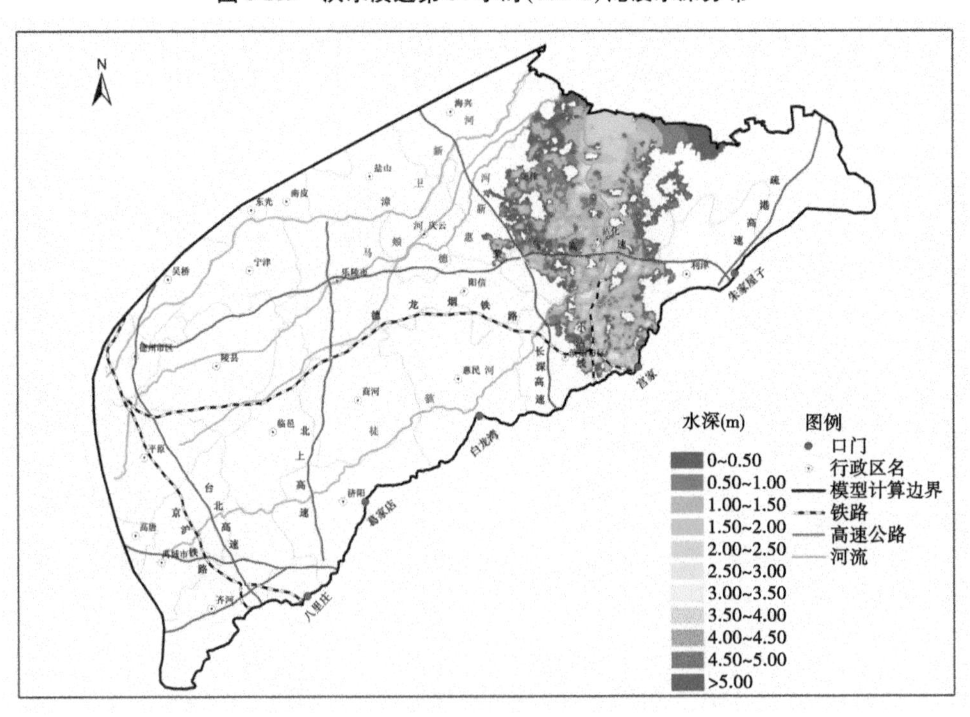

图 6-210　宫家口门最大淹没水深分布

表 6-108　宫家口门不同时段洪水前锋到达位置及淹没情况

溃口后洪水演进时段	淹没面积(km^2)	洪水演进过程描述	
		前锋位置	淹没情况
第 6 小时	145	滨州市区—利津	部分洪水沿德龙烟铁路向西北演进,部分洪水依地形向北演进,最大淹没水深 3.3 m
第 12 小时	280	沾化—利津	部分洪水继续向西北演进至小沾线受阻后折向北,另一部分洪水向北演进至沾化县界,滨州市区东部和利津西北被淹,最大淹没水深 3.4 m
第 24 小时(1 d)	532	沾化—利津	洪水依地形向北演进至荣乌高速,最大淹没水深 3.4 m
第 48 小时(2 d)	1 048	沾化—利津	洪水漫过荣乌高速沿徒骇河两岸向北演进,最大淹没水深 4 m
第 84 小时(3.5 d)	2 125	渤海湾	洪水依地形演进至渤海湾
第 192 小时(8 d)	3 076	渤海湾	淹没范围基本达到最大

表 6-109　重要城市或构筑物洪水到达时间及淹没情况

重要城市或构筑物	洪水到达时间	淹没情况描述
德龙烟铁路	第 1 小时	洪水向西演进德龙烟铁路,最大淹没水深 3.3 m
滨州市区	第 2 小时	洪水前锋沿德龙烟铁路向西北演进至滨州市区,最大淹没水深达到 3.3 m
小沾线	第 6 小时	洪水前锋沿德龙烟铁路向西北演进至小沾线,滨州市区东部和利津西北被淹,最大淹没水深达到 3.4 m
徒骇河	第 17 小时	洪水前锋向北演进至徒骇河,最大淹没水深达到 3.4 m
荣乌高速	第 48 小时(2 d)	洪水依地形向北演进至荣乌高速,最大淹没水深 3.4 m
渤海湾	第 120 小时(5 d)	洪水前锋到达渤海湾

6.7.2.5　朱家屋子口门

当黄河发生 1933 年典型 1 000 年一遇上大洪水在朱家屋子口门(354 + 200 附近)处堤防发生溃决时,溃口洪水以溃口为中心呈扇形向外扩散。

溃堤 6 h 后,洪水迅速漫过疏港高速,最大淹没水深达到 3.2 m;12 h 后,洪水分为三股,一股洪水依地形向北演进,另一股洪水沿荣乌高速两侧向西演进,第三股洪水沿疏港高速两侧向东北方向演进,最大淹没水深 3.2 m;24 h(1 d)后,三股洪水依地形演进,淹没范围继续扩大,达到 560 km^2,最大淹没水深 3.3 m;36 h(1.5 d)后,向北演进的洪水和沿疏港高速两侧向西北演进的洪水均依地形演进至渤海湾,最大淹没水深 3.4 m。

溃堤 144 h(6 d)后,淹没范围基本达到最大。后续溃口洪水基本沿固定流路向下游演进,除部分低洼地区积水无法排出外,地势较高地区的洪水流动趋势遵循从高到低的原则,最终汇入渤海湾。

本典型溃口洪水最大淹没面积 1 654 km^2,最大淹没水深 3.4 m,洪水演进过程及不同时段淹没水深分布情况见图 6-211 ~ 图 6-214、表 6-110、表 6-111。

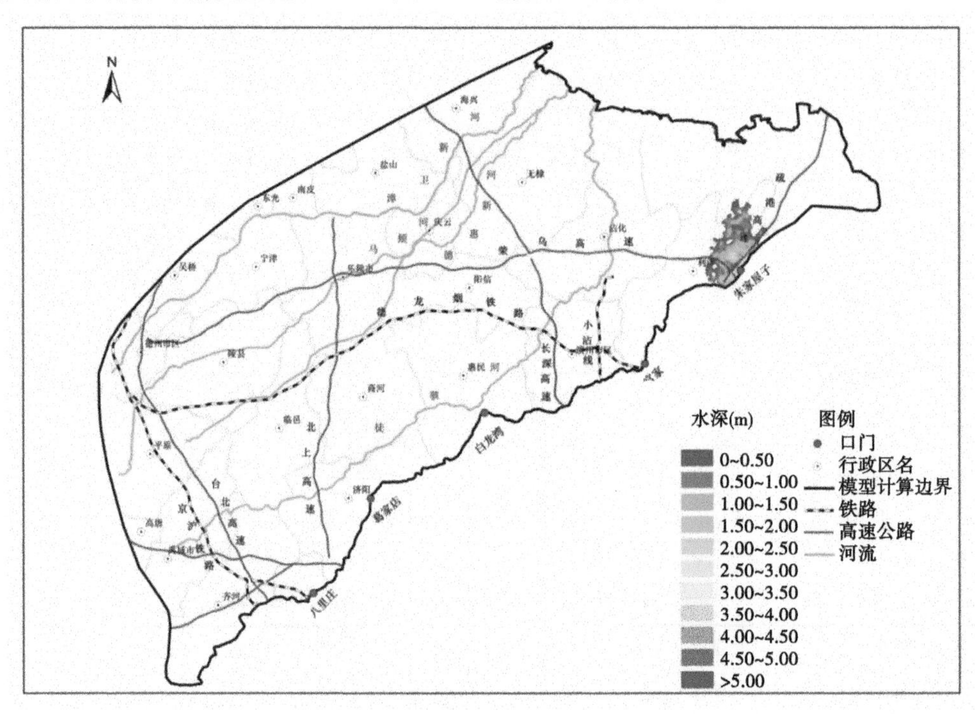

图 6-211　洪水演进第 12 小时淹没水深分布

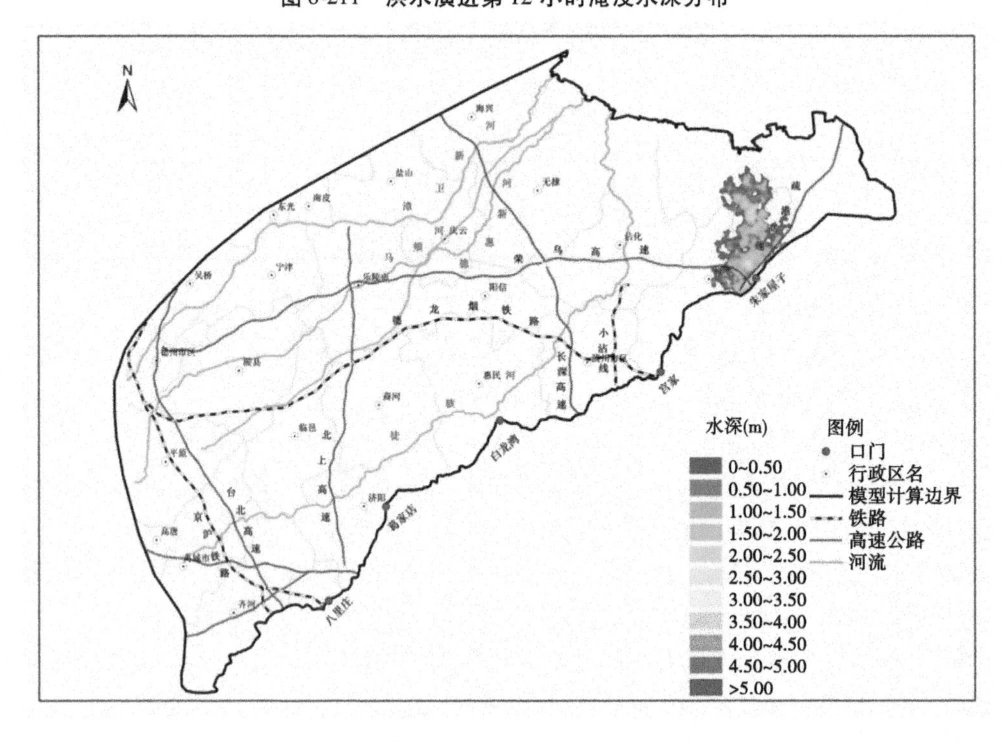

图 6-212　洪水演进第 24 小时(1 d)淹没水深分布

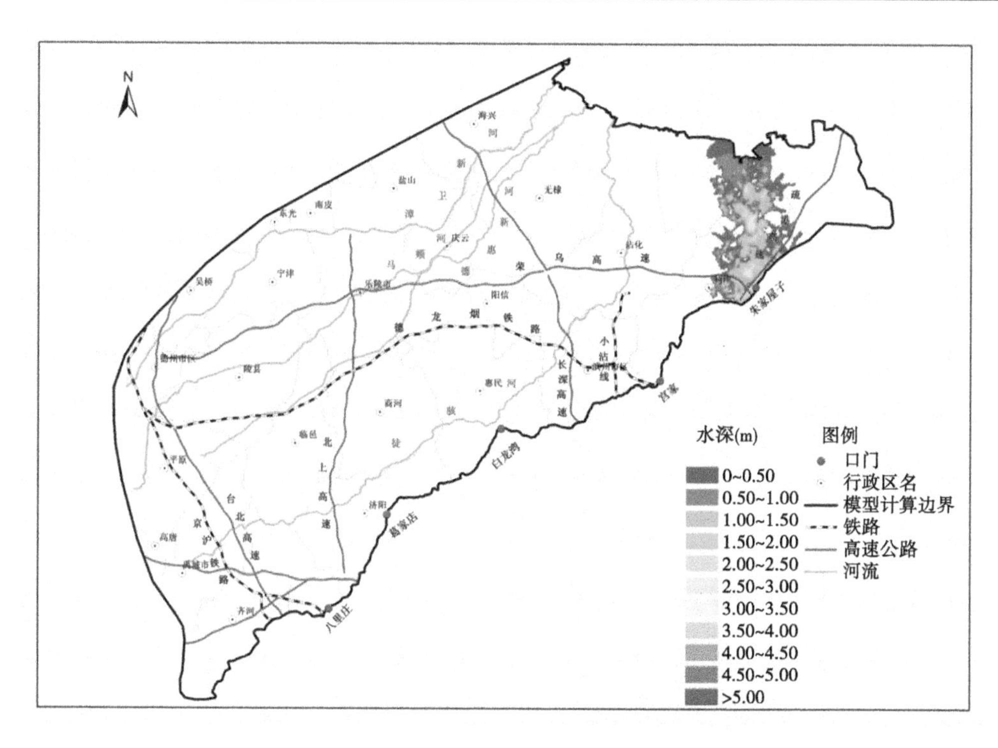

图 6-213　洪水演进第 36 小时(1.5 d)淹没水深分布

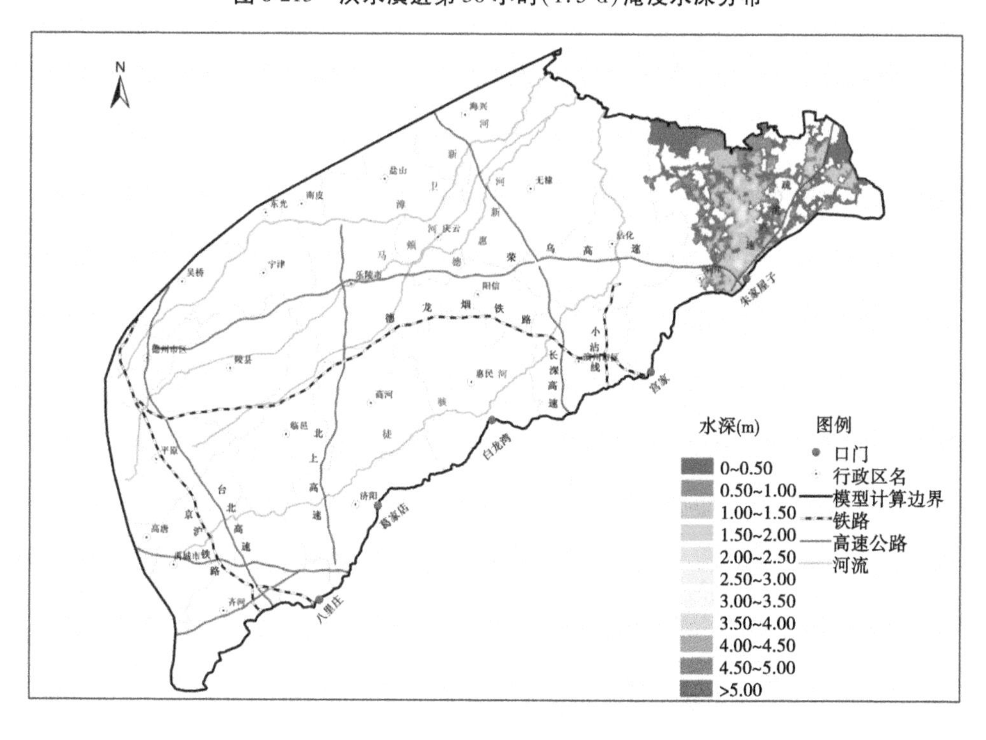

图 6-214　朱家屋子口门最大淹没水深分布

表 6-110 朱家屋子口门不同时段洪水前锋到达位置及淹没情况表

溃口后洪水演进时段	淹没面积(km^2)	洪水演进过程描述	
		前锋位置	淹没情况
第 6 小时	127	利津	溃堤洪水迅速漫过疏港高速,最大淹没水深达到 3.2 m
第 12 小时	299	利津	洪水分为三股,一股洪水依地形向北演进,另一股洪水沿荣乌高速两侧向西演进,第三股洪水沿疏港高速两侧向东北方向演进,最大淹没水深 3.2 m
第 24 小时(1 d)	560	利津—河口区	三股洪水依地形演进,淹没范围继续扩大,最大淹没水深 3.3 m
第 36 小时(1.5 d)	898	渤海湾	向北演进的洪水和沿疏港高速两侧向西北演进的洪水均依地形演进至渤海湾,最大淹没水深 3.4 m
第 144 小时(6 d)	1 519	渤海湾	淹没范围基本达到最大

表 6-111 重要城市或构筑物洪水到达时间及淹没情况

重要城市或构筑物	洪水到达时间	淹没情况描述
疏港高速	第 1 小时	溃堤洪水迅速漫过疏港高速,最大淹没水深达到 3.2 m
渤海湾	第 72 小时(1.5 d)	洪水依地形向北演进至渤海湾,淹没面积达到 898 km^2,最大淹没水深 3.4 m

6.7.2.6 洪水淹没面积

津浦铁路桥—河口河段左岸防洪保护区各口门淹没面积及主要淹没区域见表 6-112,发生 1933 年典型 1 000 年一遇洪水时,保护区淹没面积为 11 292 km^2,最大淹没范围及最大淹没水深分布见图 6-215。

表 6-112 津浦铁路桥—河口河段左岸防洪保护区各口门淹没面积及主要淹没区域

方案	口门	淹没面积(km^2)	主要淹没区域
1933 年典型 1 000 年一遇下大洪水计算方案	八里庄	8 388	济南市区、齐河、禹城、平原、临邑、济阳、商河、惠民、阳信、滨州市区、无棣、沾化等,淹没水深普遍在 0.5 ~ 2 m,部分区域达到 3 m 以上
	葛家店	6 307	
	白龙湾	4 895	
	宫家	3 183	
	朱家屋子	1 654	
	保护区	11 292	

洪水淹没主要区域为济南市区、齐河、禹城、平原、临邑、济阳、商河、惠民、阳信、滨州市区、无棣、沾化等,淹没水深普遍在 0.5 ~ 2 m,部分区域达到 3 m 以上。

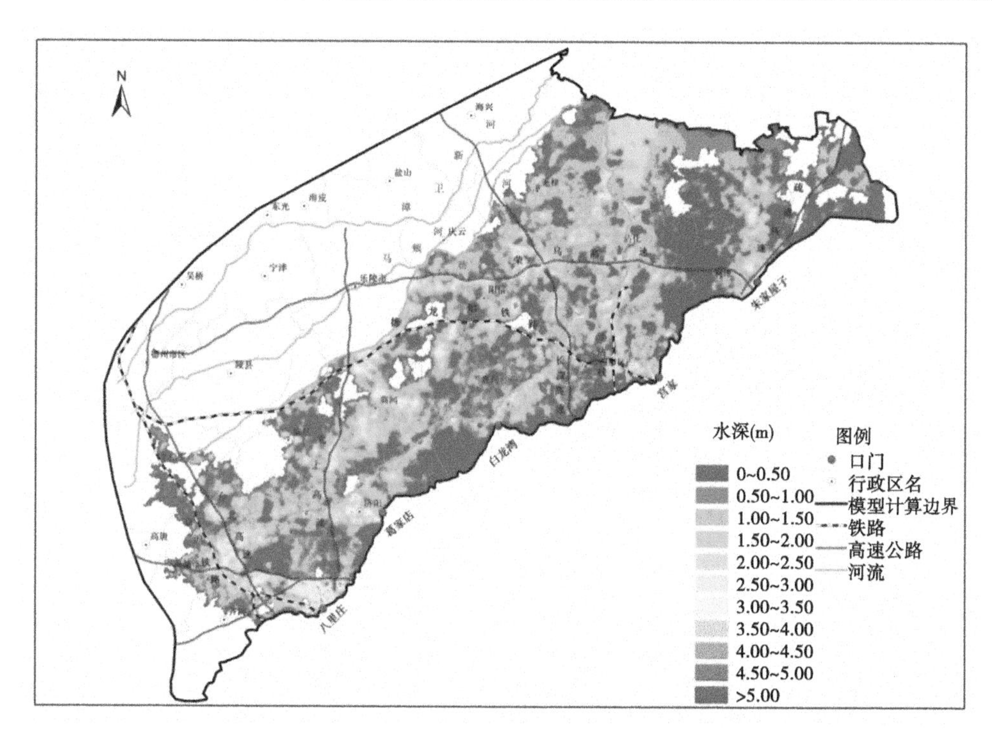

图 6-215　津浦铁路桥—河口河段左岸防洪保护区最大淹没范围及最大淹没水深分布

6.7.3　合理性分析

6.7.3.1　水量平衡

从表 6-113 可以看出，在 1933 年典型近 1 000 年一遇上大洪水情况下，各个溃口方案水量平衡误差为 $1.97\times10^{-5}\sim2.79\times10^{-5}$，满足水量平衡要求，可以认为洪水模拟结果合理。

表 6-113　黄河下游津浦铁路桥—河口河段左岸各口门方案水量平衡分析

口门位置	大河设计洪量（亿 m³）	入流水量（亿 m³）	出流水量（亿 m³）	保护区内水量（亿 m³）	误差值（亿 m³）	误差
八里庄	305（艾山）	168.3	66.474	101.822	0.004	2.79×10^{-5}
葛家店	305（艾山）	168.2	84.906	83.291	0.003	2.26×10^{-5}
白龙湾	305（艾山）	167.7	100.824	66.873	0.003	2.15×10^{-5}
宫家	305（利津）	167.2	122.111	45.086	0.003	1.97×10^{-5}
朱家屋子	305（利津）	137.2	109.984	27.213	0.003	2.26×10^{-5}

6.7.3.2　流场分布

在对计算分区进行网格剖分并内插高程后，计算区域内地势高低一目了然，津浦铁路桥—河口河段左岸防洪保护区总体呈西高东低地势，故洪水总体上均呈现由西向东演进趋势。计算结果显示的流场分布与 DEM 整体高程可见，流场分布均匀一致，流速较大的区域集中在低洼地带，洪水流动趋势遵循从高到低的原则，最终入渤海湾。

对于局部区域而言，通过计算结果显示的各方案洪水流场分布与线状地物分析比较，流场分布均匀一致，线状地物具有明显的阻水效果，洪水态势比较准确，比较结果如图 6-216所示（以 1933 年典型 1 000 年一遇洪水八里庄溃口方案为例）。

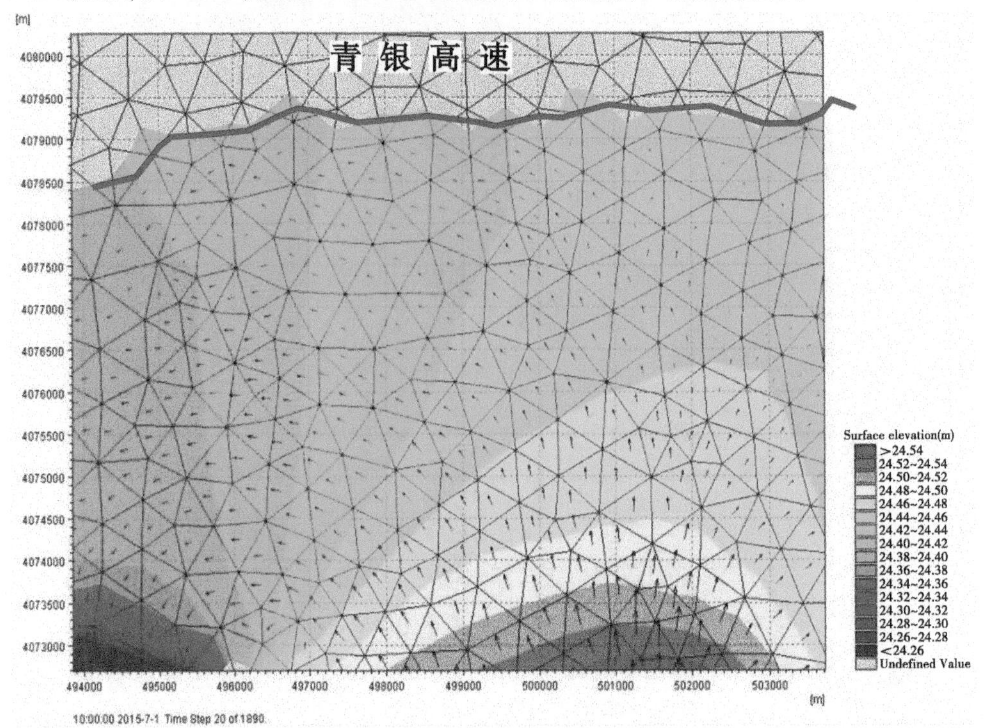

图 6-216　青银高速高速处二维平面流场分布

6.7.3.3　同一方案的地形分布、淹没水深、洪水流速合理性分析

同一方案同一地区洪水演进及淹没情况应满足时间上、空间上的分布特点。比较同一方案不同时刻的地形分布、淹没水深、洪水流速，见图 6-217。可见，同一时刻，地势较低洼的地区对应的淹没水深较大，地势较高的地区对应的淹没水深较小，地势由高到低其对应地区淹没后的流速也是从大到小，符合洪水流动趋势的物理原则。

洪水演进除应匹配空间地势外，在不同时刻应符合水力学规律，随着溃口处流量逐步减小或不再出流，地势较高的淹没区域由于来流少出流多，淹没水深应逐步减小，而地势较低的区域，洪水聚集水深将经历一个由少到多再由多到少，最后趋于稳定的变化过程。图 6-217 中列出了 1933 年典型 1 000 年一遇洪水八里庄溃口溃决后第 150 小时、第 300 小时、第 600 小时、第 700 小时的同一地区淹没水深及流速分布，可见，由于第 150 小时后溃口洪水仍在继续增加，淹没水深及流速呈继续增加的趋势；第 300 小时后溃口处洪水主峰已出现，分析区域内的淹没水深、洪水流速达到一个较大的值；第 600 小时后，分析区域内的淹没水深与第 300 小时相比大幅减小；第 700 小时后溃口洪水进入退水阶段，分析区域内地势较高区域的洪水基本退去，地势低洼区域的洪水由于地形影响无法排除，水深将维持在一个相对稳定的值。

以上分析说明方案计算是较合理的。

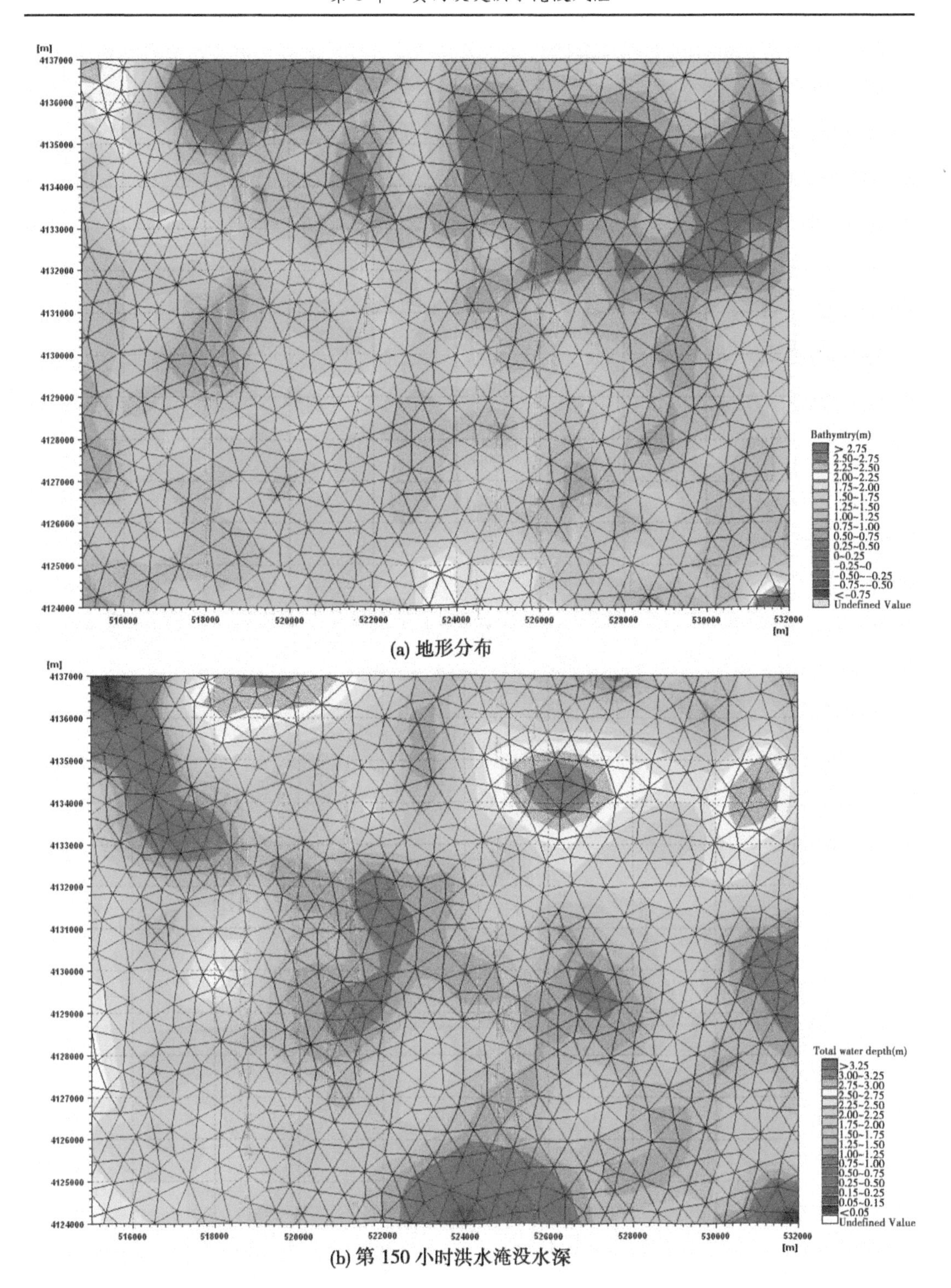

(a) 地形分布

(b) 第150小时洪水淹没水深

图6-217　津浦铁路桥—河口河段左岸防洪保护区同一方案不同时刻淹没水深比较

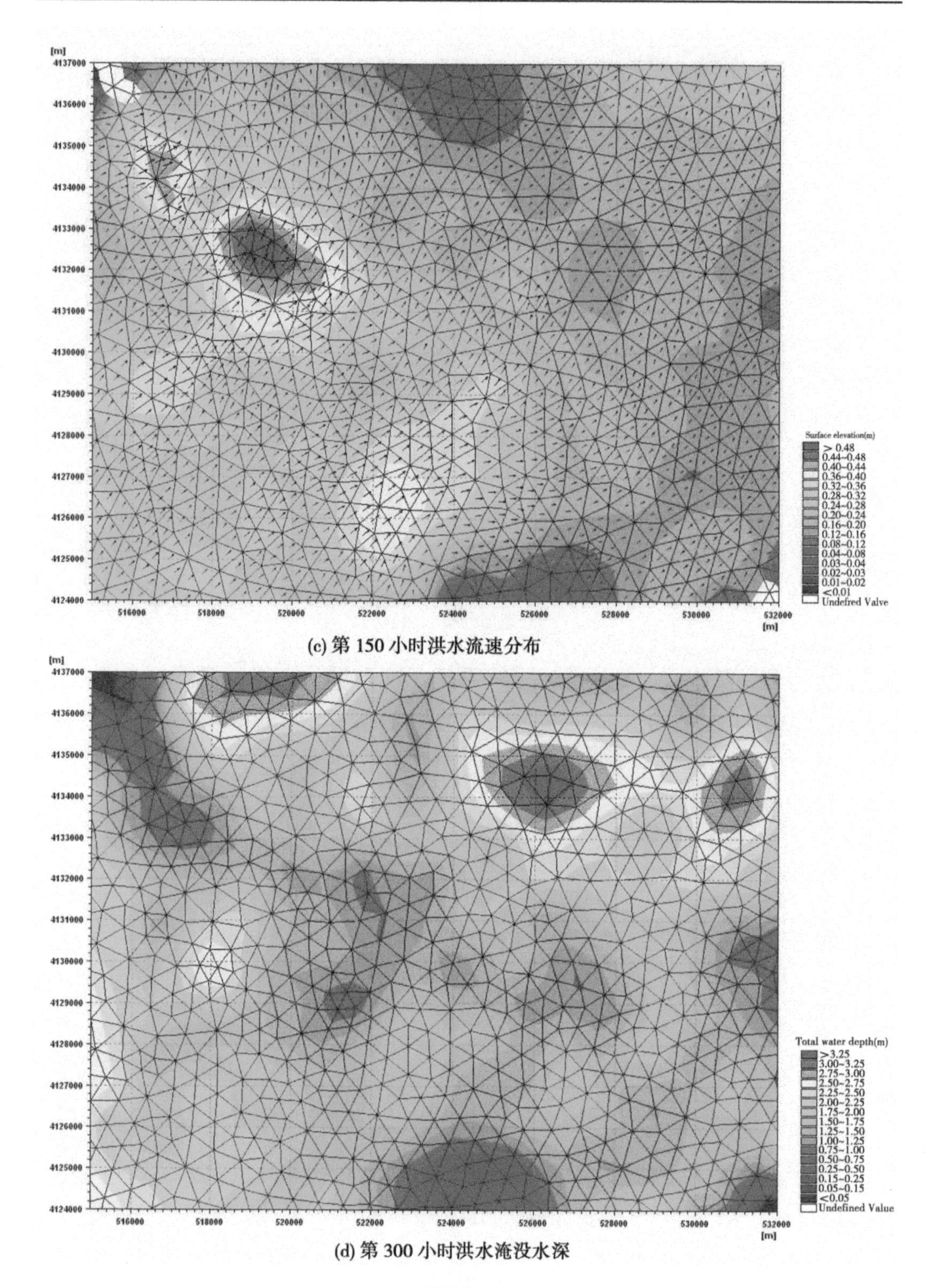

(c) 第 150 小时洪水流速分布

(d) 第 300 小时洪水淹没水深

续图 6-217

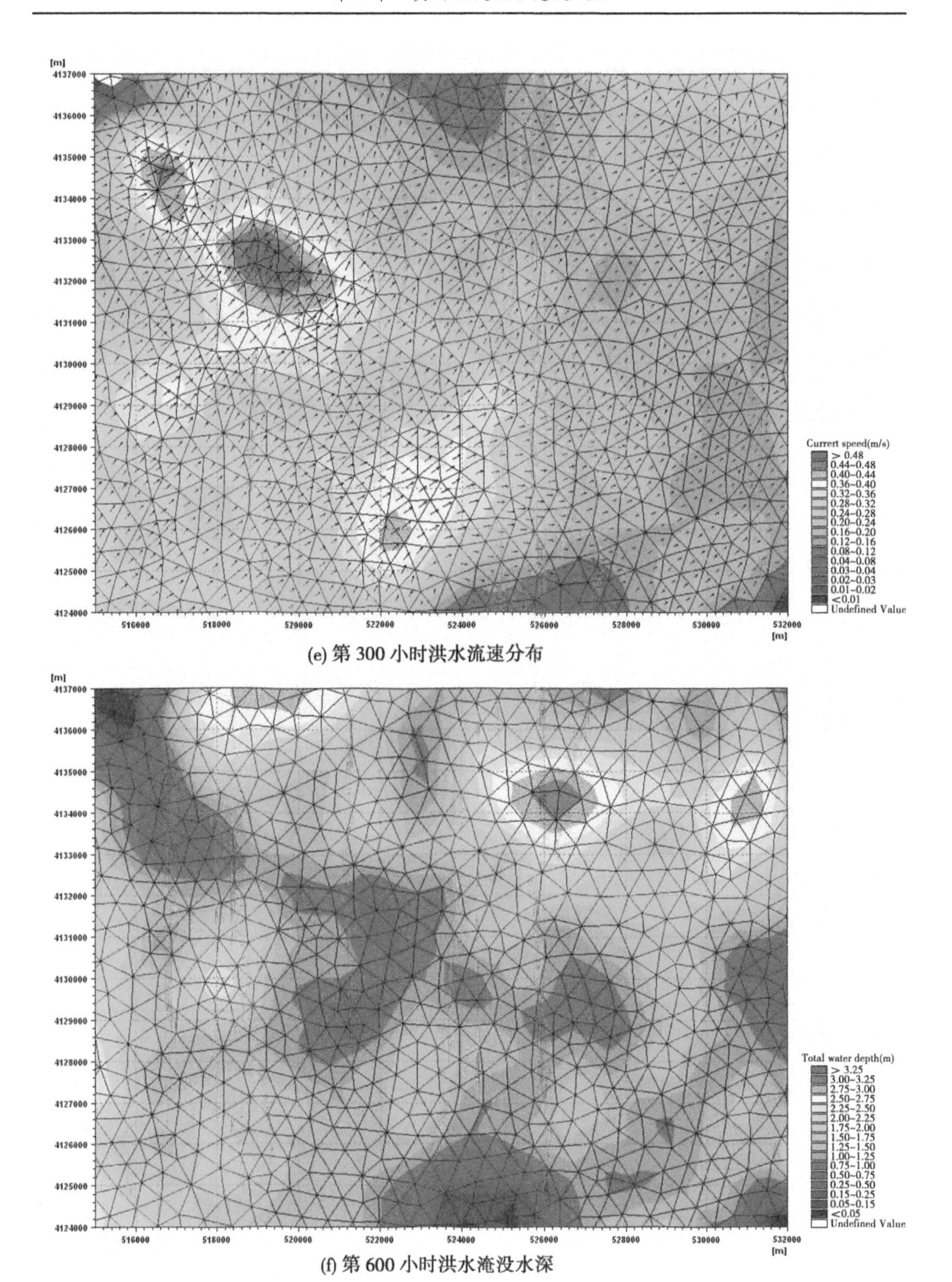

(e) 第 300 小时洪水流速分布

(f) 第 600 小时洪水淹没水深

续图 6-217

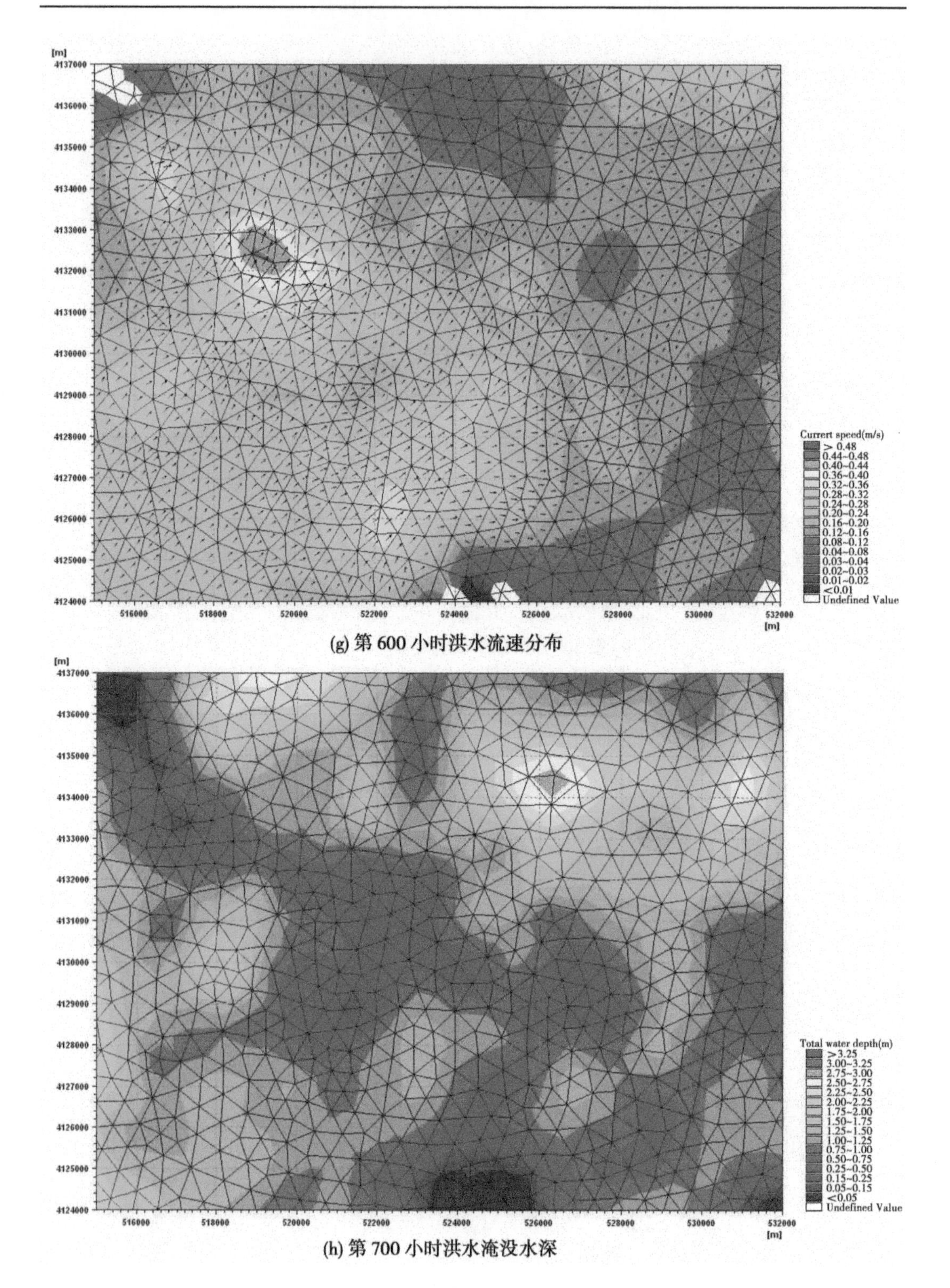

(g) 第 600 小时洪水流速分布

(h) 第 700 小时洪水淹没水深

续图 6-217

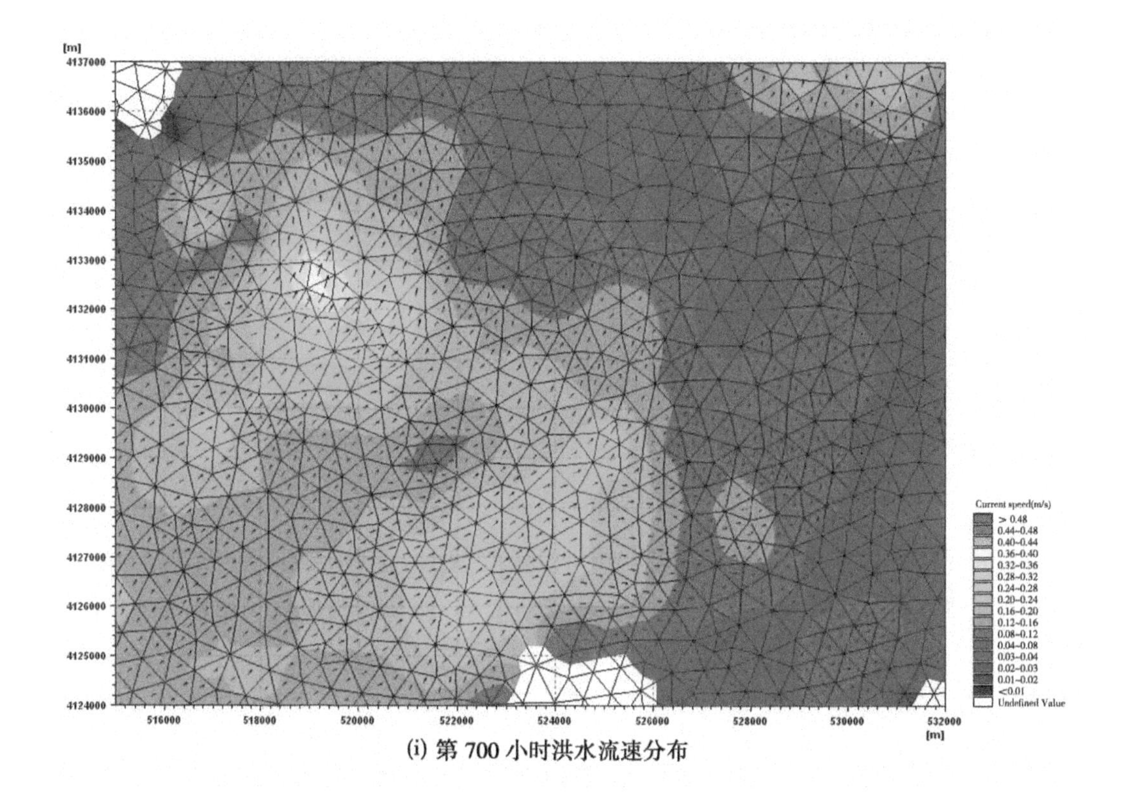

(i) 第 700 小时洪水流速分布

续图 6-217

6.7.3.4　保护区内河堤防决溢位置合理性分析

统计了白龙湾口门方案保护区内徒骇河堤防四处决溢位置的模型计算最大水位和最大水深,见表 6-114。

表 6-114　白龙湾口门方案重要内河堤防决溢位置水位特征值

重要堤防决溢位置	设计水位(m)	模型计算最大水位(m)	模型计算最大水深(m)
徒骇河堤防决溢位置 1(桩号 306 + 600 附近)	12.97	12.99	3.30
徒骇河堤防决溢位置 2(桩号 355 + 290 附近)	7.35	7.39	3.60
徒骇河堤防决溢位置 3(桩号 359 + 180 附近)	7.03	7.05	3.10
徒骇河堤防决溢位置 4(桩号 364 + 800 附近)	6.54	6.57	3.20

由表 6-115 可以看出,徒骇河堤防 4 个决溢位置处,模型计算最大水位均超过堤防设计水位,最大积水均超过 3 m 且历时长,因此四个位置处堤防发生溃决。

6.7.3.5　历史洪灾对比分析

受历史上社会经济等条件限制，下游历史洪灾缺少较详细的记录，根据1882年历史洪水灾害描述与本次分析的八里庄口门计算方案洪水淹没情况做比较分析，来论证方案计算结果的合理性。

1.1882年历史洪水淹没情况记载

光绪八年（1882年）五月底、六月初，黄水陡涨一丈多，历城、章丘、齐东等处民埝漫决。六月历城盖家沟漫决，淹十余村，七月由村民堵合。八月历城刘七沟漫决，口宽160 m，十一月堵口。六月二十四日齐河大王庙漫决，十二月堵合，七八月间，历城县泺口上游屈律店等处连开四口，又漫骚沟，历城、章丘、济阳、齐东、临邑、乐陵、惠民、阳信、商河、滨州、海丰、蒲台等州县多陷巨侵，淹死人口不可胜计，骚沟于十月二十三日堵合。又冲决蒋家沟。秋，利津南北岭堤岸漫决。九月，历城桃园民埝被黄水迭次冲决，水由济阳入徒骇河经商河、惠民、滨州、沾化入海，口门宽一百四十余丈，十月十一日堵合。

2.洪水主流流向及淹没范围对比

1882年历史洪水自历城县决口，洪水沿徒骇河两岸，先后流经济阳、商河、惠民、滨州，最后由沾化汇入渤海湾；本次分析的八里庄口门计算方案，洪水自济南市八里庄决口后，洪水向北演进至徒骇河，而后沿徒骇河两岸演进，先后经历下、济阳—齐河、临邑—商河、商河—惠民、沾化—滨州，最后汇入渤海湾，与1882年历史洪水流路基本一致，见表6-115。

表6-115　八里庄口门方案洪水分析成果与1882年历史洪水淹没对比

项目	洪水主流流向	洪水淹没范围
1882年历史洪水	历城（今济南历下区）→济阳→商河→惠民→滨州→沾化→渤海湾	历城、济阳、临邑、乐陵、惠民、阳信、商河、滨州、海丰（现属滨州）、蒲台（现属滨州）、沾化等十三州县
本次八里庄口门计算方案成果	历下→济阳—齐河→临邑—商河→商河—惠民→沾化—滨州→渤海湾	济南市历下区、齐河、禹城、平原、临邑、济阳、商河、乐陵、惠民、阳信、滨州市区、无棣、沾化等十三县区

1882年历史洪水淹没历城（今济南历下区）、济阳、临邑、乐陵、惠民、阳信、商河、滨州、海丰（现属滨州）、蒲台（现属滨州）、沾化等十三州县；本次分析的八里庄口门计算方案洪水主要淹没范围为济南市历下区、齐河、禹城、平原、临邑、济阳、商河、乐陵、惠民、阳信、滨州市区、无棣、沾化等十三县区，接近1882年历史洪水。

6.7.3.6　糙率敏感性分析

黄河下游防洪保护区涉及的计算范围大，区域内地形地物复杂，且缺乏实测洪灾资料，因此对糙率进行敏感性分析，以验证计算成果的合理性。

以黄河发生1933年典型1 000年一遇下大洪水八里庄（140+000附近）处堤防发生溃决为典型，进行糙率敏感性分析。设置三个方案进行对比分析，方案一采用的糙率为本次模型计算采用的糙率；方案二采用的糙率为方案一的糙率增加20%；方案三采用的糙率为方案一的糙率减小20%，并考虑各地貌下垫面类型糙率取值上下限确定方案二和方案三糙率值选取，见表6-116，各方案不同时刻洪水淹没面积见表6-117，淹没水深分布见图6-218～图6-220。

表6-116　各方案保护区不同地貌下垫面类型分区糙率值选取

典型地貌类型		糙率取值范围	糙率值选取		
			方案一	方案二	方案三
有植被覆盖的土地	水田	0.025～0.035	0.030	0.035	0.025
	园地	0.04～0.08	0.045	0.054	0.040
	成林	0.08～0.12	0.085	0.102	0.080
	幼林	0.05～0.08	0.055	0.066	0.050
	灌木林	0.04～0.08	0.045	0.054	0.040
	疏林	0.05～0.08	0.055	0.066	0.050
	苗圃	0.025～0.035	0.030	0.035	0.025
	高草地	0.03～0.05	0.035	0.042	0.030
	草地	0.025～0.035	0.030	0.035	0.025
无植被覆盖的土地		0.026～0.038	0.030	0.036	0.026
居民地及其附属设施		0.06～0.08	0.065	0.078	0.060
河湖		0.02～0.035	0.025	0.030	0.020

表6-117　各方案不同时刻洪水淹没面积

溃口后洪水演进时段	淹没面积(km^2)		
	方案一	方案二	方案三
第12小时	132	131	133
第24小时(1 d)	427	416	435
第48小时(2 d)	1 125	1 095	1 148
第96小时(4 d)	2 527	2 479	2 577
第144小时(6 d)	4 076	3 898	4 258
第192小时(8 d)	5 549	5 340	5 728
第245小时(约10 d)	7 183	6 900	7 314
最大淹没面积	8 388	8 586	8 118

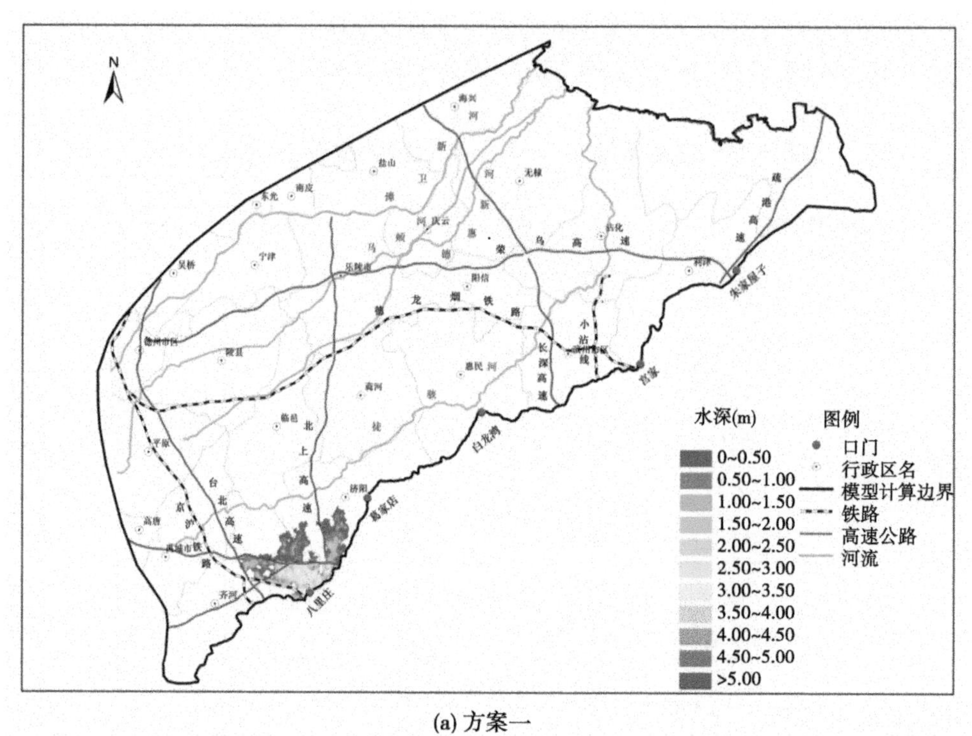

(a) 方案一

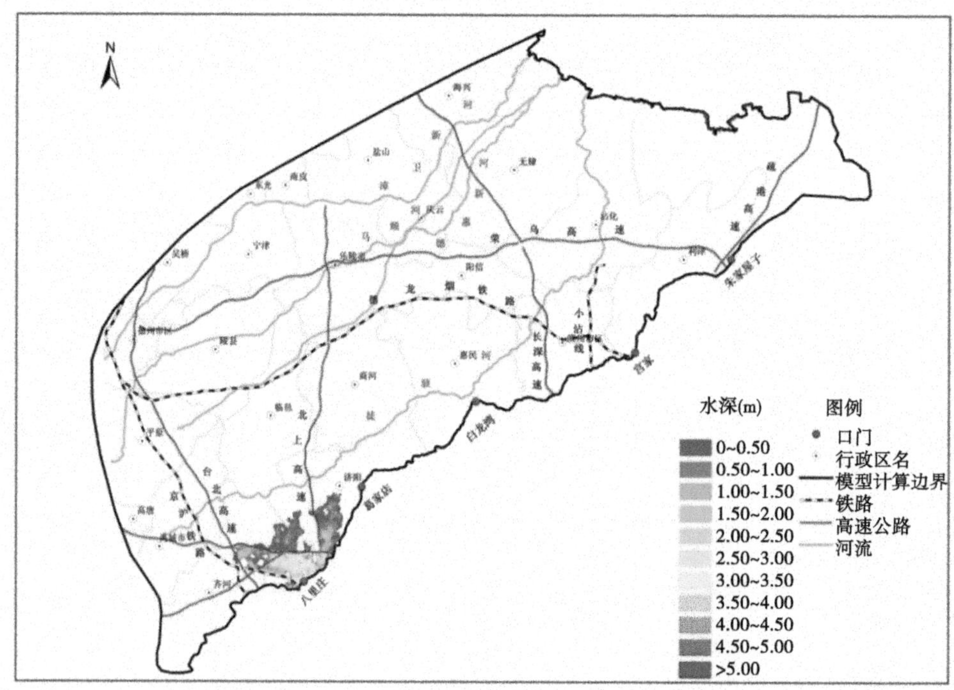

(b) 方案二

图 6-218　各方案洪水演进第 24 小时(1 d)淹没水深分布

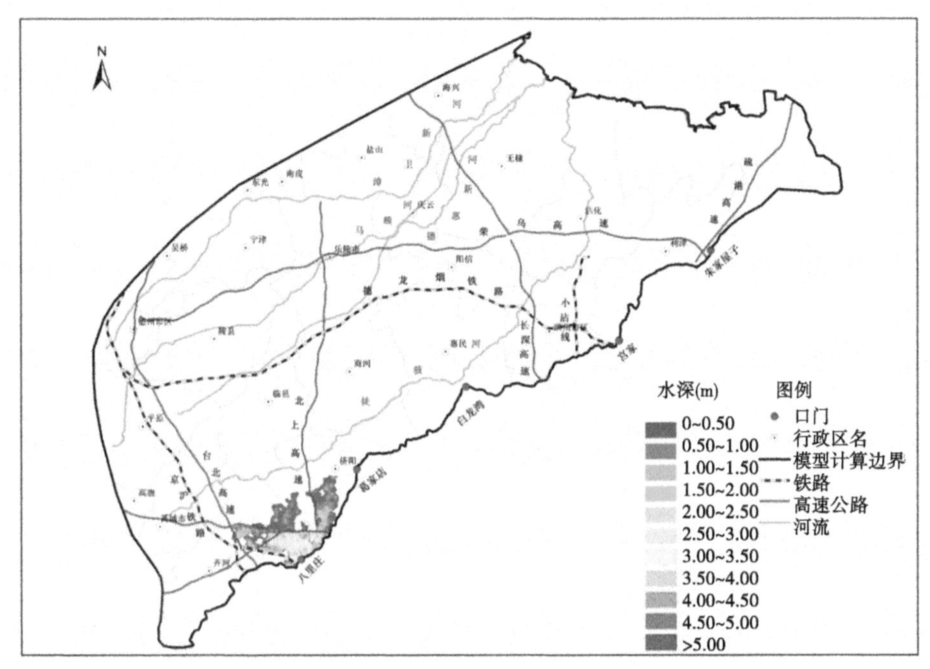

(c) 方案三

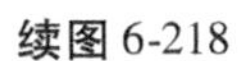

续图 6-218

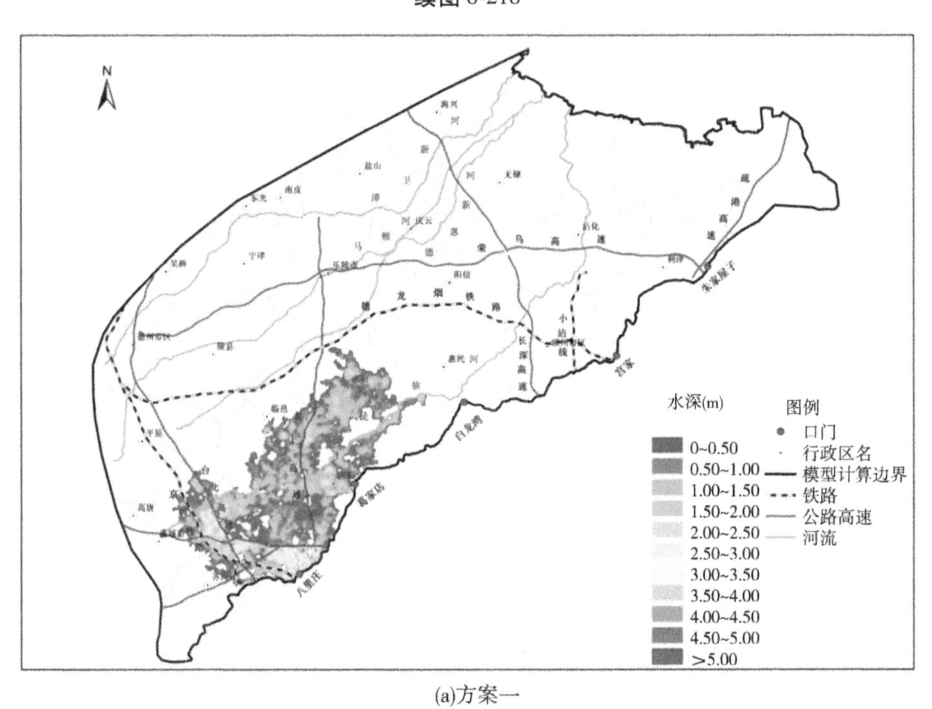

(a)方案一

图 6-219　各方案洪水演进第 96 小时(4 d)淹没水深分布

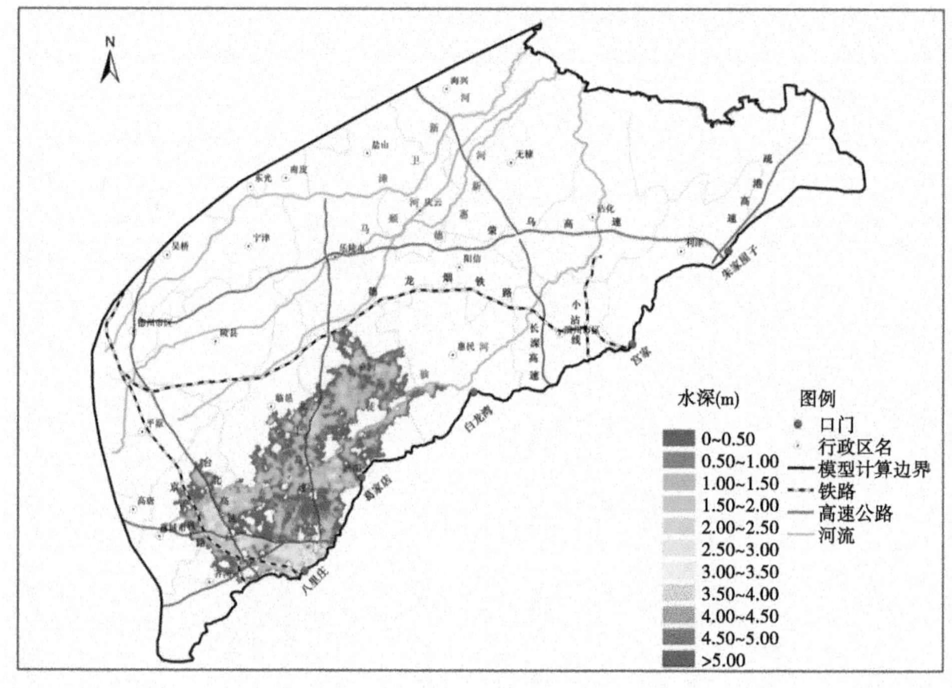

(b)方案二

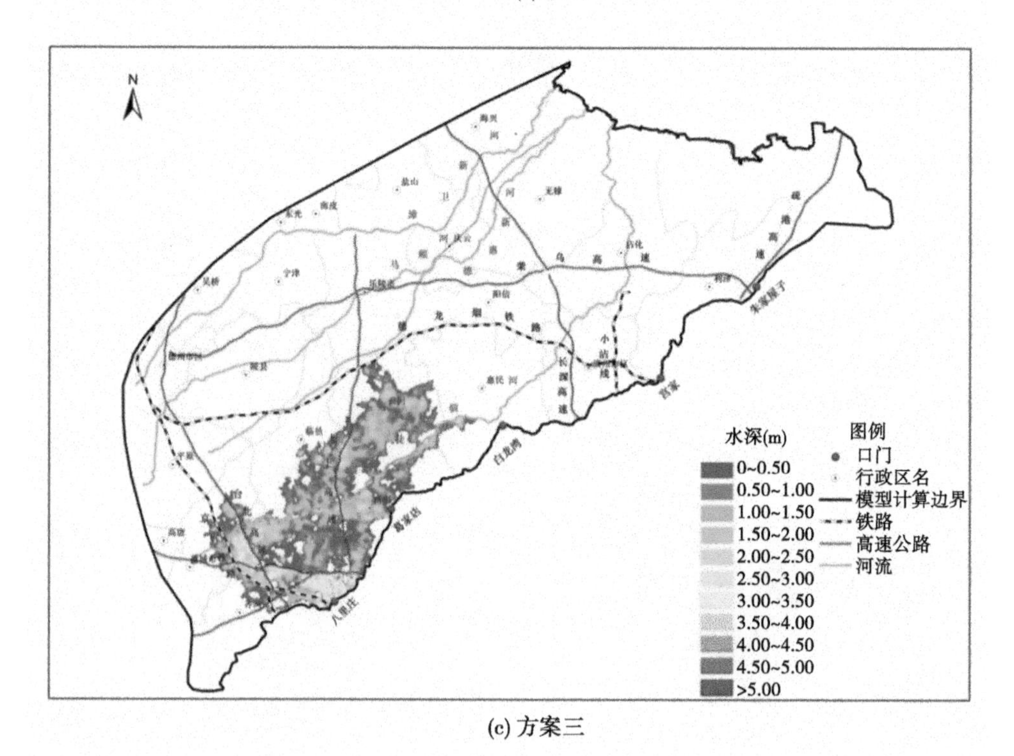

(c) 方案三

续图 6-219

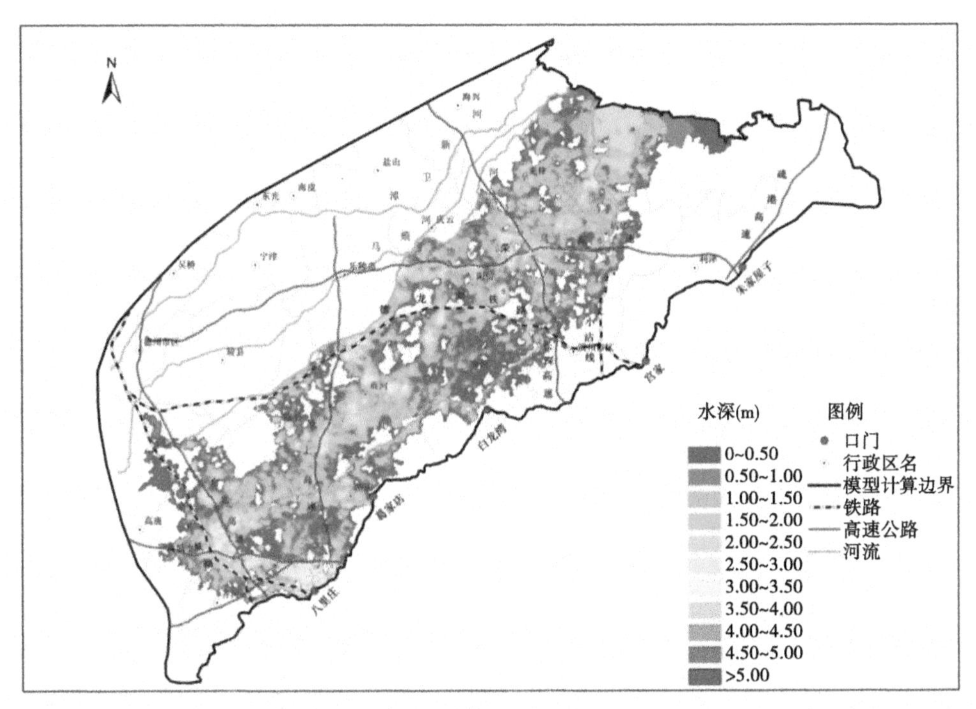

(a) 方案一

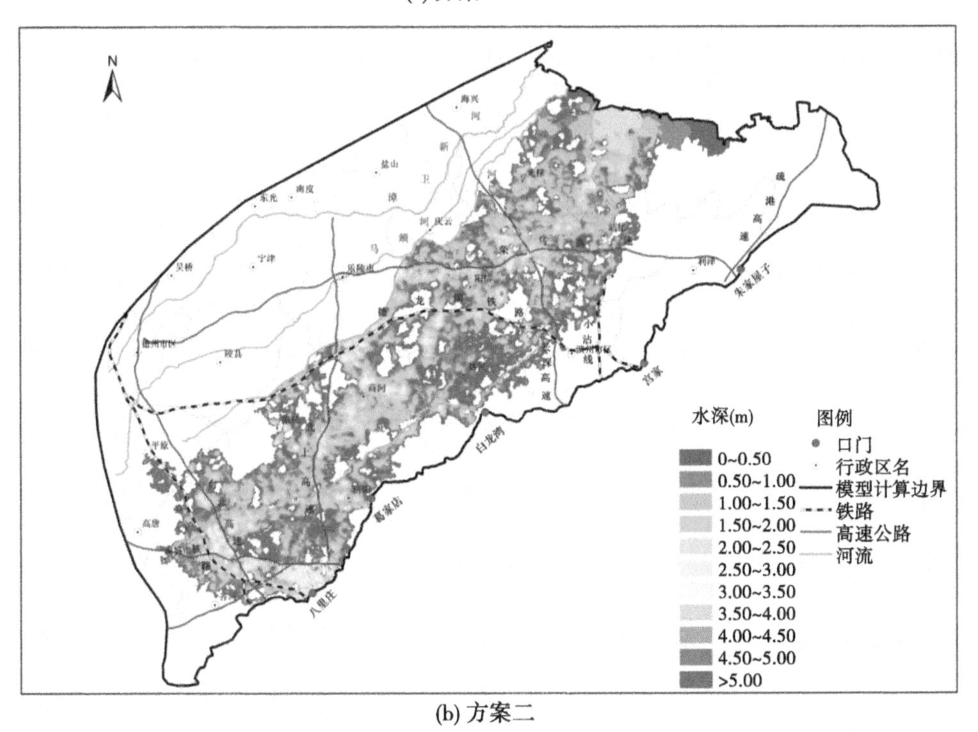

(b) 方案二

图 6-220　各方案最大淹没水深分布

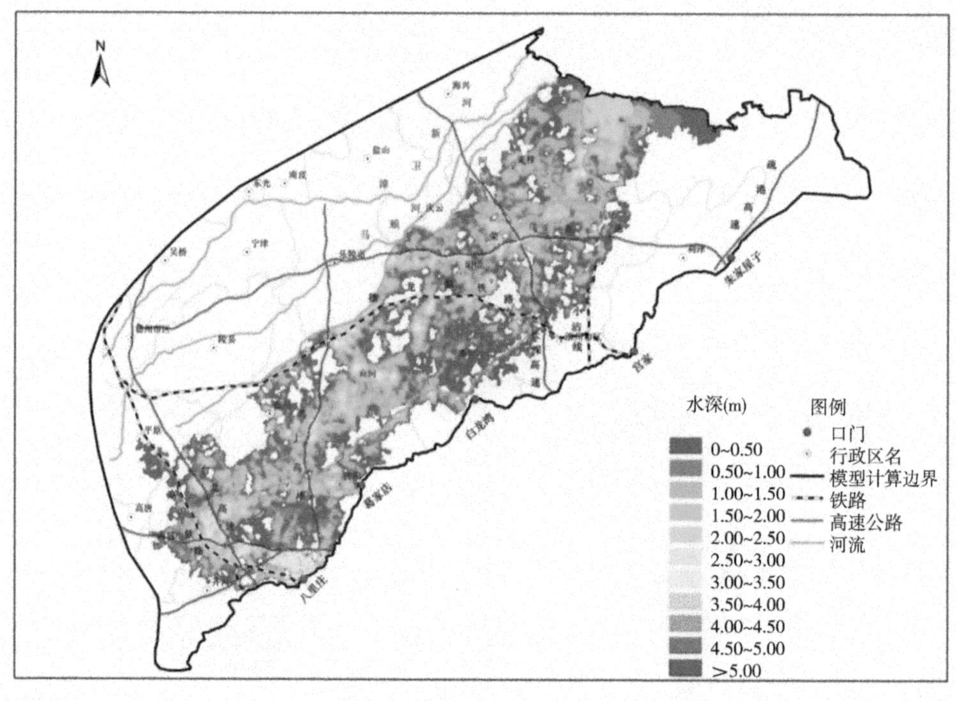

(c) 方案三

续图 6-220

从计算结果可以看出，方案一、方案二和方案三洪水最终淹没面积分别为 8 388 km^2、8 586 km^2 和 8 118 km^2，与方案一相比，方案二淹没面积增加约 2.3%，方案三减少约 3.2%。

与方案一相比，方案二洪水演进速度变慢，洪水演进至渤海湾之前，相同时刻洪水淹没面积变小，洪水在近处洼地水深变大，相应远处洼地水深变小，当洪水演进至稳定后，两个方案最终淹没面积和最大淹没水深差别不大。

与方案一相比，方案三洪水演进速度加快，洪水演进至渤海湾之前，相同时刻洪水淹没面积变大，洪水在近处洼地水深变小，相应远处洼地水深变大，当洪水演进至稳定后，两个方案最终淹没面积和最大淹没水深差别不大。

通过以上敏感性分析可知，糙率值在一定范围内变化对洪水的主要风险因素最大淹没范围和最大淹没水深的影响较小，计算所采用的糙率值是合适的。

第7章　黄河决堤洪水沙化风险研究

黄河下游河道高悬于黄淮海平原之上,洪水一旦决堤,淹没范围将波及河南、山东、河北、安徽、江苏5省110县12余万 km^2,并且决堤洪水挟带的巨量泥沙也将倾泻淤积在黄淮海平原上,带来巨大的生态灾害。现结合洪水分析成果,选取典型设计洪水水沙过程,分析防洪保护区决堤洪水淹没后的泥沙淤积风险。

7.1　计算方案

7.1.1　进入黄河下游的沙量过程

7.1.1.1　典型设计洪水选取

结合洪水分析成果,保护区生态风险分析洪水量级选择1 000年一遇,考虑为全面分析黄淮海平原泥沙淤积风险范围,洪水典型选择洪水历时长、洪量沙量大的1933年典型洪水。

7.1.1.2　进入黄河下游的沙量过程

对于1933年典型1 000年一遇上大洪水,堤防决口时水库均有不同程度的剩余库容。按照应急调度方式,经三门峡水库、小浪底水库拦蓄后,进入下游的水量为289.17亿 m^3,沙量为30.73亿t,进入下游的沙量过程如图7-1所示。

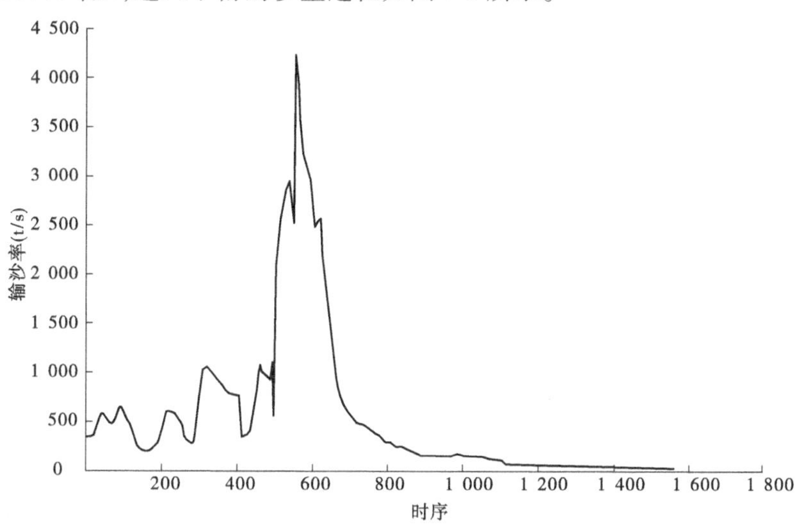

图7-1　1933年典型洪水经水库作用后进入下游的沙量过程

7.1.2　不同口门分流分沙过程

共设定了31个计算方案,洪水分析量级为1 000年一遇洪水,洪水典型选择1933年典型洪水，堤防决口位置为秦厂等31处口门，计算单一口门决口条件下的泥沙淤积情况。不同口门水沙量详见表7-1。

表7-1　不同口门水沙量

序号	保护区	溃口口门	水量(亿 m^3)	沙量(亿 t)	含沙量(kg/m^3)
1	沁河口—封丘	秦厂	185.62	18.31	98.62
2		前宋庄	185.50	18.06	97.37
3		祥符朱	185.35	17.51	94.48
4	封丘—台前	荆隆宫	187.29	17.66	94.29
5		冯楼	191.30	17.77	92.87
6		牛寨村	186.34	15.89	85.30
7		廖桥	188.43	15.71	83.38
8	台前—津浦铁路桥	陶城铺	190.18	13.07	68.74
9		周前门	189.96	12.91	67.97
10		阴河	190.43	12.61	66.22
11	津浦铁路桥以下	八里庄	190.63	12.31	64.59
12		葛家店	190.88	12.10	63.39
13		白龙湾	191.02	11.75	61.53
14		宫家	191.32	11.31	59.13
15		朱家屋子	156.88	9.62	61.30
16	郑州—兰考	花园口	185.13	17.83	96.29
17		九堡	187.00	18.16	97.12
18		黑岗口	188.38	18.12	96.17
19		裴楼	188.73	17.94	95.05
20		三义寨	189.32	17.83	94.16
21	兰考—东平湖	东坝头	189.79	17.87	94.17
22		樊庄	191.31	17.88	93.48
23		高村	186.34	15.89	85.30
24		董庄	187.47	15.87	84.64
25		八孔桥	188.64	15.72	83.35
26		伟庄	188.98	15.30	80.98

续表 7-1

序号	保护区	溃口口门	水量(亿 m^3)	沙量(亿 t)	含沙量(kg/m^3)
27	济南以下	杨庄	190.42	12.38	65.03
28		胡家岸	190.67	12.17	63.82
29		马扎子	190.97	11.82	61.90
30		麻湾	156.61	9.77	62.41
31		垦利	156.88	9.62	61.30

7.2　泥沙淤积风险分析

7.2.1　淹没区泥沙淤积范围

黄河下游防洪保护区不同厚度淤沙面积见表 7-2，发生 1933 年典型 1 000 年一遇洪水时，泥沙淤积范围波及河南、山东、河北、安徽、江苏 5 省，总面积达到 6.29 万 km^2，其中泥沙淤积厚度在 1 m 以上的面积约为 0.34 万 km^2。右岸泥沙淤积总面积 2.83 万 km^2，泥沙淤积厚度在 1 m 以上的面积为 0.16 万 km^2；左岸泥沙淤积总面积 3.46 万 km^2，泥沙淤积厚度在 1 m 以上的面积为 0.18 万 km^2。各防洪保护区泥沙淤积范围见图 7-2 ~ 图 7-7。

表 7-2　黄河下游防洪保护区不同厚度淤沙面积

左、右岸	防洪保护区	淤沙面积(km^2)					
		$H \leq 0.10$ m	0.10 m < $H \leq 0.25$ m	0.25 m < $H \leq 0.50$ m	0.50 m < $H \leq 1.00$ m	$H > 1.00$ m	$H > 0$
右岸	郑州—兰考	3 001.38	3 299.72	1 377.84	1 185.61	543.01	9 407.56
	兰考—东平湖	3 921.40	4 086.81	2 113.84	1 485.38	616.62	12 224.05
	济南—入海口	1 736.65	2 052.38	1 379.38	1 057.24	402.01	6 627.65
	右岸合计	8 659.43	9 438.91	4 871.06	3 728.23	1 561.64	28 259.26
左岸	沁河口—津浦铁路桥	7 815.47	6 569.07	3 452.47	2 432.06	1 427.68	21 696.75
	津浦铁路桥—入海口	5 968.27	3 689.95	1 732.19	1 126.30	400.19	12 916.90
	左岸合计	13 783.75	10 259.02	5 184.66	3 558.36	1 827.86	34 613.65
合计		22 443.17	19 697.93	10 055.73	7 286.58	3 389.50	62 872.92

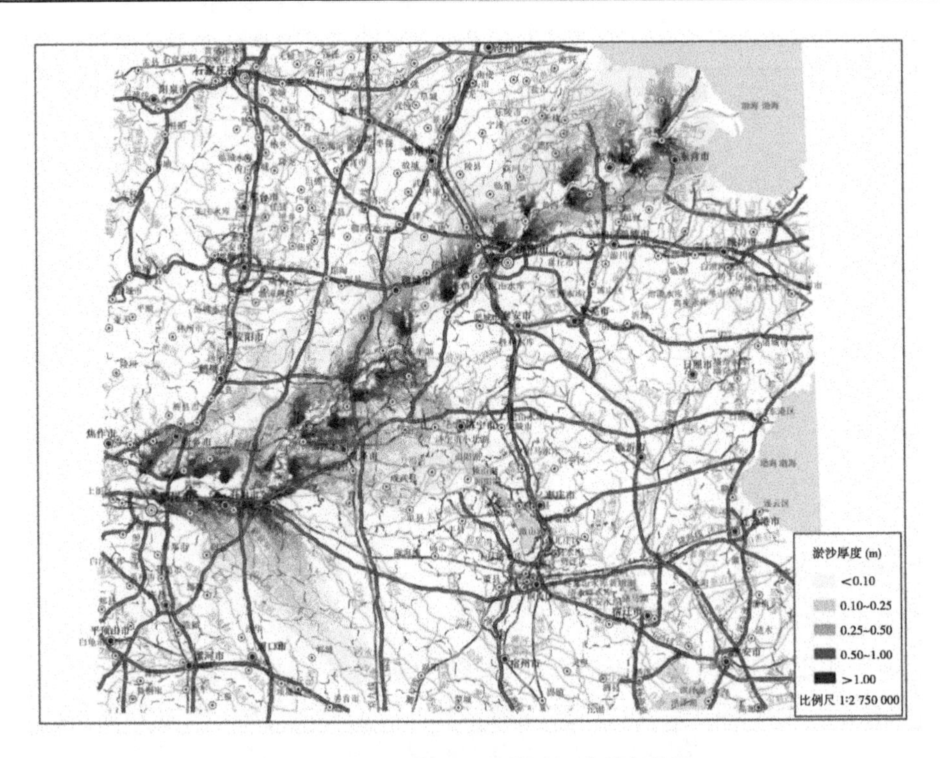

图 7-2　黄河下游防洪保护区泥沙淤积范围

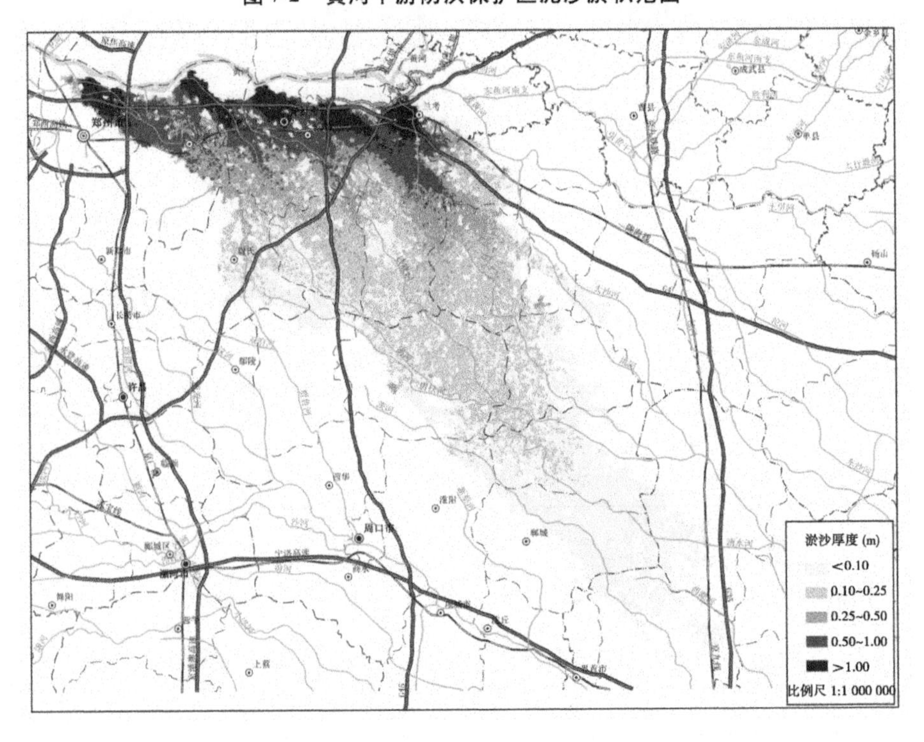

图 7-3　黄河下游右岸郑州—兰考河段防洪保护区泥沙淤积范围

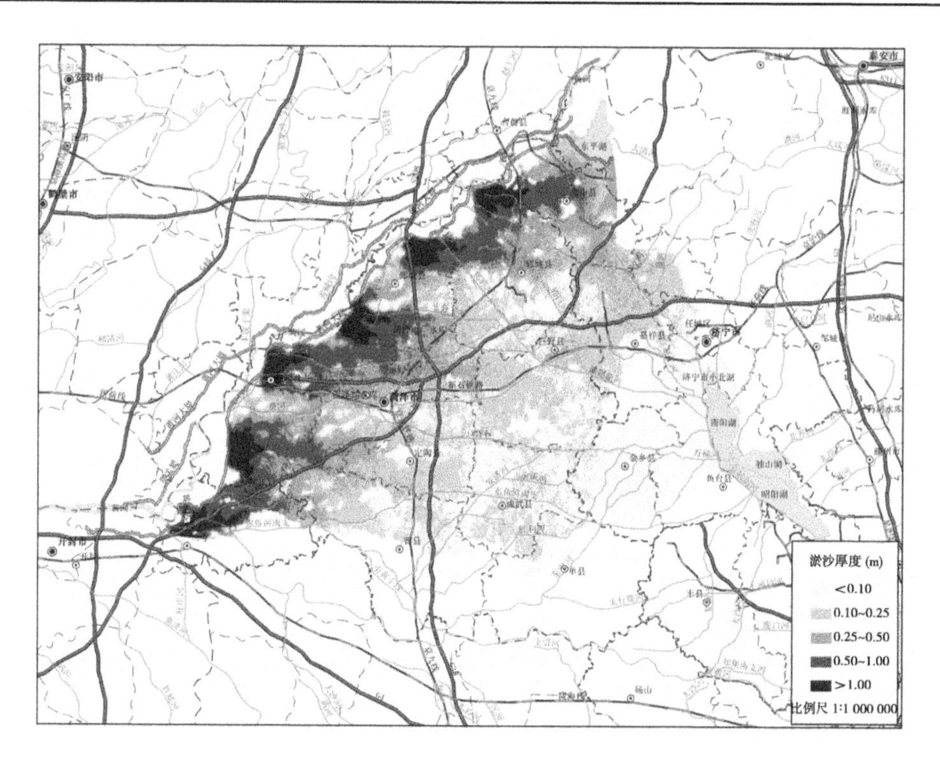

图7-4　黄河下游右岸兰考—东平湖河段防洪保护区泥沙淤积范围

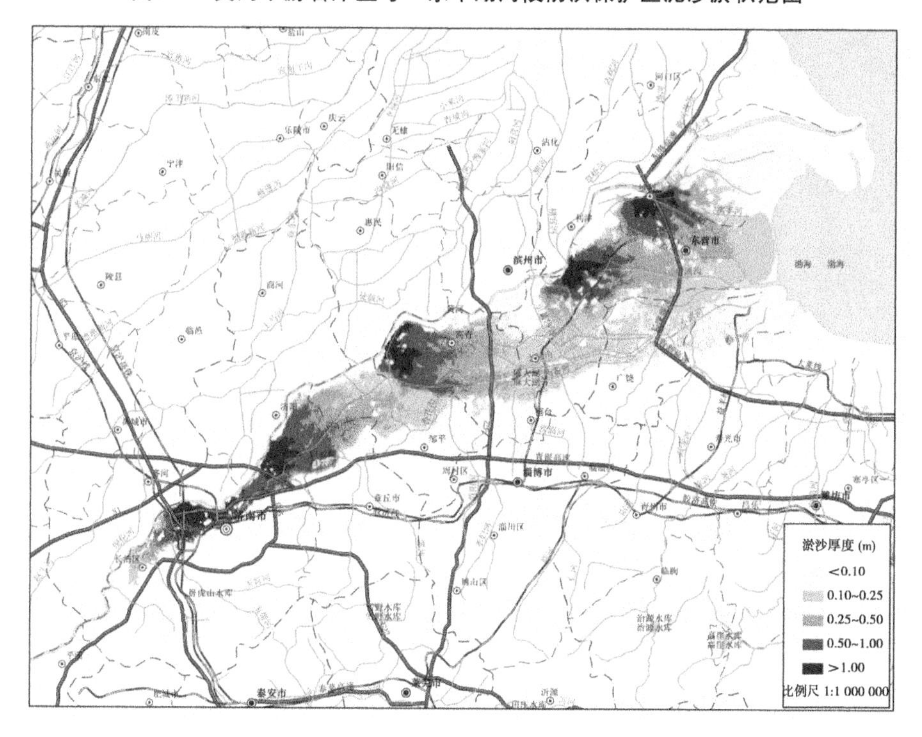

图7-5　黄河下游右岸济南—河口河段防洪保护区泥沙淤积范围

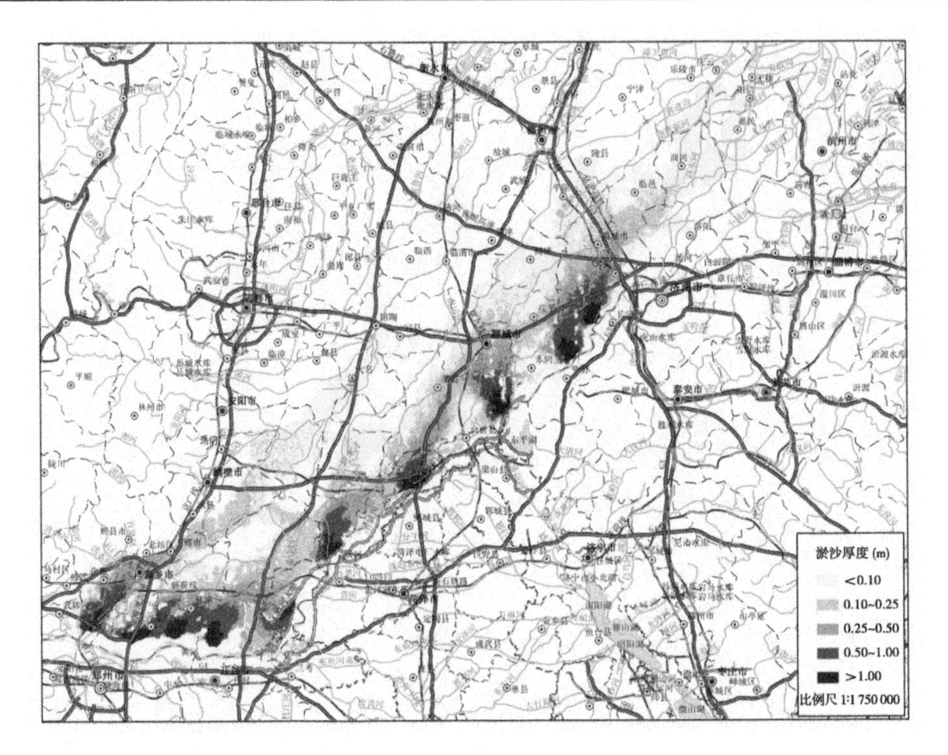

图 7-6　黄河下游左岸沁河口—津浦铁路桥河段防洪保护区泥沙淤积范围

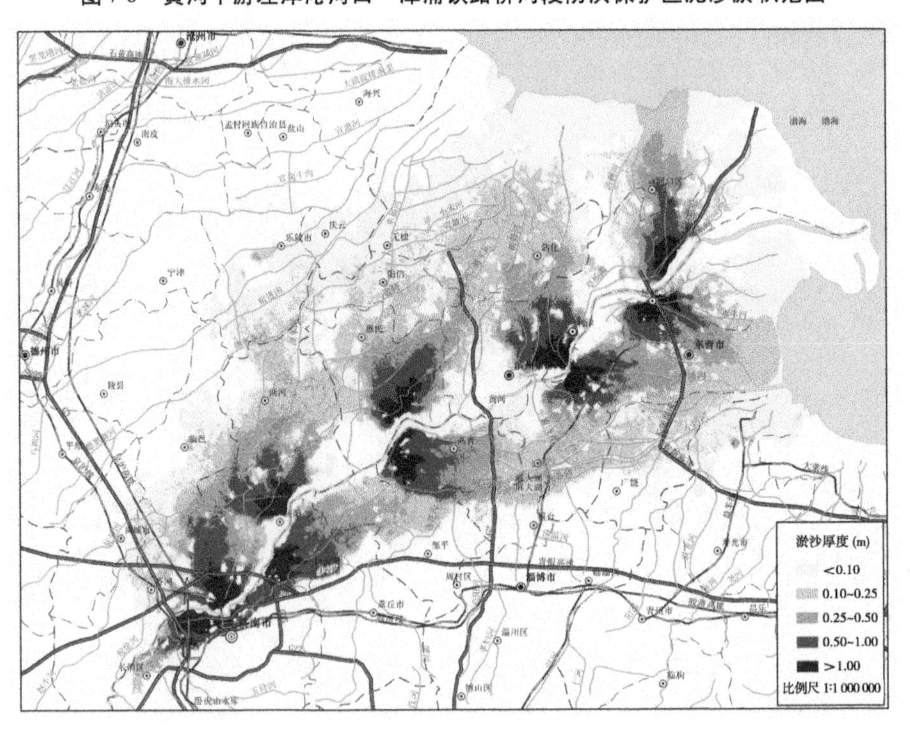

图 7-7　黄河下游左岸津浦铁路桥—河口河段防洪保护区泥沙淤积范围

7.2.2 典型口门泥沙淤积形成过程

当黄河发生1933年典型1 000年一遇洪水，花园口（桩号12+000附近）处堤防发生溃决时，溃堤洪水以溃口为中心呈扇形向外扩散。

溃堤6 h后，洪水沿贾鲁河向东南方向演进，泥沙最大淤积厚度达到0.41 m；24 h（1 d）后，洪水演进至陇海铁路后分为两股，一股沿陇海铁路向东演进至开封市金明区，一股沿贾鲁河漫过陇海铁路向东南演进至祥符区，泥沙淤积面积达到744.11 km^2。

24 h（1 d）~48 h（2 d），洪水大体分为三股，一股沿贾鲁河和涡河上游向东南演进，一股沿惠济河两岸演进，一股沿陇海铁路继续向东演进，泥沙淤积面积达到1 678.47 km^2，最大淤积厚度达到0.54 m。

48 h（2 d）~144 h（6 d），一股洪水继续沿贾鲁河和涡河流域依地形向东南演进，另一股沿陇海铁路演进的洪水到达连霍高速与陇海铁路交汇处后折向东南沿惠济河两岸下泄，泥沙淤积面积达到4 860.50 km^2，最大淤积厚度达到0.65 m。

144 h（6 d）~192 h（8 d），洪水主要沿涡河两岸、惠济河两岸向东南方向演进，洪水前锋到达淮阳—郸城—亳州市谯城区一线；192 h（8 d）~288 h（12 d），主流分为两股，一股沿西淝河两岸演进至利辛，另一股继续沿涡河两岸下泄，演进至涡阳，泥沙淤积面积达到5 080.41 km^2，最大淤积厚度达到1.37 m。

288 h（12 d）~384 h（16 d），一股洪水沿西淝河演进至茨淮新河，随着洪水历时增长，一部分洪水漫过茨淮新河沿西淝河下段演进，另一部分顺茨淮新河向东演进；另一股沿涡河两岸演进的洪水依地形演进至蒙城。

384 h（16 d）~576 h（24 d），沿西淝河下段下泄的洪水汇入淮河干流，西淝河两岸颍上县和凤台县被淹；沿茨淮新河下泄的洪水于怀远县入汇淮河干流，茨淮新河左岸利辛、蒙城、怀远被淹；沿涡河两岸下泄的洪水演进至涡河口，部分洪水沿河道入汇淮河干流，泥沙淤积面积达到5 218.39 km^2，最大淤积厚度达到2.46 m。

576 h（24 d）~720 h（30 d），沿西淝河下段下泄的洪水在西淝河两岸继续漫流，董峰湖、汤渔湖、荆山湖偎水，颍上、凤台、潘集区被淹；沿茨淮新河和涡河下泄的洪水一部分漫过怀洪新河演进至蚌埠市淮上区，另一部分沿怀洪新河下泄于溧河洼汇入洪泽湖；960 h（40 d）后，淹没范围和泥沙淤积面积基本达到最大。

花园口口门泥沙淤积面积达到5 297.68 km^2，泥沙淤积过程及不同时段泥沙淤积范围见表7-3、图7-8~图7-11。

表 7-3　淹没区耕地淤积情况

溃口后洪水演进时段	淤积面积(km^2)	最大淤积厚度(m)	洪水泥沙演进淤积过程描述	
			前锋位置	泥沙淤积情况
第 6 小时	267.43	0.41	中牟	洪水沿贾鲁河向东南方向演进,泥沙最大淤积厚度 0.41 m
第 12 小时	419.79	0.52	中牟	洪水继续沿贾鲁河向东南方向演进,淹没范围增大,淤积面积达到 419.79 km^2
第 24 小时(1 d)	744.11	0.52	开封市祥符区—金明区	洪水演进至陇海铁路后分为两股,一股沿陇海铁路向东演进至开封市金明区,另一股沿贾鲁河漫过陇海铁路演进至祥符区,最大淤积厚度 0.52 m
第 48 小时(2 d)	1 678.47	0.54	尉氏—通许—开封市祥符区	洪水大体分为三股,一股沿贾鲁河和涡河上游向东南演进,一股沿惠济河两岸演进,一股沿陇海铁路继续向东演进,最大淤积厚度 0.54 m
第 144 小时(6 d)	4 860.50	0.65	西华—淮阳—鹿邑—商丘市睢阳区	一股洪水继续沿贾鲁河和涡河流域依地形向东南演进,另一股沿陇海铁路演进的洪水到达连霍高速与陇海铁路交会处后折向东南沿惠济河两岸下泄,最大淤积厚度 0.65 m
第 192 小时(8 d)	5 020.21	0.84	淮阳—郸城—亳州市谯城区	洪水主要沿涡河两岸、惠济河两岸向东南方向演进,最大水深达到最大淤积厚度 0.84 m
第 288 小时(12 d)	5 080.41	1.37	太和—利辛—涡阳	主流分为两股,一股沿西淝河两岸演进至利辛,一股继续沿涡河两岸下泄,演进至涡阳,最大淤积厚度 1.37 m
第 384 小时(16 d)	5 120.16	1.76	凤台—蒙城	一股洪水沿西淝河演进至茨淮新河,随着洪水历时增长,一部分洪水漫过茨淮新河沿西淝河下段演进,另一部分顺茨淮新河向东演进;另一股沿涡河两岸演进的洪水依地形演进至蒙城;最大淤积厚度 1.76 m

续表 7-3

溃口后洪水演进时段	淤积面积（km^2）	最大淤积厚度(m)	洪水泥沙演进淤积过程描述	
			前锋位置	泥沙淤积情况
第 576 小时(24 d)	5 218.39	2.46	颍上—凤台—淮阳市潘集区—怀远	沿西淝河下段下泄的洪水汇入淮河干流，西淝河两岸颍上县和凤台县被淹；沿茨淮新河下泄的洪水于怀远县入汇淮河干流，茨淮新河左岸利辛、蒙城、怀远被淹；沿涡河两岸下泄的洪水演进至涡河口，部分洪水沿河道汇入淮河干流，最大淤积厚度 2.46 m
第 720 小时(30 d)	5 267.21	2.87	洪泽湖	沿西淝河下段下泄的洪水在西淝河两岸继续漫流，董峰湖、汤渔湖、荆山湖假水，颍上、凤台、潘集区被淹；沿茨淮新河和涡河下泄的洪水一部分漫过怀洪新河演进至蚌埠市淮上区，另一部分沿怀洪新河下泄于溧河洼汇入洪泽湖
第 960 小时(40 d)	5 297.68	3.52	洪泽湖	洪水进入洪泽湖后，洪泽湖以下不再新增淹没面积

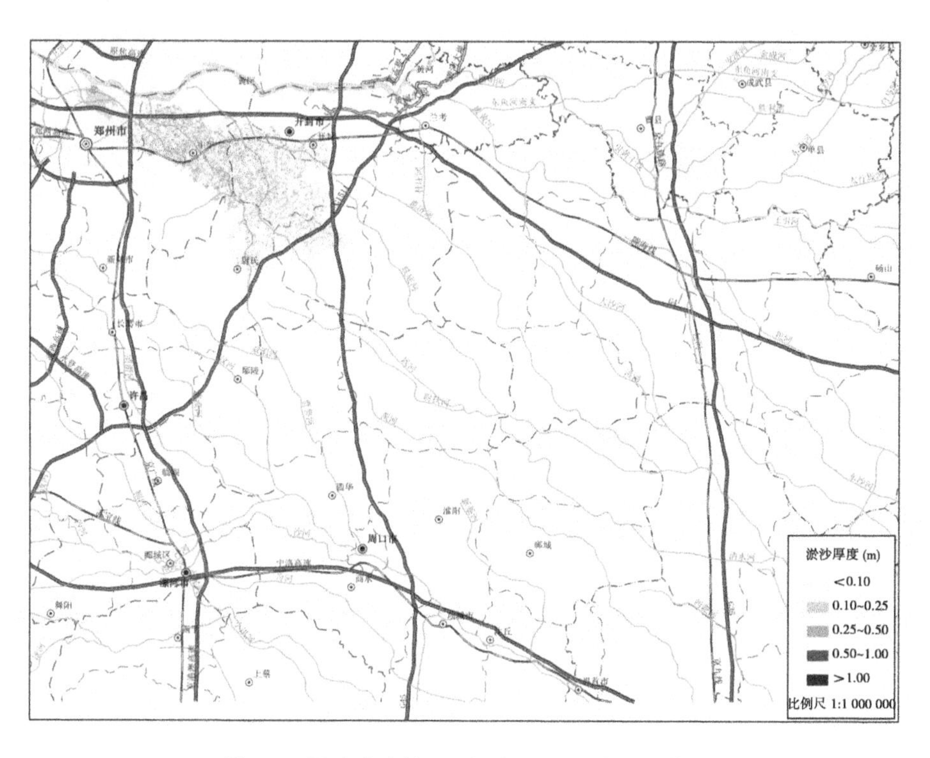

图 7-8　堤防溃决第 48 小时(2 d)泥沙淤积范围

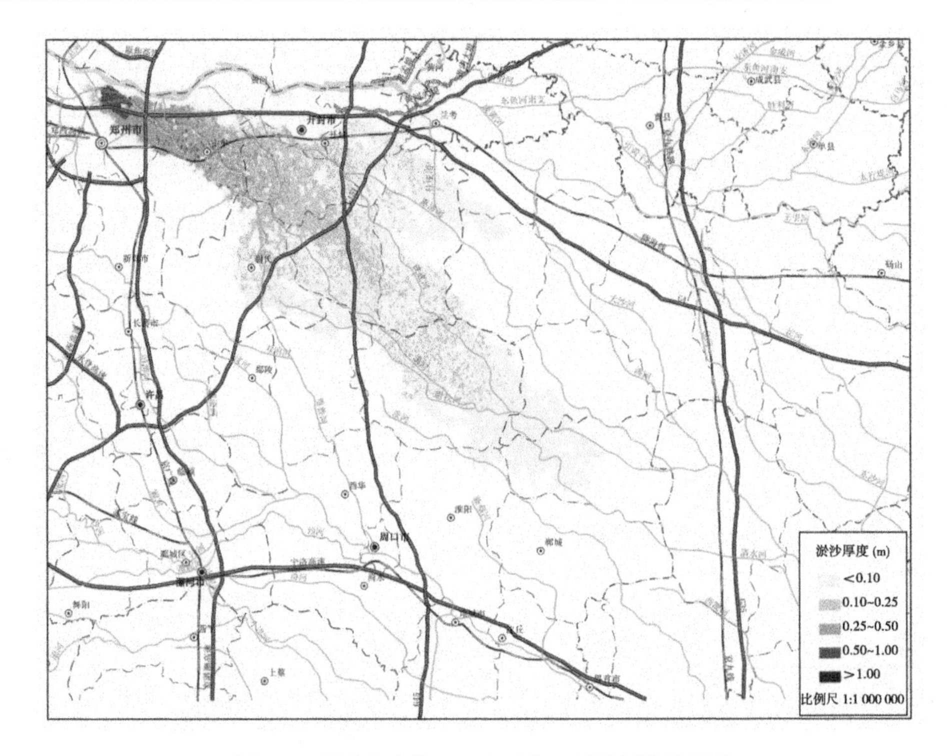

图 7-9　堤防溃决第 192 小时(8 d)泥沙淤积范围

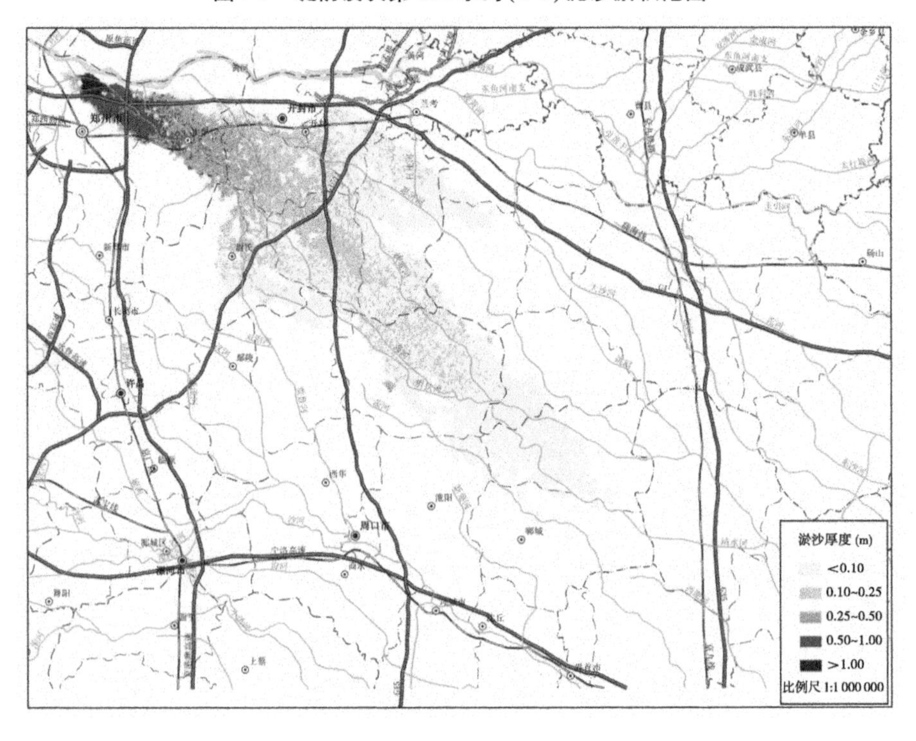

图 7-10　堤防溃决第 384 小时(16 d)泥沙淤积范围

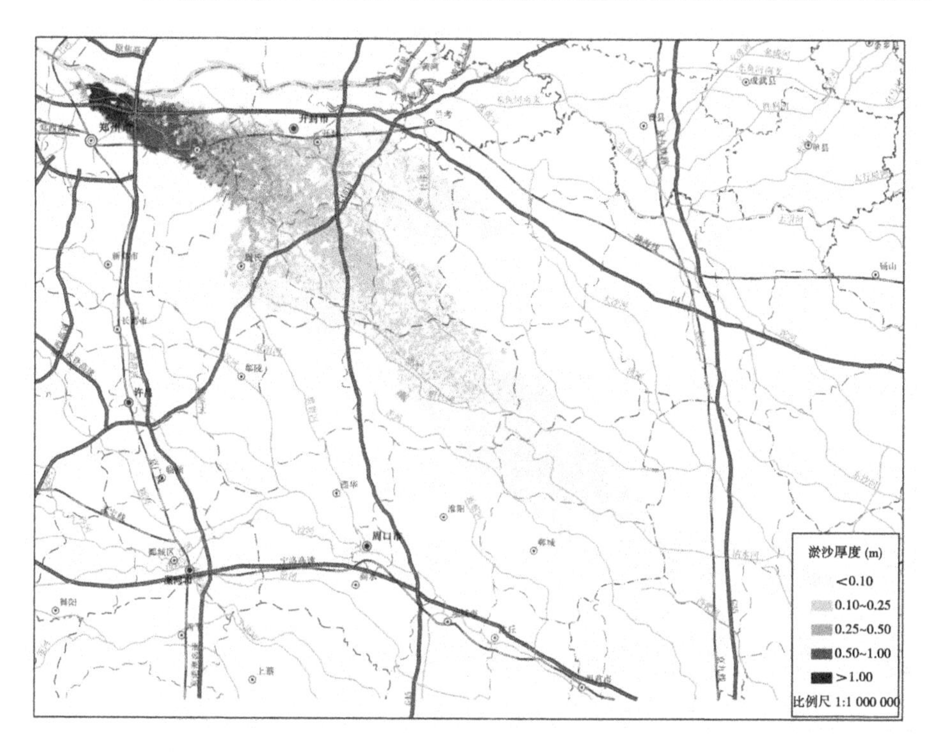

图 7-11　花园口口门最大泥沙淤积范围

7.3　泥沙淤积影响分析

7.3.1　对农业的影响

7.3.1.1　淹没区耕地泥沙严重淤积

根据泥沙淤积风险分析，黄河下游两岸淹没区共淹没耕地 4 286.80 万亩，其中淤积厚度在 0.5 m 以上的 725.82 万亩，淤积厚度在 1.0 m 以上的 211.72 万亩。淹没区耕地淤积情况见表 7-4。

表 7-4　淹没区耕地淤积情况

左、右岸	防洪保护区	耕地淤沙面积(万亩)					
		$H \leqslant 0.10$ m	0.10 m < $H \leqslant 0.25$ m	0.25 m < $H \leqslant 0.50$ m	0.50 m < $H \leqslant 1.00$ m	$H > 1.00$ m	$H > 0$
右岸	郑州—兰考	387.44	425.23	174.15	132.62	53.68	1173.13
	兰考—东平湖	356.36	288.19	144.91	122.69	51.30	963.46
	济南—入海口	90.73	181.99	124.25	93.45	31.21	521.62
	小计	834.53	895.41	443.31	348.76	136.19	2 658.21

续表 7-4

左、右岸	防洪保护区	耕地淤沙面积(万亩)					
		$H \leqslant 0.10$ m	0.10 m < $H \leqslant 0.25$ m	0.25 m < $H \leqslant 0.50$ m	0.50 m < $H \leqslant 1.00$ m	$H > 1.00$ m	$H > 0$
左岸	沁河口—津浦铁路桥	321.19	148.18	54.58	38.37	32.13	594.44
	津浦铁路桥—入海口	353.90	331.70	178.18	126.97	43.40	1 034.15
	小计	675.09	479.88	232.76	165.34	75.53	1628.59
合计		1 509.62	1 375.29	676.06	514.10	211.72	4 286.80

淹没区泥沙淤积后,将直接减小适合农作物生长的有效土层厚度。有效土层指的是农作物或木本植物根系能自由伸展的土层厚度,在实际中作物能够利用的土壤母质层以上的土层厚度。黄淮海平原主要种植的小麦、玉米等谷类作物,耕种层在 3 ~ 5 cm,最佳有效土层厚度在 50 cm 以上,25 cm 为临界值。以玉米为例,玉米根系在土壤中吸收养分的活力是垂直分布的,在大喇叭口期,植株对土壤 10 ~ 20 cm 深度的养分吸收最为活跃,乳熟期对土深 20 ~ 40 cm 养分吸收最为活跃。

综合分析,淹没区淤积轻度影响的(淤积厚度在 0.1 m 以下)耕地面积达到 1 509.62 万亩;影响较大(淤积厚度为 0.1 ~ 0.5 m)的耕地面积达到 2 051.35 万亩;影响严重(淤积厚度在 1.0 m 以上)的耕地面积达到 725.82 万亩。

7.3.1.2 淹没区土地沙化、盐碱化风险

黄河洪水决堤后,水冲沙压,洪水所到之处,大量泥沙沉积在淹没区内,溃口堵复后,水退沙留,低洼地带被淤平,高岗变为低岗,泥沙沉积的土地被淤积成沙地,而没有被泥沙淤积的土地,变成易涝低洼区,由于排泄不畅,盐碱化风险极大。沙化的耕地土质疏松、养分含量低、土壤贫瘠;盐碱化的土地影响农作物吸收养分,腐蚀农作物根系,造成农作物减产甚至绝收。

历史上花园口决堤事件后,“黄泛区”大量泥沙沉淀,大量土地淤积为浅色草甸土。这种土壤砂黏相间,含盐量较高,对农作物的生长发育极为不利。这些沉水沙压之田“不仅泛期无从耕作,即在水退以后,非经常期整建也不能望其恢复”。

7.3.2 淤塞河渠的风险

黄河洪水决堤后,在右岸郑州—东平湖段防洪保护区,挟沙洪水主要沿贾鲁河、沙颍河等淮河支流汇入淮河干流;济南—入海口主要沿小清河及其两岸汇入渤海;左岸防洪保护区主要沿徒骇河、马颊河、漳卫河系等汇入渤海,挟沙洪水在演进过程中大量淤积在淮河流域和海河流域水系河道内,致使河道淤塞。两岸淹没区受泥沙淤塞影响较大的内河河湖见表 7-5。

表7-5　受泥沙淤塞影响较大的河渠

左右岸	防洪保护区	受影响较大的主要内河河湖
右岸	郑州—兰考	贾鲁河、沙颍河、惠济河、涡河
	兰考—东平湖	洙赵新河、东鱼河、复新河、大沙河、中运河
	济南—入海口	小清河、白云湖、麻大湖
左岸	沁河口—津浦铁路桥	天然文岩渠、金堤河、漳卫河系、徒骇河、马颊河
	津浦铁路桥—入海口	徒骇河、马颊河

大量泥沙在淹没区河渠内沉积,可能打乱淹没区内河水系,诱发或加重内涝。泥沙淤积在内河河道内,减小了行洪面积,增加了内河洪水决溢风险;当泥沙在支流入汇区淤积,会导致支流入汇不畅,严重时甚至可以使支流改道;泥沙淤积在渠道内,将严重破坏淹没区灌排系统,形成"大雨大灾,小雨小灾,无雨旱灾"的局面。历史上1938~1947年9年间,"黄泛区"每年都是水旱灾交替,淮河流域的农田生态系统遭到严重破坏,直到中华人民共和国成立大规模系统治理后,自然灾害才逐渐减轻。

7.3.3　对沿黄主要城市的影响

根据泥沙灾害风险分析,黄河下游防洪保护区内共有郑州、济南等9个城市受泥沙淤积影响严重,其中位于黄河下游右岸的郑州、开封、菏泽、济南、东营,泥沙最大淤积厚度达到4.32 m,1 m以上泥沙淤积面积达到1 458.07 km^2;位于左岸的新乡、濮阳、聊城、滨州,泥沙最大淤积厚度达到3.21 m,1 m以上泥沙淤积面积达到1 103.68 km^2。

决堤洪水泥沙灾害将严重影响市区人口、住房、交通、工商业等,造成重大生命财产损失。决口堵复,洪水消退后,泥沙淤积将导致市区防洪排涝系统瘫痪,并且这种影响在短期内难以恢复,仍将会给市区群众的生产生活造成持续的影响。

沿黄主要城市泥沙淤积情况见表7-6。

表7-6　沿黄主要城市泥沙淤积情况

左、右岸	防洪保护区	泥沙淤积影响的主要城市	泥沙最大淤积厚度(m)	1 m以上泥沙淤积面积(km^2)
右岸	郑州—兰考	开封市	4.21	343.63
		郑州市	4.32	199.38
	兰考—东平湖	菏泽市	3.78	482.84
		开封市	4.08	111.03
	济南—入海口	滨州市	2.32	22.58
		东营市	2.83	109.88
		济南市	3.24	188.74

续表 7-6

左、右岸	防洪保护区	泥沙淤积影响的主要城市	泥沙最大淤积厚度(m)	1 m 以上泥沙淤积面积(km^2)
左岸	沁河口—津浦铁路桥	聊城市	3.09	171.39
		濮阳市	3.21	174.98
		新乡市	3.19	358.89
	津浦铁路桥—入海口	滨州市	2.68	91.02
		东营市	2.95	137.13
		济南市	2.98	170.26
合计				2 561.75

7.3.4　对人居环境的影响

黄河决堤洪水挟带的巨量泥沙淤积在淹没区内,将严重破坏淹没区人居环境。决堤洪水消退后,沉积泥沙可能污染饮用水源,增加居民的患病风险;泥沙淤塞河渠、湖泊,打乱内河水系,致使原先的河湖水面出露,杂草丛生, 滋生鼠患等。

另外,淹没区泥沙大量沉积带来了丰富的沙源, 黄淮海平原冬春季节干旱多大风天气,一旦起风,风沙飞扬,影响居民交通出行,严重的可能埋没耕地甚至家园。历史上深受"风灾"之苦的兰考县把"风灾"列为当地集中治理的"三害"之首,并投入了大量的人力、物力、财力营造防护林带, 改良盐碱土壤,改善人居环境。

7.3.5　其他次生灾害

黄河决堤洪水和洪水退后淤积的泥沙不仅会打乱淹没区内河渠水,造成水旱自然灾害频发,同时还容易诱发疫情、蝗灾等次生灾害。

黄河决堤洪水泥沙严重破坏淹没区的生态环境,污染水源,水灾之后往往还会造成鼠灾,容易引发鼠疫、出血热等疫情。

另外,大水之后,往往还会出现大旱,由于淹没区河渠水系被打乱,灌溉系统遭到破坏,更加加重了旱情,干旱会使得淹没区河流、湖泊的水面降低或者是干涸,会导致湖泊大面积的裸露,从而让众多的杂草生长起来,为蝗虫提供了食物和繁殖的环境。水灾之年迫使活下来的蝗虫聚集在一处,密度会大幅度增加,水灾之后的干旱又给蝗虫很好的生存环境,大水大旱之后,蝗虫往往泛滥成灾。历史上 1938 ~ 1947 年的 9 年间,"黄泛区"有 5 年发生了蝗灾,蝗虫"……遮天蔽日,忽忽作响,如同刮风",而后"草禾被食,一扫而光"。

7.4　小　结

结合洪水淹没分析成果,选取 1933 年典型设计洪水水沙过程,计算分析得到防洪保护区决堤洪水泥沙淤积范围波及河南、山东、河北、安徽、江苏 5 省,总面积达到 6. 29

万 km^2,约占黄河下游防洪保护区面积的50%,其中泥沙淤积厚度在1 m以上的面积为0.34万 km^2。

(1)淹没区耕地泥沙严重淤积。黄河下游两岸防洪保区共淹没耕地4 286.80万亩,淹没区淤积轻度影响(淤积厚度在0.1 m以下)的耕地面积达到1 509.62万亩;影响较大(淤积厚度在0.1~0.5 m)的耕地面积达到2 051.35万亩;影响严重(淤积厚度在1.0 m以上)的耕地面积达到725.82万亩。另外,由于泥沙淤积影响淹没区土地存在沙化、盐碱化风险,可能导致农作物减产甚至绝收。

(2)淹没区河渠存在淤塞风险。由于泥沙淤积,淮河流域的贾鲁河、沙颍河、涡河等主要支流,海河流域的徒骇河、马颊河、漳卫河系均存在河道淤塞风险,大量泥沙在淹没区河渠内沉积,可能打乱淹没区内河水系,破坏灌溉排水系统,诱发或加重内涝和旱灾。

(3)下游沿黄的郑州、开封、菏泽、济南、东营、新乡、濮阳、聊城、滨州等9个主要城市受泥沙淤积影响严重,泥沙最大淤积厚度达到4.32 m,1 m以上泥沙淤积面积达到2 561.75 km^2。

(4)黄河决堤洪水挟带的巨量泥沙淤积在淹没区内,将严重破坏淹没区人居环境。沉积泥沙可能污染饮用水源,泥沙淤塞河渠、湖泊,打乱内河水系,致使原先的河湖水面出露,杂草丛生,滋生鼠患等。另外,还可能产生风沙灾害,影响居民交通出行,严重的可能埋没耕地甚至家园。

(5)黄河决堤洪水和洪水退后淤积的泥沙不仅会打乱淹没区内河渠水,造成水旱自然灾害频发,同时还容易诱发疫情、蝗灾等次生灾害。

参考文献

[1] 徐有礼,朱兰兰. 略论花园口决堤与泛区生态环境的恶化[J]. 抗日战争研究,2005(2):147-165.

[2] 马捷,杨铭. 黄泛区生态环境的演变及其治理[J]. 水土保持研究,2007(3):278-280.

[3] 张喜顺. 比较中审视: 豫皖苏黄泛区问题研究现状与展望[J]. 防灾科技学院学报,2009(4):115-120.

[4] 李艳红,李猛. 豫东黄泛区生态环境研究综述[J]. 新乡教育学院学报,2007(1):22-24.

[5] 李艳红. 1938—1947 年豫东黄泛区生态环境的恶化——水库紊乱与地貌改变[J]. 经济研究导刊,2010(34):136-137.

[6] 奚庆庆. 抗战时期黄河南泛与豫东黄泛区生态环境的变迁[J]. 河南大学学报,2011(2):66-73.

[7] 田兆顺. 皖北黄泛区土壤的特性及其利用改良[J]. 土壤学报,1963(3).